산업안전지도사
산업보건지도사 자격증 시험대비

2025년 대비

알짜! 기업진단지도 하루특강요약집

117개의 테마와 최신 기출 · 유사문제 수록

머리말

알짜! 기업진단지도 하루 특강 요약집은 산업안전지도사 및 산업보건지도사 시험을 대비하여 그동안의 특강 자료를 모아 구성하였습니다. 경영학, 심리학에 어려움을 호소하는 수험생들을 위해 알기 쉽게 서술하였으며 다양한 기출문제와 관련 유사문제들을 소개하였고 117개의 테마를 중심으로 뼈대를 잡을 수 있도록 하였습니다.

경영학의 경우 인사 · 조직론, 인적자원관리, 생산운영관리 파트 등에서 골고루 출제되고 있으며 심도 있는 문제로 구성되어 철저한 개념정리를 필요로 합니다.
심리학의 경우 산업심리학에서 주로 다루는 주제로 출제되고 있습니다.

2022년 출간한 교재에 이은 추록 형식으로 18개 테마를 늘려 총 117개 테마로 구성하였습니다. 또한 최근 기출문제에서 새롭게 등장한 신유형 문제와 관련 분야 기출 152개의 문제를 추가 수록하였습니다.

이전 교재를 이미 구입하신 수험생들을 위해 추가되는 테마와 최근기출문제 부분은 정명재안전닷컴 홈페이지 및 네이버 카페 자료실에서 무료로 다운로드 받을 수 있도록 하겠습니다.
본서에 대한 동영상 강의는 홈페이지 정명재안전닷컴(http://www.safetyjmj.com)에서 수강할 수 있습니다.

그동안 많은 수험생들이 〈알짜! 시리즈〉로 합격의 영광을 누렸다는 소식을 전해 주셔서 저자로서 또 강사로서 고마움의 인사를 드립니다.

기업진단지도는 초보 수험생들에게는 어렵고 이해하기 힘든 과목이며, 암기할 것이 많은 과목으로 알려져 있습니다. 그렇지만 어느 정도 이해와 암기를 통해 공부할 분량을 꾸준히 소화한다면 금세 재미있는 과목으로, 원하는 점수를 얻을 수 있는 효자 과목으로 생각하시는 수험생들이 많습니다.

동영상 강의교재로 시작한 알짜! 시리즈가 대중적인 인기로 독학용 교재로도 많이 활용되고 있어 무한한 영광으로 생각합니다.

알짜! 하루특강을 기다려주신 많은 수험생들에게 감사드리며 합격 자신감을 심어줄 비장의 무기로 자리매김 하길 기원해 봅니다.

2025. 1. 10. **정명재**

목 차

테마1. 숍(shop) 제도

숍(shop)제도는 노동조합이 결성되거나 기업의 종업원이라는 두 신분을 가질 수 있다. 숍이라는 제도에 의해 설정되었고, 노동자가 어떤 일에 종사하려면 먼저 조합원이 되어야 하는데 이로 인해서 노동조합의 교섭력에 종요한 영향을 미친다.

구분	내용
오픈 숍	가입이 자유로운 노동조합
유니온 숍	채용 후 일정 기간이 지나면 노동조합 가입이 의무
클로즈드 숍	노조원이 아니면 채용 불가
에이전시 숍	조합원과 비조합원 모두에게 조합비 징수, agency shop
프레퍼렌셜 숍	노조원을 우선적으로 채용하는 제도, preferential shop
메이터넌스 숍	한 번 가입시 일정 기간 조합원 지위 유지

* 메인터넌스 숍(maintenance shop): 조합에 가입하면 특정기간 동안 조합에 머물러 있어야 한다는 제도

01 노사관계에 관한 설명으로 옳지 않은 것은?

① 좁은 의미의 노사관계는 집단적 노사관계를 의미한다.

② 메인터넌스 숍(maintenance shop)은 조합원이 아닌 종업원에게도 노동조합비를 징수하는 제도이다.

③ 우리나라 노동조합의 조직형태는 기업별 노조가 대부분이다.

④ 사용자는 노동조합의 파업에 대응하여 직장을 폐쇄할 수 있다.

⑤ 채용이후 자동적으로 노동조합에 가입하는 제도는 유니온 숍(union shop)이다.

해설

정답 ②

02 근로자의 임금 지급 시 조합원의 노동조합비를 일괄하여 징수하는 제도는?

① 유니온 숍(union shop)

② 오픈 숍(open shop)

③ 클로드 숍(closed shop)

④ 체크오프 시스템(check-off system)

⑤ 에이전시 숍(agency shop)

해설

노동조합이 조합비를 징수하는 방법으로는 조합원 개개인으로부터 조합비를 걷는 방법과 회사가 급여계산 시에 급여에서 일괄 공제하는 체크오프제도(check-off system)가 있다.

정답 ④

테마2. 조직문화

○ 스리-마일섬 원자력 발전소 사고(영어: Three Mile Island accident)

1979년 3월 28일 미국 펜실베이니아주 해리스버그 시에서 16km 떨어진 도핀 카운티의 서스쿼해나 강 가운데 있는 스리마일섬 원자력 발전소 2호기(TMI-2)에서 일어난 노심 용해(nuclear meltdown) 사고로 미국 상업 원자력산업 역사상 가장 심각한 사고이다. 스리마일섬 원자력 발전소에는 총 2기의 원자로가 건설되었으며, TMI-2 원자로의 유형은 가압경수로형이고 출력은 2,772MWt(906MWe)로 설계는 밥콕 앤 윌콕스 사에서 맡았다. 1978년 4월에 전기 생산을 시작하여 1978년 12월 30일부터 상업운전을 시작하였다.

1979년 미국의 TMI(Three Mile Island) 사고, 1986년 구소련의 체르노빌 사고, 2011년 후쿠시마 사고는 인류에게 원자력발전의 안전성에 대한 중요성을 확실하게 각인시켜주었다. 피해규모가 큰 후쿠시마 사고는 안전이나 자연재해 대응에 관해 세계 최고의 기술을 가지고 있는 일본에서 발생하였다는 점에서 우리의 원전에 대한 안전성을 다시 재검토하는 계기가 되기도 했다.

실제 '안전문화(Safety Culture)'라는 개념 역시 체르노빌 사고 이후, 국제원자력기구(IAEA)의 국제원자력안전자문그룹(INSAG: International Nuclear Safety Advisory Group)에 의한 'INSAG-1(체르노빌사고의 사고 후 검토회의 개요보고서)'에서 최초로 등장하였고, 이때부터 하드웨어 측면의 안전설비, 소프트웨어 측면의 절차서 및 인적자원 측면의 운전요원과 더불어 '안전문화'도 안전성확보를 위한 요소로서 새롭게 인식되었다. 그 후 1991년에 IAEA는 INSAG-4에서 '원전의 안전문제는 그 중요성에 상응하는 주의를 최우선으로 해야 한다. 안전문화는 그러한 조직과 개인의 특성과 자세의 총체이다'라고 '안전문화'의 개념을 정의하고 있다.

○ Du-Pont의 Bradley Model은 듀폰의 안전문화구축 핵심모델(4단계로 구분)

① 자연적 본능 단계(Natural Instincts)

단순히 문제발생에 대한 반응적 단계(Reactive)

② 관리감독 단계(Supervision)

관리감독에 의지하는 의존적 단계(Dependent)

③ 개인 관리(대응) 단계(Self)

개인적 가치, 인지, 내면화 등에 의한 독립적 단계(Independent)

④ 팀 관리(대응) 단계(Teams)

남도 따르도록 도움을 주는 상호의존적 단계(Interdependent)

→ 듀폰의 브래들리 커브는 사건 또는 손상률을 저감(Risk Reduction & Control) 시키기 위한 Operational Risk Management, 안전행동, 안전 동작을 위한 단계별 리더십 향상 개념으로 이해

→ 안전문화 성숙 단계별 반응적 단계 → 의존적 단계 → 독립적 단계 → 상호의존적 단계로 구분(안정화 및 효율 극대화)

① 자연적 본능 단계(Natural Instincts)로 단순히 문제발생에 대한 반응적 단계(Reactive)

② 관리감독 단계(Supervision)로 관리감독에 의지하는 의존적 단계(Dependent)

③ 개인 관리(대응) 단계(Self)로 개인적 가치, 인지, 내면화 등에 의한 독립적 단계(Independent)

④ 팀 관리(대응) 단계(Teams)로 남도 따르도록 도움을 주는 상호의존적 단계(Interdependent)

○ Mohamed(2003)의 안전풍토

몇몇 학자들이 안전풍토를 안전문화의 하위요인으로 보는 견해와 달리, 모하메드(2003)는 안전문화는 주로 조직의 안전경영과 관련되고, 안전풍토는 작업장에서 안전이 하는 역할에 대한 작업자의 지각과 관련되기 때문에 이 두 개념이 상호 교환적으로 사용될 수 없다고 주장했다. Mohamed(2003)의 주장은 안전풍토를 안전문화와 별개로 가정하고, 안전풍토의 하위요인들 10개를 제시하였다.

Mohamed(2002)가 제안한 10개 하위요인은 다음과 같다.

경영진의 안전에 대한 개입, 안전 의사소통의 효과성, 안전규칙과 절차, 안전에 대한 동료들의 지지적 환경, 안전에 대한 감독자의 지지적 환경, 작업자의 관여수준, 물리적 환경과 작업위험 평가, 편의주의에 의한 작업압력, 안전작업 유능감, 위험에 대한 개인적 평가이다.

○ 7S

미국의 경영학자 Peters와 Pascale는 조직문화의 특성을 설명하기 위해 저서 「In Search of Excellence」에서 7S 모형(모델)을 소개하였다.

파스칼(R. T. Pascale)과 피터스(T. J. Peters) 등은 세계적 컨설팅회사인 맥킨지(Mckinsey)사에 의해 개발된 7S 모델에서 조직문화의 구성요소를 공유가치(shared value), 전략(strategy), 조직구조(structure), 관리시스템(system), 구성원(staff), 리더십 스타일(style), 기술(skill) 등을 들고 있다. 이 중에서 핵심은 공유가치이다.

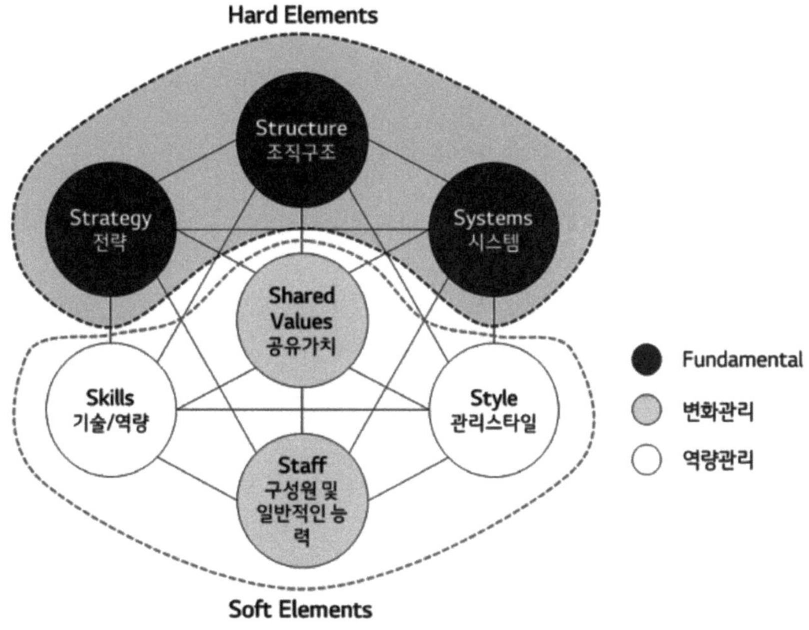

01 조직문화 중 안전문화에 관한 설명으로 옳은 것은?

① 안전문화 수준은 조직구성원이 느끼는 안전 분위기나 안전풍토(safety climate)에 대한 설문으로 평가할 수 있다.

② 안전문화는 TMI(Three Mile Island) 원자력발전소 사고 관련 국제원자력기구(IAEA) 보고서에 의해 그 중요성이 널리 알려졌다.

③ 브래들리 커브(Bradley Curve) 모델은 기업의 안전문화 수준을 병적-수동적계산적-능동적-생산적 5단계로 구분하고 있다.

④ Mohamed가 제시한 안전풍토의 요인들은 재해율이나 보호구 착용률과 같이 구체적이어서 안전문화 수준을 계량화하기 쉽다.

⑤ Pascale의 7S모델은 안전문화의 구성요인으로 Safety, Strategy, Structure, System, Staff, Skill, Style을 제시하고 있다.

해설

정답 ①

02 파스칼(R. Pascale)과 애토스(A. Athos)의 7S 조직문화 구성요소 중 가장 핵심적인 요소는?

① 전략

② 공유가치

③ 구성원

④ 제도·절차

⑤ 관리스타일

해설

정답 ②

03 조직문화에 관한 설명으로 옳지 않은 것은?

① 조직사회화란 신입사원이 회사에 대하여 학습하고 조직문화를 이해하기 위한 다양한 활동이다.

② 조직의 핵심가치가 더 강조되고 공유되고 있는 강한 문화(strong culture)가 조직에 끼치는 잠재적 역기능을 무시해서는 안 된다.

③ 조직문화는 하루아침에 갑자기 형성된 것이 아니고 한번 생기면 쉽게 없어지지 않는다.

④ 창업자의 행동이 역할모델로 작용하여 구성원들이 그런 행동을 받아들이고 창업자의 신념, 가치를 외부화(externalization) 한다.

⑤ 구성원 모두가 공동으로 소유하고 있는 가치관과 이념, 조직의 기본목적 등 조직체 전반에 관한 믿음과 신념을 공유가치라 한다.

해설

정답 ④ 내부화

테마3. 조직문화(심화)

○ 기업문화의 구성요소

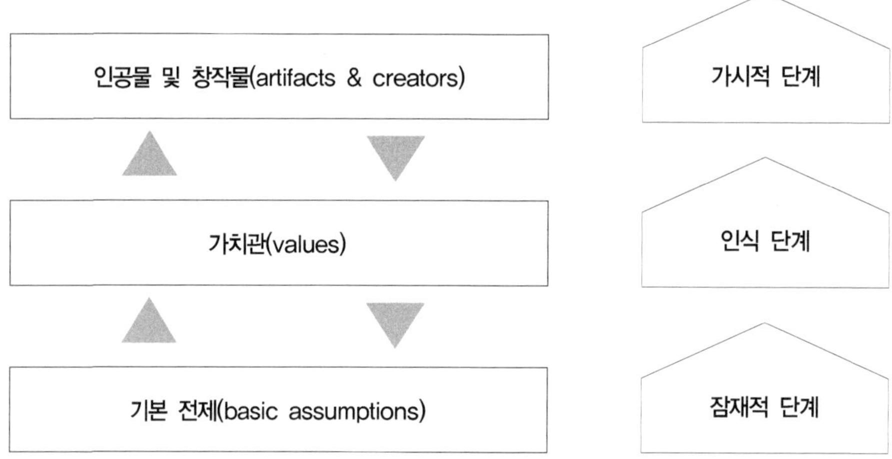

○ 조직문화는 외부환경적 요인과 내부적 요인으로 인해 변화한다.

- 조직형성의 초기에 기업조직은 예측 가능한 환경의 구축을 통해 안정을 추구하며 이를 통해 조직 구성원들에게 일체감과 통일성을 제공한다. 이러한 안정적 초기화를 통해 형성된 조직문화는 시간의 경과에 따라 변화의 요소에 직면하게 된다. 새로운 조직원들의 지속적 유입으로 조직 내에 기존 문화와 질서를 유지하려는 보수적 경향과 새로운 가치를 지향하는 혁신적 경향이 충돌하게 되고, 이러한 보수와 혁신 간 갈등은 조직문화를 변화시키는 내적 동인으로 작용한다.

○ Schein(샤인)은 조직의 발전단계와 각 단계에서 직면하게 되는 조직문화적 이슈들을 크게 세 단계로 분류해 설명한다.

– 첫 번째 단계: 창립과 초기 성장기(초기 성장기는 가족 지배단계와 계승단계로 세분화)
– 두 번째 단계: 조직성장기
– 세 번째 단계: 조직성숙기(조직 성숙기는 변혁기와 해체기로 구분)

1. 창립과 초기 성장기

1) **창업자 지배, 가족 지배단계:** 창립 초기 조직의 문화를 형성시키는 핵심적 요소는 '창업자의 가치와 철학' 조직이 성공적인 초기 설정을 마치고 목적 달성에 성공하여 생존을 지속한다면 창업자와 그 동료들에 의해 형성된 문화는 조직 내에 지배적인 문화로 형성 → 다른 조직과 구별되는 독특한 능력과 일체감의 원천으로 가능하다. → 조직에 통일성을 부여해 일체감을 형성하고 조직 구성원들을 하나의 가치와 목표로 묶어주는 심리적 접착제 역할수행. → 즉 기업조직은 이 단계에서 문화를 보다 명확하게 정의하고 규범화하고자 하며 이를 통해 구성원들에게 일체감과 통일성을 부여함으로써 조직 통합을 성취 유지하고자 한다.
2) **계승단계:** 초기 조직문화가 형성되고 난 후 조직은 2세 3세로의 승계 과정을 경험 → 기득권 집단의 보수적 성향과 새로운 세대들의 혁신적 경향이 충돌 → 조직 내 문화갈등이 나타남(기존의 문화요소를 보전할 것인지 변화시킬 것인지)

구분		문화의 기능
창립과 초기 성장기	창업자 지배 가족 지배	- 문화는 일체감의 원천 - 문화는 조직을 하나로 묶어주는 심리적 접착제 역할 - 조직은 문화를 통한 통합을 추구
	계승단계	- 문화는 보수파와 급진파의 싸움터가 됨 - 계승 후보자는 기존의 문화요소를 보전할 것인지 변화시킬 것인지에 대한 결정에 직면

2. 조직 성장기

조직 창립기의 지배구조가 더 이상 유효하지 않은 상태(창립자가계가 더 이상 조직 경영의 지배적 권한을 소유하지 못한 상태)

→ 즉 여러 세대에 걸친 경영권 교체를 거쳐 전문경영진의 조직 내 힘이 가족 경영자의 권한보다 커지게 되는 시점

조직의 규모는 확장되고 시장의 지리적 경계가 넓어지며 새로운 제품 또는 서비스의 지속적인 개발이 이루어진다. 또한, 조직의 효율성을 극대화하기 위한 조직혁신과 M&A가 추진된다.

- 조직의 규모가 커지면서 소기업 단위에서 보이던 일사분란한 통합형 조직문화는 더 이상 기능하지 못한다.
- 소집단 또는 부서별 하위문화가 형성된다.
- 조직 일체감이 약화된다.
- 조직은 새로운 목표의 정립을 추구하게 되며 조직의 현재 위치와 앞으로 나아가야할 방향을 고려하여 새로운 문화적 요소들을 어떻게 재구성할 것인지 결정해야 한다.

구분	문화의 기능
성장기	- 새로운 하위문화가 생성됨에 따라 문화적 통합 정도가 약화된다. - 중요한 목표, 가치관, 가정의 상실이 일체감의 위기를 초래한다. - 문화 변화의 방향을 관리하기 위한 기회가 제공된다.

3. 조직 성숙기

: 조직의 지속적 성장은 내부에 강력한 기업문화를 만들어낸다. 하지만 외부환경이 변화하는 경우 강한 기업문화는 오히려 조직 성장에 걸림돌이 된다.

→ 조직이 변화에 적응하고 새로운 내용을 흡수하며 변화를 추구해야 하는 상황에서 기존의 강한 기업문화는 변화에 대한 강한 저항요소로 작용한다.

☞ 즉, 조직이 성장기를 거쳐 성숙기에 진입하게 되면 더 이상 발전과 변화에 적응하지 못하게 되며 문화적 요소들 역시 보수적 보존적으로 바뀌게 된다. 이 단계의 조직은 기존 문화적 요소들에 대한 비판적 재검토를 허용하지 않는다. 기존 문화에 대한 강한 믿음으로 인해 생존을 위하여 새로운 전략이 필요하다는 사실을 인식하지 못하게 된다. 기존의 조직문화는 과거의 영광을 보전하고자 하며, 조직에 대한 자부심과 자기 방어의 원천이 된다.

→ 쇠퇴기에 접어들고 조직문화의 급진적 변혁을 통해 조직 재생도모/조직전면적 재구축을 통해 기존의 조직문화를 파괴 해체.

구분		문화의 기능
성숙기	변혁기	- 문화변화는 필수적이지만 문화의 모든 요소를 변화시키는 것은 아니다. - 문화의 핵심 요소를 확인하여 보존해야 한다. - 문화의 변화는 관리되거나 점진적으로 전환하도록 내버려 둘 수도 없다.
	해체기	- 문화가 기본적으로 패러다임 수준에서 변화해야 한다.(전면적 변화) - 대규모 인력 교체를 통해 문화를 변화시킨다.(그 외 문화 교체의 주요 수단: 강압적 설득, 방향전환, 파괴와 재조직화)
일반적 특징		- 문화가 혁신의 제약조건으로 작용한다. - 문화는 과거의 영광을 보전하며, 자부심, 자기방어의 원천이 된다.

○ 딜과 케네디의 문화유형

먼저 딜과 케네디(T. Deal & A. A. Kennedy)는 뚜렷한 신념과 구성원에 의한 공유가치, 일상생활에서의 가치구현 및 이를 뒷받침해주는 제도의 완비에서 강한 문화의 특성을 찾고 있으며 분류의 기준은 ① 기업활동과 관련된 위험의 정도, ② 의사결정 전략의 성공여부에 관한 피드백의 속도라는 두 가지 차원에서 4가지의 조직문화로 분류하였다.

피드백 / 위험	빠름	늦음
많음	거친 남성문화	사(社)운을 거는 문화
적음	일 잘하고 잘 노는 문화	과정문화

① 거친남성문화(the tough guy, macho culture)

- 이 형태의 조직문화는 높은 위험을 부담하고 그들 행위의 결과를 신속히 알게 되는 개인주의자들의 세계이다. 예를 들어 건설, 화장품, 벤쳐캐피탈, 영화, 스포츠 산업 등이 속한다.

② 일 잘하고 잘 노는 문화(work hard/play hard culture)

- 이 형태의 조직문화는 팀워크가 제일 중시되므로 통합의례행사를 통한 단결력이 중요하다. 이러한 문화유형에는 백화점, 컴퓨터회사, 방문판매처럼 사원 개개인의 위험이 적고 꾸준한 판매노력이 결과로 나타나는 업종이 어울린다.

③ 사운을 거는 문화(bet your company culture)

- 이 형태의 조직문화는 투기적 결정을 내리고 그 결과를 수년이 지나야 알 수 있는 업종에 속한 기업의 문화이다. 즉, 높은 위험과 늦은 피드백의 특징을 지니고 있다. 이 문화유형에는 석유탐사회사, 비행기제도회사 등이 속한다.

④ 과정문화(the process culture)

- 이 형태의 조직문화는 현재하고 있는 과정이나 절차에 집중하며 일의 결과에 대해서는 정확하게 아는 것이 어려운 조직문화이다. 이러한 문화는 은행, 보험회사, 정부, 공기업 등과 같은 업종이 속한다.

○ **홉스테드의 조직 문화**

네덜란드의 조직심리학자 Hofstede는 1980년 그의 저서인 Culture's Consequences에서 지구상에 존재하는 모든 국가 문화를 4가지 차원으로 분류하였다.

이를 홉스테드 모형이라고 하는데 네 가지 차원의 변수들을 조합하여 각 국가들을 분류하였다.

1. 개인주의 대 집단주의

개인주의란 사람들이 그들 자신과 직계 가족들에게만 관심을 가지는 것으로 간주되는 느슨하게 짜여진 사회구조를 의미한다. 반면에 집단주의는 사람들이 우리의 집단과 외부집단 사이를 구별하는 엄격한 사회구조로 특징 지워 지는데, 그들은 그들 내부집단(친척, 당파, 조직 등)이 그들을 돌보아 주기를 기대하며, 내부집단에 절대적인 충성을 보인다는 것이다.

2. 권력간격(권위주의)

한 사회가 어떤 기관이나 조직에 있어서의 권력이 불평등하게 분산되어 있다는 사실을 받아들이는 정도를 의미한다. 모든 사회는 불평등하나, 어떤 사회는 다른 사회보다 그 정도가 상대적으로 크다는 점에 착안한 것이다. 그런데 재미있는 현상은 권력 간격과 집단주의를 결합해서 보면 집단주의 특성이 강한 국가는 항상 큰 권력 간격을 보여주나, 개인주의의 특성이 강한 국가는 항상 작은 권력 간격을 보여 주지만은 않는다는 점이다. 다시 말하면 개인주의적이면서도 동시에 권위적인 문화가 존재한다는 것이다.

3. 불확실성에 대한 회피성

불확실한 미래를 어떻게 받아들일 것인가를 설명한다. 불확실성의 회피가 약한 사회에서는 미래에 대해 별로 위협을 느끼지 않으며 따라서 일을 그렇게 열심히 하지 않게 되고 다른 사람의 의견이 자신의 것과 달라도 별로 신경을 쓰지 않는다. <u>반면에 불확실성의 회피가 강한 사회에서는 초조, 불안 등이 뚜렷하게 나타나며 이에 따라 각종 법적, 규범적 제도장치를 통해 리스크를 줄이고 안정을 기하기 위해 온갖 노력을 기울인다</u>.

예를 들면 한국은 이 지수가 높은 반면 스웨덴, 덴마크, 미국 등은 이 '지수' 가 매우 낮다. 홉스테드에 따르면 이 '지수' 가 높은 나라의 국민들은 항상 바쁘고 안절부절못하며 감정적이고 공격적이며 활동적이다. 그들은 열심히 일하거나 최소한 항상 뭔가에 바빠야 한다고 생각한다. 또한 행복감이 낮으며 선과 악 그리고 자기와 남에 대한 구별이 뚜렷해 외국인 등에 대한 거부감이 많다. 반면 이 '지수' 가 낮은 나라의 국민들은 까다롭지 않고 조용하고 유유자적하며 절제되어 있고 게으르다는 인상을 준다.

4. 남성다움 대 여성다움

그 사회 안에서 지배적인 가치가 어느 정도로 남성다운가 또는 여성다운 가를 나타내는데 남성과 여성의 역할을 구분하는데 있어서 사회적 성역할의 구분을 극대화하는 사회를 남성다운 것으로 보고 상대적으로 그것을 작게 하는 사회를 여성다운 것으로 본다.

○ **해리슨의 조직문화유형**

해리슨(R. Harrison)은 조직구조의 중요한 두 변수인 공식화와 집권화의 2가지 차원에 의해서 구분하였다. 공식화와 집권화가 모두 높은 관료조직문화, 공식화는 비교적 낮지만 집권화는 높은 권력조직문화, 공식화는 높지만 집권화는 낮은 행렬조직 문화 그리고 공식화와 집권화가 모두 낮은 핵과 조직문화 등 네 가지 유형으로 구분하였다.

집권화 \ 공식화	높음	낮음
높음	관료조직문화	행렬조직문화
낮음	권력조직문화	핵화조직문화

① **관료조직문화(bureaucratic culture)**

- 이 문화유형은 구성원들의 역할이 명백하며 모든 업무절차가 과학적인 방법으로 설정되어 구성원의 공약수준이 낮고 직무소외와의 목적의식이 결여된 이기적 행동경향이 높게 나타나는 것이 일반적인 특징이다.

② **권력조직문화(power-oriented culture)**

- 이 문화유형은 구성원의 역할과 업무수행절차가 구체화되어 있지 않고 강력한 실권자와 소수의 핵심인물들이 권한을 행사하며 구성원에게 역할을 배정하고 조직을 이끌어 나가며 구성원을 통제한다.

③ **행렬조직문화(matrix culture)**

- 이 문화유형에서는 구성원의 역할과 업무수행이 기업체의 과업을 중심으로 이루어지면 관련된 전문기능인력 팀들이 한 팀이 되어 목적을 달성하는 것이 특징이다.

④ **핵화조직문화(atomized culture)**

- 이 문화유형에서는 구성원들의 역할과 상호관계가 공동목표를 중심으로 자발적인 관심과 협조에 의하여 이루어지는 것이 특징이다.

○ Harrison과 Handy의 조직문화(심화)

1) 역할(아폴로) 문화

공식화의 정도가 높고 집권화되어 있어 조직에서는 인간을 합리적으로 가정하여 모든 일을 분석적이고 논리적으로 수행할 수 있는 특성을 가지고 있다.

2) 권력(제우스)문화

공식화는 낮은 반면 중앙집권화

3) 업무(아테네) 문화

여러 사람들이 업무를 중심으로 조직되어 그들이 가진 다양성을 조화시켜나가는 프로젝트 집단으로 구성

4) 원자(디오니소스)문화

분산화되고 비공식적인 문화

○ 데니슨의 조직문화 유형

데니슨(D. R. Denison)은 조직문화 형성에 영향을 주는 요소로 작용하는 기업 환경과 이에 대한 기업이 적응행동을 중심으로 기업의 문화유형을 구분하였다. 이처럼 기업 환경변화와 기업의 행동경향을 중심으로 조직문화를 분류하면 집단문화와 위계문화, 개발문화와 합리문화의 4가지 유형으로 구분할 수 있다.

① **집단문화**

- 집단문화란 인간관계에 일차적인 관심을 가지고 있으며 유연성을 강조하고 내부통합에 일차적인 초점을 맞춘다. 성실, 신뢰관계가 핵심적인 가치관이며 일차적인 동기부여요인들은 애사심, 집단의 응집성, 소속구성원으로서의 자격이다.

② **개발문화**

- 개발문화란 역시 유연성과 변화를 강조하지만 이 문화유형에서 일차적으로 강조하고 있는 시각은 외부환경이며 문화유형의 성향은 성장, 자원획득, 창조성, 외부환경에의 적응 등이다. 가장 주된 동기부여 요인들은 성장, 격려, 창조성, 다양성 등이다.

③ **합리문화**

- 합리문화란 생산성, 성과, 목적달성 등을 강조한다. 이 문화유형이 강조하고 있는 조직의 목적은 세련된 목표를 수행하고 달성하는 데 있다. 지시적이며 목적지향적인 리더는 끊임없이 생산성을 촉구시킨다. 따라서 유효성의 기준의 계획, 생산성, 능률을 들고 있다.

④ 위계문화

- 위계문화는 조직내부의 능률, 통일성, 조성, 그리고 평가를 강조한다. 이 문화유형의 강조점은 내부조직의 논리에 있으며 특히 조직의 안정성을 강조한다. 리더는 보수적이고 행동이 상당히 조심스러우며 기술적으로 전문적인 의제에 대해서는 깊은 관심을 표명한다.

01 조직구조와 조직문화에 관한 설명으로 가장 적절하지 않은 것은?

① 조직문화에 영향을 미치는 중요한 요소로 조직체 환경, 기본가치, 중심인물, 의례와 예식, 문화망 등을 들 수 있다.

② 조직사회화는 조직문화를 정착시키기 위해 조직에서 활용되는 핵심 메커니즘으로 새로운 구성원을 내부 구성원으로 변화시키는 활동을 말한다.

③ 유기적 조직에서는 실력과 능력이 존중되고 조직체에 관한 자발적 몰입이 중요시된다.

④ 조직이 강한 조직문화를 가지고 있으면 높은 조직몰입으로 이직률이 낮아질 것이며, 구성원들은 조직의 정책과 비전실현에 더욱 동조하게 될 것이다.

⑤ 분권적 조직은 기능중심의 전문성 확대와 일관성 있는 통제를 통하여 조직의 능률과 합리성을 증대시킬 수 있다.

해설

집권적 조직은 조직의 성과에 있어서 집권적 조직은 기능중심의 전문성 확대와 일관성 있는 통제 및 총괄적 관리를 통하여 이론적으로는 조직의 능률과 합리성을 증대시킨다.

○ 〈조직문화 정리〉

1. 조직문화는 시간의 흐름에 따라 천천히 발달하면서 어떤 조직을 다른 조직과 구별되게 만든다. 또한, 조직문화는 변화시키기 어렵고 변화의 속도도 느려 천천히 바뀐다.
2. 파스칼과 아토스(Pascale & Athos, 1981) 및 피터와 워터만(Peters & Waterman, 1982)은 조직문화에 영향을 주는 요소로 '7S'로 제시함.
   ① 공유가치(shared value)
   ② 전략(strategy)
   ③ 구조(structure)
   ④ 관리 시스템(management system)
   ⑤ 구성원(staff)
   ⑥ 기술(skill)
   ⑦ 리더십 스타일(leadership style)
3. 딜(T. Deal)과 케네디(A. Kennedy)는 조직의 위험에 대한 수용도와 그 활동에 대한 피드백 기대요소라는 두 가지 차원을 기준으로 조직문화를 거친 남성문화, 사운을 거는 문화, 열심히 놀고 열심히 일하는 문화, 과정문화 등 4가지 문화 유형으로 구분하고 있다.

4. 해리슨의 조직문화(직접 정리해 보시오)

5. 홉스테드의 조직문화(직접 정리해 보시오)

정답 ⑤

02 조직문화에 관한 설명으로 옳은 것을 모두 고른 것은?

ㄱ. 조직문화는 일반적으로 빠르고 쉽게 변화한다.

ㄴ. 파스칼과 아토스(R. Pascale and A. athos)는 조직문화의 구성요소로 7가지를 제시하고 그 가운데 공유가치가 가장 핵심적인 의미를 갖는다고 주장하였다.

ㄷ. 딜과 케네디(T.Deal and A Kennedy)는 위험추구성향과 결과에 대한 피드백 기간이라는 2개의 기준에 의해 조직문화유형을 합의문화, 개발문화, 계층문화, 합리문화로 구분하고 있다.

ㄹ. 샤인(E. Schein)에 의하면 기업의 성장기에는 소집단 또는 부서별 하위문하가 향상되며, 조직문화의 여러 요소들이 제도화된다.

ㅁ. 홉스테드(G. Hofstede)에 의하면 불확실성 회피성향이 강한 사회의 구성원들은 미래에 대한 예측 불가능성을 줄이기 위해 더 많은 규칙과 규범을 제정하려는 노력을 기울인다.

① ㄱ, ㄴ, ㄹ

② ㄴ, ㄷ, ㄹ

③ ㄴ, ㄷ, ㅁ

④ ㄴ, ㄹ, ㅁ

⑤ ㄷ, ㄹ, ㅁ

해설

정답 ④

03 조직문화의 순기능에 관한 설명으로 옳지 않은 것은?

① 조직구성원들에게 일체감을 조성한다.

② 조직구성원들의 생각과 행동지침이나 규범을 제공한다.

③ 조직의 안정성과 계속성을 갖게 한다.

④ 조직구성원들에게 획일성을 갖게 한다.

⑤ 조직구성원들의 태도와 행동을 통제하는 기제(mechanism) 기능을 한다.

해설

역기능

○ 조직문화의 기능

1. 순기능

1) 한 조직을 다른 조직과 구별하게 하는 경계설정역할의 수행(정체성 제공)

2) 구성원의 일체감 조성

3) 체제의 안정성 제고

4) 통제메커니즘의 역할

5) 행동지침의 제공

6) 게임 규칙의 설정

7) 공식화의 대체적 기능

→ 공식화나 표준화의 주된 기능은 조직 속에서 역할 모호성을 감소

8) 개인의 이익보다 조직의 이익에 헌신

9) 불안·혼란·불확실성 감소

2. 역기능

1) 혁신에 대한 제약조건이 될 수 있다.

2) 일단 형성된 조직문화는 쉽게 변화되지 않는다.

3) 조정 및 통합의 어려움이 있다.

정답 ④

테마4. 리더십

1. 특성이론: 특성이론은 리더의 고유한 공통적인 특성이 있다고 본다.

2. 행위이론(미시건 대학, 오하이오 대학, 아이오 대학 연구, 관리망 이론, PM이론)

– 미시건 대학 연구: 과업지향형, 관계지향형
– 오하이오 주립대학 연구: 배려(consideration)와 구조 중심(initiating structure)
– 아이오대학 연구: 전제형, 민주형, 방임형
– 관리격자이론: (x, y)=(과업중심, 인간중심)의 5가지 형태

○ PM이론

PM이론은 일본 오사카 대학의 미스미 교수를 필두로 하여 일본에서 정립된 것으로 집단 기능의 개념으로부터 리더십을 유형화한 이론이다.

이들은 집단 기능을 목표달성기능(P)과 집단유지기능(M)의 2개의 차원으로 나누고 그 강약에 따라 리더십을 4가지로 분류하였다.

목표달성기능(P:Performance)과 집단유지기능(M:Maintenance)에 따른 분류는 다음과 같다.

1) PM: 모두 높다.
2) pM: 목표달성기능은 낮지만 집단유지쪽은 높다.
3) Pm: 목표달성기능은 높지만 집단유지쪽은 낮다.
4) pm: 모두 낮다.

이론의 핵심은 부하를 이해하고 배려하면 업무성과가 최대가 된다는 것인데 현장조사를 통해 실적, 사고율, 퇴사율의 3개 항목으로 평가한 결과

PM〉pM〉Pm〉pm으로 나타났다.

3. 상황이론

○ 리더십 이론 중 상황이론

어떤 상황에서나 효과적으로 적용될 수 있는 유일한 리더십 유형이란 없다고 보고 상황적 요소의 상호관계에 따라 좌우된다고 본다.

1. 피들러의 상황 리더십 이론

1) 리더의 스타일을 관계지향적, 과업지향적으로 구분한다.
2) 상황분석
–리더의 권한: 리더에게 주어진 권한의 정도
–리더와 부하와의 관계: 집단의 구성원들의 리더를 향한 지원 및 협력 정도
–과업구조: 업무의 체계화
3) LPC(least preferred coworker) 척도

4) 피들러는 리더의 스타일을 고정적으로 보았다는 것이 중요하다. 상황이 아주 좋거나 아주 나쁜 경우에는 과업지향적 리더가, 일반적인 상황에서는 관계지향적 리더가 더 좋은 성과를 내며 상황에 따라 리더십 스타일이 부적합한 경우 리더를 바꾸거나 상황을 바꾸어서 해결해야 한다고 제안한다.

2. 하우스의 경로-목표이론(지지참성!)

부하에게 그들이 수행하는 작업의 경로(또는 방법)와 목표의 달성방안을 명확하게 제공하는 정도에 따라 리더의 유효성이 결정된다. 처한 상황에 적합하도록
리더십의 스타일을 유연하게 변화시켜야 한다고 본다.

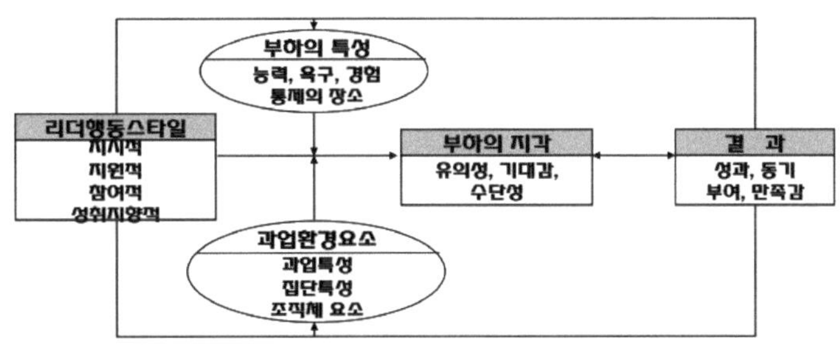

3. 허시와 블랜차드의 생애주기 리더십

부하의 특성(성숙도)에 초점을 맞춘 리더십이다.

1) 지시형(telling)
2) 설득형(selling)
3) 참여형(participating)
4) 위임형(delegating)

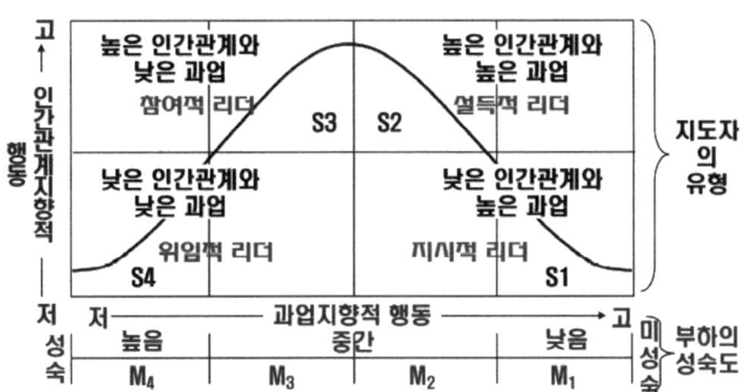

4. LMX 이론(Leader-Member exchange theory)

기존 이론의 전제로 삼은 리더는 모든 구성원들을 동일한 태도로 대한다는 것을 의심하는데서 출발하였다. 리더와 특정 멤버 사이의 관계는 일종을 쌍을 형성하며 이 쌍(dyad)은 멤버에 따라 전혀 다른 성격을 갖는다는 것을 밝혀내었다.

in-group와 out-group로 구분한다.

리더-부하관계	좋음	좋음	좋음	좋음	나쁨	나쁨	나쁨	나쁨
과업구조화	고	고	저	저	고	고	저	저
리더 직위권한	강	약	강	약	강	약	강	약
	과업중심			관계중심			과업중심	
	상황이 매우 호의적이거나 비호의적일 경우 과업 중심, 상황이 중간 정도일 경우에는 관계 중심이 효과적이다.							

* 피들러(리더십 상황모형)는 위의 3항목을 각각 이분하여 8가지로 구체화 한 후 상황에 맞는 리더십 스타일을 경험적으로 도출하였다.

상황 이론의 대표적인 학자인 피들러는 효과적인 리더십은 리더의 스타일과 리더가 직면하는 상황의 호의성간의 상호작용에 의해 결정된다고 보았다. 리더에게 호의적인가를 결정하는 리더십 상황은 3가지 요소로 결정되며, 여기서 의미하는 '상황의 호의성' 은 그 상황이 리더로 하여금 영향력을 행사할 수 있게 하는 정도를 말한다.

○ 리더십 상황요소 3가지

1) 리더와 구성원의 관계(leader–members relations)

리더에 대해 부하가 가지고 있는 신뢰나 존경 정도, 즉 부하가 리더를 받아들이는 정도를 말한다.

2) 과업구조(task structure)

과업의 일상성 또는 복잡성을 뜻하는 것으로, 과업의 내용이 명백하고 목표가 뚜렷하거나 수행절차가 항상 반복되면 과업의 구조화 정도가 높다고 할 수 있다.

3) 리더의 직위권한(position power)

리더의 직위가 구성원들로 하여금 명령을 받아들이도록 만들 수 있는 정도를 말하며, 권한과 상벌에 대한 결정권이 클수록 강하게 나타난다.

○ 허시(P. Hersey)와 블랜차드(K. Blanchard)의 상황적 리더십 이론

개인의 리더십 유형은 상황에 따라 변화한다고 주장한 이론은 허시와 블랜차드의 수명주기이론이다.

상황변수로는 하급자의 '성숙도'를 들었다. 여기서의 성숙도는 하급자가 달성 가능한 범위 내에서 높은 목표를 세울 수 있는 역량, 하급자들이 자신의 일에 대해 책임을 지려는 의지와 능력, 하급자들의 과업에 관한 교육과 경험 등을 포함한 하급자의 일에 대한 능력과 의지를 말한다. 즉, 이러한 하급자의 성숙도에 따라 리더십 스타일의 유효성이 달라진다는 것이 상황적 리더십이론이다.

1) 리더십 유형

㉠ 지시형 리더십(telling)

고지시, 저협력적 리더십 유형으로, 부하에게 기준을 제시하고 일방적인 의사소통과 리더 중심의 의사결정을 한다.

㉡ 설득형 리더십(selling)

고지시, 고협력적 리더십 유형으로, 결정사항을 부하에게 설명하고 쌍방적 의사소통과 공동의사결정을 지향한다.

㉢ 참여형 리더십(participating)

고협력, 저지시적 리더십 유형으로 부하와 함께 아이디어를 공유하고 의사결정과정을 촉진하며 인간관계를 중시한다.

㉣ 위임형 리더십(delegating)

저협력, 저지시적 리더십 유형으로 의사결정과 책임을 부하에게 위임하여 부하들이 자율적으로 과업을 수행하도록 한다.

○ 하우스의 경로-목표 이론

에반스(Evans)의 기대이론을 기반으로 1971년 하우스가 발전시킨 이론이다.

※ **기대이론**: 인센티브, 초과달성과 같이 노력과 연계성이 높을 때 동기부여가 된다는 이론

1) 리더의 역할은 구성원들이 높은 목표를 세우게 하고 자신감을 가지고 노력하여 성공적으로 과업을 수행함으로서 원하는 보상을 받을 수 있도록 경로를 명확히 해 주는 것
2) 리더가 어떤 상황에서 어떻게 리더십을 발휘하는 것이 부하의 과업 수행의 동기와 만족감을 높여서 높은 성과와 연결시킬 수 있을 것인가를 연구함
3) 리더의 행동이 부하의 만족도와 업무성과에 어떻게 영향을 미치는가를 알아보기 위한 것이 출발
4) 이것은 '부하의 특성과 과업의 특성' 이라는 상황요인에 의해 달라진다고 주장
5) 리더십 유효성을 증대시키기 위해서는 상황에 맞는 리더십 발휘가 필요함
6) 이론구성(4가지 리더십 유형+2가지 상황변수)

- 4가지 리더십 유형: 지시적, 지원적, 참여적, 성취지향적
- 2가지 상황변수: 부하특성(부하의 욕구, 과업 수행능력, 성격특성), 과업특성(과업구조, 공식적인 권한관계, 작업절차)

7) 경로-목표이론은, 단 하나의 리더십 유형이 구성원의 동기유발 수준 및 만족도를 높이는 것은 아니기 때문에, 상황 유형에 따라 상이한 리더십 유형이 필요하다는 점을 강조하고 있다.
   경로-목표이론에서는 리더가 4가지의 유형 중에서 어느 하나를 자유롭게 선택할 수 있으며, 이 점은 리더십을 고정적으로 본 피들러의 상황이론과 대조적인 점이다.
8) 연구결과, 지시적 리더십 행동은 비구조화된 과업에 종사하는 직원들에게 효과적이고, 지원적 리더행동은 구조화된 일상적 과업을 수행하는 직원들에게 더 효과적이었다.

○ 상사-부하 간 교환관계(Leader-Member Exchange: LMX) 또는 수직쌍관이론

사회교환이론에 있어 또 하나 중요한 점은 조직구성원들이 리더에 대해 반응하는 존재라는 것이다. 즉, 조직 구성원들은 리더의 반응이나 행동을 중요시하며, 리더의 행동은 조직구성원들에 의해 긍정적 또는 부정적 의미로 받아들여진다는 것이다. 따라서 사회적 교환관계에 관한 연구들의 대부분은 해당 개념을 다시 구성원들이 지각하는 조직지원인식(Perceived Organizational Support:POS)과 상사-부하 간 교환관계(Leader-Member Exchange:LMX)의 개념으로 설명하고 있다. 조직지원인식은 구성원들을 조직의 목표달성을 위한 직무관련 행동으로 유인하며, 조직에 보답하려는 의무감을 창출한다는 개념이다. 즉, 조직지원인식은 조직이 구성원들을 잘 대우하는 경우, 구성원들은 조직의 목표를 충실히 이행하려는 의무감을 갖게 된다는 규범적 교환 동의의 일부분으로 간주되고 있다.

LMX이론에서 상사와 부하들 간의 관계의 질은 내-집단(in-group)과 외-집단(out-group)의 두 가지 범주로 구분되어 진다(Graen, 1976). 업무상 시간적인 제약 등으로 인해 상사는 몇몇 중요한 부하들과만 친밀한 관계를 형성하게 되고 이러한 부하들을 내-집단(in-group)이라 하여 내-집단에 속한 부하들은 상사로부터 여러 혜택을 받게 되는 반면, 이와는 대조적으로 외-집단(out-group)에 속한 부하들은 상사와의 상호작용 수준이 낮고 상사로부터 지원이나 신뢰 및 보상을 많이 받지 못하는 경향이 있다. 외-집단을 관리하는데 있어서 상사는 일차적으로 공식적인 규칙과 정책 및 권한에 의존하게 된다. 조직 내에서 관리자들은 구성원들을 빠른 시일 내에 내-집단과 외-집단으로 분류하고, 이렇게 분류된 관계는 오랫동안 지속되는 경향이 있다. 즉, 교환관계의 관점에서 상사에 대한 신뢰가 구성원과 상사 간의 관계에서 형성되는 개인차원의 교환관계라고 한다면, 조직지원인식은 구성원과 조직 간의 관계에서 형성되는 총체적 차원의 교환관계라 할 수 있다.

01 리더십의 상황이론에 대한 설명으로 가장 적절한 것은?

① 이상적인 리더십 스타일은 인간에 대한 관심과 생산에 대한 관심이 모두 높은 경우이다.
② 하우스(House)는 리더십을 지시적, 후원적, 참여적, 성취지향적 스타일로 구분하여 각각에 적합한 의사결정 상황을 제시하고 있다.
③ 일반적으로 전제적(authoritative) 리더보다 민주적(democratic) 리더가 높은 성과를 내는 경향이 있다.
④ 허시(Hersey)와 블랜차드(Blanchard)의 상황모형에 의하면, 리더-부하 간 관계와 부하의 성숙도에 따라 리더십 스타일이 달라질 필요가 있다.
⑤ 피들러(Fiedler)는 리더십의 상황요인으로 과업구조(task structure)와 직위권력(position power)을 제시하고 있다.

해설

① 블레이크와 머튼의 격자(관리망)이론의 설명이다.
② 하우스는 리더십 유형을 지시적, 후원적(지원적), 참여적, 성취지향적 이렇게 네 가지로 나누어 설명하며, 각기 다른 상황에서 한 사람의 리더에 의해 행사될 수 있다 보고, 리더십을 상황에 맞추어 가야 되는 것이라고 한다. 즉, 종업원의 특성과 작업환경 등 상황을 분류하고 이에 적합한 리더십을 제시한 것이다.
③ 상황이론이 아니다.
④ 리더-부하간의 관계를 연구한 것은 피들러의 상황이론이다. 허시와 블랜차드는 리더십의 효과성을 설명하기 위해 리더의 행동을 과업지향성과 관계지향성으로 나누고 각각의 특성을 부하직원의 성숙도에 따라 조사했다.
⑤ 피들러는 리더와 구성원간의 관계와 과업구조, 직위권력에 따라 8가지 상황을 나누었다.

정답 ⑤

02 리더십 이론에 관한 설명으로 옳지 않은 것은?

① 리더십 특성이론에서는 리더가 지니는 카리스마, 결단성, 열정, 용기 등과 같은 특성을 찾아내는 데 초점을 둔다.

② 오하이오 주립대 연구에 의하면 구조주도(initiating structure)와 배려(consideration)가 모두 높은 수준인 리더가 한 요인 혹은 두 요인이 모두 낮은 수준을 보인 리더보다 높은 과업성과와 만족을 보이는 것으로 나타났다.

③ 하우스(R. House)의 경로-목표이론에 의하면 내부적 통제 위치를 지닌 부하의 경우에는 참여적 리더십이 적합하다.

④ 피들러(F. Fiedler)의 상황적합 모형에 의하면 개인의 리더십 유형은 상황에 따라 변화한다고 한다.

⑤ 허시(P. Hersey)와 블랜차드(K. Blanchard)의 상황적 리더십 이론에서는 부하들의 준비성을 중요한 요소로 고려하고 있다.

해설

피들러(F. E. Fiedler)의 상황적합 모형(리더십 유효성 상황모형)의 개념적인 프레임워크(framework)는 다음의 네 가지 변수로 구성되는데 즉, 원인 변수로 리더십 유형, 상황변수로는 리더-부하의 관계, 과업구조, 직위권력 등이다. 원인변수인 리더십 유형의 측정은 리더의 동기적 측면(the motivational aspects of the leader)을 측정하려는 것이고, 나머지 세 가지 상황변수들은 상황유리성(the situational favorableness for the leader)을 측정하려는 것이다. 따라서 피들러의 상황적합 모형의 개념 틀은 LPC 척도에 의한 리더십 유형의 세 가지 변수를 고려한 상황유리성 정도, 그리고 상호간의 결합에 의한 결과변수인 집단성과로 구성된다.

정답 ④

03 리더십이론에 대한 설명 중 가장 옳은 것은?

① 허시와 블랜차드(Hersey and Blanchard)의 리더십 상황 이론에서는 LPC(Least Preferred Coworker)척도를 이용하여 리더의 유형을 나누었다.

② 서번트 리더십(servant leadership)은 개인화된 배려, 지적 자극, 영감에 의한 동기유발 등을 통해 부하를 이끄는 리더십이다.

③ 블레이크(Blake)와 머튼(Mouton)의 관리격자모형(managerial grid model)에서는 상황의 특성과 관계없이 인간관계와 생산에 모두 높은 관심을 가지는 팀형(9,9)을 가장 좋은 리더십 스타일로 삼았다.

④ 거래적 리더십 스타일을 지닌 리더는 카리스마를 포함한다.

해설

① 피들러의 리더십 상황 이론에서는 LPC(Least Preferred Coworker)척도를 이용하여 리더의 유형을 나누었다.

② 변혁적 리더십은 개인화된 배려, 지적 자극, 영감에 의한 동기유발 등을 통해 부하를 이끄는 리더십이다.

③ 블레이크(Blake)와 머튼(Mouton)의 관리격자모형(managerial grid model)에서는 상황의 특성과 관계없이 인간관계와 생산에 모두 높은 관심을 가지는 팀형(9,9)을 가장 좋은 리더십 스타일로 삼았다.

④ 변혁적 리더십 스타일을 지닌 리더는 카리스마를 포함한다.

변혁적 리더십은 카리스마, 지적자극, 개별적 배려, 분발고취 등을 요소로 한다.

정답 ③

04 리더십 이론에 관한 다음 설명 중 가장 적절한 것은?

① 허시(Hersey)와 블랜차드(Blanchard)는 리더와 부하의 관계가 나쁠수록 엄격하게 감독하고 관리하는 지시형 리더십이 적절하다고 하였다.

② 리더-구성원 교환관계이론(Leader-Member Exchange Theory) 또는 수직쌍관계이론(Vertical Dyads Linkage Theory)에 의하면, 리더와 부하가 내집단(in-group)의 관계일 때, 상사는 부하와 공식적인 범위 내에서만 관계를 유지하는 경향이 있다.

③ 블레이크(Blake)와 머튼(Mouton)의 관리격자모형(Managerial Grid Model)에서는 상황의 특성과 관계없이 생산과 인간 모두에 높은 관심을 가지는 팀형(9, 9)을 이상적인 리더십 스타일로 정의하고 있다.

④ 피들러(Fiedler)의 리더십 상황모형에 의하면, 상황이 리더에게 매우 호의적이거나 매우 비호의적인 경우에는 LPC(Least Preferred Co-workers) 점수가 낮은 관계지향적 리더십 스타일이 적합하다.

⑤ 거래적 리더십(transactional leadership) 스타일을 지닌 리더는 부하의 역할과 목표를 명확하게 제시하고, 부하 개개인의 욕구에 관심을 가지며, 부하들을 지속적으로 격려하는 행동을 한다.

해설

정답 ③

05 허시와 브랜차드(Hersey & Blanchard)의 리더십 유형 중 낮은 지시행동과 낮은 지원행동을 보이는 유형은?

① 지시형 리더
② 지도형 리더
③ 지원형 리더
④ 위임형 리더
⑤ 카리스마적 리더

해설

○ 허시와 브랜차드(Hersey & Blanchard)의 리더십 유형

수직(종축)이 관계행동, 수평(횡축)이 과업행동을 의미한다.

○ 허시와 블랜차드의 리더십 상황이론 유형(그림으로 이해하기!)

1. 지시적 리더십(높은 과업행동, 낮은 관계행동)
2. 지원형 리더십(높은 과업행동, 높은 관계행동)
3. 참여적 리더십(낮은 과업행동, 높은 관계행동)
4. 위임적 리더십(낮은 과업행동, 낮은 관계행동)

정답 ④

06 리더십 이론에 관한 설명으로 옳지 않은 것은?

① 리더십 이론은 특성론적 접근, 행위론적 접근, 상황론적 접근으로 구분할 수 있다.
② 블레이크(R. Blake)와 모우튼(J. Mouton)의 관리격자이론에 의하면 (9.9)형이 이상적인 리더십 유형이다.
③ 허시(R. Hersey)와 블랜차드(K. Blanchard)는 부하들의 성숙도에 따른 효과적인 리더십행동을 분석하였다.
④ 피들러(F. Fiedler)는 상황변수로서 리더와 구성원의 관계, 과업구조, 리더의 지휘권한 정도를 고려하였다.
⑤ 하우스(R. House)의 경로-목표이론에 의하면 상황이 리더에게 아주 유리하거나 불리할 때는 과업지향적인 리더십이 효과적이다.

해설

○ **읽기자료: 피들러(F. E. Fiedler)의 상황적합이론**

Fiedler는 리더십이 이루어지는 상황의 호의성에 따라 다른 유형의 리더쉽이 효과적이라는 주장을 하였다. 리더십 유형은 상황적 특성에 따라서 다른 효과를 낼 수 있다.

1) 상황의 특성

Fiedler는 리더십이 이루어지는 상황이 리더에게 얼마나 호의적인가에 따라서 효과적인 리더쉽 유형이 다르다는 주장을 하였다. 상황이 리더에게 호의적인가 비호의적인가를 결정하는 리더십의 상황적 특성을 보면 다음과 같다.

㉠ **리더와 구성원과의 관계**

집단의 구성원들이 리더를 지원하고 있는 정도를 나타낸다.

㉡ **과업구조**

구성원들이 맡은 과업이 명확히 정의되어 있는가의 정도를 의미하며, 이는 목표의 명확성, 목표에 이르는 수단의 다양성, 의사결정의 검증가능성 등에 의해 결정된다.

㉢ **리더의 직위권한**

리더의 직위가 집단 구성원들로 하여금 명령을 수용하게 만들 수 있는 정도로써 구성원들에게 보상이나 처벌을 줄 수 있는 재량권 등을 의미한다.

2) LPC (least preferred coworker)점수

LPC점수가 낮다는 것은 리더가 일을 우선시하는 '과업지향적'이라는 것

LPC점수가 높다는 것은 리더가 사람을 우선시하는 '관계지향적'이라는 것

3) 과업지향과 관계지향적 차원

과업지향형 차원과 관계 지향형 차원은 두 가지로 분리된 차원에서 고려되어야 하고 상황에 따라 두 차원의 여러 가지 조합을 연구하였다.

상황이 리더에게 아주 유리하거나 불리할 때는 과업주도형 리더십이 효과적이고, 상황이 리더에게 중간 정도일 경우에는 관계주도형 리더십이 효과적이고 한다.

상황 유리함이 중간이라는 것은 부하-리더관계와 과업구조화 중 하나라도 좋은 경우이다.

○ **읽기자료: 하우스(R. House)가 제시한 경로-목표이론**

House의 경로-목표 이론은 리더가 리더십 행동 유형에 따라 구성원들의 기대감에 영향을 미치고 동기 유발시켜 설정된 목표에 어떻게 도달할 것인가에 관한 이론이다. 경로-목표 이론에 의하면 부하들은 그들이 추구하는 목표에 도움을 준다고 여겨지는 리더의 영향력을 수용하게 된다. 상황에 따라 특정 리더십 유형은 부하들에게 돌아가는 보상을 명확히 제시함으로써 그들의 동기를 유발하고 리더십 유효성을 증대시킬 수 있다. <u>이 이론은 Martin G. Evans의 연구에 영감을 얻어 Robert House에 의해 개발된 이론이며, Vroom의 기대이론에 근거한다</u>. Vroom의 기대이론에 따르면, 사람이 조직 내에서 어떠한 행위 또는 일을 수행할 것인가의 여부를 결정하는 데는 그 일이 가져다 줄 가치와 그 일을 함으로써 기대하는 가치가 달성될 가능성, 그리고 자신의 일처리 능력에 대한 평가가 복합적으로 작용한다는 내용이다.

경로-목표이론은 상황요인의 맞게 알맞은 리더십을 발휘하는 것이 중요하다는 것을 시사하고 있다.

House(1971)의 이론에서 리더의 역할은,
㉠ 목표에 대한 부하들의 욕구를 유발시키고
㉡ 과업목표의 달성에 부하들에게 개인적 보상을 증가시키며
㉢ 이와 같은 개인적 보상을 쉽게 받을 수 있는 경로를 안내와 지시를 활용해 제공하고
㉣ 부하들이 기대를 분명히 할 수 있도록 도와주며
㉤ 여러 가지 장애들을 감소시키고
㉥ 효과적인 성과에 대한 개인적 만족의 기회를 증가시켜 주는 것이다.
하우스는 이러한 리더십 유형을 지시적, 후원적(지원적), 참여적, 성취지향적 이렇게 네 가지로 나누어 설명하며, 각기 다른 상황에서 한사람의 리더에 의해 행사될 수 있다 보고 리더십을 상황에 맞추어 가야 되는 것이라고 한다.

정답 ⑤ 피들러의 상황이론.

07 리더십이론 중 피들러(F. E. Fiedler) 모형에 관한 설명으로 옳은 것을 모두 고른 것은?

ㄱ. 리더의 행동차원을 인간에 대한 관심과 과업에 대한 관심 두 가지로 나누어 다섯 가지 형태의 리더십으로 구분하였다.
ㄴ. 상황요인으로 과업이 짜여진 정도, 리더와 부하 사이의 신뢰정도, 리더 지위의 권력정도를 제시하였다.
ㄷ. 상황이 리더에게 아주 유리하거나 불리할 때는 과업주도형 리더십이 효과적이라고 주장하였다.
ㄹ. 리더의 유형을 파악하기 위해 LPC(least preferred co-worker) 점수를 측정해서 구분하였다.

① ㄱ, ㄴ　② ㄱ, ㄹ
③ ㄴ, ㄷ　④ ㄴ, ㄷ, ㄹ
⑤ ㄱ, ㄴ, ㄷ, ㄹ

해설

리더의 행동차원을 인간에 대한 관심과 과업에 대한 관심 두 가지로 나누어 다섯 가지 형태의 리더십으로 구분한 것은 격자모형(그리드모델)이다.
관리격자 모델은 Robert Blake와 Jane Mouton이 제시한 이론이다. 관리격자 이론은 리더십 스타일을 '생산에 대한 관심'과 '사람에 대한 관심'의 두 가지 축의 결합으로 나타낸 행동론 관련 리더십유형이다.

정답 ④

08 리더십(leadership)에 관한 설명으로 옳은 것은?

① 리더십 행동이론에서 리더의 행동은 상황이나 조건에 의해 결정된다고 본다.
② 리더십 특성이론에서 좋은 리더는 리더십 행동에 대한 훈련에 의해 육성될 수 있다고 본다.
③ 리더십 상황이론에서 리더십은 리더와 부하 직원들 간의 상호작용에 따라 달라질 수 있다고 본다.
④ 헤드십(headship)은 조직 구성원에 의해 선출된 관리자가 발휘하기 쉬운 리더십을 의미한다.
⑤ 헤드십은 최고경영자의 민주적인 리더십을 의미한다.

해설

○ 리더십과 헤드십의 차이

헤드십(headship)은 공식적인 계층제적 '직위'의 권위를 근거로 하여 구성원을 조정하며 동작케 하는 능력을 말한다. 외부에서 선출되는 경우이다.

리더십은 구성원이 자발적으로 집단 활동에 참여하여 이를 달성하도록 유도하는 능력으로 '개인'의 권위에 의해 발생한다.

정답 ③

09 리더십 이론의 설명으로 옳은 것을 모두 고른 것은?

ㄱ. 블레이크(R. Blake)와 머튼(J. Mouton)의 리더십 관리격자모형에 의하면 일(생산)에 대한 관심과 사람에 대한 관심이 모두 높은 리더가 이상적 리더이다.
ㄴ. 피들러(F. Fiedler)의 리더십상황이론에 의하면 상황이 호의적일 때 인간중심형 리더가 과업지향적 리더보다 효과적인 리더이다.
ㄷ. 리더-부하 교환이론(leader-mqmber exchange theory)에 의하면 효율적인 리더는 믿을 만한 부하들을 내 집단(in-group)으로 구분하며, 그들에게 더 많은 정보를 제공하고, 경력개발지원 등의 특별한 대우를 한다.
ㄹ. 변혁적 리더는 예외적인 사항에 대해 개입하고, 부하가 좋은 성과를 내도록 하기 위해 보상시스템을 잘 설계한다.
ㅁ. 카리스마적 리더는 강한 자기 확신, 인상관리, 매력적인 비전 제시 등을 특징으로 한다.

① ㄱ, ㄴ, ㄹ
② ㄱ, ㄷ, ㅁ
③ ㄴ, ㄷ, ㄹ
④ ㄱ, ㄴ, ㄷ, ㅁ
⑤ ㄱ, ㄷ, ㄹ, ㅁ

해설

○ **읽기자료: 피들러(F. E. Fiedler)의 상황적합이론**

Fiedler는 리더쉽이 이루어지는 상황의 호의성에 따라 다른 유형의 리더쉽이 효과적이라는 주장을 하였다. 리더쉽 유형은 상황적 특성에 따라서 다른 효과를 낼 수 있다.

1) 상황의 특성

Fiedler는 리더십이 이루어지는 상황이 리더에게 얼마나 호의적인가에 따라서 효과적인 리더십 유형이 다르다는 주장을 하였다. 상황이 리더에게 호의적인가 비호의적인가를 결정하는 리더십의 상황적 특성을 보면 다음과 같다.

㉠ **리더와 구성원과의 관계**

집단의 구성원들이 리더를 지원하고 있는 정도를 나타낸다.

㉡ **과업구조**

구성원들이 맡은 과업이 명확히 정의되어 있는가의 정도를 의미하며, 이는 목표의 명확성, 목표에 이르는 수단의 다양성, 의사결정의 검증가능성 등에 의해 결정된다.

㉢ **리더의 직위권한**

리더의 직위가 집단 구성원들로 하여금 명령을 수용하게 만들 수 있는 정도로써 구성원들에게 보상이나 처벌을 줄 수 있는 재량권 등을 의미한다.

2) LPC (least preferred coworker)점수

LPC점수가 낮다는 것은 리더가 일을 우선시하는 '과업지향적'이라는 것

LPC점수가 높다는 것은 리더가 사람을 우선시하는 '관계지향적'이라는 것

3) 과업지향과 관계지향적 차원

과업지향형 차원과 관계 지향형 차원은 두 가지로 분리된 차원에서 고려되어야 하고 상황에 따라 두 차원의 여러 가지 조합을 연구하였다.

상황이 리더에게 아주 유리하거나 불리할 때는 과업주도형 리더십이 효과적이고, 상황이 리더에게 중간 정도일 경우에는 관계주도형 리더십이 효과적이고 한다.

상황 유리함이 중간이라는 것은 부하-리더관계와 과업구조화 중 하나라도 좋은 경우이다.

정답 ②

10 리더십이론 중 피들러(F. E. Fiedler) 모형에 관한 설명으로 옳은 것을 모두 고른 것은?

ㄱ. 리더의 행동차원을 인간에 대한 관심과 과업에 대한 관심 두 가지로 나누어 다섯 가지 형태의 리더십으로 구분하였다.
ㄴ. 상황요인으로 과업이 짜여진 정도, 리더와 부하 사이의 신뢰정도, 리더 지 위의 권력정도를 제시하였다.
ㄷ. 상황이 리더에게 아주 유리하거나 불리할 때는 과업주도형 리더십이 효과적이라고 주장하였다.
ㄹ. 리더의 유형을 파악하기 위해 LPC(least preferred co-worker) 점수를 측정해서 구분하였다.

① ㄱ, ㄴ
② ㄱ, ㄹ
③ ㄴ, ㄷ
④ ㄴ, ㄷ, ㄹ
⑤ ㄱ, ㄴ, ㄷ, ㄹ

해설

리더의 행동차원을 인간에 대한 관심과 과업에 대한 관심 두 가지로 나누어 다섯 가지 형태의 리더십으로 구분한 것은 격자모형(그리드모델)이다.
관리격자모델은 Robert Blake와 Jane Mouton이 제시한 이론이다. 관리격자 이론은 리더십 스타일을 '생산에 대한 관심'과 '사람에 대한 관심'의 두 가지 축의 결합으로 나타낸 행동론 관련 리더십유형이다.

정답 ④

11 하우스(R. House)가 제시한 경로-목표이론의 리더십 유형에 해당되지 않는 것은?

① 권한 위임적 리더십
② 지시적 리더십
③ 지원적 리더십
④ 성취지향적 리더십
⑤ 참가적 리더십

해설

정답 ①

12 리더십 이론에 관한 설명으로 옳지 않은 것은?

① 리더십 이론은 특성론적 접근, 행위론적 접근, 상황론적 접근으로 구분할 수 있다.

② 블레이크(R. Blake)와 머튼(J. Mouton)의 관리격자이론에 의하면 (9.9)형이 이상적인 리더십 유형이다.

③ 허시(R. Hersey)와 블랜차드(K. Blanchard)는 부하들의 성숙도에 따른 효과적인 리더십행동을 분석하였다.

④ 피들러(F. Fiedler)는 상황변수로서 리더와 구성원의 관계, 과업구조, 리더의 지휘권한 정도를 고려하였다.

⑤ 하우스(R. House)의 경로-목표이론에 의하면 상황이 리더에게 아주 유리하거나 불리할 때는 과업지향적인 리더십이 효과적이다.

해설

정답 ⑤ 피들러의 상황이론.

13 배스(B. M. Bass)의 변혁적 리더십에 포함되는 4가지 특성이 아닌 것은?

① 카리스마(이상적 영향력)

② 영감적 동기부여

③ 지적인 자극

④ 개인적 배려

⑤ 성과에 대한 보상

해설

변혁적 리더십의 하위요인은 카리스마와 개별적 배려, 지적 자극, 영감의 고취이다.

정답 ⑤

14 변혁적 리더십의 특징에 해당하지 않는 것을 모두 고른 것은?

㉠ 부하들에게 장기적인 목표를 위해 노력하도록 동기 부여한다.
㉡ 부하들을 위해 문제를 해결하거나 해답을 찾을 수 있는 있는 곳을 알려준다.
㉢ 부하들에게 즉각적으로 가시적인 보상으로 동기 부여한다.
㉣ 부하들에게 자아실현과 같은 높은 수준의 개인적인 목표를 동경하도록 동기 부여한다.
㉤ 질문을 하여 부하들에게 스스로 해결책을 찾도록 격려하거나 함께 일을 한다.

① ㉠, ㉡
② ㉠, ㉤
③ ㉡, ㉢
④ ㉢, ㉣
⑤ ㉣, ㉤

해설

○ 거래적 리더십과 변혁적 리더십

구분	거래적 리더십	변혁적 리더십
현상	현상을 유지하기 노력한다	현상을 변화시키고자 노력한다
목표지향성	현상과 너무 괴리되지 않는 목표 지향적이다	보통 현상보다 매우 높은 이상적인 목표 지향적이다
시간	단기적인 전망. 기본적으로 가시적인 보상으로 동기 부여	장기적인 전망. 부하들에게 장기적 목표를 위해 노력하도록 동기 부여
동기부여전략	부하들에게 즉각적이고 가시적인 보상으로 동기부여	부하들에게 자아실현과 같은 놓은 수준의 개인적 목표를 동경하도록 동기 부여
행위표준	부하들은 규칙과 관례를 따르기를 좋아한다	변화적이고 새로운 시도에 도전하도록 부하를 격려
문제해결	부하들을 위해 문제를 해결하거나 해답을 찾을 수 있는 곳을 알려준다	질문하여 부하들이 스스로 해결책을 찾도록 격려하거나 함께 일한다

정답 ③

15 리더십 이론에 관한 설명으로 옳은 것은?

① 행동이론 중 미시간 대학의 연구에서 직무중심 리더는 부하의 인간적 측면에 관심을 갖고, 종업원중심 리더는 부하의 업무에 관심을 갖고 있다는 것을 규명하였다.

② 상황이론 중 경로-목표 이론에서는 리더행동을 지시적 리더십, 지원적 리더십, 참여적 리더십, 성취지향적 리더십으로 분류하였다.

③ 특성이론에서는 여러 특성을 가진 리더가 모든 상황에서 효과적이라고 주장하였다.

④ 행동이론 중 오하이오 주립대학의 연구에서 배려하는 리더와 부하 사이의 관계는 상호신뢰를 형성하기가 어렵다는 것을 규명하였다.

⑤ 상황이론 중 규범모형은 기본적으로 부하들이 의사결정에 참여하는 정도가 상황의 특성에 맞게 달라질 필요가 없다고 가정하였다.

해설

하우스의 경로-목표이론.

○ 오하이오 주립대학의 연구- 리더십의 유형을 배려와 구조주도의 두 가지 변수에 의해 측정.

이론		접근방법	강조점
전통적 리더십	특성이론 (1930~1950)	효과적인 리더의 특징이나 특성은 존재한다.	리더의 능력은 타고난 것이며, 리더와 비리더를 구별해 주는 능력이 존재한다.
	행위이론 (1950~1960)	효과적인 리더행동은 존재하며 어떤 유형은 모든 상황에서 존재한다.	리더십 효과는 리더의 행동과 관련되며, 성공적인 리더와 비성공적인 리더는 그들의 리더십 유형에 의해 구별된다.
	상황이론 (1960~1980)	효과적인 리더십은 리더의 특성뿐만 아니라 환경을 이루는 상황에 의해 결정된다.	리더는 상황에 의해 영향을 받는다. 상황에는 리더와 부하들의 특성, 과업의 성격, 집단구조 등이 있다.
현대적 리더십	변혁적 리더십 (1985~2002)	다양한 이론들의 통합적 접근을 취한다(카리스마적, 변혁적 리더십 등)	리더는 새로운 비전을 필요로 한다.

정답 ②

16 리더십이론에 관한 설명으로 옳은 것은?

① 변혁적 리더십은 영감을 주는 동기부여, 지적인 자극, 상황에 따른 보상, 예외에 의한 관리, 이상적인 영향력의 행사로 구성된다.

② 피들러(Fiedler)는 과업의 구조가 잘 짜여 있고, 리더와 부하의 관계가 긴밀하고 부하에 대한 리더의 지위권력이 큰 상황에서 관계지향적 리더가 과업지향적 리더보다 성과가 높다고 주장하였다.

③ 스톡딜(Stogdil)은 부하의 직무능력과 감성지능이 높을수록 리더의 구조주도(initiating structure) 행위가 부하의 절차적 공정성과 상호작용적 공정성에 대한 지각을 높인다고 주장하였다.

④ 허시와 블랜차드는 부하의 성숙도가 가장 낮을 때는 지시형 리더십(telling style)이 효과적이고 부하의 성숙도가 높을 때는 위임형 리더십(delegating style)이 효과적이라고 주장하였다.

⑤ 서번트 리더십은 리더와 부하의 역할교환, 명확한 비전의 제시, 경청, 적절한 보상과 벌, 자율과 공식화를 통하여 집단의 성장보다는 집단의 효율성과 생산성을 높이는데 초점을 두고 있다.

해설

○ 리더십 이론의 발전(학습정리)

특성이론→행동이론→상황이론→변혁적 리더십으로 발전하였다.

1. 특성이론

유능한 리더에게는 남들과는 다른 특성이 있다고 생각하고 그 특성만 가지면 그가 처해 있는 상황이나 환경에 관계없이 훌륭한 리더가 될 수 있다고 생각한다.

2. 행동이론

1) 오하이오 주립대학 연구

부하들로부터 수집한 리더의 행동에 관한 설문지(LBDQ)를 통해 구조주의(initiating structure)와 배려(consideration)의 두 가지 독립적인 차원의 행동을 추출하였다.

구조주의(initiating structure)란 리더가 목표달성을 위해 자신의 역할과 구성원들의 역할을 정의하고 구조화하려는 정도로 이 성향이 높을수록 일 중심, 과업중심으로 부하를 평가한다.

배려(consideration) 성향이 높을수록 부하와의 원만한 관계 및 의견을 존중한다.

2) 미시건 대학의 연구

직무중심리더와 부하중심리더를 리더십 행동의 양 극단으로 개념화하였다.

3) 아이오와 대학의 연구

리더십의 세 가지 유형을 연구하였다.

① 전제적 리더십: 과업 성취에 초점을 둔다.

② 방임적 리더십: 정보나 자원을 제공해 줄 뿐 모든 일을 방임.

③ 민주적 리더십: 구성원의 만족을 중시하고 목표설정이나 의사결정에 참여.

생산성 측면에서는 민주적 리더십이 효과적이지만, 조직의 위기상황에서는 전제적 리더십이 더 유효하다는 결과가 있다.

4) 관리격자형

블레이크와 머튼이 오하이오 주립대학의 연구를 연장하여 수평축에는 생산에 대한 관심을, 수직축에는 사람에 대한 관심을 두고 이 두 개의 축을 결합하여 리더의 다섯 가지 행동유형으로 분류.

5) PM이론

오사카 대학의 미스미주지 교수는 리더십 행동을 집단의 기능과 연계하여 리더가 집단에서 수행해야 할 기능으로 목표달성기능과 집단유지기능의 두 가지로 분류하였다.

① 목표달성기능(P: Performance)-업무상 지시 및 지도활동(직무중심)

② 집단유지기능(M: Maintenance)-원활한 관계 형성 및 배려활동(인간관계)

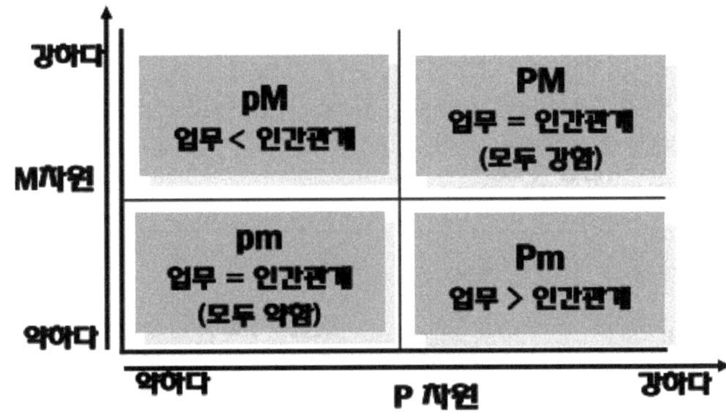

정답 ④

17

리더십을 객관적인 구성개념으로 생각하는 것이 아니라 주관적으로 지각된 구성개념이라고 여기는 리더십 이론은?

① 카리스마적 리더십(charismatic leadership) 이론

② 내현 리더십(implicit leadership) 이론

③ 거래적 리더십(transactional leadership) 이론

④ 자기 리더십(self-leadership) 이론

⑤ 변혁적 리더십(transformation leadership) 이론

해설

○ 내현 리더십(implicit leadership) 이론

University of Arkon의 로버트 로드(Robert Lord)와 연구진들은 리더가 자신의 행동, 특성, 카리스마 넘치는 자질을 바탕으로 부하의 행동과 성과에 영향을 미친다는 기존 이론들과는 달리, 리더십 자질과 행동에 대한 부하의 지각을 강조하는 내현 리더십(implicit leadership)을 주장하였다.

리더십을 리더에 대한 부하들의 지각 과정의 결과(리더로 인식되는지, 생각하는 방식에 변화를 주었는지)로 본다.

○ **셀프 리더십(self-leadership) 이론**

자기 스스로 리더가 되어 자기 자신을 이끌어가는 리더십으로 다른 사람에 대해 영향력을 행사하는 것이 아니라 스스로 자신이 나아가야 할 방향을 설정하고 자기 자신을 통제하면서 자신을 이끌어 가는 과정인 것이다. 셀프 리더십은 X이론이 아니고 Y이론의 관점을 전제로 한다. 즉 사람은 기본적으로 책임을 회피하기 보다는 책임을 지려는 경향이 있고 문제해결을 위한 창의력과 자율적 통제를 위한 역량을 갖추었으며 자아실현의 욕구와 같은 고차원적인 욕구에 의해 동기부여 되는 존재라는 것이다.

○ **슈퍼 리더십(super-leadership) 이론**

다른 사람이 스스로 자기 자신을 이끌어갈 수 있게 도와주는 리더십이다.

슈퍼 리더십은 셀프 리더십에서 출발한 개념으로 이 두 개념은 불가분의 관계에 있다. 셀프 리더십이 스스로 자신을 이끌어가는 과정이라면, 슈퍼 리더십은 리더 육성에 초점을 두고 부하 직원들이 셀프 리더십을 발휘할 수 있도록 영향력을 행사는 과정이다.

정답 ②

테마5. JIT(적시생산시스템)

○ JIT시스템의 핵심 구성요소

1. 간판방식

간판생산방식이란 부품을 사용하는 작업장이 요구할 때까지 부품을 공급하는 작업장에서 어떤 부품도 생산해서는 안 되는 당기기(pull)식 생산방식을 말한다. '간판(칸반)' 은 작업지시표 내지 이동표의 역할을 한다.

• 간판운영규칙

규칙1) 간판에 의해서만 부품을 인수한다.

규칙2) 간판에 의해서만 부품을 생산한다.

규칙3) 불량품을 후 공정으로 보내지 않는다.

규칙4) 간판에 표시된 수량과 실제수량은 반드시 일치해야 한다.

규칙5) 간판매수는 되도록 줄인다. (그 결과로 재고를 줄인다)

2. 생산의 평준화

최종조립을 지원하는 모든 작업장에 균일한 부하를 부과하기 위해 '평준화생산'내지 '생산의 평준화'가 필요하다. 생산의 평준화는 '월차적응'과 '일차적응'의 2단계로 전개된다.

3. 소로트생산(생산·준비시간의 단축과 소로트화)

도요타 생산방식에서는 평준화생산을 위하여 생산준비시간을 단축해서 소로트화를 도모하는 소로트생산을 추진한다.

4. 설비배치와 다기능공 양성 (소수인화가 가능한 생산시스템 구축)

도요타 생산방식에서는 수요변화에 따라 인원조절, 즉 소수인화가 가능하도록 생산시스템을 구축한다. 소수인화는 각 라인의 작업자수를 탄력적으로 증감시키기 위한 설비배치와 다기능작업자를 통하여 달성한다. 소수인화를 달성하기 위한 전제조건으로 수요변동에 유연한 설비배치 (일반적으로 U자형 배치), 다기능작업자의 육성, 표준작업의 평가와 개정의 3가지가 충족되어야 한다.

01

JIT(just-in-time) 생산방식의 특징으로 옳지 않은 것은?

① 간판(kanban)을 이용한 푸시(push) 시스템

② 생산준비시간 단축과 소(小)로트 생산

③ U자형 라인 등 유연한 설비배치

④ 여러 설비를 다룰 수 있는 다기능 작업자 활용

⑤ 불필요한 재고와 과잉생산 배제

해설

정답 ①

02 구매 비용은 총 제조 원가의 가장 큰 비중을 차지하므로 구매 과정에서의 낭비 제거가 중요한 문제로 대두되고 있다. 다음 중 JIT(Just- in-Time)구매 방식에 해당하는 특징과 가장 거리가 먼 것은?

① 소규모 구매, 다빈도 납품
② 지리적 근접성을 우선시하고 장기계약을 체결
③ 운송료 및 정시배달에 관심이 매우 높으며, 운송일정의 결정에 관여
④ 각 부품별로 정확한 수량을 넣을 수 있고 재사용이 가능한 표준 상자를 이용하여 납품
⑤ 구매부서가 모든 구매품의 품질 및 수량 검사를 실시

해설

품질활동부서만이 아닌 모든 구성원의 품질활동을 전개해야 한다.
JIT는 적시에 적량으로 생산(공급)하는 것. 생산부서에서 생산에 필요한 양만큼만 적기에 공급되도록 하는 원칙. 목적은 수요변화에 신속한 대응, 재고투자의 극소화, 생산조달기간의 단축, 모든 품질문제의 노출 등이다.

정답 ⑤

03 JIT 구매관리에 대한 다음의 설명 중 잘못된 것은?

① 공급업자와 구매자간의 장기적인 안정성과 유연성을 유지하기 위하여 협조를 강화하고 구매기능이 기업의 전략적 계획에 통합되어야 한다.
② 공급업체가 제조업체의 필요량을 신속하게 파악할 수 있도록 하여야 한다.
③ JIT는 안전재고를 갖지 않는 것이 원칙이므로, 공급의 안정성을 확보하기 위해 다수의 공급업체로부터 원자재를 구매하여야 한다.
④ 공급업자와의 장기계약을 통해 공급업체들이 제조기업의 한 부분 기능인 것처럼 협력할 수 있어야 한다.
⑤ 공급업체는 필요한 시간에, 필요한 장소에, 필요한 양만큼 배달해 주고, 제조업체의 신제품 개발 등에 참여한다.

해설

소수의 공급업체를 통해 안정적으로 공급되도록 하여야 한다.
공급업체를 선정하고 긴밀한 유연적관계(flexible relation)를 유지한다. 소수의 공급업체와 장기계약을 맺는다.

정답 ③

04 JIT에 대하여 잘못 설명하고 있는 것은?

① 성공적인 JIT 시스템을 위해서는 불량률이 거의 없는 좋은 품질의 제품이 전제되어야 한다.
② 단일 벤더(vendor) 혹은 아주 적은 수의 벤더가 성공적인 JIT 시스템에 도움이 된다.
③ 고객과 벤더가 공동입지를 할수록 JIT시스템의 성공 가능성은 높다.
④ JIT의 수행결과 재고회전이 빨라진다.
⑤ JIT 시스템은 수송비를 감소시킨다.

해설

JIT는 필요한 시기에 필요한 양만큼 공급되기 때문에 운송비는 증가하며 반대로 재고는 감소한다.
공급사슬에서 벤더(vendor) 또는 셀러(seller)는 재화나 용역을 제공하는 기업이다.

정답 ⑤

05 JIT(just in time) 구매방식의 특징이 아닌 것은?

① 소량 구매
② 소수의 협력업체
③ 품질과 적정가격에 의한 장기계약
④ 구매에 관한 문서의 최소화
⑤ 적은 납품횟수

해설

○ **JIT구매 특징**
1) 구매량: 소로트, 빈번한 배달
2) 협력업체평가: 납기일을 준수하는 능력을 높이 평가하고 다음으로 가격, 고품질을 평가
3) 계약: 품질과 적정가격에 의한 장기계약
4) 납품: 구매회사가 납기계획을 제시하고 정시에 납기 할 것을 요구
5) 문서처리: 구매에 관한 문서 최소화
6) 수송단위: 규격화된 상자에 소량을 납품

정답 ⑤

06 JIT(Just-in-time) 시스템의 특징으로 옳지 않은 것은?

① 푸시(push) 방식이다.
② 필요한 만큼의 자재만을 생산한다.
③ 공급자와 긴밀한 관계를 유지한다.
④ 가능한 한 소량 로트(lot) 크기를 사용하여 재고를 관리한다.
⑤ 생산지시와 자재이동을 가시적으로 통제하기 위한 방법으로 간반(Kanban)을 사용한다.

해설

MRP시스템 (자재소요계획)	JIT 시스템 (적시생산시스템)
생산이 고객의 주문보다 앞서 시작되는 Push 시스템(재고를 보유)	고객의 주문에 의하여 생산이 시작되는 Pull 시스템(재고를 최소화)

도요타의 사장이었던 도요타 기이치로는 "3년 안에 미국을 따라 잡아라. 아니면 일본의 자동차 산업은 생존하지 못할 것이다." 라고 주장하며 적시생산시스템(JIT) 도입.

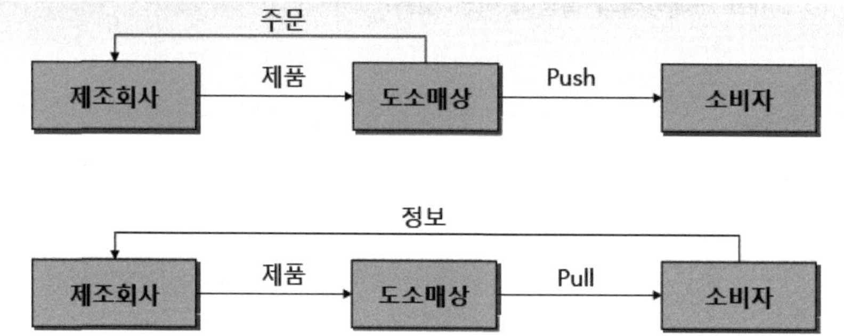

정답 ①

07 적시생산시스템(JIT) 구성요소에 해당하지 않는 것은?

① 간판방식
② 대로트생산
③ 생산의 평준화
④ 다기능작업
⑤ 준비시간 최소화

해설

정답 ②

08 JIT(Just In Time) 시스템의 특징에 관한 설명으로 옳은 것은?

① 수요예측을 통해 생산의 평준화를 실현한다.
② 팔리는 만큼만 만드는 Push 생산방식이다.
③ 숙련공을 육성하기 위해 작업자의 전문화를 추구한다.
④ Fool proof 시스템을 활용하여 오류를 방지한다.
⑤ 설비배치를 U라인으로 구성하여 준비교체 횟수를 최소화 한다.

해설

실수를 미연에 방지하기 위한 설계 'Fool-Proof'. 제품이나 시스템을 개발할 때 각종 방어설계를 한다. 예를 들어, 물이 들어가지 않도록 하는 방수하는 것이다. JIT 시스템에서는 작업 중 오류를 발견하였을 경우 안돈(andon, 정지램프)를 눌러 즉각 알리는 것이 대표적이다. 5S 활동이란, 기업이 효율적인 현장 관리를 하기 위해 정리(Seiri), 정돈(Seiton), 청소(Seiso), 청결(Seiketsu), 습관화(Shitsuke)를 통하여 작업 현장 속에 숨어 있는 낭비 요소를 제거하고, 생산 효율을 높이기 위해 실시하는 활동이다. 설비배치를 U라인으로 구성한다. JIT시스템은 작은 로트크기로 재고의 감축을 도모한다. 소(小)로트는 일정기간 동안의 목표생산량을 달성하기 위해서 생산작업준비의 횟수를 증가시키는 단점을 야기하지만 작업시간을 감축함으로써 극복하고자 한다. 다기능 숙련공(cross-trained work force)을 양성해 권한뿐만 아니라 다양한 의사결정권한을 주어 작업자 스스로 시스템을 유지하고 개선하는데 앞장서도록 유도한다. 다기능 노동력을 육성하기 위해서 도요타는 노동자 순환 시스템을 채택하였다. 한편 JIT시스템은 Pull 방식으로 수요예측이 필요 없다. 고객의 수요가 있을 때 시스템이 작동하는 것이 Pull 방식이다.

정답 ④

09 적시생산시스템(Just-in-time, JIT)에서 생산준비 시간의 단축 방법으로 옳지 않은 것은?

① 다기능 공구를 채택하여 준비교체 작업시간을 단축시킨다.
② 가능하면 기계 가동을 중지하고 준비교체 작업을 수행한다.
③ 조정위치를 정확하게 설정하여 조정작업시간을 단축한다.
④ 사전 준비활동을 위해 준비교체용 전용대차를 활용한다.
⑤ 볼트를 없애거나 조립해체가 용이하도록 설비를 개선한다.

해설

정답 ②

10 적시생산시스템(Just-in-time, JIT)의 특징으로 옳지 않은 것은?

① 로트크기 최소화 추구
② 간판(Kanban) 방식
③ 작업의 표준화
④ 밀어내기(Push) 방식의 자재흐름
⑤ 다기능 작업자 활용

해설

적시생산시스템(Just-in-time, JIT)은 Pull 방식으로 주문생산방식이다.

정답 ④

11 JIT 시스템에 관한 설명으로 옳지 않은 것은?

① 작업자의 다기능화를 추구
② 앞 공정에서 후 공정으로 제품을 이동하는 방식(push system)
③ 소 로트 생산과 제조 준비시간 단축
④ 철저한 현장중심의 개선과 낭비 제거
⑤ 다품종 소량생산 체제에 유리한 방식

해설

JIT 시스템은 Pull방식이다.

정답 ②

12 적시생산(JIT) 시스템의 목표에 관한 설명으로 옳지 않은 것은?

① 제조 준비시간의 단축 ② 재고의 안정적인 확보
③ 리드타임의 단축 ④ 부적합품의 최소화
⑤ 자재취급 낭비의 절감

해설

재고의 안정적인 확보는 MRP와 관련 있다.

정답 ②

13 간판(Kanban) 시스템의 운영규칙에 관한 설명으로 옳지 않은 것은?

① 전공정은 후공정이 사용한 양 만큼만 생산한다.
② 간판의 수는 수요의 변동에 따라 조정한다.
③ 전공정에서 생산된 품목을 즉시 후공정으로 보낸다.
④ 부적합품은 후공정으로 보내지 않는다.
⑤ 부품 종류별로 규격화된 용기를 사용한다.

해설

도요타 생산시스템은 후속공정이 인수해 간 수량만큼 선행공정에서 생산해서 보충해 주는 당기기(Pull) 방식으로 JIT를 실현하고 있다. 도요타에서는 이러한 상호 의존성을 '간판 방식'으로 관리하고 있다. 후공정이 가지러 가는 만큼만 생산하는 방식이다. 생산을 평준화는 간판 사용의 조건이다. 즉 평준화 생산에서 계속 소로트(lot)로 변경될 때 미세정보가 필요하게 된다. 간판은 미세조정의 수단이다.

정답 ③

14 JIT생산방식의 특징으로 적합한 것은?

① 공정이나 라인에서의 정원제(定員制) 사고
② 대량구매와 적은 납품 횟수
③ 대로트 연속생산
④ 적은 교체준비(setup) 횟수
⑤ 데이터에 의한 관리보다는 눈으로 보는 관리방식 지향

해설

눈으로 보는 관리방식이 간판(칸반) 방식이다.

정답 ⑤

15 TPS(Toyota Production System)를 설명하는 내용으로 옳지 않은 것은?

① 생산 활동에서 낭비요소는 최대한 제거하는 경영철학이다.
② JIT와 자동화(自動化)가 TPS의 근간이다.
③ 소로트생산을 하며, 짧은 리드타임과 흐름생산을 하고 있다.
④ 린(Lean)생산시스템으로 확장되었다.
⑤ TQM(Total Quality Management)과 같이 최종 목적은 우수한 품질의 제품 생산에 있다.

해설

낭비제거 및 원가절감이 목적이다.

정답 ⑤

16 구매 비용은 총 제조 원가의 가장 큰 비중을 차지하므로 구매 과정에서의 낭비 제거가 중요한 문제로 대두되고 있다. 다음 중 JIT(Just-in-Time)구매 방식에 해당하는 특징과 가장 거리가 먼 것은?

① 소규모 구매, 다빈도 납품
② 지리적 근접성을 우선시하고 장기계약을 체결
③ 운송료 및 정시배달에 관심이 매우 높으며, 운송일정의 결정에 관여
④ 각 부품별로 정확한 수량을 넣을 수 있고 재사용이 가능한 표준 상자를 이용하여 납품
⑤ 구매부서가 모든 구매품의 품질 및 수량 검사를 실시

해설

품질활동부서만이 아닌 모든 구성원의 품질활동을 전개해야 한다.

JIT는 적시에 적량으로 생산(공급)하는 것. 생산부서에서 생산에 필요한 양만큼만 적기에 공급되도록 하는 원칙. 목적은 수요변화에 신속한 대응, 재고투자의 극소화, 생산조달기간의 단축, 모든 품질문제의 노출 등이다.

정답 ⑤

17 JIT 구매관리에 대한 다음의 설명 중 잘못된 것은?

① 공급업자와 구매자간의 장기적인 안정성과 유연성을 유지하기 위하여 협조를 강화하고 구매기능이 기업의 전략적 계획에 통합되어야 한다.

② 공급업체가 제조업체의 필요량을 신속하게 파악할 수 있도록 하여야 한다.

③ JIT는 안전재고를 갖지 않는 것이 원칙이므로, 공급의 안정성을 확보하기 위해 다수의 공급업체로부터 원자재를 구매하여야 한다.

④ 공급업자와의 장기계약을 통해 공급업체들이 제조기업의 한 부분 기능인 것처럼 협력할 수 있어야 한다.

⑤ 공급업체는 필요한 시간에, 필요한 장소에, 필요한 양만큼 배달해 주고, 제조업체의 신제품 개발 등에 참여한다.

해설

소수의 공급업체를 통해 안정적으로 공급되도록 하여야 한다.
공급업체를 선정하고 긴밀한 유연적관계(flexible relation)를 유지한다. 소수의 공급업체와 장기계약을 맺는다.

정답 ③

18 JIT에 대하여 잘못 설명하고 있는 것은?

① 성공적인 JIT 시스템을 위해서는 불량률이 거의 없는 좋은 품질의 제품이 전제되어야 한다.

② 단일 벤더(vendor) 혹은 아주 적은 수의 벤더가 성공적인 JIT 시스템에 도움이 된다.

③ 고객과 벤더가 공동입지를 할수록 JIT시스템의 성공 가능성은 높다.

④ JIT의 수행결과 재고회전이 빨라진다.

⑤ JIT 시스템은 수송비를 감소시킨다.

해설

JIT는 필요한 시기에 필요한 양만큼 공급되기 때문에 운송비는 증가하며 반대로 재고는 감소한다. 공급사슬에서 벤더(vendor) 또는 셀러(seller)는 재화나 용역을 제공하는 기업이다.

정답 ⑤

19 JIT 구매에 있어서 부품 공급업자와의 관계를 잘못 나타낸 것은?

① 정확한 시간에 정확한 수량의 부품공급이 요구된다.
② 일반적으로 부품 공급 차질에 따른 생산지연에 대한 비용은 부품공급업자가 부담한다.
③ 부품 공급 리드타임 감소를 위해 지리적으로 근접한 장소에 위치한다.
④ 부품 공급업체수를 증가시켜 부품공급의 다양화를 추구한다.
⑤ 부품 공급업자와 신뢰성 있는 장기거래관계를 형성한다.

해설

공급자의 수를 감소시킨다. 소수의 공급업체를 통해 안정적으로 공급되도록 하여야 한다.

정답 ④

20 다음 중 적시생산방식(JIT)시스템의 특징이 아닌 것은?

① 풀시스템(pull system)
② 칸반(kanban)에 의한 생산통제
③ 생산평준화
④ 소품종 대량생산체제

해설

다품종 소량생산

도요타 생산방식은 '린 생산(lean production)방식'이라고도 하며, 소로트생산과 다품종소량 생산체제를 지향한다. 도요타의 JIT(just in time) 사고방식은 "생산량을 늘리지 않고 생산성을 향상시켜야"하는 과제를 풀기 위하여 생산에 필요한 부품을 필요한 때 필요한 양을 생산 공정이나 현장에 인도하여 '적시에 생산하는 방식'이다. 또한 JIT시스템은 비용만 발생시키고 부가가치 창출에 기여하지 않는 활동 또는 자원으로서 즉각적으로 제거되어야 하는 7가지 낭비요소 즉 불량의 낭비, 재고의 낭비, 과잉생산의 낭비, 운반의 낭비, 비합리적인 프로세스에 의한 낭비, 동작의 낭비, 대기의 낭비를 최소화하는 기본 목표를 추구하고 있다.

정답 ④

21 **도요타생산방식(TPS: toyota production system)에서 낭비를 철저하게 제거하기 위한 방법으로 활용된 적시생산시스템(JIT: just in time)에 관한 설명으로 옳은 것만을 모두 고른 것은?**

ㄱ. 기본적 요소는 간판(kanban)방식, 생산의 평준화, 생산준비시간의 단축과 대로트화, 작업 표준화, 설비배치와 단일기능공제도이다.
ㄴ. 오릭키(Orlicky)에 의하여 개발된 자재관리 및 재고통제기법으로, 종속 수요품의 소요량과 소요시기를 결정하기 위한 시스템이다.
ㄷ. 자동화, 작업자의 라인정지 권한 부여, 안돈(andon), 오작동 방지, 5S 활성화로 일관성 있는 고품질을 달성하고 있는 시스템이다.
ㄹ. 고객 주문에 의해 생산이 시작되며, 부품의 생산과 공급이 후속 공정의 필요에 의해 결정되는 풀(pull) 시스템의 자재흐름 체계이다.
ㅁ. 생산준비비용(주문비용)과 재고유지비용의 균형점에서 로트 크기(lot size)를 결정하며, 로트 크기가 큰 것을 추구하는 시스템이다.

① ㄱ, ㄹ
② ㄴ, ㅁ
③ ㄷ, ㄹ
④ ㄱ, ㄷ, ㄹ
⑤ ㄴ, ㄷ, ㅁ

해설

적시생산시스템(JIT: just in time)은 소로트 방식이다.

○ 5S란 JIT생산방식을 달성하기 위한 현장개선의 기초로서 정리(SEIRI), 정돈(SEITON), 청소(SEISO), 청결(SEIKETSU) 및 마음가짐–습관화(SHITSUKE)의 일본어의 첫 발음 “S”를 따서 5S라 불리어 진 것이다.

○ MRP 시스템의 기능(material requirements planning, MRP: 자재소요계획)
완성품의 생산량과 생산일정을 바탕으로 필요한 부분품의 소요량 및 소요시기를 역산하여 자재조달 계획을 수립하는 방법이며, 일정관리 겸 재고관리를 모색한 시스템이다. 1960년 중반 IBM의 Orlicky에 의해 개발된 것이다.

정답 ③

테마6. MRP(자재소요계획)

○ 자재소요계획(MRP: Material Requirement Plan) 의의

주일정계획(MPS) 달성을 위한 원자재 및 부품 등의 소요에 대한 계획을 통합적으로 관리하기 위한 시스템이다.
자재관리 및 재고통제기법으로, 종속수요품목(원자재 및 구매부품, 재공품)의 소요량과 소요시기를 결정하기 위한 경영정보시스템이다.

MRP의 특징은 다음과 같다.

1) 종속품목 대상: MRP는 종속수요품목의 재고관리시스템이다.
2) 재고계획 및 일정계획에 관한 시스템: 발주와 일정계획, 설계된 재고관리 및 최종제품에 필요한 구성 품목의 소요 일정을 나타낸다.
3) 전산화된 경영정보시스템: MRP는 전산화된 경영정보시스템으로 MRP운영 시 많은 자료 처리가 요구된다.
4) 컴퓨터 통합생산(CIM) 시스템: 확장 MRP(MRPII)는 CIM개발에 크게 기여한다.

01

자재소요계획(MRP)의 구성요소가 아닌 것은?

① 기준생산계획(MPS)
② 자재명세서(BOM)
③ 재고기록(IR)
④ 작업일정계획(OP)

해설

자재소요계획의 구성요소는 자재명세서(BOM), 기준생산계획(MPS), 재고기록(IR)이 있다.

정답 ④

02 자재소요계획(Material Requirement Planning: MRP)과 관련된 설명으로 옳은 것은?

① MRP는 풀생산방식(pull system)의 전형적 예로서 시장 수요가 생산을 촉발시키는 시스템이다.

② MRP는 독립수요(independent demand)를 갖는 부품들의 생산수량과 생산시기를 결정하는 방법이다.

③ 자재명세서(bill of materials)의 각 부품별 계획주문발주시기를 근거로 MRP를 수립한다.

④ 대생산일정계획(master production schedule)의 완제품 생산 일정과 생산수량에 관한 정보를 근거로 MRP를 수립한다.

해설

〈Hint〉

독립수요품목은 다른 품목의 수요에 의존하지 않고 기업 외부의 시장조건에 의해 결정되는 수요품목을 말한다. 반면에 종속수요품목은 최종 제품의 생산에 소요되는 각종 원자재, 부품 그리고 구성품과 같이 Parent Item(독립변수 중)의 수요에 종속되어 있는 품목을 말한다.

MRP는 종속수요품목의 재고관리시스템이다.

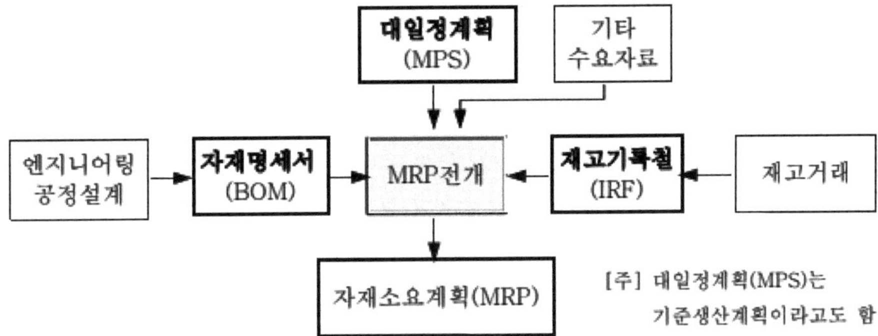

정답 ④

03

MRP(material requirements planning) 시스템의 3대 입력자료 중 하나로 최종제품으로부터 시작하여 각 상위품목을 한 단위 생산하는데 필요한 자재명과 소요량을 보여주는 것은?

① 주일정계획(master production schedule)

② 재고기록철(inventory records file)

③ 생선뼈 다이어그램(fishbone diagram)

④ 공급사슬(supply chain)

⑤ 자재명세서(bill of materials)

해설

정답 ⑤

04

생산시스템에 관한 설명으로 옳지 않은 것은?

① VMI는 공급자주도형 재고관리를 뜻한다.

② MRP는 자재소요량계획으로 제품생산에 필요한 부품의 투입시점과 투입량을 관리하는 시스템이다.

③ ERP는 조직의 자금, 회계, 구매, 생산, 판매 등의 업무흐름을 통합관리하는 정보 시스템이다.

④ SCM은 부품 공급업체와 생산업체 그리고 고객에 이르는 제반 거래 참여자들이 정보를 공유함으로써 고객의 요구에 민첩하게 대응하도록 지원하는 것이다.

⑤ BPR은 낭비나 비능률을 점진적이고 지속적으로 개선하는 기능중심의 경영관리기법 이다.

해설

정답 ⑤

테마7. ERP(전사적 자원관리, enterprise resource planning)

전사적 자원 관리는 경영 정보 시스템의 한 종류이다. 전사적 자원 관리는 회사의 모든 정보뿐만 아니라, 공급 사슬 관리, 고객의 주문정보까지 포함하여 통합적으로 관리하는 시스템이다. 대부분의 기업에서 ERP 도입을 망설이는 이유로 비용이 많이 든다는 것이다. ERP를 이해하기 위해서는 ERP의 전신이라고 할 수 있는 MRP를 먼저 이해해야 한다.

MRP(Material Requirement Planning)란 용어를 그대로 번역하면, '자재 수급 계획' 혹은 '재료 수급 계획'을 의미한다. MRP는 회사에서 필요한 자재를 제때에 정확하게 수급할 수 있도록 해주는 컴퓨터 시스템(소프트웨어)으로 1970년도에 등장하였다.

MRP II(Manufacturing Resource Planning)는 생산 자원 계획의 의미를 가지고 있으며, 위에서 이야기한 MRP(Material Requirement Planning)와 구분하기 위해 MRP II('엠알피 투'라고 읽는다)라고 부른다.

MRP II는 말 그대로 제품 생산에 필요한 자원을 잘 계획하여 생산에 차질이 빚어지지 않게 최적화하는 것이 그 목적이다.

ERP(Enterprise Resource Management)는 전사적 자원 관리라는 의미로, 생산에 필요한 자원을 관리하기 위한 MRP II가 발전된 시스템이다.

MRP II는 생산에 필요한 자원(Resource)만을 다루는 반면, ERP는 회사 전반에 걸쳐있는 자원(인력, 설비, 자재, 돈 등)을 관리하기 위한 시스템이다. 즉 회사 전반에 걸쳐 필요한 전산 시스템을 하나로 통합해 놓은 시스템이다.

01 전사적자원관리(ERP) 시스템을 도입하려는 배경으로 적절하지 않은 것은?

① 기업의 전산 유지 비용을 절감하는 효과를 기대

② 다양한 소비자의 요구에 대한 기업의 전사적 대응이 필요

③ 조직의 리엔지니어링을 도입하는 실천수단으로 활용될 수 있다는 기대감

④ 급격하게 길어지는 제품의 라이프사이클(product life cycle)에 대한 대응이 필요

해설

정답 ④

02 ERP 시스템의 특징에 관한 설명으로 옳지 않은 것은?

① 수주에서 출하까지의 공급망과 생산, 마케팅, 인사, 재무 등 기업의 모든 기간 업무를 지원하는 통합시스템이다.

② 하나의 시스템으로 하나의 생산재고거점을 관리하므로 정보의 분석과 피드백기능의 최적화를 실현한다.

③ EDI(Electronic Data Interchange), CALS(Commerce At Light Speed), 인터넷 등으로 연결시스템을 확립하여 기업 간 자원 활용의 최적화를 추구한다.

④ 대부분의 ERP시스템은 특정 하드웨어 업체에 의존하지 않는 오픈 클라이언트 서버시스템 형태를 채택하고 있다.

⑤ 단위별 응용프로그램이 서로 통합, 연결되어 중복업무를 배제하고 실시간 정보관리체계를 구축할 수 있다.

해설

ERP는 전사적 자원 관리(Enterprise Resource Planning)의 약칭으로, 재무, 제조, 소매유통, 공급망, 인사 관리, 운영 전반의 비즈니스 프로세스를 자동화하고 관리하는 시스템이다. 좁은 의미로는 통합정보시스템이라 하고, 넓은 의미의 ERP는 경영혁신방법론이라 한다.

O ERP의 특징

① 통합시스템: 수주에서 출하까지 생산, 마케팅, 재무, 인사 등 공급망 통합
② 실시간 정보처리체계 구축: 응용프로그램을 상호 연결하여 실시간 정보처리
③ 기업 간 자원 활용 최적화 추구: EDI, CALS, 인터넷 등으로 기업 간 연결시스템 확립
④ 경영혁신도구와 연결: BPR과 연계되어 경영혁신 도구로 활용
⑤ 오픈 클라이언트 서버 시스템: 다른 H/W업체의 시스템과 조합하여 멀티벤더 구성
⑥ 하나의 시스템으로 복수의 생산, 재고 거점을 관리
⑦ 경제적인 아웃소싱으로 정보시스템을 개발 보수한다.

ERP시스템은 대부분 클라이언트 수준에서 처리하게 되는 클라이언트 서버에 기반을 둔 대표적인 분산처리 형태에서 등장한 시스템이다.
클라이언트서버시스템, 4세대 언어, 관계형 데이터베이스, 객체지향 기술이 특징이다.

정답 ②

03 독립적으로 운영되어 온 생산, 유통, 재무, 인사 등의 기능영역별 정보시스템을 전사적 차원에서 단일 플랫폼으로 통합하는 정보시스템의 명칭은?

① DSS
② BPR
③ MRP
④ KMS
⑤ ERP

해설

정답 ⑤

04 ERP(enterprise resource planning)시스템에 관한 설명으로 옳지 않은 것은?

① ERP시스템은 기능영역 정보시스템들 사이의 커뮤니케이션 결여를 바로 잡고자 하는 것이다.
② ERP시스템은 기능영역에 걸친 기업성과에 대한 기업정보를 제공하여 관리자의 의사 결정능력을 향상시킬 수 있다.
③ ERP시스템은 비즈니스 프로세스를 통합하여 고객서비스를 개선시킬 수 있다. ④ ERP시스템을 구축·실행하는 데 초기비용이 적게 소요된다.
⑤ ERP시스템 도입 후에는 통합 데이터베이스를 운영하게 되어 정보의 공유가 용이해진다.

해설

정답 ④

05 전사적 자원관리(ERP)에 관한 정의로 옳은 것은?

① 조직이 데이터를 중앙에 집중시키고 효율적으로 관리하며, 응용 프로그램을 통하여 저장된 데이터를 편리하게 사용할 수 있게 해주는 소프트웨어
② 고객만족, 고객유지의 효율화를 극대화시키기 위해 고객을 관리하는 시스템
③ 통합된 소프트웨어에 모듈과 중앙 데이터베이스를 기반으로 하여 재무, 회계, 판매, 마케팅, 인적자원관리, 생산과 구매 등과 연관된 자원으로 전사적으로 관리하는 시스템
④ 새로운 지식을 창출하고 공유하도록 과학자, 기술자 및 근로자를 지원하는 시스템
⑤ 최고 경영층이 전략적인 의사결정을 보다 빠르게 하도록 도와주는 것을 주목적으로 하는 시스템

해설

정답 ③

06 전사적 자원관리(ERP) 시스템의 도입효과로 옳지 않은 것은?

① 부서 간 실시간 정보공유
② 데이터의 일관성 유지
③ 적시 의사결정 지원
④ 조직의 유연성과 민첩성 증진
⑤ 기존 비즈니스 프로세스 유지

해설

정답 ⑤

07 다음 보기는 MRP, MRPⅡ, MIS, ERP, SCM의 설명을 나열하였다. 이 중에서 MIS의 내용으로 가장 적합한 것은?

ㄱ. 정보의 통합을 위해 기업의 모든 자원을 최적으로 관리하자는 개념
ㄴ. 경영 내외의 관련 정보를 필요에 따라 즉각적으로 그리고 대량으로 수집전달처리저장이용할 수 있도록 편성한 인간과 컴퓨터와의 결합시스템
ㄷ. 컴퓨터를 이용하여 최종제품의 생산계획에 맞춰 그에 필요한 부품이나 자재의 소요량 흐름을 종합적으로 관리하는 생산관리시스템
ㄹ. 제품과 서비스를 효율적으로 생산하고자 하는 활동
ㅁ. 제품의 생산과 유통과정을 하나의 통합망으로 관리하는 시스템

① ㄱ
② ㄴ
③ ㄷ
④ ㄹ
⑤ ㅁ

해설

ㄱ－ERP(전사적자원관리)
ㄴ－MIS(경영정보시스템)
ㄷ－MRP(자재소요량관리)
ㄹ－MRPⅡ(생산자원관리)
ㅁ－SCM(공급망관리)

정답 ②

테마8. BPR(Business Process Reengineering)

○ 비즈니스 리엔지니어링

비즈니스 리엔지니어링은 기업의 일부기능만을 고치거나 개선하는 이른바 점진적인 변화의 사고방식에서 출발하는 것이 아니라 "처음부터 다시 시작한다."는 각오의 급진적인 변화의 사고방식에서 출발한다. 이런 의미에서 비즈니스 리엔지니어링은 비용, 품질, 서비스, 속도와 같은 기업 활동의 핵심적 부문에서 극적인 성과향상을 이루기 위해 기업의 업무 프로세스를 근본적으로 다시 생각하고 재설계하는 것을 말한다.

여기서 주의해서 생각해야 할 것은 '프로세스(process)'라는 개념으로, 리엔지니어링이 다른 경영혁신기법과 다른 점은 프로세스의 관점에서 기업성과를 재평가하고 이것을 근거로 기업을 재설계한다는 데 있다. 이 때 프로세스란 특정한 목적을 달성하기 위해 구성된 일련의 행위들을 말한다.

1. 비즈니스 리엔지니어링의 특성

비즈니스 리엔지니어링은 근본적인 변화를 이룩하기 위하여 현재의 업무방식을 고려하지 않고, 원천적 재설계의 개념에서 출발하여 새로운 업무방식을 구축하는 형태로 진행한다. 변화의 범위가 크므로 때로는 구축기간이 장기간이 될 수 있다. 원칙적으로 종업원들은 현상의 변화를 원하지 않으므로, 비즈니스 리엔지니어링은 주로 최고경영층의 의지로서 하향식(top-down)의 강제 지시사항 형태로 비롯된다. 근본적인 도구들로는 정보기술을 이용하여 조직의 문화와 구조의 재구축을 수반한다.

2. 비즈니스 리엔지니어링의 중요성

비즈니스 리엔지니어링이 오늘날 많은 기업들에서 채택되고 있는 이유는 다음과 같다.

㉠ 현대 기업 활동에서는 관련 부서의 통합적인 활동이 중요해지고 있다.

㉡ 정보기술이 급속도로 발달하여 프로세스의 대대적인 혁신으로부터 비롯되는 비즈니스 리엔지니어링이 가능하게 되었다.

㉢ 현대기업에서는 정보지식의 데이터베이스화가 되었기 때문에 비즈니스 리엔지니어링이 가능하게 되었다.

㉣ 지식경영의 중요성이 커진 21세기에는 지식경영을 실현하기 위해서 조직의 지식공유가 중요해지고 있다.

3. 비즈니스 리엔지니어링의 추진절차

㉠ 기업의 비전과 주요 프로세스의 목표를 설정

㉡ 기업 내에 존재하는 프로세스들을 파악한 후 리엔지니어링의 대상 프로세스를 선정

㉢ 선정한 프로세스의 현재 업무수행방식과 그 성취도를 측정

㉣ 변화된 업무수행방식에 알맞은 정보기술을 찾아냄

㉤ 비즈니스 리엔지니어링의 프로세스의 원형을 설계하고 구축

4. 비즈니스 리엔지니어링의 성공조건

㉠ **사고의 전환**: 기업의 최고 경영자뿐만 아니라 구성원도 기존에 갖고 있던 고정관념을 과감하게 버려야 한다. 특히, 재설계된 프로세스를 지원할 수 있는 정보기술을 효과적으로 활용하기 위해서는 정보사용자가 타인의 제재나 간섭을 받지 않고 자율적으로 자신의 업무를 수행한다는 생각을 가져야 한다. 또한 이 정보사용자의 상사는 자신의 부하의 일에 대해서 자신의 의견대로 통제를 해야 하겠다는 생각을 버려야 한다.

㉡ **강력한 리더십**: 비즈니스 리엔지니어링에 의해 프로세스가 변화되면 그 프로세스에 속해 있는 구성원들의 직무가 바뀌고, 프로세스내의 기능간의 장벽이 분명하지 않음으로 인해 기능중심으로 설계되었던 조직구조 전체가 어떤 형태로든 바뀌게 된다. 결국에는 경영시스템 자체가 변화를 겪게 된다. 이 경우 이런 변화에 저항하는 세력이 생기게 되는데 이들의 저항을 극복하고 성공적으로 혁신을 수행하기 위해서는 최고경영자로부터 비롯되는 강력한 리더십이 뒷받침되어야 한다.

○ 읽기자료: 리엔지니어링(Reengineering)

리엔지니어링이란 비용, 서비스, 속도와 같은 현재의 중요한 평가척도의 극적인 향상을 위해 업무 프로세스를 본질적으로 재사고 하고 재설계하는 것이라고 정의(Hammer-1990).

리엔지니어링의 구성요소는 다음과 같다.

1) 발상의 전환- 경제성장기의 대량생산과 판매는 생산 공정과 기업조직을 거대화하여 저효율성과 고비용을 초래하였다.
2) 기업의 사활을 좌우하는 요소의 개선- 비용, 품질, 서비스, 스피드를 개선하기 위해 기능별로 분화된 프로세스를 통해 고객만족도를 높이는 횡적 조직으로 전환한다.
3) 경영자의 강력한 리더십으로 업무의 프로세스를 근본적으로 개혁한다.
4) 매각이나 해고는 목적이 아니라 결과이다.

01 비즈니스 프로세스 리엔지니어링의 특징에 관한 설명으로 옳은 것은?

① 업무 프로세스 변화의 폭이 넓다.
② 업무 프로세스 변화가 점진적이다.
③ 업무 프로세스 재설계는 쉽고 빠르다.
④ 조직 구조의 측면에서 상향식으로 추진한다.
⑤ 실패 가능성과 위험이 적다.

해설

○ 읽기자료: 비즈니스 리엔지니어링, BPR(Business Process Reengineering)

비즈니스 리엔지니어링은 기업의 일부기능만을 고치거나 개선하는 이른바 점진적인 변화의 사고방식에서 출발하는 것이 아니라 "처음부터 다시 시작한다."는 각오의 급진적인 변화의 사고방식에서 출발한다. 이런 의미에서 비즈니스 리엔지니어링은 비용, 품질, 서비스, 속도와 같은 기업 활동의 핵심적 부문에서 극적인 성과향상을 이루기 위해 기업의 업무 프로세스를 근본적으로 다시 생각하고 재설계하는 것을 말한다.

여기서 주의해서 생각해야 할 것은 '프로세스(process)'라는 개념으로, 리엔지니어링이 다른 경영혁신

기법과 다른 점은 프로세스의 관점에서 기업성과를 재평가하고 이것을 근거로 기업을 재설계한다는 데 있다. 이 때 프로세스란 특정한 목적을 달성하기 위해 구성된 일련의 행위들을 말한다.

1. 비즈니스 리엔지니어링의 특성

비즈니스 리엔지니어링은 근본적인 변화를 이룩하기 위하여 현재의 업무방식을 고려하지 않고, 원천적 재설계의 개념에서 출발하여 새로운 업무방식을 구축하는 형태로 진행한다. 변화의 범위가 크므로 때로는 구축기간이 장기간이 될 수 있다. 원칙적으로 종업원들은 현상의 변화를 원하지 않으므로, 비즈니스 리엔지니어링은 주로 최고경영층의 의지로서 하향식(top-down)의 강제 지시사항 형태로 비롯된다. 근본적인 도구들로는 정보기술을 이용하여 조직의 문화와 구조의 재구축을 수반한다.

2. 비즈니스 리엔지니어링의 중요성

비즈니스 리엔지니어링이 오늘날 많은 기업들에서 채택되고 있는 이유는 다음과 같다.

㉠ 현대 기업 활동에서는 관련 부서의 통합적인 활동이 중요해지고 있다.

㉡ 정보기술이 급속도로 발달하여 프로세스의 대대적인 혁신으로부터 비롯되는 비즈니스 리엔지니어링이 가능하게 되었다.

㉢ 현대기업에서는 정보지식의 데이터베이스화가 되었기 때문에 비즈니스 리엔지니어링이 가능하게 되었다.

㉣ 지식경영의 중요성이 커진 21세기에는 지식경영을 실현하기 위해서 조직의 지식공유가 중요해지고 있다.

3. 비즈니스 리엔지니어링의 추진절차

㉠ 기업의 비전과 주요 프로세스의 목표를 설정

㉡ 기업 내에 존재하는 프로세스들을 파악한 후 리엔지니어링의 대상 프로세스를 선정

㉢ 선정한 프로세스의 현재 업무수행방식과 그 성취도를 측정

㉣ 변화된 업무수행방식에 알맞은 정보기술을 찾아냄

㉤ 비즈니스 리엔지니어링의 프로세스의 원형을 설계하고 구축

4. 비즈니스 리엔지니어링의 성공조건

㉠ **사고의 전환**: 기업의 최고 경영자뿐만 아니라 구성원도 기존에 갖고 있던 고정관념을 과감하게 버려야 한다. 특히, 재설계된 프로세스를 지원할 수 있는 정보기술을 효과적으로 활용하기 위해서는 정보사용자가 타인의 제재나 간섭을 받지 않고 자율적으로 자신의 업무를 수행한다는 생각을 가져야 한다. 또한 이 정보사용자의 상사는 자신의 부하의 일에 대해서 자신의 의견대로 통제를 해야 하겠다는 생각을 버려야 한다.

㉡ **강력한 리더십**: 비즈니스 리엔지니어링에 의해 프로세스가 변화되면 그 프로세스에 속해 있는 구성원들의 직무가 바뀌고, 프로세스내의 기능간의 장벽이 분명하지 않음으로 인해 기능중심으로 설계되었던 조직구조 전체가 어떤 형태로든 바뀌게 된다. 결국에는 경영시스템 자체가 변화를 겪게 된다. 이 경우 이런 변화에 저항하는 세력이 생기게 되는데 이들의 저항을 극복하고 성공적으로 혁신을 수행하기 위해서는 최고경영자로부터 비롯되는 강력한 리더십이 뒷받침되어야 한다.

정답 ①

02 사업구조 재구축을 통해 기업의 미래 지향적인 비전을 달성하고자 하는 경영기법은?

① 가치공학(value engineering)
② 리엔지니어링(reengineering)
③ 리스트럭처링(restructuring)
④ 벤치마킹(benchmarking)
⑤ 아웃소싱(outsourcing)

해설

구조의 재구축은 리스트럭처링(restructuring)이다.

정답 ③

03 비즈니스 프로세스 리엔지니어링의 특징에 관한 설명으로 옳은 것은?

① 업무 프로세스 변화의 폭이 넓다.
② 업무 프로세스 변화가 점진적이다.
③ 업무 프로세스 재설계는 쉽고 빠르다.
④ 조직 구조의 측면에서 상향식으로 추진한다.
⑤ 실패 가능성과 위험이 적다.

해설

정답 ①

04 미국에서 유래한 경영혁신기법으로 기존의 프로세스를 처음부터 다시 생각하고 최신의 기술과 지식을 바탕으로 프로세스를 재설계하는 방법은?

① TQM(Total Quality Management)

② BPR(Business Process Reengineering)

③ BM(Bench Marking)

④ ERP(Enterprise Resource Planning)

해설

정답 ②

05 비용, 품질, 서비스와 같은 핵심적 경영요소를 획기적으로 향상시킬 수 있도록 경영과정과 지원시스템을 근본적으로 재설계하는 기법은?

① 리엔지니어링(reengineering)

② 리스트럭처링(restructuring)

③ 다운사이징(downsizing)

④ 가치공학(value engineering)

⑤ 식스시그마(six-sigma)

해설

정답 ①

테마9. 제약이론(theory of constraints)

제약이론은 1974년 이스라엘의 물리학자 Goldratt 박사가 개발한 경영이론이다. 이 이론은 시스템의 효율성을 저해하는 제약조건(Constraint)을 찾아내서 극복하기 위한 시스템 개선 방법이라고 할 수 있다.

제약이론의 특징은 다음과 같다.

특징	설명
전체 최적화	개별부분의 최적화가 아닌 전체관점의 최적화
제약사항 고려	기업의 제약자원을 고려하여 지속적 개선을 촉구
집중 개선	병목(bottleneck), 즉 가장 약한 부분이 전체를 좌우

제약이론은 프로세스 최적화를 위해서 DBR(Drum-Buffer-Rope)이라는 핵심 개념을 설명한다.

Drum	전체 시스템의 속도는 결국 병목공정의 속도에 의해 결정되므로 모든 공정의 속도는 병목공정의 속도에 맞춰야 한다는 뜻이다. 여기서 Drum이란 두드리는 드럼의 박자에 맞춰 나머지 사람들이 행진하듯이 병목공정의 드럼의 박자에 맞춰 다른 공정들이 속도를 맞춰야 한다는 뜻이다.
Buffer	모든 공정이 Drum에 맞춰서 착착 진행을 하고 있는데 병목공정 이후 공정 중에서 문제가 생겨서 병목공정이 멈춘다거나 지연된다고 하면 전체 공정이 느려지기 때문에 병목공정과 뒷 공정 사이에 Buffer를 두어 Drum이 중단되지 않도록 하는 것을 말한다.
Rope	Buffer의 경우와 반대로 병목공정 다음이 공정에서 너무 빨리 진행이 되어 버리면 병목공정과 뒷공정 사이에 간격이 벌어지게 된다. 이를 방지하고자 병목공정과 뒷공정을 Rope. 즉, 줄로 묶어서 간격이 벌어지지 않도록 하는 개념이다.

01 **병목작업장이란 처리능력 이상으로 가동되고 있어 언제나 하나 이상의 작업이 대기 중인 작업장을 말한다. 병목작업장이 어디인지 찾아내고 거기에 생산능력을 추가하여 공정의 흐름을 개선함으로써 조직 전체의 최적화를 추구하는 이론은?**

① 제약이론(theory of constraints)

② 공급체인관리(supply chain management)

③ 고객관계관리(customer relationship management)

④ 전사적자원관리(enterprise resource planning)

해설

정답 ①

테마10. 6시그마

6시그마란 '최고 경영자의 리더십 아래 시그마라는 통계 척도를 사용하여 모든 품질 수준을 정량적으로 평가하고, 문제해결 과정 및 전문가 양성 등의 효율적인 품질 문화를 조성하며, 품질 혁신과 고객만족을 달성하기 위하여 전사적으로 실행하는 종합적인 기업의 경영 전략' 이라고 정의할 수 있다.
이 정의에는 세 가지 내용이 담겨 있다.

1) 통계적 척도(Statistical)이다. 6시그마는 100만 개의 결함이 발생할 수 있는 기회당 실제로 발생하는 결함의 개수가 3.4개 정도인 품질 수준을 의미한다.
2) 경영철학(Management Philosophy)이다. 'Working Harder'가 아닌 'Working Smarter'를 의미하며, 이것은 모든 일에 실수(mistake)를 가능한 적게 하는 것을 말한다.
3) 종합적인 기업 전략(Business Strategy)이다. 6시그마는 제품의 품질향상과 비용감소에 목적이 있기 때문에 기업의 경쟁력 확보에 큰 도움이 되고, 고객의 만족이 높아진다. 6시그마의 정의에 가깝다.

Six Sigma는 1987년 미국 Motorola에서 처음으로 시작되었다. Six Sigma는 Motorola사에 이어 Texas Instrument (1988), Asea Brown Boveri (1993), Allied Signal (1994), General Electric (1995) 등에서 적용되었으며, 큰 성과를 거두었다. 최근 Polaroid, Bombardier, Lockheed Martin, SONY 등 미국 기업과 아시아와 유럽의 많은 기업들도 시그마를 도입하여 적용하고 있다.

○ 읽기자료: 6시그마

6시그마는 QC(품질관리), TQC(전사적 품질관리), TQM(전사적 품질경영)등 전통적인 품질관리 기법과는 큰 차이가 있다.
우선 불량에 대한 개념부터 다르다는 점을 들 수 있다.
전통적 품질관리 운동의 목표는 고객에게 인도되는 최종 생산품의 불량을 줄이는 것이었다. 제조공정에서 불량품이 나오더라도 회사 밖으로 나가는 제품에 대해선 불량품이 없어야 한다는 것이다.
이에 반해 6시그마는 불량이 일어 날 수 있는 원인을 근본적으로 제거하는 기법이다. 회사 내 전부분에서 오류가 발생할 수 있는 구조시스템 그 자체에 메스를 가한다는 것이다.
즉, 기존의 품질관리 기법이 대량생산 중심 시대에 부합하는 생산자 위주의 제조 중심 관리기법이라고 하면, 6시그마 경영은 모든 프로세스에 적용할 수 있는 현대의 정보화 시대에 걸맞은 경영혁신 방법이라고 할 수 있다. 이는 곧 비용(cost)과 시간을 줄이고 고객에게 항상 변함없는 품질을 제공할 수 있는 기반을 마련한다는 획기적인 의미를 지닌다.
과거의 품질 운동은 생산 부서나 품질관리 부서, 혹은 분임조 활동을 바탕으로 이루어져, 구성원이 의견을 집약하여 상부로 문제점이 전달되는 '하의상달'의 방식인데 비해, 6시그마는 강력한 리더십을 갖춘 최고경영자에 의해 뚜렷한 목표를 설정하고 강력하게 전사적으로 추진할 때 '상의하달' 방식을 취함으로써 그 효과를 발휘한다.
6시그마는 어떤 프로세스에도 적용될 수 있다. 과거의 품질관리기법이 제조업 위주의 특정 프로세스에 적용할 수 있는 방법이라면, 6시그마 경영기법은 모든 제품의 제조공정 뿐만 아니라 자재 및 설비의 구입, 제품개발, 영업, 구매 회계, 마케팅 등 사무 간접 부문이 모든 프로세스에 적용하여 각 프로세스마다 최대의 효율을 낼 수 있는 최적조건을 찾아주는 기법이다. 따라서 6시그마 경영은 제조업뿐만 아니라 비제조업인 금융, 서비스, 및 기타 모든 기업에 도입될 수 있다.

○ 읽기자료: 식스시그마(6sigma) 운동

6시그마(6σ)는 기업에서 전략적으로 완벽에 가까운 제품이나 서비스를 개발하고 제공하려는 목적으로 정립된 품질경영 기법 또는 철학으로서, 기업 또는 조직 내의 다양한 문제를 구체적으로 정의하고 현재 수준을 계량화하고 평가한 다음 개선하고 이를 유지 관리하는 경영 기법이다.

6시그마와 기존 품질관리기법과 가장 큰 차이는 이것이 특정 부문의 개선이 아니라 경영 전반의 혁신 운동이라는 점이다.

우선 제1세대 6시그마의 경우 제조공정의 프로세스를 개선하는데 적당한 방법론이라고 할 수 있다. 제조 공정이 아닌 경우에 DMAIC(문제정의-측정-분석-개선-제어) 방법론을 사용할 경우 혁신의 수익모델이 성립하지 않는다는 문제를 극복하기가 어렵고 결국은 실패하고 만다.

제2세대 6시그마의 경우도 마찬가지이다. 금융부문의 프로세스와 개발부문의 제품 개선을 과제로 수행하는 DMADOV(문제정의-측정-분석-설계-최적화-검증) 방법론도 업무의 본질을 꿰뚫지 못하면 실패하고 만다.

DMADOV: 문제정의(Define), 측정(Measure), 분석(Analyze), 설계(Design), 최적화(Optimize), 검증(verify).

금융부문의 업무 프로세스를 개선하는 것을 6시그마로 수행하는 것을 성공사례로 GE에서 새로운 방법론을 개척했고 제품개발의 방법론도 만들어졌지만 실제 업무의 과정을 기술하고 있는 DMADOV 방법론이 성과에 어느 정도 영향을 주고 있는지에 대해서는 회의적이라고 볼 수 있다.

제3세대 6시그마의 경우는 아직은 전혀 성과를 내지 못하고 있는 상황이다. 2004년에 6시그마의 창시자 마이클 해리가 최초로 언급한 제3세대 6시그마 ICRA(Innovation-Configuration-Realization-Attenuation)가 있다.

01 6시그마와 TQM을 비교한 설명으로 옳은 것은?

① 목표설정에서 6시그마는 추상적이면서 정성적이고, TQM은 구체적이면서 정량적이다.

② 방침결정에서 6시그마는 하의상달이고, TQM은 상의하달이다.

③ 6시그마는 불량품의 발생을 줄이고자 하며, TQM은 조직의 모든 구성원들과 자원을 결집한 지속적인 품질개선을 도모한다.

④ 6시그마는 내·외부 고객, 공급자, 종업원, 경영지에 초점을 맞추고, TQM은 통계적 방법을 사용하여 공정성과를 개선하고자 한다.

⑤ 6시그마는 구성원의 자발적 참여를 중시하고, TQM은 체계적이고 의무적인 행동을 강조한다.

해설

나머지는 모두 반대로 서술되어 있다.

표준편차의 6배까지 오차를 줄인다는 뜻이 6시그마 공정의 의미이다. 불량률 99.7% 감소.

정답 ③

02 6시그마(6 sigma)에 대한 설명으로 옳지 않은 것은?

① 프로세스에서 불량과 변동성을 최소화하면서 기업의 성과를 최대화하려는 종합적이고 유연한 시스템이다.

② 프로그램의 최고 단계 훈련을 마치고, 프로젝트 팀 지도를 전담하는 직원은 마스터블랙벨트이다.

③ 통계적 프로세스 관리에 크게 의존하며, '정의-측정-분석-개선-통제(DMAIC)' 의 단계에 걸쳐 추진된다.

④ 제조프로세스에서 기원하였지만 판매, 인적자원, 고객서비스, 재무서비스 부문으로 확대되고 있다.

해설

6시그마는 통계적 기법을 활용하여 프로세스를 개선하고 최종적으로 수익성을 향상시키는 것을 기본적인 목적으로 하고 있다. 6시그마의 특성을 수익성 향상, 벨트제도의 활용, 통계의 집중적 사용, 프로젝트 개선과 같이 4가지로 분류한다.

○ 6시그마 경영의 실행요원

구분	지위와 역할
챔피온(champion)	6시그마의 전략수립과 실행에 대한 최고책임자
마스터 블랙 벨트	블랙 벨트 지도 및 확인
블랙 벨트	6시그마의 전문가로서 프로젝트 해결의 전담자
그린 벨트	개선 프로젝트의 해결과 담당 업무를 병행하는 문제 해결의 전문가
화이트 벨트	전 직원의 의무 자격

정답 ②

03 <보기>는 식스시그마(six sigma) 방법론에서 활용되는 프로세스 성과 개선 5단계(DMAIC)에 관한 설명이다. 이 중 세 번째 단계(A)와 다섯 번째 단계(C)에 해당하는 것은?

〈보기〉

(가) 새로운 성과 목표를 달성하기 위하여 기존 방법을 변경하거나 재설계한다.

(나) 프로세스를 관찰하여 높은 성과 수준이 유지되는지 확인한다.

(다) 고객만족에 핵심적인 프로세스 산출의 특징을 결정하고, 이 특징과 프로세스 능력의 격차를 인지한다.

(라) 성과지표에 관련된 자료를 이용하여 프로세스를 분석한다.

(마) 성과격차에 영향을 미치는 프로세스 업무를 계량화한다.

	(A)	(C)
①	(가)	(라)
②	(나)	(마)
③	(다)	(가)
④	(라)	(나)

해설

○ 6-시그마(DMAIC)

1) 고객만족에 핵심적인 프로세스 산출의 특징을 결정하고, 이 특징과 프로세스 능력의 격차를 인지한다.
2) 성과격차에 영향을 미치는 프로세스 업무를 계량화한다.
3) 성과지표에 관련된 자료를 이용하여 프로세스를 분석한다.
4) 새로운 성과 목표를 달성하기 위하여 기존 방법을 변경하거나 재설계한다.
5) 프로세스를 관찰하여 높은 성과 수준이 유지되는지 확인한다.

DMAIC는 정의(define) → 측정(measure) → 분석(analyze) → 개선(improve) → 통제(control)의 순서이다.

정답 ④

04 친환경 경영과 직접적인 관련이 없는 것은?

① 식스시그마(6sigma) 운동　　② 탄소배출권
③ 지속가능한 경영　　④ 교토의정서

해설

정답 ①

05 기업이 직면한 문제를 해결하기 위하여 정의-측정-분석-개선-관리(DMAIC)의 과정을 통하여 문제해결을 해나가는 경영혁신기법은?

① IRS　　② CRM
③ TQM　　④ DSS
⑤ 6-sigma

해설

○ **읽기자료: TQM(Total Quality Management)**

품질 경영의 가장 대표적 이론으로 조직운영, 제품, 서비스의 지속적인 개선을 통해 고품질과 경쟁력을 확보하기 위한 전 종업원의 체계적 노력을 말한다.

1. TQM의 개념에 깔려 있는 철학적 기반

㉠ 품질은 고객에 의해 정의된다.
㉡ 고객만족을 창출하는 재화와 용역을 생산하는데 있어서의 과정을 중시하여 인간위주의 경영시스템을 지향하는 것이다.

2. TQM의 6가지 기본요소

① 서비스의 질(quality)
② 고객(customers)
③ 고객만족(customers satisfaction)
④ 변이(variation)
⑤ 변화(change)
⑥ 최고 관리층의 절대적 관심(top management commitment)

정답 ⑤

06 6시그마 프로젝트의 과정을 순서대로 나열한 것은?

① 정의(define) → 분석(analyze) → 측정(measure) → 개선(improve) → 통제(control)
② 정의(define) → 분석(analyze) → 개선(improve) → 통제(control) → 측정(measure)
③ 정의(define) → 분석(analyze) → 개선(improve) → 측정(measure) → 통제(control)
④ 정의(define) → 측정(measure) → 개선(improve) → 분석(analyze) → 통제(control)
⑤ 정의(define) → 측정(measure) → 분석(analyze) → 개선(improve) → 통제(control)

해설

6시그마는 품질관리 방법론으로서 기업의 비즈니스 프로세스 능력을 개선하는 도구를 제공한다. 6시그마의 해결 기법 과정은 DMAIC로 대표된다.
6시그마는 기업에서 전략적으로 완벽에 가까운 제품이나 서비스를 개발하고 제공하려는 목적으로 정립된 품질경영 기법 또는 철학으로서, 기업 또는 조직 내의 다양한 문제를 구체적으로 정의하고 현재 수준을 계량화하고 평가한 다음 개선하고 이를 유지 관리하는 경영 기법이다.

정답 ⑤

07 생산품의 결함발생률을 백만 개 중 3~4개 수준으로 낮추려는 데서 시작된 경영혁신운동으로 '측정'-'분석'-'개선'-'관리'(MAIC)의 과정을 통하여 문제를 찾아 개선해가는 과정은?

① 학습조직(Learning organization)
② 리엔지니어링(Reengineering)
③ 식스 시그마(6-sigma)
④ ERP(Enterprise resource planing)
⑤ BSC(Balanced score card)

해설

정답 ③

08 <보기>는 식스시그마(six sigma) 방법론에서 활용되는 프로세스 성과 개선 5단계(DMAIC)에 관한 설명이다. 이 중 세 번째 단계(A)와 다섯 번째 단계(C)에 해당하는 것은?

〈보기〉

(가) 새로운 성과 목표를 달성하기 위하여 기존 방법을 변경하거나 재설계한다.

(나) 프로세스를 관찰하여 높은 성과 수준이 유지되는지 확인한다.

(다) 고객만족에 핵심적인 프로세스 산출의 특징을 결정하고, 이 특징과 프로세스 능력의 격차를 인지한다.

(라) 성과지표에 관련된 자료를 이용하여 프로세스를 분석한다.

(마) 성과격차에 영향을 미치는 프로세스 업무를 계량화한다.

	(A)	(C)
①	(가)	(라)
②	(나)	(마)
③	(다)	(가)
④	(라)	(나)

해설

○ 6-시그마(DMAIC)

1) 고객만족에 핵심적인 프로세스 산출의 특징을 결정하고, 이 특징과 프로세스 능력의 격차를 인지한다.
2) 성과격차에 영향을 미치는 프로세스 업무를 계량화한다.
3) 성과지표에 관련된 자료를 이용하여 프로세스를 분석한다.
4) 새로운 성과 목표를 달성하기 위하여 기존 방법을 변경하거나 재설계한다.
5) 프로세스를 관찰하여 높은 성과 수준이 유지되는지 확인한다.

DMAIC는 정의(define) → 측정(measure) → 분석(analyze) → 개선(improve) → 통제(control)의 순서이다.

정답 ④

09 혁신적인 품질개선을 목적으로 개발된 기업 경영전략인 6시그마 프로젝트 수행단계(DMAIC)에 관한 설명으로 옳지 않은 것은?

① 정의(define): 문제점을 찾아내는 첫 단계
② 측정(measurement): 문제 수준을 계량화하는 단계
③ 통합(integration): 원인과 대책을 통합하는 단계
④ 분석(analysis): 상태 파악과 원인분석을 하는 단계
⑤ 관리(control): 관리계획을 실행하는 단계

해설

6시그마의 해결 기법 과정은 DMAIC로 대표된다. 이것은 정의(Define), 측정(Measure), 분석(Analyze), 개선(Improve), 관리(Control)을 거쳐 최종적으로 6시그마의 기준에 도달하게 되는 것을 의미한다.

정답 ③

10 품질경영기법에 관한 설명으로 옳지 않은 것은?

① SERVQUAL 모형은 서비스 품질수준을 측정하고 평가하는데 이용될 수 있다.
② TQM은 고객의 입장에서 품질을 정의하고 조직 내의 모든 구성원이 참여하여 품질을 향상하고자 하는 기법이다.
③ HACCP은 식품의 품질 및 위생을 생산부터 유통단계를 거쳐 최종 소비될 때까지 합리적이고 철저하게 관리하기 위하여 도입되었다.
④ 6시그마 기법에서는 품질특성치가 허용한계에서 멀어질수록 품질비용이 증가하는 손실함수 개념을 도입하고 있다.
⑤ ISO 9000 시리즈는 표준화된 품질의 필요성을 인식하여 제정되었으며 제3자(인증기관)가 심사하여 인증하는 제도이다.

해설

○ 일본의 다구치
품질특성치가 허용한계에서 멀어질수록 품질비용 증가하는 손실함수 개념을 도입.

정답 ④

11 6 -시그마의 프로세스 개선 5단계에 해당되지 않는 것은?

① 정의
② 측정
③ 분석
④ 계획
⑤ 통제

해설

6시그마는 품질관리 방법론으로서 기업의 비즈니스 프로세스 능력을 개선하는 도구를 제공한다. 6시그마의 해결 기법 과정은 DMAIC로 대표된다.
6시그마는 기업에서 전략적으로 완벽에 가까운 제품이나 서비스를 개발하고 제공하려는 목적으로 정립된 품질경영 기법 또는 철학으로서, 기업 또는 조직 내의 다양한 문제를 구체적으로 정의하고 현재 수준을 계량화하고 평가한 다음 개선하고 이를 유지 관리하는 경영 기법이다.
정의(define) → 측정(measure) → 분석(analyze) → 개선(improve) → 통제(control)

정답 ④

12 6시그마 경영은 모토로라(Motorola)사에서 혁신적인 품질개선의 목적으로 시작된 기업경영전략이다. 6시그마 경영과 과거의 품질경영을 비교 설명한 것으로 옳은 것은?

① 과거의 품질경영 방식은 전체 최적화였으나 6시그마 경영은 부분 최적화라고 할 수 있다.
② 과거의 품질경영 계획대상은 공장 내 모든 프로세스였으나 6시그마 경영은 문제점이 발생한 곳 중심이라고 할 수 있다.
③ 과거의 품질경영 교육은 체계적이고 의무적이었으나 6시그마 경영은 자발적 참여를 중시한다.
④ 과거의 품질경영 관리단계는 DMAIC를 사용하였으나 6시그마 경영은 PDCA cycle을 사용한다.
⑤ 과거의 품질경영 방침결정은 하의상달 방식이었으나 6시그마 경영은 상의하달 방식으로 이루어진다.

해설

○ 6시그마

6시그마는 품질관리(QC), 종합적품질관리(TQC), 그리고 종합적품질경영(TQM)과 같은 전통적인 품질 운동과는 큰 차이가 있다.

1) 우선 불량에 대한 개념부터 다르다. 전통적 품질 운동은 고객에게 인도되는 최종 제품의 불량을 줄이는 것이다. 제조공정에서 아무리 많은 불량품이 나오더라도 회사 밖으로 나가는 제품에 대해선 불량품이 없어야 한다는 것이다.

2) 6시그마는 톱-다운(top-down) 방식의 활동 체계를 갖추고 있다.

최고경영자의 강한 의지가 임원 및 일반 사원들에게 전파되고, 그들로 하여금 총체적인 개선 활동을 하도록 시스템을 갖춰나가는 것이다. 실제 모토롤라 등 몇 개의 기업들이 일반 직원들의 자발적 참여가 최고경영자에게 전달되는 바텀-업 (bottom-up) 방식을 채택하기도 하였으나, 큰 성과를 거두는 데는 실패한 것으로 알려져 있다. 반면 잭 웰치 회장의 강력한 리더십 아래 톱-다운 방식을 적용한 GE는 6시그마 활동의 대표적인 성공사례로 평가받고 있다. GE이후 거의 모든 기업들은 톱-다운 방식을 채택하고 있다.

3) 6시그마는 또 진정한 의미의 '전사적 품질운동'이다. 80년대 일본 제조업체의 품질수준을 개선하는데 큰 역할을 담당한 QC는 생산현장에 국한된 것이라고 할 수 있다. 특정 공정을 대상으로 숙련도를 향상시키는데 초점이 맞춰져 있었다. TQC와 TQM은 QC의 한계를 극복하기 위해 품질운동의 대상범위를 확대하고자 했으나, 기업 내에서의 실제 활동은 부분적인데 그쳤다. 반면 6시그마는 특정 부문의 '개선' 이 아니라 경영 전반을 대상으로 한 '혁신' 활동이다. 생산현장은 물론 구매, 판매, 총무, 그리고 회계 등 간접부문에서도 큰 효과를 내고 있다. 6시그마 교육 프로그램도 제조, 연구개발, 그리고 사무 간접의 3가지 분야로 구분해 개발되어 있다.

사무 간접이란 말은 직접 생산에 참여하지 않는 부문을 말한다. 회사를 기능(function)별로 나누면 생산, 마케팅, 인사, 회계, 재무 등이 있다.

4) 6시그마 활동은 매우 체계적이고 과학적인 문제해결기법을 사용하고 있다.

Define(문제정의), Measure(측정), Analyze(분석), Improve(개선), 그리고 Control(관리)의 5단계를 거치게 되는 데, 우리는 이를 DMAIC 사이클이라 칭한다. 프로젝트 시작 시 품질에 영향을 준다고 생각되는 약 30개 이상의 입력변수를 선정하고, D단계와 M단계 완료 후에는 그 수를 7~8개 이내로 압축한다. A단계에서 이들 7-8개의 변수에 대한 데이터를 분석한 후 중요하다고 판단되는 핵심입력변수를 3-4개 이내로 압축하고, I단계에서는 이들에 대한 최적 작업 조건을 선정하게 된다. 최적 작업조건의 현장 적용 및 유지관리는 C단계에서 수행한다. 물론 표준 설정 및 관리 방법은 이 단계에서 결정하게 된다.

5) 6시그마 활동의 또 다른 특징 중 하나는 측정(Measure)을 중요시한다는 것이다. 전통적인 품질 활동에서는 품질 문제 발생 시, 여러 작업자들이 모여서 서로의 의견을 제시하고 브레인스토밍을 통해 해결책을 찾아나가는 것을 기본으로 하고 있다. 그러나 이러한 방법의 경우 엔지니어나 업무 담당자의 기본 지식에서 크게 벗어나는 해결책을 얻기가 어렵다. 반면 6시그마는 크게 다르다. 6시그마 활동의 기본 원칙은 엔지니어의 고정 관념을 버리자는 것이다. 모든 것은 측정한 데이터에 의해 판단하자는 것이다. 이러한 데이터를 얻는 과정 즉, M(측정)단계를 6시그마에서는 가장 중요시한다. 실제로 올바른 측정 방법에 의해 투명한 데이터들이 얻어졌다면, 그 문제는 절반 이상 해결된 것이라 말할 수 있다. 그 동안 컨설팅을 수행한 삼성전기, LG건설 등에서의 경험으로도, M단계에서 올바른 데이터가 구해진 프로젝트에서는 A단계의 분석과정을 거쳐 문제의 원인 파악 및 개선 방안을 마련할 수 있었다.

정답 ⑤

테마11. 다구치의 손실함수

○ 다구찌의 손실함수

다구찌는 종래의 방법과는 다른 관점으로 품질을 보고, 품질을 향상시키기 위해 전통적인 접근방법과는 다른 각도로 접근할 것을 주장하였다. 다구찌 방법의 핵심은 두 가지로 볼 수 있는데 그것은 손실함수와 로버스트 설계이다. 이 두 가지가 각각 뜻하는 바가 무엇인지를 살펴보자.

1. 손실함수(Loss Function)

손실함수가 무엇인지를 이해하기 위해서는 우선 품질에 대한 기존의 개념과 다구찌의 개념이 어떻게 다른지 살펴볼 필요가 있다. 기존의 관점에서는 품질을 바람직한 속성으로만 보았다. 그러나 다구찌는 품질을 '손실' 의 관점에서 이해하여 손실을 줄여야만 더 좋은 품질을 얻을 수 있다고 보았다. 다구찌는 '품질이란 물품이 출하된 다음 사회에 주는 손실이며, 다만 기능 그 자체에 따른 손실은 제외된다.' 라고 정의하고 있다. 여기서 손실이란 제품이 완전하지 못함으로써 발생하는 낭비, 비용, 잠재적인 손해 등을 말한다. 이러한 그의 입장을 설명하기 위해 다음과 같은 예를 들고 있다. '와이셔츠를 깨끗이 입으려면 세탁을 하거나 다림질을 해야 한다. 한 벌의 와이셔츠는 약 80회 정도 세탁하여 입은 후 버려진다고 한다. 현재 세탁을 맡기면 1회에 약 4000원 정도가 든다. 한벌의 와이셔츠 세탁비는 320,000원이라는 결과가 된다. 만약 오염이나 구김을 절반으로 줄여주는 새로운 와이셔츠가 만들어진다면, 그것은 소비자의 세탁비 부담을 160,000원 덜어준다. 이 새로운 와이셔츠의 원가가 10,000원 더 높더라도 그것을 20,000원 비싸게 판다면 메이커는 10,000원의 이익을, 소비자는 140,000원의 이익을 누리게 된다. 그뿐 아니라 세탁횟수가 절반으로 줄어 세탁 후의 더러워진 물이나 세탁시의 소음도 절반이 된다. 결국 공해를 반감시키고 물이나 세제 등의 자원도 절반이 된다.' 또한, 한 제약회사에서 새로운 수면제를 개발했을 때 이 약이 수면제로서의 효능이 탁월하다고 할지라도 만일 이 약의 복용에 따라 많은 부작용이 생긴다면 이를 손실이라고 생각할 수 있다. 수면제의 경우와 같이 유해한 부작용이 발생하는 것 이외에도 제품에 대한 소비자의 사용상 요구가 만족되지 못하거나 제품이 이상적인 성능을 발휘하지 못하는 것도 손실의 예라 할 수 있다.

기존의 관점과 다구찌의 관점의 차이를 좀 더 구체적으로 살펴보기 위해, 생산한 제품에 대한 양/불량을 판정할 때 발생하는 손실을 생각해 보자. 전통적 기준에 따르면 생산품의 특성치가 규격상한과 규격하한의 사이에 들어가면 모두 양품(합격품)으로 판정되고, 하한보다 작거나 상한보다 크면 모두 불량품(불합격품)으로 판정된다. 예를 들어 지름 10cm 짜리 포탄을 생산할 때 규격하한을 10-0.02=9.98cm 라고 하고 규격상한을 10+0.02=10.02cm 라고하면 생산한 포탄의 지름이 9.98cm 와 10.02cm 사이에 들어가면 양품으로 판정되고 9.98cm 보다 작거나 10.02cm 보다 크면 불량품으로 판정된다.

다구찌의 관점으로 볼 때는 생산한 제품이 목표치를 정확하게 충족시키지 않는 이상 그 제품은 손실을 발생시킨다. 전통적 관점에서는 생산한 제품이 불량품으로 판정되지만 않으면 폐기비용이나 수리비용과 같은 비용을 발생시키지 않으므로 생산자에게는 손실이 생기지 않는다. 그러나 품질특성치가 규격범위 내에 있다하더라도 목표치와 일치하지 않으면 고객에게 불편을 야기시키는 등의 다른 손실을 수반한다. 예를 들어 고객들이 구두를 살 경우, 원하는 치수보다 다소 크거나 작은 것을 신을 수는 있어도 자기가 원하는 정확한 치수를 보다 선호한다. 따라서 생산자는 목표치를 충족시키는 것을 목표로 하게 된다. 손실에 대한 이러한 관점을 그림으로 나타내면 다음과 같다.

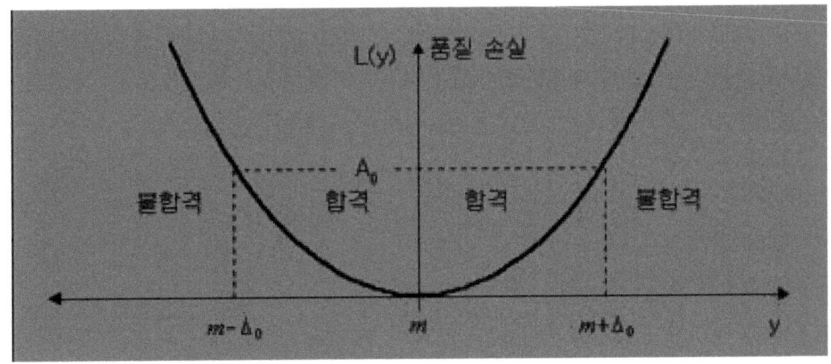

〈그림〉 다구찌의 손실함수

〈그림〉에서 알 수 있듯이 생산한 제품이 발생시키는 손실이 0이 될 때는 제품의 품질특성치가 목표치를 만족시키는 한 점 뿐이다. 그리고 규격하한과 규격상한의 사이에 있든 바깥에 있든 마찬가지로 목표치에서 멀어질수록 더 큰 손실을 발생시키고 손실곡선은 목표치에서 멀어질수록 가파르게 된다.

01

제품 설계 시 제품의 변동을 일으키는 원인인 노이즈를 제거하거나 차단하는 대신에 노이즈에 대한 영향을 없애거나 줄이도록 하는 설계방법은?

① 손실함수(los function)설계

② 로버스트(robust)설계

③ 프로젝트(project)설계

④ 학습곡선(learning curve)설계

⑤ 동시공학(concurent engineering)설계

해설

○ 읽기자료: 로버스트 설계(Robust Design)

로버스트 설계의 개념을 이해하기 위해서는 먼저 노이즈(noise)의 개념을 알아둘 필요가 있다. 노이즈란 제품을 생산할 때 제품에 변동을 일으키는 원인, 즉 변동원인을 말한다.

예를 들면 변동원인(환경요인, 노이즈)에는 진동, 소음, 기후, 온도, 습도, 먼지, 작업자의 습관 또는 실수, 기계의 노후, 공구의 마모 등이 있다. 로버스트 설계는 제품이 노이즈에 둔감한 즉 노이즈에 의한 영향을 받지 않거나 덜 받도록 하는 설계를 말한다. 작업장 설계를 새롭게 하는 것은 비용이 많아 소요된다. 다구찌는 노이즈를 제거하는 것이라 노이즈는 그대로 둔 채 노이즈에 강한 제품을 만들 것을 주장한다. 즉, 노이즈를 제거하기 위해 작업장을 재설계하는 것이 아니라 노이즈에 강하게 되도록 제품을 재설계한다는 것이다. 다구찌의 가마공장이야기를 검색해 볼 것!

정답 ②

02

제품품질을 '제품에 의해 야기된 사회적 손실'로 정의하고, 지속적 품질개선과 원가절감은 기업이 경쟁사회에서 존속하기 위한 필수요건이며, 이를 위한 프로그램은 품질특성의 목표치와의 편차를 끊임없이 감소시켜 나가는 것임을 강조한 사람은?

① 데밍(Deming)

② 쥬란(Juran)

③ 다구치(Taguchi)

④ 크로스비(Crosby)

해설

〈Hint〉

다구찌의 품질에 대한 정의.

"품질은 제품이 출하된 후부터 사회에 재정적 손실을 입히지 않는 것이다."

정답 ③

테마12. EOQ(경제적 주문량)

○ EOQ 모형의 가정

1) 해당 품목에 대한 단위 기간 중의 수요는 정확하게 예측할 수 있다.
2) 주문품의 도착시간이 고정되어야 한다.
3) 주문품이 끊이지 않고 계속 공급받을 수 있어야 한다.
4) 재고의 사용량은 일정하다.
5) 단위당 재고유지비용과 1회 주문비는 주문량에 관계없이 일정하다.
6) 수량할인은 없다.
7) 재고부족현상이나 추후에 납품되는 일은 발생하지 않는다.

→ 주문비는 주문량에 상관없이 일정하고, 재고유지비는 평균재고에 비례한다.
→ 품목에 따른(단위당) 재고 유지비는 일정하다.

경제적 주문량 공식(아래 식에서 제곱근을 한다)
분자: 2×수요량(D)×주문비용(S)
분모: 재고유지비용(H) *재고유지비용이란 단위당 단가×재고유지비율이다.

$$EOQ = \sqrt{\frac{2 \times 수요량(D) \times 주문비용(S)}{재고유지비용(H)}}$$

1년을 단위기간으로 사용하는 경우에 경제적 주문량 산출식의 구성항목에 해당하지 않는 것은?

① 주문비용
② 연간수요
③ 조달기간(리드타임)
④ 연간 단위당 재고유지비용

해설

정답 ③

경제적 주문량(EOQ)에 대한 설명으로 옳은 것은?

① 경제적 주문량이 클수록 평균재고는 작아진다.
② 다른 비용이 고정이라면 주문비용이 클수록 경제적 주문량은 작아진다.
③ 다른 비용이 고정이라면 연간계획량이 많을수록 경제적 주문량은 작아진다.
④ 경제적 주문량이 클수록 연간 주문횟수는 줄어든다.

해설

정답 ④

경제적 주문량(EOQ)에서 다른 항목은 변함이 없고 연간 수요량이 2배로 늘어나고 구입자재의 단가가 2배로 늘어난다면 경제적 주문량은 어떻게 변화하는가?

해설

정답 변화가 없다. 왜냐하면 분모와 분자의 값이 각각 2배로 증가하기 때문이다.

경제적 주문량(EOQ)에서 다른 비용은 고정인데 연간계획량이 4배로 증가할 경우 경제적 주문량은 어떻게 변화하는가?

해설

정답 2배로 커진다.

유제 5

㈜ 합격 회사의 A제품에 소요되는 B부품의 연간 수요량이 20,000개, 주문비용이 80,000원, 단위당 단가가 4,000원, 재고유지비용이 20%이면 경제적 주문량(EOQ)은 얼마인가?

① 1,000 ② 1,500

③ 2,000 ④ 2,500

해설

정답 ③

유제 6

컴퓨터를 주력상품으로 판매하는 ㈜ 합격은 올해의 매출을 전년도 대비 10% 증가한 9,600대가 팔릴 것으로 예상하고 있다. 이 컴퓨터의 연간재고유지비용은 단위당 16원이고, 주문비용은 75원이다. 경제적 주문량은 얼마인가?

① 100 ② 200

③ 300 ④ 400

해설

정답 ③

유제 7

개당 10,000원에 판매되는 제품 A의 연간수요는 400개로 일정하게 발생하고 있으며, 1회 주문비용은 5,000원, 개당 연간 재고유지비용은 판매가격의 25%정도로 추산하고 있다. 경제적 주문량(EOQ) 모형을 적용하여도 큰 무리가 없다고 가정할 때, 경제적 주문량은?

① 25개 ② 30개

③ 35개 ④ 40개

⑤ 50개

해설

경제적 주문량 공식(아래 식에서 제곱근을 한다)

분자: 2×수요량(D)×주문비용(S)

분모: 재고유지비용(H) *재고유지비용이란 단위당 단가×재고유지비율이다.

정답 ④

01

확정적 정기주문모형인 경제적 주문량(EOQ)에서 경제적 주문량은 다음의 산식으로 구한다. 물음에 답하시오.

> $$EOQ=\sqrt{\frac{2(ㄴ)(ㄷ)}{(ㄱ)}}$$
>
> 여기에서 (ㄱ), (ㄴ), (ㄷ)에 해당하는 변수를 바르게 나열한 것은?

	(ㄱ)	(ㄴ)	(ㄷ)
①	1회 주문비용	연간 단위당 재고유지비용	연간 수요
②	연간 수요	단위당 구입가격	연간 단위당 재고유지비용
③	연간 단위당 재고유지비용	단위당 구입가격	1회 주문비용
④	연간 단위당 재고유지비용	연간 수요	1회 주문비용
⑤	1회 주문비용	단위당 구입가격	연간 단위당 재고유지비용

해설

정답 ④

02

재고관리에 관한 설명으로 옳지 않은 것은?

① 경제적주문량(EOQ) 모형에서 재고유지비용은 주문량에 비례한다.

② 신문판매원 문제(newsboy problem)는 확정적 재고모형에 해당한다.

③ 고정주문량모형은 재고수준이 미리 정해진 재주문점에 도달할 경우 일정량을 주문하는 방식이다.

④ ABC 재고관리는 재고의 품목 수와 재고 금액에 따라 중요도를 결정하고 재고관리를 차별적으로 적용하는 기법이다.

⑤ 재고로 인한 금융비용, 창고 보관료, 자재 취급비용, 보험료는 재고유지비용에 해당한다.

해설

○ 연간재고유지비용: 연간재고유지비용은 Q에 비례하여 증가한다.

> 수요가 확정적인가 확률적인가에 따라 확정적 모형과 확률적 모형으로 구분.
>
> **○ 확정적 모형**
>
> **1. 고정주문량 모형(정량 발주 모형)**
>
> 1) 경제적 주문량 모형(EOQ)
>
> 2) 경제적 생산량 모형(EPQ)
>
> **2. 고정주문간격 모형(정기 발주 모형)**

○ 특수한 재고모형으로 단일기간재고모형과 ABC재고모형이 있다.

1. 단일기간 재고모형

단일기간 재고모형을 신문판매원문제(Newsboy Problem)이라고도 부른다.

수요가 일회적이며 재고기간, 수명이 짧은 상품들의 주문량이나 재고수준 결정.

2. ABC재고모형

ABC재고모형은 자재의 품목별 중요도나 연간 총사용액에 따라 분류.

일반적으로 A등급은 전체 80%의 가치, B등급은 15%, C등급은 5%의 가치.

A등급은 품목은 적고 보관량과 회전수는 많다. 정기발주시스템을 취한다.

B등급은 품목, 보관량, 회전수가 중간 정도로 정량발주시스템을 취한다.

C등급은 품목은 많고 보관량, 회전수는 적다. Two bin system 또는 JIT방식을 취한다.

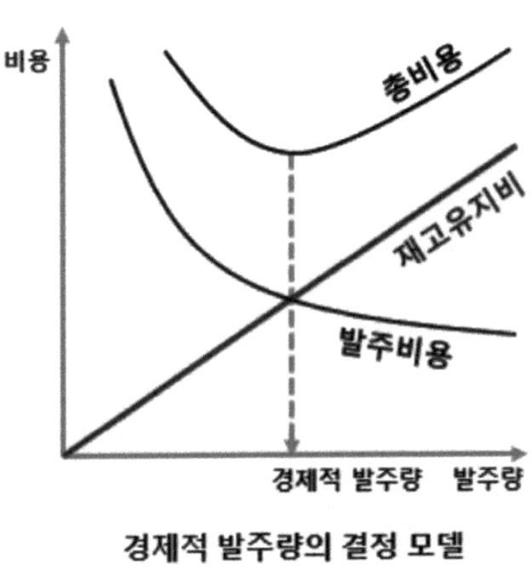

경제적 발주량의 결정 모델

정답 ②

03 재고와 재고관리에 대한 설명으로 옳지 않은 것은?

① ABC 재고관리 시스템은 재고품목을 연간 사용횟수에 따라 A등급, B등급, C등급으로 구분한다.

② 경제적 주문량(EOQ) 모형은 확정적 재고관리모형에 속한다.

③ 조달기간의 수요변동에 대비하여 보유하는 부가적 재고를 안전재고라고 한다.

④ 경제적 생산량(EPQ) 모형은 주문량이 한 번에 모두 도착하는 것을 전제로 하지 않는다.

해설

○ ABC 재고관리 시스템

ABC 재고관리 시스템은 품목별 중요도(재고의 가치)나 연간 총사용액에 따라 전 품목을 A급, B급, C급으로 분류하는 방법으로 일반적으로 A등급은 전체 가치의 80%를 차지하는 품목, B등급은 다음 15%, C등급은 나머지 5%를 차지하는 품목들을 나타낸다.

A등급	품목은 적고 보관량과 회전수는 많다. 정기발주시스템
B등급	품목, 보관량, 회전수가 중간 정도이다. 정량발주시스템
C등급	품목은 많고 보관량과 회전수는 적다. JIT방식이나 투빈시스템

* 투빈시스템: 저장용기를 두개 만들어서 첫 번째 저장용기를 다 사용하면 두 번째 저장용기를 사용하면서 새 용기를 주문하는 것으로 볼트나 너트처럼 수량이 많고 부피가 작은 저가품 관리에 활용한다.

○ 경제적 주문량(EOQ) 모형

주문비용, 재고유지비용 간의 관계를 이용하여 가장 합리적인 주문량을 결정하는 방법이다.

1) 경제적 주문량(EOQ) 모형 가정

㉠ 단위당 재고유지비용과 1회당 재고주문비용은 일정하다.

㉡ 재고조달기간(리드타임: 주문 시부터 입고 시)은 일정하다.

㉢ 단위기간 중 수요량은 확정적이며 일정하다.

㉣ 재고부족현상은 발생하지 않는다. 경제적 모형(EOQ)은 주문량이 일시에 도착하여 보충된다고 가정한다.

㉤ 구입단가는 주문량과 관계없이 일정하다.

정답 ①

04

A회사에서는 연간 약 32,000개의 볼트를 생산한다. 볼트 연간 재고유지비가 개당 60원이고, 1회 주문비용이 2,400원이다. 이 회사에서 연간 240일 작업을 한다고 할 때 다음 항목의 답을 구하시오.

1) 경제적 주문량(Q)
2) 연간주문횟수(회)
3) 주문주기(일)
4) 연간 총재고비용
5) 상품인도기간이 3일일 경우 재주문점

정답
1) 1600
2) 20
3) 12
4) 96000
5) 400

테마13. EPQ(경제적 생산량)

기업 외부로부터의 주문량의 문제가 아닌 기업 자체 내에서 필요한 자재를 직접 제조하거나 제품을 생산, 조달하는 경우의 경제적 생산량을 말한다.
경제적 생산량(EPQ) 모형은 주문량이 한 번에 모두 도착하는 것을 전제로 하지 않는다.

○ 경제적 생산량(EPQ: Economic Production Quantity) 모형의 가정

㉠ 재고는 일시에 보충되는 것이 아니라 점진적으로 보충된다.
㉡ 재고 사용량은 일정하며 재고생산량(p)은 재고수요량(d)보다 크다.
㉢ 경제적 생산량의 결정: 총재고비용을 최소화시키는 1회 생산량

○ 읽기자료: 고정주문량과 고정주문간격모형

고정주문량 모형 (Q 시스템)	고정주문량(FOQ)은 발주(재주문)점까지 하락하면 사전에 결정되어 있는 수량을 발주하는 방식이다. 1) 발주(재주문)점의 결정은 현재 보유하고 있는 재고가 일정 수준 이하로 떨어졌을 때 재주문을 하는 시점으로 한다. 발주점(ROP)=조달기간(리드타임)×일 평균 사용량+안전재고 2) 경제적 주문량의 결정(EOQ)은 해당품목의 수급에 차질이 발생하지 않는 범위 내에서 재고관련 비용이 최소가 되는 1회 주문량. 3) 경제적 주문량의 결정(EOQ) 산출은 아래 공식에 루트(제곱근)을 하는 것이다. 2×연간총수요(D)×1회 주문비용(S)÷단위당 연간재고비용(H)
고정주문간격(기간)모형 (P시스템, fixed-order interval model)	일정한 시점이 되면 정기적으로 필요한 만큼의 양을 주문하는 형태의 주문 시스템 모형으로 주문량은 매번 달라질 수 있지만 주문 기간과 간격은 늘 일정하다.

01 재고관리에 대한 설명으로 옳은 것은?

① 고정주문량 모형은 고정주문주기 모형보다 엄격한 재고관리를 수행하므로 보다 많은 안전재고를 요구한다.

② 경제적 주문량 모형의 경우 재고조달기간은 알려져 있으며, 단위당 재고유지비용은 일정하고, 구입단가는 주문량과 관계없이 일정하고, 재고부족현상은 발생하지 않는다는 가정을 두고 있다.

③ 고정주문량 모형은 주문량이 일정하므로 매 주문시점에서만 재고를 검토하면 된다.

④ 경제적 생산량 모형은 수요가 일정하며, 생산하고자 하는 양이 일시에 전량 생산되어 재고가 보충된다는 가정을 두고 있다.

해설

○ 확률적 재고모형(안전재고가 필요한 모형)

고정주문량 모형(=Q모형)	고정주문기간모형(=P모형)
• 주문량이 고정되어 있으며 실제 주문은 재고가 특정 수준까지 줄어들면 주문을 발주하는 재고관리 모형이다. • 출고가 발생할 때마다(=수시로) 재고량을 검토하여 재주문할 시점이 되었는지를 판단. • 안전재고 수준이 더 낮다.	• 정해진 주기의 끝에서만 발주를 하는 재고관리 모형으로 주문과 주문 사이의 기간은 고정되어 있지만 주문량은 변화한다. • 조달기간과 발주 사이클 기간의 양쪽을 모두 생각해야 하기 때문에 안전재고량은 상대적으로 증가한다.

○ 연간생산량 모형(EPQ)

1. 가정:

1) 수요는 알려져 있고 일정하며 균일하게 발생하고, 조달기간은 알려져 있고 일정하다.
2) 주문한 양은 일정한 조달기간이 지나면 일정기간 동안 일정한 비율로 들어온다고 가정
3) p(일일 생산율), d(연간 수요율)

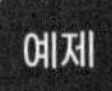
예제

A장난감트럭제조사는 덤프트럭을 조립하기 위해 연간 48,000개의 타이어를 생산, 사용하고 있다. 생산율은 1일 800개이고, 덤프트럭은 연중 연속으로 조립된다. 생산 착수를 위해 소요되는 비용은 45달러이고, 재고를 보관하는데 소요되는 비용은 연간 단위당 1달러이다. 이 회사의 연간 근무일이 240일이면, 한 번 생산에 착수하게 되는 최적 생산량을 구하시오.

해설

EPQ=
D=48,000(개)
S=45(달러)
H=1(달러)
작업일=240일/Year
p=800/Day
d=200(연간수요량/작업일수)
EPQ=

$$\sqrt{\frac{2DS}{H}\left(\frac{p}{p-d}\right)}=\sqrt{\frac{2\times48,000\times45}{1}\left(\frac{800}{800-200}\right)}$$

총재고비용 TC가 최소가 되게 하는 주문량 Q를 결정하는 식

총재고비용 = 주문비용 + 재고유지비용

$$TC = \frac{D}{Q}\cdot S + \frac{Q}{2}\cdot H$$

주문비용 재고유지비용

$$\frac{D}{Q}\cdot S = \frac{Q}{2}H$$

$$Q^2H = 2DS$$

$$Q^2 = \frac{2DS}{H}$$

$$Q^* = \sqrt{\frac{2DS}{H}}$$

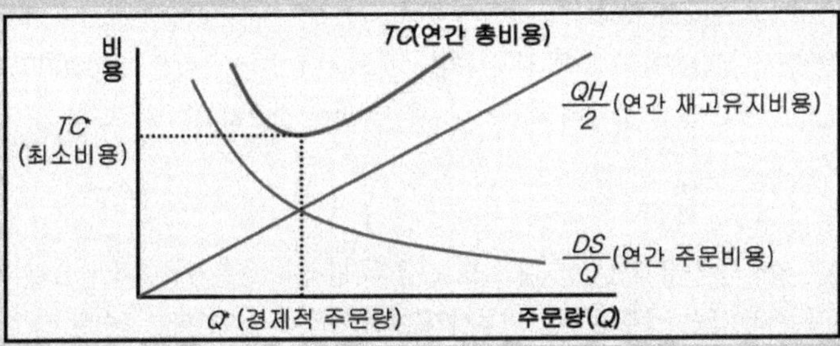

정답 ②

테마14. 총괄생산계획(aggregate production planning, APP)

총괄생산계획이란 수요의 예측(보통 1년 이상)에 따른 판매계획을 효율적으로 달성할 수 있도록, 고용수준, 재고수준, 생산능력 및 하청 등의 여러 가지 제약조건을 고려하여 전체적인 생산수준과 적절한 생산요소의 결합을 결정하는 과정이다. 즉 장래의 일정기간동안 생산하여야 할 제품의 수량과 생산의 시간적 배분에 대한 계획을 수립한다.

○ 총괄생산계획의 전략

1. 추종전략

기간별 생산능력을 기간별 수요에 맞춘다.

근로자를 채용·해고하면서 생산율을 수요에 일치시키는 것으로 월별 노동력은 변동하지만 완제품 재고는 일정하다.

주문생산(MTO: Make To Order) 업체에 적합하며 생산능력이 중요하다.

2. 평준화 전략

산출물과 생산능력은 일정하게 유지하지만 재고 또는 추후 납품을 변동시키면서 수요변동에 대처한다. 즉, 노동력은 일정하게 유지하면서 재고 또는 추후납품을 변동시키면서 수요를 충족한다. 고숙련 노동력을 유지해야 하거나 채용과 해고가 어려운 경우에 이 전략이 적합하다.

재고생산(MTS: Make To Stock) 업체에 적합하며 재고관리가 중요하다.

추종전략	평준화 전략
1) 계획대상 기간 동안 수요변동을 위해 생산율이나 고용수준을 조정하는 전략으로 해고, 초과근무, 하청 등의 방법이 사용될 수 있다. 2) 수요변동에 유동적으로 대응할 수 있는 장점이 있고 재고와 주문적체를 줄일 수 있는 장점이 있지만 모든 계획대상 기간마다 작업자 수의 증감에 따른 비용발생과 종업원 사기 저하로 인한 생산성의 감소 및 품질저하를 초래할 수 있다.	1) 계획대상 기간 동안 생산율이나 고용수준을 일정하게 유지하는 전략으로 생산율의 증감은 잔업이나 단축근무를 이용하여 조정하고, 수요변동은 재고의 증감을 통해 대응하거나 추후납품을 이용할 수 있다. 2) 평준화된 생산율이나 고용수준을 유지함으로써 수요를 만족할 수 있는 장점이 있으나 재고투자, 단축근무, 잔업 및 주문 적재 등에 관련된 비용의 증가를 초래할 수 있다.

01

변동적 수요에 효과적으로 대처하기 위해 생산자원을 효율적으로 분배하고 비용 최소화를 목적으로 장래 일정기간의 생산율, 고용수준, 재고수준, 잔업 및 하청 등을 중심으로 수립하는 계획은?

① 일정계획
② 자재소요계획
③ 총괄생산계획
④ 주일정계획
⑤ 전략적 능력계획

해설

정답 ③

02

총괄생산계획에서 선택할 수 있는 공급능력의 대안으로 옳지 않은 것은?

① 노동력의 규모를 조정하는 전략
② 노동력의 이용률을 조정하는 전략
③ 재고수준을 조정하는 전략
④ 추후납품(back-order)을 통해 조정하는 전략
⑤ 하청(subcontracting)을 이용하는 전략

해설

추후납품(back-order)이란 밀려있는 주문량을 의미한다. 수요측면의 대안이다.
총괄생산계획이란 수요의 예측에 따른 판매계획을 효율적으로 달성할 수 있도록, 고용수준, 재고수준, 생산능력 및 하청 등의 여러 가지 제약조건을 고려하여 전체적인 생산수준과 적절한 생산요소의 결합을 결정하는 과정이다. 즉 장래의 일정기간동안 생산하여야 할 제품의 수량과 생산의 시간적 배분에 대한 계획을 수립한다.

정답 ④

03 총괄생산계획(aggregate production planning)에 대한 설명으로 옳은 것은?

① 총괄생산계획은 자재소요계획(material requirement planning)을 바탕으로 장기 생산계획을 수립하는 과정이다.

② 총괄생산계획에서 평준화전략(level strategy)은 재고수준을 연중 일정하게 유지하고자 하는 전략이다.

③ 총괄생산계획은 제품군에 대한 생산계획으로 추후 개별제품의 주일정계획(master production schedule)으로 분해된다.

④ 총괄생산계획에서 추종전략(chase strategy)은 고객주문의 변화에 따라 재고수준을 기간별로 조정하고자 하는 전략이다.

해설

수요추구전략(Chase Strategy)은 수요변동에 따라 고용수준을 변동시키는 전략이다.

총괄생산계획의 전략대안(순수전략)

1) 수요변동에 따라 고용수준을 변동시키는 전략 → 수요추구전략

2) 생산율(생산량)을 조정하는 전략 → 수요추구전략

3) 재고수준을 변동시키는 전략 → 생산평준화전략

1)과 2)는 수요변동에 따라 생산수준이나 고용수준을 변동시키는데 반해, 3)은 이들을 그대로 유지하는 대신 재고수준만을 조정한다. 전략1)과 2)는 고용수준이나 생산율이 수요를 따라가므로 수요추구전략이라 하며, 3)은 수요변동을 재고로 흡수하면서 생산수준은 일정하게 유지하므로 생산평준화전략이라고 한다. 수요변동에 대처함에 있어 고용수준, 생산율, 재고수준 어느 하나만으로 대응하기는 어려우므로 현실적으로 복수의 관리변수를 이용하는 혼합전략을 추구하는 경우가 많다.

정답 ③

04 계획기간 내에 변화하는 수요를 가장 경제적으로 충족시킬 수 있도록 기업이 보유한 생산능력의 범위 내에서 생산수준, 고용수준, 재고수준, 하청수준 등을 결정하는 것은?

① 기준생산계획

② 능력소요계획

③ 총괄생산계획

④ 자재소요계획

⑤ 생산일정계획

해설

정답 ③

05 생산수량과 일정을 토대로 필요한 자재조달 계획을 수립하는 관리시스템은?

① CIM　　② FMS
③ MRP　　④ SCM
⑤ TQM

해설

- CIM(컴퓨터 통합생산 시스템, computer integrated manufacturing system): 이 시스템의 주요 목적은 생산기계와. 컴퓨터, 생산기술 및 인간의 사고능력을 서로 연결시키는 것이다.
- FMS(유연생산시스템): 유연 생산 시스템은 생산성을 감소시키지 않으면서 여러 종류의 제품을 가공처리할 수 있는 유연성이 큰 자동화 생산 라인을 말한다.
- MRP(자재소요계획) : Material Requirement Planning. 제품의 수량 및 일정을 토대로 그 제품 생산에 필요한 원자재, 부분품, 공정품, 조립품 등의 소모량 및 소요소기를 역산해서 일종의 자재조달계획을 수립하여 일정 관리를 겸한 효율적인 재고관리를 모색하는 시스템으로 자재명세서(BOM), 재고기록철(Inventory File), 대일정계획(MPS)정보를 이용한다.
- SCM(공급사슬관리, supply chain management): 공급망 관리란 부품 제공업자로부터 생산자, 배포자, 고객에 이르는 물류의 흐름을 하나의 가치사슬 관점에서 파악하고 필요한 정보가 원활히 흐르도록 지원하는 시스템을 말한다.
- TQM(전사적품질경영, Total Quality Management): 전사적 품질 경영 또는 종합 품질 관리란 기업 활동의 전반적인 부분의 품질을 높여 고객 만족을 달성하기 위한 경영 방식이다. 기존의 품질관리는 주로 제품과 서비스에 대한 관리였으나, TQM에서는 조직 및 업무의 관리에도 중점을 두어 구성원 모두가 품질 향상을 위해 노력하여야 한다.

정답 ③

06 자재소요계획(MRP)을 효과적으로 수립하고 원활히 실행하기 위해서 직접적으로 필요한 정보가 아닌 것은?

① 총괄생산계획(aggregate production planning)
② 자재명세서(bill of materials)
③ 재고기록철(inventory record file)
④ 자재조달기간(lead time)
⑤ 주일정계획(master production scheduling)

해설

정답 ①

07

(주)안전에서는 연중 일정하게 판매되고 있는 A제품에 대하여 해리스(F. W. harris)의 경제적 주문량 모형을 활용하여 최적의 주문량을 결정하고 있다. 연간 수요는 2,000개이며, 1회 주문비용은 2,500원, 개당 연간 재고유지비용은 250원으로 추산하고 있을 때의 평균재고수준은?

① 50개 ② 100개
③ 150개 ④ 200개
⑤ 250개

해설

평균재고=(기말재고+기초재고) ÷ 2
EOQ에서의 평균재고는 주문량 Q의 반이다(이는 안전재고는 없고, 재고는 다음 주문이 도착할 때까지 사용됨을 의미).

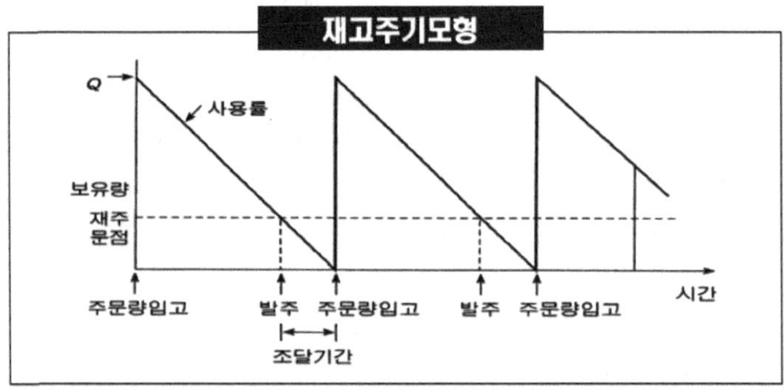

평균재고 = 주문량/2 → **재고수준이 Q에서 0까지 일정하게 감소할 경우 평균재고는 (Q+0)/2, 즉 Q/2이 되기 때문**

정답 ②

테마15. 지수평활법

일정기간의 평균을 이용하는 이동평균법과 달리 모든 시계열 자료를 사용하여 평균을 구하며, 시간의 흐름에 따라 최근 시계열에 더 많은 가중치를 부여하여 미래를 예측하는 방법이다. 최근의 자료에 더 큰 가중치를 주고 현 시점에서 멀수록 작은 가중치를 주어 지수적으로 과거의 비중을 줄여 미래값을 예측하는 방법이다. 여기서 상수(α)를 흔히 평활상수(smoothing constant)라 부른다. 평활상수가 작을수록 평활효과가 커진다. 평활상수의 값이 크면 평활효과는 작아지게 되는 것이다.

01

A자동차 회사의 3월 판매예측치는 20,000대, 3월 판매실적치는 21,000대이며 지수평활계수는 0.3일 때, 지수평활법을 활용한 4월의 판매예측치는 얼마인가?

① 20,000대 ② 20,100대
③ 20,200대 ④ 20,300대
⑤ 20,400대

해설

정답 ④

02

다음 자료를 이용하여 지수평활법에 의해 계산한 6월의 판매예측치는?

○ 5월 예측치	10,000대
○ 5월 실제치	11,000대
○ α (평활상수)	0.3

① 10,100대 ② 10,200대
③ 10,300대 ④ 10,400대
⑤ 10,500대

해설

지수평활법(6월 예측치) = 5월 예측치 + (5월 실제치 - 5월예측치) × 평활상수
= 10,000 + (11,000 - 10,000) × 0.3
= 10,300

정답 ③

03

㈜한국의 연도별 제품 판매량은 다음과 같다. 과거 3년간의 데이터를 바탕으로 단순이동평균법을 적용하였을 때 2020년도의 수요예측량은?

연도	판매량(개)
2014	2,260
2015	2,090
2016	2,110
2017	2,150
2018	2,310
2019	2,410

① 2,270

② 2,280

③ 2,290

④ 2,300

⑤ 2,310

해설

단순이동평균법은 아주 쉬운 문제이다.

단순 이동평균은 일반적으로 생각하는 평균과 같다. 몇 개의 데이터를 이용해서 평균을 구하느냐가 변수인데, N개의 데이터를 이용하면 N이동평균이라고 한다. N개의 종가를 모두 더한 다음 N으로 나누는 방식이다. 평균이라는 이름 앞에 '이동' 이 붙은 것은 시장이 열려서 새로운 데이터가 생성될 때마다 사용하는 데이터 범위가 이동하기 때문이다. 2019년 현시점에서 3년 간 평균은 2,290이다.

정답 ③

04 2021년도 자료에 대한 수요예측 설명으로 옳은 것은?

기간(t)	예측치(F)	실제수요(Y)	오차(Y-F)
1월	130	110	-20
2월	100	120	20
3월	100	130	30
4월	130	140	10

① 바로 직전 기간에 주어진 자료(4월)만을 가지고 지수평활법(평활상수=0.2)을 적용하여 2021년 5월의 수요를 예측하면 128이다.

② 최근 3개월 단순이동평균법(SMA)을 적용하여 2021년 5월의 수요를 예측하면 110이다.

③ 4개월(1~4월) 동안의 수요예측에 대한 평균오차(ME)는 15이다.

④ 4개월(1~4월) 동안의 수요예측에 대한 평균절대편차(MAD)는 15이다.

⑤ 4개월(1~4월) 동안의 수요예측에 대한 추적지표(TS)는 2이다.

해설

① 5월의 수요예측치는 132이다.

② 3개월 단순이동평균법의 수요예측은 실제수요 3개월의 단순평균으로 130이다.

③ 4개월 평균오차(ME)는 10이다.

④ 4개월 평균절대편차(MAD)는 오차의 절대값의 평균으로 20이다.

⑤ 4개월(1~4월) 동안의 수요예측에 대한 추적지표(TS)는 Tracking Signal의 약자로 누적예측오차를 MAD로 나눈 값이다. 추적지표(TS)가 합리적인 관리한계 내에서 정상적으로 움직이면 예측치가 실제치를 잘 따라가고 있다고 판단한다. 보통 추적지표의 관리한계로는 ±4(MAD)를 사용한다. 4개월간 누적예측오차는 40이고 MAD는 20이므로 추적지표(TS)는 2이다.

정답 ⑤

테마16. 수요예측기법

정성적 예측기법과 정량적 예측기법이 있다.
정석적 예측기법을 질적 예측기법이라 하고, 정량적 예측기법을 양적 예측기법이라고도 한다.

정성적 예측기법 → 장기적 예측에 활용

1) 직관을 이용한 예측

㉠ 델파이기법
㉡ 판매원 의견종합법
㉢ 경영자 판단
㉣ 의원회 회의법=패널동의법

2) 시장조사에 의한 예측

소비자 조사법

3) 유추에 의한 예측

㉠ 라이프 사이클 유추법
㉡ 자료 유추법

2. 정량적 예측기법 → 단기적 예측에 활용

1) 시계열 예측기법

㉠ 이동평균법
㉡ 지수평활법
㉢ 수학적 모형
㉣ Box-Jenkins(박스-젠킨스)
㉤ 추세분석법(최소자승법)
㉥ 전기수요법

2) 인과관계 예측기법 → 중장기적 예측에 활용

㉠ 회귀분석법(최소자승법)
㉡ 계량경제모형
㉢ 투입-산출모형
㉣ 시뮬레이션 모형
㉤ 선도지표법(leading indicator method)

01 수요예측기법 중 시계열(time-series)과 시계열분석기법에 관한 설명으로 옳지 않은 것은?

① 시계열은 특정 현상을 일정시간 간격으로 관찰하여 얻어지는 일련의 관측치이다.
② 시계열분석기법은 과거의 수요패턴이 미래에도 계속될 것이라는 가정 하에 수요를 예측한다.
③ 대표적인 시계열분석기법에는 이동평균법, 지수평활법, 추세분석법이 있다.
④ 시계열분석기법은 수요패턴의 전환점이나 근본적 변화를 예측할 수 있다.
⑤ 시계열은 추세, 계절적 변동, 순환요인 및 불규칙 변동과 같은 패턴을 가지고 있다.

해설

인과적 예측기법은 중·장기의 수요예측에 적합한 것으로 수요 패턴의 전환점이나 근본적 변화 예측이 가능하다는 장점이 있다.

정답 ④

02 수요예측 방법 중 정성적(qualitative) 예측법이 아닌 것은?

① 경영자 판단
② 델파이법
③ 회귀분석
④ 소비자조사법
⑤ 판매원 의견종합법

해설

회귀 분석(regression analysis)은 입력 자료(독립 변수, x) 와 이에 대응하는 출력 자료(종속 변수, y)간의 관계를 정량화하기 위한 작업이다.

정답 ③

03 다음 수요예측기법 중 시계열 분석기법이 아닌 것은?

① 이동평균법
② 지수평활법
③ 추세분석법
④ 선도지표법
⑤ 전기수용법

해설

정답 ④

04 다음 수요예측 기법 중 성격이 다른 것은?

① 델파이기법(delphi method)
② 역사적 유추법(historical analogy)
③ 위원회방법(panel consensus)
④ 라이프사이틀 유추법(life-cycle analogy)
⑤ 시계열분석방법(tims series analysis)

해설

정답 ⑤

05 생산시스템을 설계하고 계획, 통제하는 초기단계로 총괄생산계획(APP: aggregate production planning), 주생산일정계획(MPS: master production schedule), 자재소요계획(MRP: material requirement planning) 등에 기초자료로 활용되는 수요예측(demand forecasting) 방법에 관한 설명으로 옳지 않은 것은?

① 패널법(panel consensus)은 다양한 계층의 지식과 경험을 기초로 하고, 관련 예측정보를 공유한다.
② 소비자조사법(market research)은 설문지 및 전화에 의한 조사, 시험판매 등을 활용하여 예측한다.
③ 단순이동평균법(simple moving average method)의 예측값은 과거 n기간 동안 실제 수요의 산술평균을 활용한다.
④ 시계열분해법(time series method)은 시계열을 4가지 구성요소로 분해하여 수요를 예측하는 방법이다.
⑤ 델파이법(delphi method)은 설득력 있는 특정인에 의해 예측결과가 영향을 받는 장점이 존재한다.

해설

델파이법은 익명성을 추구한다.
패널법은 특정 개인보다 다수의 의견이 더 나은 예측치 도출 가능성을 가정하여 경영자, 판매원, 소비자 등으로 패널을 구성하여 자유롭게 의견을 제시하게 함으로써 예측치를 구한다. 시계열분해법(time series method)은 시계열을 4가지 구성요소(추세, 계절, 순환, 불규칙)으로 분해하여 예측한다.

정답 ⑤

06 수요예측 및 생산계획에 관한 설명으로 옳은 것은?

① 시계열분석기법에서는 과거 수요를 바탕으로 평균, 추세, 계절성 등과 같은 수요의 패턴을 분석하여 미래 수요를 예측한다.

② 지수평활법은 최근의 수요일수록 적은 가중치가 부여되는 일종의 가중이동평균법이다.

③ 예측치의 편의(bias)가 커질수록 예측오차의 누적값은 0에 가까워지며 예측오차의 평균절대편차(MAD)는 증가한다.

④ 총괄생산계획(APP)을 통해 제품군 등을 기준으로 월별 혹은 분기별 생산량과 재고수준을 결정한 후, 주일정계획(MPS)을 통해 월별 혹은 분기별 인력운영 및 하청 계획을 수립한다.

⑤ 자재소요계획(MRP)은 전사적자원관리가 생산부문으로 진화·발전된 것으로 원자재 및 부품 등의 필요량과 필요시기를 산출한다.

해설

지수평활법에서 가중치 역할을 하는 평활상수는 수요예측담당자의 주관적 판단에 의해 결정되는데 일반적으로 최근의 수요일수록 높은 가중치를 부여한다.

편의(bias)란 치우침 정도로 예측치의 편의(bias)가 클수록 예측오차 누적값은 0에서 멀어지며 예측오차의 절대값(MAD)은 증가한다.

APP(총괄생산계획)를 통해 월별 혹은 분기별 인력운영 및 하청계획을 수립하는 것이고, MPS(주일정계획)을 통해 제품군 등을 기준으로 월별 혹은 분기별 생산량과 재고수준을 결정한다.

자재소요계획(MRP)에서 제조자원계획(MRPⅡ, manufacturing resources planning)으로 발전된 것이고 이후 전사적 자원관리(ERP)로 발전하였다.

정답 ①

테마17. 납기시간

01

인쇄소에 대기 작업이 3개 있고, 이들의 예상 작업시간과 납기 시간은 다음 표와 같다. 긴급률(critical ratio) 규칙에 따라 작업을 진행하였다면 평균납기지연시간은?

작업	작업시간	납기시간
가	4	6
나	4	5
다	5	9

① 1.5시간
② 2.0시간
③ 2.5시간
④ 3.5시간

해설

〈Hint〉

긴급률(critical ratio) 규칙이란 여유시간/납기시간의 비율을 구해서 비율이 작은 것부터 작업을 한다. 여유시간=납기시간−작업시간. 긴급률이 작은 것부터 작업을 한다. 나−가−다 순서로 작업을 한다. 따라서 6÷3=2시간(납기지연시간)

작업	작업시간	납기시간	여유시간/납기시간
가	4	6	2/6
나	4	5	1/5
다	5	9	4/9

작업	작업시간	흐름시간	납기시간	납기지연시간 (흐름시간−납기시간)
나	4	4	5	0
가	4	8	6	2
다	5	13	9	4

정답 ②

테마18. 통계적 품질관리기법

관리 대상 데이터 종류에 따라 계량형 및 계수형 관리도로 크게 구분한다.

1. 계량형 관리도 (작업시간, 강도, 성분, 중량, 길이, 두께 등 관리)

x바 관리도

x바-R관리도

2. 계수형 관리도 (불량수, 흠, 얼룩 등 관리)

1) 이항분포를 따르는 계수형 관리도

㉠ p관리도(불량률 관리도, 부적합품률 관리도)

㉡ np관리도(불량개수 관리도)

2) 포아송 분포를 따르는 계수형 관리도

㉠ c관리도(결점수 관리도)

㉡ u관리도(단위당 결점수 관리도)

01

통계적 품질관리기법 중에서 산출물의 일정 단위당 결점수를 측정하는데 사용되는 관리도 (control chart)는?

① p 관리도

② R 관리도

③ X바 관리도

④ c 관리도

⑤ X바-R 관리도

해설

정답 ④

02 통계적 공정관리에서 사용되는 관리도에 관한 설명으로 옳은 것으로만 묶은 것은?

> ㉠ 생산 공정의 품질변동의 원인을 이상원인과 우연원인으로 구분한다.
> ㉡ 샘플 평균값이 관리상한선과 관리하한선 안에 위치하면 생산되는 제품의 품질특성은 제품 규격에 일치하는 것으로 평가한다.
> ㉢ 기계설비가 완벽하고 공정이 아무 이상 없이 가동되더라도 그 공정에서 나오는 제품이 똑같을 수는 없다는 기본적인 가정에 그 근거를 둔다.

① ㉠㉡

② ㉡㉢

③ ㉠㉢

④ ㉠㉡㉢

해설

정답 ③

테마19. SERVQUAL의 5가지 차원

○ SERVQUAL의 5가지 차원

초기 10가지 차원(1985)	수정 5가지 차원(1988)	내용
유형성(tangibility)	유형성(tangibility)	물리적 시설 장비 종업원 외모
신뢰성(reliability)	신뢰성(reliability)	약속한 서비스를 믿을 수 있고 정확하게 수행하는 능력
대응성(responsiveness)	대응성(responsiveness)	고객을 돕고 신속한 서비스를 제공하려는 태도
예의, 능력, 안정성, 확실성, 커뮤티케이션	확신성(assurance)	종업원의 지식과 예절, 자신감을 전달하는 능력
고객이해, 접근성	공감성(empathy)	회사가 고객에게 제공하려는 개별적 배려와 관심

01

서비스품질을 측정하기 위해 개발된 SERVQUAL 차원과 측정 항목의 연결이 옳지 않은 것은?

① 신뢰성(reliability) – 약속 이행정도
② 대응성(responsiveness) – 고객에 대한 배려와 개인적 관심
③ 확신성(assurance) – 예절을 포함한 고객에게 믿음을 주는 정도
④ 유형성(tangibility) – 시설의 청결정도
⑤ 공감성(empathy)–고객의 이익을 고려한 고객 맞춤형 서비스를 제공할 수 있는지의 정도

해설

정답 ②

중간평가 연습문제

그동안 배운 것을 잠시 학습합니다. 정답을 찾을 수 있으리라 생각합니다.

01

SERVQUAL 모형의 서비스품질을 측정하는 5가지 차원이 아닌 것은?

① 유형성
② 신뢰성
③ 공감성
④ 확신성
⑤ 무결성

02

대리점의 4월 판매예측치는 1,000대, 4월 판매실제치는 1,100대이다. 지수평활법에 의한 5월의 판매예측치가 1,030대인 경우 평활상수는?

① 0.2
② 0.3
③ 0.4
④ 0.5
⑤ 0.6

03

대리점의 연간 타이어 수요량은 1,000개이다. 타이어의 단위당 재고유지비는 100원이고 1회 주문비는 2,000원이다. 발주량을 경제적발주량(EOQ)으로 하는 경우 연간 주문횟수는?

① 5
② 10
③ 12
④ 15
⑤ 24

04

동기부여의 과정이론에 속하는 이론은?

① 매슬로우의 욕구단계이론
② 로크의 목표설정이론
③ 앨더퍼의 ERG이론
④ 맥그리거의 X·Y이론
⑤ 허츠버그의 2요인이론

05 평가자가 평가항목의 의미를 정확하게 이해하지 못했을 때 나타나는 인사평가의 오류는?

① 후광효과
② 상관편견
③ 시간적 오류
④ 관대화 경향
⑤ 대비오류

06 조합원이 아니더라도 단체교섭의 당사자인 노동조합이 모든 종업원으로부터 조합비를 징수하는 제도는?

① open shop
② closed shop
③ union shop
④ agency shop
⑤ maintenance shop

07 리더십이론 중 피들러(F.E. Fiedler) 모형에 관한 설명으로 옳은 것을 모두 고른 것은?

ㄱ. 리더의 행동차원을 인간에 대한 관심과 과업에 대한 관심 두 가지로 나누어 다섯 가지 형태의 리더십으로 구분하였다.
ㄴ. 상황요인으로 과업이 짜여진 정도, 리더와 부하 사이의 신뢰정도, 리더 지 위의 권력 정도를 제시하였다.
ㄷ. 상황이 리더에게 아주 유리하거나 불리할 때는 과업주도형 리더십이 효과적이라고 주장하였다.
ㄹ. 리더의 유형을 파악하기 위해 LPC(least preferred co-worker) 점수를 측정해서 구분하였다.

① ㄱ, ㄴ
② ㄱ, ㄹ
③ ㄴ, ㄷ
④ ㄴ, ㄷ, ㄹ
⑤ ㄱ, ㄴ, ㄷ, ㄹ

08 직무평가 방법이 아닌 것은?

① 서열법
② 분류법
③ 점수법
④ 작업기록법
⑤ 요소비교법

09

단체교섭의 방식 중 단위노조가 소속된 상부단체와 각 단위노조에 대응하는 개별 기업의 사용자간에 이루어지는 교섭형태는?

① 기업별 교섭
② 집단교섭
③ 대각선교섭
④ 복수사용자교섭
⑤ 통일교섭

10

국제표준화기구(ISO)에서 제정한 환경경영시스템의 국제표준은?

① ISO 9000
② ISO 14000
③ ISO 26000
④ ISO 37001
⑤ ISO 50001

11

지리적으로 떨어져 있는 많은 컴퓨터들을 연결해서 가상 슈퍼컴퓨터를 구축함으로써 복잡한 연산을 수행하는 방식은?

① 가상화
② 서버 컴퓨팅
③ 클라이언트 컴퓨팅
④ 그리드 컴퓨팅
⑤ 전사적 컴퓨팅

12

창고나 물류센터로 입고되는 상품이 곧바로 소매 점포로 배송되는 방식은?

① 동기화
② 채찍효과
③ 최적화 분석
④ 자동발주시스템
⑤ 크로스 도킹시스템

중간평가 문제해설

01 SERVQUAL 모형의 서비스품질을 측정하는 5가지 차원이 아닌 것은?

① 유형성
② 신뢰성
③ 공감성
④ 확신성
⑤ 무결성

해설

○ 서비스품질의 평가모형 →유신반공확신(암기법)

1. 유형성(tangibles): 물리적인 시설이나 장비, 인력 등과 같은 서비스 관련 물리적 환경
2. 신뢰성(reliability): 제공해주기로 약속된 서비스를 정확하게 그리고 믿음직하게 수행할 수 있는 능력
3. 확신성(assurance): 종업원이 제공해줄 것이라는 믿는 확신과 신뢰, 종업원의 능력, 지식, 예의 등
4. 반응성(responsiveness): 고객을 돕겠다는 의지나 신속한 서비스를 제공하려고 하는 의지
5. 공감성(empathy): 고객에 대한 배려와 개별적인 관심, 고객의 이익을 고려한 고객 맞춤형 서비스를 제공할 수 있는지에 대한 부분.

정답 ⑤

02 대리점의 4월 판매예측치는 1,000대, 4월 판매실제치는 1,100대이다. 지수평활법에 의한 5월의 판매예측치가 1,030대인 경우 평활상수는?

① 0.2
② 0.3
③ 0.4
④ 0.5
⑤ 0.6

해설

평활상수 공식을 암기하면 쉽다.
미래의 예측치=전기의 예측치 + 평활상수(전기의 실제치-전기의 예측치)이다.

정답 ②

03

대리점의 연간 타이어 수요량은 1,000개이다. 타이어의 단위당 재고유지비는 100원이고 1회 주문비는 2,000원이다. 발주량을 경제적발주량(EOQ)으로 하는 경우 연간 주문횟수는?

① 5
② 10
③ 12
④ 15
⑤ 24

해설

경제적발주량(EOQ)=200, 연간주문횟수=5회
연간수요량: D
1회 주문당 비용: S
단위당 연간 재고비용: H
경제적발주량(EOQ) =루트(2×연간수요량×1회주문당비용/단위당 연간 재고비용)
연간주문횟수 = (D/Q)

정답 ①

04

동기부여의 과정이론에 속하는 이론은?

① 매슬로우의 욕구단계이론
② 로크의 목표설정이론
③ 앨더퍼의 ERG이론
④ 맥그리거의 X·Y이론
⑤ 허츠버그의 2요인이론

해설

동기부여의 과정이론은 학습이론, 목표설정이론, 기대이론, 공정성이론 등이다.
과정이론에서는 개인의 동기부여의 과정을 분석하고 동기부여에 영향을 미치는 여러 변수간의 상호관계의 분석에 주안점을 두고 있다. 공정성이론(equity theory), 목표설정이론(goal-setting theory), 강화이론(reinforcement theory, 학습이론), 기대이론(expectancy theory) 등이 과정이론의 대표적인 이론이다.

정답 ②

05 평가자가 평가항목의 의미를 정확하게 이해하지 못했을 때 나타나는 인사평가의 오류는?

① 후광효과
② 상관편견
③ 시간적 오류
④ 관대화 경향
⑤ 대비오류

해설

상관편견이란 고과자가 고과항목의 의미를 정확하게 이해 못했을 때 나타난다. 예를 들면 성실성과 책임감, 창의력과 기획력이라는 항목간의 정확한 차이를 구분 못하는 고과자는 피고과자를 평가할 때 위의 항목들에 대해 똑같은 점수를 주는 것이다.

○ 평가오류

<table>
<tr><td rowspan="4">평가오류</td><td rowspan="2">평가자 오류</td><td>심리적 원인</td><td>상동적 태도
현혹효과
논리적 오류
대비오류
근접오류</td></tr>
<tr><td>통계분포 원인</td><td>관대화 경향
가혹화 경향
중심화 경향</td></tr>
<tr><td>피평가자 오류</td><td colspan="2">편견, 투사, 지각적 방어</td></tr>
<tr><td>제도적 오류</td><td colspan="2">평가기법의 신뢰성</td></tr>
</table>

1. 상관편견(correlational bias)

상관편견이란 고과자가 고과항목의 의미를 정확하게 이해하지 못했을 때 나타난다.

예를 들면 책임감, 창의력, 기회력이라는 항목간의 정확한 차이를 구분 못하는 고과자는 피고과자를 평가할 때 위의 항목들에 대해 똑같은 점수를 주는 것이다.

2. 대비오류(contrast error)

고과자가 피고과자 여러 명을 평가할 때 우수한 피고과자가 다음 평가되는 보통수준의 피고과자를 실제보다 낮게 그리고 낮은 피고과자 뒤에 평가되는 보통수준의 피고과자를 높게 평가하려는 경우를 말한다.

3. 2차 고과자 오류

직속 상사의 1차 고과에 이어 직속상사의 상사가 행하는 2차 고과는 피고과자에 대한 정보부족으로 인해 1차 고과자가 이미 평가한 내용을 갖고 적당히 평가하는 경향이 있다.

4. 논리적 오류(logical error)

서로 상관관계가 있는 요소 간에 어느 한 쪽이 우수하면 다른 요소로 당연히 그럴 것이라고 판단하는 경향을 말한다. 예를 들어 창의력과 기획력 두 개의 평정요소에 대해 어느 하나가 우수하면 다른 것도 그럴 것이라고 판단하는 경우이다.

5. 투사(주관의 객관화, projection)

자기 자신의 특성이나 관점을 타인에게 전가시키는 경향을 말하는 것으로 다른 사람도 자신과 유사할 것이라고 판단하여 자신과 같은 생각이나 느낌 그리고 같은 특성을 지닌 것으로 가정하고 자신의 생각이나 판단을 타인에게 전가시킨다.

예를 들면 능력 없는 감독자가 자기 자신에 대한 비난을 자기 동료나 상사 또는 부하를 비판하면서 전가시켜버리는 경우이다.

6. 지각적 방어(perceptional defences)

자기가 지각할 수 있는 사실은 집중적으로 파고들어 가면서도 보고 싶지 않은 것은 외면해 버리는 경향을 말한다. 이는 평가요소를 정해 놓고 모든 평가요소를 평가에 포함하도록 하면 줄일 수 있는 오류이다. 선택적 지각(selective perception)에는 지각적 탐색과 지각적 방어가 있다. 지각적 탐색은 보고 싶은 것만 찾고 보려하는 것을 말한다.

정답 ②

06

조합원이 아니더라도 단체교섭의 당사자인 노동조합이 모든 종업원으로부터 조합비를 징수하는 제도는?

① open shop
② closed shop
③ union shop
④ agency shop
⑤ maintenance shop

해설

에이젼시샵 (Agency Shop): 조합원이 아니더라도 모든 종업원에게 단체교섭의 당사자인 노동조합이 조합비를 징수하는 제도. 비조합원을 위해서도 조합이 단체교섭을 맡는 것이다.

ㅇ 읽기자료: 숍(shop)제도의 형태

1. 오픈숍(open shop): 종업원 자격과 조합원 자격이 무관한 것으로 조합원이나 비조합원이나 모두 고용할 수 있는 것.
2. 유니언숍(union shop): 오픈숍제도와 클로즈드숍 제도의 중간 형태로 채용은 자유이나 채용 후 조합에 가입하지 않으면 해고되는 것이다. 2011년 폐지되었다.
3. 클로즈드숍(closed shop): 채용이 조합원에 국한되고 조합을 탈퇴하면 해고하는 것이다. 즉 조합가입이 고용의 전제조건이 되는 가장 강력한 제도이다.
4. 메이터넌스숍(maintenance shop): 조합원이 일정 기간 조합원으로서 머물러 있어야 한다. 종업원은 고용계속 조건으로 조합원자격을 유지하는 것.
5. 프레퍼렌셜숍(preferential shop): 우선 숍제도로 비조합원에게는 단체협약상의 혜택을 주지 않거나 조합원을 유리하게 대우하기로 하는 것.
6. 에이전시숍(agency shop): 비조합원을 위해서도 조합이 단체교섭을 맡는 것이다.

정답 ④

07 리더십이론 중 피들러(F.E. Fiedler) 모형에 관한 설명으로 옳은 것을 모두 고른 것은?

ㄱ. 리더의 행동차원을 인간에 대한 관심과 과업에 대한 관심 두 가지로 나누어 다섯 가지 형태의 리더십으로 구분하였다.

ㄴ. 상황요인으로 과업이 짜여진 정도, 리더와 부하 사이의 신뢰정도, 리더 지 위의 권력 정도를 제시하였다.

ㄷ. 상황이 리더에게 아주 유리하거나 불리할 때는 과업주도형 리더십이 효과적이라고 주장하였다.

ㄹ. 리더의 유형을 파악하기 위해 LPC(least preferred co-worker) 점수를 측정해서 구분하였다.

① ㄱ, ㄴ
② ㄱ, ㄹ
③ ㄴ, ㄷ
④ ㄴ, ㄷ, ㄹ
⑤ ㄱ, ㄴ, ㄷ, ㄹ

해설

리더의 행동차원을 인간에 대한 관심과 과업에 대한 관심 두 가지로 나누어 다섯 가지 형태의 리더십으로 구분한 것은 격자모형(그리드모델)이다.

관리 격자 모델은 Robert Blake와 Jane Mouton이 제시한 이론이다. 관리격자 이론은 리더십 스타일을 '생산에 대한 관심'과 '사람에 대한 관심'의 두 가지 축의 결합으로 나타낸 행동론 관련 리더십유형이다.

○ 읽기자료: 피들러(F.E. Fiedler)의 상황적합이론

Fiedler는 리더쉽이 이루어지는 상황의 호의성에 따라 다른 유형의 리더쉽이 효과적이라는 주장을 하였다. 리더쉽 유형은 상황적 특성에 따라서 다른 효과를 낼 수 있다.

1) 상황의 특성

Fiedler는 리더십이 이루어지는 상황이 리더에게 얼마나 호의적인가에 따라서 효과적인 리더십 유형이 다르다는 주장을 하였다. 상황이 리더에게 호의적인가 비호의적인가를 결정하는 리더십의 상황적 특성을 보면 다음과 같다.

㉠ 리더와 구성원과의 관계

집단의 구성원들이 리더를 지원하고 있는 정도를 나타낸다.

㉡ 과업구조

구성원들이 맡은 과업이 명확히 정의되어 있는가의 정도를 의미하며, 이는 목표의 명확성, 목표에 이르는 수단의 다양성, 의사결정의 검증가능성 등에 의해 결정된다.

㉢ 리더의 직위권한

리더의 직위가 집단 구성원들로 하여금 명령을 수용하게 만들 수 있는 정도로써 구성원들에게 보상이나 처벌을 줄 수 있는 재량권 등을 의미한다.

2) LPC (least preferred coworker)점수

LPC점수가 낮다는 것은 리더가 일을 우선시하는 '과업지향적' 이라는 것
LPC점수가 높다는 것은 리더가 사람을 우선시하는 '관계지향적' 이라는 것

3) 과업지향과 관계지향적 차원

과업지향형 차원과 관계 지향형 차원은 두 가지로 분리된 차원에서 고려되어야 하고 상황에 따라 두 차원의 여러 가지 조합을 연구하였다.

상황이 리더에게 아주 유리하거나 불리할 때는 과업주도형 리더십이 효과적이고, 상황이 리더에게 중간 정도일 경우에는 관계주도형 리더십이 효과적이고 한다.

상황 유리함이 중간이라는 것은 부하-리더관계와 과업구조화 중 하나라도 좋은 경우이다.

정답 ④

08 직무평가 방법이 아닌 것은?

① 서열법
② 분류법
③ 점수법
④ 작업기록법
⑤ 요소비교법

해설

○ 읽기자료: 직무평가의 방법

1) 비계량적 방법

가. 서열법 : 직무와 직무를 상대 비교하여 평가로 가장 단순한 방법이다.
나. 분류법 : 등급법이라고도 한다. 미리 작성된 등급기준표의 각 등급에 직무를 총괄적으로 배치하는 방법이다.

2) 계량적 방법

가. 점수법 : 직무평가기준표를 작성한 뒤 직무를 평가요소별로 배점하여 점수를 총합하는 방법이다.
나. 요소비교법 : 대표적이라고 생각하는 기준직위를 선정하고, 기준직위의 평가요소들에 부여된 수량적 가치에 대비시켜 다른 직위의 평가요소들을 배점하는 방식으로 가장 늦게 고안된 방법이다.

구분	직무와 직무를 상대비교 평가	미리 정해 놓은 기준표와 비교평가
비계량적 (한꺼번)	서열법	분류법(등급법)
계량적 (분리해)	요소비교법	점수법

직무의 종류, 곤란도・책임도를 기준으로 객관적인 직무중심의 분류로 직렬과 직군으로 종적·수직적으로 분류하는 것을 직무분석이라 하고, 곤란도・책임도에 따라 직급과 등급으로 횡적·수평적으로 분류하는 것은 직무평가라 한다.
동일직렬 내에서만 인사이동 하는 제도(specialist)로 인사배치의 비신축성이 특징이다.

3) 직무평가의 방법

직무분석(직무의 성질, 종류별로 직렬・직군별로 공직을 수직적 분류)으로 직무를 종류별로 구분한 다음, 직무의 곤란성과 책임서성, 직무수행에 필요한 자격요건 등(직무의 상대적 가치)을 기준으로 직급과 등급렬로 공직을 횡적으로 분류하는 작업을 직무평가라 한다.

구분	직무와 직무를 상대 비교하여 평가(상대평가)	미리 정해 놓은 기준표와 비교하여 직무를 평가 (절대평가)
비계량적 방법 (직무전체를 한꺼번에 두루뭉실하게 평가)	① **서열법** (직무와 직무를 비교하여 상・하 서열화)	② **분류법(등급법)** ☞등급 기준표 ☞정부사용
계량적 방법 (직무를 구성하는 요소를 하나하나 분리하여 평가)	④ **요소비교법** (점수법의 임의성을 보완한 것으로 가장 늦게 고안)	③ **점수법** ☞직무평가 기준표 ☞가장 일반적

정답 ④

09 단체교섭의 방식 중 단위노조가 소속된 상부단체와 각 단위노조에 대응하는 개별 기업의 사용자간에 이루어지는 교섭형태는?

① 기업별 교섭
② 집단교섭
③ 대각선교섭
④ 복수사용자교섭
⑤ 통일교섭

해설

대각선교섭: 상급 노동단체 또는 산업별 노동조합과 개별 기업의 사용자가 직접 교섭하는 방식으로 대체로 산별노조의 임원과 당해 기업별 조직 임원이 함께 교섭.

○ **읽기자료: 단체교섭의 유형**

1) 기업별교섭

특정 기업 또는 사업장에 있어서의 노동조합과 그 상대방인 사용자간에 단체교섭이 행하여지는 교섭방식.

그동안 우리나라에서 일반적으로 행하여져 온 단체교섭의 방식이다. 오늘날에 이르러서는 노동조합 입장에서 교섭력을 강화하기 위한 수단으로 기업별 교섭의 변형 형태인 대각선 교섭, 공동교섭, 집단교섭 등 다양한 교섭방식을 시도되고 있다.

2) 통일교섭

산업별·직종별 노동조합과 이에 대응하는 산업별·직종별 사용자 단체 간의 단체교섭 방식.

노동조합이 명실상부하게 산업별 또는 직종별로 조직되어 있어서 노동시장을 전국적으로 또는 지역적으로 지배하고 있는 경우에 통일적인 단체교섭을 하기 위해 행하여지는 방식이다. 최근 금융, 금속, 보건의료 등 산업별 노동조합에서 이를 행하고 있다.

3) 대각선 교섭

산업별 노동조합과 개별 사용자가 행하는 교섭 또는 기업별 노동조합의 상부단체가 개별 사용자와 행하는 단체교섭의 방식.

이것은 산업별 노동조합에 대응할 만한 사용자단체가 없거나 또는 사용자단체가 있다 하더라도 각 기업체에 특수한 사정이 있어 개별사용자가 노동조합의 전국적인 단체에 개별적으로 행하는 단체교섭의 방식이다. 우리나라에서는 주로 산업별 노동조합과 단체교섭권을 위임받은 산업별연합단체가 개별 사용자와 단체교섭을 행하는 경우가 여기에 해당한다.

4) 공동교섭

산업별 노동조합과 그 지부가 공동으로 사용자와 교섭하는 방식.

노동조합의 지부의 교섭에 당해 산업별 노동조합과 그 지부가 사용자와의 단체교섭에 참가하는 것을 말한다. 공동교섭은 산업별 노동조합 또는 산업별연합단체가 개별 사업장의 특성을 잘 모르기 때문에 대각선 교섭에서 일어날 수 있는 취약점을 보완하기 위하여 산업별 노동조합의 지부나 개별 사업장 노동조합이 단체교섭에 공동으로 참가하게 된다.

5) 집단교섭

다수의 노동조합과 그에 대응하는 다수의 사용자가 서로 집단을 만들어 교섭에 응하는 형태.

기업별 단위 노동조합의 대표자들이 집단을 구성하여 사용자들이 구성한 집단과 단체교섭을 행하는 형태뿐만 아니라 산업별 노동조합이나 산업별 연합단체가 특정 분야에 대하여 특정 집단을 구성하여 사용자단체와의 단체교섭을 하는 형태를 말한다. 최근에 들어 우리나라의 경우 산업별 노조가 지역지부 단위로 집단을 구성하여 사용자에게 교섭집단을 구성하여 교섭에 임하도록 요구하여 행하여지고 있는 교섭형태를 그 예로 들 수 있다. 한편 이것은 정확히 볼 때 순수한 집단교섭이라기 보다는 공동교섭 성격도 아울러 갖고 있다고 볼 수 있다.

정답 ③

10 국제표준화기구(ISO)에서 제정한 환경경영시스템의 국제표준은?

① ISO 9000
② ISO 14000
③ ISO 26000
④ ISO 37001
⑤ ISO 50001

해설

○ ISO 9001(품질경영시스템)

ISO 9001 인증은 제품 또는 서비스의 실현 시스템이 규정된 요구사항을 충족하고 이를 유효하게 운영하고 있음을 제3자가 객관적으로 인증해 주는 제도이다.

국제 표준화기구(ISO)에서 제정한 품질경영시스템에 관한 국제 규격 중의 하나로, 고객에게 제공되는 제품 및 서비스가 규정된 요구사항에 만족한다는 것을 제3자인 인증기관의 인증심사를 통해 객관적으로 평가하여 인증해주는 제도인 것이다.

○ ISO 14000(환경경영시스템)

ISO 14000은 조직이 운영 환경에 부정적인 영향을 미치는 것을 최소화하기 위해 존재하는 환경 관리와 관련된 표준 제품군이다. 해당 법률, 규정 및 기타 환경 지향 요구 사항을 준수한다. ISO 14000은 ISO 9000 품질 관리와 유사하다고 할 수 있다.

○ ISO 26000은 국제표준화기구(ISO)에서 개발한 기업의 사회적 책임 (CSR: Corporate Social Responsibility)의 세계적인 표준이다. ISO 26000은 사회적 책임을 이행하고 커뮤니케이션을 제고하는 방법과 관련하여 지침을 제공한다.

○ ISO/IEC 27001는 국제표준화기구 및 국제전기기술위원회에서 제정한 정보보호 관리체계에 대한 국제 표준이자 정보보호 분야에서 가장 권위 있는 국제 인증으로, 정보보호정책, 물리적 보안, 정보접근 통제 등 정보보안 관련 11개 영역, 133개 항목에 대한 국제 심판원들의 엄격한 심사와 검증을 통과해야 인증된다.

구분	내용
ISO 14000(환경 경영시스템)	고객들에게 환경경영을 실행하고 있음을 보증
ISO 26000(CSR)	사회적 책임 표준, 지속가능성
ISO/IEC 27001(정보보안경영)	정보보호 관리체제
ISO 31000(위기관리인증)	기업위험관리시스템

정답 ②

11

지리적으로 떨어져 있는 많은 컴퓨터들을 연결해서 가상 슈퍼컴퓨터를 구축함으로써 복잡한 연산을 수행하는 방식은?

① 가상화 ② 서버 컴퓨팅
③ 클라이언트 컴퓨팅 ④ 그리드 컴퓨팅
⑤ 전사적 컴퓨팅

해설

그리드(Grid) 컴퓨팅은 지리적으로 분산된 서버, 고성능 컴퓨터, 대용량 저장장치, 데이터베이스, 첨단 실험 장비, 나아가 인력 자원 등 가용한 모든 자원들을 고속 네트워크에 연결해 상호 공유 이용할 수 있도록 하는 디지털 신경망 구조의 차세대 인터넷 서비스이다.
일반적으로 그리드는 컴퓨팅 그리드(Computational Grid), 데이터 그리드(Data Grid), 액세스 그리드(Access Grid)로 구분된다.

정답 ④

12

창고나 물류센터로 입고되는 상품이 곧바로 소매 점포로 배송되는 방식은?

① 동기화 ② 채찍효과
③ 최적화 분석 ④ 자동발주시스템
⑤ 크로스 도킹시스템

해설

○ 동기화(同期化, synchronization)
동기화는 동시에 시스템을 작동시키기 위해 사건을 일치시키는 것이다.
○ 크로스도킹(cross docking)
크로스도킹(cross docking)은 창고나 물류센터에서 수령한 상품을 창고에서 재고로 보관하는 것이 아니라 즉시 배송할 준비를 하는 물류시스템이다.
재고를 쌓아놓자니 소모되는 재고 관리 비용과 장소가 부담스럽고! 그래서 이런 재고관련 문제를 최소화하기 위해 도입된 것이 '크로스도킹' 시스템이다.
○ 채찍효과(bullwhip effect)
채찍효과는 공급사슬관리에서 반복적으로 발생하는 문제점 중 하나로, 이것은 제품에 대한 수요정보가 공급사슬상의 참여 주체를 하나씩 거쳐서 전달될 때마다 계속 왜곡됨을 의미한다. 하류(downstream)의 고객주문 정보가 상류(upstream)로 전달되면서 정보가 왜곡되고 확대되는 현상을 말한다.

정답 ⑤

테마20. SCM(공급사슬망관리)

○ 공급사슬관리가 중요해지는 이유

1) 경쟁의 심화
2) 고부가가치의 원천으로 재고관리의 필요성 증가
3) 글로벌화에 따른 물류의 복잡성과 리드타임의 증대
4) 운송비의 증가
5) 전자상거래의 증가
6) 정보기술의 발달

* 리드 타임(lead time)은 상품의 주문일시와 인도일시 사이에 경과된 시간을 말한다.

○ 채찍효과(bullwhip effect)

채찍효과는 소를 볼 때 긴 채찍을 사용하면 손잡이 부분에서 작은 힘이 가해져도 끝부분에서는 큰 힘이 생기는 데에서 붙여진 명칭으로, 고객의 수요가 상부단계 방향으로 전달될수록 각 단계별 수요의 변동성이 증가하는 현상을 말한다. 즉, 최종소비자로부터 소매업 도매점 제조업체 부품업체 순으로 공급 사슬을 거슬러 올라갈수록 상부단계에서는 최종소비자의 수요를 불확실하게 인식하여 수요의 변동폭이 커지는 현상을 의미한다. 이러한 문제점을 해결하기 위해 공급자로부터 최종소비자까지 이동하는 전 과정을 파악하고 관리하는 작업흐름이 공급사슬관리(SCM, supply chain management)이다.

01

다음 제시문에서 설명하고 있는 것은?

공급자로부터 최종소비고객에게 제품 및 서비스가 도달하기까지의 전체 시스템을 최적화하여 관리하는 작업흐름으로서 채찍효과를 보완하기 위해 등장하였다.

① SCM
② ERM
③ 6시그마
④ JIT

해설

정답 ①

02 공급사슬의 상류로 올라갈수록 수요의 변동 폭이 증폭되어 나타나는 현상인 채찍효과(bullwhip effect)의 원인에 해당하지 않는 것은?

① 수요정보처리과정의 정보왜곡
② 배급게임(rationing game)
③ 일괄주문의 영향
④ 가격변동의 영향
⑤ 실시간 수요정보 공유

해설

물량분배 및 재고부족 게임(rationing and shortage game)이 채찍효과를 가져온다.
실시간 수요정보 공유는 채찍효과(bullwhip effect)의 방지대책이다.

정답 ⑤

03 식음료 제조업체의 공급망관리팀 팀장인 홍길동은 유통단계에서 최종 소비자의 주문량 변동이 소매상, 도매상, 제조업체로 갈수록 증폭되는 현상을 발견하였다. 이에 관한 설명으로 옳지 않은 것은?

① 공급사슬 상류로 갈수록 주문의 변동이 증폭되는 현상을 채찍효과(bullwhip effect)라고 한다.
② 유통업체의 할인 이벤트 등으로 가격 변동이 클 경우 주문량 변동이 감소할 것이다.
③ 제조업체와 유통업체의 협력적 수요예측시스템은 주문량 변동이 감소하는데 기여할 것이다.
④ 공급사슬의 정보공유가 지연될수록 주문량 변동은 증가할 것이다.
⑤ 공급사슬의 리드타임(lead time)이 길수록 주문량 변동은 증가할 것이다.

해설

정답 ②

04 공급사슬 내에서 소비자로부터 생산자로 갈수록 그 주문 변동 폭이 확대되는 것은?

① 크로스도킹시스템(cros docking system)

② 동기화(synchronization)

③ e-커머스(e-commerce)

④ 채찍효과(bullwhip effect)

⑤ 자동발주시스템(computer assisted ordering)

해설

채찍효과란 하류(downstream)의 고객주문 정보가 상류(upstream)로 전달되면서 정보가 왜곡되고 확대되는 현상을 말한다. 소를 몰 때 긴 채찍을 사용하면 손잡이 부분에서 작은 힘이 가해져도 끝부분에서는 큰 힘이 생기는 데에서 유래한 용어이다.

정답 ④

05 공급사슬관리가 중요해지는 이유에 해당하는 것은?

① 경영활동의 글로벌화에 따른 리드타임과 불확실성의 증가

② 물류비용의 중요성 감소

③ 채찍효과로 인한 예측의 불확실성 감소

④ 기업의 경쟁강도 약화

⑤ 고객맞춤형 서비스의 감소

해설

공급사슬의 복잡성 및 외부 불확실성의 증가: 채찍효과(bullwhip effect)의 심화, 즉 공급사슬상류로 갈수록 수요 정보가 왜곡되는 현상이 나타날 수 있다.

정답 ①

06 다음 중 품질관리의 기법이 아닌 것은?

① ZD 프로그램
② 100PPM운동
③ 식스 시그마(six sigma)
④ QC 서클
⑤ 간트 차트(Gantt Chart)

해설

100PPM운동이란 제품 100만개 중 불량품을 100개(0.01%)로 줄이자는 운동이다. ZD 프로그램은 크로스비(Crosby)가 주장하였다.

정답 ⑤

07 품질경영에 관한 설명으로 옳지 않은 것은?

① 품질분임조(QC서클)는 품질, 생산성, 원가 등과 관련된 문제를 해결하기 위해 모이는 작업자 그룹이다.
② ZD(zero defect)프로그램에서는 불량이 발생하지 않도록 통계적 품질관리의 적용이 강조된다.
③ 품질비용은 일반적으로 통제비용과 실패비용의 합으로 계산된다.
④ 6시그마 품질수준은 공정평균(process mean)이 규격의 중심에서 '1.5×공정표준편차' 만큼 벗어났다고 가정한 경우 100만개 당 3.4개의 정도의 불량이 발생하는 수준을 말한다.
⑤ 데밍(Deming)에 의해 고안된 PDCA 사이클은 품질의 지속적 개선을 위한 도구로 활용된다.

해설

○ ZD(zero defect)프로그램

ZD에서는 노동자 한 사람 한 사람이 각자 역할의 중요성을 인식하고 과오 없이 일하도록 하는 것, 즉 계속적인 동기(動機)를 노동자에게 부여하는 것이다. 즉 생산 혹은 직업관리 면에서 그것을 직접 작업하는 노동자 개개인이 기업과의 일체감이나 자존심, 자기완성의 욕구를 만족시키도록 하기 위해서 작업수행의 완전성을 기하도록 심리적인 동기를 부여하는 데 주목한다. 구체적으로는, 결함을 낳는 노동자의 부주의에 대해서는 ZD 이념을 엄수시키고 기타 훈련부족불충분한 환경조건을 제거하기 위해서는 직접 노동자의 개선제안을 중시한다. 또 ZD 운동의 프로그램으로서 ① ZD 계획의 조직화에서는 노동자에게 동기를 부여하는 관리자의 ZD 위원회와 노동자 그룹 간에 효과적인 커뮤니케이션이 이루어지도록 집단이 조직되어 있을 것, ② 목표설정, ③ 실적평가에서는 노동자에게 자주적인 설정이나 평가를 내리도록 하고, ④ 표창(表彰)에 있어서 그 목표달성의 노력에 보답한다는 과정을 밟는다.

이와 같이 ZD 운동의 기저에는 모랄이나 기능의 향상뿐만 아니라 구체적인 작업수행에서 부단히 '무결점'에 노력하도록 심리적인 동기를 부여하며, 스스로 유지하도록 하는 실천성이 주목된다. 이것은 실로 노동자의 전능력을 최대한으로 발휘시켜 생산성 향상에 이바지하도록 하는 경영전략의 하나라고 할 수 있다.

정답 ②

08 아래 프로젝트에서 주공정(critical path)에 속하지 않는 작업은?

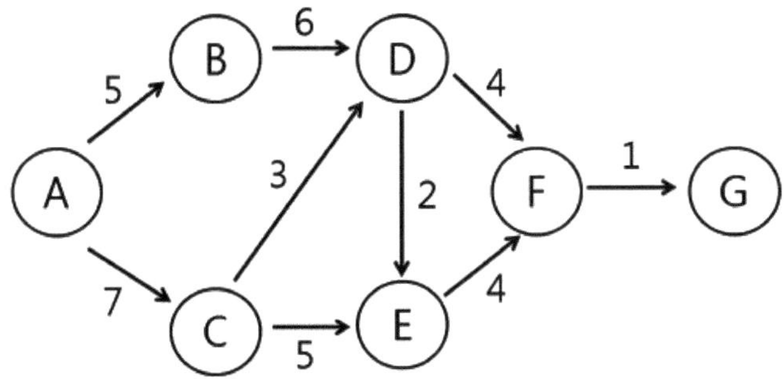

① B ② C

③ D ④ E

⑤ F

해설

주공정이란 '특정작업이 지연될 경우 전체 프로젝트 수행기간이 지연되는 작업의 연결'이다.

정답 ②

09 대량 맞춤화(mass customization)에 관한 내용이 아닌 것은?

① 개별고객을 만족시키기 위한 제품맞춤화

② 소프트웨어 융합을 통한 맞춤화 실현

③ 전용설비를 사용한 소품종 대량생산화

④ IT기술과 3D 프린터를 이용한 개별생산 가능

⑤ 일대일 마케팅의 현실화

해설

대량고객화(mass customization)는 맞춤화된 상품과 서비스를 대량생산을 통해 비용을 낮춰 경쟁력을 창출하는 새로운 생산과 마케팅 방식을 말한다. 대량 맞춤(화)라고도 한다. Mass Customization은 다품종 소량 생산을 하면서도 마치 동일 제품이 양산되는 것처럼 하기 위한 기법이다.

정답 ③

테마21. 수직적 통합과 수평적 통합

1. 수직적 통합(Vertical Combination)

수직적 통합에는 전방통합과 후방통합이 있다.

수직적 통합이란 한 기업이 수직적으로 연관된 두 개의 활동분야를 동시에 운영하는 것을 의미한다. 수직적 통합은 방향성에 따라 전방통합과 후방통합으로 나눌 수 있다.

전방통합(forward integration)은 기업이 유통부문에 대해서, 후방통합(backward integration)은 기업이 부품과 원재료와 같은 투입요소에 대한 소유권과 통제능력을 갖는 것을 의미한다.

수직적 통합이란 원자재나 부품 공급원, 유통망 등 제품의 전체 공급과정을 수직적으로 통합함으로써 사업을 다각화하고 확대하는 것이다.

기업은 수직적 통합을 통해 원가를 낮출 수 있고, 시장지배력을 강화할 수 있으며 부품업체나 유통업체 등을 통제하기가 쉬워 외부환경에 조직적으로 대응할 수 있다. 그러나 단점으로는 환경변화에 대한 대응이 느릴 수 있고 조직의 유연성이 떨어질 수도 있다.

1) 전방통합

원료를 공급하는 기업이 생산기업을 통합하거나 제품을 생산하는 기업이 유통채널을 보유한 기업을 통합하는 것이다.

2) 후방통합

전방통합의 반대이다.

2. 수평적 통합(Horizontal Combination)

동일 업종의 기업이 동등한 조건에서 합병·제휴하는 것이다.

현대차가 기아차를 인수합병하여 현대·기아차 그룹이 된 것이 대표적인 수평적 통합이다. 한솔제지는 수년 동안 중소 제지유통회사들을 인수합병해서 시장의 지배자가 된 것이 그 예이다.

○ 수직적 통합의 장·단점

장점	단점
1) 생산비용 절감 후방통합의 경우 생산비용을 절감할 수 있다. **2) 시장비용 절감** 후방통합의 경우 부품 등을 공급받는 과정에서 중간업자가 더 이상이 없어지므로 그들이 붙이던 마진 등이 없어져 그만큼 높게 계산된 부품가격이 더 낮아지기 때문이다. **3) 품질 통제**	**1) 비효율적인 생산비용 발생 가능성** 후방통합의 경우, 계열화된 부품제조업체가 다른 경쟁사에 비해 오히려 비효율적이라면 생산비용이 상승하는 부작용을 초래할 수 있다. **2) 투자기회 상실 위험** **3) 경쟁 정도 증가** 수직적 통합으로 인해 기업의 활동범위가 넓어지게 되면 경쟁 등 그만큼 더 많은 위험요소를 만날 수 있다. **4) 계열 사슬의 진부화** 현재의 기술과 생산시설이 낙후되더라도 그것을 고수하게 만든다. 특히 기술발전의 속도가 빠르고 변하가 심한 하이테크 산업에서의 계열화는 그 사슬을 이루고 있는 업체 중 하나 혹은 그 이상이 기술의 변화를 따라가지 못할 경우 전체 사슬을 진부하게 만들 위험성도 있다. **5) 계열 사슬 간의 불균형 초래**

01 기업의 수직적 통합에 관한 설명으로 옳지 않은 것은?

① 후방통합은 부품과 원료 등의 투입요소에 대한 소유와 통제를 갖는다.
② 전방통합을 통하여 판매 및 분배경로를 통합함으로써 안정적인 판로를 확보할 수 있다.
③ 기업의 효율적인 생산규모와 전체적인 생산능력의 균형을 관리, 유지하기가 쉽다.
④ 통합된 기업 중 어느 한 기업의 비효율성이 나타나는 경우 기업 전체의 비효율성으로 확대될 가능성이 높다.
⑤ 부품생산에서의 비용구조에 대한 정확한 정보를 가질 수 있다.

해설

정답 ③

02 다음 중 수직적 통합에 대한 설명으로 옳지 않은 것은?

① 전방통합이란 현 사업의 뒷 단계에 있는 사업부문을 통합하는 것이다.
② 후방통합이란 현 사업의 앞 단계에 있는 사업부문을 통합하는 것이다.
③ 유통기능을 내부화하면 관료적 지배구조에서 기인한 비능률이나 조직 내 정치현상이 나타날 수 있다.
④ 후방통합의 경우 시장비용은 절감할 수 없다.
⑤ 수직적 통합 시 낙후된 기술이나 생산시설을 고수하게 되는 문제가 있다.

해설

정답 ④

03 다음 설명 중 옳지 않은 것은?

① 제조 기업이 원재료의 공급업자를 인수병합하는 것을 전방통합이라 한다.
② 기업이 같거나 비슷한 업종의 경쟁사를 인수하는 것을 수평적 통합이라 한다.
③ 기업이 기존 사업과 관련이 없는 신사업으로 진출하는 것을 복합기업이라 한다.
④ 제조 기업이 제품의 유통을 담당하는 기업을 인수합병하는 것을 전방통합이라 한다.

해설

정답 ①

04 수직적 마케팅시스템(Vertical Marketing System) 중 소유권의 정도와 통제력이 강한 유형에 해당하는 것은?

① 계약형 VMS

② 기업형 VMS

③ 관리형 VMS

④ 협력형 VMS

⑤ 혼합형 VMS

해설

기업형VMS 〉 계약형VMS 〉 관계형VMS 순서로 통제력의 강도가 크다.

VMS는 경로 구성원들에 대한 소유권의 정도와 강도에 따라 기업형, 계약형, 관리형으로 나누어진다.

기업형 VMS(Corporate Vertical integrated Marketing System)는 기업이 생산과 유통을 모두 소유함으로써 결합되는 형태를 말한다.

정답 ②

테마22. PERT와 CPM

네트워크 계획 및 통제기법을 이용하여 프로젝트를 효과적으로 수행할 수 있도록 프로젝트를 시간 및 비용과 관련하여 합리적으로 통제하는 기법으로 일정관리계획이다.

○ PERT와 CPM의 차이를 비교한 것이다.

PERT	CPM
1) 1958년 미국 국방부 군수국 특별사업부에서 무기 개발 사업관리를 목적으로 개발 2) 신규사업, 경험이 없는 사업으로 주로 R&D 사업에서 적용 3) 3점 시간 추정방식으로 확률적 접근법을 사용한다. 4) 일정계산은 단계(event) 중심이다. 5) 프로젝트 '기간'의 단축이 특징적 요소이다.	1) 1956~1957년 미국 Dupont사와 Remington사가 신규 공장 건설관리 목적으로 개발 2) 반복사업, 경험이 있는 사업(주로 건설사업)에 적용 3) 1점 시간 추정방식으로 확정적 접근법을 사용한다. 4) 요소작업(activity) 중심으로 일정을 계산한다. 5) 프로젝트 '비용과 시간' 절감이 목적이다.

○ 읽기자료: PERT(program evaluation & review technique)

프로그램(혹은 프로젝트) 평가 및 재검토 기술(The Program/Project Evaluation and Review Technique)은 보통 퍼트(PERT)라고 불리며, 프로젝트 관리를 분석하거나, 주어진 완성 프로젝트를 포함한 일을 묘사하는 데 쓰이는 모델이다.

PERT는 주어진 프로젝트가 얼마나 완성되었는지 분석하는 방법으로, 특히 각각의 작업에 필요한 시간을 계산함으로써 모든 프로젝트를 끝내는 최소시간이 어느 정도인지 알 수 있다.

이 모델은 1958년 부즈 엘렌 해밀턴과 은밀히 계약한 펜타곤의 특수프로그램인 폴라리스 잠수함 발사 탄도미사일 프로젝트의 한 부문으로 개발되었으며, 그 후 미국 정부에서는 여러 경영관리 측면에서 PERT 사용 약정을 맺었다.

PERT는 1950년대에 발전되어, 일정의 단순화와 커다랗고 복잡한 문제에 사용되었다. PERT는 프로젝트의 일정 중, 정확하게 알려지지 않은 세부요인과 지속기간에 대해 모든 프로젝트의 일정을 만들 수 있게 되어, 불확정한 일을 통합하는 것이 가능하였다. 이건 여러 부문에서 사건 지향적 기술을 시작-완성 지향형보다 선호하게 하는 계기가 되었다.

매우 잘 알아볼 수 있는 PERT의 특징은 시간대와 서로 연결하는 차트인 "PERT 네트워크"이다.

01

활동 A의 활동시간에 대한 낙관적 시간이 5일, 비관적 시간이 27일, 최빈시간이 7일로 추정되는 경우에 PERT/CPM의 확률적 모형에 따른 활동 A의 활동시간에 대한 기대치는? (단, 각 활동시간은 베타분포에 따른다)

① 7일
② 9일
③ 10일
④ 13일
⑤ 15일

해설

기대치= (a + 4m + b)/6
a: 낙관적 시간, m: 최빈시간, b: 비관적 시간

정답 ③

02

재고관리 비용을 최소화하기 위한 재고관리 기법에 해당하지 않는 것은?

① EOQ(Economic Order Quantity)
② JIT(Just-in-Time)
③ MRP(Material-Requirements Planning)
④ PERT(Program Evaluation and Review Technique)

해설

정답 ④

03

프로젝트 일정관리 방법론인 PERT/CPM에서 주공정경로 (critical path)에 대한 설명으로 가장 옳은 것은?

① 프로젝트를 완료하는 데 소요되는 시간이 가장 짧은 경로를 주공정경로라고 한다.
② 주공정경로는 여유시간(slack time)이 0보다 큰 활동들을 연결한 경로이다.
③ 주공정경로상의 활동들은 일정 부분 지연이 되더라도 전체 프로젝트 일정에는 영향이 발생하지 않는다.
④ 여유시간이 0인 활동들이 많을수록 일정관리가 더욱 어려워진다.

해설

주공정(Critical Path, 애로공정): 여유시간(S) 값이 최소가 되는 단계를 연결한 것으로 프로젝트를 완료하는 데 소요되는 시간이 가장 긴 경로를 말한다.

정답 ④

04 다음 분석 기법을 설명하는 용어는?

> ○ 프로젝트 내 각 활동들의 시간 추정에 확률적 모형을 사용하며, 단계보다 활동을 중심으로 하는 시스템
> ○ 프로젝트 완료를 위한 활동순서를 표시하고, 각 활동과 관련하여 시간과 비용을 나타내는 흐름도표

① Markov chain analysis

② Gant chart

③ LP(linear programming)

④ PERT(program evaluation & review technique)

⑤ VE(value engineering)

해설

마르코프 연쇄(Markov chain analysis)는 시간에 따른 계의 상태의 변화를 나타낸다. 매 시간마다 계는 상태를 바꾸거나 같은 상태를 유지한다. 상태의 변화를 전이라 한다. 마르코프 성질은 과거와 현재 상태가 주어졌을 때의 미래 상태의 조건부 확률 분포가 과거 상태와는 독립적으로 현재 상태에 의해서만 결정된다는 것을 뜻한다.

정답 ④

05 다음 중 PERT/CPM에 대한 설명으로 옳지 않은 것은?

① PERT는 시간과 비용에 관한 문제이고 CPM은 시간에 관한 문제이다.

② CPM은 켈리와 워커를 중심으로 한 연구집단이 1957년 개발해 건설 및 설계를 포함한 복잡한 작업에 이용하였다.

③ PERT는 1958년 미해군 군수국 특수 프로젝트부에서 폴라리스잠수함용 미사일의 개발진척 상황을 측정 관리하기 위하여 개발되었다.

④ CPM이란 네트워크를 중심으로 한 논리구성으로 프로젝트 일정 기일 내에 완성시키고 해당 계획이 원가의 최솟값에 의해 보증되는 최적 스케줄을 구하는 관리방법이다.

⑤ PERT는 최장시간경로를 critical path라 하며, 이를 단축하는 것이 일정을 단축하거나 또는 납기를 엄수하는데 있어 매우 중요하다.

해설

정답 ①

테마23. 가치분석과 가치공학

가치분석(Value Analysis) 및 가치공학(Value Engineering)은 원가절감과 가치개선을 목적으로 도입되고 있는 기법으로서 불필요한 코스트를 발굴하고 제거하기 위한 문제해결 시스템으로 최저의 라이프사이클 코스트로 필요한 기능, 품질, 신뢰성 등을 저하시킴이 없이 필수기능을 달성하기 위해서 품질이나 서비스의 기능분석에 기울이는 조직적인 노력이다.

01

대량생산체제에서 대량맞춤생산(mass customization)으로의 진화를 가능하게 하는 제품 디자인 및 프로세스 혁신으로 볼 수 없는 것은?

① 모듈러 디자인: 제품이 모듈의 결합으로 완성되도록 디자인함으로써 제조공정의 효율화 및 리드타임의 단축 가능

② 유연생산시스템(FMS): 고도로 자동화된 셀 제조방식으로 제조공정을 유연하게 변경 가능

③ 차별화의 지연: 제조 공정의 마지막 부분이나 유통단계에서 제품의 차별적 특성 구축 가능

④ 가치공학(VE): 가치개선을 위한 체계적인 접근방법으로 제품이나 부품 및 작업요소 등의 가치혁신 가능

해설

〈Hint〉
가치분석(VA) 및 가치공학(VE)은 원가절감과 가치개선을 목적으로 도입되고 있는 기법으로서 불필요한 코스트를 발굴하고 제거하기 위한 문제해결 시스템이다.

정답 ④

테마24. 동시공학

동시공학(Concurrent Engineering)은 제품설계단계에서 제조 및 사후지원업무까지도 함께 통합적으로 감안하여 설계하는 것으로 신제품 개발 또는 제품 변경을 위하여 초기 제품 개발단계에서 제품 개발로부터 생산 및 유지 보수에 이르기까지 관련 공정을 동시적으로 통합화하기 위한 관리적·공학적 기법이다.

01

제품개발과정에서 설계, 기술, 제조, 구매, 마케팅, 서비스 등의 담당자뿐만 아니라 납품업자, 소비자들이 하나의 팀을 구성하여 각 부분이 서로 제품개발에 대한 정보를 교환하면서 제품개발과정을 단축시키는 방식을 무엇이라고 하는가?

① 적시생산(JIT: just-in time)

② 리엔지니어링(re-engineering)

③ 동시공학(concurrent engineering)

④ 6시그마(six sigma)

⑤ 자재소요계획(MRP: material requirement planning)

해설

정답 ③

02 공정중심이 100이고, 규격하한과 규격상한이 각각 88과 112이며, 표준편차가 4인 공정의 시그마수준은?

① 1　　② 3
③ 4　　④ 6
⑤ 10

해설

공정능력지수(Process Capability Index, Cp) 또는 공정능력비는 공정(Process)을 개선하기 위해서 요구되는 수준과 업무 결과에 대한 비교를 통해 공정능력을 측정하기 위한 방법이다.

CP라는 것은 Capability of Process 의 약자로 '공정능력' 이라는 뜻이다.

생산의 규격인 USL(upper specification limit, 규격상한)과 LSL(규격하한) 사이에 얼마나 촘촘하게 데이터가 생산이 되느냐로 측정을 한다.

* 공정능력지수 = (상한규격−평균) ÷ (3 × 표준편차)

* 공정의 시그마 = (상한규격−평균) ÷ (표준편차)

* 공정의 시그마 수준 = 공정능력지수 × 3

6시그마는 통계학 그 중에서 정규분포에서 나온 개념으로 여기에서 시그마는 표준편차를 의미한다.

1시그마는 68%, 2시그마는 95%, 3시그마는 98.7%..

6시그마는 100만 개 중 3.4개의 불량률을 추구한다는 의미에서 나온 말이다.

정답 ②

테마25. 품질기능전개(QFD, Quality Function Deployment)

품질기능전개(QFD, Quality Function Deployment)는 1966년부터 일본에서 개발된 방법으로 고객의 목소리를 제품의 엔지니어링 특성으로 전환하는 데 도움이 된다.
QFD는 '고객의 소리'를 제품개발과정으로 통합시키기 위한 구조적 접근방법이다.

01

고객의 요구를 기술적 특성과 연결시켜 제품에 반영하는 기법은?

① 품질기능전개(QFD)
② 동시공학(CE)
③ 가치분석(VA)
④ 가치공학(VE)
⑤ 유연생산시스템(FMS)

해설

정답 ①

02

제품설계과정에서 활용되는 방법과 이에 관한 설명의 연결이 옳은 것은?

ㄱ. 가치분석(VA) ㄴ. 품질기능전개(QFD) ㄷ. 모듈러 설계(modular design)

a. 낮은 부품다양성으로 높은 제품다양성을 추구하는 방법
b. 제품의 원가대비 기능의 비율을 개선하려는 체계적 노력
c. 고객의 다양한 요구사항과 제품의 기능적 요소들을 상호 연결

① ㄱ: a, ㄴ: b, ㄷ: c
② ㄱ: a, ㄴ: c, ㄷ: b
③ ㄱ: b, ㄴ: a, ㄷ: c
④ ㄱ: b, ㄴ: c, ㄷ: a
⑤ ㄱ: c, ㄴ: a, ㄷ: b

해설

가치분석(VA)	가치 공학 또는 가치 분석은 제네럴 일렉트릭 사의 마일스가 1947년에 개발한 것으로, 필요한 기능을 최저의 총 비용으로 확실히 달성하기 위하여 제품 또는 서비스의 기능을 분석하는 것이다.
품질기능전개(QFD)	Quality Function Deployment는 1966년부터 일본에서 개발된 방법으로 고객의 목소리를 제품의 엔지니어링 특성으로 전환하는데 도움이 된다. 제품 기획·설계 단계에서부터 고객의 요구를 반영할 수 있도록 한다.
모듈러 설계(modular design)	기본적인 부품(혹은 모듈)을 개발하여 높은 제품다양성, 낮은 부품다양성을 추구한다.

정답 ④

03

(주)가맹이 전자제품 조립공장 입지를 선정하기 위해 다음과 같이 3가지 대안에 관한 정보를 파악하였을 때, 입지대안 비교 결과로 옳지 않은 것은?

대안	고정비(원)	단위당 변동비(원)
1	4,000	10
2	2,000	20
3	1,000	40

① 생산량이 40단위라면 대안 2와 대안 3의 입지비용은 동일하다.
② 생산량이 70단위라면 대안 2가 가장 유리하다.
③ 생산량이 100단위라면 대안 1과 대안 3의 입지비용은 동일하다.
④ 생산량이 200단위라면 대안 1과 대안 2의 입지비용은 동일하다.
⑤ 생산량이 210단위라면 대안 1이 가장 유리하다.

해설

총비용을 계산하면 아주 쉬운 문제이다.
총비용 = 고정비용 + (변동비×Q)

정답 ①

테마26. 마이클 포터의 산업구조분석모형

○ 포터(M. Porter)의 산업구조분석모형(five forces model)

1) 기존 경쟁자들 간의 경쟁: 기존 경쟁업체들 간의 경쟁이 치열할수록 산업의 수익성이 저해되고 산업매력도는 낮아진다.
2) 신규 진입자의 위협: 신규 진입자의 위협은 주로 진입장벽의 정도에 의해 결정된다.
   진입장벽이 낮을수록 새로운 진입자가 증가하고 산업의 경쟁이 심해지며 산업매력도가 하락한다.
3) 대체재의 위협: 대체재는 산업의 기존 제품과 동일하거나 비슷한 기능을 가진다. 대체재의 위협이 높을수록 산업의 수익성은 떨어진다.
4) 공급자의 교섭력: 기업에 제공될 부품이나 관련 서비스의 가격과 품질에 대해 공급자가 행사할 수 있는 능력을 의미한다. 공급자의 교섭력이 높을수록 기업의 수익성을 저해시켜 산업의 매력도는 떨어진다.
5) 구매자의 교섭력: 제품이나 서비스의 가격 또는 품질의 개선을 요구하는데 있어서 구매자가 가진 능력을 의미한다. 구매자의 교섭력이 높을수록 산업 매력도는 낮아진다.

가치 활동은 경쟁우위를 창출하는 구성요소이다.

본원적 활동(primary activities)은 제품 및 서비스의 물리적 가치창출과 관련된 활동들로 직접적으로 고객에게 전달되는 부가가치 창출에 기여하는 활동을 말한다.

지원활동(support activities)은 본원적 활동이 발생하도록 하는 투입물 및 인프라를 제공한다. 지원활동은 직접적으로 부가가치를 창출하지는 않지만 이를 창출할 수 있도록 지원하는 활동을 의미한다.

가치사슬분석을 수행하는 방법에는 2가지가 있다.

바로 비용우위(cost advantage)와 차별화 이점(differentiation advantage)이다.

본원적 활동 (primary activities)	1) 물류투입: 원재료 및 부품의 품질 2) 운영활동: 무결점제품, 다양성 3) 물류산출: 신속한 배송, 효율적인 주문처리 4) 마케팅: 브랜드 평판 구축 5) 서비스(service): 고객기술지원, 고객신뢰, 여분이용성
지원활동 (support activities)	1) 회사 인프라: 경영관리, 총무, 기획, 재무, 회계, 법률, 품질관리 2) 인적자원관리(HRM): 채용, 교육훈련, 경력개발, 배치, 보상, 승진 등과 관련된 활동 3) 기술개발: 차별화된 제품과 신속한 제품개발 4) 구매조달(procurement): 구매된 투입물의 비용이 아닌 가치사슬에서 사용된 투입물을 구매하는 기능과 관련된 것이다.

01 포터(M. Porter)가 제시한 산업구조 분석의 요소로 옳지 않은 것은?

① 대체재의 위협
② 가치사슬 활동
③ 공급자의 교섭력
④ 구매자의 교섭력
⑤ 신규경쟁자의 진입 가능성

해설

정답 ②

02 포터(M. E. Porter)가 주장한 경쟁력 확보를 위한 본원적 전략에 해당되는 것은?

① 제품전략, 서비스전략
② 유지전략, 혁신전략
③ 구조전략, 기능전략
④ 원가우위전략, 차별화전략
⑤ 구조조정전략, 인수합병전략

해설

정답 ④

03 포터(M. Porter)의 가치사슬모델에서 주요 활동에 해당하지 않는 것은?

① 운영·제조
② 입고·출고
③ 고객서비스
④ 영업·마케팅
⑤ 인적자원관리

해설

정답 ⑤

04 포터(M. Porter)의 가치사슬(value chain)모델에서 주요활동에 해당되는 것은?

① 인적자원관리
② 서비스
③ 기술개발
④ 기획·재무
⑤ 법률자문

해설

정답 ②

05 포터(M. E. Porter)의 본원적 경쟁전략을 추구하는 기업에 대한 설명으로 옳지 않은 것은?

① 원가우위전략을 추구하는 기업은 구조화된 조직과 책임을 강조하며, 업무의 효율성을 중시한다.
② 원가우위전략을 추구하는 기업은 강력한 마케팅 능력을 중시하는 경향이 있다.
③ 차별화전략을 추구하는 기업은 제품공학을 중시하는 경향이 있다.
④ 차별화전략을 추구하는 기업은 R&D, 제품개발, 마케팅 분야의 상호조정을 중시한다.
⑤ 특정의 고객층, 제품, 시장, 기술 등 비교우위가 있는 부문에 회사의 노력을 집중함으로써 경쟁우위를 확보하고자 하는 전략은 집중화 전략이다.

해설

정답 ②

06 사업전략을 수립하기 위해 활용되는 포터(Michael Porter)의 본원적 전략(genetic strategy)에 대한 설명으로 옳은 것으로 묶인 것은?

ㄱ. 특정의 고객층, 제품, 시장, 기술 등 비교우위가 있는 부문에 회사의 노력을 집중함으로써 경쟁우위를 확보하고자 하는 전략은 집중화 전략이다.
ㄴ. 포터의 본원적 경쟁전략은 특정시장을 목표로 하는 차별화전략과 원가우위전략으로 구분된다.
ㄷ. 차별화전략은 차별화의 대가로 높은 가격의 제품이나 서비스를 판매할 수 있는 장점이 있다.
ㄹ. 원가우위전략을 택하는 기업의 경우 제품 차별화 수준이 높아진다.

① ㄱ, ㄴ
② ㄴ, ㄷ
③ ㄱ, ㄷ
④ ㄷ, ㄹ
⑤ ㄴ, ㄹ

해설

시장 전체를 대상	특정 시장을 대상
원가우위 전략과 차별화 전략	집중화 전략

정답 ③

테마27. 손익분기점(BEP, Break Even Point)

기업의 경영활동 과정에서 발생하는 원가(cost), 매출량(volume), 이익(profit)의 상호관계를 분석하기 때문에 CVP(Cost-Volume-Point) 분석이라고도 한다.

모든 비용을 고정비와 변동비로 나누어 비용과 가격, 판매수량에 따라 매출과 이익이 어떻게 변화하는가를 분석하는 방법이다.

1. 고정비(fixed cost)

기업을 운영할 때 고정적으로 발생하는 비용으로 감가상각비, 임차료, 임금, 세금, 노무비 등이 속한다.

고정비=판매가격×한계이익률×생산량

2. 변동비(variable cost)

기업에서 생산량(판매량)의 증감에 따라 변동하는 비용으로, 직접재료비, 직접노무비, 소모품비, 연료비, 외주가공비 등이 속한다.

3. 한계이익(공헌이익)

매출액에서 변동비를 차감한 금액이다.

이 금액이 고정비를 초과할 경우 곧바로 순이익의 증가에 한계할 수 있는 금액을 의미한다.

총한계이익=(예상판매가-단위제품의 변동비)×예상판매량

4. 한계이익률(공헌이익률)

매출액에 대한 한계이익의 비율이다.

매출액 중 몇 %가 한계이익인가를 나타낸다.

한계이익률=(매출액-변동비)/매출액 = 1 - (변동비/매출액)

〈참고〉

매출액

변동비(-)

한계이익

고정비(-)

영업이익

○ 손익분기점 수량 = 고정비 / (매출액-변동비) = 고정비 / 한계이익

○ 손익분기점 매출액 = 고정비 / 한계이익률

○ 목표이익 판매량 = = 고정비+목표이익 / 한계이익

○ 목표이익 판매금액 = 고정비+목표이익 / 한계이익률

연습 1

연우는 대학축제 기간에 마스크를 구내매점에 자리를 빌려 판매하려 한다. 마스크를 500원에 구입하여 900원에 판매하려 할 때, 구내매점 임대료 200,000원이고 소득세 등 기타비용은 고려하지 않는다고 할 때 다음 물음에 답하시오.

1) 문제에서 변동비, 고정비를 구분하면?

2) 몇 개를 팔아야 손익분기점(BEP)에 도달하는가?

3) 손익분기점 매출액은 얼마인가?

4) 목표이익 1,000,000원을 달성하기 위한 판매량은?

5) 목표이익 1,000,000원을 달성하기 위한 판매금액은?

연습 2

상균상사가 신제품을 판매하는데, 판매가격은 단위당 2,000원이고, 변동비는 판매가격의 40%로 추정되며, 고정비가 6,000,000원이라면 손익분기점 판매량은?

해설

단위당 한계이익을 먼저 계산해야 한다.

단위당 한계이익 = 단위당 판매가격 - 단위당 변동비
= 2,000 - 800
= 1,200

손익분기점 수량 = 고정비 / 단위당 한계이익 = 6,000,000 / 1,200 = 5,000개

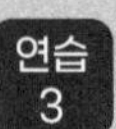
연습 3

위 문제에서 예상판매가 7,000개라면 이익은 얼마인가?

해설

영업이익을 묻는 문제이다. 단위당 한계이익이 1,200원이므로 판매수량을 곱한 후, 고정비를 제하면 이익이 나온다.

이익 = (단위당 한계이익×판매량)−고정비
= 1,200원×7,000개−6,000,000원
= 2,4000,000원

01

A기업에서는 최근에 개발한 B상품의 판매가격을 개당 1,000원으로 정하였다. 한편 B상품을 생산하는 데 필요한 개당 변동비는 800원, 고정비는 600,000원이다. B상품의 손익분기점 매출량은?

① 1,000개

② 1,500개

③ 3,000개

④ 5,000개

해설

○ 손익분기점(BEP) 매출량 = 고정비/ 단위당 공헌이익

= 600,000/200

= 3,000

○ 단위당 공헌이익 = 단위당 판매가격 - 단위당 변동비

= 1,000-800

= 200

정답 ③

02

어느 회사 제품의 단위당 판매가격이 10만원, 단위당 변동비가 5만원, 총고정비가 500만원이라면 손익분기점(BEP) 매출량은?

① 100개

② 150개

③ 200개

④ 250개

⑤ 300개

해설

정답 ①

03

상품 A의 단위당 가격이 20,000원이고, 단위당 변동영업비용이 14,000원이다. 고정영업비용이 48,000,000원이라면 상품A의 손익분기점에 해당하는 매출액은?

① 140,000,000원
② 150,000,000원
③ 160,000,000원
④ 170,000,000원
⑤ 180,000,000원

해설

정답 ③

04

A기업은 단일품목을 생산하여 판매하고 있다. 변동비는 판매가의 60%이고 고정비가 600,000원일 때, 손익분기점(BEP)에 해당하는 매출액은?

① 1,000,000원
② 1,250,000원
③ 1,500,000원
④ 1,800,000원
⑤ 2,000,000원

해설

정답 ③

중간평가 문제

01

최종제품 A의 자재명세서(BOM)는 아래의 그림과 같다. A를 100단위 생산하는데 소요되는 부품 E의 양은?

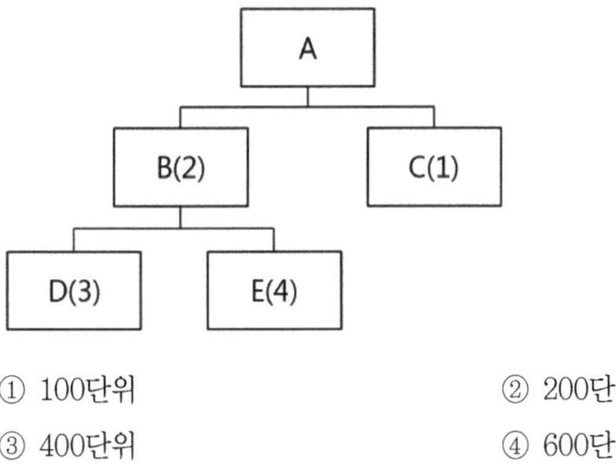

① 100단위
② 200단위
③ 400단위
④ 600단위
⑤ 800단위

02

재고 및 재고관리에 관한 설명으로 옳지 않은 것은?

① 작업의 독립성을 유지하고 생산 활동을 용이하게 하기 위해 재고가 필요하다.
② 고객의 불확실한 예상수요에 대비하기 위한 재고를 안전재고(safety stock)라고 한다.
③ 경제적 주문량 모형(EOQ)은 재고모형의 확정적 모형 중 고정주문량모형에 속한다.
④ 고정주문량모형(Q시스템)에서는 재고수준이 미리 정해진 재주문점에 도달하면 일정량 Q만큼 주문한다.
⑤ ABC재고관리에서는 재고품목을 연간 사용량에 따라 A등급, B등급, C등급의 세 가지 유형으로 구분한다.

03

적시생산(JIT) 시스템의 특성에 해당하지 않는 것은?

① 다기능 작업자의 투입
② 소규모 로트(lot) 크기
③ 부품과 작업 방식의 표준화
④ 푸시(push) 방식의 자재흐름
⑤ 작업장 간 부하 균일화

04 다음 수요예측기법 중 인과형(casual) 모형에 속하는 것은?

① 시계열분해법
② 지수평활법
③ 다중선형회귀분석
④ 이동평균법
⑤ 추세분석법

05 공정별 생산설비 배치(process layout)의 장점으로 옳지 않은 것은?

① 제품의 수정, 수요변동, 작업순서의 변경에 대해 신축적으로 대응할 수 있다.
② 범용설비를 이용하므로 진부화의 위험 및 유지·보수비용이 적다.
③ 비숙련공들도 전문화된 설비를 사용할 수 있어 작업자 훈련 및 감독이 용이하다.
④ 적은 수량을 제조할 경우에는 제품별 배치보다 원가 면에서 유리하다.
⑤ 작업자가 작업 수행 시에 융통성을 발휘할 수 있다.

06 조직구조에 관한 설명으로 옳지 않은 것은?

① 기능별 조직은 환경이 비교적 안정적일 때 조직 관리의 효율을 높일 수 있다.
② 기능별 조직은 각 기능별로 규모의 경제를 얻을 수 있다는 장점이 있다.
③ 제품별 사업부 조직은 사업부 내의 기능 간 조정이 용이하며, 시장 특성에 따라 대응함으로써 소비자의 만족을 증대시킬 수 있다.
④ 매트릭스 조직은 많은 종류의 제품을 생산하는 대규모 조직에서 효율적으로 기능한다.
⑤ 사업부제는 기업의 조직을 제품별·지역별·시장별 등 포괄성 있는 사업별 기준에 따라 제1차적으로 편성하고, 각 부분조직을 사업부로 하여 대폭적인 자유 재량권을 부여하는 분권적 조직이다.

07 적시생산계획(just in time: JIT)에 관한 설명으로 옳지 않은 것은?

① 적시에 적량의 필요한 부품을 생산에 공급하도록 하는 생산·재고관리 시스템이다.
② 계획생산을 통해 재고부족이나 주문지연을 방지하는 푸시 시스템(push system)이 적용된다.
③ 생산허가와 자재이동을 위한 방법으로 칸반(kanban system)을 사용한다.
④ 생산 로트의 축소(소로트화)를 통해 재고의 낭비를 제거하고 생산을 평준화하려 한다.
⑤ 수요변동에 따라 생산시설과 작업자 수의 유연성이 요구되므로 다기능공이 필요하다.

08 품질의 산포가 우연 원인에 의한 것인지, 이상 원인에 의한 것인지를 밝혀주는 역할을 하며, 제조공정의 상태를 파악하기 위해 공정관리에 이용되는 것은?

① 파레토도

② 관리도

③ 산포도

④ 특성요인도

⑤ 히스토그램

09 다음의 내용이 의미하는 것은 무엇인가?

> 비용, 품질, 서비스, 속도와 같은 핵심부문에서 기업이 극적인 성과 향상을 이루기 위해서 기업의 체질 및 구조와 경영방식을 근본적으로 다시 생각하고, 재설계하는 것이다.

① 리스트럭처링

② 리엔지니어링

③ 역공학

④ 다운사이징

10 노동조합의 가입방법에 관한 설명으로 옳지 않은 것은?

① 클로즈드 숍(closed shop) 제도는 기업에 속해 있는 근로자 전체가 노동조합에 가입하여야 할 의무가 있는 제도이다.

② 클로즈드 숍(closed shop) 제도에서는 기업과 노동조합의 단체협약을 통하여 근로자의 채용·해고 등을 노동조합의 통제 하에 둔다.

③ 클로즈드 숍(closed shop) 제도에서는 기업은 노동조합원만을 신규인력으로 채용해야 한다.

④ 유니온 숍(union shop) 제도에서는 신규 채용된 근로자는 일정 기간이 지나도 반드시 노동조합에 가입해야 할 의무는 없다.

⑤ 오픈 숍(open shop) 제도에서는 노동조합 가입여부가 고용 또는 해고의 조건이 되지 않는다.

중간평가 문제해설

01

최종제품 A의 자재명세서(BOM)는 아래의 그림과 같다. A를 100단위 생산하는데 소요되는 부품 E의 양은?

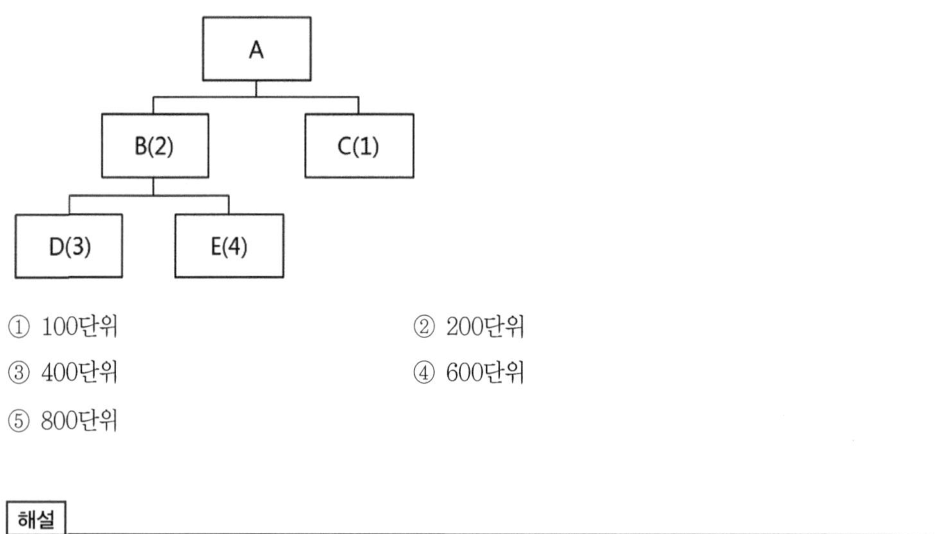

① 100단위
② 200단위
③ 400단위
④ 600단위
⑤ 800단위

해설

정답 ⑤

02

재고 및 재고관리에 관한 설명으로 옳지 않은 것은?

① 작업의 독립성을 유지하고 생산 활동을 용이하게 하기 위해 재고가 필요하다.
② 고객의 불확실한 예상수요에 대비하기 위한 재고를 안전재고(safety stock)라고 한다.
③ 경제적 주문량 모형(EOQ)은 재고모형의 확정적 모형 중 고정주문량모형에 속한다.
④ 고정주문량모형(Q시스템)에서는 재고수준이 미리 정해진 재주문점에 도달하면 일정량 Q만큼 주문한다.
⑤ ABC재고관리에서는 재고품목을 연간 사용량에 따라 A등급, B등급, C등급의 세 가지 유형으로 구분한다.

해설

자재의 품목별 중요도나 연간 총사용액에 따라 전 품목을 A급, B급, C급 등으로 분류하는 방법이다.

정답 ⑤

03 적시생산(JIT) 시스템의 특성에 해당하지 않는 것은?

① 다기능 작업자의 투입
② 소규모 로트(lot) 크기
③ 부품과 작업 방식의 표준화
④ 푸시(push) 방식의 자재흐름
⑤ 작업장 간 부하 균일화

해설

정답 ④

04 다음 수요예측기법 중 인과형(casual) 모형에 속하는 것은?

① 시계열분해법
② 지수평활법
③ 다중선형회귀분석
④ 이동평균법
⑤ 추세분석법

해설

정답 ③

05 공정별 생산설비 배치(process layout)의 장점으로 옳지 않은 것은?

① 제품의 수정, 수요변동, 작업순서의 변경에 대해 신축적으로 대응할 수 있다.
② 범용설비를 이용하므로 진부화의 위험 및 유지·보수비용이 적다.
③ 비숙련공들도 전문화된 설비를 사용할 수 있어 작업자 훈련 및 감독이 용이하다.
④ 적은 수량을 제조할 경우에는 제품별 배치보다 원가 면에서 유리하다.
⑤ 작업자가 작업 수행 시에 융통성을 발휘할 수 있다.

해설

정답 ③

06 조직구조에 관한 설명으로 옳지 않은 것은?

① 기능별 조직은 환경이 비교적 안정적일 때 조직 관리의 효율을 높일 수 있다.

② 기능별 조직은 각 기능별로 규모의 경제를 얻을 수 있다는 장점이 있다.

③ 제품별 사업부 조직은 사업부 내의 기능 간 조정이 용이하며, 시장 특성에 따라 대응함으로써 소비자의 만족을 증대시킬 수 있다.

④ 매트릭스 조직은 많은 종류의 제품을 생산하는 대규모 조직에서 효율적으로 기능한다.

⑤ 사업부제는 기업의 조직을 제품별·지역별·시장별 등 포괄성 있는 사업별 기준에 따라 제1차적으로 편성하고, 각 부분조직을 사업부로 하여 대폭적인 자유 재량권을 부여하는 분권적 조직이다.

해설

매트릭스 조직은 소규모 제품라인과 중규모 조직에 적합하다.

〈참고〉 부문별 조직(사업부조직)이란 기능별 조직의 한계점을 극복하기 위한 것으로 부서를 분류하는 기준으로 제품, 지역, 시장, 고객 등을 사용하여 구분한다.

불안정한 환경에서 신속한 변화에 적합하여 책임과 담당자가 명확하여 고객의 만족을 제고한다. 제품, 지역별 차이에 신속하게 적응하고 다수의 제품을 가진 대규모 기업에 적합하다. 기능별 조직은 단일 제품이나 서비스를 생산 판매하는 소규모 조직에 적합하다. 기능별 조직은 가장 기본적인 조직구조 형태로서 중소규모의 단일제품을 생산하는 기업에 적합하다. 이 조직은 생산, 인사, 마케팅 등 업무내용이 비슷하고 관련이 있는 기능들을 하나의 부문으로 분류하여 집결시킨 조직형태이다.

기능별 조직	부문별(사업부제) 조직	매트릭스 조직
소규모 조직	대규모 조직	중규모 조직

정답 ④

07 적시생산계획(just in time: JIT)에 관한 설명으로 옳지 않은 것은?

① 적시에 적량의 필요한 부품을 생산에 공급하도록 하는 생산재고관리 시스템이다.

② 계획생산을 통해 재고부족이나 주문지연을 방지하는 푸시 시스템(push system)이 적용된다.

③ 생산허가와 자재이동을 위한 방법으로 칸반(kanban system)을 사용한다.

④ 생산 로트의 축소(소로트화)를 통해 재고의 낭비를 제거하고 생산을 평준화하려 한다.

⑤ 수요변동에 따라 생산시설과 작업자 수의 유연성이 요구되므로 다기능공이 필요하다.

해설

정답 ②

08

품질의 산포가 우연 원인에 의한 것인지, 이상 원인에 의한 것인지를 밝혀주는 역할을 하며, 제조공정의 상태를 파악하기 위해 공정관리에 이용되는 것은?

① 파레토도　② 관리도
③ 산포도　④ 특성요인도
⑤ 히스토그램

해설

품질(데이터)의 산포(흩어짐, 변동)가 우연원인(안정상태, 관리상태)에 의한 것인지 또는 이상원인(불안정상태, 이상상태)에 의한 것인지를 판별한 결과에 따라 관리도가 작성된다. 관리도(Control Chart)는 품질의 산포를 관리하기 위하여 하나의 중심선과 두 개의 관리한계선(관리 상한선, 하한선)을 설정한 그래프를 말한다.

○ 읽기자료: 관리도의 원리

공정의 상태를 나타내는 품질특성치(데이터)를 이용하여 품질변동에 영향을 끼치는 원인을 신속히 판별하고, 발견된 이상원인에 대해서는 조치를 취함으로써 공정을 관리상태로 유지시킬 수 있는 통계적 수법이 있다면 매우 편리할 것이다. 이러한 필요성에 부합되는 수법이 바로 관리도이다. 관리도란 우연원인으로 인한 산포와 이상원인으로 인한 산포를 구분할 수 있는 중심선 상·하에 관리한계선(관리상한선, 관리하한선)을 결정한 다음 공정의 상태를 나타내는 품질 특성치(측정치, 데이터)를 타점하여, 이 점이 관리한계선 밖으로 나가면 공정에 보아 넘기기 어려운 원인(이상원인)이 존재하고 그렇지 않으면 조사해 보아도 별로 뜻이 없는 우연원인에 의한 상태라는 사실을 시간의 경과에 따라 한 눈에 알아 볼 수 있도록 그린 일종의 꺾은선 그래프이다.

공정이 관리된 상태라면 거의 모든 점들이 관리한계선 안에 랜덤하게 타점이 된다. 이것은 공정의 상태가 우연원인에 의해서만 영향을 받기 때문에 품질의 변동도 예측이 가능함을 의미하며 이런 상태라면 공정에 대한 조처는 거의 필요가 없게 된다. 반면에 관리한계선 밖으로 점들이 자주 타점되면 공정의 상태가 안정되어 있지 않다는 증거로 해석된다. 즉, 공정이 이상원인에 의한 상태로 가동되고 있어서 계속적으로 품질상의 문제를 일으키고 있다고 보는 것이다. 이런 경우에는 이상원인을 규명하고 그에 알맞는 관리 및 기술적 조치를 취하여야 한다.

따라서 관리도를 이용하는 주된 목적은 공정상의 이상 유무를 신속히 찾아내어 이상원인으로 인한 불량품이 대량 생산되기 전에 필요한 조치를 미리 취하여 관리된 상태를 유지하도록 함으로써 최상의 제조품질(적합품질)을 달성하는데 있다.

100만개 중에 단지 3~4개의 불량만 예견되는 수준을 우리는 6시그마라고 부른다. 아래의 그래프를 우측에서 투영하였다고 보면, 그 모양이 종모양의 정규분포 곡선형태가 되어야 한다. 종이 중심으로 모이고 길쭉할수록 품질 수준이 높은 수준이 된다. 상・하부 한계를 넘은 동그란 표시부분이 전체 모집단의 100만 개 중 3~4 건에 그칠 경우 6시그마 수준이 된다.

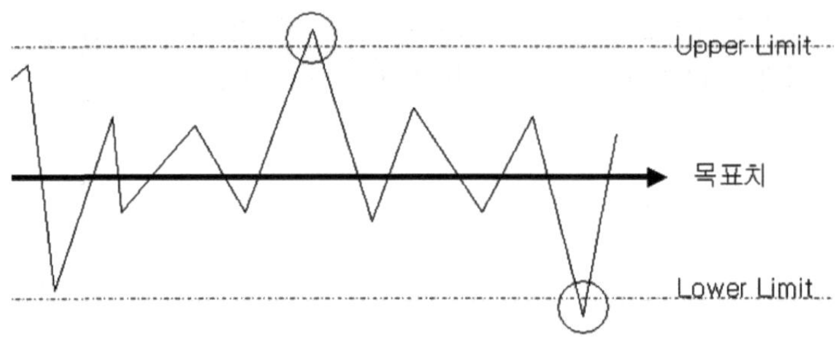

○ 파레토도 또는 파레토 차트는 자료들이 어떤 범주에 속하는가를 나타내는 계수형 자료일 때 각 범주에 대한 빈도를 막대의 높이로 나타낸 그림이다.

○ 히스토그램은 도수 분포표의 하나로 가로축에 계급을, 세로축에 도수를 취하고, 도수 분포의 상태를 직사각형의 기둥 모양으로 나타낸 그래프이다. 히스토그램(histogram)은 표로 되어 있는 도수 분포를 정보 그림으로 나타낸 것이다. 더 간단하게 말하면, 도수분포표를 그래프로 나타낸 것이다. 보통 히스토그램에서는 가로축이 계급, 세로축이 도수를 뜻하는데, 때때로 반대로 그리기도 한다. 계급은 보통 변수의 구간이고, 서로 겹치지 않는다. 계급(막대기)끼리는 서로 붙어 있어야 한다. 히스토그램은 일반 막대그래프와는 다르다. 막대그래프는 계급 즉 가로를 생각하지 않고 세로의 높이로만 나타내지만 히스토그램은 가로와 세로를 함께 생각해야 한다.

○ 특성요인도(cause and effect diagram, characteristic)는 일의 결과인 특성과 그것을 유발시키는 원인인 요인과의 관계를 물고기 뼈모양의 화살표로 나타낸다. 특성요인도는 그 모양이 물고기 뼈와 같다고 물고기 뼈 도표(Fishbone Diagram, 어골도)라고도 부른다.

정답 ②

09 다음의 내용이 의미하는 것은 무엇인가?

> 비용, 품질, 서비스, 속도와 같은 핵심부문에서 기업이 극적인 성과 향상을 이루기 위해서 기업의 체질 및 구조와 경영방식을 근본적으로 다시 생각하고, 재설계하는 것이다.

① 리스트럭처링 ② 리엔지니어링

③ 역공학 ④ 다운사이징

해설

① 리스트럭처링: 시스템의 기능적인 변화 없이 다른 새로운 시스템으로 변환하는 것을 말한다.

② 리엔지니어링: 기업의 체질 및 구조와 경영방식을 근본적으로 재설계하여 경쟁력을 확보하는 경영혁신기법을 말한다(비즈니스프로세스 리엔지니어링(BPR) 또는 프로세스혁신(PI).

③ 역공학: 현재 존재하는 것으로부터 구성요소들 간의 상호 관련을 규명하기 위해 시스템을 분석해가는 과정을 말한다.

④ 다운사이징: 대규모의 컴퓨터 시스템을 소규모 컴퓨터의 네트워크로 대체하려는 경향을 말한다.

정답 ②

10 노동조합의 가입방법에 관한 설명으로 옳지 않은 것은?

① 클로즈드 숍(closed shop) 제도는 기업에 속해 있는 근로자 전체가 노동조합에 가입하여야 할 의무가 있는 제도이다.

② 클로즈드 숍(closed shop) 제도에서는 기업과 노동조합의 단체협약을 통하여 근로자의 채용·해고 등을 노동조합의 통제 하에 둔다.

③ 클로즈드 숍(closed shop) 제도에서는 기업은 노동조합원만을 신규인력으로 채용해야 한다.

④ 유니온 숍(union shop) 제도에서는 신규 채용된 근로자는 일정 기간이 지나도 반드시 노동조합에 가입해야 할 의무는 없다.

⑤ 오픈 숍(open shop) 제도에서는 노동조합 가입여부가 고용 또는 해고의 조건이 되지 않는다.

해설

- 유니온 숍(union shop): 클로즈드 숍과 오픈 숍 제도의 중간 형태로서, 사용자가 노동조합원 이외의 근로자도 자유로이 고용할 수 있으나 일단 고용된 근로자는 일정기간 내에 조합원이 되지 않으면 안 되는 제도이다.
- 에이전시 숍(agency shop): 종업원들이 노조에 가입하도록 강제되지는 않지만 조합원들의 단체교섭활동을 지원하기 위하여 비조합원들도 조합원들이 납부하는 입회비와 조합비에 상당하는 금액을 노동조합에 정기적으로 불입하도록 하는 제도이다.

정답 ④

테마28. BSC(Balance Score Card)

현대 기업에 있어서 기업 내 · 외부에 발생하는 상호작용에 대한 객관적이며 계량화된 성과측정 방법론에 중요성이 강조되고 있다. 이러한 현상의 원인은 기업에 대한 객관적인 평가를 통한 기업의 현재가치와 현재의 에너지 상태를 가늠하여 미래 지향적인 전략의 수립과 실천의 중요성이 있기 때문이다. 이에 따라 최근 들어 부각되고 있는 객관적 성과측정 방법론인 BSC(Balance Scorecard)를 사용한 성과지표로써의 KPI 선정이 매우 중요시되고 있다.

지식시대의 기업은 과거의 기업처럼 재무적인 평가지표 만으로써는 전체 조직을 평가하기에 다소 한계가 있으며, 조직 내 비전과 전략을 정보 공유하고 조직의 힘을 한 곳에 중점 될 수 있도록 동기부여 할 수 있는 새로운 성과관리체계를 필요로 하게 되었다. 이와 같은 기업의 요구에 따라 재무적인 측정치들과 비재무적인 측정치들을 균형 있게 제시하고 성과평가에 양자를 활용할 수 있는 시스템이 Kaplan & Norton이 제시한 BSC(Balanced Scorecard)이다. BSC는 기존의 재무적 관점의 지표들과, 재무적 지표를 보완하면서 미래의 경영 성과에 영향을 주는 비 재무적 관점의 지표인 고객, 내 외부 프로세스, 학습 및 성장 관점의 지표로 구성되어 있다.

BSC 는 비전과 전략을 달성하기 위해 과거의 성과평가에서 중요시해 왔던 재무적 관점과, 고객이 회사를 어떻게 바라보는가를 나타내는 고객 관점, 고객의 가치와 재무적 결과를 창출하는 프로세스로 혁신, 운영, 서비스 등의 영역을 나타내는 내부 프로세스 관점, 마지막으로 기업이 지속적으로 발전할 수 있는가를 보는 학습 및 성장 관점 등의 네 가지 관점에서 지표를 설정하고 이를 달성하기 위한 이니시어티브를 선정하고 있다. 이리하여 진행된 BSC는 기업 조직 내에서 개인과 팀의 목표, 보상, 자원배분, 예산과 기획, 그리고 전략적 피드백과 연구 등을 위한 중점적인 구성 틀로 활용된다.

BSC의 구성요소는 비전과 전략, 재무, 고객, 내·외부 프로세스, 학습과 성장이라는 네 가지 관점, 핵심성공요인(CSF), 핵심성과지표(KPI), 인과관계, 목표, 피드백으로 그 구성요소를 정의할 수 있다. 여기서 KPI(key performance indicators : 핵심성과 지표)는 기업이 현재의 경영 성과뿐만 아니라 미래의 가치를 증가시키기 위하여 무엇을 관리하여야 하는지를 명확히 알려주는 지표이다. BSC 의 핵심이 바로 '무엇을 측정할 것인가?'의 문제이므로 조직의 전략 달성 여부는 전사단위, 조직단위 그리고 개인단위로 어떤 KPI를 설정 하는가에 달려있다 해도 과언이 아니다.

KPI의 개발의 원칙은 전사적 핵심 목표와 부서별 목표, 개인별 목표 간의 관련성이 최적의 상태를 갖도록 하는 것이다. KPI의 자세한 개발 원칙으로는 MARK(1996, Keeping Scor)가 제시한 7가지의 개발 원칙을 꼽을 수 있다.

- 핵심성과지표는 적을수록 좋다.
- 사업의 핵심성공 요인들과 연계되어야 한다.
- 설정된 관점 상에서 조직의 과거, 현재, 미래를 한눈에 바라볼 수 있는 지표여야 한다.
- 고객, 주주와 다른 이해 관계자들의 기대를 기반으로 하여 개발되어야 한다.
- 최고 경영자의 의지로 시작하여 조직의 모든 구성원들에게 전파되어야 한다.
- 지표는 변경이 용이해야 하고 환경과 전략이 변화함에 따라 다시 조정되어야 한다.
- 지표의 목표와 방향은 명확한 조사에 의하여 설정되어야 한다.

BSC(Balanced Scorecard)에서 '균형'이란 장기적 목표와 단기적 목표간, 재무적 측정지표와 비재무적 측정지표 간, 후행지표(결과)와 선행지표(동인) 간, 그리고 성과에 대한 외부적 시각과 내부적 시각 간에 균형이 있음을 의미한다. BSC 관점은 크게 재무, 고객, 내부 프로세스, 학습과 성장의 네 가지로 나눠진다. '전략이 추구하고자 하는 궁극적인 목표는 무엇인가?'에 대한 답은 재무 관점, '어디서 경쟁하고 차별화된 가치를 제공할 것인가?'에 대한 답은 고객 관점, '어떻게 경쟁할 것인가?'에 대한 답은 내부 프로세스 관점, 그리고 '경쟁을 위해 무엇을 준비할 것인가?'에 대한 답은 학습과 성장 관점으로 접근한다.

01

BSC(Balanced Score Card)에 관한 설명으로 옳지 않은 것은?

① 내부 프로세스 관점과 학습 및 성장 관점도 평가의 주요 관점이다.

② 재무적 관점 이외에 고객관점도 평가의 주요 관점이다.

③ 로버트 카플란(R. Kaplan)과 노튼(D. Norton)이 제안한 성과 평가 방식이다.

④ 균형 잡힌 성과 측정을 위한 것으로 대개 재무와 비재무지표, 결과와 과정, 내부와 외부, 노와 사 간의 균형을 추구하는 도구이다.

⑤ 전략 모니터링 또는 전략 실행을 관리하기 위한 도구로 활용하는 경우에는 성과 평가 결과를 보상에 연계시키지 않는 것이 바람직하다는 견해가 있다.

해설

정답 ④

02

카플란(R. Kaplan)과 노턴(D. Norton)이 주창한 BSC(Balance Score Card)에 관한 설명으로 옳은 것은?

① 균형성과표로 생산, 영업, 설계, 관리부문의 균형적 성장을 추구하기 위한 목적으로 활용된다.

② 객관적인 성과 측정이 중요하므로 정성적 지표는 사용하지 않는다.

③ 핵심성과지표(KPI)는 비재무적요소를 배제하여 책임소재의 인과관계가 명확한 평가가 이루어지도록 한다.

④ 기업문화와 비전에 입각하여 BSC를 설정하므로 최고경영자가 교체되어도 지속적으로 유지된다.

⑤ BSC의 실행을 위해서는 관리자들이 조직에서 어느 개인, 어느 부서가 어떤 지표의 달성에 책임을 지는지 확인하여야 한다.

해설

BSC(Balanced Score card)는 무엇보다 최고 경영자의 활용 의지가 있어야 한다. 따라서 최고경영자가 교체되면 바뀔 수 있다. BSC의 실행을 위해서는 관리자들이 조직에서 개인이 하고 있는 업무가 부서 또는 조직 전체에 어떤 영향을 미치는지 명확하게 확인하여야 한다.

정답 ⑤

03

회계나 재무적 관점으로만 경영성과를 평가하는 전통적 성과평가 방식을 탈피하여 재무, 고객, 내부 프로세스 및 학습·성장 등의 네 가지 관점에서 경영성과를 평가하는 경영기법은?

① CRM
② BSC
③ SCM
④ KMS
⑤ ERP

해설

정답 ②

04

기업경영의 성과측정에 있어서 투자수익률이나 성장률과 같은 재무적인 측정지표들과 더불어 장기적인 안목으로 고객, 내부프로세스, 성장과 학습 등에 대해서도 측정지표를 개발하여 통합적으로 성과를 측정하는 것과 가장 관련이 높은 개념은?

① BSC(balanced score card)
② BRP(business process re-engineering)
③ CRM(customer relationship management)
④ SCM(supply chain management)
⑤ TQM(total quality management)

해설

정답 ①

05

재무와 비재무, 장기와 단기, 결과와 과정의 균형을 고려한 성과평가방법은?

① 행위기준평가법
② BSC 평가법
③ 목표관리법
④ 행동관찰척도법
⑤ 평가센터법

해설

정답 ②

06 균형성과표(BSC)의 구성요소가 아닌 것은?

① 학습과 성장 관점 ② 내부 프로세스 관점
③ 고객 관점 ④ 환경 관점

해설

균형성과표(balanced score card)는 조직의 비전과 전략을 달성하기 위해 도입된 개념으로서, 기업성과에 기여하는 네 가지 영역(재무, 고객, 내부 프로세스, 학습과 성장)에 대한 성과측정의 수단이다.

정답 ④

07 기업의 경영성과를 평가하는 데 사용되는 균형성과표 (Balanced Scorecard: BSC)의 평가관점과 성과지표·측정 지표 간의 연결로 가장 옳지 않은 것은?

① 재무 관점-EVA(Economic Value Added)
② 고객 관점-시장점유율
③ 내부 프로세스 관점-자발적 이직률
④ 학습 및 성장 관점-직원 만족도

해설

내부 프로세스 관점은 내부 공정이나 생산과정 및 업무흐름과 관련된 것이다.
자발적 이직률은 학습과 성장관점이다.

정답 ③

08 균형성과표(Balanced Score Card: BSC)와 비교하여 전통적 성과관리시스템의 한계에 대한 설명으로 옳지 않은 것은?

① 구성원의 경영전략에 대한 이해도가 높지 않다.
② 성과에 대한 재무적 관심이 부족하다.
③ 자원 할당과 전략의 연계가 부족하다.
④ 인센티브와 목표달성의 연계가 부족하다.

해설

○ BSC(균형성과표) 특징

1. 상호균형

재무지표와 비재무지표 간, 내부요소와 외부요소 간, 선행지표와 후행지표 간, 단기적 관점과 장기적 관점 간, 행동지향적 관점과 가치지향적 관점 간 균형을 강조한다.

2. 성과지표 간 인과관계

학습과 성장 관점(하부구조)의 성과동인으로부터 재무관점의 향상된 재무성과(상부구조)에 이르기까지 인과관계로 연계된 성과평가체제를 이룬다.

학습과 성장→내부 프로세스 관점→고객관점→재무적 관점 순이다.

정답 ②

09 균형성과표(BSC)에 관한 설명으로 옳은 것만을 모두 고른 것은?

> ㄱ. 조직의 비전과 목표, 전략으로부터 도출된 성과지표의 집합체이다.
> ㄴ. 재무지표 중심의 기존 성과관리의 한계를 극복하기 위한 것이다.
> ㄷ. 조직의 내부요소보다는 외부요소를 중시한다.
> ㄹ. 재무, 고객, 내부 프로세스, 학습과 성장이라는 4가지 관점 간의 균형을 중시한다.
> ㅁ. 성과관리의 과정보다는 결과를 중시한다.

① ㄱ, ㄴ, ㄷ　　② ㄴ, ㄷ, ㄹ
③ ㄷ, ㄹ, ㅁ　　④ ㄱ, ㄴ, ㄹ
⑤ ㄱ, ㄴ, ㄷ, ㄹ, ㅁ

해설

- 유형+무형
- 재무+비재무
- 과거+미래
- 내부(프로세스, 학습과 성장 관점)+외부(고객과 재무관점)

○ 4가지 성과지표

1) 재무적 관점

고객에게 재무적 성공을 입증

2) 고객관점

비전을 달성하여 고객에게 입증

3) 프로세스 관점

내부의 업무 관리

4) 학습관점

학습과 성장

정답 ④

10 BSC(Balanced Score Card)에 관한 설명으로 옳지 않은 것은?

① 내부 프로세스 관점과 학습 및 성장 관점도 평가의 주요 관점이다.

② 재무적 관점 이외에 고객관점도 평가의 주요 관점이다.

③ 로버트 카플란(R. Kaplan)과 노튼(D. Norton)이 제안한 성과 평가 방식이다.

④ 균형 잡힌 성과 측정을 위한 것으로 대개 재무와 비재무지표, 결과와 과정, 내부와 외부, 노와 사 간의 균형을 추구하는 도구이다.

⑤ 전략 모니터링 또는 전략 실행을 관리하기 위한 도구로 활용하는 경우에는 성과 평가 결과를 보상에 연계시키지 않는 것이 바람직하다는 견해가 있다.

해설

노사문제는 관련이 없다. 열거형(나열형)에서는 이렇게 숨겨 놓고 정답을 찾는 유형이 있다.

측정지표	목적과 성과지표(KPI)	구조와 관점
재무관점 (과거시각, 후행지표)	재정운영의 효율성 제고를 목적으로 하여 매출, 자본수익률, 시장점유율, 원가절감률 등	상부구조 (가치지향적 관점)
고객관점 (외부시각)	서비스의 만족도 증진을 목적으로 하여 고객만족도, 정책순응도, 민원인의 불만율, 신규고객의 증감 등	상부구조 (가치지향적 관점)
내부 프로세스 관점 (내부시각)	프로세스 개선을 목적으로 하여 의사결정과정에 시민참여, 적법절차, 조직 내 커뮤니케이션 구조, 공개 등	하부구조 (행동지향적 관점)
학습과 성장 (미래시각, 선행지표)	구성원의 능력개발을 목적으로 하여 학습동아리 수, 내부 제안 건수, 직무만족도 등	하부구조 (행동지향적 관점)

정답 ④

테마29. 프렌치와 레이븐(French & Raven)의 권력 분류

○ 프렌치와 레이븐(French & Raven)의 권력원천 분류

구분	권력의 원천
지위 관련	합법적 권력
	보상적 권력
	강압적 권력
개인 권력	전문적 권력
	준거적 권력

○ 읽기자료: 프렌치와 라벤(French 와 Raven)의 권력 분류

권력의 유형은 흔히 프렌치와 라벤(French 와 Raven)의 분류체계를 이용한다. 이 분류체계에서는 다음에 설명하는 다섯 가지 유형으로 나누어지며 권력에 대한 후속연구에 많은 영향을 미쳤다. 하지만 리더나 관리자에 관련된 모든 권력의 원천을 다루지는 않았다. 예컨대, 정보에 대한 통제도 리더 또는 관리자에게는 하나의 권력이 된다.

1) 합법적 권력(legitimate power)은 업무활동에 대한 공식적인 권한으로부터 나오는 권력을 말한다. 합법적 권력의 영향력 과정은 매우 복잡한데, 조직의 구성원들은 통상 조직에 소속된 것에 대한 보답으로 규칙과 리더의 지시에 따른다. 그러나 이러한 순응은 어떤 명시적인 계약보다는 암묵적인 상호이해로 이루어진다.

2) 보상적 권력(reward power)은 자원과 보상을 할당하는 공식적 권한에서 발생하며, 조직에 따라서 그리고 조직 내에서도 지위에 따라 다르다. 일반적으로 하급지위보다 상급지위자들이 희소 자원에 대해 더 많은 통제력을 부여 받는다. 권력을 행사하는 사람들은 통상 동료나 상사에 대해서보다는 부하에 대해 더 많은 보상적 권력을 가지고 있다. 부하에 대한 보상적 권력의 형태는 급여인상, 보너스, 승진 등이다.

3) 강제적 권력(coercive power)은 처벌에 그 바탕을 두며, 조직의 유형에 따라 다르다. 강제력은 대상인물이 행위자의 요구나 규칙 또는 방침에 따르지 않는 경우에 바람직하지 않은 결과를 얻게 될 수 있을 것이라는 위협이나 경고 등에 의해 나타난다. 위협이 실제로 가능하다고 지각할 때, 그리고 대상인물이 처벌의 위협을 피하고자 할 때, 요구에 응할 가능성이 높아진다. 대상인물이 응하지 않음에도 불구하고 행위자가 위협만 하고 실행하지 않으면 강제력은 신뢰성을 상실하게 된다.

4) 전문적 권력(expert power)은 과업관련 지식이나 기술이 조직에서 개인권력의 주요한 원천이 되는 경우이다. 과업을 수행하거나 중요한 문제를 해결하는 방법에 대한 특수한 지식은 부하, 동료, 또는 상사에 대해 잠재적 영향력이 된다. 그러나 다른 사람들이 전문적 지식이나 노하우 등을 행위자에게 의존할 때만 전문성은 권력의 원천이 된다.

전문지식이나 전문기술은 대상인물이 이것을 소유한 사람에게 계속 의존하면 권력의 원천으로 남아 있겠지만 문제가 해결되거나 대상인물이 문제해결법을 배우게 되면 소유자의 전문성은 더 이상 가치를 가지지 못한다. 따라서 사람들은 과업의 절차나 방법을 계속 비밀로 한다거나 전문 용어 등을 사용하여 과제를 더 복잡하게 보이게 하거나 또는 매뉴얼 등을 파괴함으로써 자신이 가진 전문성을 보호하려고 한다.

5) 준거적 권력(referent power)은 행위자에게 애정이나 충성심 등의 감정을 가진 사람들이 그를 기쁘게 하고자 하는 욕망을 가질 때 생기는 힘이다. 일반적으로 사람들은 친구 등에게 특별한 호의를 기꺼이 베풀고자 하며, 자신들이 존경하는 인물의 요구 등을 실행할 가능성이 높다. 가장 강력한 형태의 준거력은 개인적 동일시(personal identification)라는 영향력 과정이다. 행위자로부터의 인정과 수용을 얻기 위해서 행위자가 요구하는 것을 행하고, 행위자의 행동을 모방하기도 한다.

01

프렌치와 레이븐(French & Raven)의 권력원천 분류에 따라 개인적 원천의 권력에 해당하는 것을 모두 고른 것은?

ㄱ. 강제적 권력	ㄴ. 준거적 권력
ㄷ. 전문적 권력	ㄹ. 합법적 권력
ㅁ. 보상적 권력	

① ㄱ, ㄴ
② ㄴ, ㄷ
③ ㄷ, ㄹ
④ ㄹ, ㅁ
⑤ ㄱ, ㄴ, ㅁ

해설

정답 ②

02 제조업자가 유통업자(중간상)를 자신이 기대하는 대로 행동하도록 유도하기 위해 동원할 수 있는 영향력의 원천에 해당하지 않는 것은?

① 강압적 힘(coercive power)
② 대항적 힘(countervailing power)
③ 보상적 힘(reward power)
④ 합법적 힘(legitimate power)

해설

○ 읽기자료: 권력의 분류

프렌치와 레이븐은 영향력 즉 권력의 원천을 다섯 가지로 분류했다.

첫째, 〈보상적 권력〉이다. 권력자가 다른 사람에게 그가 보상을 해 줄 수 있는 자원과 능력이 있을 때 발생한다. 둘째, 〈강압적 권력〉이다. 보상적 권력과 반대로 처벌이나 위협을 전제로 한다. 셋째, 〈합법적 권력〉이다. 권력행사에 대한 정당한 권리를 전제로 한다. 이는 권한과 유사한 개념이다. 넷째, 〈준거적 권력〉이다. 하급자에게 절대적 존경을 받을 때 나타난다. 마지막으로 〈전문적 권력〉이다. 전문적인 지식이나 기술, 독점적 정보에 바탕을 둔다.

여기서 보상적, 강압적, 합법적 권력은 조직, 직위, 공식집단 등과 밀접한 관련을 갖고 있고, 조직 내외의 변화에 따라 권력의 크기가 변하는 조직 중심적이다, 한편 준거적, 전문적 권력은 개인 중심적이다.

정답 ②

03 프렌치(J.R.P French)와 레이븐(B. Raven)이 구분한 5가지 권력 유형이 아닌 것은?

① 합법적 권력
② 기획적 권력
③ 강제적 권력
④ 보상적 권력
⑤ 준거적 권력

해설

정답 ②

04 리더의 개인적인 성격 특성에 기반을 둔 권력은?

① 준거적 권력
② 합법적 권력
③ 보상적 권력
④ 강압적 권력
⑤ 전문적 권력

해설

정답 ①

05 A부장은 부하들이 자신의 지시를 성실하게 수행하지 않으면 부하들의 승진 누락, 원하지 않는 부서로의 이동, 악성 루머 확산 등의 방식으로 대응한다. 부하들은 A부장의 이러한 보복이 두려워서 A부장의 지시를 따른다. A부장이 주로 사용하는 권력은?

① 강압적 권력
② 준거적 권력
③ 보상적 권력
④ 합법적 권력
⑤ 전문적 권력

해설

정답 ①

06 지위에 부여된 권력이 아닌 것은?

① 준거적 권력
② 보상적 권력
③ 합법적 권력
④ 강압적 권력

해설

준거적 권력은 개인적 특성 때문에 갖게 되는 권력이다.

정답 ①

테마30. 노사관계

○ 노사관계의 변천

1) 자본 전제적 노사관계(~ 19C)
근로자의 임금, 근로시간, 근로조건 등이 고용주 혹은 자본가의 일방적 의사로서 결정되던 시기
2) 온정주의적 노사관계(19C ~ 20C)
근로자는 사용자가 베푸는 은혜에 보답함으로써 노사관계가 순조롭게 유지된다는 가부장적 온정주의에 입각한 시기
3) 완화적 노사관계(19C말 출현)
자본과 경영의 분화, 근대적 노동시장 형성, 직능별 노동조합 또는 공장위원회 출현 등으로 자본의 전제적 지배를 어느 정도 제약하던 시기
4) 계급투쟁적 노사관계(20C초 일부 국가에서 출현)
사회주의적 노사관계 형태로서 근로조건 등이 노사간 실력투쟁에 의해 결정
5) 민주적 노사관계(1차 세계대전 이후)
노사 간 대등한 지위를 전제로 단체교섭을 실시하는 등 산업민주주의의 이념이 형성된 시기

01

노사관리의 발달과정에서 나타난 노사관계 유형에 관한 설명으로 옳지 않은 것은?

① 전제적 노사관계: 사용자의 일방적인 의사로 결정되고 명령과 절대 복종의 관계
② 온정주의적 노사관계: 경영의 자본효율성을 높이고 노동자는 사용자가 베푸는 은혜에 보답하는 관계
③ 기능적 노사관계: 기업규모가 확대되고 자본의 집중력에 의한 경영과 자본의 분리현상이 나타나는 상태
④ 항쟁적 노사관계: 노동조건의 결정은 오직 노사의 실력항쟁에 의해 결정되며 경영자의 지위나 태도는 모두 노사의 주도권 획득을 위한 대립관계
⑤ 민주적 노사관계: 노사가 대등한 입장에서 임금, 작업 및 노동조건을 교섭하는 단체로 자본주의가 고도로 발달함에 따라 형성된 형태

해설

정답 ③

02 노사관계에 관한 설명으로 옳지 않은 것은?

① 우리나라에서 단체협약은 1년을 초과하는 유효기간을 정할 수 없다.

② 1935년 미국의 와그너법(Wagner Act)은 부당노동행위를 방지하기 위하여 제정되었다.

③ 유니온 숍제는 비조합원이 고용된 이후, 일정기간 이후에 조합에 가입하는 형태이다.

④ 우리나라에서 임금교섭은 조합 수 기준으로 기업별 교섭형태가 가장 많다.

⑤ 직장폐쇄는 사용자측의 대항행위에 해당한다.

해설

○ 노동조합 및 노동관계조정법

제1조(목적) 이 법은 헌법에 의한 근로자의 단결권·단체교섭권 및 단체행동권을 보장하여 근로조건의 유지·개선과 근로자의 경제적·사회적 지위의 향상을 도모하고, 노동관계를 공정하게 조정하여 노동쟁의를 예방·해결함으로써 산업평화의 유지와 국민경제의 발전에 이바지함을 목적으로 한다.

제2조(정의) 이 법에서 사용하는 용어의 정의는 다음과 같다.

1. "근로자"라 함은 직업의 종류를 불문하고 임금・급료 기타 이에 준하는 수입에 의하여 생활하는 자를 말한다.
2. "사용자"라 함은 사업주, 사업의 경영담당자 또는 그 사업의 근로자에 관한 사항에 대하여 사업주를 위하여 행동하는 자를 말한다.
3. "사용자단체"라 함은 노동관계에 관하여 그 구성원인 사용자에 대하여 조정 또는 규제할 수 있는 권한을 가진 사용자의 단체를 말한다.
4. "노동조합"이라 함은 근로자가 주체가 되어 자주적으로 단결하여 근로조건의 유지・개선 기타 근로자의 경제적・사회적 지위의 향상을 도모함을 목적으로 조직하는 단체 또는 그 연합단체를 말한다. 다만, 다음 각목의 1에 해당하는 경우에는 노동조합으로 보지 아니한다.
   가. 사용자 또는 항상 그의 이익을 대표하여 행동하는 자의 참가를 허용하는 경우
   나. 경비의 주된 부분을 사용자로부터 원조받는 경우
   다. 공제・수양 기타 복리사업만을 목적으로 하는 경우
   라. 근로자가 아닌 자의 가입을 허용하는 경우. 다만, 해고된 자가 노동위원회에 부당노동행위의 구제신청을 한 경우에는 중앙노동위원회의 재심판정이 있을 때까지는 근로자가 아닌 자로 해석하여서는 아니된다.
   마. 주로 정치운동을 목적으로 하는 경우
5. "노동쟁의"라 함은 노동조합과 사용자 또는 사용자단체(이하 "勞動關係 當事者"라 한다)간에 임금・근로시간・복지・해고 기타 대우등 근로조건의 결정에 관한 주장의 불일치로 인하여 발생한 분쟁상태를 말한다. 이 경우 주장의 불일치라 함은 당사자간에 합의를 위한 노력을 계속하여도 더이상 자주적 교섭에 의한 합의의 여지가 없는 경우를 말한다.
6. "쟁의행위"라 함은 파업・태업・직장폐쇄 기타 노동관계 당사자가 그 주장을 관철할 목적으로 행하는 행위와 이에 대항하는 행위로서 업무의 정상적인 운영을 저해하는 행위를 말한다.

제32조(단체협약의 유효기간) ①단체협약에는 2년을 초과하는 유효기간을 정할 수 없다.

② 단체협약에 그 유효기간을 정하지 아니한 경우 또는 제1항의 기간을 초과하는 유효기간을 정한 경우에 그 유효기간은 2년으로 한다.

③ 단체협약의 유효기간이 만료되는 때를 전후하여 당사자 쌍방이 새로운 단체협약을 체결하고자 단체교섭을 계속하였음에도 불구하고 새로운 단체협약이 체결되지 아니한 경우에는 별도의 약정이 있는 경우를 제외하고는 종전의 단체협약은 그 효력만료일부터 3월까지 계속 효력을 갖는다. 다만, 단체협약에 그 유효기간이 경과한 후에도 새로운 단체협약이 체결되지 아니한 때에는 새로운 단체협약이 체결될 때까지 종전 단체협약의 효력을 존속시킨다는 취지의 별도의 약정이 있는 경우에는 그에 따르되, 당사자 일방은 해지하고자 하는 날의 6월전까지 상대방에게 통고함으로써 종전의 단체협약을 해지할 수 있다.

○ 와그너법(미국)

전국노동 관계법(전국노사관계법, National Labor Relations Act)은 1935년 미합중국에서 노동자의 권리보호를 목적으로 제정된 법률이다. 이 법안을 제안한 민주당의 상원의원 로버트 퍼디난드 와그너(Robert F. Wagner, 1877~1953)의 이름을 따서, 「와그너법」(Wagner Act)으로 불린다. 고용주에 의한 부당노동행위의 금지를 규정하였다.

정답 ①

03 경영참가제도에 관한 설명으로 옳지 않은 것은?

① 경영참가제도는 단체교섭과 더불어 노사관계의 양대 축을 형성하고 있다.
② 독일은 노사공동결정제를 실시하고 있다.
③ 스캔론플랜(Scanlon plan)은 경영참가제도 중 자본참가의 한 유형이다.
④ 종업원지주제(ESOP)는 원래 안정주주의 확보라는 기업방어적인 측면에서 시작되었다.
⑤ 정치적인 측면에서 볼 때 경영참가제도의 목적은 산업민주주의를 실현하는데 있다.

해설

경영참가 중 자본참가에는 종업원들로 하여금 자본의 출자자로서 기업경영에 참여시키는 방식으로 소유참가, 또는 재산참가라고도 한다. 종류로는 종업원으로 하여금 주식의 매입을 유도하는 종업원지주제도와 일정한 조건하에서 피고용인이 노동을 제공하는 것(일종의 노무출자)에 대하여 주식을 내주는 노동주제도가 있다. 프랑스나 뉴질랜드에서 채택된 예가 있다.

○ 경영참가유형

경영참가제도는 크게 간접참가제도와 직접참가제도로 구분할 수 있으며, 간접참가는 자본참가(종업원지주제)이며 직접참가는 이윤참가(이윤분배제도)와 경영의사결정참가(공동의사결정제, 노사협의제)가 있다.

간접참가	직접참가
종업원지주제도(자본참가), 노동주제도	1) 이익참가: 이윤분배제도(스캔론플랜, 럭커플랜) 2) 협의의 경영참가: 노사협의체, 노사공동결정제

집단성과배분제도는 스캔론 플랜, 럭커플랜, 임프로쉐어 플랜 등이 있다. 최근에는 여러 플랜을 각 기업에 맞게 수정해서 사용하는 커스터마이즈드 플랜이 있다. 스캔론플랜은 성과배분의 기준을 생산재화의 시장판매가치에 기준을 두고 집단제안제도를 도입한 반면에, 럭커플랜은 성과배분의 기준을 부가가치에 두었다.

정답 ③

04 보상과 관련된 다음의 서술 중 옳은 것은?

① 성과이윤분배제(profit sharing)는 원가절감, 품질향상이 발생할 때마다 금전적으로 종업원에게 보상한다.

② 생산이윤분배제(gain sharing)는 회사가 적자를 내더라도 생산성 향상이 있으면 생산이윤을 분배할 수 있다.

③ 직무급(job-based pay)은 다양한 업무기술 습득에 대한 동기유발로 학습조직 분위기를 만들 수 있다.

④ 스캔론플랜은 개인별 성과급에 속한다.

⑤ 직능급(skill-based pay)의 단점은 성과향상을 위한 과다 경쟁으로 구성원간의 협동심을 저하시키는 것이다.

해설

생산이윤분배제(gain sharing)는 원가절감, 품질향상이 발생할 때마다 금전적으로 종업원에게 보상한다. 회사가 적자를 내더라도 생산성 향상이 있으면 생산이윤을 분배할 수 있다.

반면, 성과이윤분배제(profit sharing)는 회사가 이익이 나야만 보상을 받을 수 있다. 다양한 업무기술 습득에 대한 동기유발로 학습조직 분위기를 만들 수 있는 것은 직능급(skill-based pay)이다. 스캔론 플랜은 생산이윤분배제에 속한다.

성과향상을 위한 과다 경쟁으로 구성원간의 협동심을 저하시키는 것은 성과급(performance based pay)에 해당한다.

gain sharing	profit sharing
매출액이나 생산성 향상을 기초로 하고 있다.	기업의 이익을 성과 배분 몫의 산정 기초로 삼는다.

○ 읽기자료: 집단성과배분제도(Gain-Sharing)

집단성과배분제도(Gain-Sharing)는 미국의 Henry Towne(1889)에 의해 처음 사용되었으며 '집단성과급제' 라고도 알려져 있다. 집단성과배분제도는 그룹단위의 보너스제도와 종업원참여제도가 결합된 조직개발기법이다. 즉, 집단성과배분제도에서는 종업원들이 경영에 참가하여 원가절감, 생산성향상 등의 활동을 통해 조직성과의 향상을 도모하고 그 이익을 회사의 종업원들에게 분배하는 제도이다. 따라서 집단성과배분제도의 성공여부를 결정짓는 주요요소는 효과적인 종업원의 참여의 틀과 보너스의 공평한 배분을 위한 제도를 확립하는 것이라 할 수 있다. 집단성과배분제도는 매출액이나 이익증대가 아닌 생산비절감 및 생산성 향상을 목표로 한다는 점에서 단순 이익배분제와는 구별이 된다.

집단성과배분제도는 스캔론 플랜, 럭커플랜, 임프로쉐어 플랜 등이 있다. 최근에는 여러 플랜을 각 기업에 맞게 수정해서 사용하는 커스터마이즈드 플랜이 있다.

1) 스캔론 플랜(Scanlon Plan)

스캔론 플랜은 1930년대에 Joseph Scanlon에 의해 가장 먼저 개발된 집단성과배분제도이다. 스캔론 플랜은 제안제도의 도입으로 집단 중심적이고 조직구성원 구조에 초점을 두었다. 스캔론 플랜의 목적은 종업원들의 잠재력을 극대화시켜 작업능률을 향상 시켜 경영성과를 향상시킬 수 있는 기회를 제공하는 것이다. 종업원의 노력으로 작업능률의 향상은 비용절감을 가져오고 비용절감은 동일한 매출액에서도 기업이익이 증가한다.

또한 스캔론 플랜을 통해 아래서부터의 원활한 커뮤니케이션을 확보할 수 있다. 개인중심의 전통적 사고는 상급자와 하급자 간의 관계를 자주 악화시킨다. 이러한 전통적 사고의 단점에서 착안한 스캔론 플랜은 구성원간의 비생산적인 상호 배타적 경쟁을 지양하고 상호협력을 통한 생산성 향상을 도모한다.

스캔론 플랜은 집단적 제안제도로서 노사양측 위원으로 구성된 위원회의 활동을 전제로 하고 있다. 위원회는 생산위원회와 심사위원회로 구성되어 있다. 생산위원회는 생산성 향상의 방안을 의결하여 종업원이 제출한 제안 등을 심사한다. 심사위원회는 전월의 영업성적 심사, 보너스 산정, 장기운영계획수립 등 기업의 주요사항을 결정하고, 생산위원회에서 일정한도를 초과하여 실시되지 못한 제안서 검토 등을 논의한다.

스캔론 플랜에서 비율은 노동비율을 제품생산액으로 나눈 값을 기반으로 한다. 이 비율은 노동이 제품 생산에 기여한 정도를 나타낸다. 따라서 노동의 정도와 지급된 보너스의 인과관계가 명확하다. 목표비율은 과거의 실적 검토와 최근 시장상황 등을 종합적으로 고려해 정해진다. 기업에서의 비율이 목표비율보다 낮을 경우, 기업에서의 노동비용 절감을 의미하며 절감된 금액만큼 상여금의 형태로 종업원에게 분배된다.

스캔론 플랜은 보너스 산정방식에 따라 3가지로 분류된다.

- Single ratio Scanlon plan은 노동비용과 제품생산액의 산출 과정에서 제품의 종류와 관계없이 전체 공장의 실적을 반영한다. 따라서 전체 공장의 노동비용을 공장 전체 생산액으로 나눈 값을 보너스 산정의 기본비율로 정한다. 세 방식 중 가장 단순하다.
- Split ratio Scanlon plan은 노동비용과 제품 생산액을 산출할 때 각 제품별로 가중치를 둔다. 따라서 Single ratio Scanlon plan에 비해 계산방식이 복잡하지만, 보다 정확한 수치 산출이 가능하다.
- Multi-cost Scanlon plan은 노동비용뿐만 아니라 재료비와 간접비의 합을 제품생산액으로 나눈 수치를 기본비율로 사용한다. 따라서 종업원들에게 노동비용뿐만 아니라 재료비와 간접비를 절감하기 위한 참여동기를 부여한다.

2) 럭커 플랜(Rucker Plan)

럭커 플랜은 1932년 미국 경제학자 Allen Rucker가 발표한 러커생산분배의 원리(Rucker share of production principle)를 말한다. Allen Rucker는 스캔론 플랜에서의 보너스 산정 비율은 생산액에 있어서 재료 및 에너지 등 경기 변동에 민감한 요소가 포함되어 있어, 종업원의 노동과 관계없는 경기 변동에 따라 비효율적인 수치 변화가 발생할 수 있는 문제점이 있다고 제시했다. 따라서 그는 스캔론 플랜을 개선하고자 수정된 방식을 고안해냈다.

노동비용을 판매액에서 재료 및 에너지, 간접비용을 제외한 부가가치로 나누는 것을 공식으로 제안했다. 러커는 부가가치(생산가치)를 기업에서 노동자, 관리자, 기계 기타에 의해서 창조된 가치라고 정의했다. 즉, 제조 및 조달 과정에서 원료에 부가된 가치이다.

보너스의 지급은 스캔론 플랜과 마찬가지로 과거와 최근 시장상황을 고려해 결정된 목표비율과 비교해 절감된 만큼 보너스를 지급하는 방식을 사용한다. 럭커 플랜은 스캔론 플랜에 비해 종업원 참여의 중요성은 약해진 반면 시장상황의 변동을 고려해 효율성을 좀 더 높였다.

3) 임프로쉐어 플랜(Improshare Plan)

임프로쉐어 플랜은 1970년대 초 산업공학자 Mitchell Fein에 의해 고안되었다. 임프로쉐어 플랜은 집단성과급제들 중 가장 효율성을 추구한다. 따라서 종업원의 참여는 거의 고려되지 않고 산업공학기법을 이용한 공식을 통해 보너스를 산정한다는 점에서 다른 제도들과 큰 차이점을 갖는다. 임프로쉐어 플랜은 기준기간의 노동시간과 생산량으로 기본비율을 정하고, 이 비율을 실제기간에 적용함으로써 절감된 노동시간을 구한다. 공식이 복잡하기 때문에 일반 종업원들이 이해하기는 쉽지 않다.

임프로쉐어 플랜은 회계처리 방식이 아닌 산업공학의 기법을 사용하여 생산단위당 표준노동시간을 기준으로 노동생산성 및 비용 등을 산정 조직의 효율성을 보다 직접적으로 측정하며 새로운 기계나 자본, 기술의 도입 등에도 쉽게 적응하여 비교적 정확한 조직의 성과를 측정할 수가 있다는 장점을 가지고 있다.

4) 커스토마이즈드 플랜(Customized Plan)

최근에는 기업들이 집단성과배분제도를 각 기업의 환경과 상황에 맞게 수정하여 적용하는 경우가 많다. 수정해서 사용하는 방식을 커스토마이즈드 플랜이라고 한다.

커스토마이즈드 플랜은 성과측정의 기준으로서 노동비용이나 생산비용, 생산 이외에도 품질향상, 소비자 만족도 등 각 기업이 중요성을 부여하는 부분에 초점을 둔 새로운 지표를 사용한다. 성과를 측정하는 항목으로 제품의 품질, 납기준수실적, 생산비용의 절감, 산업 안전등 여러 요소를 정하고 매 분기 별로 각 사업부서의 성과를 측정하고 성과가 목표를 초과하는 경우에 그 부서의 모든 사원들이 보너스를 지급받는 제도이다.

정답 ②

05 노동조합의 조직형태에 관한 설명으로 옳지 않은 것은?

① 직종별 노동조합은 동종 근로자 집단으로 조직되어 단결이 강화되고 단체교섭과 임금협상이 용이하다.

② 일반노동조합은 숙련근로자들의 최저생활조건을 확보하기 위한 조직으로 초기에 발달한 형태이다.

③ 기업별 노동조합은 조합원들이 동일기업에 종사하고 있으므로 근로조건을 획일적으로 적용하기가 용이하다.

④ 산업별 노동조합은 기업과 직종을 초월한 거대한 조직으로서 정책 활동 등에 의해 압력 단체로서의 지위를 가진다.

⑤ 연합체 조직은 각 지역이나 기업 또는 직종별 단위조합이 단체의 자격으로 지역적 내지 전국적 조직의 구성원이 되는 형태이다.

해설

노동조합은 가입대상 범위에 따라 기업별노조와 초기업별노조(산업별, 지역별, 직종별 노조)가 있다.
일반노동조합은 지역노동조합이라고 한다. 일반노조=지역노조.
직종별(직업별) 노동조합은 숙련근로자들의 최저생활조건을 확보하기 위한 조직으로 초기에 발달한 형태이다. 직업별 노동조합은 숙련노동자가 고용관계에 있어서 노동시장을 배타적으로 독점하기 위해서 조직되었기 때문에 미숙련 노동자의 가입을 제한하였다. 인쇄공조합, 제화공조합 등이 있다.

정답 ②

06 단체교섭의 방식 중 단위노조가 소속된 상부단체와 각 단위노조에 대응하는 개별 기업의 사용자간에 이루어지는 교섭형태는?

① 기업별 교섭
② 집단교섭
③ 대각선교섭
④ 복수사용자교섭
⑤ 통일교섭

해설

대각선교섭: 상급 노동단체 또는 산업별 노동조합과 개별 기업의 사용자가 직접 교섭하는 방식으로 대체로 산별노조의 임원과 당해 기업별 조직 임원이 함께 교섭.

○ 읽기자료: 단체교섭의 유형

1) 기업별교섭

특정 기업 또는 사업장에 있어서의 노동조합과 그 상대방인 사용자간에 단체교섭이 행하여지는 교섭방식.
그동안 우리나라에서 일반적으로 행하여져 온 단체교섭의 방식이다. 오늘날에 이르러서는 노동조합 입장에서 교섭력을 강화하기 위한 수단으로 기업별 교섭의 변형 형태인 대각선 교섭, 공동교섭, 집단교섭 등 다양한 교섭방식을 시도되고 있다.

2) 통일교섭

산업별·직종별 노동조합과 이에 대응하는 산업별·직종별 **사용자 단체** 간의 단체교섭 방식.
노동조합이 명실상부하게 산업별 또는 직종별로 조직되어 있어서 노동시장을 전국적으로 또는 지역적으로 지배하고 있는 경우에 통일적인 단체교섭을 하기 위해 행하여지는 방식이다. 최근 금융, 금속, 보건의료 등 산업별 노동조합에서 이를 행하고 있다.

3) 대각선 교섭

산업별 노동조합과 개별 사용자가 행하는 교섭 또는 기업별 노동조합의 상부단체가 개별 사용자와 행하는 단체교섭의 방식.

이것은 산업별 노동조합에 대응할 만한 사용자단체가 없거나 또는 사용자단체가 있다 하더라도 각 기업체에 특수한 사정이 있어 개별사용자가 노동조합의 전국적인 단체에 개별적으로 행하는 단체교섭의 방식이다. 우리나라에서는 주로 산업별 노동조합과 단체교섭권을 위임받은 산업별연합단체가 개별 사용자와 단체교섭을 행하는 경우가 여기에 해당한다.

4) 공동교섭

산업별 노동조합과 그 지부가 공동으로 사용자와 교섭하는 방식.

노동조합의 지부의 교섭에 당해 산업별 노동조합과 그 지부가 사용자와의 단체교섭에 참가하는 것을 말한다. 공동교섭은 산업별 노동조합 또는 산업별연합단체가 개별 사업장의 특성을 잘 모르기 때문에 대각선 교섭에서 일어날 수 있는 취약점을 보완하기 위하여 산업별 노동조합의 지부나 개별 사업장 노동조합이 단체교섭에 공동으로 참가하게 된다.

5) 집단교섭

다수의 노동조합과 그에 대응하는 다수의 사용자가 서로 집단을 만들어 교섭에 응하는 형태.

기업별 단위 노동조합의 대표자들이 집단을 구성하여 사용자들이 구성한 집단과 단체교섭을 행하는 형태뿐만 아니라 산업별 노동조합이나 산업별 연합단체가 특정 분야에 대하여 특정 집단을 구성하여 사용자단체와의 단체교섭을 하는 형태를 말한다. 최근에 들어 우리나라의 경우 산업별 노조가 지역지부 단위로 집단을 구성하여 사용자에게 교섭집단을 구성하여 교섭에 임하도록 요구하여 행하여지고 있는 교섭형태를 그 예로 들 수 있다. 한편 이것은 정확히 볼 때 순수한 집단교섭이라기 보다는 공동교섭 성격도 아울러 갖고 있다고 볼 수 있다.

정답 ③

07 산업별 노동조합이 개별기업 사용자와 개별적으로 행하는 경우의 단체교섭 방식은?

① 통일교섭
② 공동교섭
③ 집단교섭
④ 대각선교섭
⑤ 기업별 교섭

해설

1. 기업별교섭(company bargaining)
- 특정한 기업 또는 사업장 단위로 조직된 노동조합 대표와 사용자대표 사이에 이루어지는 교섭

2. 통일교섭(multi employer- employes bargaining)
- 산업별, 직업별 노동조합대표와 이에 대응하는 사용자단체대표 사이에 통일적 교섭
- 산업별 직종별 노조와 이에 대응하는 사용자단체간의 교섭으로 개별 기업단위 밖에서 노사 상급단체들 간에 교섭이 이루어져 기업단위 노사갈등을 최소화하고 통일적인 근로조건을 형성할 수 있다는 장점이 있으나, 개별기업의 특성을 반영하기는 어렵다는 단점이 있다.

예) 전국금융노조 ↔ 시중은행 대표(교섭권 위임방식)

전국자동차노련대구시지부 ↔ 대구시버스운송사업조합(사용자단체 구성방식)

3. 대각선교섭(diagonal megotiation)
- 기업별 노동조합으로 구성된 상급단체인 산업별 노동조합이 개별사용자와 교섭

4. 공동교섭(joint bargaining)
- 상부단체인 산업별 노동조합이 하부단체인 기업별 노동조합과 공동으로 개별사용자와 교섭

5. 집단교섭(united bargaining)
- 여러 기업별 노동조합이 이에 대응하는 여러 기업의 사용자대표 집단과 집단적으로 교섭

○ 단체교섭의 방식(심화)

단체교섭의 방식에 대해서는 법에서 별도로 규정하는 바가 없다. 이는 노조의 조직형태나 성격, 사용자단체의 유무 등에 따라 다양한 교섭방식이 가능할 수 있기 때문이다.

1) 기업별 교섭

특정 사업장에 조직된 기업별노조와 해당 사업주간의 교섭으로서 기업이 교섭의 장이 되면서 노사갈등과 분규 등 교섭비용이 과다하게 발생한다는 단점이 있으나, 기업의 재무구조나 경영사정을 반영한 교섭이 가능하다는 장점도 있다.

예) 현대자동차 노조위원장 ↔ 현대자동차 사장

2) 통일교섭

산업별 직종별 노조와 이에 대응하는 사용자단체간의 교섭으로 개별 기업단위 밖에서 노사 상급단체들 간에 교섭이 이루어져 기업단위 노사갈등을 최소화하고 통일적인 근로조건을 형성할 수 있다는 장점이 있으나, 개별기업의 특성을 반영하기는 어렵다는 단점이 있다.

예) 전국금융노조 ↔ 시중은행 대표(교섭권 위임방식)

전국자동차노련대구시지부 ↔ 대구시버스운송사업조합(사용자단체 구성방식)

3) 대각선 교섭

산업별 노동조합이나 기업별노조의 상급단체와 개별 사용자간에 이루어지는 교섭을 말한다.

예) 전국민화학섬유노련 ↔ A기업 사장

4) 공동교섭

산업별노조와 그 지부(분회)가 공동으로 개별기업 사용자와 교섭하는 방식을 말한다.

예) 금속노조A지부+A지부 B사소속 지회 ↔ B사 사장

5) 집단 교섭

다수의 노조와 그에 대응하는 다수의 사용자가 서로 집단을 이루어 교섭에 응하는 형태를 말한다.

다수의 기업노조지부 ↔ 다수의 기업진단(기업, 기업, 기업)

*예) A, B, C, D, E사 노조 ↔ A, B, C, D, E사 대표

정답 ④

08

전국에 걸친 산업별 노조 또는 하부단위 노조로부터 교섭권을 위임받은 연합체노조와 이에 대응하는 산업별 혹은 사용자단체 간의 단체교섭은?

① 기업별 교섭

② 집단교섭

③ 통일교섭

④ 대각선교섭

⑤ 공동교섭

해설

정답 ③

테마31. 타당도와 신뢰도

타당도란 그 검사가 측정하고자 의도하는 속성을 얼마나 정확하게 측정하고 있는가를 의미한다.

1. **내용타당도**: 검사의 문항들이 측정하고자 하는 내용영역을 얼마나 잘 반영하고 있는지를 말한다. 해당 분야의 전문가들의 주관적 판단들을 토대로 결정한다.
2. **안면타당도**: 검사문항을 전문가가 아닌 일반인이 읽고 그 검사가 얼마나 타당해 보이는지를 평가하는 것이다. 즉 수검자에게 그 검사가 타당한 것처럼 보이는 것인가를 뜻하는 것이다
3. 준거관련타당도란 어떤 심리검사가 특정 준거와 어느 정도 관련성이 있는가를 나타내는 것이다. 예언타당도는 미래에 동시 타당도(공인타당도)는 현재에 초점을 맞춘 것이다.
4. **구성타당도란 검사가 이론적 구성 개념이나 특성을 잘 측정하는 정도.**

1) 수렴타당도(집중적 타당도)

같은 개념을 상이한 방법으로 측정했을 때 그 측정값 사이의 상관관계 높으면 타당성 높다. 예를 들면,

① 지능검사를 지필과 구두로 측정했을 때, 두 검사 결과가 높게 나오면 수렴 타당도 높다고 할 수 있다.

② 술 취함을 혈액 측정과 호흡 측정하여 두 검사 결과 높게 나오면 수렴타당도 높다고 할 수 있다.

2) 변별타당도(차별적 타당도)

다른 개념 같은 방법으로 측정, 측정지표들 간 상관관계 낮은 경우 차별적 타당도 높다고 할 수 있다. 예를 들면, 매연측정과 음주측정을 혈액검사로 측정, <u>측정지표들 간 상관관계 낮게 나오면 타당성 높다</u>.

3) 요인분석법(이해타당도)

구성타당도 분석 위해 가장 많이 사용한다.

문항들 간 상관관계 분석 서로 상관이 높은 문항끼리 묶어 주는 방법으로 각 변인들의 잠재 특성을 밝히기 위해 개념들 간 관계 체계적 법칙에 부합되면 이해 타당도 높다고 본다.

01 심리평가에서 신뢰도와 타당도에 관한 설명으로 옳은 것은?

① 내적일치 신뢰도(internal consistency reliability)를 알아보기 위해서는 동일한 속성을 측정하기 위한 검사를 두 가지 다른 형태로 만들어 사람들에게 두 가지형 모두를 실시한다.

② 다양한 신뢰도 측정방법들은 모두 유사한 의미를 지니고 있기 때문에 서로 바꾸어서 사용해도 된다.

③ 검사-재검사 신뢰도(test-retest reliability)는 두 번의 검사 시간간격이 길수록 높아진다.

④ 준거관련 타당도 중 동시 타당도(concurrent validity)와 예측 타당도(predictive validity) 간의 중요한 차이는 예측변인과 준거자료를 수집하는 시점 간 시간간격이다.

⑤ 검사가 학문적으로 받아들여지기 위해 바람직한 신뢰도 계수와 타당도 계수는 70~80의 범위에 존재한다.

해설

동시적 준거관련 타당도-예측 요인 자료와 준거 요인 자료를 동일 대상자에 대해 동시에 수집하여 그 관계를 타당도의 근거로 제시하는 것으로 한 예측변인(검사)이 준거를 동일 시점에서 어느 정도나 예측할 수 있는가를 나타낸다.
예측적 준거관련 타당도란 예측 요인 자료의 수집 후 일정기간이 경과한 뒤 준거 요인 자료를 수집하여 그 관계를 분석하는 것으로 예측변인에 관한 정보를 수집하고 이 정보를 준거 수행을 예측하기 위해 사용하는 것이다.

○ 신뢰도(Reliability)란 특정의 일관성, 안정성 혹은 동등성을 나타낸다.

1) 검사-재검사 신뢰도(Test-Retest Reliability)-검사를 반복해서 실시했을 때 얻어지는 검사점수의 안정성을 나타내는 신뢰도. 이러한 상관은 시간경과에 따른 안정성을 반영하기 때문에 '안정계수(coefficient of stability)'라고 부른다. 검사가 학문적으로 받아들여지려면 일반적으로 70가량의 신뢰도 계수를 가져야 한다(*70이상이면 신뢰도가 있다고 판단). 검사-재검사 신뢰도를 해석할 때는 두 번의 검사 실시간 시간 간격을 고려해야만 한다. 일반적으로 시간 간격이 짧으면 짧을수록 검사-재검사 신뢰도는 높아진다.

2) 동등형 신뢰도(equivalent form reliability)-두 개의 검사점수 간 동등성을 나타내는 신뢰도의 종류이다. 동일한 속성을 재기 위한 검사를 두 가지 다른 형태로 만들어 사람들에게 두 가지 형 모두를 실시한다. 그런 다음 각 사람으로부터의 두 가지 점수들의 상관을 구한다. 이렇게 계산된 상관을 동등계수(coefficient of equivalence)라고 하는데 이것은 두 가지 형의 검사가 동일한 개념을 어느 정도나 일관되게 측정하고 있는가를 나타낸다. 두 가지 형태의 검사를 개발하는 것은 고사하고 일반적으로 하나의 좋은 검사를 마련하는 것도 매우 어렵기 때문에 신뢰도의 세 가지 주요 형태 중 동등형 신뢰도가 가장 덜 사용된다.

3) 내적일치 신뢰도(internal consistency reliability)-검사 내 문항들 간의 동질성을 나타내는 신뢰도를 말한다.

㉠ 반분 신뢰도(split-half reliability)-한 가지 검사의 내부 문항을 두 가지로 나누어 그 두 세트 간의 관계를 파악하는 것으로, 전후반분과 기우반분의 경우가 있다.

㉡ Cronbach alpha나 Kuder–Richardson KR20 계수 산출–검사의 각 문항들을 하나의 단위 세트로 하여 모든 반응 결과의 상호상관을 분석하여 도출해내는 계수이다. 즉, 100개의 문항을 가진 검사는 100개의 작은 검사들로 구성된 것으로 취급된다. 각 문항에 대한 반응과 모든 다른 문항들에 대한 반응들과의 상관이 구해진다. 이와 같이 문항 간 상관들의 행렬이 구해지고 이러한 상관의 평균이 검사의 동질성의 지표가 되는 것이다.

* 신뢰도 계수가 높은 순으로는 재검사신뢰도 – 동형검사신뢰도 – 반분검사이다.

4) 평가자간 신뢰도(Inter–rater reliability)– 두 명 이상의 평가자들로부터의 평가가 일치하는 정도를 나타내는 신뢰도.

○ 타당도 계수의 범위는 70 이상인 신뢰도 계수보다 낮으며 대부분 30~50 사이에 있다. 10~20 정도로 낮은 타당도 계수도 미래행동을 예언하는 데에 있어서는 유용하기도 하다.

정답 ④

02 선발시험 합격자들의 시험성적과 입사 후 일정 기간이 지나서 이들이 달성한 직무성과와의 상관관계를 측정하는 지표는?

① 신뢰도

② 대비효과

③ 현재타당도

④ 내용타당도

⑤ 예측타당도

해설

예측타당도(predictive validity)	동시타당도(concurrent validity)
현재의 측정 또는 평가도구와 미래의 측정값과의 상관을 기준으로 예측타당도를 평가	측정도구의 측정값과 같은 시점에서 기준이 되는 기준값 간의 관련성에 의해 측정

정답 ⑤

03 다음 자료를 이용하여 계산한 전구의 신뢰도는?

○ 샘플전구 수	100개
○ 검사시간(전구를 밝혀두는 시간)	20시간
○ 고장발생 전구 수(불이 꺼지는 수)	5개

① 0.0025

② 0.2375

③ 0.4275

④ 0.5725

⑤ 0.9975

해설

고장률이란 단위 시간당 고장 개수를 의미한다.

신뢰도 = 1- 고장률

신뢰도 = 1 - 0.0025

신뢰도 = 0.9975

정답 ⑤

04 다음 ㉠~㉢의 정답을 찾아 쓰시오.

(㉠)는 검사의 각 문항을 주의 깊게 검토하여 그 문항이 검사에서 측정하고자 하는 것을 재는지 여부를 결정하는 것이다. 이것은 그 분야의 자격을 갖춘 사람들에 의해 판단된다.

(㉡)의 유형으로는 공인타당도(동시타당도)와 예언타당도가 있다.

(㉢)는 조작적으로 정의 되지 않는 인간의 심리적 특성이나 성질은 심리적 구인으로 분석하여 조작적 정의를 부연한 후, 검사점수가 이러한 심리적 구인으로 구성되어 있는가를 검정하는 방법이다.

해설

정답 내용타당도, 준거타당도, 구성타당도

테마32. 직무분석과 직무평가

직무분석은 목적에 따라 직무중심이나 사람중심의 정보를 수집하기 위해 사용된다.

1. 직무중심 접근방식

직무 중심 직무분석은 직무에서 수행되는 과업의 본질에 대한 정보를 제공한다.

직무 중심 직무분석은 요소들의 모임인 활동, 활동들의 모임인 과업, 과업의 모임인 임무, 임무의 모임인 직책으로 구성이 된다.

1) 직책: 한 개인이 수행하는 임무의 집합을 말한다. 직위라고도 한다.
2) 임무: 직무의 주요 구성요소이다.
3) 과업: 어떤 특정한 목적 달성을 위한 하나의 온전한 업무이다.
4) 활동: 각 과업은 이를 구성하는 활동들로 나뉜다.
5) 요소: 활동을 완수하기 위한 구체적인 요소이다.

2. 사람중심 접근방식

특정한 직무를 성공적으로 수행하기 위해 필요한 특질, 특성 혹은 KSAO에 대한 기술을 제공

1) KSAO의 구성

㉠ 지식(Knowledge): 특정한 직무를 수행하기 위해 알아야 할 것들

예) 목수는 지역의 건축법과 전동공구 안전에 대한 지식이 있어야 한다.

㉡ 기술(Skill): 특정한 직무에서 수행할 수 있는 것들을 말한다.

예) 목수는 청사진을 읽고 전동공구를 사용하는 기술을 가지고 있어야 한다.

㉢ 능력(ability): 직무과업을 할 수 있거나 배울 수 있는 적성이나 재능이다.

예) 전동공구를 사용하는 기술은 눈-손의 협응을 비롯한 여러 능력을 필요로 한다.

㉣ 기타 개인 특성(Other personal characteristic)은 위 세 가지 이외에 직무와 관련된 모든 것을 포함한다.

3. 직무분석 정보 수집 방법

직무를 직접 수행, 직무수행 중인 종업원 관찰, 주제 관련 전문가 면접, 주제 관련 전문가에게 질문지 검사 실시

직접수행	장점	직무가 수행되는 상황을 알 수 있다. 직무에 대해 매우 세부적인 내용을 얻는다.
	한계	직명이 동일한 직무들 간의 차이를 알지 못한다. 비용과 시간이 많이 든다. 분석가에게 폭넓은 훈련이 필요하다. 분석가에게 위험할 수 있다.
관찰	장점	직무에 대해 비교적 객관적인 관점을 얻는다. 직무가 수행되는 상황을 알 수 있다.
	한계	시간이 많이 든다. 종업원이 관찰된다는 것을 알고 평소와 다른 행동을 할 가능성이 있다.
면접	장점	직무에 대해 다양한 관점을 얻는다. 동일한 직무를 하는 재직자들 간의 차이를 보여준다.
	한계	질문지와 비교하여 시간이 많이 든다. 과업이 수행되는 상황을 보지 못한다.
질문지	장점	효율적이고 비용이 적게 든다. 동일한 직무의 재직자 간 차이를 보여준다. 수량화하고 통계적으로 분석하기 쉽다. 공통적인 직무 차원 상에서 상이한 직무들을 비교하기가 쉽다.
	한계	직무가 수행되는 상황을 무시한다. 응답자들이 질문지 문항에 국한해서 답변을 하게 된다. 질문지를 설계하기 위해서는 직무에 대한 지식이 필요하다. 직무 재직자들이 자신들의 직무가 실제보다 더 중요하게 보이도록 왜곡하기 쉽다.

01 인적자원관리에서 이루어지는 기능 또는 활동에 관한 설명으로 옳은 것은?

① 직접보상은 유급휴가, 연금, 보험, 학자금지원 등이 있다.
② 직무평가는 구성원들의 목표치와 실적을 비교하여 기여도를 판단하는 활동이다.
③ 현장직무교육은 직무순환제, 도제제도, 멘토링 등이 있다.
④ 직무분석은 장래의 인적자원 수요를 파악하여 인력의 확보와 배치, 활용을 위한 계획을 수립하는 것이다.
⑤ 직무기술서의 작성은 직무를 성공적으로 수행하는데 필요한 작업자의 지식과 특성, 능력 등을 문서로 만드는 것이다.

해설

보상체계(금전적보상)를 직접보상과 간접보상의 합으로 보고 직접보상은 기본급(봉급)과 부가급(수당, 상여금)의 합으로, 간접보상은 연금과후생복지(사회보험, 생활보조, 서비스시설, 유급휴가)의 합으로 정의하고 있다.

○ 직장 내훈련(OJT: On-the-Job Training, 현장직무교육)

직장 내 훈련(on-the-job training: OJT)은 직장 내의 일상적 직무수행 과정에서 선임자나 감독자에 의하여 직무수행에 필요한 지식과 기술을 직접 지도하고 교육시키는 훈련방법이다.

OJT는 일하면서 훈련받을 수 있으므로 훈련비용이 적게 들며 직무에 대한 실무능력 향상, 상사와 부하간의 인간관계 개선, 부하의 직무의욕 제고 등의 장점이 있으며, 한편 일과 훈련을 모두 소홀히 할 가능성이 있고 한 번에 많은 종업원을 훈련할 수 없으며, 전문적 지식과 기술을 교육할 수 없는 단점이 있다.

OJT에는 직무교육훈련(job instruction training: JIT)과 도제제도 프로그램(apprenticeship program), 멘토링(mentoring), 그리고 직무순환(job rotation) 등이 있다.

○ 직장 외 훈련(Off-JT: Off-the-Job Training)

직장 외 훈련(off-the-job training: Off-JT): 직무현장을 떠나서 외부의 전문훈련원이나 교육기관에서 실시하는 훈련방법으로서, 기업의 교육원이나 훈련소 같은 훈련시설을 이용하거나 외부 전문교육기관의 정기적 또는 특정의 전문기술교육 프로그램에 참여하여 훈련을 받는 경우도 있다.

Off-JT는 주로 스탭들의 훈련개발을 위해 기업 내부 또는 외부의 전문가들에 의하여 집단적·체계적으로 전문적 지식에 관한 교육훈련을 실시하고 있으며, 훈련방법도 강의, 토론, 세미나, 비디오, 사례연구, 시뮬레이션 등 다양한 기법이 사용된다.

Off-JT는 직무현장을 떠나 동시에 집단적·체계적 교육훈련을 실시할 수 있고 전문강사에 의한 높은 수준의 전문지식을 훈련받을 수 있는 장점이 있는 반면에, 직무를 떠나서 훈련을 받아야 하므로 직무시간과 비용이 많이 소요되며 훈련결과를 현장에 바로 활용하기가 어렵다는 단점도 있다.

정답 ③

02 직무분석을 위한 정보를 수집하는 방법의 장점과 한계에 관한 설명으로 옳은 것을 모두 고른 것은?

ㄱ. 관찰의 장점은 동일한 직무를 수행하는 재직자간의 차이를 보여준다는 것이다. ㄴ. 면접의 장점은 직무에 대해 다양한 관점을 얻는다는 것이다. ㄷ. 질문지의 장점은 직무에 대해 매우 세부적인 내용을 얻을 수 있다는 것이다. ㄹ. 질문지의 한계는 직무가 수행되는 상황을 무시한다는 것이다. ㅁ. 직접수행의 한계는 분석가에게 폭넓은 훈련이 필요하다는 것이다.

① ㄱ, ㄷ, ㄹ
② ㄴ, ㄷ, ㄹ
③ ㄴ, ㄷ, ㅁ
④ ㄴ, ㄹ, ㅁ
⑤ ㄷ, ㄹ, ㅁ

해설

정답 ④

03 직무와 관련된 설명으로 옳은 것은?

① 직무충실화는 허쯔버그 (F. Herzberg)가 2요인 이론을 직무에 구체적으로 적용하기 위하여 제창한 것이다.
② 직무분석에는 서열법, 분류법, 점수법, 요소비교법 등의 방법들이 활용된다.
③ 직무기술서에는 직무수행에 요구되는 기능, 지식, 육체적 능력과 교육수준이 기술되어 있다.
④ 직무명세서에는 직무가치와 직무확대에 대한 구체적인 지침이 제시되어 있다.
⑤ 직무평가의 1차적 목적은 직무기술서나 직무명세서를 작성하는 것이며, 2차적으로는 조직, 인사관리를 위한 자료를 제공하는 것이다.

해설

직무충실화(Job enrichment)는 Herzberg(1968)가 동기부여 이론을 설명하면서 처음 언급하기 시작한 개념이다. 직무의 내적인 요소들 즉, 성취감, 책임감, 성장 등을 증가시키면 조직구성원들의 만족도가 높아지고 성공적으로 직무를 수행하려는 동기가 강해질 것이라는 생각에 토대를 두고 있다. 직무분석을 하는 경우에 직무기술서와 작업자명세서(직무명세서)를 모두 작성하는 것이 일반적이다.
② 직무평가
③ 직무명세서
④ 직무기술서
⑤ 직무분석의 목적은 직무기술서와 직무명세서 작성에 있다.

정답 ①

04 직무설계에 대한 설명으로 옳지 않은 것은?

① 직무설계는 업무를 수행하기 위해 요구되는 과업들을 연결시키는 것이다.

② 직무순환은 직무수행의 지루함을 줄이고 직무의 다양성을 높여 인력배치의 융통성을 높여 준다.

③ 직무확대는 직무범위를 넓혀 과업의 수와 다양성을 증가시킨다는 점에서 직무의 재설계과정이 있다.

④ 직무충실화는 작업자에게 직무의 계획, 실행, 평가 의무를 부여하여 성장욕구가 낮은 작업자의 만족도 향상에 효과적이다.

⑤ 직무충실화는 경제적 보상보다는 개인의 심리적 만족에 있다고 전제한다.

해설

○ 직무충실화 이론

허쯔버그의 2요인 이론에 근거하여 종업원에게 직무의 정체성과 중요성을 높여주고 일의 보람과 성취감을 느끼게 한다. 동기요인을 통한 동기부여를 해 준다는 것이다.

성취감, 타인의 인정, 도전감 등의 동기요인을 충족시키는 직무설계방법이다.

단순구조화되는 과업내용과 직무환경을 개선하여 개인의 동기를 유발하고 능력을 충분히 발휘하도록 인간 위주의 과업내용과 환경 설계로 기업과 근로자를 동시에 만족시키는 것을 목적으로 한다. 단점으로는 근로자의 교육과 훈련에 많은 시간과 비용이 들고, 성장 욕구가 낮은 근로자의 경우 심한 부담감과 좌절감을 느낄 수 있다.

정답 ④

05 직무기술서에 포함되는 사항이 아닌 것은?

① 요구되는 지식

② 작업 조건

③ 직무수행의 절차

④ 수행되는 과업

⑤ 직무수행의 방법

해설

직무기술서와 직무명세서는 직무분석의 산물이며, 직무분석은 직무기술서와 직무명세서의 기초가 된다.

직무기술서(job description)란 직무수행과 관련된 과업 및 직무행동을 일정한 양식에 기술한 문서를 말합니다. 그에 비해 직무명세서(job specification)는 직무수행에 필요한 종업원의 행동, 기능, 능력, 지식 등을 일정한 양식에 의해 기록한 문서를 말한다.

직무기술서(job description)	직무명세서(job specification)
과업중심	인간중심

정답 ①

06 직무분석의 결과는 다양한 용도로 활용되는데 다음 중 직무분석의 용도에 해당하지 않는 것은?

① 인사선발
② 교육 및 훈련
③ 조직평가
④ 직무평가
⑤ 안전관리 및 작업조건의 개선

해설

ㅇ 직무분석의 용도

1. 모집 및 선발

직무수행에 필요한 자격·성질·기능·조건을 밝혀주는 직무분석이 필요하다.

2. 교육 및 훈련

직무에 필요한 지식·숙련·기능의 종류와 정도를 명확히 분석하여 종업원의 숙련수준에 적합한 교육 및 훈련을 실시할 수 있다.

3. 직무수행평가

4. 직무평가

5. 배치 및 경력개발

6. 정원관리

7. 임금관리

8. 안전관리 및 작업조건의 개선

직무가 가지고 있는 위험성과 그 정도, 작업환경의 유해성과 그 정도, 노동의 종류와 그 강도, 직업병 유무 등을 파악할 수 있다.

정답 ③

테마33. 설비의 배치

1. 제품별 배치(Product layout)

제품의 순서에 따라 기계·설비를 배치하는 방법으로 흔히 생산라인(production line)이나 조립라인(assembly line)이라고 불린다. 자동차 공장의 조립라인은 대표적인 제품별 배치의 사례이다.

2. 공정별 배치(Process layout)

공정별 배치는 작업기능의 종류에 따라 공정들을 분류하고, 같은 종류의 작업기능을 갖는 공정들을 한 곳에 배치하는 형태로 기능별 배치(functional layout)라고도 한다. 이는 다품종 소량생산에 적합하고 범용기계설비의 배치에 많이 이용된다. 공정별 배치에 의하여 작업하는 전형적인 생산시스템을 Job Sop 시스템이라고도 한다. 공정별 배치는 설비를 공정(기능)별로 한 곳에 집합시키는 방법으로, 고객의 주문에 의해 요구된 다양한 제품을 단속생산공정으로 소량 생산하는 데 적합한 배치형태이다. 공정별 배치에서는 작업물의 흐름과 운반거리를 최소화하는 것이 매우 중요하다.

3. 다품종 소량생산공정의 유연화

1) 집단가공법(GT)
2) 수치제어가공
3) 산업용 로봇
4) 셀형 제조방식(CMS)
5) 유연생산시스템(FMS)
6) CAD/CAM/CIM

4. 소품종 대량생산공정의 유연화

모듈식 생산(MP)

○ 설비배치의 유형

제품별배치	공정별 배치	위치 고정형 배치
- 라인별 배치 - 특정 제품이나 서비스를 생산할 때 필요한 설비와 작업자를 생산과정의 순서대로 배치하는 형식이다. - 대량생산 또는 연속생산방식에서 활용한다. - 기계, 작업자 상호 이용률이 높다. - 전용설비의 투자와 배치 비용이 많이 드는 단점이 있다. - 수요변화에 대한 유연성이 떨어진다. - 공정 중 문제가 발생하거나 작업자의 결근 등이 전체 공정에 영향을 미친다.	- 기능별 배치 - 다품종 소량생산에 주로 사용된다. - 범용설비를 기능별로 배치. - 대량생산 시 불리하며 설비와 작업자의 이용률이 낮다.	- 프로젝트 배치 - 제품이나 공사물(작업물)을 한 공간에 고정시키고 원자재, 기계설비, 작업자 등이 제품의 가공이나 생산 장소에 직접 접근하여 생산하는 형태이다. - 제품이 크고 복잡한 경우의 생산에 적합하다. - 숙련도를 요하는 작업이 많으며 제조현장까지 필요한 자재 및 설비를 옮기는데 시간과 비용이 많이 소요되는 단점이 있다.

01 설비배치에 대한 설명으로 옳은 것은?

① 같은 기능을 갖는 기계를 작업장(workstation)에 모아 놓은 방식으로, 모든 작업자가 유사한 작업을 수행하는 방식을 제품별 배치(product layout)라고 한다.

② 반복적이고 연속적으로 제품을 생산하는 공정형태이며, 가공 혹은 조립에 필요한 기계를 일렬로 배치하여 모든 기계를 순차적으로 거치면서 제품이 완성되는 방식을 공정별 배치(process layout)라고 한다.

③ 제품별 배치와 공정별 배치 등을 혼합한 형태로 준비시간과 대기시간 단축의 장점이 있는 방식을 셀 배치(cellular layout)라고 한다.

④ TV를 제작하는 데 있어 새시 조립, 회로기판 장착, 브라운관 장착, 스피커 장착, 외장박스 장착, 최종검사 등을 거치는 방식을 고정형 배치(fixed position layout)라고 한다.

해설

○ 읽기자료: 설비배치

1) 제품별 배치(라인별 배치)

반복생산, 연속생산시스템, 높은 수준의 표준화

생산효율은 높고, 유연성 및 다양성은 낮다.

대량생산제품으로 특소화된 공구 또는 전용장비를 사용하는 TV, 자동차, 음료 및 식품 가공에서 사용한다.

2) 공정별 배치(기능별 배치)

단속공정(묶음생산), 다품종소량생산.

생산효율은 낮고, 유연성은 높다.

유사한 기계설비나 비슷한 기능을 수행하는 공정을 한 곳에 모아서 배치하는 것으로 부품가공 공장, 병원 등이 이에 해당한다.

3) 위치고정형 배치(프로젝트 배치)

제품의 무게 및 부피가 크고 복잡하여 이동 곤란하여 제품을 고정하여 장비나 작업자가 이동하면서 작업하는 형태.

유연성이 높고, 설비이용률은 낮다.

조선소가 대표적이다.

4) 혼합형배치(셀 배치) = 제품별 배치+공정별 배치

셀 배치(cellular layout)는 유사한 형태 또는 공정경로의 제품을 생산하기 위하여 여러 종류의 기계들을 하나의 장소에 배치하는 것으로 GT(group technology, 유사부품가공법)배치라고도 한다.

정답 ③

02 설비배치의 유형 중 공정별 배치와 제품별 배치를 비교한 것으로 옳은 것은?

① 제품별 배치는 다양한 제품을 소량으로 생산하는 경우에 적합하다.
② 공정별 배치는 제품별 배치에 비해 생산속도가 빠르며 생산설비의 효율성이 높다.
③ 특정 제품만을 생산하기 위한 전용생산라인은 제품별 배치에 해당한다.
④ 공정별 배치는 제품의 공정 순서에 따라 일자형의 형태를 취하는 것이 보통이다.

해설

제품별 배치는 제품의 작업순서에 따라서 기계를 배치하는 방법이다. 대표적인 예는 자동차 공장의 조립 라인이다. 제품별 배치는 단일품종의 대량생산이나 연속적 생산에서처럼 제품의 표준화가 이뤄져 있는 경우 쓰이는 방법이다. 제품별 배치는 흔히 생산 라인이나 조립 라인으로 불리는데, 부서나 작업장을 직선으로 배열하고 자본 집약적인 전용 설비를 이용하는 것이 가장 큰 특징이다. 여러 제품이 자원을 공유하는 것이 아니라, 한 가지 제품의 경로를 따라서 자원이 배열되고 제품이나 고객은 연속적인 흐름을 따라서 이동하게 된다.

공정별 배치는 작업 기능의 종류에 따라 공정(기계, 인원)들을 분류하고 같은 종류의 작업 기능을 갖는 공정들을 한 곳에 모아 배치하는 형태이다. 예를 들면 절단공정, 가공공정, 연삭공정 등이다. 공정별 배치의 특징으로는 기능별 배치, 주문생산방식에 적합, 다품종 소량생산방식에 적합, 범용설비를 주로 사용한다는 것이다.

정답 ③

03 공정별 생산설비 배치(process layout)의 장점으로 옳지 않은 것은?

① 제품의 수정, 수요변동, 작업순서의 변경에 대해 신축적으로 대응할 수 있다.
② 범용설비를 이용하므로 진부화의 위험 및 유지·보수비용이 적다.
③ 비숙련공들도 전문화된 설비를 사용할 수 있어 작업자 훈련 및 감독이 용이하다.
④ 적은 수량을 제조할 경우에는 제품별 배치보다 원가 면에서 유리하다.
⑤ 작업자가 작업 수행 시에 융통성을 발휘할 수 있다.

해설

정답 ③

04 생산설비의 배치는 제품의 생산 공정과 밀접한 관계를 맺고 있다. 다음 설비배치에 관한 설명 중 가장 적절하지 않은 것은?

① 대형 여객기 제조회사에 가장 적합한 설비 배치 형태는 위치고정형 배치(fixed position layout)이다.

② 제품별 배치(product layout)는 생산제품에 변화가 있을 때마다 시설배치를 변경해야하기 때문에 공정의 유연성이 떨어진다.

③ 공정별 배치(process layout)는 유사한 공정을 그룹별로 모아 배치하므로 공장 내 반제품 및 원자재의 흐름을 파악하기 쉽고 생산계획 및 통제가 간단하다.

④ 제품별 배치는 일반적으로 대규모의 생산설비 투자가 필요하며 표준화된 제품의 대량생산에 적합하다.

⑤ 공정별 배치는 제품별 배치에 비해 과업이 다양하므로 작업자로 하여금 작업에 대한 흥미와 만족도를 높여줄 수 있다.

해설

공정별 배치(process layout)는 공장 내 반제품 및 원자재의 흐름을 파악하기 어려워 생산계획 및 통제가 복잡하다.

정답 ③

05 주문생산(make-to-order)공정과 재고생산(make-to-stock)공정의 특성에 대한 설명으로 옳지 않은 것은?

① 재고생산 공정은 푸시(push)생산 공정이라고도 하며, 계획된 생산 일정에 따라 재고생산이 이루어진다.

② 다른 조건들이 동일하다면, 생산되는 제품이 다양할수록 재고생산 공정을 선택하는 것이 유리하다.

③ 다른 조건들이 동일하다면, 수요 불확실성이 높을수록 주문생산공정을 선택하는 것이 유리하다.

④ 다른 조건들이 동일하다면, 단위당 제조원가가 클수록 주문생산공정을 선택하는 것이 유리하다.

해설

구분	주문생산(MTO)	계획생산(MTS)
제품특성	고객이 제품 시방을 결정	생산자가 제품 시방을 결정
생산설비	범용설비 사용	전용설비 사용
수행목표의 중요도	1) 납기 2) 품질 3) 원가 4) 생산능력 이행도	1) 원가 2) 품질 3) 생산능력의 이행도 4) 고객 서비스
운영상의 중요문제	생산 활동의 관리(납기관리)	예측 및 계획생산(재고관리)

정답 ②

06 생산 공정 및 설비배치에 관한 설명으로 옳은 것은?

① 제품이 다양하고 배치크기(batch size)가 작을수록 잡숍 공정보다는 라인공정이 선호된다.

② 주문생산공정은 계획생산 공정보다 유연성이 높지만 최종제품의 재고수준이 높아지는 단점이 있다.

③ 제품별배치에서는 공정별배치에 비해 설비의 고장이나 작업자의 결근 등이 발생할 경우 생산시스템 전체가 중단될 가능성이 낮으며 노동 및 설비의 이용률이 높다.

④ 그룹테크놀로지(GT)를 이용하여 설계된 셀룰러배치는 공정별 배치에 비해 가동준비시간과 재공품 재고가 감소되는 장점이 있다.

⑤ 프로젝트공정에 주로 사용되는 고정위치배치에서는 장비와 인원 등이 작업장의 특정 위치에 고정되므로 작업물의 이동경로 관리가 중요하다.

해설

그룹테크놀로지(GT)=공정별 배치+제품별 배치의 장점을 모은 것이다.

정답 ④

테마34. 직무평가의 오류

○ **후광오류(Halo Effect)**: 일반적으로 어떤 사물이나 사람에 대해 평가를 할 때 그 일부의 긍정적, 부정적 특성에 주목해 전체적인 평가에 영향을 주게 되어 대상에 대해 비객관적인 판단을 하게 되는 인간의 심리적 특성을 말한다.

○ **관대화 오류(Leniency tendency)**: 피평가자의 실제 업적이나 능력보다 높게 평가하는 경향이다.

○ **엄격화 오류(Strictness Error)**: 엄격화 오류는 관대화 오류와 다르게 피평가자들을 엄격하게 평가해서, 평가결과의 범위가 대체적으로 하위에 배치되는 오류를 의미한다.

○ **상동적 오류(Stereo type)**: 특정한 사람에 대해 갖고 있는 고과자의 지각에 나타나는 오류로서 고과자가 평소 특정종교, 사회단체 등에 좋지 않은 감정을 갖고 있을 때 이러한 감정이 피고과자의 평가에 나타나는 것을 말한다.

○ **중앙 집중 오류(Central tendency error)**: 평가자가 극단적으로 높거나 낮은 평정을 꺼리는 경향성을 말한다. 이러한 현상은 평가자들이 수행에서 친숙하지 않은 면을 평가할 때 일어난다. 평가자들은 자신이 잘 모르는 능력에 대해서 판단을 유보하기보다는 평가자가 그냥 보통 수준이라고 평가하는 것이다.

○ **대비 오류(Contrast error)**: 평가자들이 평가할 때 어떤 사람과 다른 사람을 비교할 때 발생한다. 피평가자들이 사전에 정한 절대적 기준과 비교하기보다는 다른 사람과 비교하는 경우에 발생하는 오류이다. 대비효과는 관리자들이 짧은 기간 동안 여러 명을 평가해야 할 때 발생하기 쉽다.

01

고과자가 피고과자를 평가할 때 다른 피고과자나 고과자 자신과 비교하여 평가함으로써 나타나는 오류로 옳은 것은?

① 대비효과 ② 시간오류

③ 투사효과 ④ 후광효과

해설

대비 오류(contrast error)는 직무 기준과 직무 능력 요건이 말한 절대기준이 아닌, 자신에 기준을 두어, 자신과 부하를 비교하는 경우를 말한다. 이러한 오류를 방지하기 위해서는 직무기준(업무목표)과 직무 능력요건에 비추어 평가를 해야 하며, 평가자 훈련을 통해 판단기준을 통일하도록 해야 한다.

투사효과(projection)는 주관의 객관화라고도 불린다. 평가자 자신의 감정이나 경향을 피평가자의 능력을 평가하는데 귀속시키거나 전가하는 오류를 의미한다. 예를 들면, 정직하지 못한 사람이 남을 의심하거나 부정직한 의도가 있는 것으로 지각하는 경우를 말한다.

후광효과는 한 대상의 두드러진 특성이 그 대상의 다른 세부 특성을 평가하는 데에도 영향을 미치는 현상이다.

정답 ①

02

A과장은 근무평정을 할 때 자신의 부하직원 B가 평소 성실하다는 이유로 자신이 직접 관찰하지 않아서 잘 모르는 B의 창의성, 도덕성, 기획력 등을 모두 높게 평가하였다. 이러한 경우 A과장은 어떤 평정오류를 범하고 있는가?

① 관대화오류 ② 후광오류
③ 엄격화오류 ④ 중앙집중오류
⑤ 대비오류

해설

정답 ②

03

다음 설명에 해당하는 지각 오류는?

> 어떤 대상(개인)으로부터 얻은 일부 정보가 다른 부분의 여러 정보들을 해석할 때 영향을 미치는 것

① 자존적 편견 ② 후광효과
③ 투사 ④ 통제의 환상
⑤ 대조효과

해설

정답 ②

04

자신의 문제를 말하기 껄끄러울 때 다른 사람의 이야기에 빗대어 말하는 방법을 무엇이라고 하는가?

① 프로빙(probing)
② 래더링(laddering)
③ 투사(projective techniques)
④ 에스노그래피(ethnography)

해설

○ 프로빙(Probing, 캐묻기)이란 질문지를 통한 면접조사를 할 때 응답자들의 응답이 완전하지 않거나 불명확할 때에 다시 질문하는 것이다.

○ 래더링 기법((Laddering technique)이란 '사다리 타기' 라는 뜻으로 '속성-혜택-가치'의 사다리를 아래 단계에서 위 단계로 살펴보는 것을 의미한다.

래더링 기법은 상품과 소비자의 관계를 상품이 지니는 속성(Attribute)뿐만 아니라 소비자의 가치관으로까지 확장해 생각한 새로운 이론이었다. 소비자의 구매는 상품의 특징만 보고 결정하는 '결핍 충족 목적' 만이 아니라, 저마다 지니고 있는 생활패턴 및 인생의 가치관을 실현하기 위한 목적으로도 이루어진다는 견해를 제시한 것이다.

이는 상품이 제공하는 가치를 '상품 속성', '기능적 편익', '정서적 편익', '가치관' 등의 네 가지 카테고리로 분류해 각각의 항목에 사다리를 놓는 것처럼 서로 연결함으로써 상품과 소비자의 관계성을 보다 명확하게 정의한 모델이라 할 수 있다

○ 투사(Projection)는 자신이 갖고 있는 위협적인 감정, 동기, 또는 충동을 다른 사람이나 다른 집단에게로 그 원인을 돌리는 방어기제이다. 투사는 내 문제를 다른 사람에게 던져버리는 것이다.

○ 에스노그라피(Ethnography)의 원래 뜻은 '민속학'이란 뜻이 있다. 에스노그라피는 현장조사(field research), 관찰조사(observational research), 또는 참여관찰(participant observation)이라고 불리는데 에스노그라피에서 리서치의 초점은 시간적, 공간적, 물리적 맥락에서 조사한 사용자 혹은 소비자에 맞춰져 있다.

정답 ③

05 첫 테스트에서 먹은 것 때문에 두 번째 먹었을 때 맛있는지 모르는 효과는 무엇인가?

① 성숙효과 ② 매개효과
③ 상호작용효과 ④ 시험효과

해설

○ 시험 효과(testing effect): 동일한 내용을 반복적으로 학습하는 것에 비해, 시험을 실시함으로써 스스로 인출할 수 있는 기회를 제공하여 학습 내용에 대한 기억을 효과적으로 증진시키는 현상.

○ 성숙효과(maturation effect) : 실험기간 중에 실험집단의 특성이 변화.

○ 상호작용 시험효과: 상호작용 효과는 독립변수의 효과가 일정하지 않다는 것을 보여준다. 예로 원효대사와 해골물 속설을 생각하면 된다. 밤중에 갈증이 엄청 심할 때 해골바가지에 고인 물맛은 달콤했지만, 다음날 정신 차리고 보니 이 해골바가지에 고인 물을 보니 구역질이 나오는 것으로 즉, 해골바가지에 고인 물의 효과가 갈증이 심할 때와 갈증이 없을 때 다르다는 것이다.

이렇게 한 독립변수(물)의 효과가 다른 독립 변수의 수준(상황)에 영향 받는 것을 상호작용 효과라고 부른다.

○ 매개 효과란 원인과 결과라는 인과관계에 숨어있는 또 다른 변수에 의한 효과를 말한다. 매개변인이란 종속변수에 영향을 주는 독립변인 이외의 변인으로 그 효과가 직접적인 것은 아니지만 연구에서 통제되어야 할 변인이다. 또한 매개효과는 상호작용과 동일한 개념으로 사용된다.

정답 ④

06 성과평가 시 평가자들이 종업원들의 성과를 정확하게 측정하지 못하는 오류에 대한 설명으로 적절하지 않은 것은?

① 후광효과(halo effect)는 피평가자의 일부 특성이 전체 평가 기준에 영향을 미치는 오류이다.

② 상동효과(stereotyping)는 피평가자 간 차이를 회피하기 위해 모든 피평가자들을 유사하게 평가하는 오류이다.

③ 투사효과(projection)는 평가자의 특성을 피평가자의 특성이라고 생각하고 잘못 판단하는 오류이다.

④ 대비효과(contrast effect)는 피평가자를 평가할 때 주위의 다른 사람과 비교하여 잘못 평가하는 오류이다.

해설

○ 읽기자료: 인사평가의 오류

1) 평가자가 인지하지 못하는 오류

㉠ 후광효과(halo effect): 어떠한 부분에 있어서 호의적인 인상이나 부정적 인상이 다른 부분의 평가에 영향을 미치는 오류. 즉 피평가자의 특정한 장점 때문에 현혹되어 다른 부분을 좋게 또는 나쁘게 평가하는 것이다.

㉡ 대비효과(contrast errors): 다수의 인원을 평가할 때 우수한 피평가자 다음의 일반적·보통의 피평가자들을 상대적으로 낮게 평가하는 경우나 그 반대의 상황을 말한다.

㉢ 시간적 오류(recency erros): 피평가자를 평가함에 있어 기억이 용이한 최근 업적이나 행동을 중심으로 평가하는 것이다.

㉣ 유사성 오류(similar to me errors) : 평가자와 피평가자의 가치관, 행동패턴, 성향 등의 유사성이 평가결과에 영향을 주는 오류를 말한다.

2) 고과자가 인지하고 있는 오류

㉠ 상동적태도(stereo typing): 특정종교나 단체 및 그 구성원 등에 대하여 평가자가 가지고 있는 기억이나 인식이 고과의 결과에 영향을 미치는 경우로 보통 편견의 형태로 나타난다.

㉡ 관대화경향(leniency tendency): 피평가자의 능력이나 성과에 비하여 높게 평가하는 것으로 평가결과나 다른 인적 요소의 부작용에 대하여 평가자가 그 부담을 피하려는 경향에서 나타난다.

㉢ 가혹화경향(harsh tendency): 관대화 경향과는 반대되는 개념으로 평가자가 자신의 경험을 비춰보거나 피평가자의 긴강감을 유지시키기 위하여 그 능력이나 성과를 실제보다 의도적으로 낮게 평가하는 경우를 말한다.

㉣ 중심화경향(central tendency): 집단화 경향이라고도 하는데 피평가자에 대한 평가점수가 보통 또는 척도상의 중심점에 집중되는 경향으로, 평가자가 평가를 수행하면서 성실히 임하지 않을 때 나타난다.

정답 ②

07 개인의 일부 특성을 기반으로 그 개인 전체를 평가하는 지각경향은?

① 스테레오타입
② 최근효과
③ 자존적 편견
④ 후광효과
⑤ 대조효과

해설

정답 ④

08 인사평가 및 선발에 관한 설명으로 옳은 것은?

① 내부모집은 외부모집에 비하여 모집과 교육훈련의 비용을 절감하는 효과가 있고 새로운 아이디어의 도입 및 조직의 변화와 혁신에 유리하다.
② 최근효과(recency effect)와 중심화 경향(central tendency)은 인사 선발에 나타날 수 있는 통계적 오류로서 선발도구의 신뢰성과 관련이 있다.
③ 선발도구의 타당성은 기준관련타당성, 내용타당성, 구성타당성 등을 통하여 측정할 수 있다.
④ 행위기준고과법(BARS)은 개인의 성과목표대비 달성 정도를 요소별로 상대 평가하여 서열을 매기는 방식이다.
⑤ 360도 피드백 인사평가에서는 전통적인 평가 방법인 상사의 평가와 피평가자의 영향력이 미치는 부하의 평가를 제외한다.

해설

○ 선발도구의 타당성과 신뢰성

타당성이란 선발기법이 측정하고자 하는 내용 또는 대상을 정확히 검정하였는가의 척도로 선발의 결과 점수와 채용 후 근무성적간의 관계를 의미한다.

반면 신뢰성이란 어떤 시험을 동일한 환경에서 동일한 사람이 반복해서 측정해도 그 결과가 서로 일치하는 정도로 검사점수의 일관성(consistency)을 말한다.

1. 선발도구의 신뢰성 측정방법

1) 검사-재검사 방법
2) 대체형식 방법(동형 검사법)
3) 양분법(반분법, 반분신뢰도)

2. 신뢰도 저하요인으로는 첫 인상에 의한 평가, 질문자의 일관성 문제, 면접자의 편견, 현혹효과, 대비효과 등이 있다.

3. **선발도구의 타당성 측정방법**

1) **기준관련 타당성**

기준관련타당성은 다시 동시타당성과 예측타당성으로 구분한다.

2) **내용타당성**

3) **구성(개념)타당성**

집중(수렴)타당성, 판별타당성, 법칙타당성으로 구분한다.

○ **인사선발의 오류**

인력채용오류		채용여부	
		채용함	채용 안 함
입사후보	포지션에 적합	성공	1종 오류 (false positive error)
	포지션에 부적합	2종 오류 (false negative error)	성공

○ **평가오류**

평가오류	평가자 오류	심리적 원인	상동적 태도 현혹효과 논리적 오류 대비오류 근접오류
		통계분포 원인	관대화 경향 가혹화 경향 중심화 경향
	피평가자 오류	편견, 투사, 지각적 방어	
	제도적 오류	평가기법의 신뢰성	

1. **상관편견(correlational bias)**

상관편견이란 고과자가 고과항목의 의미를 정확하게 이해하지 못했을 때 나타난다.

예를 들면 책임감, 창의력, 기회력이라는 항목간의 정확한 차이를 구분 못하는 고과자는 피고과자를 평가할 때 위의 항목들에 대해 똑같은 점수를 주는 것이다.

2. **대비오류(contrast error)**

고과자가 피고과자 여러 명을 평가할 때 우수한 피고과자가 다음 평가되는 보통수준의 피고과자를 실제보다 낮게 그리고 낮은 피고과자 뒤에 평가되는 보통수준의 피고과자를 높게 평가하려는 경우를 말한다.

3. **2차 고과자 오류**

직속 상사의 1차 고과에 이어 직속상사의 상사가 행하는 2차 고과는 피고과자에 대한 정보부족으로 인해 1차 고과자가 이미 평가한 내용을 갖고 적당히 평가하는 경향이 있다.

4. 논리적 오류(logical error)

서로 상관관계가 있는 요소 간에 어느 한 쪽이 우수하면 다른 요소로 당연히 그럴 것이라고 판단하는 경향을 말한다. 예를 들어 창의력과 기획력 두 개의 평정요소에 대해 어느 하나가 우수하면 다른 것도 그럴 것이라고 판단하는 경우이다.

5. 투사(주관의 객관화, projection)

자기 자신의 특성이나 관점을 타인에게 전가시키는 경향을 말하는 것으로 다른 사람도 자신과 유사할 것이라고 판단하여 자신과 같은 생각이나 느낌 그리고 같은 특성을 지닌 것으로 가정하고 자신의 생각이나 판단을 타인에게 전가시킨다.

예를 들면 능력 없는 감독자가 자기 자신에 대한 비난을 자기 동료나 상사 또는 부하를 비판하면서 전가시켜버리는 경우이다.

6. 지각적 방어(perceptional defences)

자기가 지각할 수 있는 사실은 집중적으로 파고들어 가면서도 보고 싶지 않은 것은 외면해 버리는 경향을 말한다. 이는 평가요소를 정해 놓고 모든 평가요소를 평가에 포함하도록 하면 줄일 수 있는 오류이다. 선택적 지각(selective perception)에는 지각적 탐색과 지각적 방어가 있다. 지각적 탐색은 보고 싶은 것만 찾고 보려하는 것을 말한다.

O BARS

절대평가 중에서도 행위를 중심으로 행위를 중심으로 평가하는 기법이다.

직무수행과 관련된 중요한 사건을 추출하고, 그 중요사건의 범주를 나누어서 그 범주별로 척도를 부여하는 방식이다. 즉 중요사건법과 평정척도법이 혼합된 방법으로 정교하고 계량적이다.

업무수행 능력을 개선하는 효과가 있으며 MBO와 혼합해 사용하면 행위와 결과를 모두 평가할 수 있다. 피평가자의 행동을 보고 평가하기에 신뢰성이나 객관성이 우수한 것이 특징이다.

1. BARS의 개발단계

1) 1차 개발위원회

중요사건을 추출한다. 개발위원회는 피평가자의 직무를 분석하여 직무를 성공적으로 수행하기 위해 무엇을 주로 고려해야 하는지를 선정하고 이를 바탕으로 중요사건을 추출하는 것이다.

2) 중요사건의 범주화

추출된 중요사건들은 비슷하거나 유형화될 수 있는 것끼리 묶어서 범주화 시킨다.

3) 2차 개발위원회의 검증

평가체계의 객관성과 공정성을 위해 1차 위원회가 선정한 중요사건들이 타당한지 검토한다.

4) 범주에 척도(점수) 부여

범주화된 수준에 따라서 각각 알맞은 점수를 부여한다.

5) 평가의 설계 및 실행

2차 검증까지 마쳤다면 평가기준을 적용하여 피평가자들을 평가하여 실행한다.

정답 ③

테마35. 팀유형

1. 팀과 팀 유형

Larson과 La Fasto(1989)는 세 가지 기본적인 팀의 유형을 제안했다.

1) **문제해결팀**: 특별한 문제나 이슈를 해결하는 것을 목적으로 구성한 팀이다. 각 구성원은 문제를 해결하는 과정에서 서로를 신뢰하고 진실하고 정직한 태도를 보여야 한다. 구성원들은 사전에 결정된 결론에 초점을 두지 않고 해결대상이 되는 문제에 초점을 두며, 문제해결과정에 높은 신뢰감을 가져야 한다.
2) **창의팀**: 새로운 제품이나 서비스를 개발하기 위해 포괄적 목표를 가지고 가능성과 대안을 탐색한다. 창의팀의 기능을 원활하게 하기 위해서는 체계나 절차에 있어 자율성과 아이디어가 무르익기 전에 폐기되지 않도록 하는 수용적인 분위기가 필요하다. 조직의 과정보다는 달성해야 할 결과에 지속적으로 초점을 맞출 수 있도록 공식적인 조직 구조와는 별도로 존재해야 할 필요가 있다.
3) **전술팀**: 잘 정의되어 있는 계획을 실행한다. 이렇게 하기 위해 과업 명료성이 높아야 하고 역할에 대한 정의가 분명해야 한다. 전술팀의 성공은 팀 구성원들 간의 높은 감성, 역할에 대한 분명한 이해, 분명한 수행기준에 달려 있다.

그 밖에 팀 유형을 살펴보면, 문제해결팀과 전술팀의 구성이 혼합된 특수팀(ad hoc team)이 있다. 특수팀은 특수한 목적을 수행하기 위해 구성된다. 기존 구성원들 중에서 선발되고 팀이 임무를 완수한 후에는 해체되는 형태로 이 형태의 팀은 일상적이지 않고 비전형적인 문제를 해결하기 위해 구성된다.

한편 가상 팀(virtual team)은 공동의 목표를 달성하기 위한 노력을 위해 전자매체를 통해 떨어져 있는 사람들이 오랜 시간 걸쳐 함께 일하는 팀이다. 가상팀 구성원들은 거의 직접 얼굴을 맞대고 만나지 않기 때문에 일부 사람들에게는 장애물이 될 수 있다.

Mathieu 등(2001)은 우리의 삶이 일정한 순서에 따라 가동되는 다양한 팀들 간의 상호작용에 의해 영향을 받을지를 기술하였는데 이러한 방식을 다중 팀(multi-team)이라 부른다. 다중팀 시스템은 각 팀의 팀 수준 목표뿐만 아니라 각 팀의 목표를 아우르는 전체 시스템 수준의 목표를 가지고 있기 때문에 팀들 간의 상호 의존성이 있어야 한다. 교통사고에 대처하는 다섯 개의 팀(예를 들어, 경찰, 소방, 응급의료, 수술, 회복)은 서로 의사소통을 통해 협력하여 인명구조를 실시하는 것이다.

2. 터크만(Tuckman)의 팀 형성 단계

Bruce Wayne Tuckman 은 1965년에 "Developmental Sequence in Small Groups"라는 논문을 발표(발행)하고, 1977년에 Adjourning 단계를 추가하여 5단계의 팀 형성 단계를 완성했다. 팀의 형성, 해체, 다시 형성되는 반복 과정을 설명하였다.

① Forming(탐색기) ② Storming(준비기, 격동기) ③ Norming(형성기, 표준화) ④ Performing(실행기, 수행기) ⑤ Adjourning(휴지기)으로 구분할 수 있다.

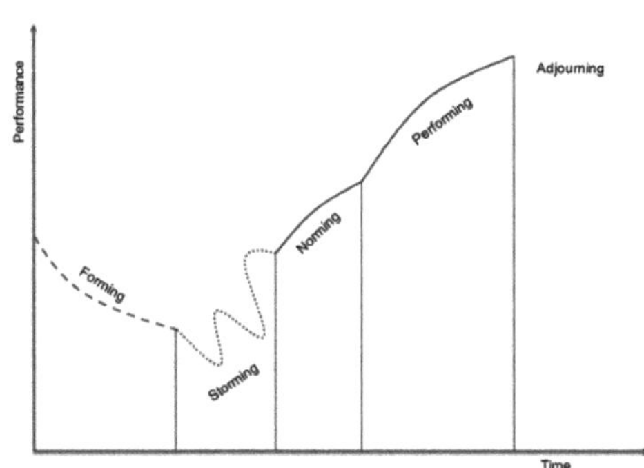

3. 마크(M. Marks)가 제안한 팀 과정(process)의 3요인 모형

변화(transition), 실행(action), 대인관계(interpersonal)가 그것이다.

1) 변화(transition)단계에서 팀 구성원은 향후 업무를 위해 이전 직무수행과 계획을 반성한다. 이 활동은 미션분석, 목표 구체화, 전략 만들기를 포함한다.
2) 실행(action)단계 동안 구성원은 과업 완수, 진보와 시스템 모니터링, 팀 동료와 협동하고 관찰하며 지원하기에 집중한다.
3) 대인관계(interpersonal) 범주는 갈등관리, 동기(자신감) 쌓기 등 경영에 영향을 미치는 일화적인 단계(episodic phase)를 포함한다.

4. 사회적 태만

Locke, Jirnauer, Roberson, Goldman, Latham, & Weldon(2001)은 팀 상황에서 사회적 태만이 일어날 수 있는 세 가지 경우를 언급하였다. 무임승차(Free riding), 남들만큼 하기 효과(Sucker Effect), 무용성 지각(Felt dispensability)이 그 세 가지이다. Mulvey와 Klein(1998)은 미국의 대학에서 팀으로 과제를 수행하는 대학생들에게서 앞서 언급한 세 가지 경우 중 하나인 남들만큼 하기 효과(Sucker Effect)를 관찰하였다. 그렇다면 남들만큼 하기 효과(Sucker Effect)는 무엇인가? Kerr(1983)에 의하면 남들만큼 하기 효과(Sucker Effect, 봉효과)는 팀의 다른 구성원들이 능력이 충분함에도 불구하고 노력을 하지 않을 때 나머지 구성원들도 노력을 감소시키는 것으로 정의된다. Kerr(1993)가 수행한 연구에서는 함께 과업을 수행하는 과제에서 상대방이 능력이 있는데도 계속 실패하자 실험 참여자의 노력이 감소하는 것으로 남들만큼 효과가 관찰되었다. 이처럼 타인이 열심히 하지 않기 때문에 동기가 저하되고, 자신이 봉(Sucker)이 되기보다는(Kerr,1983) 스스로의 노력을 감소시켜 타인의 노력 수준에 맞추는 것이 남들만큼 하기 효과이다. 무용성 지각(Felt dispensability)이란 자기가 팀 수행에 기여하지 않아도 무방하다고 느끼는 경우나 팀 구성원이 많거나, 자신의 기여와 타인의 기여가 겹치는 경우에 일어난다. 자신의 노력이 집단의 수행결과에 큰 영향을 미칠 것으로 생각하지 않는다면 노력을 덜하게 되는 것이 무용성 지각효과이다.

5. 집단사고와 집단극화

개별구성원의 생각으로는 좋지 않다고 생각하는 결정을 집단이 선택할 때 나타나는 현상은 집단사고이다. 조직의 의사결정과정에는 합의에 대한 집단 내부의 압력 때문에 도덕적 판단이 흐려진 의사결정을 하게 되는데 이를 집단사고라 한다.

한편, 집단 의사결정에서는 토론을 거치게 되는데 토론 전 의견은 중간정도의 위험을 선호하지만, 토론을 거치면서 양쪽으로 치우친 극단적인 현상이 나타나는데 이를 집단극화라 한다. 집단 토론 전에는 다소 위험성이 있던 사람은 토론 후에는 극단적인 위험을 선호하게 되고, 토론 전 다소 보수적이었던 사람은 토론 후 극단적으로 보수적인 입장을 취하게 되는 것이다. 집단극화의 극복방안으로는 반대를 위한 반대(devil' s advocate)를 통해 시종일관 비판적 견해를 통해 문제의 정확한 인식을 갖게 되고, 복수지지(multiple advocate)를 통해 의견의 다양성을 구할 수 있으며, 변증법적 토의를 통해 장점을 선택하게 될 수 있다.

01 조직 내 팀에 관한 설명으로 옳지 않은 것을 모두 고른 것은?

ㄱ. 터크만(B. Tuckman)의 팀 생애주기는 형성(forming)−규범형성(norming)−격동(storming)−수행(performing)−해체(adjourning)의 순이다.

ㄴ. 집단사고는 효과적인 팀 수행을 위하여 공유된 정신모델을 구축할 때 잠재적으로 나타나는 부정적인 측면이다.

ㄷ. 집단극화는 개별구성원의 생각으로는 좋지 않다고 생각하는 결정을 집단이 선택할 때 나타나는 현상이다.

ㄹ. 무임승차(free−riding)나 무용성 지각(felt dispensability)은 팀에서 개인에게 개별적인 인센티브를 주지 않음으로써 일어날 수 있는 사회적 태만이다.

ㅁ. 마크(M. Marks)가 제안한 팀 과정의 3요인 모형은 전환과정, 실행과정, 대인과정으로 구성되어 있다.

① ㄱ, ㄴ
② ㄱ, ㄷ
③ ㄱ, ㄷ, ㅁ
④ ㄷ, ㄹ, ㅁ
⑤ ㄱ, ㄴ, ㄷ, ㄹ

해설

정답 ②

02 산업현장에서 운영되고 있는 팀(team)의 유형에 관한 설명으로 옳지 않은 것은?

① 전술적 팀(tactical team): 수행절차가 명확히 정의된 계획을 수행할 목적으로 하며,경찰 특공대 팀이 대표적임
② 문제해결 팀(problem−solving team): 특별한 문제나 이슈를 해결할 목적으로 구성되며, 질병통제센터의 진단 팀이 대표적임
③ 창의적 팀(creative team): 포괄적 목표를 가지고 가능성과 대안을 탐색할 목적으로 구성되며, IBM의 PC 설계 팀이 대표적임
④ 특수 팀(ad hoc team): 조직에서 일상적이지 않고 비전형적인 문제를 해결할 목적으로 구성되며, 팀의 임무를 완수한 후 해체됨
⑤ 다중 팀(multi−team): 개인과 조직시스템 사이를 조정(moderating)하는 메타(meta)적 성격을 갖고 있음

해설

조정이 아니고 상호의존적 성격이 있어야 한다.

정답 ⑤

테마36. 성격5요인

5가지 성격 특성 요소(Big Five personality traits)는 심리학에서 경험적인 조사와 연구를 통하여 정립한 성격 특성의 다섯 가지 주요한 요소 혹은 차원을 말한다. 신경성, 외향성, 친화성, 성실성, 경험에 대한 개방성의 다섯 가지 요소가 있다.

성격이란 특정 상황에서 개인이 어떻게 행동할 것인가를 예측할 수 있게 해주는 것, 인간의 모든 행동과 관련되어 있는 것을 말한다. 5가지 성격 요소와 간단한 설명은 아래와 같다.

1. **경험에 대한 개방성(Openness to experience)** – 상상력, 호기심, 모험심, 예술적 감각 등으로 보수주의에 반대하는 성향 개인의 심리 및 경험의 다양성과 관련된 것으로, 지능, 상상력, 고정관념의 타파, 심미적인 것에 대한 관심, 다양성에 대한 욕구, 품위 등과 관련된 특질을 포함.

2. **성실성(Conscientiousness)** – 목표를 성취하기 위해 성실하게 노력하는 성향 과제 및 목적 지향성을 촉진하는 속성과 관련된 것으로, 심사숙고, 규준이나 규칙의 준수, 계획 세우기, 조직화, 과제의 준비 등과 같은 특질을 포함.

3. **외향성(Extraversion)** – 다른 사람과의 사교, 자극과 활력을 추구하는 성향 사회와 현실 세계에 대해 의욕적으로 접근하는 속성과 관련된 것으로, 사회성, 활동성, 적극성과 같은 특질을 포함.

4. **우호성(Agreeableness)** – 타인에게 반항적이지 않은 협조적인 태도를 보이는 성향 사회적 적응성과 타인에 대한 공동체적 속성을 나타내는 것으로, 이타심, 애정, 신뢰, 배려, 겸손 등과 같은 특질을 포함.

5. **신경성(Neuroticism)** – 분노, 우울함, 불안감과 같은 불쾌한 정서를 쉽게 느끼는 성향 걱정, 부정적 감정 등과 같은 바람직하지 못한 행동과 관계된 것으로, 걱정, 두려움, 슬픔, 긴장 등과 같은 특질을 포함.

이 다섯 가지 요소로 이루어진 모델은 영문 스펠링의 첫 자를 따서 OCEAN 모델이라고 불리기도 한다.

01 인사선발에서 활발하게 사용되는 성격측정 분야의 하나로 5요인(Big 5)성격모델이 있다. 성격의 5요인에 해당되지 않는 것은?

① 성실성(conscientiousness) ② 외향성(extraversion)
③ 신경성(neuroticism) ④ 직관성(immediacy)
⑤ 경험에 대한 개방성(openness to experience)

해설

정답 ④

02 반생산적 업무행동(CWB)에 관한 설명으로 옳지 않은 것은?

① 반생산적 업무행동의 사람기반 원인에는 성실성(conscientiousness), 특성분노(trait anger), 자기통제력(self control), 자기애적 성향(narcissism) 등이 있다.
② 반생산적 업무행동의 주된 상황기반 원인에는 규범, 스트레스에 대한 정서적 반응, 외적 통제소재, 불공정성 등이 있다.
③ 조직의 재산이나 조직 성원의 일을 의도적으로 파괴하거나 손상을 입히는 반생산적 업무행동은 심각성, 반복가능성, 가시성에 따라 구분되어 진다.
④ 사회적 폄하(social undermining)는 버릇없거나 의욕을 떨어뜨리는 행동으로 직장에서 용수철 효과(spiraling effect)처럼 작용하는 반생산적 업무행동이다.
⑤ 직장폭력과 공격을 유발하는 중요한 예측치는 조직에서 일어난 일이 얼마나 중요하게 인식되는가를 의미하는 유발성 지각(perceived provocation)이다.

해설

조직에서의 사람관리는 전통적으로 직무에서 요구되는 과업행동이나 다른 조직구성원들이나 조직전체에 도움을 주고자 하는 구성원들의 자발적 행동, 즉 조직시민행동(OCB: Organizational Citizenship Behavior)에 초점을 두어 왔다. 그러나 최근 학계에서는 이러한 개인의 긍정적 행동뿐만 아니라 다른 조직구성원이나 조직전체에 해를 미칠 의도로 행해지는 반생산적 과업행동(CWB: Counterproductive Work Behavior)의 중요성에 주목하기 시작하였다. 반생산적 과업행동은 크게 회사 내의 동료들에게 해를 미치는 반생산적 개인행동(counterproductive individual behavior)과 회사 전체에 해를 끼치는 반생산적 조직행동(counterproductive organizational behavior)을 포함한다. 구체적으로 전자는 동료에 대한 나쁜 소문을 퍼뜨리거나 편애 혹은 정실인사와 같이 특정 동료들에게 불이익 줄 목적으로 행해지는 정치적 일탈행위와 폭력이나 성희롱과 같이 특정인을 개인적으로 위협하는 공격적 행동을 포함한다. 후자는 조직생산과정에서 품질이나 속도를 저하시키는 생산적 일탈행동과 조직 자산의 남용과 절도와 같은 재산상의 일탈행동 등을 포함한다. 조직들이 이러한 반생산적 과업행동에 주목해야 하는 이유는 반생산적 과업행동은 조직에 막대한 개인적, 사회적, 재무적 비용을 초래할 뿐만 아니라, 과업성과나 조직시민행동 측면에서 우수한 직원들이 흔히 이러한 반생산적 과업행동을 보인다는 것이다. 반생산적 과업행동의 주요 결정요인으로 개인의 성격 특성에 초점을 맞추어 왔다. 구체적으로 Big five라고 불리는 다섯 가지 성격요인 중 개인의 책임의식과 목적의식과 관련된 성실성(conscientiousness)과 타인에게 협조적이고 도움을 주는 경향과 관련된 친밀성(agreeableness)은 반생산적 과업행동과 역의 관계를 가진다는 경험적 증거들이 존재한다. 그리고 이러한 긍정적 성격요인과 함께 이른바 "어둠의 삼형제(Dark triad of personality)" 라는 불리는 부정적 성격요인은 반생산적 과업행동과 밀접한 관계가 있는 것으로 나타나고 있다. 성격의 어둠의 삼형제는 자신의 목표를 달성하기 위해 다른 사람을 이용하거나 조작하려는 대인관계적 기질인 마키아벨리즘 (Machiavellism), 별다른 성취 없이 자신의 우월성을 인정받고 싶어 하는 등 자신의 중요성과 특출함에 과대한 느낌을 가지는 나르시시즘(Narcissism), 그리고 다른 사람의 권리를 무시하는 무책임한 행동양식을 반복적, 지속적으로 보이는 반사회적 인격장애, 이른바 사이코 패스의 세 가지를 의미한다. 마키아벨리즘 성향을 가진 개인들은 목적을 위해 수단을 정당화하려 하기 때문에 타인에 대한 반생산적 과업행위를 서슴없이 하는 경향이 있으며, 나르시시즘 성향을 가지는 개인들은 타인들로부터 주목을 받기 위해 혹은 자신의 자존감에 상처를 입었다고 느끼는 경우 반생산적 과업행위를 보이게 된다. 한편 이러한 부정적 성격요인들과 관련하여 흥미로운 점은 성과가 높은 직원이나 조직 내 리더들에게서 이러한 부정적 성격들이 흔히 발견된다는 점이다. 예를 들어 영국 기업의 임원들의 대상으로 한 연구에서 조사대상 임원들의 3%가 사이코패스 성향을 지니고 있는 것으로 나타났다.

○ Seabright 등(2010)은 태업(sabotage)을 심각성, 반복가능성, 가시성에 따라 구분하였다. 가장 음흉한 태업은 고객으로부터의 전화를 의도적으로 다른 부서로 돌리는 것처럼 경미하지만 지속적으로 관찰하기 힘든 특성을 지닌 것이다.

○ 무례와 사회적 폄하

Anderson과 Pearson(1999)은 직장에서 무례행동의 용수철 효과를 제안했다. 무례행동은 타인에게 해를 끼치고자 하는 약한 일탈행동이지만, 강도가 약하더라고 계속 반복될 때에는 강한 영향력을 지닐 수 있다. 무례행동은 생각 없는 행동이나 거친 말투로부터 시작되고, 악의적인 모욕이 뒤따르게 되며, 모욕은 상대로부터 보복적 모욕을 촉발한다. 이러한 상황의 지속은 신체적 행동으로까지 이어질 수 있다. 사회적 폄하는 팀 회의에서 배제하는 경우, 뒤에서 흉을 보는 행위(뒷담화)를 예를 들 수 있다.

정답 ④

테마37. 주의(attention)

집중력, 주의(attention)의 종류는 5가지 또는 4가지로 구분한다.
집중력이란 외부 자극이나 내부 경험에 대해 일정 시간 집중할 수 있는 특정 정신 기능을 말한다.

1. 주의(attention)의 종류

1) 초점적 집중력(focused attention) → 4가지로 구분할 때는 빠진다.
자극에 반응할 수 있는 기능

2) 지속적 집중력 또는 유지 집중력(sustain attention)
주의 집중을 일정 시간 유지하는 기능(시간, 일관성)
예를 들어, 책을 집중해서 읽을 수 있는 시간.

3) 선택적 집중력(selective attention)
환경에서 오는 여러 자극 중 원하는 자극만 선택적으로 집중할 수 있는 기능
예를 들어, 다양하게 섞여 있는 물건 속에서 필요한 물건 찾기.

4) 변화적 집중력 또는 이동 집중력(alternative attention, shift attention)
일정 자극에서 다른 자극으로 재집중할 수 있는 기능.
상황에 따라 주의 집중을 바꾸는 능력.
예를 들어 두 가지 색의 구슬을 번갈아가며 끼우기.

5) 이분적 집중력 또는 분할 집중력(divided attention)
동시에 두 가지 이상의 자극에 집중할 수 있는 기능.
예를 들어, 걸으면서 대화 나누기나 운전하며 노래 부르기 등이다.

2. 주의력의 특징은 다음과 같이 세 가지로 요약할 수 있다.

1) **주의력의 중복집중 곤란**: 주의는 동시에 2개 방향에 집중하지 못한다.(선택성)
2) **주의력의 단순성**: 고도의 주의력을 장시간 지속할 수 없다.(변동성)
3) **주의력의 방향성**: 한 지점에 주의를 집중하면 다른 곳의 주의력은 약화된다.
따라서 주의를 집중한다는 것은 좋은 태도라고 할 수 있으나 반드시 최상이라고 할 수는 없다.

3. 심리학 용어 정리

1) **각성**: 우리의 활성화 수준과 경고 수준, 우리가 활기가 있는지 수면 상태인지를 의미한다. 생리적·심리적 활성화를 말한다.
2) **초점 주의**: 한 자극에 집중적으로 주의를 시키는 능력.
3) **지속적 주의**: 장기간 활동 또는 자극에 집중하는 능력.
4) **선택적 주의**: 정신을 산만하게 하는 다른 자극이 존재하는 중에 구체적인 활동 또는 자극에 집중하는 능력.
5) **교대 주의**: 두 가지 또는 그 이상의 자극에서 주의 초점을 변경할 수 있는 능력.
6) **분할 주의**: 동시에 다양한 자극과 활동에 주의를 기울일 수 있는 우리의 뇌가 가지고 있는 능력.
7) **무주의 맹시(in-attentional blindness)**: 보았지만 보지 못하는 것을 말한다. 눈이 특정 부위를 향하고 있지만 주의가 다른 곳에 있어서 눈이 향하는 위치의 대상이 지각되지 못하는 현상이나 상태이다.

01 인간 주의력의 특성으로 가장 옳지 않은 것은?

① 변동성
② 동시성
③ 선택성
④ 방향성

해설

정답 ②

02 주의(attention)에 관한 설명으로 옳지 않은 것은?

① 용량의 제한이 있기 때문에 한 번에 여러 과제를 동시에 수행할 수 없다.
② 많은 사람들 가운데 오직 한 사람의 목소리에만 주의를 기울일 수 있는 것은 지속적 주의(sustained attention) 덕분이다.
③ 선택된 자극의 여러 속성을 통합하고 처리하기 위해 지각적 조직화(perceptual organization)가 필요하다.
④ 운전하면서 친구와 대화하기처럼 두 과제 모두를 성공적으로 수행하기 위해서 분할주의(divided attention)가 필요하다.
⑤ 핸드폰에 집중하다 교통사고를 일으킨 경우 이는 무주의 맹시(inattentional blindness)때문이다.

해설

○ 읽기자료: 분리주의

분리주의는 동시에 다양한 작업이나 자극에 집중하는 능력이라 정의할 수 있으며, 이로 인하여, 환경에서의 다양한 요구에 맞게 처리할 수 있다. 분리주의는 동시에 많은 작업을 성공적으로 집행하고 다양한 정보를 처리할 수 있게 해주는 동시주의의 한 종류이다. 이 인지 능력은 우리가 일상생활을 효율적으로 할 수 있게 해주는 중요한 역할을 한다. 하지만, 병렬로 진행하는 다양한 작업을 실행하고 처리하기 위한 우리의 능력에는 한계가 있다. 분리주의에서는, 동시에 실행하는 행동의 효율성과 기능이 저하될 수 있다. 다양한 환경에서 동시에 일을 처리하는데 어려움을 느낄 때 간섭이라고 알려진 현상이 발생한다. 우리의 뇌는 제한된 양의 정보만 처리할 수 있으므로 간섭을 개입시킨다. 그러나 인지 훈련과 연습을 통해 분리주의, 즉, 결과적으로 동시에 한 가지 이상의 활동을 진행하는 능력을 향상시킬 수 있다.

※ **분리주의 예제**

- 분리주의는 학습 환경에서 매우 중요하며, 선생님 말씀에 주의를 기울이는 동시에 슬라이드나 칠판을 보면서 필기를 할 때 사용된다. 그렇기 때문에, 좋은 학습 결과를 얻는 데 매우 중요하다. 이것은 주의력에 문제가 있는 학생이 좋은 점수를 얻지 못하는 이유 중 하나이다.
- 운송업자가 운전 중에 추월을 하려고 하는데 갑자기 출구 표지판이 보여 결정을 해야 할 때 동시에 교통 표지판과 추월에 대한 정확한 주의력이 없다면, 중요한 정보를 놓치거나 안전하게 추월을 하지 못하여 교통사고의 위험에 노출된다. 운전하기 위해서는 좋은 주의력이 필요하다.
- 먹으면서 동시에 말할 때, 텔레비전을 보면서 동시에 문자를 주고받을 때 분리주의가 사용된다.

정답 ②

테마38. 착시현상

○ 착시의 구분

1) 기하학적 착시: 도형의 방향, 각도, 크기, 길이에 의한 착시현상
2) 원근의 착시: 보는 동안에 가깝고 먼 형태가 반대로 되는 현상
3) 연속적인 움직임에 의한 착시: 영화처럼 조금씩 다른 정지한 영상을 잇달아 제시하면 연속적인 운동으로 보이는 현상
4) 밝기나 빛깔의 대비에 의한 착시: 주위의 밝기나 빛깔에 따라서 반대방향으로 치우쳐서 느껴지는 현상
5) 요구나 태도에 의한 착시: 배가 고플 때 다른 것을 그린 그림을 음식물의 그림으로 잘못 보는 현상

1. 대표적인 착시의 종류

1) **헤링 착시**: 두 직선은 실제로는 평행이지만 주변에 있는 사선의 영향 때문에 바깥쪽으로 휘어져 있는 것처럼 보인다.
2) **포겐도르프 착시**: 한 개의 직선을 비스듬히 긋고 그 위에 직사각형을 세워 그려 사선을 차단하면, 차단된 직선은 동일한 직선이 아닌 것같이 보인다.
3) **뮬러-라이어 착시**
4) **폰조착시**: 사다리꼴 모양에 같은 길이의 선을 수평으로 놓으면 위쪽에 있는 선이 더 길게 보이게 되는 착시 현상을 말한다.

2. 가현운동(운동착시, 파이착시)

게슈탈트 심리학이 생기는 계기가 된 벨트하이머의 가현운동에 관한 연구가 유명하다.

시신경의 잔상 때문에 실제로는 움직이지 않는데도 움직이는 것처럼 보이는 것을 '가현 운동' 이라고 한다. 파이 현상이라고도 한다.

1) 자동운동

암실 내에서 수 미터 거리에 정지된 광점을 놓고 그것을 한동안 응시하고 있으면 그 광점이 움직이는 것처럼 보이는 현상이다.

2) 유동운동

정지해 있는 것을 움직이는 것처럼 느낀다든가 반대로 운동하고 있는 것을 정지해 있는 것처럼 느끼는 현상이다.

예를 들어 자동차가 줄지어 정차해 있을 때, 반대편 차가 움직이는 것임에도 불구하고 자신이 타고 있는 자동차가 반대방향으로 움직이는 것처럼 느끼는 경우이다.

3) 가현운동

두 개의 정지 대상을 0.06초의 시간 간격으로 다른 장소에 제시하면 마치 한 개의 대상이 움직이는 것처럼 보이는 현상으로 영화나 네온사인에 활용된다.

3. 게슈탈트 지각원리

게슈탈트(Gestalt)는 형태, 형상을 뜻하는 독일어로 게슈탈트 시지각 인지이론을 '형태심리학' 이라고도 부른다.

인간 경험의 궁극적 요소가 '원자적 성분' 으로 분해될 수 없는 일종의 구조 내지 구성이라는 것을 기본원리로 하며, 개별적인 감각 데이터들은 단지 시각적인 영역에서뿐만 아니라 모든 감각 영역에서 전체 구조에 의해 지배된다는 것이다.

게슈탈트 학파의 5가지 보조 원리는 다음과 같다.

1) 모든 지각 경험은 배경으로부터 구별해 낸 하나의 패턴임을 주장하는 상(figure)−배경(ground)의 원리이다.
2) 자극의 패턴과 지각 구조의 형성 사이에 밀접한 관련이 있음을 주장하는 '구별의 원리' 이다.
3) 불완전한 구조로 변형되는 경향이 있음을 주장하는 '밀폐(clousre)의 원리' 이다.
4) 한 지각 구조가 동일한 지각 패턴에 근거하고 있는 다른 지각 구조를 대신하는 경향이 있음을 주장하는 '좋은 게슈탈트의 원리' 이다.
5) 생리적인 또는 두뇌상의 과정과 지각되는 사물과의 사이에는 구조적 일치가 있음을 주장하는 '동형구조(isomorphism)의 원리' 이다.

게슈탈트 원리의 특성은 다음과 같다.

1) 유사성

모양, 크기, 색상에서 유사한 시각 요소들끼리 그룹을 지어 하나의 패턴으로 보려는 경향으로 다른 요인이 동일하다면 유사성에 따라 형태는 집단화되어 보인다.

2) 근접성

대상을 시각적으로 집단화하려는 경향을 가지며 가까운 것끼리 묶어서 지각을 한다.

3) 연속성

어떤 형태나 그룹이 방향성을 가지고 연속되어 있을 때, 형태 전체의 고유한 특성이 될 수 있다는 것으로 직선 또는 곡선을 따라 배열된 대상이 하나의 단위로 보인다.

4) 폐쇄성

불안정한 형태 그룹이 기존의 지식을 토대로 완전한 형태나 그룹으로 지각되는 것으로 닫혀있지 않은 도형이 심리적으로 닫혀 보이거나 무리지어 보인다.

5) 공통성

대상들이 같은 방향으로 움직일 때 그것을 하나의 단위로 인식한다. 즉, 배열이나 성질이 같은 것끼리 집단화 되어 보이는 성질이다.

6) 도형과 배경

강한 인상을 줄 때 이를 형태 또는 도형이라 하고, 이에 비해 짜여 있지 않고 공허하며 비교적 약한 인상을 줄 때 이것을 배경이라고 한다는 원리이다.

두 영역으로 나뉘어져 두 영역의 형태는 동시에 관찰할 수 없다는 사실에 기인하는 것이다. 즉, 전정과 배경의 구분이 명료하다면 전체적인 지각을 쉽게 해 준다는 것이다.

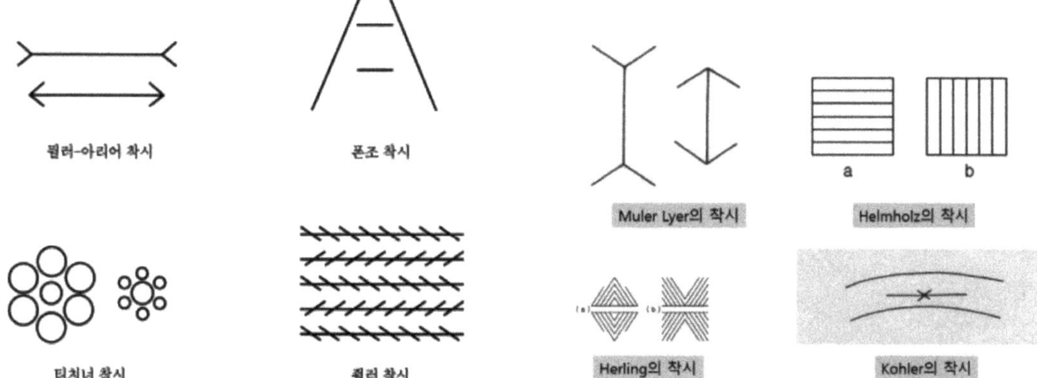

01 인간지각 특성에 관한 설명으로 옳지 않은 것은?

① 평행한 직선들이 평행하게 보이지 않는 방향착시는 가현운동에 의한 착시의 일종이다.
② 선택, 조직, 해석의 세 가지 지각과정 중 게슈탈트 지각 원리들이 나타나는 것은 조직 과정이다.
③ 전체적인 맥락에서 문자나 그림 등의 빠진 부분을 채워서 보는 지각 원리는 폐쇄성(closure)이다.
④ 일반적으로 감시하는 대상이 많아지면 주의의 폭은 넓어지고 깊이는 얕아진다.
⑤ 주의력의 특성으로는 선택성, 방향성, 변동성이 있다.

해설

평행하는 두 직선을 그면 두 직선이 평행하게 보이지 않는다. 이를 헤링 착시라고 한다.

정답 ①

02 동일한 길이의 두 선분에서 양쪽 끝 화살표의 방향이 달라짐에 따라 선분의 길이가 서로 다르게 지각되는 착시 현상은?

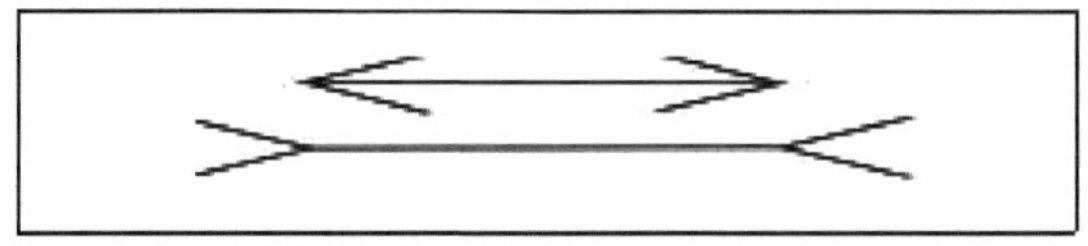

① 뮬러-라이어 착시
② 유도운동 착시
③ 파이운동 착시
④ 자동운동 착시
⑤ 스트로보스코픽운동 착시

해설

○ **스트로보스코픽운동**

스트로보는 카메라 플래시를 의미, 영상에서 마차바퀴가 뒤로 돌아가는 것처럼 보이는 효과. 시간, 운동 착시는 물체의 상이 연속해서 빠른 속도로 제시될 때 마치 움직이는 것처럼 보이는 것으로 이것을 스트로보스코픽(stroboscopic) 운동이라고 한다. 이 원리를 이용해서 초당 30프레임의 애니메이션이나 영화를 만드는 것이다.

정답 ①

03 다음 그림은 착시현상을 나타낸 것으로 수직평행인 세로인 세로의 선이 굽어보인다. 이와 같은 착시 현상과 관계있는 것은?

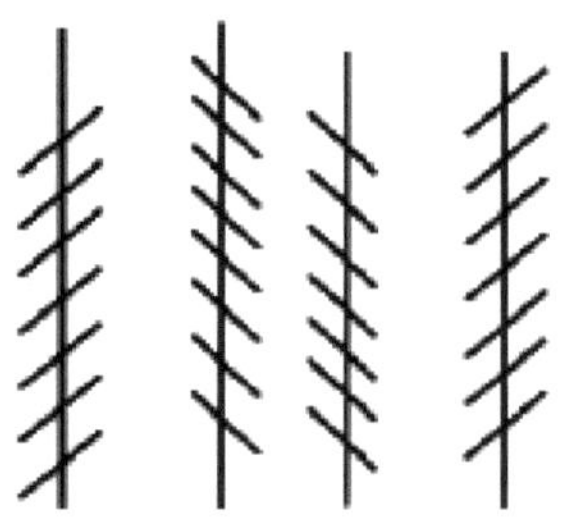

① 죌러의 착시
② 쾰러의 착시
③ 헤링의 착시
④ 포겐도르프 착시
⑤ 에빙하우스 착시

정답 ①

테마39. 직무스트레스

스트레스 출처에 대한 이해가능성, 예측가능성, 통제가능성 중에서 스트레스 완화효과가 가장 큰 것은 예측가능성이다. 예방적 차원에서 방어기제를 미리 찾을 수 있기 때문이다.

조직 내에서 스트레스를 받더라도 공격적인 A형보다는 느긋한 B형 성격이 직무스트레스에 대한 저항력이 강하며 스트레스 어느 정도 스스로 조절한다.

내적통제란 어떤 일의 결과에 대해 과제 난이도나 운동 외부의 영향요소에 의한 것보다 자신의 노력이 능력에서 그 원인을 찾는 사람이고, 외적통제자들은 결과의 원인을 자신이 아닌 외부에서 찾는다. 외적통제자들은 그들이 환경에 대한 스트레스 요인을 통제한다고 믿지 않기 때문에 많은 스트레스를 겪게 된다. 내적성향은 자신의 통제로 사건의 결과를 귀인시킨다. 내적통제위치를 가진 사람은 자신의 행동에 대한 결과가 자신의 능력의 결과물이라고 본다. 내적성향은 자신이 열심히 일하면 긍정적인 성과를 얻을 수 있다고 믿는다. 또한 이들은 모든 행동이 하나의 연속체로서, 자신이 통제할 것인지 여부에 따라 사건이 발생하고 결과물들은 그러한 사건들에 달려 있다고 믿는다. 외적성향은 외적 환경에 사건의 결과를 귀인시킨다. 외적통제위치를 가진 사람들은 자신의 삶에서 일어나는 일들이 자신의 통제 밖에 있으며 자신의 행동 역시 운명, 행운, 의사, 경찰, 정치인과 같은 힘을 가진 타자들의 영향력과 같은 외적 요소, 혹은 세상은 개인이 예측하거나 결과물을 잘 통제하기에는 너무 복잡하다는 믿음의 결과물이라고 생각한다. 이들은 자신의 삶에 대한 결과를 자기가 아닌 타인에게 귀인시킨다. 통제력을 자신 바깥에서 찾음으로써, 외적성향은 운명에 대하여 통제를 하지 않아도 된다고 믿게 된다. 외적성향은 스트레스를 상대적으로 더 많이 받게 되고 우울증에 빠지기 쉽다.

1. 성격의 구분

A형 성격	B형 성격
항상 분주하다. 음식을 빨리 먹는다. 한꺼번에 많은 일을 하려 한다. 수치 계산에 민감하다. 공격적이고 경쟁적이다. 항상 시간에 강박관념을 가진다. 여가시간을 활용하지 못한다.	느긋하다. 승부에 집착하지 않는다. 서두르지 않는다. 마감 시간에 대한 압박감이 없다. 자만하지 않는다. 시간 관념이 없다. 문제 의식을 느끼지 않는다.

2. 직무 스트레스 발생 모형

1) 인간-환경 적합성 모형

미시간 대학에서 1974년 연구한 것으로 불충분한 작업 적합성, 보유기술과 직무 요구사이의 부조화, 경력상 목표와 실제적 기회 사이에 부조화를 인지할 때 정서적 스트레스를 받는다.

2) 요구-조절 모형(Demand-Control Model)

1979년 Karasek이 발표한 것으로 가장 광범위한 지지를 받고 있다.

스트레스를 결정짓는 두 인자로 직무요구도(job demand)와 이에 대한 의사결정범위를 들고 있다.

구분	직무요구도 낮을 때	직무요구도 높을 때
의사결정 범위 낮을 때	수동적 집단	고긴장집단 (high strain)
의사결정 범위 높을 때	저긴장집단 (low strain)	능동적 집단

3) 요구–조절–지지 모형(Demand–Control–Support Model)

사회적 지지가 있는 경우에는 고긴장집단이라도 스트레스를 낮추고 관리할 수 있다는 모형이다.

4) 노력–보상 모형(Effort–Reward Model)

외적으로 직무에 있어서 요구되는 노력과 보상(금전적 보상, 승진, 자존감, 직무안정 등)의 불균형으로 스트레스가 발생한다고 본다. 높은 노력에 비해 낮은 보상이 계속될 때 심한 스트레스에 노출된다.

01 직무스트레스 요인 중 역할 관련 스트레스 요인의 설명으로 옳지 않은 것은?

① 역할 모호성이 클수록 스트레스가 크다.
② 역할 부하가 적을수록 스트레스가 적다.
③ 조직의 중간에 위치라는 중간관리자 등은 역할갈등에 노출되기 쉽다.
④ 역할 과부하는 직무요구가 능력을 초과하는 경우의 스트레스 요인이다.
⑤ 직무 스트레스를 일으키는 심리사회적 요인으로 역할갈등, 역할과부하, 역할 모호성 등이 있다.

해설

역할과부하뿐만 아니라 역할과소부하도 산업스트레스의 한 요인으로 나타난다.

정답 ②

02 다음 중에서 Yerkes-Dodson 곡선이 설명하는 내용과 다른 것은?

① 스트레스의 수준이 적정 수준을 넘어서면 건강에 부정적인 영향을 준다.
② 스트레스의 수준이 적정 수준에 있을 때, 작업실적이 가장 좋다.
③ 스트레스의 수준이 적정 수준보다 낮으면 건강 및 작업실적은 더욱 좋아진다.
④ 스트레스 수준과 작업실적의 관계는 역 U자형 곡선을 그린다.
⑤ 일의 효율성과 스트레스 간의 관계를 설명한 그래프이다.

해설

성과와 스트레스 간의 곡선이다. 중간수준의 스트레스 또는 각성으로 최고수준의 성능에 도달한다는 것이다.

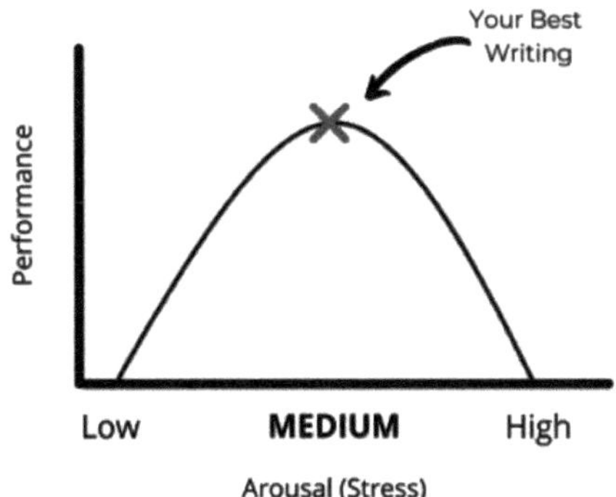

정답 ③

03 작업스트레스에 관한 설명으로 옳은 것은?

① 급하고 의욕이 강한 A유형 성격의 사람들은 스트레스 조절능력이 강해서 느긋하고 이완된 B유형의 사람들과 비교하여 심장질환에 걸릴 확률이 절반 정도로 낮다.

② 스트레스 출처에 대한 이해가능성, 예측가능성, 통제가능성 중에서 스트레스 완화효과가 가장 큰 것은 예측가능성이다.

③ 내적 통제형의 사람들은 자신들이 스트레스 출처에 대해 직접적인 영향력을 행사하려고 하지 않고 그냥 견딘다.

④ 공항에서 근무하는 소방관의 경우 한 건의 화재도 없이 몇 주 동안 대기근무만 하였을 때 스트레스가 없다.

⑤ 작업스트레스는 역할 과부하에서 주로 발생하며, 역할들 간의 갈등으로는 발생하지 않는다.

해설

정답 ②

04 직업 스트레스 모델 중 다양한 직무요구에 대해 종업원들의 외적요인(조직의 지원, 의사결정과정에 대한 참여)과 내적요인(자신의 업무요구에 대한 종업원의 정신적 접근방법)이 개인적으로 직면하는 스트레스 요인에 완충 역할을 한다는 것은?

① 자원보존(Conservation of Resources, COR) 이론
② 요구-통제 모델(Demands-Control Model)
③ 요구-자원 모델(Demands-Resources Model)
④ 사람-환경 적합 모델(Person-Environment Fit Model)
⑤ 노력-보상 불균형 모델(Effort-Reward Imbalance Model)

해설

직무요구-자원모형(job demand-resources model)은 기존의 직무통제 요인 이외에 직무요구와 상호작용하여 직무스트레스 등을 경감, 완화시켜 줄 수 있는 다양한 조절변인을 규명해보고자 하는 시도에서 비롯되었다. 이모형에 의하면 일반적으로 직무자원이란 직무담당자가 자신의 직무요구에 효과적으로 대처해 가고 직무긴장 등 부정적인 영향을 적절히 감소시켜 가는데 기능적인 역할을 하는 일체의 직무맥락 요인들을 말한다. 따라서 실제 업무 상황에서 이러한 직무자원으로 사용할 수 있는 다양한 변인들이 있을 수 있다. 직무자율성, 직무통제뿐만 아니라 수행 피드백과 같은 개인적 변인, 동료로부터의 사회적 지원과 같은 대인 관계적 변인, 상사코칭과 같은 조직적 변인 등 다양한 변인들이 직무자원으로 사용되었으며, 국내의 연구들을 살펴보면 사회적 지원, 팀 풍토, 감성지능, 임파워링 리더십 등의 변인들이 직무자원으로 사용되었다.

정답 ③

테마40. 직무요구-통제모형, 직무요구-자원모형

카라섹(Karasek)의 직무요구-통제모형(JDC)은 직무스트레스에 영향을 미치는 변인으로 직무요구와 직무통제(자율성)에 초점을 두고 있다. 즉, 직무요구(많은 업무량)가 클수록 직무스트레스가 증대되지만, 구성원에게 업무자율성(직무통제)이 많을수록 직무스트레스에 미치는 부정적 영향이 감소(버퍼링)된다는 것이다.

직무요구-자원모형(JDR)은 일종의 확장된 직무요구통제모형(estended JDC모형)이라 할 수 있다. 이는 기존의 직무통제 요인 이외에 직무요구와 상호작용하여 여러 가지 부정적인 영향을 경감, 완화시켜 줄 수 있는 다양한 조절요인을 규명해 보고자 하는 시도에서 비롯되었다고 볼 수 있다. 여기서 직무자원이란 직무 담당자가 자신의 과업목표를 달성해 가는데 기능적인 역할을 하며, 그 과정에서 직무요구의 여러 부정적인 심리적, 생리적 영향을 감소시키는데 기여할 뿐만 아니라, 나아가 개인적인 성장과 학습, 개발을 촉진하는 직무측면을 일컫는다. 즉, 직무자율성이나 통제권한의 부여, 의사결정에의 참여, 기술 다양화(skill variety), 역할 명료화, 성과피드백 제공 등 개별 직무차원에 관련된 요인들은 물론, 상사나 동료사원들의 지원과 협력적인 팀 분위기 등과 같은 대인관계적 요인들도 이에 포함될 수 있으며, 심지어 전반적인 임금수준과 경력기회, 고용 안정성(job security) 등과 같은 조직적 차원의 요인들도 이러한 직무자원의 역할을 할 수 있다고 지적되어 왔다. 또한 그간의 JD-C 모형이 주로 직무의 부정적인 영향 요인과 또 그것이 야기하는 부정적인 결과 측면만을 주로 연구해 왔다면, JD-R 모형은 이보다는 좀 더 긍정적인 견해를 반영하고 있는 점도 중요한 차이라고 볼 수 있다.

즉 JD-R 모형은 기존의 JD-C 모형처럼 직무요구의 증대가 조직구성원의 정신적, 육체적 건강을 훼손하는 과정(health-impairment process)도 연구하지만, 다양한 직무자원 요인들이 직무소진을 줄이고 또 이들의 정신적, 육체적 건강을 증진시키는 과정(health-enhancement process)도 함께 주목한다. 이러한 맥락에서, 최근 JD-R 모형에 기반한 많은 연구들에서 다양한 직무자원의 제공을 통해 조직구성원들이 자신의 직무에 열의(vigor)를 가지고 헌신(dedication)하고 또 자기 일에 열중(absorption)해 가는 '과업몰입' (work engagement) 개념을 새롭게 도입, 측정해 가고 있는 경향을 주목해 볼 필요가 있다. 이러한 연구들에 따르면, 다양한 직무자원 요인들은 단순히 직무소진 등 과중한 직무요구의 부정적인 영향을 완화시키는 재활과정(energetic process)을 넘어서, 구성원들로 하여금 자신의 직무에 헌신하고 몰입해 갈 수 있도록 동기화시키는 과정(motivational process)도 가능하게 해 준다. JD-R 모형을 실증해 온 그간의 연구들에 따르면, 실제로 직무요구가 직무소진을 심화시키는 과정과, 직무자원이 구성원의 과업몰입을 촉진하는 과정은 어느 정도 독립된 심리적 과정임이 확인되기도 했다.

이처럼 JD-R 모형은 조직구성원의 심리적 안녕과 건강을 예측하고 바람직한 직무여건을 설계해 감에 있어서, 애초의 JD-C 모형이 내재한 한계를 넘어설 수 있는 새로운 가능성을 열어주고 있다고 평가해 볼 수 있다. 즉 JD-R 모형은 구성원의 심리적, 정서적 안녕에 대한 예측치로서 보다 다양한 직무조건과 특성들을 고려해 볼 수 있도록 허용해 주고 있으며, 또한 결과 변수와 관련해서도 지금까지와 같이 직무소진이나 긴장, 스트레스 등과 같은 부정적인 지표를 넘어서 보다 긍정적인 차원의 심리적 안녕 변수를 도입, 고려해 볼 수 있는 가능성을 열어주고 있는 것이다.

01

직업 스트레스 모델 중 종단 설계를 사용하여 업무량과 이외의 다양한 직무요구가 종업원의 안녕과 동기에 미치는 영향을 살펴보기 위한 것은?

① 요구-통제 모델(Demands-Control model)
② 자원보존이론(Conservation of Resources theory)
③ 사람-환경 적합 모델(Person-Environment Fit model)
④ 직무 요구-자원 모델(Job Demands-Resources model)
⑤ 노력-보상 불균형 모델(Effort-Reward Imbalance model)

해설

직무자원이란 일의 목표를 달성할 수 있도록 하여주고, 직무요구를 감소시키며, 개인의 성장, 개발, 학습을 촉진할 수 있는 직무의 물리적, 심리적, 사회적, 조직적 측면을 의미한다. 직무요구란 지속적으로 물리적, 심리적 노력을 필요로 하는, 직무의 물리적, 심리적, 사회적 측면을 말한다. 예를 들면, 직무자원이란 상사나 동료로부터 얻는 사회적지지 등을 말하며, 직무요구란 업무와 관련된 압력, 시간 등을 말한다. 직무요구에 비해 직무자원이 많을 경우 구성원들은 업무와 관련된 안녕감(well-being)을 경험하게 된다. 종단연구는 연구대상의 특성이 시간에 따라 어떻게 변화하는지를 분석하는 방법.

정답 ④

테마41. 커크패트릭(Kirkpatrick)의 4단계 평가모형

교육 프로그램의 성과를 반응(reaction), 학습(learning), 행동(behavior), 결과(result)의 평가 4단계로 제시하였다. 커크패트릭(Kirkpatrick)의 4단계 모형은 교육훈련 평가에 있어 유용한 기준 틀(Frame)로 지금까지 널리 활용되고 있다. 커크패트릭(Kirkpatrick)의 4단계 모형에 따르면 다음과 같이 네 가지 기준으로 단계별로 교육훈련을 평가하는 것이 필요하다.

1. 반응기준(reaction criteria)

반응기준은 피훈련자가 교육훈련을 통해 받은 인상을 기준으로 교육훈련을 평가하는 것을 말한다. 주로 교육훈련이 끝난 직후 참가자들을 대상으로 설문조사를 실시하여 교육훈련이 유익하였는지, 배운 내용이 양적·질적으로 적절했는지, 흥미가 있었는지를 측정하는 것이다.

2. 학습기준(learning criteria)

교육훈련 도중이나 직후에 배운 내용을 테스트해서 과연 학습이 일어났는지를 측정하는 것을 말한다. 사전·사후 비교검사, 시험(test) 등의 방법을 사용하여 교육훈련 전과 후를 비교해 학습의 유무나 그 정도를 평가한다. 학교에서 실시하는 중간시험이나 기말시험, 연수원에서 실시하는 평가는 주로 학습기준에 의해 교육훈련을 평가하는 것이다.

3. 행동기준(behavioral criteria)

행동기준이란, 교육훈련 결과 피훈련자가 직무에 돌아와 행동의 변화를 보여 실제로 성과에 영향을 미치는지를 측정하는 기준을 말한다. 즉, 교육훈련의 전이(transfer of training)는 주로 행동기준으로 교육훈련을 평가하는 것이다. 교육훈련 후 행동의 변화나 성과에 영향 정도의 측정은 주로 인터뷰나 직·간접적 관찰, 설문조사를 통해 파악한다.

4. 결과기준(results criteria)

교육훈련이 조직의 목표와 관련된 중요한 결과를 달성하는 데 어떤 효과가 있는지를 측정하는 것이다. 결과의 지표로서는 불량률, 매출액, 업무수행 시간, 비용, 직원이직률 등을 들 수 있다. 결과지표를 교육 전과 교육 후 특정시점을 비교하여 측정한다.

※ ROI 평가의 등장

필립스(Philips)는 커크패트릭의 4단계 평가 모형을 혼합하여 제5단계로 ROI 모델을 추가로 도입함으로써 커크패트릭 4단계 모형의 비판을 극복하고자 하였다. 이 모델은 평가의 최종 단계에서 ROI 평가를 통해 교육프로그램의 공헌도를 증명함으로써 경영층과 고객의 신뢰를 획득하고 교육 프로세스를 향상시켜 결과지향적 접근방법을 도출한다는데 의의가 있다.

01

커크패트릭(Kirkpatrick)의 4단계 평가모형 중 학습자들의 교육 후 변화가 전체 조직에 미친 영향력 정도를 나타낸 것은?

해설

정답 결과평가

02 다음 중 교육 효과를 측정하기 위해 Kirkpatrick이 제안한 네 가지 준거는?

① 반응, 동기, 흥미, 행동
② 반응, 전이, 행동, 결과
③ 반응, 학습, 행동, 결과
④ 참여도, 흥미, 동기, 수행
⑤ 참여도, 동기, 행동, 전이

해설

○ 결과 중심 평가 모형(Kirkpatrick, 1994)

Kirkpatrick은 교육 프로그램의 성과를 반응, 학습, 행동, 결과의 4단계로 평가할 것을 제시하였다. 1~2단계인 반응과 학습에 대한 평가는 개인평가이고, 3~4단계인 행동과 결과에 대한 평가는 조직평가를 의미한다.

1) 1단계 반응(reaction)평가=만족도 평가

교육훈련과정에 대한 참가자의 느낌, 태도, 의견 등과 관련된 수집 자료와 함께 이루어지는 평가이다.

2) 2단계 학습(learning)평가=이해도 평가

학습자가 학습목표를 어느 정도 달성했는지를 평가하기 위한 것으로 학습을 통해서 학습자의 지식(knowledge), 기술(skills), 태도(attitude) 등에 변화가 일어났는지를 평가하는 활동이다.

3) 3단계 행동(behavior)평가=학습 전이도 평가

현업적응도 혹은 학습전이측정 평가라고도 불린다. 교육훈련 참여자가 교육훈련 중에 습득한 지식, 기술, 태도를 직무현장에 효과적으로 적용하는 정도이다.

4) 4단계 결과(result)평가=ROI 평가

교육과정에 투입된 비용이 경영성과에 긍정적인 가치를 부여했는지를 평가하는 것이다. 교육프로그램에 참가하여 나타난 최종결과가 무엇인지, 궁극적으로 조직에 어떠한 공헌을 했는지(조직기여도)를 결정하는 일이다.

1단계(반응)	2단계(학습)	3단계(행동)	4단계(결과)
반응정도, 프로그램의 개선	교육목표 달성도	현업 적용도	경영성과 기여도

정답 ③

테마42. 자기결정이론(self-determination theory)

인지적 평가이론(cognitive evaluation theory)은 자기결정이론(SDT)로 발전하였다. (Deci&Ryan, 2008)
인지평가이론은 자기결정이론을 구성하는 네 개의 작은 이론 중 하나로 인간행동의 통제 원천이 내면 또는 외면인가에 초점을 맞춘다. 내면에 동기 유발된 경우 외재적 보상을 제공할 경우 내면의 동기가 감소된다는 이론이다. 과거에는 외재적 동기요인과 내재적 동기요인은 상호 영향을 미치지 않는 독립변수로 보았지만 연구 결과 일 자체에 흥미가 있어 열심히 하는 사람에게 외재적 보상만을 제공한 경우 일 자체에 대한 흥미가 떨어질 수 있다는 것이다.

자기결정이론에서 내재적 동기는 개인들이 욕구를 행동화하고 선택함으로써 행동을 즐길 수 있으며 이 과정에서 심리적인 안정감을 가지게 된다고 한다. 무엇을 하는가 보다 왜(why)하는지가 더 중요한 선택의 이유가 된다. 개인들이 어떤 활동을 할 때, 내재적으로 동기화된 경우에는 추가적인 보상, 유인 또는 강제하는 것이 필요하지 않은데 이는 그 활동자체가 개인들에게 보상이기에 스스로 행동하게 된다는 것이다. (Deci&Ryan, 1985)

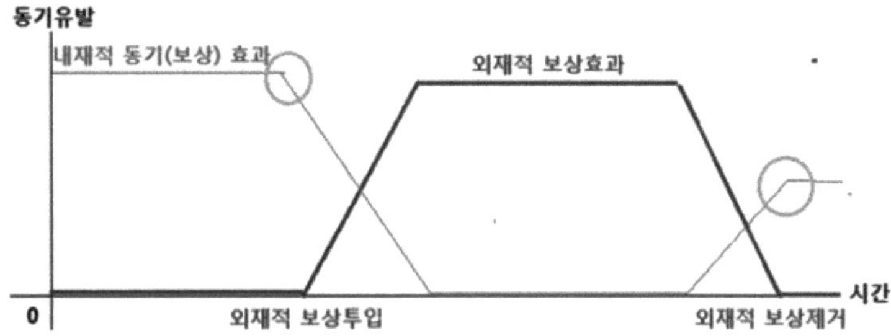

상기 그래프는 인지평가이론의 핵심 그림이다. 만일 외재적 보상을 주었다가 제거하면 어떻게 되는지를 살펴보자.

인간은 생존을 위해 공기, 음식, 물과 같은 생리적 욕구와 같은 심리적 욕구를 가지고 있는데, 자기결정이론(SDT)에서는 기본적이고 보편적인 심리적 욕구로 자율성(autonomy), 유능성(competence), 연대감(relatedness) 3가지를 제시하고 있다. 이러한 심리적 욕구는 사회문화의 유형-집단주의, 개인주의 문화 혹은 전통주의, 평등주의 가치 등에 관계없이 모든 사람에게 중요한 것으로 나타났다. (Deci&Ryan, 2008)

1) 자율성(autonomy)

과업에 대한 자기 자신의 선택영역을 의미하는 것으로 개인들이 외부의 환경으로부터 압박 혹은 강요받지 않으며 자신들이 추구하는 것이 무엇인지에 대하여 개인들이 자유롭게 선택할 수 있는 감정을 말한다.

2) 유능성(competence)

어떤 일을 해낼 수 있다는 느낌으로 이러한 유능성에 대한 욕구는 개인 혼자서는 획득하기는 어려우며 사회적 환경과 상호작용할 기회가 주어질 때 충족된다.

3) 연대감(relatedness, 관계성)

과업을 통하여 타인으로부터 인정받을 수 있다는 느낌으로 타인과 교제나 관계에서 느끼는 안정성을 의미한다.

01

자기결정이론(self-determination theory)에서 내적동기에 영향을 미치는 세 가지 기본욕구를 모두 고른 것은?

ㄱ. 자율성	ㄴ. 관계성
ㄷ. 통제성	ㄹ. 유능성
ㅁ. 소속성	

① ㄱ, ㄴ, ㄷ

② ㄱ, ㄴ, ㄹ

③ ㄱ, ㄷ, ㅁ

④ ㄴ, ㄷ, ㅁ

⑤ ㄷ, ㄹ, ㅁ

해설

정답 ②

테마43. 인사선발

○ **선발결정**

선발 과정의 궁극적인 목적은 올바른 합격자와 올바른 불합격자를 최대한 늘리는 것.
반면 잘못된 불합격자와 잘못된 합격자를 줄이는 것이다.

1) 올바른 합격자

검사에서 합격점을 받아서 채용되었고 채용 후에도 만족스런 직무 수행할 사람

2) 잘못된 불합격자

검사에서 불합격점을 받아 떨어뜨렸지만 채용하였다면 만족스런 직무 수행을 할 사람

3) 올바른 불합격자

검사에서 불합격점을 받아 떨어뜨렸고 채용하였더라도 불만족스러운 직무 수행할 사람

4) 잘못된 합격자

검사에서 합격점을 받아 채용되었지만 채용 후에는 불만족스러운 직무수행을 할 사람

01 인사선발에 관한 설명으로 옳은 것은?

① 올바른 합격자(true positive)란 검사에서 합격점을 받아서 채용되었지만 채용된 후에는 불만족스러운 직무수행을 나타내는 사람이다.

② 잘못된 합격자(false positive)란 검사에서 불합격점을 받아서 떨어뜨렸지만 채용하였다면 만족스러운 직무수행을 나타냈을 사람이다.

③ 올바른 불합격자(true negative)란 검사에서 불합격점을 받아서 떨어뜨렸고 채용하였더라도 불만족스러운 직무수행을 나타냈을 사람이다.

④ 잘못된 불합격자(false negative)란 검사에서 합격점을 받아서 채용되었고 채용된 후에도 만족스러운 직무수행을 나타내는 사람이다.

⑤ 인사선발 과정의 궁극적인 목적은 올바른 합격자와 잘못된 불합격자를 최대한 늘리고 올바른 불합격자와 잘못된 합격자를 줄이는 것이다.

해설

정답 ③

02 선발시험에서 불합격하였지만, 만일 채용의 기회가 주어졌다면 성공했을 사람들의 영역을 무엇이라고 하는가?

① 올바른 수용(true positive)

② 잘못된 수용(false positive)

③ 올바른 기각(true negative)

④ 잘못된 기각(false negative)

⑤ 잘못된 기각·수용(false negative·positive)

해설

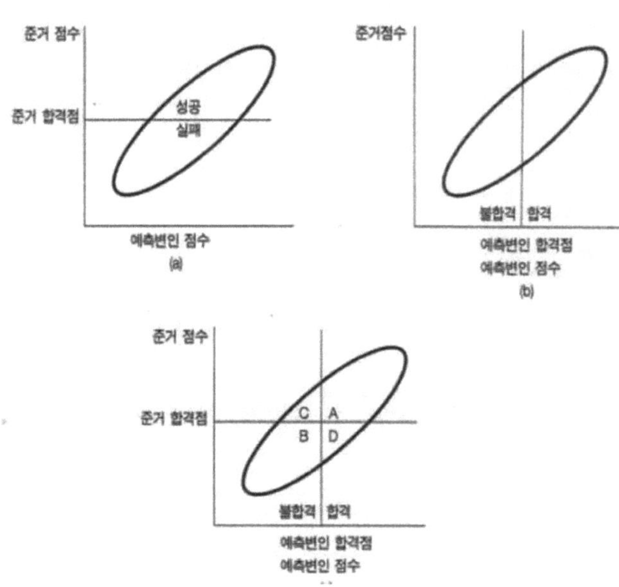

- **A: True Positive**
- **B: True Negative**
- **C: False Negative**
- **D: False Positive**

- 서로 **trade-off**가 있음
- 줄이고자 하는 것은 **C**와 **D**
- 어느 것이 상대적으로 더 중요한가에 따라 **cutoff**가 달라짐(좋은 사람을 놓지는 것이 중요한가 아니면 잘못된 사람을 뽑지 않는 것이 중요한가)
- **C**와 **D**를 줄이는 방법은?

정답 ④

테마44. 선발률과 기초율

1. 검사의 효용성을 증가시키는 가장 중요한 요소는 검사 타당도이다. 검사의 효용성은 검사의 타당도에 의해 영향을 받는다.
2. 선발률이란 지원자 가운데 최종 선발된 인원의 비율을 말한다.
   선발율 = 최종 합격자 / 총 지원자
3. 기초율이란 총 지원자 중 성공적 직무수행자의 비율을 말한다.
   기초율 = 성공적 직무수행자 / 총 지원자
4. 직무 성공률이란 선발된 인원 중 성공적 직무수행자의 비율을 말한다.
   직무 성공률 = 성공적 직무

선발률이란 조직이 고용해야 하는 직무 지원자들의 비율로 선발률은 채우고자 하는 빈자리 수를 지원자들의 수로 나눠서 계산한다.
선발률이 낮을수록 선발도구의 효과성 가치는 커진다.
선발률이 낮다는 것은 각 직무에 누구를 고용할지에 대한 선택의 폭은 더 넓어지기 때문에 효용성이 가장 크다. 선발도구의 효과성을 이해하는데 중요한 개념은 기초율, 선발률, 타당도이다.

○ 타당한 선발도구의 효과

1. 기초율(base rate)

1) 기초율: 모든 지원자를 고용했을 때 그 직무에서 성공할 지원자의 백분율을 의미
2) 어떤 직무에서는 대부분의 지원자들이 수행을 잘할 능력이 있어서 기초율이 100%가 될 수 있는 반면, 다른 직무에서는 상대적으로 극소수의 지원자들만이 성공적이어서 기초율이 0%에 가까울 수도 있다.
3) 50%의 기초율은 예측의 정확성을 향상시키는 데 가장 큰 개선의 여지가 있기 때문에 최대의 효용성을 낳는다.
4) 기초율이 50%에서 어느 쪽 방향으로든 멀어질수록(종업원의 과반수가 성공적이거나 혹은 성공적이지 않음) 개선의 여지가 더 적어지기 때문에, 기초율이 50% 보다 더 크거나 더 작아지면 정확성에서의 개선의 여지는 50% 보다 더 적어진다.

2. 선발률(selection ratio)

1) 선발률: 조직이 고용해야 하는 직무 지원자들의 비율
2) 선발률은 채우고자 하는 빈자리 수를 지원자들의 수로 나눠서 계산한다.
3) 각 빈자리에 대해서 지원자가 많은 경우 선발률은 낮고, 반대로 각 빈자리에 대해 지원자가 거의 없는 경우 선발률은 높다.
예) 각 직무에 대해 100명의 지원자가 있다변 선발률은 1/100, 각 직무에 대해 2명의 지원자가 있다면 선발률은 1/2인 것이다.
4) 선발률이 낮을 경우, 각 직무에 누구를 고용할지에 대한 선택의 폭은 더 넓어지기 때문에 효용성이 가장 크다. → 선발률이 낮은 경우 효용성 크다.
5) 결국 선택할 수 있는 지원자들이 많을 때 조직은 더 좋은 사람들을 고용할 수 있다.

3. 타당도

1) 선발 도구의 타당도는 선발도구와 준거 간의 상관 크기다.
2) 상관이 클수록 선발도구로 준거를 더 정확히 예측할 수 있다.
3) 준거의 예측이 정확해질수록 그 효용성은 커진다. 기초율 이상으로 성공률을 증가시킴으로써 효용성이 향상되기 때문이다.

01

인사선발에 관한 설명으로 옳은 것은?

① 선발검사의 효용성을 증가시키는 가장 중요한 요소는 검사 신뢰도이다.
② 인사선발에서 기초율이란 지원자들 중에서 우수한 지원자의 비율을 말한다.
③ 잘못된 불합격자(false negative)란 검사에서 불합격점을 받아서 떨어뜨렸고, 채용 하였더라도 불만족스러운 직무수행을 나타냈을 사람이다.
④ 인사선발에서 예측변인의 합격점이란 선발된 사람들 중에서 우수와 비우수 수행자를 구분하는 기준이다.
⑤ 선발률과 예측변인의 가치 간의 관계는 선발률이 낮을수록 예측변인의 가치가 더 커진다.

해설

정답 ⑤

02

선발도구의 효과성에 관한 설명으로 옳은 것만을 모두 고른 것은?

ㄱ. 선발률이 1이상이 되어야 선발도구의 사용은 의미가 있다.
ㄴ. 선발도구의 타당도가 높을수록 선발도구의 효과성은 증가한다.
ㄷ. 선발률이 낮을수록 선발도구의 효과성 가치는 작아진다.
ㄹ. 기초율이 100%라면 새로운 선발도구의 사용은 의미가 없다.
ㅁ. 선발도구의 효과성을 이해하는데 중요한 개념은 기초율, 선발률, 타당도이다.

① ㄱ, ㄴ
② ㄱ, ㄹ
③ ㄴ, ㄷ, ㅁ
④ ㄴ, ㄹ, ㅁ
⑤ ㄷ, ㄹ, ㅁ

해설

정답 ④

테마45. 개념준거와 실제준거

어떤 사람이나 사물을 평가할 때 사용하는 기준, 판단을 할 때 참조점으로 사용하는 것을 준거(criterion)라고 한다.

1. **개념준거** : 실질적으로 결코 측정할 수 없는 추상적, 이론적 개념
   예) 성공적인 대학생활/훌륭한 부모
2. **실제준거** : 측정할 수 없는 개념준거를 실제로 측정할 때 사용하는 준거(현실적 요인으로 바꾸는 방법)
   예) 대학 평균학점, 봉사활동 실적/자녀와의 일일 대화시간
3. **준거결핍**
   개념준거의 영역 중에서 실제준거에 의해 측정되지 않는 부분으로 줄일 수는 있지만 완전히 제거하기는 어렵다.
4. **준거적절성**
   실제준거와 개념준거가 일치되거나 유사한 정도
5. **준거오염**
   실제준거가 개념준거와 관련되어 있지 않은 부분
   준거오염의 두 부분은 편파(bias)와 오류(error)가 있다.
   1) 편파
   실제준거가 체계적으로 혹은 일관성 있게 개념준거가 아닌 다른 것을 측정하고 있는 정도
   2) 오류
   실제준거가 어떤 것과도 관련되어 있지 않은 정도
   위 두 부분 모두 개념준거를 왜곡시킨다. 통계적으로 어느 정도 통제할 수 있다.

01

A교수는 비서 직무의 수행을 평가하기 위해 인사고가 항목들을 개발하였다. 그러나 비서들이 하루에도 여러 번씩 전화를 받는 일을 함에도 불구하고 인사고과 항목 중에는 비서들이 전화를 얼마나 친절하게 받는지에 관한 항목이 포함되지 않았다. 이것은 다음 중 어떤 사례인가?

① 준거오염
② 준거결핍
③ 준거오류
④ 준거적절성
⑤ 준거편파

해설

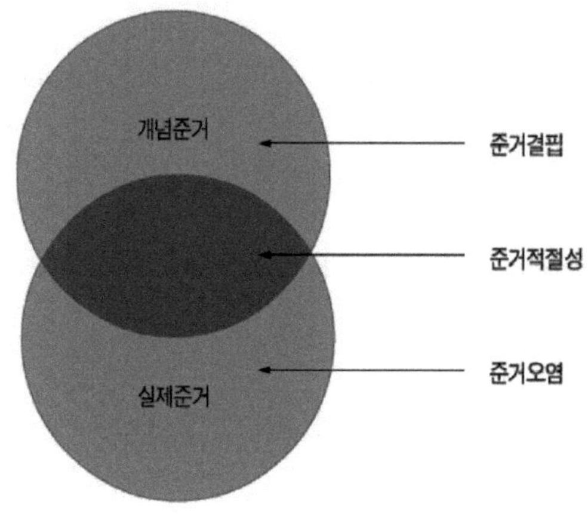

정답 ②

02 준거(criterion)는 종업원의 수행을 판단하는 기준이 되며, 실제준거와 이론준거로 구분된다. 다음 중 준거에 관한 설명으로 옳지 않은 것은?

① 준거결핍(criterion deficiency)은 실제준거에 개념준거가 얼마나 결핍되어 있는지를 나타낸다. 준거결핍은 어느 정도 항상 존재한다.

② 준거오염(criterion contamination)은 실제준거가 개념준거와 관련되어 있지 않은 부분이다.

③ 오염과 결핍 모두 둘 다 실제준거에서 바람직하지 못한 것으로 둘 다 개념준거를 왜곡시킨다.

④ 준거 관련성(적절성)은 실제 준거가 측정하려고 하는 이론 준거의 평가 정도이다. 실제준거의 구성타당도이다.

⑤ 실제준거는 연구자가 측정하고자 하는 준거이고, 개념준거는 실제준거를 측정하는 준거이다.

해설

개념준거는 연구자가 측정하고자 하는 준거이고, 실제준거는 개념준거를 측정하는 준거이다.

준거결핍(criterion deficiency)은 실제준거에 개념준거가 얼마나 결핍되어 있는지를 나타낸다. 준거결핍은 어느 정도 항상 존재한다. 준거오염(criterion contamination)은 실제준거가 개념준거와 관련되어 있지 않은 부분이다. 오염과 결핍 모두 둘 다 실제준거에서 바람직하지 못한 것으로 둘 다 개념준거를 왜곡시킨다.

준거왜곡 = 준거결핍 + 준거오염

준거는 실제 준거와 이론 준거로 구분된다. 이론 준거는 연구에서 쓰는 용어로, 이론적 구성개념이다. 실제 준거는 이론 준거를 측정하고 조작적으로 정의하는 방식이다. 이 두 준거는 서로 상당히 다른 직무도, 일치하는 직무도 있다.

준거 오염은 실제 준거가 측정하고 있는 부분으로서 이론 준거가 아닌 부분을 말한다. 준거 결핍은 실제 준거가 이론 준거 전체를 적절하게 포괄하지 못하는 현상이다. 준거 관련성(적절성)은 실제 준거가 측정하려고 하는 이론 준거의 평가 정도이다. 실제준거의 구성타당도이다.

준거는 대부분의 직무가 여러 과업으로 구성되고 대부분 과업은 여러 관점에서 평가되기 때문에 상당히 복잡해진다. 이러한 단점을 해결하기 위한 것으로 복합준거는 개별 준거들의 점수를 합하여 총점을 산출한다. 복합준거방식은 개별 종업원의 수행을 비교하려고 할 때 좋은 방식이다. 다차원식 방식은 합산하지 않고 다양한 수행 차원에 대한 구체적인 정보를 제공한다.

개념준거는 연구자가 측정하고자 하는 준거이고, 실제준거는 개념준거를 측정하는 준거이다.

직무	이론(개념) 준거	실제준거
예술가	훌륭한 예술작품 창조	예술 전문가의 판단
보험판매원	보험판매	월간 판매량
가게 점원	고객에게 좋은 서비스 제공	고객 만족도 설문
교사	학생에게 양질의 지식 전달	학생들의 성취검사 점수
기상예보관	정확한 날씨 예측	예보와 실제 날씨의 비교

- 준거 복잡성을 다루기 위한 방법

○ 복합 준거(composite criterion)

1) 개별 준거들의 점수를 합하여 총점을 산출하는 방법이다.
2) 만약 종업원이 4개 차원 각각에 대한 수행점수를 받으면 복합점수는 그 점수들의 합이 된다.

> * 출근 = 5
> * 직업적 외모 = 5
> * 업무의 질 = 4
> * 업무의 양 = 5
> - 위와 같은 5점 척도상의 수행점수를 받은 종업원은 차원점수들의 합, 즉 18(5+4+4+5)점의 복합 수행점수를 받게 된다.

○ 다차원 방식(multidimensional approach)

- 개별 준거 측정치들을 합산하지 않고, 각각의 점수를 별도로 산출하는 방법이다.
- 복잡 준거 방식은 개별 종업원의 수행을 비교하려고 할 때 좋은 방식이다.
- 각 종업원의 수행점수가 하나일 때는 비교하기가 더 쉬우며, 전반적인 결과와 충고보다는 다양한 수행 차원에 대한 구체적인 정보를 알려 준다.

정답 ⑤

테마46. 인간의 정보처리능력

○ **단기기억과 경로용량**

단기기억은 장기기억으로 영구히 저장되기 전의 기억으로 일시적인 기억이며, 실제로 작업하는데 필요한 일시적인 정보라는 의미로 작업기억(Working memory)이라고도 불린다. 단기기억이 기억할 수 있는 정보의 양은 5~7항목으로 매우 제한되고 지속시간은 약 30초 정도라고 한다. 이러한 단기기억에 의해 신뢰성 있게 정보 전달을 할 수 있는 최대용량을 경로용량(Channel capacity)이라고 한다.

○ **밀러의 신비의 수**

밀러는 각각의 감각에 대한 경로용량을 조사한 결과 '신비의 수(Magical number)' 7±2(5~9가지)를 발표하였다. 밀러의 결과에 의하면 인간의 절대적 판단에 의한 단일 자극의 판별 범위는 보통 다섯에서 아홉 가지라는 것이다.

○ **절대식별**

절대 식별이란 여러 그룹으로 규정된 신호 중에서 특정 부류에 속하는 신호가 단독으로 제시되었을 때 이를 식별할 수 있는 능력을 의미한다. 상대적인 비교가 아니라 일시적으로 기억에 의해 신호를 구별하여야 한다.

01 인간의 정보처리 능력에 관한 설명으로 옳지 않은 것은?

① 경로용량은 절대식별에 근거하여 정보를 신뢰성 있게 전달할 수 있는 최대용량이다.
② 단일 자극이 아니라 여러 차원을 조합하여 사용하는 경우에는 정보전달의 신뢰성이 감소한다.
③ 절대식별이란 특정 부류에 속하는 신호가 단독으로 제시되었을 때 이를 식별할 수 있는 능력이다.
④ 인간의 정보처리 능력은 단기기억에 대한 처리 능력을 의미하며, 절대식별 능력으로 조사한다.
⑤ 밀러(Miller)에 의하면 인간의 절대적 판단에 의한 단일 자극의 판별범위는 보통 5~9가지이다.

해설

○ **인간의 정보처리능력**

1. 단기기억에 대한 처리능력으로 나타낸다.
2. 절대식별능력으로 나타낸다.
3. 절대식별은 상대적 비교가 아닌 단독제시 시 식별할 수 있는 능력이다.
4. 단일자극보다는 여러 차원을 조합하여 자극하는 경우 **신뢰성 있게** 전송할 수 있는 가지 수가 증가한다.

정답 ②

02 인간의 정보처리과정에 관한 설명으로 옳은 것을 모두 고른 것은?

ㄱ. 단기기억의 용량은 덩이 만들기(chunking)를 통해 확장될 수 있다.
ㄴ. 감각기억에 있는 정보를 단기기억으로 이전하기 위해서는 주의가 필요하다.
ㄷ. 신호검출이론(signal-detection theory)에서 누락(miss)은 신호가 없는데도 있다고 잘못 판단하는 경우이다.
ㄹ. Weber의 법칙에 따르면 10kg의 물체에 대한 무게 변화감지역(JND)이 1kg의 물체에 대한 무게 변화감지역보다 더 크다.

① ㄴ, ㄷ
② ㄱ, ㄴ, ㄹ
③ ㄱ, ㄷ, ㄹ
④ ㄴ, ㄷ, ㄹ
⑤ ㄱ, ㄴ, ㄷ, ㄹ

해설

○ 신호탐지이론(signal-detection theory)

심리학에서는 어떤 불확실한 상황에서 결정을 내리는 방법을 연구하는 데 쓰이고 있다.
누락(Miss: M)은 신호가 발생했음에도 검출해내지 못하는 것이다.

○ Weber의 법칙

생리학자 E. 베버가 이야기한 것으로, 중학교 생물 시간에 다들 한 번씩 들어봤을 법칙이다. 착시와 함께, 인간의 감각 혹은 지각을 다루는 주제에서 꼭 나오는 말인 "물리적 자극과 심리적 지각 사이에는 괴리가 있다"와 관련된 사례다.
베버는 1800년대 초에 최소식별차(Just Noticeable Difference; JND)를 일으키기 위해 필요한 물리적 자극의 강도의 증가가 다른 자극 수준들에 걸쳐 일관된 방식으로 변한다는 것을 발견했다. 그는 더 낮은 강도 수준에서 JND를 일으키기 위해서는 더 높은 강도 수준에서보다 더 작은 강도 변화가 요구된다고 보았다. 만일 추의 무게가 1g으로 작았을 때에는 0.5g의 무게변화를 느낄 수 있지만 추가 50g이면 0.5g을 늘려 50.5g이 되도 그 변화를 느낄 수 없다는 것이다. 베버의 법칙은 처음 자극의 세기가 크면 자극의 변화가 커야 변화를 느낄 수 있고, 처음 자극의 세기가 작으면 작은 변화도 감지할 수 있다는 것으로 자극의 변화는 처음 자극의 세기에 따라 달라진다는 것을 말해준다.

○ 감각기억에 들어온 정보들 중에서 주의를 집중한 정보만이 단기기억으로 전이된다. 단기기억을 장기기억으로 전이하려면 단기기억 정보가 사라지기 전에 능동적으로 시연(rehearsal)하면 장기기억이 된다. 덩이 만들기(chunking)는 우리가 이미 알고 있는 지식을 활용하여 주어진 정보를 묶어낼 수 있는 것으로 단기기억의 확장에 도움이 된다.

정답 ②

03 조작자 한 사람의 성능 신뢰도가 0.8일 때 요원을 중복하여 2인 1조가 작업을 진행하는 공정이 있다. 전체 작업 기간의 60% 정도만 요원을 지원한다면, 이 조의 인간 신뢰도는 얼마인가?

① 0.816

② 0.896

③ 0.962

④ 0.985

⑤ 0.991

해설

정답 ②

테마47. 경쟁가치모형

<그림> 경쟁가치모형과 네 가지 조직문화 유형

	유연성(신축성)		
내부지향	관계지향문화 (인간관계모형)	혁신지향문화 (개방체계 모형)	외부지향
	위계질서문화 (내부과정 모형)	과업지향문화 (합리적 목적 모형)	
	통제 및 질서(안정성)		

퀸(Quinn, 1988)에 의하면 조직은 몇 가지 상호 모순되는 가치들을 동시에 만족시킬 수 있어야 높은 성과를 얻을 수 있다. 퀸은 내부와 외부(focus), 통제와 유연성(flexibility)의 두 가지 차원을 축으로 8개의 핵심 요소의 정도를 측정하여 4개의 조직문화유형을 도출한다. 유연성 지향의 가치는 분권화의 다양성(차별화)을 강조하는 반면, 통제지향의 가치는 집권화와 통합을 강조하는데, 이는 조직의 유기적 특성과 기계적 특성의 구분을 의미하기도 한다. 내부지향성은 조직의 유지를 위한 조정과 통합을 강조하는 반면, 외부지향성은 조직 환경에 대한 적응, 경쟁, 상호관계를 강조한다. 이러한 두 가지 차원의 결합에 의해 다음의 네 가지 조직문화의 유형이 결정된다.

① 관계지향 문화

관계지향 문화는 집단문화(group culture) 혹은 인간관계 모형(human relation model)이라고도 하며, 내부 지향적이며 비공식적인 유연한 문화를 특징으로 한다. 관계지향 문화는 구성원들의 신뢰, 팀워크를 통한 참여, 충성, 사기 등의 가치를 중시한다. 이러한 문화유형에서는 무엇보다 조직 내 가족적인 인간관계의 유지에 최대의 역점을 둔다. 조직구성원이나 단결, 협동, 공유가치, 의사결정과정에 참여 등이 중시되며, 개인의 능력개발에 대한 관심이 높고 조직구성원에 대한 인간적 배려와 가족적인 분위기를 중시하는 조직풍토를 특징으로 한다.

② 위계지향 문화

위계지향문화는 위계문화(hierarchy culture), 혹은 내부과정모형(internal process model)이라고도 하며, 질서와 안정을 중시하고 내부지향적인 조직풍토를 가지고 있다. 위계지향 문화는 공식적 명령과 규칙, 집권적 통제와 안정지향성을 강조하는 관료제의 가치와 규범을 반영한다. 위계질서에 의한 명령과 통제, 업무 처리 시 규칙과 법 준수, 관행, 안정, 문서와 형식, 보고와 정보관리, 명확한 책임소재 등을 강조하는 관료적 문화의 특성을 지니고 있다. 위계지향문화는 전통적인 관료제적 조직문화를 대표하며, 계층제적인 강력한 감독체계와 보편적인 서비스, 예측된 규범과 절차를 문화적 속성으로 하기 때문에 따라서 무엇보다 안정성과 통제에 대한 필요성과 조직 내부적 유지와 통합에 초점을 둔다.

③ 혁신지향 문화

혁신지향문화는 발전문화(development culture), 혹은 개방체계모형(open system model)이라고도 하며, 조직의 변화와 유연성을 강조하면서, 조직이 당면하고 있는 외부환경에의 적응능력에 중점을 둔다. 외부환경에 대한 변화지향성과 신축적 대응성을 기반으로 조직구성원의 도전의식, 모험성, 창의성, 혁신성, 자원획득 등을 중시하며 조직의 성장과 발전에 관심이 높은 조직문화를 의미하기 때문에 조직구성원의 업무수행에 대한 자율성과 자유 재량권 부여 여부가 혁신문화의 핵심 요인이 된다.

④ 과업지향 문화

과업지향문화는 합리문화(rational culture), 혹은 합리적 목적모형(rational goal model)이라고도 하며, 경쟁 지향적인 생산 중심의 문화로 외부지향적이다. 과업지향 문화는 조직의 성과목표 달성과 과업 수행에 있어서의 생산성을 강조하며, 목표달성, 계획, 능률성, 성과 보상의 가치를 강조한다. 과업지향문화에서는 외부지향성의 관점에서 경쟁을, 성과통제의 관점에서 목표달성을 강조하며, 생산성과 능률성의 기준이 목표 달성에 있어 중요하다. 따라서 주로 공급자나 고객, 규제자 등 외부관계자와의 거래에 강조점을 두며, 경쟁력과 생산성이 핵심가치가 된다.

2. 경쟁가치모형에 대한 평가

Quinn과 Kimberly(1984)의 조직문화유형으로 꼽히는, 관계지향문화, 혁신문화, 과업지향문화, 위계지향문화는 조직의 다양한 문화요소들을 포괄적인 시각을 포함하고 있다. 이러한 특징으로 인해 조직문화와 조직성과간의 역학관계 분석을 위해 많은 학자들이 이러한 문화유형을 연구 분석 틀로서 활용하고 있으며, 정부 및 행정조직에 대한 문화연구에 있어서도 이러한 연구 성향이 큰 영향을 미치고 있다. 일반적으로 경쟁가치모형은 관계지향적이며 변화지향적 조직일수록 자율적이며 외부지향적인 조직으로 간주되며, 자율적이며 외부지향적인 조직일수록 바람직한 조직이라는 가정을 전제한다.

01 조직 효과성 관련 이론 중 퀸과 로보(Quinn & Rohrbaugh)의 경쟁가치모형(CVM)에 대한 설명으로 옳지 않은 것은?

① 조직 효과성 측정기준에는 '유연성–통제, 조직–구성원, 목표–수단'의 세 가지 차원이 있다.

② 개방체제모형(open system model)은 조직의 자원획득과 성장을 목적으로 한다.

③ 합리적 목표모형(rational goal model)은 조직의 능률성과 생산성 증대를 목적으로 한다.

④ 내부과정모형(internal process model)은 인적자원개발 및 내부구성원의 가치인정을 목적으로 한다.

⑤ 경쟁가치모형은 통제의 수준과 방향성이라는 두 가지 상반된 차원으로 구성된다.

해설

퀸과 로보(Quinn & Rohrbaugh)가 제시한 경쟁가치모형을 퀸과 킴벌리(Quinn & Kimberly)가 조직문화에 적용하였다.

구분	내부(인간) 지향	외부(조직) 지향
융통성(유연성)	인간관계모형(관계지향문화) 목표: 인적자원개발 수단: 응집력, 사기 ·집단문화	개방체제모형(혁신지향문화) 목표: 성장, 자원 확보(획득) 수단: 융통성, 신속성, 외적평가 ·발전문화
통제(안정)	내부과정모형(위계지향문화) 목표: 안정성, 균형 수단: 정보관리, 조정 ·위계문화	합리목표모형(과업지향문화) 목표: 생산성, 능률성, 이윤 수단: 기획, 목표설정, 평가 ·합리문화

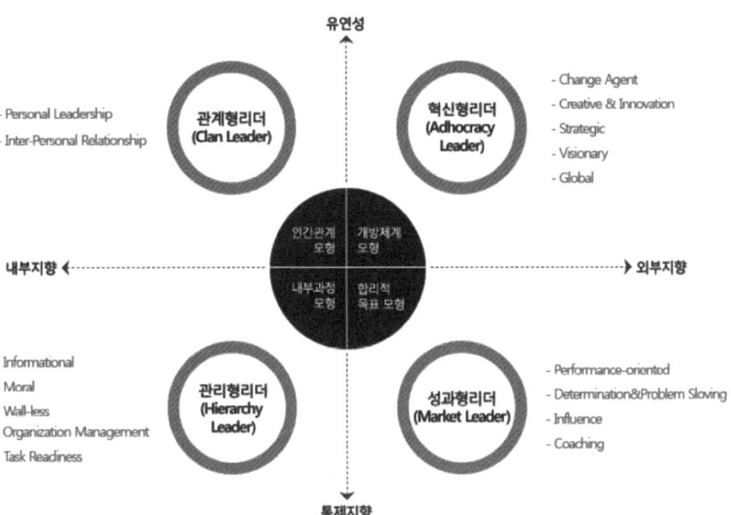

정답 ④

테마48. 민쯔버그(Mintzberg)의 조직구조

분류	단순구조	기계적관료제	전문적관료제	사업부제	임시체제
핵심부문	최고관리층 (전략부문)	기술구조	핵심운영층 (작업계층)	중간관리층 (중간계선)	지원참모
조정기제	직접감독 (통제)	작업과정의 표준화	기술표준화	산출의 표준화	상호조절
예	신생조직	행정부	종합병원	재벌조직	연구소

01

다음 학자가 제시한 조직구조 유형에 대한 설명으로 옳은 것만을 모두 고르면?

이 학자는 조직의 구조를 핵심운영부문(operating core), 전략부문(strategic apex), 중간라인부문(middle kine), 기술구조부문(technostructure), 지원스태프부문(support staff)으로 구분하였고, 이와 함께 단순구조, 사업부제 구조, 기계적 관료제 구조, 전문적 관료제 구조, 애드호크라시 등 다섯 가지 조직구조 유형을 제시하였다.

ㄱ. 단순구조(simple structure)는 한 사람이나 소수에게 집권화되며, 환경변화에 대응하기 위한 신속한 의사결정에 적합하다.
ㄴ. 최고 관리층에서 행사하는 힘은 작업 기술의 표준화에 의한 조정을 통해 발휘되며 이 힘이 강력할 때 조직은 사업부제(divisional form)의 형태가 된다.
ㄷ. 기계적 관료제는 조직이 잘 조절된 기계처럼 작동하도록 작업과정의 표준화와 공식적인 절차 및 방법을 강조한다.
ㄹ. 전문적 관료제는 편평하고 분권화된 형태를 띠며, 환경변화에 신속하게 적응하기 어렵다.
ㅁ. 애드호크라시는 대개 단순하고 반복적인 문제를 해결하기 위해 생성된다.

① ㄱ, ㄴ, ㅁ
② ㄱ, ㄷ, ㄹ
③ ㄴ, ㄷ, ㄹ
④ ㄴ, ㄹ, ㅁ
⑤ ㄷ, ㄹ, ㅁ

해설

정답 ②

테마49. 마일즈(Miles)와 스노우(Snow)의 조직전략

전략의 유형을 방어형(defender), 개척형(prospector, 공격형, 혁신형), 분석형(analyzer), 방임형(reactor, 반응형)의 4가지로 구분하였다.

유형	내용
방어형	- 현재의 제품을 가지고 기존의 시장 점유율을 지키려는 전략. - 고도의 생산 효율성을 이룩하기 위해 기계적 구조에 의한 효율화 추진.
방임형	- 아무런 일관성 있는 전략을 가지고 있지 않은 경우. - 정상적 경영방식이 아닌 상태.
분석형	- 개척형 기업의 행동을 면밀히 분석하여 추종자의 이점을 활용하는 전략. - 내적 효율성과 외적 적응력을 동시에 갖춰야 하기에 매트릭스 조직구조를 갖는 경우가 빈번하다. fast follower.
개척형 (공격형, 혁신형)	- 신제품 개발에 진력하며 신시장 개척을 위해 많은 노력을 하는 전략. - 유연하고 유기적인 조직구조로 분권화된 의사결정과 비공식 조직을 중시.

* 매트릭스조직은 기능구조의 전문성과 사업구조의 대응성을 결합시킨 입체적 조직으로 매트릭스 조직은 다른 모든 구조들과의 결합으로 이루어져 기능적 구조와 프로젝트 구조의 장점을 극대화하고 단점을 줄이기 위해 고안된 절충형 구조이다. 프로젝트 위주로 사업을 하는 기업조직에서 가장 널리 사용되며 이상적인 조직형태로서, 두 명 이상의 책임자들로부터 명령을 받는다고 하여 이중지휘 시스템이라고 한다.

01 다음 중 마일즈(Miles)와 스노우(Snow)가 제시한 조직전략 중 '분석형'에 대한 특징이 아닌 것은?

① 인적자원관리 활동의 계획과정은 평가→실행→계획으로 이루어진다.

② 혁신형을 관찰하다가 성공가능성이 보이면 신속하게 진입하여 경쟁우위를 확보하려는 유형이다.

③ 주로 프로젝트 조직구조, 매트릭스 조직구조를 가진다.

④ 보상에 대한 성과급 비중이 크다.

⑤ 기업전략은 방어 전략과 공격 전략을 혼합하여 사용한다.

해설

보상에 대한 성과급 비중이 큰 것은 혁신형(공격형)의 유형이다.

○ 경쟁 전략 유형에 따른 인적자원관리

공격형(prospector)	분석형(analyzer)	방어형(defender)
1) 실행(do)→평가(see)→계획(plan) 2) 충원, 선발, 배치는 영입(buy)을 원칙으로 한다. 3) 보상은 외적 경쟁성에 기준을 두고 성과급의 비중이 크다.	1) 평가(see)→실행(do)→계획(plan) 2) 충원, 선발, 배치는 육성(make) 및 영입(buy)을 원칙으로 한다. 3) 보상은 내적 공정성과 외적 공정성에 기준을 두고 경쟁적으로 보상한다.	1) 계획(plan)→실행(do)→평가(see) 2) 방어형은 유지를 기본 목적으로 인력계획은 공식적이고 철저한 편이다. 충원, 선발, 배치는 육성(make)을 원칙으로 한다. 3) 보상은 대내적 공정성에 기준을 두고 기본급의 비중이 크다.

정답 ④

02 마일즈(R. Miles)와 스노우(C. Snow)가 제시한 환경적합적 대응전략으로만 구성되어 있는 것은?

① 전방통합형 전략, 후방통합형 전략, 차별화 전략

② 집중화 전략, 방어형 전략, 반응형 전략

③ 원가우위 전략, 차별화 전략, 집중화 전략

④ 차별화 전략, 반응형 전략, 후방통합형 전략

⑤ 공격형 전략, 방어형 전략, 분석형 전략

해설

정답 ⑤

테마50. 휴먼에러의 종류

ㅇ 휴먼에러의 분류

행위(behavior) 차원에서의 분류	원인(cause) 차원에서의 분류
스웨인(A. Swain)	리전(J. Reason)

ㅇ 행위(behavior) 차원에서의 분류–스웨인(A. Swain)

1) 작위 오류(commission error): 수행해야 할 작업을 부정확하게 수행하는 오류
2) 누락오류(ommission error): 수행해야 할 작업을 빠뜨리는 오류
3) 순서오류(sequence error): 수행해야 하는 작업의 순서를 틀리게 수행하는 오류
4) 시간오류(time error): 수행해야 할 작업을 정해진 시간 동안 완수하지 못하는 오류
5) 불필요한 수행오류(extraneous error): 작업 완수에 불필요한 작업을 수행하는 오류

ㅇ 인간의 행동–라스무센(J. Rasmussen)

1) 숙련기반행동: 무의식에 의한 행동, 행동 패턴에 의한 자동적 행동이다. 대부분 실행과정에서의 에러이다.
2) 규칙기반행동: 친숙한 상황에 적용되며 저장된 규칙을 적용하는 행동으로 상황을 잘못 인식하여 에러가 발생한다.
3) 지식기반행동: 생소하고 특수한 상황에서 나타나는 행동으로 부적절한 추론이나 의사결정에 의해 에러가 발생한다.

ㅇ 리즌(Reason)의 휴먼에러의 분류

1) 의도적 행동: 착오와 고의가 있다. 착오에는 지식기반착오와 규칙기반착오.
2) 비의도적 행동: 숙련기반착오로 실수와 건망증이 있다.

01 라스무센(Rasmussen)의 모델을 사용한 리즌(Reason)의 휴먼에러의 분류 중에서 비의도적 행동에 해당하는 것은?

① 숙련 기반 에러(skill-based error)

② 규칙 기반 착오(rule-based mistake)

③ 지식 기반 착오(knowledge based mistake)

④ 위반(violation)

해설

1) 실수(Slip): 행동실수. 상황을 잘 해석하고 목표도 잘 이해했으나 의도와는 달리 다른 행동을 하는 것을 말한다.
2) 건망증(Lapse): 기억실수. 여러 과정이 연계적으로 일어나는 행동들 중에서 일부를 잊어버리고 하지 않은 것을 말한다. 기억의 실패에서 발생하는 오류이다.
3) 고의(Violation): 작업수행방법과 절차를 알고 있으면서도 의식적으로 이를 따르지 않는 에러.
   ㉠ Routine Violation: 위반이 일상화 되는 것으로 습관적으로 위반.
   ㉡ Situation Violation: 시간 압박, 인력부족, 악천 후 등 상황적 조건 때문에 불가피하게 위반.
   ㉢ Exceptional Violation: 거의 발생하지 않는 비정상적인 상황에서 문제해결을 위해 위험을 감수하고라도 규칙절차를 무시할 필요가 있다고 판단해 위반.

○ 에러분류(Rasmussen 행동모델에 의한 Reason의 에러분류)

불안전한 행동			
비의도적 행동		의도적 행동	
숙련기반에러		착오(mistake)	고의 (위반, violation)
실수(slip)	건망증(lapse)	1) 규칙기반착오 2) 지식기반착오	1) 일상적 위반 2) 상황적 위반 3) 예외적 위반

○ 환경적인 요인에 대한 설계적 대책

- 배타설계(Exclusion design): 휴먼에러의 가능성을 근원적으로 제거
- 예방설계(Preventive design): Fool-proof 설계
- 안전설계(Fail-safe design): Fail-safe design

정답 ①

02 휴먼에러(human error)에 관한 설명으로 옳은 것은?

① 리전(J. Reason)의 휴먼에러 분류는 행위의 결과만을 보고 분류하므로 에러 분류가 비교적 쉽고 빠른 장점이 있다.

② 지식기반 착오(knowledge based mistake)는 무의식적 행동 관례 및 저장된 행동 양상에 의해 제어되는 것이다.

③ 라스무센(J. Rasmussen)은 인간의 불완전한 행동을 의도적인 경우와 비의도적인 경우로 구분하여 에러 유형을 분류하였다.

④ 누락오류, 작위오류, 시간오류, 순서오류는 원인적 분류에 해당하는 휴먼에러이다.

⑤ 스웨인(A. Swain)은 휴먼에러를 작업 완수에 필요한 행동과 불필요한 행동을 하는 과정에서 나타나는 에러로 나누었다.

해설

정답 ⑤

테마51. 스키너의 강화이론(reinforcement theory)-조작적 조건화

스키너의 강화이론은 행동주의 이론에 기초한 행동의 학습과 관련되어 있다.

학습이론은 행동주의학파와 인지론학파의 양대 축으로 발전하였는데 인지론자들은 학습에 대하여 인간 내면의 인지능력을 가지고 설명한다. 인간은 인지능력을 가지고 태어나는데 개인들은 인지능력이나 인지구조의 특성에 따라 행동과 동기가 달라진다고 보았다. 학습관점에서 인간의 인지구조가 바뀔 때 진정한 학습이 일어난다고 본 것이다. 반면, 행동주의론자들은 학습은 개인을 둘러싼 환경특성에 따라 결정된다고 본다. 행동에 따른 외적 결과를 통제함으로써 행동을 변화시킬 수 있다고 주장한다.

행동론자인 스키너는 행동변화를 강화로 설명하였다.

스키너(1953)는 유기체가 어떤 행동을 한 결과 스스로에게 유리하면 그 행동을 더 자주 하게 된다고 보았다. 이때 그 행동의 빈도를 높이는 자극을 강화요인(reinforcer)이라고 하는데, 1차적 강화요인(primary reinforcer)과 2차적 강화요인(secondary reinforcer)으로 나뉜다.

1. 1차적 강화요인(primary reinforcer)

유기체의 행동을 직접적으로 증가시킬 수 있는 요인으로 음식물이나 물처럼 이전의 특별한 훈련 없이도 학습자의 행동을 강화시킬 수 있는 자극으로 유기체의 생리적 동기와 밀접하게 관계된 무조건적 강화요인이다.

2. 2차적 강화요인(secondary reinforcer)

유기체의 행동을 바로 증가시키지는 못한다. 원래 중성자극이었던 것이 무조건적 강화요인과 결함됨으로써 강화능력을 얻게 된 자극으로 조건화된 강화요인이다. 돈, 칭찬, 애정, 격려의 표현 등으로 조건화된 강화요인이다.

3. 프리맥효과(Premack Effect)

프리맥은 물질적 자극이 아닌 스스로의 행동도 강화요인이 될 수 있다고 하였다. 유기체가 자주 하는 행동(고 확률)은 잘 하지 않는 행동(저 확률)의 빈도를 증가시킬 수 있는 강화요인이 될 수 있다는 것이다.

예를 들어 아이들에게 만화와 공부할 기회를 동시에 제공하면 아이들은 만화를 더 많이 보게 될 것이다. 이때 아이들이 공부(저 확률)를 더 하도록 유도하기 위하여 공부를 먼저 하게 한 뒤, 만화(고 행동)를 보게 하면 공부하는 행동이 증가한다. 즉 하기 싫은 공부가 강화요인이 된 것이다.

4. 내재적 보상과 외재적 보상

보상을 주는 주체 관점에서 환경에 의해 통제되는 보상을 외재적 보상이라 한다. 급여, 승진, 칭찬 등 타인에 의하여 주어지는 보상이다.

반면, 내재적 보상은 성취감 등 과업을 수행하는 과정에서 본인 스스로가 내적으로 받는 보상을 말한다.

5. 강화유형

바람직한 행위를 증가시키는 것은 긍정적 강화, 부정적 강화가 있고 바람직하지 못한 행위의 감소를 가져오는 것은 소거와 벌이 있다.

1) 긍정적 강화 또는 정적 강화(positive reinforcement)

어떤 행동이 바람직하면 정적(+) 보상을 하여 바람직한 행동을 강화하는 것이다. 성적이 오르면 상을 주고, 심부름을 잘한 아이에게 과자를 주어 더 잘하게 하는 것을 말한다.

2) 부정적 강화 또는 부적 강화(negative reinforcement)

부정적 혐오자극을 제거해 줌으로써 바람직한 행동을 강화해 주는 것이다. 상사의 잔소리를 듣지 않기 위해 작업을 열심히 하는 경우, 자명종 시계의 시끄러운 소리 때문에 일찍 일어나야 하는 것과 같이 부정적인 결과를 피하기 위하여 바람직한 행동을 하게 되는 것으로 이것을 '회피(avoidance)학습'이라고 한다.

3) 소거(extinction)

유쾌한 자극을 제거하는 처벌로 '박탈성 벌'이라고 한다.

바람직하지 않은 행동에 대해 긍정적인 결과를 제거함으로써 바람직하지 않은 행동의 빈도수를 줄이는 것이다.

4) 벌(punishment)

혐오자극을 제공하는 처벌로 '수여성 벌'이라고 한다.

바람직하지 않은 행동에 대해 부정적인 결과를 제시함으로써 바람직하지 않은 행동의 빈도를 줄이는 것이다. 예를 들어 지각하면 화장실 청소를 시키는 처벌을 통해 지각의 빈도를 줄이는 것이다.

6. 강화 스케줄 방법

바람직한 행동이 나타날 때마다 강화요인을 제공하는 것을 '연속적 강화법'이라 하고 이에 반해 '단속적 강화' 스케줄은 강화요인을 모든 바람직한 행동에 주는 것이 아니라 일부 행동에 대해 일정한 기준에 따라 강화요인을 제공하는 것이다.

단속적 강화법의 종류	내용
고정간격법	일정한 시간적 간격을 두고 강화요인 제공
변동간격법	불규칙한 시간 간격에 따라 강화요인 제공
고정비율법	일정수의 바람직한 행동이 나타난 후 강화요인 제공
변동비율법	불규칙한 횟수의 바람직한 행동 후 강화요인 제공

고정간격법이 월급이라면 변동간격법은 상사의 갑작스런 격려나 보너스로 생각하면 쉽다.

고정비율법은 바람직한 행동 5번에 1회의 강화제공이라 한다면 1회마다 1번 보상을 실시하면 연속적 강화가 될 것이다.

변동비율법은 다른 방법에 비하여 가장 강력하고 지속적인 행동변화를 가져오고 소거에 대한 저항력도 가장 강한 것으로 알려져 있다.

강화스케줄이 성과에 미치는 상대적 효과성에 대한 일관된 결론을 얻기에 어려움이 있지만 연속강화법보다는 단속적 강화법이 효과적이고, 단속적 강화법 주에서도 시간보다는 빈도비율에 따라 보상을 제공하는 것이 효과적이다.

빈도비율법 중에서 변동비율법이 강력한 행동 수정효과가 있는 것으로 알려져 있다.

01 행동주의 학습이론에 대한 설명으로 옳은 것은?

① 고정비율 강화계획은 일정한 시간 간격을 기준으로 강화가 제시되는 것을 의미한다.
② 프리맥 원리는 차별적 강화를 이용하여 목표와 근접한 행동을 단계적으로 형성해 나가는 것이다.
③ 부적 강화란 어떤 행동 후 싫어하는 자극을 제거함으로써 특정 행동을 증가시키는 것을 의미한다.
④ 일차적 강화물은 그 자체로 강화능력을 가지고 있지 않은 자극이 다른 강화물과 연합하여 가치를 얻게 된 강화물이다.
⑤ 고정비율법이 고정간격법보다 효과적이지 않다고 한다.

해설

'프리맥원리'란 인간은 취미에 맞고 흥미 있는 있은 자주 하게 되지만, 재미없고 귀찮은 일이나 의무적으로 해야 하는 일은 잘하지 않으려 한다. 이러한 특성을 이용하여 아이가 좋아하는 활동을 제공해 아이가 싫어하지만 꼭 해야 하는 행동을 강화하는 방법이다. 예를 들어 한 아이의 빈도가 가장 낮은 것이 국어공부이고 빈도가 가장 높은 것이 딱지치기라고 한다면 국어공부를 먼저 마치면 딱지치기를 시켜주어 국어공부를 강화하는 방식이다.

정답 ③

테마52. 조직(구조) 설계의 결정요인

조직구조의 설계란 여러 과업과 과업의 담당자, 담당부문들을 적절하게 분화(differentiation)하고, 분화된 과업 및 부문들이 서로 연결되도록 통합(integration)시키는 것을 말한다.

조직(구조) 설계를 위한 차원은 구조적 차원과 상황적 요인으로 구분한다.

구조적 차원(세 글자)	상황적 요인(두 글자)
1) 복잡성 2) 집권화 3) 공식화(=표준화)	1) 권력 2) 전략 3) 환경 4) 기술 5) 규모

1. 구조적 차원(structural dimension)

1) 복잡성-분화의 정도. 즉 조직 내에서의 부서나 활동의 개수를 말한다. 복잡성을 측정하는 방식은 수직적, 수평적, 공간적 복잡성의 세 가지이다.

① 수직적 복잡성은 위계(hierarchy) 계층의 수를 말한다.

② 수평적 복잡성은 부서나 직업적 전문가의 수를 말한다. 조직 내에서 부서나 전문가의 수가 많을수록 수평적 분화가 더욱 높아져 조직은 그만큼 복잡하게 된다.

③ 공간적 복잡성은 조직의 부서와 사람들이 지리적으로 흩어져 있는 정도를 말한다.

2) 집권화(조직 내에서 의사결정이 이루어지는 계층수준)

집권화는 조직의 중요한 의사결정 및 통제권한이 조직의 특정 부문에 집중되어 있다. 반면 분권화는 조직의 의사결정 및 명령지시권이 조직의 여러 계층에 위양되어 있다.

* 집분권화=권력구조의 분권화+의사결정의 집권화

집권화의 결정요인은 다음과 같다.

① 규모(size)-규모가 작으면 집권화, 규모가 커지면 분권화

② 기술복잡성-최고경영층은 날로 증대되는 기술복잡성을 따라 잡기는 힘들다. 기술의 복잡성이 증대되거나 발전이 이루어지게 될수록 가급적 분권화를 통하여 관리의 효율성을 얻어야 한다.

③ 지리적 분산-지역적으로 분산화되면 의사결정 권한을 분권화할 필요가 있다.

④ 환경불확실성-최고 경영층의 환경 불확실성에 대한 평가능력이나 신속한 대처능력은 환경의 불확실성이 커질수록 어려움을 겪게 마련이다. 환경의 불확실성이 증대되게 되면 집권적인 형태 조직을 분권적인 조직으로 변화시킬 필요가 있다.

3) 공식화-과업수행의 표준화 정도

2. 상황적 요인

상황적 요인(contingency factors)은 조직의 환경, 기술, 규모, 전략 및 권력과 같이 조직구조에 영향을 주는 요소들로 구성된다. 조직의 구조적 차원에 영향을 미치는 조직배경이 상황적 요인이다. 이 두 차원은 서로 상호작용하면서 조직의 목표달성에 기여하게 된다.

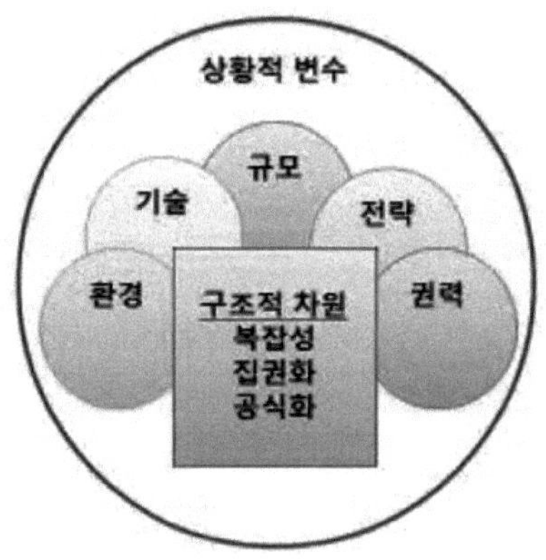

01 조직구조 설계의 상황요인에 해당하는 것을 모두 고른 것은?

ㄱ. 조직의 규모	ㄴ. 표준화
ㄷ. 전략	ㄹ. 환경
ㅁ. 기술	

① ㄱ, ㄴ, ㄷ　　② ㄱ, ㄴ, ㄹ
③ ㄴ ,ㄷ, ㅁ　　④ ㄱ, ㄴ, ㄷ, ㄹ
⑤ ㄱ, ㄷ, ㄹ, ㅁ

해설

정답 ⑤

02 조직구조의 상황요인에 대한 설명으로 <보기>에서 옳은 것을 모두 골라라?

ㄱ. 비일상적 기술일수록 공식화가 높아질 것이다.
ㄴ. 조직 규모가 커질수록 공식화가 높아질 것이다.
ㄷ. 환경의 불확실성이 높을수록 집권화가 높아질 것이다.
ㄹ. 비일상적 기술일수록 집권화가 낮아질 것이다.
ㅁ. 환경의 불확실성이 높을수록 공식화가 낮아질 것이다.

해설

정답 ㄴ, ㄹ, ㅁ

03 조직설계에 관한 설명으로 가장 적절하지 않은 것은?

① 민쯔버그(Mintzberg)는 단순조직(simple structure), 기계적 관료조직(machine bureaucracy), 전문적 관료조직(professional bureaucracy), 사업부조직(divisional structure), 애드호크라시(adhocracy)를 전형적인 조직의 유형으로 보았다.

② 기능별 조직은 같은 기능을 담당하는 사람을 한 부문으로 모아서 규모의 경제를 가질 수 있지만, 제품의 종류가 많아지고 시장의 변화가 빠르면 즉각적으로 반응하기 어렵다.

③ 로렌스와 로쉬(Lawrence and Lorsch)에 따르면 환경의 불확실성이 높을수록 조직에서 차별화(differentiation)가 많이 진행된다.

④ 매트릭스 구조(matrix structure)는 담당자가 기능부서에 소속되고 동시에 제품 또는 시장별로 배치되어 다른 조직구조에 비하여 개인의 역할갈등이 최소화된다.

⑤ 기계적 조직은 유기적 조직에 비하여 엄격한 상하관계와 높은 공식화를 가지고 있고 안정적 환경에 적합한 구조이다.

해설

정답 ④

04 조직구조의 구성요인 중 조직 내에 존재하는 분화의 정도를 이르는 말로 수평적 분화, 수직적 분화, 공간적 분산 등을 포함하는 개념은?

① 복잡성

② 공식화

③ 계층화

④ 집권화

⑤ 분권화

해설

복잡성이란 조직 내 역할의 수직적·수평적·지역적 분화(分化)의 정도를 말한다.

정답 ①

테마53. 페로(Perrow)의 기술분류

페로는 과업의 분석가능성(종축)과 다양성(횡축)을 바탕으로 기술을 네 가지로 분류하였다.

장인 기술(craft)	비일상적 기술(non-routine)
일상적 기술(routine)	공학적 기술(engineering)

예) 비일상적 기술은 과업의 분석가능성은 낮고, 다양성은 높다.

1. 장인기술(craft)

과업이 다양하지는 않지만 발생하는 문제는 비일상적으로 분석의 정도가 낮고 문제의 해결이 어렵다. 따라서 문제해결을 위한 의사결정권이 업무를 수행하는 담당자에게 주어져 매우 분권화되어 있다. 또한 과업의 다양성이 별로 없으므로 업무수행과정에 관련된 제반사항의 공식화 정도가 높을 수 있다. 효과적인 관리를 위해서는 지식과 경험이 풍부한 전문가가 업무관련 모든 의사결정을 스스로 하도록 한다. 예로는 도자기 등을 생산하는 공예산업, 제화업, 가구수선 등을 들 수 있다.

2. 공학적 기술(engineering)

공학적 기술을 사용하는 업무는 과업을 수행하는 데 있어 상당한 다양성이 존재하므로 복잡도가 매우 높으나 업무수행과정에서 분석가능성은 높으므로 잘 짜여진 공식, 절차, 기법 등에 의해 해결될 수 있다. 공학적인 기술을 사용하는 분야에서 과업을 수행하는 사람들은 발생한 문제를 효과적으로 해결할 수 있는 상당한 지식을 가지고 있고, 업무상 의사결정은 대부분 집권화되어 있지만 공식화된 정도가 낮아서 조직의 유연성을 유지하는 것이 가능하다. 예로는 건축이나 전동기 등을 주문 생산하는 경우, 회계사들이 가진 기술도 공학적인 기술에 해당된다고 할 수 있다.

3. 일상적 기술(routine)

과업의 내용이 분명하고 발생하는 문제는 대부분 분석이 가능하므로 집권화된 의사결정과 관리가 이루어진다. 또한 과업이 거의 변화하지 않으므로 일상성이 높고 업무수행과 관련된 제반사항에 대한 공식화 정도가 매우 높다. 따라서 관리의 효율을 높이기 위해 표준화된 통제와 정해진 규정과 절차를 사용하며, 예로는 철강 자동차 등과 같은 대량생산체제를 들 수 있다.

4. 비일상적 기술(Non-routine)

비일상적 기술을 사용하는 업무는 과업의 다양성이 매우 높고, 이를 해결하기 위한 성공적인 방법을 발견하는 탐색절차가 매우 복잡하다. 따라서 비일상적 기술을 사용하는 부서에서는 발생하는 문제와 사건을 분석하기 위해 상당히 많은 노력을 들여야 한다. 문제해결을 위한 대안도 여러 가지를 가지고 있고 경험과 기술적 지식이 문제해결을 위한 중요한 도구로 사용되며 업무수행과 관련된 공식화 정도가 매우 낮고 의사결정의 분권화 정도는 매우 높다. 예로는 기초과학분야의 연구, 우주항공산업분야, 고도의 전략적 연구, 새로운 프로젝트 등이 해당된다.

* 기술과 조직구조와의 관계

일상적인 기술을 갖는 조직과 그 하부단위는 비일상적인 기술을 갖는 조직과 그 하부단위보다 더욱 공식화되며 집권화되는 경향이 있다. 기술이 일상적인 것일수록 조직은 고도로 구조화되어야 하는 반면에 기술이 비일상적일수록 조직은 구조적으로 유연해야 한다는 것이다. 그러므로 조직의 유효성을 높이기 위해서는 기술과 구조가 적합하게 결합되어야 한다는 것이다.(기술결정론)

테마54. 통슨(Thompson)의 조직론–톰슨의 기술연구(조직과 기술의 상호의존성)

우드워드(Woodward)의 기술 분류가 생산기술 그 자체의 차이점을 기준으로 하여 분류하였는데 반해 톰슨은 기술 자체의 차이에 근거를 둔 것이 아니라 사용되는 기술에 관계되는 인과관계 및 특징적인 관계의 유형에 근거하여 기술을 분류하였다. 즉 톰슨은 기술의 상호의존성 차원에서 분류하였다. 또한 우드워드나 페로(Perrow)와는 달리 기술 결정론을 주장하는 것이 아니라 기술이 불확실성을 감소시킬 수 있는 전략의 선택을 결정하며 이에 따른 구조형성이 불확실성을 감소시킬 수 있다는 것을 논증하였다. '톰슨의 상호의존성' 에 의한 기술 분류는 조직 구성원 개인이나 부서에서 과업을 수행하기 위해 다른 부서나 개인이 얼마나 의존적인 관계를 유지하는가에 관한 개념이다.

○ 우드워드(Woodward)의 기술 분류

기술과 조직구조의 적합성을 연구한 학자로 조직에서 사용하고 있는 생산기술에 의해서 조직구조가 결정된다고 본다. 기술과 조직구조의 적합성 여부에 따라 조직의 성과가 달라진다고 보았다.

1) 대량생산기술: 기계적 구조형태

2) 단위(소량)생산, 연속공정생산기술: 유기적 구조형태

* 단위 소량 생산체계가 기술의 복잡성이 가장 낮고, 연속공정 생산체계가 가장 높으며, 대량 생산체계는 그 중간이다.

* 연속생산(continuous production)이란 종류가 다른 것을 연속하여 만드는 혼합(혹은 혼류)생산도 포함된다. 또 화학 플랜트 및 제지생산에서 일련의 기계 및 장치에 연결하여 원료의 공급 및 제품의 산출이 연속적으로 실시되는 것을 말한다. '연결생산' 이라고도 부른다. 생산의 전 과정이 기계화되어 산출물에 대한 예측가정승이 매우 높은 기술유형이다. 특징으로는 생산기술의 복잡성이 가장 높고 비용부문 효율성이 좋다. 예로는 석유정제공장이나 정밀화학공장 등이 있다.

○ 톰슨의 기술 분류

집합적 상호의존성(중개형 기술)	예) 은행의 지점이나 체인점. 조정비용 낮다.
순차적 상호의존성(연속형 기술)	예) 전자회사의 조립라인. 조정 비용 중간.
교호적 상호의존성(집약적 기술)	예) 종합병원. 조정비용 높다.

1. 중개형 기술(mediating technology)

중개형 기술은 집합적 상호의존성을 가지며 부서간의 상호의존성이 거의 없는 형태를 말한다. 은행의 지점과 같이 조직전체의 목표를 위해 활동하지만 각 지점의 상호의존성은 거의 없으며, 투입이나 산출측면에서 고객들에게 제품이나 서비스를 제공하지만 독립적으로 수행한다. 집합적 상호의존성이 있는 조직에서서는 각 부서간 업무의 표준화를 위해서 규정과 절차를 사용, 업무를 수행하므로 상호간 조정활동은 거의 필요하지 않다.(조직의 투입물이나 산출물의 양 측면에서 모두 고객이 존재하고 있으며, 이러한 기술의 가장 기본적인 특징은 양자를 연결시켜 이들에게 서비스를 제공하는 것이다. 이때의 고객들은 그 조직과는 관계없이 조직 밖에 남아서 단지 조직이 제공하는 서비스 편익을 바라는 사람들임.)

2. 연속형 기술(long-linked technology)

연속성 기술은 순차적 상호의존성을 가지며 다른 부서의 활동에 직접적으로 관련되어져 있는 상호의존성을 의미한다. 첫 번째 부서의 행동이 완전히 이루어진 후에 뒤따르는 부서의 행동이 가능하게 되는 것을 말한다. 이러한 연속형 기술을 사용하는 조직은 자동차 산업이나 전자산업과 같이 조립라인이 순차적 상호의존성을 가진 기술을 사용하는 조직에 적합하다.

3. 집약형 기술(intensive technology)

집약형 기술은 관련부서 간 상호의존성이 가장 높은 교호적(reciprocal) 상호의존성을 띠고 있으며, 고객에게 다양한 제품과 서비스를 제공할 때 모든 업무담당자가 협력하여 동시에 제공하는 것을 말한다. 대표적으로 종합병원에서 환자를 수술할 때 방사선과, 간호과, 원무과 등이 공동으로 협력하는 체제의 집약형 기술을 들 수 있다.(의사소통과 조정문제가 가장 빈번)

* 기술과 조직구조와의 관계

톰슨은 기술이 중개형으로부터 연속형으로, 연속형에서 집약형으로 변화하여감에 따라 의사결정이나 의사소통이 강조되어야 한다고 주장하였다. 중개형 기술은 표준화에 의한 규칙이나 절차를 통해서 가장 유효하게 조정되며, 연속형 기술은 계획이나 예정을 통해서 수행되어야 하고, 집약형 기술은 상호조정이 필요하다.

연습 1 **다음 ( )을 채우시오.**

집합적 상호의존성=( ) 기술	예) 은행의 지점이나 체인점. 조정비용 낮다.
순차적 상호의존성=( ) 기술	예) 전자회사의 조립라인. 조정 비용 중간.
교호적 상호의존성=( ) 기술	예) 종합병원, 조정비용 높다.

○ 헷갈리는 개념 정리(기술 유형)

연구자	분류기준	기술유형
우드워드(1965)	기술의 복잡성	단위소량생산기술, 연속공정생산기술, 대량생산기술
톰슨(1967)	상호의존성	중개형기술, 연속형기술(장치형 기술), 집약형 기술
페로우(1967)	문제의 분석가능성과 과업다양성	일상적, 비일상적, 장인, 공학적 기술

01 톰슨(Thompson)의 조직과 기술 관계에 대한 모형 중 옳지 않은 것은?

① 기술의 유형에는 중개적 기술, 길게 연결된 기술, 집약적 기술의 3가지가 있다.

② 복잡한 조직이 당면하는 문제는 불확실성에서 온다.

③ 집약적 기술은 교호적 상호의존성을 요구한다.

④ 중개적 기술은 많은 환자를 다루는 종합병원에서 활용한다.

⑤ 중개적 기술은 집단적 상호의존성을 특징으로 한다.

해설

정답 ④

테마55. 임파워먼트(empowerment)

조직구성원 개개인에게 권한 위임과 동기부여를 통해 성과 제고와 능력개발을 촉진하여 역량을 강화하는 도구이다.
Vogt&Murrell(1990)은 임파워먼트를 다음과 같이 정의한다.
'임파워먼트란 제로섬 방식의 단순한 파워 재분배가 아니며, 재배분이 어려운 상황에서도 파워를 배가시키는 시너지를 창출하는 프로세스이다.

Zero-sum approach	Positive-sum approach
- 파워의 크기는 정해져 있으며 이로 인해 조직 내 갈등이나 문제가 발생. - 파워의 원천은 권한, 감독, 통제로 본다. - 기계적, 전통적 조직에서 바라보는 시각.	- 구성원의 상호작용으로 서로의 파워가 더 커질 수 있고 조직 전체의 파워 확대 가능. - 파워의 원천은 전문성, 상호교류로 본다. - 유기적 조직에서 바라보는 시각.

01 임파워먼트(empowerment)의 개념과 특성에 대한 설명으로 거리가 먼 것은?

① 임파워먼트는 인간본성에 대한 Y이론적 인간관을 기초로 한다.
② 임파워먼트는 협동, 나눔 등으로 권력을 발전시킨다.
③ 임파워먼트는 권력의 중앙화를 꾀한다.
④ 임파워먼트는 개인, 집단 및 조직의 세 수준이 상호작용하는 변혁과정이다.

해설

정답 ③

테마56. 조직 개발(OD)-개인과 조직의 효과성 증진을 위한

OD 전략을 조직 내에서 효과적으로 실행하기 위한 방법론은 다양하게 존재하지만 크게 Empirical-Rational Strategies, Normative-Reeducative Strategies, Power-Coercive Approaches의 3가지 전략으로 나누어 볼 수 있다. (Chin & Benne, 1976)

1) 경험적-합리적 전략은 인간은 이성적이며 이러한 이성적인 self-interest를 따른다는 가정 하에 변화전략을 수립하는 것으로 조직 구조, 지식 등과 같은 하드웨어적인 측면에 주목한다.

2) 규범적-재교육 전략은 위와 같은 인간의 이성과 지식을 부정하지는 않지만 인간의 동기부여에 관한 가정 하에 사람과 같은 소프트웨어적인 측면을 중시하는 전략이다.

3) 권력적-강압적 전략은 정치적이고 제도적인 것으로 변화의 추진체나 Top management가 변화의 프로세스에 개입하는 측면을 강조하는 전략으로 볼 수 있다.

물론 이들 3가지 전략은 균형되어야 하거나 서로 대체되는 개념은 아니다. 조직과 개인이 처한 환경과 상황에 맞추어 적절하게 배합되어야 한다.

01

계획적 조직변화를 위한 전략 중 인간관계를 중요한 수단으로 하며, 정보를 제공하고 구성원들의 가치관과 태도변화에 주안점을 두는 전략은?

① 경험적-합리적 전략(empirical-rational strategy)
② 규범적-재교육 전략(normative-reeducative strategy)
③ 권력-강제적 전략(power-coercive strategy)
④ 동지적 전략(fellowship strategy)
⑤ 공격형 전략(prospector strategy)

해설

정답 ②

테마57. 네트워크 공정

대표 문제

아래 그림은 A부터 G까지 7개의 활동으로 구성된 H건설의 교량 보수공사 프로젝트 네트워크와 활동별 시간 및 비용에 관한 자료이다. 다음 물음에 답하시오.(단, 각 활동의 소요시간은 정상작업시간과 긴급작업시간의 범위 내에서 결정되고, 작업시간과 비용은 선형 관계이다.)

활동	정상작업		긴급작업	
	시간(주)	비용(만 원)	시간(주)	비용(만 원)
A	5	1,000	4	1,400
B	6	1,100	4	1,500
C	7	1,200	5	1,400
D	2	300	1	600
E	3	500	2	700
F	3	500	1	800
G	3	400	2	650

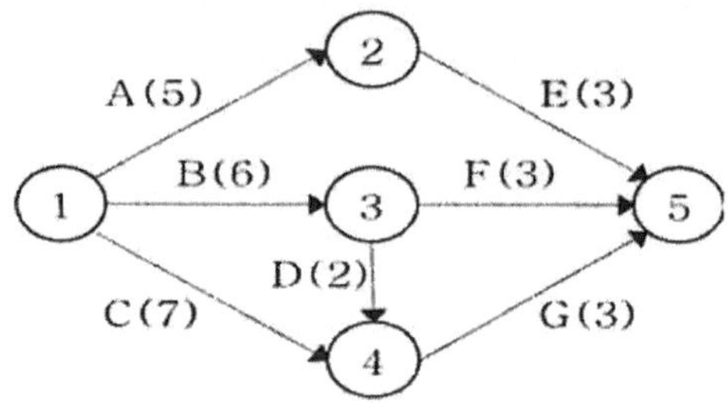

(1) 프로젝트의 모든 활동이 정상 작업으로 수행되는 경우의 주 공정과 예상완료기간을 구하시오

(2) 최소비용계획법에 의해 완료기간을 1주 단축하고자 할 때의 긴급작업 활동과 추가비용을 구하시오

(3) 완료기간 1주 단축 후의 주 공정을 쓰시오

(1) 단순열거법에 의한 주 공정

1 → 2 → 5 : 5+3 = 8(주)

1 → 3 → 5 : 6+3 = 9(주)

1 → 3 → 4 → 5 : 6+2+3 = 11(주) 주 공정

1 → 4 → 5 : 7+3 = 10(주)

(2) 최소비용계획법은 주 공정의 요소작업 중 비용구배가 가장 낮은 요소작업부터 1단위시간씩 단축해가는 방법이다.

비용구배는 정상소요시간에서 긴급소요시간으로 변경될 때 단위당 증가하는 비용(증분비용)이다.

$$\text{비용구배} = \frac{\text{긴급비용} - \text{정상비용}}{\text{정상시간} - \text{긴급시간}}$$

아래표에 따르면 주 공정 1단위(주)를 단축하려면 B활동이 필요하며, 추가비용은 200(만원)이다.

활동	정상작업		긴급작업		비용구배(만원)
	시간(주)	비용(만원)	시간(주)	비용(만원)	
B	6	1,100	4	1,500	$\frac{1,500 - 1,100}{6 - 4} = 200$
D	2	300	1	600	$\frac{600 - 300}{2 - 1} = 300$
G	3	400	2	650	$\frac{650 - 400}{3 - 2} = 250$

(3) (2)에 따라 B활동을 1(주) 단축한 후 주 공정을 구하면 다음과 같다.

1 → 2 → 5 : 5+3 = 8(주)

1 → 3 → 5 : 6+3 = 9(주)

1 → 3 → 4 → 5 : 5+2+3 = 10(주) 주 공정

1 → 4 → 5 : 7+3 = 10(주) 주 공정

예상 완료시간은 10주가 되며, 주 공정은 2개가 발생한다.

프로젝트 활동의 단축비용이 단축일수에 따라 비례적으로 증가한다고 할 때, 정상 활동으로 가능한 프로젝트 완료일을 최소의 비용으로 하루 앞당기기 위해 속성으로 진행되어야 할 활동은?

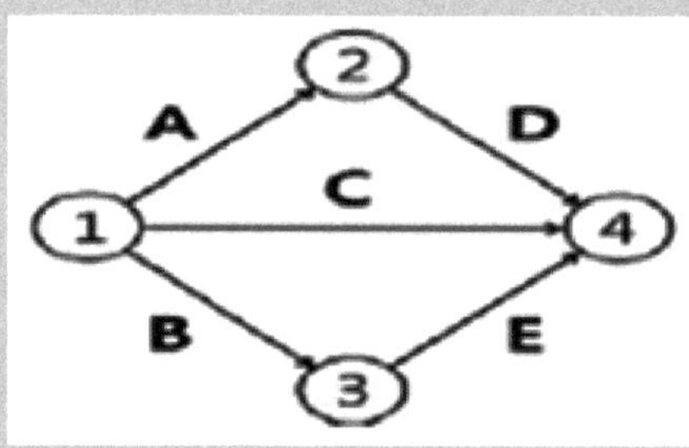

활동	직전 선행활동	활동시간(일)		활동비용(만원)	
		정상	속성	정상	속성
A	–	7	5	100	130
B	–	5	4	100	130
C	–	12	10	100	140
D	A	6	5	100	150
E	B	9	7	100	150

① A ② B
③ C ④ D
⑤ E

해설

Critical path(주공정, 애로공정)는 특정작업이 지연될 경우 전체 프로젝트 수행기간이 지연되는 작업의 연결(가장 오랜 시간이 소요되는 경로)을 말한다.

경로1 – A(7/5) → D(6/5) → 13/10

경로2 – C(12/10)

경로3 – B(5/4) → E(9/7) → 14/11

Critical Path는 경로3 이다.

하루 줄이는 비용이 B = (130–100)/1 = 30

E = (150–100)/2 = 25

정답 ⑤

테마58. 샤인(E. H. Schein)의 경력 닻

샤인(E. H. Schein)의 경력 닻에 관한 개념은 일에 대한 서로 다른 지향성을 인식하기 위해 제시하였다. 경력 닻은 자신의 직업에 관한 자기개념의 중심이 되는 재능, 동기, 가치를 합한 것이다. 사람은 자신의 이미지와 부합되는 직무나 조직을 선택하는 경향이 있기 때문에 이 닻은 경력선택의 토대로서의 역할을 할 수 있다.

1. 전문역량 닻

우선적인 관심은 일의 실제 내용이다. 이러한 닻을 가진 사람은 일반적으로 전문분야에 종사하기를 원한다.(재무, 인적자원, 마케팅)

2. 관리역량 닻

주요 목표는 특정 전문영역보다 일반적인 관리직에 있다. 이러한 닻을 가진 사람의 주요 관심사는 다른 사람들의 노력을 잘 조정하고 전체 결과에 대해 책임을 지며 여러 다른 부서를 잘 통합하는데 있다.

3. 자율성, 독립성 닻

우선적인 관심사는 조직의 규칙과 제약조건에서 벗어나려는 데 있으며, 언제 일하고 어떤 일을 하며 얼마나 열심히 일해야 하는지를 스스로 결정할 수 있는 경력을 선호한다. 이러한 닻의 소유자는 자율성 확보를 위하여 기꺼이 승진을 마다할 수 있다.

4. 안전, 안정의 닻

장기적인 경력 안정성이 기본핵심이다. 안정욕구는 동일조직, 동일산업, 동일 지역에 있는 것으로 충족될 수 있다. 이러한 닻을 가진 사람은 일반적으로 안정적이고 예측 가능한 일을 선호한다.

5. 서비스 헌신의 닻

우선적인 관심사는 다른 사람을 돕는 직업에서 일함으로써 타인의 삶을 향상시키는 것과 같은 가치 있는 성과를 달성하는 것이다.

6. 도전 닻

우선적인 관심사는 해결할 수 없을 것 같은 문제나 극복하기 어려울 것 같은 장애를 해결하는 것이다. 이러한 닻을 가진 사람은 호기심, 다양성 및 도전을 추구한다.

7. 라이프스타일 통합 닻

우선적인 관심사는 인생의 모든 영역에서 균형을 얻는 것이다. 그러한 닻을 가진 사람은 가정과 경력활동 간의 조화로운 통합을 원한다.

* 샤인(E. H. Schein)의 경력 닻 7개 유형(관/전/안/자/서/도/라이프)

01 샤인(Schein)이 제시한 경력 닻의 내용으로 옳지 않은 것은?

① 전문역량 닻 – 일의 실제 내용에 주된 관심이 있으며 전문분야에 종사하기를 원 한다.

② 관리역량 닻 – 특정 전문영역보다 관리직에 주된 관심이 있다.

③ 자율성·독립 닻 – 조직의 규칙과 제약조건에서 벗어나려는데 주된 관심이 있으 며 스스로 결정할 수 있는 경력을 선호한다.

④ 도전 닻 – 해결하기 어려운 문제나 극복 곤란한 장애를 해결하는 데 주된 관심 이 있다.

⑤ 기업가 닻 – 타인을 돕는 직업에서 일함으로써 타인의 삶을 향상시키고 사회를 위해 봉사하는데 주된 관심이 있다.

해설

정답 ⑤

테마59. 성과배분제도(스캔론 플랜과 럭커 플랜)

성과배분이란 종업원들을 생산활동에 참가시켜 성과기준 이상으로 달성한 생산성 향상과 절약된 임금만큼 임금이외의 형태로 종업원들에게 반대급부로 주어지는 집단인센티브의 한 유형이다. 이러한 집단 인센티브 제도는 개인 인센티브가 갖는 조직 내 과도한 경쟁의식으로 인한 불필요한 경쟁을 방지하고 생산성과 팀워크의 향상을 위해 도입되었다.

1. 스캔론 플랜

성과참가의 대표적인 제도로서 미국 철강노조 간부이자 MIT의 교수인 스캔론이 1937년에 개발한 제도이다. 이는 과거 기업의 재화의 시장판매가치(SVOP)와 인건비 비율을 기초로 특정시점의 표준인건비를 산출하고 종업원의 노력으로 달성한 실제인건비와 비교하여 절약분을 배분하는 방법이다.

1) 배분방식

성과배분 방법은 표준인건비에서 실제인건비를 차감하고 남은 인건비 절약부분을 노사협력에 의한 생산성 향상 결과로 보고 이를 상여자금으로 산정하고 이의 25%는 비상시를 대비하여 사내에 유보하고 남은 75% 중 기업이 1 종업원 3 으로 배분하는 방법이다. 각 종업원에 대한 배분액은 각자의 기본급과 실제노동시간에 비례하여 산정된다. 일반적으로 종업원은 통상적 급여의 10~15%를 상여금으로 받게 된다.

2) 제안제도

스캔론 플랜의 기본사상은 노사협의에 있으므로 스캔론 플랜에서 노사협력의 도구로서 제안된 제안제도는 전통적인 제안제도와 근본적으로 다르다. 즉, 전통적 제안제도가 개인중심으로 이루어지는 데 반하여, 스캔론 플랜에서의 제안제도는 집단중심이며 조직구성원의 협력에 초점을 맞추고 있다. 제안제도에는 생산위원회와 적격심사위원화가 있다.

3) 효과

① 장점

ㄱ. 명확한 기준에 의하여 종업원의 공헌과 상여금의 연결고리가 강하다.
ㄴ. 상여금의 산식이 비교적 이해하기 쉬워 종업원의 동기부여의 효과가 크다.
ㄷ. 매달 생산재화의 시장판매가치(SVOP)를 계산하여, 거의 매달 상여금의 지급이 가능하다.
ㄹ. 집단적인 제안제도로 협력적인 노사관계를 구축할 수 있다.

② 단점

ㄱ. 대부분 스캔론 플랜은 소기업에 적용되어 왔고 최근 공장자동화, 사무자동화가 잘된 기업 또는 첨단기술이 적용된 기업에서는 개선의 여지가 적어 적용이 어렵다.
ㄴ. 성과배분의 기준을 생산재화의 시장판매가치에 기준을 두어 타당성에 문제가 있고 비용 외에 다른 요인들을 고려하기 어렵다.
ㄷ. 경영관리의 목적이 비용절감이 아니라 품질향상 등 다른 요인에 있다면 실시가 적절하지 않다.

2. 럭커플랜

1932년 럭커에 의해서 개발된 성과배분방식으로 기업이 창출한 부가가치에서 인건비가 차지하는 비율을 기준으로 임금배분액을 결정하는 제도이다. 럭커는 30년 동안 제조업 통계자료를 분석하여 부가가치에 대한 임금총액의 비율이 평균 40%로 거의 비슷하다는 점에 착안하여 이를 기준으로 개발하였다.

1) 성과배분방식

럭커는 매출액에서 각종 제비용을 제한 일종의 부가가치 개념인 생산가치로부터 임금상수를 도출하였다. 특정 시점의 노사협력에 의한 실제 부가가치 발생규모를 표준부가가치와 비교하여 그 증가분에 임금상수(노무비/부가가치)를 곱한 만큼을 종업원에게 배분하게 된다.

2) 장점

ㄱ. 부가가치를 고려하기 때문에 스캔론 플랜처럼 인건비의 비중이 높아 비용절감을 위한 기업뿐만 아니라, 생산성 이외의 요소(품질 향상) 등에 관심이 있는 기업에도 적합하다.

ㄴ. 생산가치의 공정한 분배로 노사협력에 의한 참여의식이 증대되며 이는 결과적으로 부가가치의 증대에 도움을 준다.

3) 단점

ㄱ. 종업원에게 분배하는 계산방식이 구체적이지 않고, 어려우며 이해하기 힘들다.

ㄴ. 임금상수가 과거의 자료에서 도출되었으므로 현재에 적용함이 타당하지 않을 수 있다.

3. 두 제도의 공통점과 차이점

1) 공통점

ㄱ. 양 제도 모두 집단인센티브제도이다.

ㄴ. 생산성 향상을 위한 노사협력제도라는 측면에서 동일하다.

ㄷ. 종업원의 참여의식을 고취할 수 있다.

ㄹ. 표준인건비와 표준부가가치 모두 과거의 자료를 활용하여 실제발생분과 비교한다.

2) 차이점

ㄱ. 스캔론플랜은 성과배분의 기준을 생산재화의 시장판매가치에 기준을 두고 집단제안제도를 도입한 반면에, 럭커플랜은 성과배분의 기준을 부가가치에 두었다.

ㄴ. 스캔론플랜에서 초점을 두는 것은 생산성향상에 따른 인건비의 절감이지만, 럭커플랜에서는 매출액에서 제 비용을 고려한 부가가치를 고려해 더 많은 목적으로 사용이 가능하다.

01 경영참가제도에 관한 설명으로 옳지 않은 것은?

① 경영참가제도는 단체교섭과 더불어 노사관계의 양대 축을 형성하고 있다.

② 독일은 노사공동결정제를 실시하고 있다.

③ 스캔론플랜(Scanlon plan)은 경영참가제도 중 자본참가의 한 유형이다.

④ 종업원지주제(ESOP)는 원래 안정주주의 확보라는 기업방어적인 측면에서 시작되었다.

⑤ 정치적인 측면에서 볼 때 경영참가제도의 목적은 산업민주주의를 실현하는데 있다.

해설

경영참가 중 자본참가에는 종업원들로 하여금 자본의 출자자로서 기업경영에 참여시키는 방식으로 소유참가, 또는 재산참가라고도 한다. 종류로는 종업원으로 하여금 주식의 매입을 유도하는 종업원지주제도와 일정한 조건하에서 피고용인이 노동을 제공하는 것(일종의 노무출자)에 대하여 주식을 내주는 노동주제도가 있다. 프랑스나 뉴질랜드에서 채택된 예가 있다.

○ 경영참가유형

간접참가	직접참가
종업원지주제도(자본참가), 노동주제도	1) 이익참가: 이윤분배제도(스캔론플랜, 럭커플랜) 2) 협의의 경영참가: 노사협의체, 노사공동결정제

집단성과배분제도는 스캔론 플랜, 럭커플랜, 임프로쉐어 플랜 등이 있다. 최근에는 여러 플랜을 각 기업에 맞게 수정해서 사용하는 커스터마이즈드 플랜이 있다. 스캔론플랜은 성과배분의 기준을 생산재화의 시장판매가치에 기준을 두고 집단제안제도를 도입한 반면에, 럭커플랜은 성과배분의 기준을 부가가치에 두었다. 임프로쉐어(improshare plan)은 표준작업시간 대비 절감된 시간을 노사가 반씩(5:5) 배분하는 것이다.

정답 ③

테마60. 센게(P. Senge)의 학습조직모형

학습조직은 개인학습에 의한 개인적 지식이 아니라 집단학습(팀학습)에 의한 조직적(공유된) 지식을 중시한다. 센게(P. Senge)는 학습조직의 다섯 가지 요소(수련)은 다음과 같다.

1. 비전공유(shared vision)

공동의 비전을 공유하면서 공동목표에 대한 공감대를 형성.

2. 사고모형(mental model)

세상 사람들의 생각과 관점, 그것이 자신의 선택과 행동에 어떤 영향을 미치는지를 성찰.

3. 자아완성(persona mastery)

자기역량의 증대.

4. 팀학습(=집단학습)

집단적인 사고와 대화로 시너지 효과를 극대화.

5. 시스템 중심 사고(system thinking)

시스템을 더 효과적으로 융합시키는 능력을 양성.

01

센게(P. Senge)가 제시한 학습조직의 기본요소가 아닌 것은?

① 자아완성
② 개인학습
③ 사고모형
④ 공유비전
⑤ 시스템 사고

해설

정답 ②

테마61. 수요예측

다음 자료를 이용하여 지수평활법에 의해 계산한 6월의 판매예측치는?

○ 5월 예측치	10,000대
○ 5월 실제치	11,000대
○ α (평활상수)	0.3

① 10,100대
② 10,200대
③ 10,300대
④ 10,400대
⑤ 10,500대

해설

지수평활법(6월 예측치) = 5월 예측치 + (5월 실제치 - 5월예측치) × 평활상수
= 10,000 + (11,000 - 10,000) × 0.3
= 10,300

정답 ③

○ **수요예측방법**

1. 시계열 분석 기법

1) 이동평균법

과거로부터 현재까지지의 시계열 자료를 대상.
일정기간별 이동평균을 계산하고 이들의 추세를 파악하여 다음 기간을 예측하는 방법이다.
이동 평균법은 과거 몇 개의 과거치의 평균으로 미래 값을 예측하는 방법이다.
지수평활법과는 달리 이동평균법에서는 과거치에 적용되는 가중치는 동일하다.

2) 최소자승법

상승 또는 하강 경향이 있는 수요예측에 쓰인다.
관측치와 경향치의 편차 제곱의 총 합계가 최소가 되도록 한다.
최소자승법은 예측오차의 제곱합을 최소화하여 추세선을 찾는 기법이다.

3) 지수평활법

불규칙 변동의 분석으로 지수평활계수(α)를 활용한다.
변동에 민감한 제품(수요 변동이 심한 제품)에 대해서 α 를 크게 한다.
$0 \le \alpha \le 1$

4) 박스-젠킨스 모델

2. 시계열 분해법

계절지수법

3. 추세분석

4. 인과형 모형 예측기법

1) 회귀분석(선형, 다중)

단순(선형)회귀분석 독립 변수가 단일 개일 때의 분석을 의미한다.

회귀 계수 추정방법은 크게 최소제곱법(최소자승법)과 최대우도추정법(최우추정법) 두 가지가 있다.

2) 시뮬레이션 모형

01

다음 중 시계열 수요예측 기법에 대한 설명으로 가장 옳은 것은?

① 과거에 발생하지 않았던 요소를 고려하여 미래의 수요를 예측한다.

② 시계열 수요예측 기법에는 델파이 방법과 회귀분석 방법 등이 있다.

③ 일반적으로 시계열은 추세, 계절적 요소, 주기 등과 같은 패턴을 갖는다.

④ 전략적 계획을 수립하는 데 필요한 장기적인 시장 수요를 파악하기 위하여 주로 사용된다.

해설

일반적으로 시계열 자료는 추세변동, 순환변동, 계절변동, 불규칙변동 요인으로 구성된다.

수요예측 구분	내용	
정성적 방법(장기적 방법)	시장조사법, 델파이기법, 패널조사법, 판매원 측정법	
정량적 방법	인과형 예측기법 (중기적 방법)	회귀분석법
	시계열 예측기법 (단기적 방법)	지수평활법, 이동평균법

정답 ③

02 정량적 수요예측 기법에 해당하는 것은?

① 역사적 자료 유추법
② 시장조사법
③ 패널조사법
④ 델파이법
⑤ 시계열분석법

해설

정답 ⑤

03 최근 3개월 자료로 가중이동평균법을 적용할 때, 5월의 예측생산량은? (단, 가중치는 0.5, 0.3, 0.2를 적용한다.)

구분	1월	2월	3월	4월
제품생산량(개)	90만	70만	90만	110만

① 87만개
② 90만개
③ 93만개
④ 96만개
⑤ 99만개

해설

가까운 자료부터 적용하므로 (0.5×110)+(0.3×90)+(0.2×70) = 96만원

○ 정량적 수요예측 기법

1) 시계열 분석법
이동평균법, 최소자승법, 지수평활법, 박스-젠킨스모델

2) 시계열분해법
계절지수법

3) 추세분석(Trend Analysis)

4) 인과형 모형 예측 기법
회귀분석(선형, 다중), 시뮬레이션 모형

정답 ④

테마62. 공정성능: CP(Capability of process)

CP(Capability of process)'란 관리 상태에 있는 안정된 공정에 만들어 낼 수 있는 품질능력을 말하는 것이다. Cp(공정능력지수)×3=시그마수준.

Cp(공정능력지수) 공식은 분자에 공정에서 허용하는 산포 즉, 규격의 크기(규격상한과 규격하한의 차)가 오고 분모는 6σ(실제공정산포)가 된다.

Cp(공정능력지수)가 1보다 클 경우 우수한 것이다.

만일 양쪽 규격(상한과 하한)이 있고 분포의 중심치가 양쪽 규격의 중앙값과 일치하지 않는 경우 즉, 치우침이 생긴 경우 공정능력지수는 Cpk로 표현한다. 이때 k는 '치우침도'라고 한다.

Cp(공정능력지수)는 규격의 중심에 산포의 중심을 일치시켜 비교한 값이고, Cpk는 치우침도를 고려한 값이므로 항상 Cp ≥ Cpk 이다.

공정이 6σ 수준을 달성하였다면 Cp(공정능력지수)가 2.0을 나타낸다.

품질특성은 그 유형에 따라 '계량치와 계수치'로 구분된다.

공정능력 분석방법도 그에 따라 달라지므로 명확히 해야 한다.

○ 품질특성 결정

계수적 데이터	계량적 데이터
1) 카운트 할 수 있는 수량 2) 불량수, 결점수 등 3) 통계측정치에는 DPU, PPM, DPMO	1) 측정도구를 사용 2) 습도, 온도, 몸무게 등 3) 통계적 측정치에는 평균, 산포, 모양, Cp, Cpk

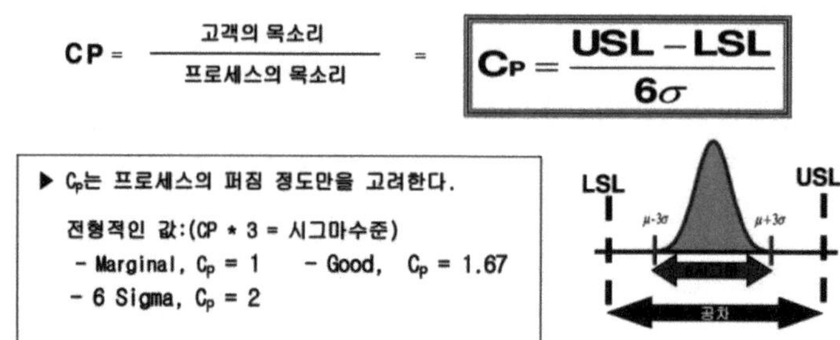

CP = 고객의 목소리 / 프로세스의 목소리 = Cp = (USL − LSL) / 6σ
▶ Cp는 프로세스의 퍼짐 정도만을 고려한다.
전형적인 값:(CP * 3 = 시그마수준)
- Marginal, Cp = 1
- Good, Cp = 1.67
- 6 Sigma, Cp = 2
LSL
USL
μ-3σ
μ+3σ
공차

▶ C_{PK} 는 항상 C_p 보다 작거나 동일하다.

전형적인 값:(CPK * 3 + 자연변동고려 =시그마 수준)

- Marginal, C_{PK} = 1
- Acceptable, C_{PK} = 1.33
- 6 Sigma, C_{PK} = 1.5

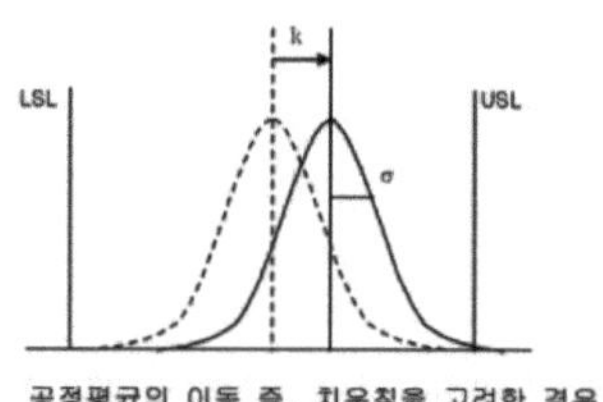

k
LSL
USL
σ

공정평균의 이동 즉, 치우침을 고려한 경우

공정능력지수는 고객의 목소리(VOC)를 공정의 목소리(VOP)와 비교하는 것이다. 공정능력을 개선하기 위해서는 산포관리와 평균관리가 필요하다. Cp와 Cpk의 관계는 언제나 Cp 〉 Cpk이다. 6시그마를 실현한다는 것은 Cp는 2, Cpk는 1.5를 달성하는 것이다. 장기공정능력과 단기공정능력은 각각 Pp, Cp로 구분한다.
계수치의 품질수준을 측정할 때 이용되는 DPMO는 언제나 장기에 걸친 수행실적을 의미하여 복잡함의 정도가 서로 다른 제품이나 서비스 사이의 품질을 비교하는 기준으로 활용할 수 있는 척도로서 벤치마킹 시 활용할 수 있다.

DPU	DPO	DPMO
1) Defects Per Unit 2) 단위 당 결함수 = 총결함수÷총 측정 단위수	1) Defects Per Opportunity 2) Opportunity 당 결함수 = 총 결함수÷총 기회수	백만 Opportunity당 결함수 = DPO×1,000,000

* Opportunity: 단위 당 결함 발생 가능 기회의 수

01 공정능력 및 불량률에 관한 설명으로 옳은 것을 모두 고른 것은?

ㄱ. 3시그마는 6시그마보다 불량률이 더 높다.
ㄴ. 공정능력지수(Cp)=1.5는 Cp=1.0보다 공정능력이 더 우수하다.
ㄷ. 100ppm은 50ppm보다 불량률이 더 높다.

① ㄱ ② ㄴ ③ ㄱ, ㄷ ④ ㄴ, ㄷ ⑤ ㄱ, ㄴ, ㄷ

해설

〈읽기자료〉
모토롤라의 경우 97년 초 20ppm의 품질수준을 달성한 것으로 알려져 있다. 그러나 이 경우 20ppm 품질수준이라는 것이 제품 100만개 당 20개 정도의 불량품이 나온다는 것을 의미하지는 않는다. 그것은 공정이나 업무의 매 단계 또는 매 요소마다 100만분의 20정도의 확률로 결함이 생긴다는 것을 의미한다.
따라서 하나의 제품이나 업무가 완성될 경우의 최종 불량률은 거기에 수반되는 작업이나 업무의 총 단계 수에 비례하여 늘어난다. 모토롤라의 경우 20ppm 품질수준을 종전의 제품 불량률로 환산하면 2,500ppm 즉 0.25%에 해당된다고 한다.
따라서 불량률 3.4ppm 수준을 목표로 하는 6시그마운동이 100ppm 품질혁신보다 30배나 높은 수준이라고 주장하는 것은 무지에서 비롯된 것이라고 볼 수 있다. 사실 좀 더 엄격히 말하자면 6시그마의 품질척도는 불량률이 아니라 불량이 발생할 100만개의 기회당 결함 수를 나타내는 DPMO(Defects Per Million Opportunitis)이므로, 100ppm 품질혁신이 측정단위인 100만개 당 불량개수를 나타내는 DPMU(Defects Per Million Units)와는 척도 자체가 다르다. 따라서 6시그마 품질운동과 100ppm품질혁신 운동을 단순한 수치로 비교한다는 것은 난센스이다. 6시그마는 경영전반적인 프로세서이지만, 100ppm은 단순한 에러발생공정이다. 6시그마는 고객만족이지만 100ppm은 제조공장 만족인 것이다.
추진방법은 6시그마는 하향식이고 100ppm은 상향식이다.
참고로 기존에는 불량률을 ppm으로 따졌다. 100ppm을 목표로 품질 지수를 설정했지만 (100ppm은 1백만 개 중 100개를 말함) 최근에는 인식이 바뀌면서 점차 6시그마로 바뀌어 가고 있다.

정답 ⑤

테마63. 인사평가 내용(BARS, BOS)

구분	내용
행위자 지향	행위자의 특성(traits), 직무관련기술(skill) 위주로 평가
행위(행동) 지향	1) 중요사건기록법 2) 행위기준평가법(BARS) 3) 행위빈도고과법(BOS)
결과 지향	목표관리법(MBO)

1. 행위기준 인사평가법

1) 중요사건기록법

객관적이고 외면적인 개인행동을 기준으로 평가하는 것으로 조직성과에 기여할 수 있는 관찰가능한 중요사건(critical incident)을 기초로 평가하는 방법이다.

행위지향평가법은 전통적인 인성중심평가에 대한 비판적인 입장에서 등장하였다.

2) 행위기준평가법(Behavioral Anchor Ration Scales)

① 전문가들의 토론을 통한 업무성과에 연결되는 중요사건의 행위를 열거하여 평가자가 평가대상자의 평소 행동을 행위등급에 부여하는 방식이다.

행위기준평가법(BARS)=중요사건기록법+도표식 평정

* 행위기준평가법(BARS) 예시-협조성 측정

* 평정대상자의 행태를 가장 대표할 수 있는 난에 체크 표시하여 주십시오.
  평정요소: 문제해결을 위한 협조성

등급	행태 유형
5( )	부하직원과 상세하게 대화를 나누며 문제해결을 한다.
4( )	스스로 해결하려는 노력은 하나 가끔 잘못된 결과를 초래한다.
3( )	부하직원의 의사를 고려하지 않고 독단적으로 결정을 내린다.
2( )	문제해결을 할 때 개인적인 감정을 앞세운다.
1( )	어떤 결정을 내려야 할 상황임에도 결정을 미루거나 회피한다.

② 행위기준평가법(BARS)의 절차

ㄱ. 제1단계로 행위기준고과법(BARS)을 위한 개발위원회(전문가, 관리자, 직원 등의 참여)를 구성한다.

ㄴ. 제2단계로 직무수행에서 긍정적인 영향을 주는 업무행동(이를 중요사건이라 한다)을 열거한다.

ㄷ. 제3단계는 중요사건의 범주화로 열거한 중요사건을 몇 개의 범주로 나눈다.

ㄹ. 제4단계는 범주화된 중요사건을 중요도에 따라 중요한 것부터 중요사건을 재분류한다.

ㅁ. 제5단계는 중요사건의 등급화(점수화)로 재분류한 중요사건을 도표식 평정척도법과 결합한다.

③ 행위기준평가법(BARS)의 특징
- 직무내용과 활동의 묘사
- 객관적 평가의 실시
- 구성원들의 수용성 제고
- 인사관리에 활용가능
- 타당성과 신뢰성이 높다.
- 수용성이 높다.
- 그러나, BARS 개발에 많은 시간과 비용이 소요되며 복잡성과 정교함으로 인해 소규모기업에서의 적용이 어려워 실용성은 낮다.

3) 행위빈도고과법(BOS)

행위빈도고과법(Behavioral Observation Scales)은 BARS와 도표식 평정척도법을 결합한 것이다. BARS에 제시된 직무행동 하나하나에 관찰빈도를 측정하는 방법이다. 쉽게 말하면 중요사건마다 관찰되는 빈도를 평정하는 것이다.

* 행위빈도고과법(BOS) 예시

평정요소: 부하직원과의 의사소통

평정항목	등급
새로운 내규(정책)이 시행될 때 게시판에 내용을 게시한다.	관찰되지 않음 자주 관찰됨 1-------2---------3--------4--------5
주의력을 집중하여 대화에 임한다.	관찰되지 않음 자주 관찰됨 1-------2---------3--------4--------5

BOS는 BARS보다 수용성 좀 더 높다. 그러나 BARS보다 개발에 더 많은 비용과 노력이 필요하다.

3. 목표관리법(MBO)

상·하위자간에 참여·협의를 통해 목표를 설정하고 그에 따라 활동을 수행하면서 활동의 결과를 평가하는 방법이다. 전통적인 인성중심평가를 비판하면서 "결과중심 평가"를 위해 등장한 것으로 1920년대 창안된 MBO는 1950~1960년대 P. Drucker에 의해 널리 보급되었다.

1) 목표관리법(MBO) 내용

ㄱ. 목표설정과정- 참여와 협의, 의사소통, 대화를 중시하는 것은 민주적 관리(Y이론형 관리)의 모색이다.
ㄴ. 목표 내용적 측면-SMART 원칙
- S(specific, 구체적인)
- M(measurable, 측정가능한)
- A(achievable, 달성가능한)
- R(result-oriented, 결과지향적)
- T (time-bounded, 정해진 시간 내의)

즉, MBO는 계량적, 단기적, 측정가능한 결과지표를 설정하라는 것이다.

01 인사고과에 관한 설명으로 옳은 것을 모두 고른 것은?

ㄱ. 캐플란(R. Kaplan)과 노턴(D. Norton)이 주장한 균형성과표(BSC)의 4가지 핵심 관점은 재무관점, 고객관점, 외부환경관점, 학습·성장관점이다.
ㄴ. 목표관리법(MBO)의 단점 중 하나는 권한위임이 이루어지기 어렵다는 것이다.
ㄷ. 체크리스트법(대조법)은 평가자로 하여금 피평가자의 성과, 능력, 태도 등을 구체적으로 기술한 단어나 문장을 선택하게 하는 인사고과기법이다.
ㄹ. 대부분의 전통적인 인사고과법과는 달리, 종합평가법 혹은 평가센터법(ACM)은 미래의 잠재능력을 파악할 수 있는 인사고과법이다.
ㅁ. 행동기준평가법(BARS)은 척도설정 및 기준행동의 기술-중요과업의 선정-과업행동의 평가 순으로 이루어진다.

① ㄱ, ㅁ
② ㄷ, ㄹ
③ ㄱ, ㄴ, ㄷ
④ ㄷ, ㄹ, ㅁ
⑤ ㄱ, ㄷ, ㄹ, ㅁ

해설

목표관리의 단점으로는 단기적 목표에 치중하고 계량적인 목표에 치중한다는 것이다. 즉, 계량화가 어려운 목표는 설정이 어렵게 된다. 목표관리의 과정에서 종업원에게 권한위임이 빈번하게 이루어져 자아실현을 높일 수 있다는 장점이 있다. BARS의 단계는 중요과업의 선정- 척도 설정 및 기준행동 - 과업행동의 평가 순서이다.

○ 평정기법에 의한 분류

1. 전통적 고과방법

1) 서열법(ranking method)

종업원의 능력과 업적에 따라 순위를 매기는 방법이다. 가장 우수한 사람과 가장 못한 사람을 뽑고, 또 남은 사람 가운데 가장 우수한 사람과 가장 못한 사람을 뽑아 서열을 매기는 교대서열법(alternative-ranking method)과 임의의 2명씩을 비교하는 것을 되풀이하여 서열을 결정하는 쌍대비교법(paired-comparison method)이 있다. 다수의 고과자가 다수의 피고과자에 대해 서열법을 실시할 경우, 개인별 평가 순위 등의 자료가 비밀로 처리되는 것이 바람직하다.

2) 기록법(filling out method)

종업원의 근무성적의 기준을 객관적으로 정해놓고 이를 기록하는 방법이다. 달성작업량 기준으로 하는 산출(output)기록법, 일정시간의 작업량을 조사하고 이를 전기간 성적으로 추정하는 정기 시험법과 결근일수, 지각빈도수 등의 근태기록법 및 작업태도, 방법, 성과를 점수로 환산하여 평가하는 가감점법 등이 있다.

3) 평가척도법(graphical rating scales)

전형적인 인사고과의 방법으로서 종업원의 자질을 직무수행 상 달성한 정도에 따라 사전에 마련된 척도를 근거로 하여 평정자로 하여금 체크할 수 있도록 하는 방법이다. 여기에는 도식과 단계식이 있다.

4) 대조법(checklist method)

설정된 평가 세부일람표에 따라 체크하는 방법이다. 고과자는 평가 각 항목의 일람표에 미리 설정된 장소에 체크(check)만 하고, 그에 대한 평가는 인사부에서 하는 것이 보통이다. 체크만 하는 프로브스트(Probst) 방법과 체크를 한 후 그 이유를 기록하는 오드웨이(Ordway) 방법이 있다.

5) 강제할당법(performance report method)

미리 정해놓은 비율에 맞추어 피고과자를 강제로 할당하는 방법이다. 정규분포에 맞추어 할당하는 경우가 보통이다.

6) 업무보고서(performance report method)

피고과자가 업무 실적을 구체적으로 적어서 평가를 받는 방법이다.

2. 근대적 고과방법

1) 중요사실 서술법(critical incident appraisal)

기업목표 달성의 성패에 미치는 영향이 큰 중요사실을 중점적으로 기록, 검토하여 피고과자의 직무태도와 업무 수행 능력을 개선토록 유도하는 고과방법이다.

2) 자기신고법(self-description)

피고과자의 자기능력(기술, 지식 등)과 희망(직무, 환경, 훈련 등)을 기술하여 정기적으로 보고하여 그것을 고과하여 그 결과를 인력자원조사의 자료로 삼는 방법이다.

3) 면접법(interview method)

피고과자의 업무수행능력과 잠재력을 면접을 통해 찾아내서 작업의 개선이나 책임의 명확화, 직무요소의 우선순위 등을 결정하는 방법이다.

4) 목표관리법(management by objective)

해당 종업원이 직속상사와 협의하여 작업 목표량을 결정하고, 이에 대한 성과를 부하와 상사가 같이 측정하고 또 고과하는 방법이다. 종업원은 참여의 기회를 갖게 되고 상사는 지원의 기회를 갖게 된다.

5) 평가센터법(assessment center method)

평가를 전문으로 하는 평가센터를 만들고 여기에서 다양한 자료를 활용하여 고과하는 방법이다. 하부관리자 평가에 특히 유효한 방법이다. 평가센터법은 현대적 고과방법의 하나로서, 평가를 전문으로 하는 평가센터를 만들고 피고과자의 직속상관이 아닌 특별히 훈련된 관리자들이 복수의 평가절차를 통해서 인사고과를 하는 방법이다. 평가센터법은 피평가집단을 구성하여 평가가 이루어지며 평가자도 다수로 구성된다.

6) 인적자원회계(human resource accounting)

인간을 기업재산으로 취급하여 가치를 평가하는 방법이다. 인적자산을 대차대조표와 손익계산서에 나타내는 과정에서 고과하는 방법이다.

7) 행동기준고과법(BARS : Behaviorally Anchored Rating Scale)

전통적인 고과법이 안고 있는 단점을 극복하기 위하여 중요사건기록법과 도면평가법(평정척도법)을 결합하여 양자의 장점을 살리고 단점을 보완한 것이다. 이 방법은 핵심과업의 선정, 척도설정과 표준행동의 기술, 과업행동의 평가라는 세 가지 과정을 통해 이루어진다.

○ 행동기준고과법(BARS)의 기본설계와 적용과정

과정	내용
1. 중요과업의 선정	○ 직무를 구성하고 있는 중요 과업과 책임분야를 선정한다. ○ 직무분석을 통한 직무기술서가 중요한 자료원천이다.
2. 척도설정과 기준 행동의 기술	○ 과업별로 수행수준을 5~7개로 구분하고, 각 수행수준마다 과업행동을 정확하게 기술한다. ○ 각 수행수준별 과업행동은 중요사건법을 통해 도출된 과업행동을 활용하여 설정한다.
3. 과업행동의 평가	○ 척도와 기준행동을 설계한 후, 피고과자의 과업성과와 행동에 해당하는 기준행동과 척도로 피고과자를 평가한다. ○ 평가절차는 과업별로 반복되어 평가된 척도의 계량적 수치를 합산하여 평가점수를 산출한다.
4. 고과표의 설계	○ 이 방법은 관리자와 직무수행자가 공통으로 중요과업을 선정하고 과업마다 기준행동 기술하며, 척도의 계량수치도 배정하도록 공동설계 방식을 취한다. ○ 공동설계과정에서 상호 합의가 이루어진 기준행동과 계량척도만을 고과양식에 포함시킨다.
5. 행위기준고과법의 장·단점	장점: 1) 직무수행자가 참여를 통한 공동설계로 평가에 대한 믿음, 관심, 수용 등을 얻을 수 있다. 2) 행동의 정확한 기술을 통해 평가자의 주관적 판단, 평가표준의 차이를 줄일 수 있어 평가결과의 신뢰도와 타당도를 높인다.
	단점: 1) 직무수행자와 공동설계에 많은 시간이 소요된다. 2) 과업마다 별도의 기준행동과 평가척도를 설계해야 하고, 직무마다 개별적 고과양식의 설계로 많은 시간과 비용이 투입.

정답 ②

02 관찰 및 측정이 가능하고 직무와 관련된 피평가자의 행동을 평가기준으로 하는 행동기준고과법(BARS: behaviorally anchored rating scales)의 개발 절차를 순서대로 옳게 나열한 것은?

① 행동기준고과법 개발위원회 구성→중요사건의 열거→중요사건의 범주화→중요사건의 재분류→중요사건의 등급화→확정 및 실시
② 행동기준고과법 개발위원회 구성→중요사건의 열거→중요사건의 범주화→중요사건의 등급화→중요사건의 재분류→확정 및 실시
③ 행동기준고과법 개발위원회 구성→중요사건의 열거→중요사건의 등급화→중요사건의 재분류→중요사건의 범주화→확정 및 실시
④ 행동기준고과법 개발위원회 구성→중요사건의 열거→중요사건의 등급화→중요사건의 범주화→중요사건의 재분류→확정 및 실시
⑤ 행동기준고과법 개발위원회 구성→중요사건의 열거→중요사건의 재분류→중요사건의 범주화→중요사건의 등급화→확정 및 실시

해설

○ 행위기준고과법(BARS)의 개발단계

1. 행동기준고과법 개발위원회 구성
2. 중요사건의 열거
3. 중요사건의 범주화
4. 중요사건의 재분류
5. 중요사건의 등급화(점수화)
6. 확정 및 실시

정답 ①

테마64. 역할긴장과 역할모순

1. 역할의 모호성

Szilagyi & Wallace(2001)는 역할모호성을 자신의 의무와 권한 및 책임에 대한 개인 지각의 명료성이 부족한 상태라고 정의하였다.

2. 역할긴장

하나의 지위에 대해 서로 다른 둘 이상의 역할이 기대될 때 나타나는 역할 갈등.

예) 학급회장으로서 담임교사의 뜻을 따라야 하는 역할과 급우들의 의견을 반영해야 하는 역할이 상충하는 경우.

3. 역할모순

한 개인이 가지고 있는 여러 가지 지위에 따른 역할들이 상충될 때 나타나는 역할 갈등.

예) 회사원으로서 회사 사정상 야근을 해야 하는 상황인데, 맏아들로서 제사에 참석해야 하는 경우.

〈참고: 욕구와 동기〉

> 동기(motive)란 행동을 강요하는 개인의 내면의 추진력으로서 개인이 어떤 목적을 위하여 행동을 일정한 방향으로 작동시키려는 내적인 심리상태를 말한다. 개인들은 그들의 내면에 흔히 욕구, 필요 혹은 공포라 불리는 어떤 추진력이 있음으로 해서 특정의 행동을 하게 된다.
> 욕구(needs) 또는 욕망(desire)은 생물이 어떠한 혜택을 누리고자 하는 감정으로, 자신에게 부족한 것을 채우기 위한 느낌이 강하다.

01 다음 설명 중 적절한 항목만을 모두 선택한 것은?

> ㄱ. 성격(personality)은 개인의 독특한 개성을 나타내는 전체적인 개념으로 선천적 유전에 의한 생리적인 것을 바탕으로 하여 개인이 사회·문화 환경과 작용하는 과정에서 형성된다.
> ㄴ. 욕구(needs)는 어떤 목적을 위해 개인의 행동을 일정한 방향으로 작동시키는 내적 심리상태를 의미한다.
> ㄷ. 사회적 학습이론(social learning theory)에 의하면, 학습자는 다른 사람의 어떤 행동을 관찰하여 그것이 바람직한 결과를 가져올 때에는 그 행동을 모방하고, 좋지 않은 결과를 가져올 때에는 그 같은 행동을 하지 않게 된다.
> ㄹ. 역할 갈등(role conflict)은 직무에 대한 개인의 의무·권한·책임이 명료하지 않은 지각상태를 의미한다.

① ㄱ, ㄴ ② ㄱ, ㄷ ③ ㄱ, ㄹ ④ ㄴ, ㄷ, ㄹ ⑤ ㄱ, ㄷ, ㄹ

해설

정답 ②

테마65. 액션러닝(Action Learning)

액션러닝(Action Learning)이란 조직의 구성원들이 소그룹을 이루어 직면하고 있는 실제 문제를 해결하기 위해 해결방안을 모색하고, 해결방안을 도출하는 과정에서 실행과 성찰을 통해 학습이 일어나도록 지원하는 교육방법이다.

<액션러닝의 개념적 틀>

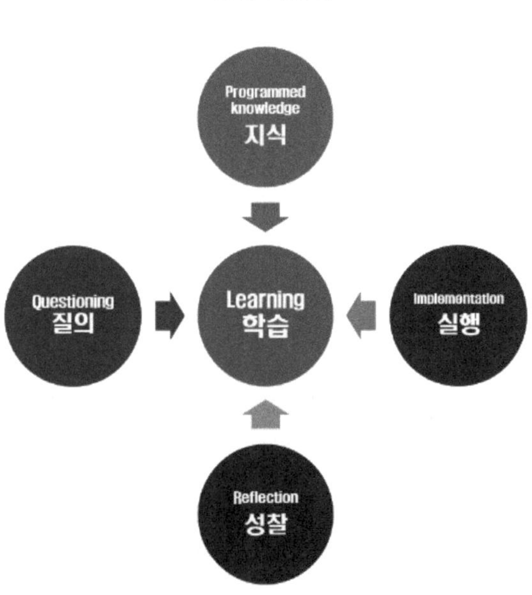

01

교육 참가자들이 소규모 집단을 구성하여 팀워크로 경영상의 실제문제를 해결하도록 문제해결 과정에 대한 성찰을 통해 학습하게 하는 교육방식은?

① team learning

② organization learning

③ problem based learning

④ blended learning

⑤ action learning

해설

정답 ⑤

테마66. 일과 가정 모델

1. 일과 가정 간의 관계를 설명하는 세 가지 개념적 모델

1) 파급모델(Spillover model): 직장에서 일과 가정에서 일어나는 일 사이에는 유사성이 있으며 일에 대한 태도가 가정과 다른 사람들에게도 파급효과를 미친다는 주장으로 일과 가정 변인들 간에는 정적 관계가 있다고 본다.

2) 보충모델(Compensation model): 파급모델과 반대되는 개념으로 일과 가정 간에 역의 관계가 있다는 주장으로 개인이 일이나 가정에 부족함이 있으면 다른 부분에서 보충하려 한다고 본다. 일과 가정 변인들 간에는 부적 관계가 있다고 본다.

3) 분리모델(Segmentation model): 일과 가정은 서로 독립적이어서 서로의 영역에 영향을 미치지 않으며 한 영역에서 성공할 수 있다고 본다. 가정은 친밀감과 공감대를 형성하는 영역이며, 일은 비인간적이고 수단적인 영역이라고 본다.

2. 직장과 가정 간의 갈등(work-family conflict: WFC)

직장 영역과 가정 영역간의 갈등을 기술하기 위한 용어.

직장에서의 역할로부터 나오는 요구가 가정에서의 역할로부터 나오는 요구와 갈등을 일으키는 일종의 역할 간 갈등

직장과 가정 영역으로 부터의 역할 압력이 여러 측면에서 서로 양립하지 않을 때 나타나는 역할 갈등의 한 형태.

3. WFC의 3가지 차원

1) 시간에 기초한 갈등(time-based conflict): 한 역할의 수행에 소요되는 시간이 다른 역할의 수행을 저해하는 경우.

2) 행동에 기초한 갈등(behavior-based conflict): 한 역할에서의 행동이 다른 역할에서의 행동과 양립되지 않는 경우.

3) 긴장에 기초한 갈등(strain-based conflict): 한 역할로부터의 압력이 다른 역할의 수행을 방해할 경우

01 일과 가정간의 관계를 설명하는 3가지 기본 모델을 모두 고른 것은?

ㄱ. 파급모델(spillover model)
ㄴ. 과학자-실무자 모델(scientist-practitioner model)
ㄷ. 보충모델(compensation model)
ㄹ. 유인-선발-이탈 모델(attraction-selection-attrition model)
ㅁ. 분리모델(segmentation model)

① ㄱ, ㄴ, ㄷ
② ㄱ, ㄷ, ㄹ
③ ㄱ, ㄷ, ㅁ
④ ㄴ, ㄷ, ㄹ
⑤ ㄴ, ㄹ, ㅁ

해설

정답 ③

테마67. 동기이론

내용이론	과정이론
• 매슬로우 욕구 5단계 • 엘더퍼 ERG이론 • 아지리스 성숙-미성숙이론 • 맥클랜드 성취동기이론 (권력/성취/친교)	• 학습이론 • 목표설정이론 • 기대이론 • 공정성(공평)이론 • 직무특성모형

○ 허쯔버그의 2요인이론

인간에게는 서로 다른 두 가지 욕구가 존재하며 이 서로 다른 욕구가 인간의 행동에 미치는 영향 또한 다르다고 전제한다.

만족하는 요인들은 동기요인(motivator), 불만족하는 요인들을 위생요인(hygine factors)으로 구분하였다.

1. 동기요인

근로의욕을 자극하고 작업 생산성을 높여주는 요인이다. 성취감, 보람, 상사와 동료의 인정, 직무내용, 책임, 승진, 자긍심 등이다.

2. 위생요인

조직의 방침과 정책, 관리감독, 근무환경, 임금, 상사동료와의 관계, 지위, 안전 등 일 자체보다 "직무환경 및 작업조건"에 관련된 요소이다.

이러한 불만족 요인들이 제대로 잘 갖추어진다고 하더라도 조직원들이 열심히 일하도록 하는 동기를 보장하지는 않는다.

허쯔버그는 위생요인보다 동기요인에 초점을 맞춰 동기를 부여할 것을 주장하면서 직무 그 자체를 통한 성취감, 보람을 느낄 수 있도록 직무를 재설계하는 직무충실화(job enrichment)를 제안하였다. 하지만 위생요인의 경우에도 실제 만족과 동기를 유발하는 요인으로 작용할 수 있고, 동기요인도 단순히 위생요인으로 작용할 수 있다고 보는 경우도 있다.

01 동기부여이론에 관한 설명으로 옳은 것은?

① 허쯔버그의 2요인이론에서 승진, 작업환경의 개선, 권한의 확대, 안전욕구의 충족은 위생요인에 속하고 도전적 과제의 부여, 인정, 급여, 감독, 회사의 정책은 동기요인에 해당된다.

② 강화이론(reinforcement theory)에서 벌(punishment)과 부정적 강화는 바람직하지 못한 행동의 빈도를 감소시키지만 소거(extinction)와 긍정적 강화는 바람직한 행동의 빈도를 증가시킨다.

③ 브룸(Vroom)의 기대이론에 따르면 행위자의 자기 효능감(self efficacy)이 클수록 과업성취에 대한 기대(expectancy)가 커지고 보상의 유의성과 수단성도 커지게 된다.

④ 매슬로우(Maslow)의 욕구이론에 따르면 생리욕구-친교욕구-안전욕구-성장욕구-자아실현욕구의 순서로 욕구가 충족된다.

⑤ 아담스(Adams)의 공정성 이론에 의하면 개인이 지각하는 투입(input)에는 개인이 직장에서 투여한 시간, 노력, 경험 등이 포함될 수 있고, 개인이 지각하는 산출(output)에는 직장에서 받은 급여와 유무형의 혜택들이 포함될 수 있다.

해설

정답 ⑤

02 동기이론과 그에 관한 설명이 올바르게 연결된 것은?

① 목표설정이론: 가장 주요한 원리는 효과의 법칙이다.

② 활동 이론: 사람들이 자신의 능력에 대해 갖고 있는 신념이 중요하다.

③ 자기효능감 이론: 인지에 기반하고 있는 이론으로 개인들을 자기 자신의 행동원인으로 본다.

④ 강화 이론: 사람들의 행동은 그들이 내적으로 가지고 있는 의도, 목적들에 의해 동기화된다는 것이다.

⑤ 기대 이론: 사람들은 자신의 행동으로 원하는 보상이나 결과물을 얻게 될 것이라고 믿는 경우에만 동기화될 것이다.

해설

- 로크의 목표설정이론 – 욕구만으로는 구성원들의 동기가 크게 일어나지 않고 조직구성원의 행동은 가치와 목표에 의해 영향을 받는다는 이론이다. 즉, 명확하고 도전적인 목표는 애매한 목표에 비해 더 구성원들을 동기부여하고 높은 수준의 성과를 가져온다. 도전적인 목표를 설정할수록 성과가 높다. 목표설정이론(goal setting theory)의 출발은 사람들의 행동이 그들이 가지고 있는 목표, 목적 또는 의도에 의해 동기화 된다는 것이다.
- 강화이론(스키너 주장)의 전제가 '효과의 법칙'이다. 조작적 조건화의 개념을 통해서 같은 행동이 반복해서 일어나게 하는 것 또는 학습자의 생각과 태도, 지식을 더욱 공고히 하는 것을 말한다.
- 자기 효능감(self-efficacy)은 저명한 캐나다의 심리학자인 앨버트 반두라(Albert Bandura)가 주장한 개념으로써 어떤 과제를 수행할 수 있는 능력에 대한 판단이나 평가를 의미한다. 자신의 능력에 대해 갖고 있는 신념이 중요하다.
- 자기결정성 이론(데시와 라이언 주장)은 인간이 자율적이고자 하는 욕구가 있다고 보는 이론으로, '자율성'이 핵심이 된다. 인간은 자신의 행동에 대한 원인을 규명하려는 심리적 속성을 가진다는 관점이다.

정답 ⑤

03 동기부여이론에 관한 설명으로 옳지 않은 것은?

① 동기부여이론을 내용이론과 과정이론으로 구분할 때 알더퍼(C. Alderfer)의 ERG 이론은 내용이론이다.

② 맥클랜드(D. McClelland)의 성취동기이론에서 성취 욕구를 측정하기에 가장 적합한 것은 TAT(주제통각검사)이다.

③ 허츠버그(F. Herzberg)의 2요인이론에 따르면, 동기유발이 되기 위해서는 동기요인은 충족시키고, 위생요인은 제거해 주어야 한다.

④ 브룸(V. Vroom)의 기대이론은 기대감, 수단성, 유의성에 의해 노력의 강도가 결정되는데 이들 중 하나라도 0이면 동기부여가 안 된다고 한다.

⑤ 아담스(J. Adams)는 페스팅거(L. Festinger)의 인지부조화 이론을 동기유발과 연관시켜서 공정성이론을 체계화하였다.

해설

허츠버그의 만족(동기이론)·불만족이론(위생이론)은 서로 독립된 것으로 이해해야 한다. 만족은 불만족과 상관없이 일어나며, 반대로 불만족도 만족과 상관없이 일어난다. 즉, 만족요인이 결핍되면 만족하지 않는 것이지 불만족이 아니다. 결국 조직 내에서 종업원을 동기부여 시키기 위해서는 위생요인을 어느 정도 충족시켜 준 후 동기부여에 주의를 기울이는 것이 효과적임을 의미한다. 동기부여의 결여는 직무불만족의 원인이 되지 않으며 다만, 직무만족도, 직무불만족도 없는 중간 상태에 머물게 할 따름이다. 하지만 두 요인이 허츠버그의 주장처럼 명확하게 구분되는 것이 아니라는 비판도 있다. 즉, 조직 구성원의 성과를 결정짓는 것은 만족요인이지 불만족요인은 아니라는 것이다. 불만족 요인은 성과수준을 현 상태에서 유지시켜주는 데만 기여할 뿐이라는 것이다. 따라서 허츠버그의 이 요인이론이 한국의 조직생활에 적용되기는 매우 어렵다고 보는 견해도 있다.

단어를 보고 생각나는 이야기를 떠올리게 하는 주제통각법(TAT)의 경우 투사법을 활용한 것으로 성취욕구를 확인할 수 있다. 통각법(TAT)을 사용하여 성취관련 개념을 인식시키고 불러일으킨다.

정답 ③

04 동기부여 이론에 관한 설명으로 가장 적절한 것은?

① 아담스(Adams)의 공정성 이론(equity theory)은 절차적 공정성과 상호작용적 공정성을 고려한 이론이다.

② 핵크만(Hackman)과 올드햄(Oldham)의 직무특성이론에서 직무의 의미감에 영향을 미치는 요인은 과업의 정체성, 과업의 중요성, 기술의 다양성이다.

③ 브룸(Vroom)의 기대이론에서 수단성(instrumentality)이 높으면 보상의 유의성(valence)도 커진다.

④ 인지적 평가이론(cognitive evaluation theory)에 따르면 내재적 보상에 의해 동기부여가 된 사람에게 외재적 보상을 주면 내재적 동기가 더욱 증가한다.

⑤ 허쯔버그(Herzberg)의 2요인 이론(two factor theory)에서 위생요인은 만족을 증대시키고 동기요인은 불만족을 감소시킨다.

해설

○ 브롬의 기대이론

행위자의 자기 효능감(self efficacy)이 클수록 과업성취에 대한 기대가 커지지만, 보상의 유의성(valence)과 수단성이 커진다고 볼 수는 없다.

빅터 브룸(Victor Vroom)은 동기 부여에 관해 기대 이론을 적용하여, 구성원이 직무에 열심히 하도록 하는 조건에 관해 연구하였다. 그는 세 가지 요인이 동기 부여를 결정하며 경영자는 이 요소들을 극대화시켜야 한다고 주장하였다. 세 가지 요소는 다음과 같다.

- 기대감(Expectancy): 열심히 일하면 높은 성과를 올릴 것이라고 생각하는 정도
- 수단성(Instrumentality): 직무 수행의 결과로써 보상이 주어질 것이라고 믿는 정도
- 유의성(Valence): 직무 결과에 대해 개인이 느끼는 가치

그는 동기 부여를 세 요소의 곱으로 나타낼 수 있다고 주장했다. 이를 관계식으로 나타내면 다음과 같다.

동기 부여(Motivational Force)=기대감×수단성×유의성(0≤기대감≤1, −1≤수단성·유의성≤1)

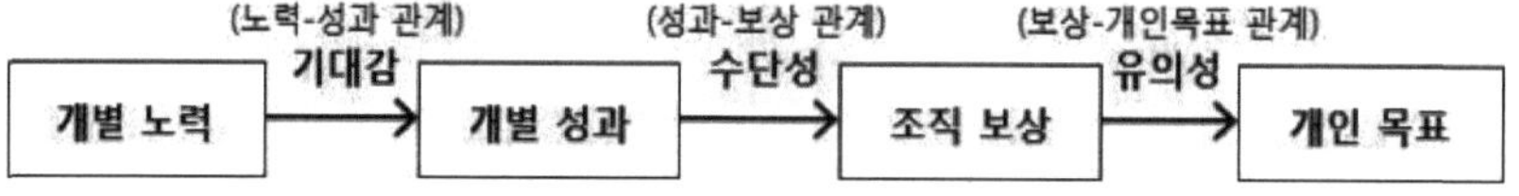

기대이론은 목표−수단 연계모델(goal−means chain)이다.

1. 기대감(expantancy): 노력−성과의 관계

기대감은 개인이 일정한 노력을 기울이면 어떤 성과를 가져오리라고 지각되는 기대로 주관적인 확률과 관련된 신념이다. 이는 노력 대비 성과이며, 확신이 완전히 결핍되거나(이때의 기댓값은 0), 완벽한 확실성(이때의 기댓값은 1)으로 나타난다.

2. 수단성(instrumentality): 성과−보상의 관계

수단성은 어떤 특정한 수준의 성과를 달성하면 바람직한 보상이 주어지리라고 믿는 정도를 말한다. 즉, 1차 수준의 결과가 2차 수준의 결과를 가져오리라는 주관적인 확률값을 의미한다. 1차 수준결과는 일 자체와 관련된 것들로 직무성과, 생산성, 노동이동 등이 포함되고, 2차 수준결과는 1차 수준결과가 가져올 보상으로 돈, 승진, 휴가 등이다.

3) 유의성(valence): 보상-개인목표의 관계

유의성(유인가)는 어느 개인이 특정결과에 대하여 갖는 매력(선호)의 강도를 말한다.

모티베이션 강도(M) =기대감(E)×수단성(I)×유의성(V)

이들 중에서 어느 하나라도 0이면 모티베이션은 일어나지 않는다는 것이다.

○ 반두라(Bandura)의 자기효능감(self-efficacy)

자기효능감이란 목표 달성에 필요한 행동과정을 조직하고 행하는 자신의 능력에 대한 믿음으로 특정한 시간에 주어진 특정 과제를 잘 수행할 수 있는지에 대한 인식이다.

자기효능감은 자신의 "능력" 에 대한 판단인 반면, 자기존중감은 자신의 "가치" 에 대한 믿음이다.

반두라(Bandura)의 자기효능감은 "할 수 있다" 는 자신의 능력에 대한 개인적 신념으로 이는 학습과정이나 과제수행에 매우 중요하다.

자기효능감에 영향을 미치는 요인으로는 수행성취, 대리경험(관찰학습), 언어적 설득, 생리적정서적 각성 등이 있다.

정답 ②

테마68. 반두라(Bandura) 사회학습이론

반두라는 사회학습에 있어 중요한 과정은 모방이라고 하였다. 새로운 반응은 학습될 수 있고 현존하는 반응의 특징들은 직접적 강화를 받지 않고도 다른 사람의 행동을 관찰하거나 반응결과를 통해서 변화될 수 있다고 보았다. 이것은 학습을 위하여 실질적인 행동을 반드시 수행하지 않아도 되며, 반응을 위해서 즉각적인 보상이 꼭 필요하지 않다는 의미이다. 오히려 사람은 모델을 관찰함으로써 특별한 반응을 학습하여 일단 반응이 획득된 후에는 사회적 힘이 학습과정에 영향을 주기 시작한다.

1. 관찰학습의 단계

관찰학습은 환경적 자극에 대한 반응을 통하여 행동을 학습하는 것이 아니라 타인의 행동을 관찰함으로써 학습하는 과정인데, 반두라는 관찰에 의한 학습과정에 영향을 끼치는 인지적·사회적 요소에 관해 말하면서 관찰학습은 네 가지 단계로 이루어진다고 하였다.

① 주의집중단계: 관찰학습의 첫 단계로, 모델링을 하는 과정에서 관련된 자극에 주의를 기울이고 관찰된 행동을 배우면서 중요하지 않은 것은 걸러 낸다.

② 유지단계: 주위의 모델로부터 받은 내용과 인상을 자신의 내면에 오랫동안 기억한다.

③ 생산단계: 심상에 저장되어 있거나 상징적으로 부호화된 기억을 행동으로 전환한다.

④ 동기단계: 관찰학습 과정의 결과를 유지하기 위해 필요하다.

2. 상호결정론

반두라는 인간의 성격이란 개인적·행동적·환경적 요소들 간의 지속적인 상호작용에 의하여 발달한다고 보았으며 이를 '상호결정론'이라고 하였다. 어떤 개인이 자신이 무엇을 할 수 있다는 신념은 어떤 특별한 행동을 수행하는 것에 영향을 주고, 그 행동은 환경에 영향을 준다. 환경은 다시 그 사람의 기대를 변화시키고 이 세 가지 요소는 서로에게 영향을 주며 상호의존적이다.

3. 자기효능감(self-efficacy)

자기효능감이란 자신이 바라는 목적을 이루기 위해 어떤 특정 행동을 성공적으로 수행할 수 있다는 신념이다. 반두라는 한 개인이 주관적으로 개인적 효능감에 대하여 어떤 개념을 가지고 있느냐가 중요하다고 보았는데, 이러한 개념을 지각된 자기효능감이라고 하였다. 이는 행동을 결정짓는 데 중요한 요소인데, 특히 자기에 대한 확신을 가지느냐 또는 자기불신이 있느냐 하는 것이 중요하다.

01 반두라(A. Bandura)의 사회학습이론으로 옳지 않은 것은?

① 자기강화란 자기 스스로 목표한 일을 달성하고 자신에게 강화물을 주어서 행동을 유지하고 변화해가는 과정이다.
② 자기효능감은 자신이 바라는 목적을 이루기 위해 특정 행동을 성공적으로 수행할 수 있다는 신념이다.
③ 관찰학습은 단순한 환경적 자극에 대한 반응을 학습하는 것이 아니라 타인의 행동을 관찰함으로써 행동을 습득하는 과정이다.
④ 관찰학습의 마지막 단계는 운동재생단계이다.
⑤ 인간의 성격은 개인적, 행동적, 환경적 요소들 간의 지속적인 상호작용에 의하여 발달한다.

해설

정답 ④

02 반두라(A. Bandura)의 사회학습이론의 주요 개념으로 옳지 않은 것은?

① 모델링
② 관찰학습
③ 자기강화
④ 자기효능감
⑤ 논박

해설

정답 ⑤

03 반두라(A. Bandura)의 상호적 결정론의 세 가지 요인이 아닌 것은?

① 개인과 신체적 속성
② 모범이 되는 모델
③ 외부환경
④ 외형적 행동

해설

정답 ②

테마69. 세력-장이론(force-field theory)

레빈(Kurt Lewin)은 세력-장이론을 통해 조직변화의 과정을 3단계로 구성한 모델을 제시한다.

조직변화는 해빙(unfreezing), 변화(changing), 재동결(refreezing)의 3단계를 거쳐 이루어진다고 한다.

냉동실의 동그란 통에 얼어 있는 얼음덩어리를 꺼내어 녹여서(해빙) 사각형의 새로운 그릇에 부어(변화) 다시 냉동실에 넣는(재동결) 과정으로 비유될 수 있다.

1. 해빙단계

변화를 추진하는 세력과 변화에 저항하는 세력이 힘겨루기를 하게 된다. 현재의 위치와 혜택을 영구화하려는 현상유지세력이 변화의 필요성을 인식하고 조직변화를 시도하려는 세력에 제동을 걸게 됨으로써 갈등이 발생하게 되는 단계이다.

레빈은 이들 양대 세력을 추진세력(driving forces)과 저항세력(resisting forces)이라고 부르고 '세력-장 분석'이라는 기법을 통해 각 세력의 구체적인 요인들을 분석하였다.

2. 변화의 단계

여러 가지 기법틀을 사용하여 계획된 변화를 실천에 옮기는 과정이다.

3. 재동결 단계

바람직한 상태로 변화된 조직의 새로운 국면을 유지·안정화시키는 단계이다. 변화된 상태는 본래의 회귀상태로 회귀하려는 성향이 있기 때문이다. 재동결을 성공시키기 위해서는 최고경영자의 지원, 적절한 보상과 강화 그리고 체계적인 계획 등이 필요하다.

01 조직변화에 관한 설명으로 옳지 않은 것은?

① 조직변화를 유발하는 요인은 외부요인과 내부요인으로 나누어 볼 수 있으며, 외부요인은 경제 환경, 정치 환경, 기술 환경, 사회문화 환경의 변화에 기인한다.

② 조직변화의 영역은 그 초점에 따라 목표, 전략, 구조, 기술, 직무, 문화, 구성원과 관련된 영역으로 구분할 수 있다.

③ 불확실성에 대한 불안감, 기득권상실, 관점의 차이는 조직변화를 거부하는 요인이라 할 수 있다.

④ 르윈(K. Lewin)의 힘의 장이론(force field theory)에 의하면 조직의 현재 상태는 변화를 추진하는 힘과 변화를 막는 힘이 서로 겨루어 균형을 이룬 결과로 설명된다.

⑤ 르윈에 의하면, 변화추진력을 높이면 그만큼 저항하는 힘이 작아지기 때문에 효과가 크다.

해설

정답 ⑤

테마70. 그라이너(Greiner)의 조직의 성장단계

Yurl에 따르면 정치적 활동은 사람들이 조직 내에서 권력을 획득하고 지키려는 과정이다.
그는 사람들이 조직에서 정치적 권력을 획득하고 유지하는 3가지 방법에 대해 개괄하였다.
정치적 권력 책략이 정치적 권력을 얻는 수단이 되는 방식은 다음과 같다.

1) 의사결정 과정에 대한 통제(control over decision process)

자원의 할당과 같이 조직에서 이루어지는 중요한 결정과정을 통제하고 그 과정에 영향을 미치는 것을 의미한다. 예산이나 재무위원회를 들 수 있다.

2) 연합형성(forming coalitions)

다른 사람의 입장을 지지해 주는 대가로 상대방도 자신의 입장을 지지해 주기로 계약을 맺는 것을 의미한다.

3) 반대 권력의 흡수(co-optation)

어떤 문제에 대해 반대하는 파벌의 구성원을 결정 과정에 참여시킴으로써 그 파벌의 반대를 어렵게 하고자 하는 노력을 의미한다.
이를 통해 상대 파벌이 계속해서 반대하는 것을 어렵게 만들 것이라고 기대하는 것이다.

ㅇ 그라이너(Greiner)의 조직의 성장단계

① 1단계-창조의 단계: 창업단계에서 주로 창업자나 리어의 창의성에 따라 결정된다. 그러나 조직의 규모가 커짐에 따라 '리더십의 위기'에 봉착하게 된다.
② 2단계-지시의 단계: 유능한 전문가를 영입하여 1단계의 위기를 극복한 조직은 리더의 지시에 따라 안정적인 성장기를 맞이하게 된다. 권한 집중이 강화되면서 종업원들의 '자율성(autonomy)의 상실' 위기에 봉착한다. 이러한 위기는 분권화(decentralization)된 조직구조를 도입하여 극복할 수 있다.
③ 3단계-위임의 단계: 권한이 분산된 조직의 관리자들은 강력한 동기유발을 통해 시작의 확장과 제품개발 활동을 촉진할 수 있다. 권한의 분산은 '통제력(control) 약화' 문제를 초래하게 된다.
④ 4단계-조정의 단계: 조정단계의 기업은 분화된 사업부 조직을 통제하고 평가하기 위하여 '공식적인 시스템과 절차' 를 도입하고 운영하는데 시간이 흐르면 관료주의 성향이 정착되어 문제해결보다는 절차를 중시하고 저하되는 '형식주의(red tape)'의 위기가 닥쳐온다.
⑤ 5단계-협력의 단계: 형식주의 위기를 극복하기 위하여 협업(collaboration)을 강조하는 단계로 팀제를 통한 자발적 참여와 개별적인 상황과 사람에 대한 적합한 대응을 중시한다. 그러나 이는 내부성장전략으로 신규사업 진출에 중요한 타이밍과 투자 및 경영자원확보 측면에서 성장의 한계를 맞기 쉽다.
⑥ 6단계-제휴(alliance)의 단계: 내부성장의 한계를 극복하기 위하여 제휴를 강조하는 단계로 신규사업분야 진출 리드타임(lead time)과 투자위험을 줄이기 위해 다른 회사와 기술제휴나 M&A 등의 방법에 의존한다.

01

그라이너(Greiner)는 조직의 성장단계에 따라 위기가 발생하는 양상이 다르다고 보았다. 다음 중 통제의 위기를 초래하는 단계는?

① 1단계-창조의 단계
② 2단계-지시의 단계
③ 3단계-위임의 단계
④ 4단계-조정의 단계
⑤ 5단계-협력의 단계

해설

정답 ③

테마71. 직무기술지표(Job Description Index)

Smith는 직무만족도를 측정하기 위한 지표로 직무기술지표(Job Description Index)를 개발하였다. 업무(work), 보수(pay), 승진(promotion), 감독(supervision), 동료(coworker)가 직무만족에 영향을 미친다고 주장한다.

01

직무기술지표(Job Description Index)는 무엇을 측정하는 척도인가?

① 직무통제
② 직무몰입
③ 직무경험
④ 직무만족도
⑤ 직무평가

해설

정답 ④

테마72. 직무특성모형

○ 직무특성이론

리처드 해커만(J. Richard Hackman)과 그렉 올드햄(Greg Oldham)이 제안한 '직무 특성 모형(Job characteristics Model: JCM)' 은 직무 구성요소를 조직화 한 것이다.

올드햄과 해커만은 어떤 직무든 다섯 가지 핵심 직무 차원으로 설명할 수 있어야 한다고 말한다. ①기술 다양성(skill variety) ②과업 정체성(task identity) ③과업 중요성(task significance) ④자율성(autonomy) ⑤ 피드백(feedback)이 핵심 직무 특성이다.

1) 기술 다양성(skill variety)은 직무담당자가 직무를 수행하기 위해 얼마나 다양한 활동과 개인적 기능을 활용하여야 하는 정도이다.

2) 과업 정체성(task identity)은 직무담당자에게 배정된 일의 단위가 전체 수준의 일에서 차지하는 비중으로 전체 공정의 일부분에 해당되는 직무보다는 많은 공정에 관여하는 직무가 더 과업정체성이 높다.

3) 과업 중요성(task significance)은 직무가 다른 사람의 생활에 중요한 영향을 미치는 정도 이때 다른 사람은 같은 회사의 동료 작업자일 수도 있고, 조직 밖의 다른 사람일 수도 있다.

4) 자율성(autonomy)은 직무담당자가 직무의 수행에 필요한 작업일정계획과 작업방법 등을 결정하는 데 있어 소유하고 있는 자유, 독립, 재량권을 허용하는 정도이다.

5) 피드백(feedback)은 직무담당자가 수행한 직무수행 결과의 효과성에 대한 직접적이고 명확한 정보를 획득할 수 있는 정도를 가리킨다.

'기술 다양성·과업 정체성·과업 중요성' 세 차원은 '업무의 의미'를 창출한다. 말하자면 직무에 세 가지 요소가 존재할 경우 그 직무를 가치 있는 것으로 여긴다는 뜻이다. 자율성은 결과에 대하여 개인의 책임감을 느끼게 하고, 피드백은 직무 수행을 할 때 자신이 얼마만큼 잘 하고 있는지 하는 정도를 알 수 있다.

01

핵만(Hackman)과 올드햄(Oldham)의 직무특성 모델에서는 동기를 유발하는 특별한 직무특성을 5가지의 핵심차원인 자율성, 기술다양성, 과업정체성, 과업중요성, 과업피드백 등으로 제시하였다. 이들 차원들에 기초하여 동기부여 잠재력 점수를 계산할 때 아래의 공식에서 a, b, c에 들어가는 3가지 차원은?

$$\text{동기부여잠재력점수} = \frac{a+b+c}{3} \times d \times e$$

① 과업정체성, 과업중요성, 과업피드백
② 과업중요성, 자율성, 과업피드백
③ 기술다양성, 과업정체성, 자율성
④ 과업정체성, 과업중요성, 자율성
⑤ 기술다양성, 과업정체성, 과업중요성

해설

정답 ⑤

02

해크먼(R. Hackman)과 올드햄(G. Oldham)의 직무특성모형에서 직무가 다른 사람의 작업이나 생활에 실질적인 영향을 미칠 수 있는 정도를 의미하는 것은?

① 기술다양성
② 과업정체성
③ 과업중요성
④ 자율성
⑤ 피드백

해설

정답 ③

03

해크만(R. Hackman)과 올드햄(G. Oldham)의 직무특성모형에서 직무특성화를 위한 5가지 핵심적 특성이 아닌 것은?

① 기능 다양성
② 과업 정체성
③ 과업 중요성
④ 과업 몰입도
⑤ 피드백

해설

정답 ④

테마73. 와르(Warr)의 정신 건강 구성요소

○ 와르(Warr)의 정신 건강 구성요소 5가지→ 역량, 자율, 포부 등

1. 정서적 행복감

쾌감과 각성이라는 2가지 독립된 차원을 가지고 있으며 특정수준의 쾌감을 얻기 위해서는 높거나 낮은 수준의 각성이 있어야 한다.

2. 역량

대인관계, 문제해결, 직무해결, 직무수행 등과 같은 다양한 활동에서 개인이 어느 정도나 성공하였는지 또는 어느 정도의 역량을 발휘하고 있는지에 의해 알 수 있다.

3. 자율

자율은 환경적 영향력에 저항하고 자신의 의견이나 행동을 결정할 수 있는 개인의 능력을 말한다. 자율은 개인이 생활에서 어려움에 처했을 때 무기력하지 않고 스스로 영향력을 발휘할 수 있다는 생각을 가지고 행동하는 경향성이다.

4. 포부

정신적으로 건강한 사람은 환경에 적극적으로 대처하는 사람이다. 그러한 사람들은 목표를 설정하고 그것을 달성하기 위하여 적극적인 노력을 한다. 개인의 포부수준이 높다는 것은 동기수준이 높고, 새로운 기회를 적극적으로 탐색하고 목표달성을 위해 도전한다.

5. 통합된 기능

전체로서의 개인을 말한다. 심리적으로 건강한 사람들은 균형감이 있고 조화를 이루며 내부적으로 모순적인 요소를 찾아보기 힘들다.

01 와르(Warr)의 정신 건강 구성요소에 대한 설명으로 옳지 않은 것은 ?

① 정서적 행복감: 쾌감과 각성이라는 두 가지 독립된 차원을 가지고 있다.

② 결단: 환경적 영향력에 저항하고 자신의 의견이나 행동을 결정할 수 있는 개인의 능력을 의미한다.

③ 역량: 생활에서 당면하는 문제들을 효과적으로 다룰 수 있는 충분한 심리적 자원을 가지고 있는 정도를 의미한다.

④ 포부: 포부수준이 높다는 것은 동기수준과 관계가 있으며 , 새로운 기회를 적극적으로 탐색하고 , 목표 달성을 위하여 도전하는 것을 의미한다.

⑤ 통합된 기능: 목표달성이 어려울 때 느끼는 긴장감과 그렇지 않을 때 느끼는 이완감 사이에 조화로운 균형을 유지할 수 있는 정도를 의미한다.

해설

정답 ② 자율

테마74. 홉스테드의 문화 간 차이를 비교·분석 4차원 모형

○ 읽기자료: 홉스테드(G. Hofstede)가 제시한 문화차원(cultural dimensions)

네덜란드의 사회 심리학자인 헤이르트 호프스테더(이하 홉스테드)는 1967년 국제사무기기회사이자 다국적 기업인 IBM의 대규모 조사연구에 참여한다. IBM의 연구 목적은 전 세계 50여 개 국에서 근무 중인 자회사의 직원들이 지닌 가치관의 차이에 대해 알아보고자 진행된 것으로 총 11만 7천명이 표본 집단이 된 국제적 규모의 대단위 연구였다.

이 연구를 통해 한 사회의 문화가 그 사회에 살고 있는 구성원의 가치관에 미치는 영향을 조사할 수 있고 또한 그 가치관이 행동에 어떤 연관성을 주는지 분석하고 그 구조를 설명할 수 있게 되었다. 이것이 바로 문화 차원 이론(cultural dimensions theory)이다.

즉 어떤 문화권에 속하느냐에 따라 업무를 수행하는 방식이나 직원간의 의사소통 방식에 차이가 있을 수 있음을 증명할 수 있는 이론으로 문화적 차이점을 최저 1점부터 최고 120점으로 수치화 하여 객관적으로 분석할 수 있다.

1) 권력거리 또는 권력격차(power distance)

각 조직이나 단체, 국가에서의 권력 분배 정도를 나타낸다. 권력 거리가 작은 문화권에서는 권력관계가 상호 의존적이고 민주적이라 기대해 볼 수 있다. 반대로 권력 거리가 크다면 그 나라는 가부장적 문화가 지배적이라 볼 수 있다.

홉스테드는 권력 거리란 권력의 분포도가 아니라 권력 불평등에 대해 하급자들이 얼마나 수용하고 있는가를 나타낸 것이라 설명한다. 권력거리 또는 권력 격차 수치를 통해 부의 분배정도나 권력이 편중되어 있는가를 가늠해 볼 수 있다.

2) 집단주의(collectivism) 대 개인주의(individualism)

개인 간의 연계성을 통해 집단주의적 성향인지 개인주의적 성향인지를 살펴볼 수 있다. 개인주의적 성향의 문화에서는 개인의 성취와 자유에 더 많은 비중을 둔 반면 개인 간의 유대감이나 연대감이 느슨하다. 집단주의에서는 개인 간의 관계가 밀접하고 집단이나 조직의 구성원으로서 행동한다.

3) 남성성-여성성(masculinity-femininity)

남성성 대 여성성의 차원이다. 남성적인 문화에서는 남녀의 역할이 뚜렷이 구별되며, 경쟁력, 자기 주 장, 유물론, 야망 등을 중시한다. 여성적인 문화에서는 남녀의 역할이 구별되지 않고 남녀 모두 겸손하고 부드러우며 대인관계나 삶의 질을 중요하게 생각한다.

4) 불확실성 회피(uncertainty avoidance)

불확실성의 회피 차원은 한 문화의 구성원들이 불확실한 상황이나 미지의 상황으로 인해 위협을 느끼는 정도를 의미한다. 불확실성 회피 정도가 강한 문화에서는 사람들이 분주하고 적극적이며 활동적인 반면, 약한 문화권에서는 조용하며 태평한 것으로 보인다. 후자의 경우 남과 다른 아이디어를 수용할 가능성이 높으나, 아이디어를 활용하여 대량 생산을 하는 데는 적합지 않다. 대량 생산은 불확실성의 회피 정도가 높은 문화권에 비교 우위가 있다(Kim, 1999).

01

국가 간 문화차이와 관련하여 홉스테드가 제시한 문화차원(cultural dimensions)에 해당하지 않는 것은?

① 권력거리(power distance)

② 불확실성 회피(uncertainty avoidance)

③ 남성성-여성성(masculinity-femininity)

④ 민주주의-독재주의(democracy-autocracy)

⑤ 개인주의-집단주의(individualism-collectivism)

해설

정답 ④

테마75. 조직시민행동(Organizational Citizenship Behavior, OCB)

공식적인 담당 업무도 아니고 적절한 보상도 없지만 각 구성원들이 자신이 소속된 조직의 발전을 위해 자발적으로 수행하는 다양한 지원 활동들을 말한다.

한 조직이 지향하는 목표를 효과적으로 달성하기 위해서는 각 구성원들이 자신의 담당 업무를 충실히 수행해내는 것만으로는 충분치 않다. 공식적으로 주어진 업무에만 충실한 구성원들로 이루어진 조직은 쉽게 붕괴될 것이고, 이는 구성원들이 비록 자신의 명시화된 업무가 아니라 할지라도, 필요시 조직에 도움이 되는 행동을 적극 수행할 수 있어야 한다는 뜻이다. 즉 각 구성원들이 '내게 맡겨진 일만 하면 될 뿐' 이라는 인식을 넘어 한 조직의 구성원으로서 보다 강력한 주인 의식과 사명감을 바탕으로 조직 발전을 위해 보다 다양한 노력을 기울일 수 있어야 한다는 것이다. 이렇듯 공식적인 담당 업무도 아니고 적절한 보상도 없지만 자신이 소속된 조직의 발전을 위해 자발적으로 수행하는 각 구성원들의 지원 행동들을 조직시민행동(organizational citizenship behavior)이라고 한다.

○ **조직시민행동의 5가지 요소(OCB) →예/이/양/신/시**

1. **Altruism(이타성)**: 도움이 필요한 상황에 처한 다른 구성원들을 아무 대가 없이 자발적으로 도와주는 것으로, 업무 처리가 늦어지는 동료의 일을 함께 처리해 준다든지 새로 입사한 사원이 조직에 빨리 적응할 수 있도록 도와주는 것과 같은 행동을 말한다.

2. **Conscientiousness(양심성)**: 각 구성원들이 자신의 양심에 따라 조직의 명시적, 암묵적 규칙을 충실히 준행하는 것입니다. 예컨대 필요 이상의 휴식 시간을 취하지 않는 것, 회사의 비품을 개인 소유처럼 아껴 쓰는 것과 같은 행동이 여기에 포함 된다.

3. **sportsmanship(스포츠맨십, 신사적 행동)**: 정정당당히 행동하는 것을 말하는데, 조직이나 다른 구성원과 관련하여 불만이나 불평이 생겼을 경우 이를 뒤에서 험담하고 소문내며 이야기하고 다니기보다 긍정적 측면에서 이해하고자 노력하는 행동을 말한다.

4. **courtesy(예의성)**: 자신의 업무나 개인적 사정과 관련하여 다른 구성원들에게 갑작스레 당황스러운 일이 발생하지 않도록 미리 조치를 취하는 것을 말한다. 즉, 자신의 의사결정이나 행동에 따라 영향을 받을 수 있는 다른 구성원들과 사전적으로 연락을 취해 필요한 양해를 구하고 의견을 조율하는 행동이다.

5. **civic virtue(시민 덕목, 참여적 행동)**: 조직 내 다양한 공식적, 비공식적 활동에 관심을 갖고 적극 참여하는 행동입니다. 조직 내 동아리 및 친목회 참여 등 다른 구성원들과 개인적인 교류를 맺는 사회적 활동, 조직 발전에 도움이 될 만한 개선안을 제안하는 것과 같은 변화 주도적 활동 등이 여기에 포함된다.

01 조직시민행동은 핵심적인 과업요건 이상으로 조직에 도움이 되는 행동으로 정의되며 5가지 차원으로 구성되어 있다. 다음 중 조직시민행동의 차원들에 관한 설명으로 옳지 않은 것은?

① 조직덕목: 사회생활에 책임감을 갖고 참여하는 것
② 예의: 다른 사람들의 권리를 염두에 두고 존중하는 것
③ 이타주의: 조직과 관련된 과업이나 문제를 가지고 있는 특정한 사람들을 기꺼이 도와주는 것
④ 스포츠맨십: 불평, 사소한 불만, 험담을 하지 않고, 있지도 않은 문제를 과정에서 이야기 하지 않는 것
⑤ 성실성: 시간을 정확하게 지키고, 집단의 규준보다 모임에 더 많이 참석하고, 회사의 규칙, 규정, 절차들을 잘 따르는 것

해설

조직시민행동의 구성요소로 이타성, 성실성, 예의성, 시민 덕목, 스포츠맨십을 든다. civic virtue(시민 덕목)이다.

정답 ①

02 조직시민행동의 구성요소에 대한 설명으로 옳은 것은?

① 시민의식(civic virtue)은 조직과 관련된 업무나 문제에 대해 특정 인물을 도와주려는 자발적인 행동을 말한다.
② 예의성(courtesy)은 조직에서 요구되는 최소 수준 이상의 업무를 수행하는 것을 말한다.
③ 스포츠맨십(sportsmanship)은 불평불만을 하거나 사소한 문제에 대해 번거로운 고충처리를 하지 않는 것을 말한다.
④ 양심성(conscientiousness)은 타인과의 사이에서 발생할 수 있는 문제나 갈등의 소지를 사전에 예방하기 위해 노력하는 행동을 말한다.
⑤ 이타성(altruism)은 회사의 비품을 개인 소유처럼 아껴 쓰는 것과 같은 행동이 포함된다.

해설

정답 ③

테마76. 감정지능(emotional intelligence, 감성지능)

타인의 감정을 이해하고 자기감정을 조절하는 능력, 즉 감성지능이 높을수록 업무처리 능력도 높다는 연구조사결과가 있다.
코먼웰스대 경영학과 교수인 로널드 험프리 교수는 "감성지능이란 자신과 타인의 감정을 인진할 수 있는 능력으로 예를 들면, 몸짓언어(body language)를 이해할 수 있는 능력이며 그것은 또한 좌절감 등 다른 감정을 조절하고 다룰 수 있는 능력" 이라고 설명한다. 험프리 교수는 감성지능이 인식지능(cognitive intelligence) 다음으로 가장 중요한 요소라고 덧붙인다.

감성지능이 높을수록 직무만족도는 높아지고, 소진의 세 하위범주인 비인격화, 개인적 성취감의 결여 그리고 정서적 소진은 낮아진다.

01

조직에서 개인의 태도와 행동에 관한 설명으로 옳은 것은?

① 조직몰입(organization commitment)에서 지속적 몰입은 조직구성원으로서 가져야 할 의무감에 기반한 몰입이다.

② 정적 강화(positive reinforcement)에서 강화가 중단될 때, 변동비율법에 따라 강화된 행동이 고정비율법에 따라 강화된 행동보다 빨리 사라진다.

③ 감정지능(emotional intelligence)이 높을수록 조직몰입은 증가하고 감정노동(emotional labor)과 감정소진(emotional burnout)은 줄어든다.

④ 직무만족이 높을수록 이직(移職) 의도는 낮아지고 직무관련 스트레스는 줄어든다.

⑤ 조직시민행동은 신사적 행동(sportsmanship), 예의 바른 행동(courtesy), 이타적 행동(altruism), 전문가적 행동(professionalism)의 네 요소로 구성된다.

해설

ㅇ 조직시민행동(organizational citizenship behavior: OCB)

공식적인 담당 업무도 아니고 적절한 보상도 없지만 각 구성원들이 자신이 소속된 조직의 발전을 위해 자발적으로 수행하는 다양한 지원활동들을 말한다.
조직시민행동은 구체적으로 다음의 다섯 가지 행동으로 나뉜다.
OCB→예/이/양/신/시

1. 이타적 행동(altruism)

도움이 필요한 상황에 처한 다른 구성원들을 아무 대가 없이 자발적으로 도와주는 것이다.

2. 양심적 행동(conscientiousness)

각 구성원들이 자신의 양심에 따라 조직의 명시적·암묵적 규칙을 충실히 준행하는 것이다. 예를 들어 필요 이상의 휴식 시간을 취하지 않는 것, 회사의 비품을 개인 소유처럼 아껴 쓰는 것과 같은 행동이 여기에 포함된다.

3. 신사적 행동(sportsmanship)

정정당당히 행동하는 것을 말한다. 조직이나 다른 구성원과 관련하여 불만이나 불평이 생겼을 때 뒤에서 험담하고 소문내며 이야기하고 다니기보다 긍정적 측면에서 이해하고자 노력하는 행동을 말한다. 불만에 대해 단순히 참기보다는 관련 당사자에게 직접 이야기하며 해결하려는 적극적인 행동도 포함된다.

4. 예의 바른 행동(courtesy, 배려행동)

자신의 업무나 개인적 사정과 관련하여 다른 구성원들에게 갑작스레 당황스러운 일이 발생하지 않도록 미리 조치를 취하는 것을 말한다. 즉 자신의 의사결정이나 행동에 따라 영향을 받을 수 있는 다른 구성원들과 사전적으로 연락을 취해 필요한 양해를 구하고 의견을 조율하는 행동이라 하겠다.

5) 참여적 행동(civic virtue, 시민덕목)

조직 내 다양한 공식적·비공식적 활동에 관심을 갖고 적극 참여하는 행동이다. 조직 내 동아리 및 친목회 참여 등 다른 구성원들과 개인적인 교류를 맺는 사회적 행동, 조직 발전에 도움이 될 만한 개선안을 제안하는 것과 같은 변화주도적 활동 등이 여기에 포함된다.

○ 감정지능(emotional intelligence, 감성지능)

타인의 감정을 이해하고 자기감정을 조절하는 능력, 즉 감성지능이 높을수록 업무처리 능력도 높다는 연구조사결과가 있다.

코먼웰스대 경영학과 교수인 로널드 험프리 교수는 "감성지능이란 자신과 타인의 감정을 인진할 수 있는 능력으로 예를 들면, 몸짓언어(body language)를 이해할 수 있는 능력이며 그것은 또한 좌절감 등 다른 감정을 조절하고 다룰 수 있는 능력"이라고 설명한다. 험프리 교수는 감성지능이 인식지능(cognitive intelligence) 다음으로 가장 중요한 요소라고 덧붙인다.

감성지능이 높을수록 직무만족도는 높아지고, 소진의 세 하위범주인 비인격화, 개인적 성취감의 결여 그리고 정서적 소진은 낮아진다.

○ 스키너의 강화이론(reinforcement theory)-조작적 조건화

스키너의 강화이론은 행동주의 이론에 기초한 행동의 학습과 관련되어 있다.

학습이론은 행동주의학파와 인지론학파의 양대 축으로 발전하였는데 인지론자들은 학습에 대하여 인간 내면의 인지능력을 가지고 설명한다. 인간은 인지능력을 가지고 태어나는데 개인들은 인지능력이나 인지구조의 특성에 따라 행동과 동기가 달라진다고 보았다. 학습관점에서 인간의 인지구조가 바뀔 때 진정한 학습이 일어난다고 본 것이다. 반면, 행동주의론자들은 학습은 개인을 둘러싼 환경특성에 따라 결정된다고 본다. 행동에 따른 외적 결과를 통제함으로써 행동을 변화시킬 수 있다고 주장한다. 행동론자인 스키너는 행동변화를 강화로 설명하였다.

스키너(1953)는 유기체가 어떤 행동을 한 결과 스스로에게 유리하면 그 행동을 더 자주 하게 된다고 보았다. 이때 그 행동의 빈도를 높이는 자극을 강화요인(reinforcer)이라고 하는데, 1차적 강화요인(primary reinforcer)과 2차적 강화요인(secondary reinforcer)으로 나뉜다.

1. 1차적 강화요인(primary reinforcer)

유기체의 행동을 직접적으로 증가시킬 수 있는 요인으로 음식물이나 물처럼 이전의 특별한 훈련 없이도 학습자의 행동을 강화시킬 수 있는 자극으로 유기체의 생리적 동기와 밀접하게 관계된 무조건적 강화요인이다.

2. 2차적 강화요인(secondary reinforcer)

유기체의 행동을 바로 증가시키지는 못한다. 원래 중성자극이었던 것이 무조건적 강화요인과 결합됨으로써 강화능력을 얻게 된 자극으로 조건화된 강화요인이다. 돈, 칭찬, 애정, 격려의 표현 등으로 조건화된 강화요인이다.

3. 프리맥효과(Premack Effect)

프리맥은 물질적 자극이 아닌 스스로의 행동도 강화요인이 될 수 있다고 하였다. 유기체가 자주 하는 행동(고 확률)은 잘 하지 않는 행동(저 확률)의 빈도를 증가시킬 수 있는 강화요인이 될 수 있다는 것이다.

예를 들어 아이들에게 만화와 공부할 기회를 동시에 제공하면 아이들은 만화를 더 많이 보게 될 것이다. 이때 아이들이 공부(저 확률)를 더 하도록 유도하기 위하여 공부를 먼저 하게 한 뒤, 만화(고 행동)를 보게 하면 공부하는 행동이 증가한다. 즉 하기 싫은 공부가 강화요인이 된 것이다.

4. 내재적 보상과 외재적 보상

보상을 주는 주체 관점에서 환경에 의해 통제되는 보상을 외재적 보상이라 한다. 급여, 승진, 칭찬 등 타인에 의하여 주어지는 보상이다.

반면, 내재적 보상은 성취감 등 과업을 수행하는 과정에서 본인 스스로가 내적으로 받는 보상을 말한다.

5. 강화유형

바람직한 행위를 증가시키는 것은 긍정적 강화, 부정적 강화가 있고 바람직하지 못한 행위의 감소를 가져오는 것은 소거와 벌이 있다.

1) 긍정적 강화 또는 정적 강화(positive reinforcement)

어떤 행동이 바람직하면 정적(+) 보상을 하여 바람직한 행동을 강화하는 것이다. 성적이 오르면 상을 주고, 심부름을 잘한 아이에게 과자를 주어 더 잘하게 하는 것을 말한다.

2) 부정적 강화 또는 부적 강화(negative reinforcement)

부정적 혐오자극을 제거해 줌으로써 바람직한 행동을 강화해 주는 것이다. 상사의 잔소리를 듣지 않기 위해 작업을 열심히 하는 경우, 자명종 시계의 시끄러운 소리 때문에 일찍 일어나야 하는 것과 같이 부정적인 결과를 피하기 위하여 바람직한 행동을 하게 되는 것으로 이것을 '회피(avoidance)학습'이라고 한다.

3) 소거(extinction)

유쾌한 자극을 제거하는 처벌로 '박탈성 벌'이라고 한다.

바람직하지 않은 행동에 대해 긍정적인 결과를 제거함으로써 바람직하지 않은 행동의 빈도수를 줄이는 것이다.

4) 벌(punishment)

혐오자극을 제공하는 처벌로 '수여성 벌'이라고 한다.

바람직하지 않은 행동에 대해 부정적인 결과를 제시함으로써 바람직하지 않은 행동의 빈도를 줄이는 것이다. 예를 들어 지각하면 화장실 청소를 시키는 처벌을 통해 지각의 빈도를 줄이는 것이다.

6. 강화 스케줄 방법

바람직한 행동이 나타날 때마다 강화요인을 제공하는 것을 '연속적 강화법' 이라 하고 이에 반해 '단속적 강화' 스케줄은 강화요인을 모든 바람직한 행동에 주는 것이 아니라 일부 행동에 대해 일정한 기준에 따라 강화요인을 제공하는 것이다.

단속적 강화법의 종류	내용
고정간격법	일정한 시간적 간격을 두고 강화요인 제공
변동간격법	불규칙한 시간 간격에 따라 강화요인 제공
고정비율법	일정수의 바람직한 행동이 나타난 후 강화요인 제공
변동비율법	불규칙한 횟수의 바람직한 행동 후 강화요인 제공

고정간격법이 월급이라면 변동간격법은 상사의 갑작스런 격려나 보너스로 생각하면 쉽다.

고정비율법은 바람직한 행동 5번에 1회의 강화제공이라 한다면 1회마다 1번 보상을 실시하면 연속적 강화가 될 것이다.

변동비율법은 다른 방법에 비하여 가장 강력하고 지속적인 행동변화를 가져오고 소거에 대한 저항력도 가장 강한 것으로 알려져 있다.

강화스케줄이 성과에 미치는 상대적 효과성에 대한 일관된 결론을 얻기에 어려움이 있지만 연속강화법보다는 단속적 강화법이 효과적이고, 단속적 강화법 주에서도 시간보다는 빈도비율에 따라 보상을 제공하는 것이 효과적이다.

빈도비율법 중에서 변동비율법이 강력한 행동 수정효과가 있는 것으로 알려져 있다.

정답 ④

테마77. 조직몰입(organization commitment) 3요소 모형(Allen & Meyer, 1990)

조직몰입 3요소 모형은 정서적 몰입, 지속적 몰입, 규범적 몰입을 말한다.

1. 정서적 몰입(affective commitment)

구성원의 조직에 대한 정서적 애착과 일체감을 나타낸다.

조직 구성원이 조직에 대하여 헌신, 소속감, 행복감 등 개인적 감정을 통해 느끼는 심리적 애착으로 조직을 위하여 스스로 노력하려는 의지를 말한다.

개인과 조직과의 관계를 손익의 차원으로 보는 것이 아니라 감정적 애착으로 발현되는 자발적인 몰입이라 한다.

2. 지속적 몰입(continuance commitment)

구성원이 소속 조직을 떠나면 손해라고 본다.

개인이 그동안 조직에 몸담으면서 시간, 노력 등의 비용을 투자하였기에 조직을 떠나면 손해가 날 것임을 인식하여 조직에 남고자 하는 것으로 계산적 판단과 필요에 의해 조직에 몰입하는 것이다. 지속적 몰입을 기회비용으로 인식하면서 그동안 조직에서 쌓아온 노력과 경험을 포기하면서 발생하는 손해와 이익을 계산하여 자신에게 유리할 경우 조직에 지속적으로 남으려는 상태로 정의한다.

3. 규범적 몰입(normative commitment)

개인이 자신의 조직에 계속 머물고자 하는 이유는 조직에 대한 의무나 책임감에 의해 형성된다는 것이다. 구성원이 한 조직을 위해 계속 재직해야 한다는 것이다. 즉, 규범적 몰입은 조직에서 주어지는 보상이나 승진 등 개인적 만족보다는 조직에 머무르면서 조직의 목표와 가치를 동일시하고 이를 위해 노력하는 것이 조직원의 의무이며 도덕적으로 옳다는 보는 관점에서의 몰입이다. 규범적 몰입은 조직의 외재적 보상보다는 조직을 위한 행위가 스스로 옳다고 믿으면 조직의 성공을 위하여 노력을 아끼지 않으면서 조직에 몰입한다는 것이다.

테마78. 동조의 종류

1) 정보적 사회 영향(informational social influence)

타인들로부터 얻은 정보를 진실이라고 받아들이게 하는 힘으로 정의되며, 타인이 제공한 사실에 관한 증거를 수용함으로써 일어나는 동조현상을 잘 설명한다. 시험 볼 때, 부정행위를 하는 학생이 옆자리 동료의 답을 정답으로 믿고 그대로 베끼는 경우처럼 현실이 애매할 때 타인의 행동은 유용한 정보가 된다. 타인의 정보를 신뢰할수록, 상황이 애매할수록 그리고 자신의 판단에 자신감이 적을수록 정보적 영향은 커지고 따라서 동조량도 커진다.

2) 규범적 사회 영향(normative social influence)

타인들의 기대에 따르도록 하는 힘을 의미하며 타인이나 집단의 인정을 얻거나 불인정을 피하기 위해 동조하는 경우를 잘 설명한다. 우리는 특히 다른 사람들에게 자신의 입장이 공개되는 공적인 상황에서 개인적으로 믿거나 옳지 않다고 생각하더라도 타인들로부터 배척당하지 않기 위하여 다수의 입장에 동조하곤 한다. 예를 들어, 평소 정장을 입기 싫어하는 사람도 예식장에 하객으로 참석해야 할 경우에는 격식에 맞는 정장을 착용하게 되는 것이다.

01

(가), (나)의 설명에 해당하는 개념을 바르게 연결한 것은?

> (가) A가 실직자가 된 이유가 뭔지 구체적으로 잘 몰라. 하지만 아마도 그 친구의 적응력에 뭔가 문제가 있어서 그런 게 아닐까? 나도 최근 정리해고 되기는 했는데 그건 우리 업계가 워낙 불안정해서 그런 거고.
>
> (나) 휴양지 백화점 명품관에 갔더니 다들 실내에서 선글라스를 쓰고 있더라고, 그렇게 하지 않으면 이상하게 보일 것 같아서 나도 선글라스를 쓰고 돌아다녔어.

	(가)	(나)
①	편견	규범적 동조
②	편견	정보적 동조
③	행위자–관찰자 편향	규범적 동조
④	행위자–관찰자 편향	정보적 동조
⑤	사회적 태만	규범적 동조

해설

○ 행위자–관찰자 편향

다른 사람의 행동은 성향(내적)귀인하고, 자신의 행동은 상황(외적)귀인하는 현상을 말한다.
즉 행위자일 때와 관찰자일 때 행동에 대한 원인을 다르게 추론한다는 것이다.

정답 ③

테마79. 전통적 기억모형

1. 감각기억

자극이 중단된 후 감각적인 자료들이 순간적으로 남아있는 것으로 시각, 청각, 후각, 미각, 촉각 중 하나이다. 어떤 자극이 제시되었다가 제거된 다음 신경적 활동이 잠시 동안 지속되는 것에 이루어진다.

1) 영상기억(iconic memory): 시각적 감각정보에 대한 감각기억
2) 잔향기억(echoic memory): 청각적 정보에 대한 기억

잔향기억이 영상기억보다 정보가 더 오래 지속된다.

2. 단기기억

작동기억으로 현재 의식하고 있는 정보를 의미한다. 능동적으로 가지고 있는 정보를 마음속에 저장하는 것이다. 한정된 양이 정보만 기억하며 정보의 저장과 인출이 용이하도록 새로운 정보를 부호화한다.

1) 시연(rehearsal): 정보를 기억하기 위한 소리 없는 반복을 말한다. 어떤 자극이 사라지기 전에 그 자극을 활성화하여 새롭게 하는 것이다.
2) 덩어리(chunking): 알고 있는 지식을 이용하여 주어진 정보를 재부호화하여 하나의 덩어리로 묶어 보는 능력으로 제한된 용량에도 불구하고 막대한 양의 정보를 다룰 수 있다.

3. 장기기억

무제한의 정보저장으로 단기기억 정보가 사라지기 전에 능동적으로 시연하면 장기기억으로 전이한다. * (시연: rehearsal)

01

기억에 대한 설명으로 옳은 것만을 모두 고른 것은?

ㄱ. 감각기억은 용량이 제한적이지만 저장된 정보는 별다른 처리 과정 없이도 오랫동안 남는다.
ㄴ. 단기기억에 들어온 정보는 되뇌기(rehearsal) 없이 15~20초 정도 시간이 지나면 빠르게 망각한다.
ㄷ. 새로운 정보를 장기기억에 넣은 데 뇌의 해마 영역이 중요한 역할을 한다는 사실이 H.M. 환자 연구로 밝혀졌다.

① ㄱ
② ㄱ, ㄴ
③ ㄱ, ㄷ
④ ㄴ, ㄷ
⑤ ㄱ, ㄴ, ㄷ

해설

○ 간섭(interference)과 망각

간섭(interference)이란 다른 기억 때문에 어떤 기억이 희미해지는 것이다.

1) 역행간섭(retroactive interference)

나중에 단기기억 체제 내로 들어온 새로운 정보가 먼저 있던 오래된 정보를 단기기억 구조 밖으로 밀어내 회상이 불가능하도록 하는 것.

2) 순행간섭(proactive interference)

먼저 들어온 정보가 나중 들어온 정보의 회상을 방해하는 것.

○ H.M. 환자 연구

1953년, 27세 청년 H.M.은 뇌수술을 받는다. 유년기에 시작된 간질발작이 일상생활을 위협할 정도로 극심해지자 신경외과의사 윌리엄 스코빌이 뇌 조직 일부를 제거하는 수술을 제안한 것이다. 지금은 엄격하게 금지되어 있지만, 간질 환자의 뇌 절제 수술은 1950년대 초까지 폭넓게 행해졌고 때로 효과적이었다.H.M.에게는 기존의 방법보다 더 제한적으로 뇌를 절제하는 측두엽절제술이 적용되었다. 하지만 담당 의사 스코빌도 인정한바 "솔직히 실험적인 수술"이었다. 이 수술로 H.M.의 뇌에서 좌우반구를 연결하는 부위에 있는 해마가 거의 대부분 제거되었다. 수술 후 회복 경과는 좋았고 간질발작도 없어졌지만 곧 누구도 예상치 못한 부작용이 드러났다. 지능, 감각, 운동을 비롯한 다른 모든 뇌 기능이 정상인데도 H.M.은 더 이상 새로운 기억을 만들어낼 수가 없었다. 어제 만난 사람, 점심 때 먹은 음식, 방금 나눈 대화, 새로 겪은 모든 것이 그의 기억에서 사라졌다. 돌이킬 수 없는 비극이었다. 그 무엇도 30초 이상 머리에 담아둘 수 없게 된 H.M.은 2008년 82세로 사망할 때까지 '영원한 현재'만을 살아야 했다. 그러나 역설적이게도 H.M.의 개인적 비극은 인류에게 행운이 되었다. 2008년 사망할 때까지 46년간 그는 수잰 코킨 박사를 비롯한 100명 이상의 과학자들이 진행하는 수백 건의 연구에 피실험자로 참여했다. 과학자들은 그의 사례를 통해 기억과 학습의 메커니즘을 이해할 수 있었다. 지금 우리가 알고 있는 '기억'과 '학습'에 관한 거의 모든 것이 H.M.을 통해 밝혀졌다. 이 작업들을 통해 그는 뇌과학 역사에서 가장 널리 인용되는, 가장 유명하고도 중요한 환자가 되었다. 환자 H.M.은 1970년대 이후 뇌과학과 심리학 교과서에 필수적으로 등장하는 사례가 되었다. 사생활 보호를 위해 머리글자로만 알려졌던 그의 이름은 2008년 그가 사망한 후, 그의 연구자이자 보호자 역할을 해왔던 수잰 코킨 박사에 의해 세상에 공개되었다. 그의 이름은 바로 헨리 구스타브 몰레이슨(Henry Gustav Molaison)이다.

정답 ④

테마80. 켈리(Kelley)의 5가지 팔로워십(Followership)

켈리가 주장한 이론으로 조직의 성공에 리더가 기여하는 바는 10~20%에 불과하며, 나머지 80~90%는 팔로워십이 결정한다고 보았다.

1) 소외형 팔로워

비판적인 사고는 있으나, 행동은 하지 않는 팔로워 유형으로 불평과 불만이 많은 행동을 나타낼 수 있다.

2) 수동형 팔로워

리더에게 의존적이지만, 적극적 행동은 취하지 않은 유형이다.

3) 순응형 팔로워

리더에 의존하면서도 실제 행동은 적극적으로 행동한다. 이러한 팔로워는 상사에게 유능한 인재로 평가될 수 있지만 잘못 행동하면 Yes Man으로 평가될 수도 있다.

4) 모범형 팔로워

리더에게 독립적이면서도 자신의 업무에 적극적 행동으로 대처한다.

5) 실무형 팔로워

모든 특성에 균형을 이루며 상황에 따라 행동하는 유형이다.

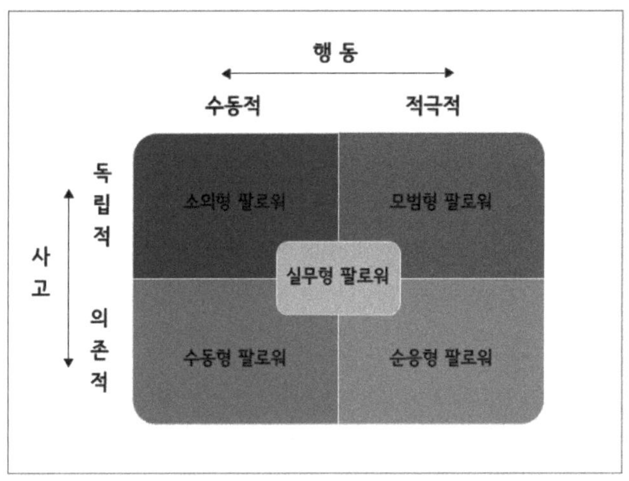

01 켈리(Kelley)의 팔로워십(Followership)에 대한 설명으로 옳은 것은?

① 리더의 추종자를 7가지 유형으로 설명한다.

② 효과적인(effective) 추종자는 적극적이고 책임적이며, 의존적이고 비판적인 사고를 한다.

③ 수동적인(passive) 추종자는 조직에서 가장 위험하다고 할 수 있다.

④ 순응적(conformist) 추종자는 독립적·비판적으로 생각하지 않으며, 행동은 매우 적극적이다.

⑤ 조직의 성공에 리더가 기여하는 바는 30~40%에 불과하며, 나머지 60~70%는 팔로워십이 결정한다고 보았다.

해설

정답 ④

테마81. 직무소진(burnout)의 종류

매슬랙(Maslach, 1998)은 직무소진을 정서적 탈진, 비인격화, 개인적 성취감 감소와 같은 서로 다른 세 가지 하위 요소로 구성되어 있다고 주장하였다.

1) 정서적 탈진(emotional exhaustion)

쇠약, 쇠진, 피로감 등으로 설명되며 심리적, 정서적 탈진을 말한다.

2) 비인격화(depersonalization)

대인업무 뿐만 아니라 일반 직무에서 냉소(cynicism)라는 개념으로 쓰이는 비인격화는 일에 대한 열정이나 이상(ideal)이 소멸하고, 대인관계에 대한 반응이 부정적, 냉소적이며 지나치게 무관심한 것을 의미한다. 매슬랙(Maslach)과 잭슨(Jackson)은 대인관계에서 소진(burnout)이 발생하면 직무에서 대면하는 사람들을 사물을 대하듯 하는 현상을 '비인격화' 라 하였다.

3) 개인의 성취감 감소(reduced personal accomplishment)

개인의 성취감 감소는 자신을 부정적으로 생각하면서 나타난다. 개인의 성취감 감소는 스스로 자신을 부정적으로 평가하여 자아 존중감(self-esteem)을 상실하게 된다. 따라서 업무와 관련된 생산성, 능력, 의욕 등이 저하되는 요인으로 작용한다.

01 직무소진(burnout)에 대한 설명으로 옳지 않은 것은?

① 조직 내 구성원들에게 장기적으로 발생하는 정서적, 정신적, 신체적 탈진 및 고갈 현상으로 정의될 수 있다.

② 매슬랙과 잭슨은 직무소진을 정서적 고갈(emotional exhaustion), 자아성취감 감소(reduced personal accomplishment), 직무스트레스(task stress)의 세 영역으로 구분하였다.

③ 역할 갈등, 역할 모호성, 역할 과중은 직무소진을 높인다.

④ 자아성취 측면에서 직무소진은 조직에서 요구하는 기대만큼 직무성과가 높지 않을 때 나타난다.

⑤ 대인관계에서 소진(burnout)이 발생하면 직무에서 대면하는 사람들을 사물을 대하듯 하는 현상을 비인격화(depersonalization)라 한다.

해설

정답 ②

테마82. 배분적 협상과 통합적 협상

협상(negotiation)이란 양방향적 의사소통을 통해 합의에 이르는 과정을 말한다.
배분적 협상과 통합적 협상이 있다.

1. 배분적 협상

고정된 가치 분배를 위해 서로 경쟁하는 협상. Trade-off (상충관계)를 기본으로 하며 일방의 이득과 일방의 손해(=제로섬게임)가 존재한다.

2. 통합적 협상

합의를 통해 새로운 가치를 창출하며 서로의 이익을 극대화하기 위해 합의·협력한다.

3. 배분적 협상의 핵심개념

1) BATNA(best alternative to a negotiated agreement, 최선의 대안)

최선의 대안(BATNA)을 가지고 협상에 임해야 한다. BATNA가 강력할수록 협상력이 강해지므로 자신의 BATNA를 정확히 파악하고 또 개선해야 한다. 만약 BATNA가 없다면 BATNA가 준비될 때까지 협상을 지연하기도 한다.

2) Reservation Price(협상 유보가격)

협상을 위한 양방의 최저 또는 최고가격. 목표가격(targeting price)이 협상 당사자가 원하는 최대의 가격이라면 유보가격은 협상 성사를 위한 최적 가격을 말한다.

3) 거래를 통한 가치창출

협상 결과로 협상가능 구역(ZOPA: zone of possible agreement) 내에서 원하는 최대의 가격을 이끌어내는 것이 목표이다.

4. 통합적 협상의 핵심 개념

1) 공통점

차이점을 찾기 보다는 공통점을 찾아 공동의 이익을 극대화시키려고 노력

2) 정보의 공유

협상 과정의 정보와 아이디어를 공유하여 최대 이익을 창출하기 위해 노력

01 갈등과 협상에 관한 설명으로 옳지 않은 것은?

① 분배적 협상(distributive negotiation)의 동기는 제로섬 게임(zero sum)에 초점을 맞추고, 통합적 협상(integrative negotiation)의 동기는 포지티브섬(positive sum)에 초점을 맞추고 있다.

② BATNA(best alternative to a negotiated agreement)가 얼마나 매력적인가에 따라서 협상 당사자의 협상력이 달라진다.

③ 갈등관리유형 주 회피형(avoiding)은 자기에 대한 관심과 자기주장의 정도가 높고 상대에 대한 관심과 협력의 정도가 낮은 경우이다.

④ 분배적 협상보다 통합적 협상에서 정보의 공유가 상대적으로 많이 이루어지는 경향이 있다.

⑤ 통합적 협상에서는 제시된 협상의 이슈(issue)뿐만 아니라 협상 당사자의 관심사(interests)에도 초점을 맞추어야 좋은 협상결과가 나온다.

해설

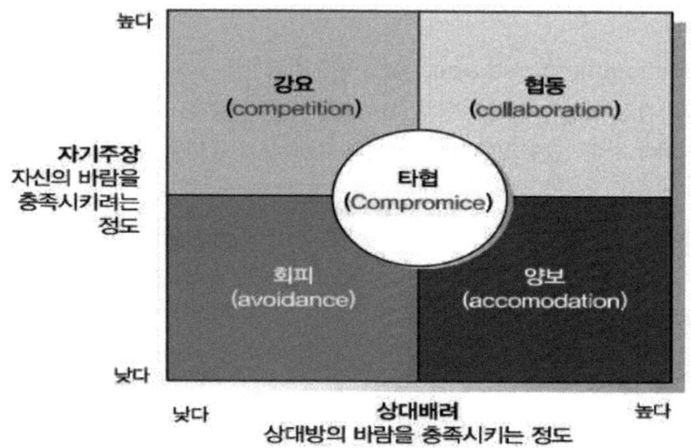

정답 ③

02 배분적 협상과 통합적 협상에 대한 설명으로 옳지 않은 것은?

① 배분적 협상은 이용 가능한 자원의 양이 고정적이며 단기적인 인간관계에서 행해진다.

② 통합적 협상은 정보 공유도가 낮은 반면 배분적 협상은 정보 공유도가 높다.

③ 통합적 협상은 배분적 협상과는 달리 서로 이익이 되는 플러스 섬(plus-sum) 또는 윈-윈(win-win) 해결책을 얻고자 하는 것을 목표로 한다.

④ 배분적 협상의 대표적인 사례로 노동자와 경영자 사이의 노사 임금 협상을 들 수 있다.

⑤ 나와 상대의 차이를 문제로 인식하는 것이 아니라 협상의 파이를 키울 힌트로 받아들이는 것은 통합적 협상의 관점이다.

해설

정답 ②

테마83. 역량(competency)기반 인적자원관리

1990년대 이후 미국과 유럽의 기업들은 역량 개념을 인사의 근간 정보로 채택하여 활용하기 시작했으며 이는 '직무 중심의 인사관리 방식의 경직성 문제를 해결하기 위한 차원에서 시작되어 최근에는 평가와 보상의 기준으로 채택하는 등 인사의 기초 개념으로서의 위치를 잡아가고 있다.

인적자원관리와 관련하여 역량 개념을 가장 먼저 체계화한 사람은 미국의 심리학자인 McClelland로 알려져 있고, 그는 역량을 '삶을 통해 나타나는 결과물의 묶음들(cluster of life outcomes)' 이라고 하여 역량을 개인성과를 예측하거나 설명할 수 있는 다양한 심리적, 행동적 특성으로 정의하였다.

McClelland는 역량 정보의 추출방법으로 BEI(행동사건면접)방식을 채택하였다.

1) Mirabile의 네 가지 차원(KSAOs)

knowledge, skill, ability or other characteristics that different from average performance

2) Sparrow의 세 가지 차원

knowledge, skill, attitude

01 역량(competency)기반 인적자원관리에 대한 설명으로 옳지 않은 것은?

① 대표적인 역량 도출을 위한 방법인 직무역량 평가기법에서는 행동사건면접(behavior event interviewing)을 활용한다.

② 역량은 우수한 성과를 내는 사람들이 보통의 성과를 내는 사람들과 다르게 보여 주는 행동이나 특성이다.

③ 역량기반 인적자원관리의 문제점을 극복하기 위한 대안으로 직무기반 인적자원관리라는 새로운 개념이 제시되고 있다.

④ 미국에서 특정 지위가 갖춰야 할 직무 요건으로 사용하는 KSAs는 지식, 실무기술, 실무능력이라는 세 가지 개념이다.

⑤ 인적자원관리와 관련하여 역량 개념을 가장 먼저 체계화한 사람은 미국의 심리학자인 McClelland이다.

해설

정답 ③

테마84. 기계적 구조와 유기적 구조

기계적 구조	유기적 구조
계층제 좁은 직무범위 표준운영절차 분명한 책임 관계 공식적, 몰인간적 대면 관계	채널의 분화 넓은 직무범위 적은 규칙과 절차 모호한 책임 관계 비공식적, 인간적 대면관계

01 번스(Burns)와 스토커(Stalker)가 제시한 조직의 유형 중 유기적 구조의 특성인 것만을 모두 고르면?

ㄱ. 낮은 공식화	ㄴ. 집권화된 의사결정
ㄷ. 엄격한 계층구조	ㄹ. 수평적 의사소통
ㅁ. 모호한 책임 관계	ㅂ. 좁은 직무범위

① ㄱ, ㄴ, ㄷ

② ㄱ, ㄹ, ㅁ

③ ㄴ, ㄷ, ㄹ

④ ㄷ, ㄹ, ㅁ

⑤ ㄷ, ㅁ, ㅂ

해설

정답 ②

테마85. 테일러(F. W. Taylor)의 과학적 관리법

테일러는 주로 공장과 작업장을 대상으로 근로자의 생산성과 효율을 극대화시키기 위해 과학적 관리기법을 전개했으며 이를 통해 기업은 노무비 절감과 노동자에게 고임금의 지급이 가능하게 되었다.

1. **기능적 직장(職場)제도:** 과업에 대한 모든 관리를 직장에 맡김으로써, 관리에 대한 전문화를 지향. 보통은 직장(해당 직렬의 장)이 노동자 개개인에게 적합한 과업량을 분석하여, 지정하거나, 노동자에 대해 피드백을 전담하는 것을 의미한다.

2. **공구나 기구 등의 표준화:** 과업 수행에 사용되는 공구 및 기구를 공용화, 표준화를 통하여 과업수행의 효율성과 관리비용을 절감

3. **차별적 성과급 제도:** 과업 수행에 따른 수행자에 대한 인센티브를 지급함으로써, 수행자의 동기를 고취시키는 동시에, 통제를 가능토록 하는 제도

01

테일러(F. W. Taylor)의 과학적 관리법에 관한 설명으로 옳지 않은 것은?

① 시간 및 동작 연구
② 기능적 직장제도
③ 집단중심의 보상
④ 과업에 적합한 종업원 선발과 훈련 강조
⑤ 고임금 저노무비 지향

해설

정답 ③

02 테일러의 과학적 관리법의 내용에 해당되지 않는 것은?

① 공정한 일일 작업량 설정
② 시간연구 및 동작연구
③ 차별성과급제
④ 기능식직장제도
⑤ 사회적 접근

해설

정답 ⑤ 인간관계론

03 테일러의 과학적 관리법의 내용에 해당되지 않는 것은?

① 개인보다는 집단 중심의 보상을 더 중요시하였다.
② 시간 및 동작연구가 주요한 기법으로 사용되었다.
③ 경제적 보상을 가장 중요한 동기부여의 수단으로 보았다.
④ 기획부제도, 기능식 직장제도, 작업지도표제도 등을 활용하였다.

해설

과학적 관리법은 개인별 성과급인 차별적 성과급제도를 중시하였다.

정답 ①

테마86. 산업안전 심리의 5요소(인간 심리의 특성)

안전 심리의 5요소는 동기, 기질, 습성, 습관, 감정이다.
이를 잘 분석하고 통제하는 것이 사고예방의 핵심이다.

1. 동기(motivation)

사람의 마음을 움직이는 원동력. 행동을 일으키는 내적요인.

2. 기질(temperament)

감정적인 경향이나 반응에 관계되는 성격의 한 측면.

3. 습성(habitude)

한 종(species)에 속하는 개체의 대부분에서 볼 수 있는 일정한 생활양식

4. 습관(habit)

반복된 행동의 안정화, 자동화된 수행으로 규칙적인 행동

5. 감정(feeling)

어떤 행동을 할 때 생기는 주관적 동요

* 주의의 특성(암기법→변방선택)

1) 선택성
2) 방향성
3) 변동성

테마87. 노출기준

○ 각국의 유해인자 노출기준

노출기준의 형태	제안기구
PEL(법적기준)	미국 OSHA(노동부)
REL	미국 NIOSH
TLV	미국 ACGIH
WEEL	미국 AIHA
MAK	독일 GCIHHCC
WEL	영국 HSE
CL(법적기준)	일본 노동성
OEL	일본 JSOH
OEL(법적기준)	스웨덴
법적기준/허용기준	고용노동부(대한민국)

01 다음 중 노출기준(occupational exposure limits)에 관한 설명으로 옳은 것은?

① 고용노동부 노출기준은 작업환경 측정 결과의 평가와 작업환경 개선 기준으로 사용할 수 있다.

② 일반 대기오염의 평가 또는 관리상의 기준으로는 사용할 수 없으나, 실내공기오염의 관리 기준으로는 사용할 수 있다.

③ MSDS에서 아세톤의 노출기준은 500 ppm, 폭발하한한계(LEL)는 2.5 %로 표시되었다면, LEL은 노출기준보다 500배 높은 수준이다.

④ 우리나라는 작업자가 노출되는 소음을 누적노출량계로 측정할 때 Threshold 80 dB, Criteria 90 dB, Exchange rate 5 dB 기준을 적용하므로, 만일 78 dBA에 8시간 동안 노출되었다면 누적소음량은 10~50 % 사이에 있을 것이다.

⑤ 최고노출기준(C)은 1일 작업시간 중 잠시라도 넘어서는 안 되는 농도이므로, 만일 15분 동안 측정했다면 측정치를 15로 보정하여 노출기준과 비교한다.

해설

실내공기질은 실내공기질관리법이 적용된다. 환경부령에 기준이 명시되어 있다.

■ 실내공기질 관리법 시행규칙 [별표 2]

실내공기질 **유지**기준(제3조 관련)

오염물질 항목 \ 다중이용시설	미세먼지 (PM−10) (㎍/㎥)	미세먼지 (PM−2.5) (㎍/㎥)	이산화탄소 (ppm)	폼알데하이드 (㎍/㎥)	총부유세균 (CFU/㎥)	일산화탄소 (ppm)

■ 실내공기질 관리법 시행규칙 [별표 3] 〈개정 2020. 4. 3.〉

실내공기질 **권고**기준(제4조 관련)

오염물질 항목 \ 다중이용시설	이산화질소 (ppm)	라돈 (Bq/㎥)	총휘발성유기화합물 (㎍/㎥)	곰팡이 (CFU/㎥)

○ **화학물질 및 물리적 인자의 노출기준**

제3조(노출기준 사용상의 유의사항) ① 각 유해인자의 노출기준은 해당 유해인자가 단독으로 존재하는 경우의 노출기준을 말하며, 2종 또는 그 이상의 유해인자가 혼재하는 경우에는 각 유해인자의 상가작용으로 유해성이 증가할 수 있으므로 제6조에 따라 산출하는 노출기준을 사용하여야 한다.

② 노출기준은 1일 8시간 작업을 기준으로 하여 제정된 것이므로 이를 이용할 경우에는 근로시간, 작업의 강도, 온열조건, 이상기압 등이 노출기준 적용에 영향을 미칠 수 있으므로 이와 같은 제반요인을 특별히 고려하여야 한다.

③ 유해인자에 대한 감수성은 개인에 따라 차이가 있고, 노출기준 이하의 작업환경에서도 직업성 질병에 이환되는 경우가 있으므로 노출기준은 직업병진단에 사용하거나 노출기준 이하의 작업환경이라는 이유만으로 직업성질병의 이환을 부정하는 근거 또는 반증자료로 사용하여서는 아니 된다.

④ 노출기준은 대기오염의 평가 또는 관리상의 지표로 사용하여서는 아니 된다.

제4조(적용범위) ① 노출기준은 법 제39조에 따른 작업장의 유해인자에 대한 작업환경개선기준과 법 제125조에 따른 작업환경측정결과의 평가기준으로 사용할 수 있다.

② 이 고시에 유해인자의 노출기준이 규정되지 아니하였다는 이유로 법, 영, 규칙 및 안전보건규칙의 적용이 배제되지 아니하며, 이와 같은 유해인자의 노출기준은 미국산업위생전문가협회(American Conference of Governmental Industrial Hygienists, ACGIH)에서 매년 채택하는 노출기준(TLVs)을 준용한다.

③ 아세톤 노출기준(ppm)-생물학적 노출기준은 소변 중 아세톤 50mg/g(최종 작업 후)

TWA(ppm)	STEL(ppm)
500	750

용액의 ppm농도 계산은 %농도 계산과 매우 유사하다. 이처럼 %농도 계산과 똑같지만, 단지 뒤에 100 대신 1,000,000을 곱해줄 뿐이다. 따라서 %농도 × 10,000 = ppm농도가 된다.

④ 작업환경 측정 및 정도관리규정에 관한 고시

제4절 소음

제26조(측정방법) 규칙 별표 21에 따른 소음수준의 측정은 다음 각호에 따른다.

1. 소음측정에 사용되는 기기(이하 "소음계" 라 한다)는 누적소음 노출량측정기, 적분형소음계 또는 이와 동등 이상의 성능이 있는 것으로 하되 개인 시료채취 방법이 불가능한 경우에는 지시소음계를 사용할 수 있으며, 발생시간을 고려한 등가소음레벨 방법으로 측정할 것. 다만, 소음발생 간격이 1초 미만을 유지하면서 계속적으로 발생되는 소음(이하 "연속음" 이라 한다)을 지시소음계 또는 이와 동등 이상의 성능이 있는 기기로 측정할 경우에는 그러하지 아니할 수 있다.
2. 소음계의 청감보정회로는 A특성으로 할 것
3. 제1호 단서규정에 따른 소음측정은 다음과 같이 할 것
   가. 소음계 지시침의 동작은 느린(Slow) 상태로 한다.
   나. 소음계의 지시치가 변동하지 않는 경우에는 해당 지시치를 그 측정점에서의 소음수준으로 한다.
4. 누적소음노출량 측정기로 소음을 측정하는 경우에는 Criteria는 90dB, Exchange Rate는 5dB, Threshold는 80dB로 기기를 설정할 것

5. 소음이 1초 이상의 간격을 유지하면서 최대음압수준이 120dB(A)이상의 소음인 경우에는 소음수준에 따른 1분 동안의 발생횟수를 측정할 것

제27조(측정위치) ① 개인 시료채취 방법으로 측정하는 경우에는 소음측정기의 센서 부분을 작업 근로자의 귀 위치(귀를 중심으로 반경 30cm인 반구)에 장착하여야 한다.

② 지역 시료채취 방법으로 측정하는 경우에는 소음측정기를 측정대상이 되는 근로자의 주 작업행동 범위 내에서 작업근로자 귀 높이에 설치하여야 한다.

제28조(측정시간 등) ① 단위작업 장소에서 소음수준은 규정된 측정위치 및 지점에서 1일 작업시간 동안 6시간 이상 연속 측정하거나 작업시간을 1시간 간격으로 나누어 6회 이상 측정하여야 한다. 다만, 소음의 발생특성이 연속음으로서 측정치가 변동이 없다고 자격자 또는 지정측정기관이 판단한 경우에는 1시간 동안을 등 간격으로 나누어 3회 이상 측정할 수 있다.

② 단위작업 장소에서의 소음발생시간이 6시간 이내인 경우나 소음발생원에서의 발생시간이 간헐적인 경우에는 발생시간동안 연속 측정하거나 등 간격으로 나누어 4회 이상 측정하여야 한다.

⑤ 비정상 작업시간에 대한 허용농도 보정방법

1) OSHA의 보정방법

급성중독을 일으키는 물질(일산화탄소)	만성중독을 일으키는 물질(중금속)
보정된 노출기준 = 8시간 노출기준 × 8시간/노출시간(日)	보정된 노출기준 = 8시간 노출기준 × 40시간 노출기준/작업시간(週)

단, 다음의 경우에는 노출기준(허용농도)에 보정을 생략할 수 있다.

㉠ 천정값(C)으로 되어 있는 노출기준

㉡ 가벼운 자극(만성중독을 야기하지 않는 경우)을 유발하는 물질에 대한 노출기준

㉢ 기술적으로 타당성이 없는 노출기준

정답 ①

02 CHARM(Chemical Hazard Risk Management) 시스템에 따른 사업장의 화학물질에 대한 위험성평가에 있어서 작업환경측정 결과를 활용한 노출수준 등급 구분으로 옳지 않은 것은?

① 4등급 - 화학물질 노출기준 초과

② 3등급 - 화학물질 노출기준의 50% 이상 ~ 100 % 이하

③ 2등급 - 화학물질 노출기준의 10% 이상 ~ 50 % 미만

④ 1등급 - 화학물질 노출기준의 10 % 미만

⑤ 1등급 상향조정 - 직업병 유소견자가 확인된 경우

해설

직업병 유소견자(D_1) 발생여부를 검사하여 유소견자(D_1)가 확인되면 노출수준 = 4등급(최상)이 된다.

○ 작업환경측정결과 확인

화학물질별 측정결과를 활용하여 노출수준 등급 분류

등급	구분	내용
1	하	화학물질의 노출수준이 10% 이하
2	중	화학물질의 노출수준이 10% 초과 ~ 50% 이하
3	상	화학물질의 노출수준이 50% 초과 ~ 100% 이하
4	최상	화학물질의 노출수준이 100% 초과(노출기준 초과)

* 화학물질(분진)의 노출수준= (측정치 ÷ 노출기준) × 100

정답 ⑤

테마88. 작업환경측정

01 다음 작업환경 측정 및 평가에 관한 설명으로 옳은 것은?

① 가스 상 물질을 시료 채취할 때 일반적으로 수동식 방법이 능동식 방법 보다 정확성과 정밀도가 더 높다.

② 유기용제나 중금속의 검출한계는 시료를 반복 분석하여 구할 수 있지만, 중량분석을 하는 호흡성 분진은 검출한계를 구할 수 없다.

③ 월 30시간 미만인 임시 작업을 행하는 작업장의 경우 법적으로 작업환경측정 대상에서 제외될 수 있다.

④ 작업환경측정 자료에서 만일 기하표준편차가 1 미만이라면 이 통계치는 높은 신뢰성을 가졌다고 할 수 있다.

⑤ 콜타르피치, 코크스오븐배출물질, 디젤배출물질에 공통적으로 함유된 산업보건학적 유해인자 중 하나는 다핵방향족탄화수소이다.

해설

○ 능동식 시료채취법 : 시료채취펌프를 이용, 강제적으로 공기를 통과시키는 방법.

○ 수동식 시료채취법 : 가스상물질의 확산원리를 이용, 시료를 채취하는 방법으로 능동식에 비해 정확성과 정밀도가 떨어진다.

벤젠 고리가 여러 개 연결된 형태의 방향족 탄화수소로서 다환방향족탄화수소(Polycyclic aromatic hydrocarbons, PAH)이라 한다. 다환방향족탄화수소류(Polycyclic aromatic hydrocarbons, PAHs)는 식품에 존재하는 탄수화물, 지방 및 단백질을 굽기, 튀기기, 볶기 등으로 조리 할 때 불완전 연소로 인해 발생하는 발암물질이다.

작업장의 유해물질 농도는 기하표준편차(GSD)를 사용한다.

안전보건 규칙 제420조(정의) 이 장에서 사용하는 용어의 뜻은 다음과 같다.

1. "관리대상 유해물질"이란 근로자에게 상당한 건강장해를 일으킬 우려가 있어 법 제39조에 따라 건강장해를 예방하기 위한 보건상의 조치가 필요한 원재료·가스·증기·분진·흄, 미스트로서 별표 12에서 정한 유기화합물, 금속류, 산알칼리류, 가스상태 물질류를 말한다.
2. "유기화합물"이란 상온·상압(常壓)에서 휘발성이 있는 액체로서 다른 물질을 녹이는 성질이 있는 유기용제(有機溶劑)를 포함한 탄화수소계화합물 중 별표 12 제1호에 따른 물질을 말한다.
3. "금속류"란 고체가 되었을 때 금속광택이 나고 전기·열을 잘 전달하며, 전성(展性)과 연성(延性)을 가진 물질 중 별표 12 제2호에 따른 물질을 말한다.
4. "산알칼리류"란 수용액(水溶液) 중에서 해리(解離)하여 수소이온을 생성하고 염기와 중화하여 염을

만드는 물질과 산을 중화하는 수산화화합물로서 물에 녹는 물질 중 별표 12 제3호에 따른 물질을 말한다.

5. "가스상태 물질류"란 상온·상압에서 사용하거나 발생하는 가스 상태의 물질로서 별표 12 제4호에 따른 물질을 말한다.
6. "특별관리물질"이란 「산업안전보건법 시행규칙」 별표 18 제1호나목에 따른 발암성 물질, 생식세포 변이원성 물질, 생식독성(生殖毒性) 물질 등 근로자에게 중대한 건강장해를 일으킬 우려가 있는 물질로서 별표 12에서 특별관리물질로 표기된 물질을 말한다.
7. "유기화합물 취급 특별장소"란 유기화합물을 취급하는 다음 각 목의 어느 하나에 해당하는 장소를 말한다.
   가. 선박의 내부
   나. 차량의 내부
   다. 탱크의 내부(반응기 등 화학설비 포함)
   라. 터널이나 갱의 내부
   마. 맨홀의 내부
   바. 피트의 내부
   사. 통풍이 충분하지 않은 수로의 내부
   아. 덕트의 내부
   자. 수관(水管)의 내부
   차. 그 밖에 통풍이 충분하지 않은 장소
8. "임시작업"이란 일시적으로 하는 작업 중 월 24시간 미만인 작업을 말한다. 다만, 월 10시간 이상 24시간 미만인 작업이 매월 행하여지는 작업은 제외한다.
9. "단시간작업"이란 관리대상 유해물질을 취급하는 시간이 1일 1시간 미만인 작업을 말한다. 다만, 1일 1시간 미만인 작업이 매일 수행되는 경우는 제외한다.

제421조(적용 제외) ① 사업주가 관리대상 유해물질의 취급업무에 근로자를 종사하도록 하는 경우로서 작업시간 1시간당 소비하는 관리대상 유해물질의 양(그램)이 작업장 공기의 부피(세제곱미터)를 15로 나눈 양(이하 "허용소비량"이라 한다) 이하인 경우에는 이 장의 규정을 적용하지 아니한다. 다만, 유기화합물 취급 특별장소, 특별관리물질 취급 장소, 지하실 내부, 그 밖에 환기가 불충분한 실내작업장인 경우에는 그러하지 아니하다.

② 제1항 본문에 따른 작업장 공기의 부피는 바닥에서 4미터가 넘는 높이에 있는 공간을 제외한 세제곱미터를 단위로 하는 실내작업장의 공간부피를 말한다. 다만, 공기의 부피가 150세제곱미터를 초과하는 경우에는 150세제곱미터를 그 공기의 부피로 한다.

정답 ⑤

테마89. 국제암연구소(IARC)의 발암성물질 분류표

- Group1: 인체발암성물질
- Group2A; 인체발암추정물질
- Group2B; 인체발암가능물질
- Group3: 인체발암성 비분류 물질
- Group4: 인체 비발암성 추정물질

〈참고〉

○ 미국 산업위생전문가협의회(ACGIH)는 세계적으로 권위 있는 전문가들이 작업장 근로자의 건강과 관련된 각종 자료를 수집·연구하고 주요 화학물질의 노출한계(TLVs: Threshold Limit Values)를 정하여 권고하고 있는데 미국, 일본 정부 등 선진국에서는 ACGIH의 TLV를 기준으로 자국의 노출기준을 설정하고 있다. 우리나라도 국내에서 직업병이 발생하여 자료가 있는 일부 물질 이외에는 ACGIH의 TLV 기준을 대부분 받아들여 사용하고 있다.

A1: 인간에게 발암성이 확인됨(Confirmed human carcinogen),

A2: 인간에게 발암성이 의심됨(Suspected human carcinogen),

A3: 동물에게는 발암성이 확인되었으나 인간에게는 관련성이 알려지지 않음(Confirmed animal carcinogen with unknown relevance to humans),

A4: 인간에게 발암성으로 분류할 수 없음(Not classifiable as a human carcinogen)

01 국제암연구소(IARC)의 발암성물질 분류표기와 설명이 옳게 짝지어진 것은?

① Group A1: 인체에 대한 충분한 발암성 근거가 있는 물질

② Group 1A: 인체에 대한 충분한 발암성 근거가 있는 물질

③ Group B: 인체에 발암 가능성이 있는 물질

④ Group R: 인체에 발암 가능성이 있는 물질

⑤ Group 4: 인체에 발암성이 없다고 추정되는 물질

해설

정답 ⑤

02 미국정부산업위생전문가협의회(ACGIH)의 발암물질 구분으로 “동물 발암성 확인물질, 인체 발암성 모름”에 해당되는 Group은?

① A2

② A3

③ A4

④ A5

해설

정답 ②

테마90. 특수건강진단의 시기 및 주기

■ 산업안전보건법 시행규칙 [별표 22]

특수건강진단 대상 유해인자(제201조 관련)

1. 화학적 인자
   가. 유기화합물(109종)
      1) 가솔린(Gasoline; 8006-61-9) 등
   나. 금속류(20종)
      1) 구리(Copper; 7440-50-8)(분진, 미스트, 흄)
      2) 납[7439-92-1] 및 그 무기화합물
      3) 니켈[7440-02-0] 및 그 무기화합물, 니켈 카르보닐
      4) 망간[7439-96-5] 및 그 무기화합물
      5) 사알킬납(Tetraalkyl lead; 78-00-2 등)
      6) 산화아연(Zinc oxide; 1314-13-2)(분진, 흄)
      7) 산화철(Iron oxide; 1309-37-1 등)(분진, 흄)
      8) 삼산화비소(Arsenic trioxide; 1327-53-3)
      9) 수은[7439-97-6] 및 그 화합물(Mercury and its compounds)
      10) 안티몬[7440-36-0] 및 그 화합물(Antimony and its compounds)
      11) 알루미늄[7429-90-5] 및 그 화합물(Aluminum and its compounds)
      12) 오산화바나듐(Vanadium pentoxide; 1314-62-1)(분진, 흄)
      13) 요오드[7553-56-2] 및 요오드화물(Iodine and iodides)
      14) 인듐[7440-74-6] 및 그 화합물(Indium and its compounds)
      15) 주석[7440-31-5] 및 그 화합물(Tin and its compounds)
      16) 지르코늄[7440-67-7] 및 그 화합물(Zirconium and its compounds)
      17) 카드뮴[7440-43-9] 및 그 화합물(Cadmium and its compounds)
      18) 코발트(Cobalt; 7440-48-4)(분진, 흄)
      19) 크롬[7440-47-3] 및 그 화합물(Chromium and its compounds)
      20) 텅스텐[7440-33-7] 및 그 화합물(Tungsten and its compounds)
      21) 1)부터 20)까지의 물질을 중량비율 1퍼센트 이상 함유한 혼합물
   다. 산 및 알카리류(8종)
      1) 무수 초산(Acetic anhydride; 108-24-7)
      2) 불화수소(Hydrogen fluoride; 7664-39-3)
      3) 시안화 나트륨(Sodium cyanide; 143-33-9)
      4) 시안화 칼륨(Potassium cyanide; 151-50-8)
      5) 염화수소(Hydrogen chloride; 7647-01-0)
      6) 질산(Nitric acid; 7697-37-2)
      7) 트리클로로아세트산(Trichloroacetic acid; 76-03-9)
      8) 황산(Sulfuric acid; 7664-93-9)
      9) 1)부터 8)까지의 물질을 중량비율 1퍼센트 이상 함유한 혼합물
   라. 가스 상태 물질류(14종)
      1) 불소(Fluorine; 7782-41-4)
      2) 브롬(Bromine; 7726-95-6)
      3) 산화에틸렌(Ethylene oxide; 75-21-8)
      4) 삼수소화 비소(Arsine; 7784-42-1)
      5) 시안화 수소(Hydrogen cyanide; 74-90-8)

6) 염소(Chlorine; 7782-50-5)
7) 오존(Ozone; 10028-15-6)
8) 이산화질소(nitrogen dioxide; 10102-44-0)
9) 이산화황(Sulfur dioxide; 7446-09-5)
10) 일산화질소(Nitric oxide; 10102-43-9)
11) 일산화탄소(Carbon monoxide; 630-08-0)
12) 포스겐(Phosgene; 75-44-5)
13) 포스핀(Phosphine; 7803-51-2)
14) 황화수소(Hydrogen sulfide; 7783-06-4)
15) 1)부터 14)까지의 규정에 따른 물질을 용량비율 1퍼센트 이상 함유한 혼합물

마. 영 제88조에 따른 허가 대상 유해물질(12종)
1) α-나프틸아민[134-32-7] 및 그 염(α-naphthylamine and its salts)
2) 디아니시딘[119-90-4] 및 그 염(Dianisidine and its salts)
3) 디클로로벤지딘[91-94-1] 및 그 염(Dichlorobenzidine and its salts)
4) 베릴륨[7440-41-7] 및 그 화합물(Beryllium and its compounds)
5) 벤조트리클로라이드(Benzotrichloride; 98-07-7)
6) 비소[7440-38-2] 및 그 무기화합물(Arsenic and its inorganic compounds)
7) 염화비닐(Vinyl chloride; 75-01-4)
8) 콜타르피치[65996-93-2] 휘발물(코크스 제조 또는 취급업무)(Coal tar pitch volatiles)
9) 크롬광 가공[열을 가하여 소성(변형된 형태 유지) 처리하는 경우만 해당한다](Chromite ore processing)
10) 크롬산 아연(Zinc chromates; 13530-65-9 등)
11) o-톨리딘[119-93-7] 및 그 염(o-Tolidine and its salts)
12) 황화니켈류(Nickel sulfides; 12035-72-2, 16812-54-7)
13) 1)부터 4)까지 및 6)부터 11)까지의 물질을 중량비율 1퍼센트 이상 함유한 혼합물
14) 5)의 물질을 중량비율 0.5퍼센트 이상 함유한 혼합물

바. 금속가공유(Metal working fluids); 미네랄 오일 미스트(광물성 오일, Oil mist, mineral)

2. 분진(7종)
가. 곡물 분진(Grain dusts)
나. 광물성 분진(Mineral dusts)
다. 면 분진(Cotton dusts)
라. 목재 분진(Wood dusts)
마. 용접 흄(Welding fume)
바. 유리 섬유(Glass fiber dusts)
사. 석면 분진(Asbestos dusts; 1332-21-4 등)

3. 물리적 인자(8종)
가. 안전보건규칙 제512조제1호부터 제3호까지의 규정의 소음작업, 강렬한 소음작업 및 충격소음작업에서 발생하는 소음
나. 안전보건규칙 제512조제4호의 진동작업에서 발생하는 진동
다. 안전보건규칙 제573조제1호의 방사선
라. 고기압
마. 저기압
바. 유해광선
1) 자외선
2) 적외선
3) 마이크로파 및 라디오파

4. 야간작업(2종)
가. 6개월간 밤 12시부터 오전 5시까지의 시간을 포함하여 계속되는 8시간 작업을 월 평균 4회 이상 수행하는 경우
나. 6개월간 오후 10시부터 다음날 오전 6시 사이의 시간 중 작업을 월 평균 60시간 이상 수행하는 경우

※ 비고: "등"이란 해당 화학물질에 이성질체 등 동일 속성을 가지는 2개 이상의 화합물이 존재할 수 있는 경우를 말한다.

■ 산업안전보건법 시행규칙 [별표 23]

특수건강진단의 시기 및 주기(제202조제1항 관련)

구분	대상 유해인자	시기 (배치 후 첫 번째 특수 건강진단)	주기
1	N,N-디메틸아세트아미드 디메틸포름아미드	1개월 이내	6개월
2	벤젠	2개월 이내	6개월
3	1,1,2,2-테트라클로로에탄 사염화탄소 아크릴로니트릴 염화비닐	3개월 이내	6개월
4	석면, 면 분진	12개월 이내	12개월
5	광물성 분진 목재 분진 소음 및 충격소음	12개월 이내	24개월
6	제1호부터 제5호까지의 대상 유해인자를 제외한 별표22의 모든 대상 유해인자	6개월 이내	12개월

○ 직업성 천식 및 직업성 피부염이 의심되는 근로자에 대한 수시건강진단의 검사항목

번호	유해인자	제1차 검사항목	제2차 검사항목
1	천식 유발물질	(1) 직업력 및 노출력 조사 (2) 주요 표적기관과 관련된 병력조사 (3) 임상검사 및 진찰 호흡기계: 천식에 유의하여 진찰	임상검사 및 진찰 호흡기계: 작업 중 최대날숨유량 연속측정, 폐활량검사, 흉부 방사선(후전면, 측면), 비특이 기도과민검사
2	피부장해 유발물질	(1) 직업력 및 노출력 조사 (2) 주요 표적기관과 관련된 병력조사 (3) 임상검사 및 진찰 피부: 피부 병변의 종류, 발병 모양, 분포 상태, 피부묘기증, 니콜스키 증후 등에 유의하여 진찰	임상검사 및 진찰 피부: 피부첩포시험

01 근로자 건강진단에 관한 설명으로 옳지 않은 것은?

① 납땜 후 기판에 묻어 있는 이물질을 제거하기 위하여 아세톤을 취급하는 근로자는 특수건강진단 대상자이다.

② 우레탄수지 코팅공정에 디메틸포름아미드 취급 근로자의 배치 후 첫 번째 특수 건강진단 시기는 3개월 이내이다.

③ 6개월간 오후 10시부터 다음날 오전 6시 사이의 시간 중 작업을 월 평균 60시간 이상 수행하는 근로자는 야간작업 특수건강진단 대상자이다.

④ 직업성 천식 및 직업성 피부염이 의심되는 근로자에 대한 수시건강진단의 검사 항목이 있다.

⑤ 정밀기계 가공작업에서 금속가공유 취급시 노출되는 근로자는 배치 전·특수건강진단 대상자이다.

해설

정답 ②

01 보호구의 성능기준 및 사용에 관한 설명으로 옳은 것은?

① 안전모의 종류 중 AE형은 물체의 낙하 또는 비래에 의한 위험을 경감하고, 머리부위 감전에 의한 위험을 방지하기 위한 것으로 6,000V 이상의 전압에 견디는 내전압성을 갖는 것을 말한다.

② 내절연용 절연장갑의 종류에서 가장 낮은 등급(00등급)의 최대사용전압은 교류, 직류 모두 750V 이하이다.

③ 유기화합물용 방독마스크의 정화통 외부 측면의 표시 색은 노랑색으로 표시하여야 한다.

④ 추락방지대란 신체지지 목적으로 전신에 착용하는 띠 모양의 것으로서 상체 등 일부분만 지지하는 것은 제외한다.

⑤ 1종 방음용 귀마개는 저음부터 고음까지 차음하는 것으로서 차음성능은 중심주파수 1,000Hz에서 20dB 이상의 차음치를 가져야 한다.

해설

제26조(정의) 이 장에서 사용하는 용어의 뜻은 다음 각 호와 같다.

1. "벨트"란 신체지지의 목적으로 허리에 착용하는 띠 모양의 부품을 말한다.
2. "안전그네"란 신체지지의 목적으로 전신에 착용하는 띠 모양의 것으로서 상체 등 신체 일부분만 지지하는 것은 제외한다.
3. "지탱벨트"란 U자걸이 사용 시 벨트와 겹쳐서 몸체에 대는 역할을 하는 띠 모양의 부품을 말한다.
4. "죔줄"이란 벨트 또는 안전그네를 구명줄 또는 구조물 등 그 밖의 걸이설비와 연결하기 위한 줄모양의 부품을 말한다.
5. "D링"이란 벨트 또는 안전그네와 죔줄을 연결하기 위한 D자형의 금속 고리를 말한다.
6. "각링"이란 벨트 또는 안전그네와 신축조절기를 연결하기 위한 사각형의 금속 고리를 말한다.
7. "버클"이란 벨트 또는 안전그네를 신체에 착용하기 위해 그 끝에 부착한 금속장치를 말한다.
8. "추락방지대"란 신체의 추락을 방지하기 위해 자동잠김 장치를 갖추고 죔줄과 수직구명줄에 연결된 금속장치를 말한다.
9. "훅 및 카라비너"란 죔줄과 걸이설비 등 또는 D링과 연결하기 위한 금속장치를 말한다.
10. "보조훅"이란 U자걸이를 위해 훅 또는 카라비너를 지탱벨트의 D링에 걸거나 떼어낼 때 추락을 방지하기 위한 훅을 말한다.
11. "신축조절기"란 죔줄의 길이를 조절하기 위해 죔줄에 부착된 금속의 조절장치를 말한다.
12. "8자형 링"이란 안전대를 1개걸이로 사용할 때 훅 또는 카라비너를 죔줄에 연결하기 위한 8자형의 금속고리를 말한다.
13. "안전블록"이란 안전그네와 연결하여 추락발생시 추락을 억제할 수 있는 자동잠김장치가 갖추어져 있고 죔줄이 자동적으로 수축되는 장치를 말한다.

14. "보조죔줄"이란 안전대를 U자걸이로 사용할 때 U자걸이를 위해 훅 또는 카라비너를 지탱벨트의 D링에 걸거나 떼어낼 때 잘못하여 추락하는 것을 방지하기 위한 링과 걸이설비연결에 사용하는 훅 또는 카라비너를 갖춘 줄모양의 부품을 말한다.
15. "수직구명줄"이란 로프 또는 레일 등과 같은 유연하거나 단단한 고정줄로서 추락발생시 추락을 저지시키는 추락방지대를 지탱해 주는 줄모양의 부품을 말한다.
16. "충격흡수장치"란 추락 시 신체에 가해지는 충격하중을 완화시키는 기능을 갖는 죔줄에 연결되는 부품을 말한다.
17. 이 장에서 사용되는 낙하거리의 용어는 다음 각 목과 같다.
가. "억제거리"란 감속거리를 포함한 거리로서 추락을 억제하기 위하여 요구되는 총 거리를 말한다.
나. "감속거리"란 추락하는 동안 전달충격력이 생기는 지점에서의 착용자의 D링 등 체결지점과 완전히 정지에 도달하였을 때의 D링 등 체결지점과의 수직거리를 말한다.
18. "최대전달충격력"이란 동하중시험 시 시험몸통 또는 시험추가 추락하였을 때 로드셀에 의해 측정된 최고 하중을 말한다.
19. "U자걸이"란 안전대의 죔줄을 구조물 등에 U자 모양으로 돌린 뒤 훅 또는 카라비너를 D링에, 신축조절기를 각링 등에 연결하는 걸이 방법을 말한다.
20. "1개걸이"란 죔줄의 한쪽 끝을 D링에 고정시키고 훅 또는 카라비너를 구조물 또는 구명줄에 고정시키는 걸이 방법을 말한다.

등급

절연장갑의 등급은 최대사용전압에 따라 표 1과 같이 한다.

〈표 1〉 절연장갑의 등급

등급	최대사용전압		비고
	교류(V, 실효값)	직류(V)	
00	500	750	
0	1,000	1,500	
1	7,500	11,250	
2	17,000	25,500	
3	26,500	39,750	
4	36,000	54,000	

종류	등급	기호	성능	비고
귀마개	1종	EP-1	저음부터 고음까지 차음하는 것	귀마개의 경우 재사용 여부를 제조특성으로 표기
	2종	EP-2	주로 고음을 차음하고 저음(회화음영역)은 차음하지 않는 것	
귀덮개	-	EM		

	중심주파수(Hz)	차음치(dB)		
		EP-1	EP-2	EM
차음성능	125	10 이상	10 미만	5 이상
	250	15 이상	10 미만	10 이상
	500	15 이상	10 미만	20 이상
	1,000	**20 이상**	**20 미만**	**25 이상**
	2,000	25 이상	20 이상	30 이상
	4,000	25 이상	25 이상	35 이상
	8,000	**20 이상**	**20 이상**	20 이상

○ **방독마스크 종류**

종류	시험가스
유기화합물용	시클로헥산(C_6H_{12})
	디메틸에테르(CH_3OCH_3)
	이소부탄(C_4H_{10})
할 로 겐 용	염소가스 또는 증기(Cl_2)
황 화 수 소 용	황화수소가스(H_2S)
시 안 화 수 소 용	시안화수소가스(HCN)
아 황 산 용	아황산가스(SO_2)
암 모 니 아 용	암모니아가스(NH_3)

○ 방독마스크 등급

등급	사용장소
고농도	가스 또는 증기의 농도가 100분의 2(암모니아에 있어서는 100분의 3) 이하의 대기 중에서 사용하는 것
중농도	가스 또는 증기의 농도가 100분의 1(암모니아에 있어서는 100분의 1.5)이하의 대기 중에서 사용하는 것
저농도 및 최저농도	가스 또는 증기의 농도가 100분의 0.1 이하의 대기 중에서 사용하는 것으로서 긴급용이 아닌 것
비고 : 방독마스크는 산소농도가 18% 이상인 장소에서 사용하여야 하고, 고농도와 중농도에서 사용하는 방독마스크는 전면형(격리식, 직결식)을 사용해야 한다.	

○ 방독마스크 정화통 외부 측면의 표시 색

〈표 5〉 정화통 외부 측면의 표시 색

종류	표시 색
유기화합물용 정화통	갈색
할로겐용 정화통	회색
황화수소용 정화통	
시안화수소용 정화통	
아황산용 정화통	노랑색
암모니아용 정화통	녹색
복합용 및 겸용의 정화통	복합용의 경우 해당가스 모두 표시(2층 분리) 겸용의 경우 백색과 해당가스 모두 표시(2층 분리)
※ 증기밀도가 낮은 유기화합물 정화통의 경우 색상표시 및 화학물질명 또는 화학기호를 표기	

정답 ⑤

02 방진마스크에 관한 설명으로 옳지 않은 것은?

① "전면형 방진마스크"란 분진 등으로부터 안면부 전체(입, 코, 눈)를 덮을 수 있는 구조의 방진마스크를 말한다.

② 산소농도 18% 이상인 장소에서 사용하여야 한다.

③ "반면형 방진마스크"란 분진 등으로부터 안면부의 입과 코를 덮을 수 있는 구조의 방진마스크를 말한다.

④ 방진마스크는 쉽게 착용되어야 하고 착용하였을 때 안면부가 안면에 밀착되어 공기가 새지 않아야 한다.

⑤ 석면 취급 장소에서는 2급 방진마스크를 사용해야 한다.

해설

○ 방진마스크 등급

등급	특급	1급	2급
사용장소	• 베릴륨등과 같이 독성이 강한 물질들을 함유한 분진 등 발생장소 • 석면 취급장소	• 특급마스크 착용장소를 제외한 분진 등 발생장소 • 금속흄 등과 같이 열적으로 생기는 분진 등 발생장소 • 기계적으로 생기는 분진 등 발생장소(규소등과 같이 2급 방진마스크를 착용하여도 무방한 경우는 제외한다)	• 특급 및 1급 마스크 착용장소를 제외한 분진 등 발생장소
	배기밸브가 없는 안면부여과식 마스크는 특급 및 1급 장소에 사용해서는 안 된다.		

* 특급의 경우 석면이나 베릴륨과 같은 발암성 물질에 노출되는 작업 시 착용하며 1급은 용접과 같은 금속작업, 2급은 일반 분진이 일어나는 작업에 사용된다.

정답 ⑤

03 「산업안전보건법 시행규칙」상 안전· 보건 표지의 종류와 분류를 바르게 짝지은 것은?

① 안전장갑 착용 - 지시표지

② 위험장소 경고 - 출입금지표지

③ 금연 - 경고표지

④ 허가대상 유해물질 취급 - 안내표지

해설

금지표지	경고표지	지시표지	안내표지	출입금지표지
1. 출입금지 2. 보행금지 3. 차량통행금지 4. 사용금지 5. 탑승금지 6. 금연 7. 화기금지 8. 물체이동금지	1. 인화성물질 경고 2. 산화성물질 경고 3. 폭발성물질 경고 4. 급성독성물질 경고 5. 부식성물질 경고 6. 방사성물질 경고 7. 고압전기 경고 8. 매달린물체 경고 9. 낙하물체 경고 10. 고온 경고 11. 저온 경고 12. 몸균형상실경고 13. 레이저광선 경고 14. 발암성변이원성 생식독성·전신독성·호흡기과민성물질 경고 15. 위험장소 경고	1. 보안경 착용 2. 방독마스크 착용 3. 방진마스크 착용 4. 보안면 착용 5. 안전모 착용 6. 귀마개 착용 7. 안전화 착용 8. 안전장갑 착용 9. 안전복착용	1. 녹십자표지 2. 응급구호표지 3. 들것 4. 세안장치 5. 비상용기구 6. 비상구 7. 좌측비상구 8. 우측비상구	1. 허가대상유해물질 취급 2. 석면취급 및 해체·제거 3. 금지유해물질 취급

정답 ① 별표6 참조

04 유해요인 노출로부터 근로자를 보호하기 위한 개인보호구에 관한 설명으로 옳은 것은?

① 산소농도가 18% 이하인 작업장에서는 방독마스크를 착용하여야 한다.

② 나노입자에 노출되는 경우 특급 방진마스크를 착용하도록 한다.

③ 발암성 유기용제에 노출되는 경우 특급 이상의 방진마스크를 착용하여야 한다.

④ 방진마스크는 여과효율이 낮을수록, 흡기저항이 높을수록 성능은 향상된다.

⑤ 방독마스크는 오래 사용하면 여과효율은 증가하지만 흡배기 저항은 감소한다.

해설

분진포집효율이 높고 흡기·배기저항은 낮은 것이 우수한 것이다.

정답 ②

테마92. 관리대상 유해물질 관련 국소배기장치 후드의 제어풍속

■ 산업안전보건기준에 관한 규칙 [별표 13]

관리대상 유해물질 관련 국소배기장치 후드의 제어풍속(제429조 관련)

물질의 상태	후드 형식	제어풍속(m/sec)
가스 상태	포위식 포위형 외부식 측방흡인형 외부식 하방흡인형 외부식 상방흡인형	0.4 0.5 0.5 1.0
입자 상태	포위식 포위형 외부식 측방흡인형 외부식 하방흡인형 외부식 상방흡인형	0.7 1.0 1.0 1.2

비고

1. "가스 상태"란 관리대상 유해물질이 후드로 빨아들여질 때의 상태가 가스 또는 증기인 경우를 말한다.
2. "입자 상태"란 관리대상 유해물질이 후드로 빨아들여질 때의 상태가 흄, 분진 또는 미스트인 경우를 말한다.
3. "제어풍속"이란 국소배기장치의 모든 후드를 개방한 경우의 제어풍속으로서 다음 각 목에 따른 위치에서의 풍속을 말한다.
   가. 포위식 후드에서는 후드 개구면에서의 풍속
   나. 외부식 후드에서는 해당 후드에 의하여 관리대상 유해물질을 빨아들이려는 범위 내에서 해당 후드 개구면으로부터 가장 먼 거리의 작업위치에서의 풍속

01 관리대상 유해물질 관련 국소배기장치 후드의 제어풍속에 관한 설명으로 옳지 않은 것은?

① 가스 상태 물질 포위식 포위형 후드는 제어풍속이 0.4 m/s 이상이다.
② 가스 상태 물질 외부식 측방흡인형 후드는 제어풍속이 0.5 m/s 이상이다.
③ 가스 상태 물질 외부식 상방흡인형 후드는 제어풍속이 1.0 m/s 이상이다.
④ 입자 상태 물질 포위식 포위형 후드는 제어풍속이 1.0 m/s 이상이다.
⑤ 입자 상태 물질 외부식 상방흡인형 후드는 제어풍속이 1.2 m/s 이상이다.

해설

정답 ④

테마93. 근로자 건강증진활동 지침

○ 근로자 건강증진활동 지침

제1장 총칙

제1조(목적) 이 고시는 「산업안전보건법」 제4조제1항제9호, 제11조제3호 및 같은 법 시행령 제7조제2항에 따라 근로자 건강증진활동을 효율적으로 추진하기 위하여 필요한 사항을 규정함을 목적으로 한다.

제2조(용어의 정의) ① 이 고시에서 사용하는 용어의 뜻은 다음 각 호와 같다.

1. "근로자 건강증진활동"이란 작업관련성질환 예방활동을 포함하여 근로자의 건강을 최상의 상태로 하기 위한 일련의 활동을 말한다.
2. "직업성질환"이란 작업환경 중 유해인자가 있어 업무나 직업적 활동에 의하여 근로자가 노출될 경우 그 유해인자로 인하여 발생하는 질환을 말한다.
3. "작업관련성질환"이란 작업관련 뇌심혈관질환·근골격계질환 등 업무적 요인과 개인적 요인이 복합적으로 작용하여 발생하는 질환을 말한다.
4. "직업건강서비스"란 직업성질환 및 작업관련성질환 예방을 위한 근로자 지원서비스를 말한다.
5. "건강증진활동추진자"란 사업장 내의 보건관리자 또는 근로자 건강증진활동에 필요한 지식과 기술을 보유하고 건강증진활동을 추진하는 사람을 말한다.

② 그 밖에 이 고시에서 사용하는 용어의 뜻은 이 고시에 특별한 규정이 없으면 「산업안전보건법」(이하 "법"이라 한다), 같은 법 시행령, 같은 법 시행규칙 및 「산업안전보건기준에 관한 규칙」(이하 "안전보건규칙"이라 한다)에서 정하는 바에 따른다.

제3조(적용 범위) 이 고시는 근로자 건강증진활동을 추진하고자 하는 모든 사업장 또는 근로자에게 적용한다.

제2장 사업장에서의 근로자 건강증진활동계획 수립·시행, 추진체계, 평가 등

제4조(건강증진활동계획 수립·시행) ① 사업주는 근로자의 건강증진을 위하여 다음 각 호의 사항이 포함된 건강증진활동계획을 수립·시행하여야 한다.

1. 사업주가 건강증진을 적극적으로 추진한다는 의사표명
2. 건강증진활동계획의 목표 설정
3. 사업장 내 건강증진 추진을 위한 조직구성
4. 직무스트레스 관리, 올바른 작업자세 지도, 뇌심혈관계질환 발병위험도 평가 및 사후관리, 금연, 절주, 운동, 영양개선 등 건강증진활동 추진내용
5. 건강증진활동을 추진하기 위해 필요한 예산, 인력, 시설 및 장비의 확보
6. 건강증진활동계획 추진상황 평가 및 계획의 재검토
7. 그 밖에 근로자 건강증진활동에 필요한 조치

② 사업주는 제1항에 따른 건강증진활동계획을 수립할 때에는 다음 각 호의 조치를 포함하여야 한다.

1. 법 제43조제5항에 따른 건강진단결과 사후관리조치
2. 안전보건규칙 제660조제2항에 따른 근골격계질환 징후가 나타난 근로자에 대한 사후조치
3. 안전보건규칙 제669조에 따른 직무스트레스에 의한 건강장해 예방조치

③ 상시 근로자 50명 미만을 사용하는 사업장의 사업주는 근로자건강센터를 활용하여 건강증진활동계획을 수립·시행할 수 있다.

제5조(건강증진활동의 추진체제) ① 사업주는 건강증진활동이 지속적으로 추진될 수 있도록 건강증진활동의 총괄 부서 및 건강증진활동추진자를 정하여야 한다.

② 사업주는 산업안전보건위원회 또는 노사협의회에서 사업장 건강증진활동 계획을 심의하도록 하여야 한다.

③ 사업주는 근로자 건강증진활동에 필요한 부서별 실무 담당자를 정하고, 그 담당자와 건강증진활동추진자가 협력하여 건강증진활동계획에 관한 실시 체제를 확립하도록 하여야 한다.

④ 사업주는 사업장에 영양사가 있는 경우에는 건강증진활동추진자와 영양사가 협력하여 영양개선활동을 하도록 하여야 한다.

⑤ 사업주는 건강증진활동추진과 관련이 있는 사람에게 그 활동에 필요한 교육을 받도록 하여야 한다.

⑥ 사업주는 건강증진활동을 추진하는 경우 외부 건강증진 전문가 또는 근로자건강센터 등 전문기관을 활용할 수 있다. 이 경우 사업주는 외부 전문가 또는 전문기관의 의견을 청취하여야 한다.

제6조(근로자의 건강증진활동 참여) 근로자는 사업주가 추진하는 건강증진활동에 적극 참여하고, 자신의 건강증진을 위하여 스스로 노력하여야 한다.

제7조(건강증진활동의 실시결과 평가 및 반영) 사업주는 건강증진활동을 효율적으로 추진하기 위하여 사업장의 건강증진활동 실시결과를 정기적으로 평가하여 제4조에 따른 건강증진활동계획 수립에 반영하여야 한다.

제3장 지원 및 혜택

제8조(정부의 지원) ① 고용노동부장관은 근로자 건강증진활동을 효율적으로 추진하기 위하여 다음 각 호의 사항을 강구하여야 한다.

1. 정책의 수립·집행·조정
2. 교육·홍보
3. 기술의 연구·개발 및 시설의 설치·운영
4. 조사 및 통계의 유지·관리
5. 관련기관 등에 대한 지원·지도·감독
6. 건강증진활동 우수사업장 선정
7. 그 밖에 건강증진활동 추진에 관한 사항

② 고용노동부장관은 제1항 각 호의 사항을 효율적으로 수행하기 위하여 한국산업안전보건공단(이하 "공단"이라 한다)으로 하여금 사업주의 신청을 받아 근로자 건강증진활동지원사업을 시행하게 할 수 있다.

제9조(건강증진활동 지원신청) ① 건강증진활동에 대한 지원을 받으려는 사업주는 별지 서식의 근로자 건강증진활동 지원신청서를 공단 산하 관할 지역본부장 또는 지사장에게 제출하여야 한다.

② 공단은 "건강증진활동 지원신청서"를 제출한 사업장 중 300인미만 사업장에 대하여 건강증진활동 지원혜택을 우선적으로 제공할 수 있다.

제10조(사업주에 대한 지원) ① 공단은 제9조에 따라 건강증진활동을 추진하는 사업주에게 건강증진활동에 대한 방법 지도, 관련 자료의 제공·교육, 추진계획의 작성·수행·평가 등 필요한 지원을 할 수 있다.

② 공단은 건강증진활동을 추진하는 사업주에게 예산이 허용하는 범위에서 외부 전문가 또는 전문기관을 통한 교육·상담 등을 지원하거나 근로자건강센터를 활용하여 지원할 수 있다.

③ 공단은 근로자 건강증진활동을 위한 시설 및 기기 등에 대하여 「산업재해예방시설자금 융자 및 보조업무처리규칙」에 따른 자금을 우선하여 지원할 수 있다.

④ 공단은 상시 근로자 50인 미만 사업장에 대하여 건강증진활동을 우선하여 지원할 수 있다.

제11조(건강증진활동 우수사업장에 대한 혜택) ① 공단은 건강증진활동이 우수한 사업장에 대하여 건강증진활동 우수사업장으로 선정하고, 상패를 줄 수 있다.

② 고용노동부장관은 제1항에 따라 선정된 사업장에 대해서는 정부 포상 및 표창의 우선 추천 등 혜택을 부여할 수 있다.

③ 제1항에 따라 선정된 사업장의 사업주는 건강증진활동추진자 및 건강증진활동 우수 부서에 대하여 표창·승급 등 자체 포상을 실시하여 건강증진활동이 활성화되도록 노력하여야 한다.

제11조의2 삭제

제12조(근로자건강센터 설치·운영 등) ① 고용노동부장관은 소규모 사업장 근로자의 건강을 보호·증진하기 위하여 근

로자건강센터(이하 '근로자건강센터'라 한다)를 설치·운영할 수 있다.

② 근로자건강센터는 다음 각 호의 업무를 수행한다.

1. 근로자 건강증진활동 지원
2. 직업건강서비스 제공
3. 직장 내 괴롭힘에 의한 건강장해 예방 지원
4. 고객의 폭언등으로 인한 건강장해 예방 지원
5. 산업재해 및 직업적 트라우마 상담
6. 「안전보건규칙」 제669조에 따른 직무스트레스에 의한 건강장해 예방 지원
7. 그 밖에 근로자의 건강을 보호·증진하기 위하여 필요한 사항

③ 근로자건강센터의 종류, 구성, 설치 및 운영에 관한 사항은 공단이 고용노동부장관의 승인을 얻어 정한다.

제12조의2(직업병 안심센터의 설치 · 운영 등) ① 고용노동부장관은 직업성 질병의 발생 현황을 파악하고 적시 원인 조사 등을 통해 근로자 등의 건강을 보호、증진하기 위하여 직업병 안심센터를 설치、운영할 수 있다.

② 직업병 안심센터는 다음 각 호의 업무를 수행한다.

1. 직업성 질병 의심사례 발굴
2. 직업성 질병 의심자에 대한 건강상담 및 진료
3. 산업안전보건감독관의 질병재해 수사 시 자문、현장조사 등 필요한 지원
4. 그 밖에 근로자의 건강을 보호、증진하기 위하여 필요한 사항

③ 직업병 안심센터의 종류, 구성, 설치、운영에 관한 사항은 직업병 안심센터 운영지침을 따른다.

제13조(건강증진활동의 추진기법 보급) 공단은 건강증진활동을 지원하기 위하여 다음 각 호의 사업을 하여야 한다.

1. 건강증진활동 추진기법 및 관련 자료의 개발·보급
2. 건강증진활동 모델 개발
3. 건강증진활동 우수 사업장 발굴 및 홍보
4. 사업장 건강증진활동추진자에 대한 교육
5. 건강증진활동 전문가 양성
6. 분야별 건강증진활동 전문가 및 전문기관 데이터베이스 구축
7. 그 밖에 건강증진활동 추진에 관한 사항

01

근로자 건강증진활동 지침에 따라 건강증진활동 계획을 수립할 때, 포함해야 하는 내용을 모두 고른 것은?

ㄱ. 건강진단결과 사후관리조치
ㄴ. 작업환경측정결과에 대한 사후조치
ㄷ. 근골격계질환 징후가 나타난 근로자에 대한 사후조치
ㄹ. 직무스트레스에 의한 건강장해 예방조치

① ㄱ, ㄴ ② ㄱ, ㄹ ③ ㄱ, ㄷ, ㄹ ④ ㄴ, ㄷ, ㄹ ⑤ ㄱ, ㄴ, ㄷ, ㄹ

해설

정답 ③

테마94. 건강관리 구분

구분		기준
A	정상자	건강관리 사후관리조치가 불필요
C_1	직업병 요관찰자	직업병 예방을 위하여 적절한 사후관리조치 필요
C_2	일반질병 요관찰자	일반질병 예방을 위하여 적절한 사후관리조치 필요
D_1	직업병 유소견자	직업병의 소견이 있어 적절한 사후관리조치 필요
D_2	일반질병 유소견자	일반질병의 소견이 있어 적절한 사후관리조치 필요
R	일반건강진단에서 질환의심자	제2차 건강진단 실시

시행규칙 제220조(질병자의 근로금지) ① 법 제138조제1항에 따라 사업주는 다음 각 호의 어느 하나에 해당하는 사람에 대해서는 근로를 금지해야 한다.

1. 전염될 우려가 있는 질병에 걸린 사람. 다만, 전염을 예방하기 위한 조치를 한 경우는 제외한다.
2. 조현병, 마비성 치매에 걸린 사람
3. 심장·신장·폐 등의 질환이 있는 사람으로서 근로에 의하여 병세가 악화될 우려가 있는 사람
4. 제1호부터 제3호까지의 규정에 준하는 질병으로서 고용노동부장관이 정하는 질병에 걸린 사람

② 사업주는 제1항에 따라 근로를 금지하거나 근로를 다시 시작하도록 하는 경우에는 미리 보건관리자(의사인 보건관리자만 해당한다), 산업보건의 또는 건강진단을 실시한 의사의 의견을 들어야 한다.

시행규칙 제221조(질병자 등의 근로 제한) ① 사업주는 법 제129조부터 제130조에 따른 건강진단 결과 유기화합물·금속류 등의 유해물질에 중독된 사람, 해당 유해물질에 중독될 우려가 있다고 의사가 인정하는 사람, 진폐의 소견이 있는 사람 또는 방사선에 피폭된 사람을 해당 유해물질 또는 방사선을 취급하거나 해당 유해물질의 분진·증기 또는 가스가 발산되는 업무 또는 해당 업무로 인하여 근로자의 건강을 악화시킬 우려가 있는 업무에 종사하도록 해서는 안 된다.

② 사업주는 다음 각 호의 어느 하나에 해당하는 질병이 있는 근로자를 고기압 업무에 종사하도록 해서는 안 된다.

1. 감압증이나 그 밖에 고기압에 의한 장해 또는 그 후유증
2. 결핵, 급성상기도감염, 진폐, 폐기종, 그 밖의 호흡기계의 질병
3. 빈혈증, 심장판막증, 관상동맥경화증, 고혈압증, 그 밖의 혈액 또는 순환기계의 질병
4. 정신신경증, 알코올중독, 신경통, 그 밖의 정신신경계의 질병
5. 메니에르씨병, 중이염, 그 밖의 이관(耳管)협착을 수반하는 귀 질환
6. 관절염, 류마티스, 그 밖의 운동기계의 질병
7. 천식, 비만증, 바세도우씨병, 그 밖에 알레르기성·내분비계·물질대사 또는 영양장해 등과 관련된 질병

01 근로자 건강진단 실시기준에 따른 건강관리구분 C_N의 내용은?

① 직업성 질병으로 진전될 우려가 있어 추적검사 등 관찰이 필요한 근로자
② 일반질병으로 진전될 우려가 있어 추적관찰이 필요한 근로자
③ 질병으로 진전될 우려가 있어 야간작업 시 추적관찰이 필요한 근로자
④ 질병의 소견을 보여 야간작업 시 사후관리가 필요한 근로자
⑤ 건강진단 1차 검사결과 건강수준의 평가가 곤란하거나 질병이 의심되는 근로자

해설

건강관리구분	건강관리구분내용
A	건강관리상 사후관리가 필요 없는 근로자(건강한 근로자)
C_N	질병으로 진전될 우려가 있어 야간작업 시 추적관찰이 필요한 근로자 (질병 요관찰자)
D_N	질병의 소견을 보여 야간작업 시 사후관리가 필요한 근로자 (질병 유소견자)
R	건강진단 1차 검사결과 건강수준의 평가가 곤란하거나 질병이 의심되는 근로자 (제2차 건강진단 대상자)

정답 ③

테마95. 레이놀드 수

01

덕트 내 공기에 의한 마찰손실을 표시하는 레이놀드 수(Reynolds No.)에 포함되지 않는 요소는?

① 공기 속도(velocity)

② 덕트 직경(diameter)

③ 덕트면 조도(roughness)

④ 공기 밀도(density)

⑤ 공기 점도(viscosity)

해설

레이놀즈 수(Reynolds number)는 유체역학에서 사용하는 무차원수이며, 다음과 같이 정의된다.

$$Re = \frac{pVL}{u}$$

여기서 p는 유체의 밀도, V는 유체의 속력, L는 유체의 특성길이(characteristic length)그리고 u는 유체의 점성계수(viscosity)이다. 위 식들의 차원을 뜯어보면 이것은 차원이 존재하지 않는다.

이 식의 분모와 분자를 p로 나누면 다음과 같이 된다.

$$Re = \frac{VL}{v} = \frac{관성력}{점성력}$$

이때 v는 동점성계수(kinematic viscosity)라고 한다. 위의 식은 분모가 점성력을, 분자가 관성력을 의미한다. 즉 물체의 관성이 점성에 비해서 얼마나 큰가를 나타내는 척도로 이 레이놀즈 수가 작을수록 층류(유체의 유선이 유지 되면서 흐르는 유동)가, 레이놀즈 수가 클수록 난류가 형성된다. 층류(Laminar flow)란 점성력이 지배적인 유동으로 레이놀즈 수가 낮다.

정답 ③

테마96. 우리나라 산업보건 역사

01 우리나라 산업보건 역사에 관한 설명으로 옳은 것은?

① 원진레이온 이황화탄소 중독을 계기로 산업안전보건법이 제정되었다.
② 1988년 문송면 씨 사망으로 수은 중독이 사회적 이슈가 되었다.
③ 2004년 외국인 근로자 다발성 신경 손상에 의한 하지마비(앉은뱅이병) 원인인자는 벤젠이었다.
④ 2016년 메탄올 중독 사건은 특수건강진단에서 밝혀졌다.
⑤ 1995년 전자부품제조 근로자 생식독성의 원인 인자는 납이었다.

해설

1981년 산업안전보건법 제정 후 1990년 원진레이온(이황화탄소 중독) 사건으로 개정이 처음 이루어졌다. 전부개정이 이루어짐. 참고로 1987년에 산업안전보건공단이 설립된다.
2004년 외국인(태국인) 근로자 다발성 신경 손상에 의한 하지마비(앉은뱅이병, 다발성말초신경염) 원인인자는 '노멀-헥산 중독'이었다.
2016년 메탄올(기준수치 200ppm) 중독사건은 CNC설비에서 가공할 때 발생하는 열을 식히는 용도로 사용했고 농도는 100%였다. 단 한 차례의 건강검진이나 산업안전감독 등이 이루어진 적이 없었다.
1995년 전자부품제조 근로자 생식독성의 원인 인자는 2-브로모프로판이었다.
솔벤트 5200이라는 유기용제에 노출된 노동자들은 솔벤트 5200에 들어 있는 '2-브로모프로판(노출기준 400 pmm)에 과다 노출되어 생식독성(난소기능 저하, 정자수 감소 등)과 악성빈혈이라는 직업병 판정을 받았다.

○ 허용기준 대상 유해인자 및 특성

구분	유해인자명	유해인자의 특성	직업병 사례
1	납 및 그 무기화합물	납중독(중추신경계 장해)	83년 납중독 61명
2	니켈(불용성무기화합물)	폐암, 비강암	00년 니켈중독 전신질환
3	디메틸포름아미드(DMF)	간, 신장, 심장독성, 중추신경계 장해	06년 1명 사망 07년 1명 사망, 3명 중독
4	벤젠	백혈병(중추신경계 장해)	직업병 17건(92-04)
5	2-브로모프로판	생식기능 장해	95.08 28명 생식기능저하(무월경, 정자감소)
6	석면	폐암, 악성중피종, 석면폐	직업병자 54명 (사망 45명)

7	6가크롬 화합물	폐암	직업병 14건
8	이황화탄소	중추·말초신경계 장해 관상동맥질환, 간질환 등	원진레이온 사건 (100여명 직업병 발생)
9	카드뮴 및 그 화합물	폐암	매년 직업병유소견자 5~10명 발생
10	톨루엔-2,4 디이소시아네이트(TDI)	직업성 천식	TDI 직업병 36건
11	트리클로로에틸렌(TCE)	중추신경계 장해	06년 4명 사망, 2명 중독 07년 2명 중독
12	포름알데히드	비강암(호흡기계장해)	직업병 3명
13	노멀헥산	말초신경장해	05.01 외국인근로자 8명 하반신 마비

정답 ②

테마97. 산업보건역사 중요사항

○ 산업보건역사 중요사항

1) 기원전 히포크라테스-현대 의학의 아버지로 직업과 질병의 상관관계를 기술하였고 광산의 '납' 중독에 대한 기록을 남긴다. 시간이 지나 기원 후 그리스의 갈론(Galen, 갈레노스)은 구리 광산에서 광부들에 대한 산(acid) 증기의 위험성을 지적하며 납중독의 증세를 관찰하였고 특정한 직업군에서 특이한 질병이 생긴다고 지적하였다.
2) 파라셀수스-모든 물질은 양에 따라 독이 되기도 하고, 약이 되기로 한다.
3) 아그리골라-광물학의 아버지라 불리며 「광물에 대하여」란 책을 남김.
4) 라마찌니-현대 산업위생학의 아버지로 직업병의 원인으로 작업 환경 중 유해물질과 부자연스러운 작업자세를 명시하였다.
5) 산업혁명 시기- 산업혁명 초기에는 공장 안은 물론 인접지역까지 공기, 물 등의 오염으로 개인위생이 중요한 문제로 부각되었다.
6) 퍼시발 포트(Percival Pott)-영국의 외과의사로 직업성 암(음낭암)을 최초로 보고하였다. 암의 원인물질로 검댕속, 여러 종류의 방향족탄화수소(PAHs)를 지적하였고 '굴뚝 청소법'을 제정하는 계기가 된다.
7) 조지 베이커(Gorge Baker)-사이다 공장에서 '납'에 의한 복통을 발견하였다.
8) 영국의 필(Robert Peel)은 자신의 면방직공장에서 **발진티푸스**가 집단적으로 발생하면서 그 원인을 조사한 경험을 계기로 1802년에 '도제 건강 및 도덕법(영국의 공장법, 1833)'을 제정하는데 기여하게 된다. 이전인 1825년, 1829년, 1831년에도 조금씩 진전된 내용의 공장법이 제정되었으나 제대로 이행되지는 않았다.
9) 레이노드-공압진동수공구 사용에 따른 백지증, 사지증을 발표
10) 렌(Rehn)-Anilin 염료로 인한 요로 종양을 발견하였다. 직업성 방광암 발견
11) 해밀턴(Hamilton)-미국의 여의사로 미국 최초의 산업위생학자 및 산업의사이다. 미국의 산재보상보험법 제정에 크게 기여한다.
12) 로리거(Roriga)-수지(손가락)의 레이노드 증상을 보고한다.
13) 워커가 발견한 황린 성냥에 대한 사용에서 독성이 발견되어 영국에서는 1912년 사용이 전면 금지된다.
14) 세계보건기구(WHO, 1948) 발족 → 우리나라는 1949년에 회원국으로 가입

★ 대한민국 산업안전보건 역사 관련법 제정 연도

1) 1953년 근로기준법 제정(6장 안전과 보건), 1981년 산업안전보건법 제정, 1990년 산업안전보건법 전문개정이 이루어진다. 1983년 1월 20일에 작업환경 측정실시 규정 제정.
2) 대한민국에서는 1964년 산업재해보상보험법 시행을 시작으로 1977년 국민건강보험을, 1988년 국민연금을, 1995년 고용보험을 시행하여 현재의 4대 사회보험을 갖추게 되었다.

01 산업위생 발전에 기여한 인물과 업적이 잘못 짝지어진 것은?

① 렌(Rehn)－Anilin 염료로 인한 방광암 발견
② 아그리콜라(Agricola)－광물학의 아버지라 불리며 「광물에 대하여」를 저술
③ 해밀턴(Hamiton)－사이다 공장에서 '납'에 의한 복통을 발견
④ 로리가(Roriga)－진동공구에 의한 수지(손가락)의 Raynaud 증상을 보고
⑤ 갈레노스(Galenos)는 구리 광산에서 광부들에 대한 산(acid) 증기의 위험성을 지적

해설

정답 ③

02 산업보건의 역사에 대한 설명으로 옳은 것은?

① 라마찌니(Ramzzini)는 '직업인의 질병'을 저술하였다.
② 히포크라테스는 구리광산에서 산 증기의 위험성을 보고하였다.
③ 원진레이온에서 발생한 직업병의 원인물질을 황화수소이다.
④ 우리나라는 1991년에 산업안전보건법을 제정하였다.
⑤ 우리나라는 1995년에 작업환경측정실시규정을 제정하였다.

해설

정답 ①

03 산업혁명 전후의 산업보건 역사에 관한 설명으로 옳지 않은 것은?

① 산업혁명으로 공장이라는 형태의 밀집된 생산시스템이 시작되었다.
② 산업혁명 이전에도 금속의 채광 및 제련업에 종사하는 사람들의 직업병 문제가 제기되었다.
③ 증기기관이 발명되어 생산의 기계화가 진행되면서 화학물질 사용량이 크게 감소되었다.
④ 굴뚝청소부 음낭암의 원인이 굴뚝의 검댕(soot)이라는 것이 밝혀졌고 이것이 최초의 직업성 암의 사례이다.
⑤ 초기의 공장은 청소, 작업복의 세탁 불량, 작업장 내 식사 등 위생적인 문제 해결만으로도 작업환경이 개선되었기 때문에 산업위생이라는 이름이 붙었다.

해설

정답 ③ 증가

04 산업보건의 역사에 대한 설명으로 옳지 않은 것은?

① 영국의 토마스 퍼시벌(Tomas Percival)은 세계 최초로 직업성 암을 보고하였다.

② 1833년 영국에서 공장법이 제정되었다.

③ 이탈리아 Ramazzini는 「직업인의 질병」을 저술하였다.

④ 스위스 Paracelsus는 물질 독성의 양의 관계에 대해서 언급하였다.

⑤ 그리스의 Galen은 납중독의 증세를 관찰하였다.

해설

정답 ①

05 국내외 산업위생의 역사에 관한 설명으로 옳은 것은?

① 중세 노동자 사고와 질병은 의학적 인과관계에 의해 규명되었다.

② 산업혁명 초창기 어린이의 장시간 노동은 일반적이었다.

③ 1963년 산업안전보건법에 이어 1981년 산업재해보상보험법이 제정되었다.

④ 2016년 메탄올 시각 손상이 발생한 공정은 도장(painting)이었다.

⑤ 우리나라 반도체 공장의 직업병 문제는 화학물질 급성 중독 사례로 시작되었다.

해설

○ 국내 메탄올 사건의 개요

2016. 1월~2월 사이에 인천 및 부천 소재의 핸드폰 부품(알루미늄 버튼) 제조업체 3개소에서 절삭 CNC(computer numerical control) 작업과 검사 작업을 수행하는 과정에서 절삭용제로 메틸알코올을 사용.

CNC가공 시 절삭유를 사용 후 잔류오일 제거를 위해 세척작업을 실시하였던 기존의 작업방법을 변경하여 기계 가공시간을 단축할 수 있으며, 절삭유 대신 마찰열 감소와 세척이 동시에 가능한 저가의 메틸알코올 사용.

절삭설비(CNC)에 국소배기장치가 설치되어 있었으나 제어속도 등의 효율이 매우 낮은 상태였으며, 압축공기를 사용하는 에어건으로 제품표면의 이물질을 제거하면서도 작업근로자가 고농도의 메틸알코올에 노출되었을 것으로 추정.

정답 ②

06 산업보건의 역사에 관한 설명으로 옳지 않은 것은?

① 그리스의 갈레노스(Galenos)는 구리 광산에서 광부들에 대한 산(acid) 증기의 위험성을 보고하였다.

② 독일의 아그리콜라(Agricola)는 「광물에 대하여」란 저서를 통해 과업 관련 유해성을 언급하였으며 후에 Hoover부부에 의해 번역되었다.

③ 영국의 로버트 필(Robert Peel) 경은 자신의 면방직 공장에서 진폐증이 집단적으로 발병되자, 그 원인에 대해 조사하였으며 「도제 건강 및 도덕법」제정에 주도적 역할을 하게 된다.

④ 1825년 공장법은 대부분 어린이 노동과 관련한 내용이었으며, 1833년에 감독권과 행정명령에 관한 내용이 첨가되어 실질적인 효과를 거두게 되었다.

⑤ 하버드 의대 최초의 여교수인 해밀턴(Hamilton)은 「미국의 산업중독」을 발간하여 납중독, 황린에 의한 직업병, 일산화탄소 중독 등을 기술하였다.

해설

정답 ③ 발진티푸스

테마98. 생물학적 노출지표

○산업안전보건법 시행규칙 별표24

구분	생물학적 노출지표
p-니트로아닐린	생물학적 노출지표 검사: 혈중 메트헤모글로빈(작업 중 또는 작업 종료 시)
p-니트로클로로벤젠	생물학적 노출지표 검사: 혈중 메트헤모글로빈(작업 중 또는 작업종료 시)
디니트로톨루엔	생물학적 노출지표 검사: 혈중 메트헤모글로빈(작업 중 또는 작업 종료 시)
N,N-디메틸아닐린	생물학적 노출지표 검사: 혈중 메트헤모글로빈(작업 중 또는 작업종료 시)
디메틸포름아미드	생물학적 노출지표 검사: 소변 중 N-메틸포름아미드(NMF)(작업 종료 시 채취)
디클로로메탄	생물학적 노출지표 검사: 혈중 카복시헤모글로빈 측정(작업 종료 시 채혈)
1,2-디클로로프로판	생물학적 노출지표검사: 소변 중 1,2-디클로로프로판(작업 종료 시)
메탄올	생물학적 노출지표 검사: 혈중 또는 소변 중 메타놀(작업 종료 시 채취)
메틸 n-부틸 케톤	생물학적 노출지표 검사: 소변 중 2, 5-헥산디온(작업 종료 시 채취)
메틸 클로로포름	생물학적 노출지표 검사: 소변 중 총삼염화에탄올 또는 삼염화초산(주말작업 종료 시 채취)
벤젠	생물학적 노출지표 검사: 혈중 벤젠·소변 중 페놀·소변 중 뮤콘산 중 택 1(작업 종료 시 채취)
콜타르	생물학적 노출지표 검사: 소변 중 1-하이드록시파이렌
크실렌	생물학적 노출지표 검사: 소변 중 메틸마뇨산(작업 종료 시 채취)
클로로벤젠	생물학적 노출지표 검사: 소변 중 총 클로로카테콜(작업 종료 시 채취)
톨루엔	생물학적 노출지표 검사: 소변 중 o -크레졸(작업 종료 시 채취)
트리클로로에틸렌	생물학적 노출지표 검사: 소변 중 총삼염화물 또는 삼염화초산(주말작업 종료 시 채취)
n-헥산	생물학적 노출지표 검사: 소변 중 2,5-헥산디온(작업 종료 시 채취)
검사항목 중 "생물학적 노출지표 검사"는 해당 작업에 처음 배치되는 근로자에 대해서는 실시하지 않는다.	

01

산업안전보건법 시행규칙상 유해인자별 제1차 검사항목의 생물학적 노출지표 및 시료 채취시기가 옳지 않은 것은?

구분	유해인자	제1차 검사항목의 생물학적 노출지표	시료 채취시기
ㄱ	납 그 무기화합물	혈중 납	제한 없음
ㄴ	크실렌	소변 중 메틸마뇨산	작업 종료 시
ㄷ	1,2-디클로로프로판	소변 중 페닐글리옥실산	주말 작업 종료 시
ㄹ	카드뮴	혈중 카드뮴	제한 없음
ㅁ	디메틸포름아미드	소변 중 N-메틸포름아미드(NMF)	작업 종료 시

① ㄱ ② ㄴ ③ ㄷ ④ ㄹ ⑤ ㅁ

해설

생물학적 노출지표검사: 소변 중 1,2-디클로로프로판(작업 종료 시)

정답 ③

02

크실렌의 주요한 생물학적 노출지수로서 소변 중에서 측정하는 물질은?

① 페놀
② 뮤콘산
③ 만델산
④ 메틸마뇨산
⑤ 카르복시헤모글로빈

해설

○ 주요 화학물질에 대한 생물학적 모니터링

화학물질	생물학적 모니터링
납	① 혈중 징크프로토포피린 ② 소변 중 델타아미노레뷸린산 ③ 소변 중 납
일산화탄소	혈액에서는 카복시 헤모글로빈 호기에서 일산화탄소
벤젠	혈중 벤젠·소변 중 페놀·소변 중 뮤콘산 중 택 1
아닐린	혈중 메트헤모글로빈
톨루엔	뇨중 o-클레졸
크실렌	뇨중 메틸마뇨산
스티렌	뇨중 만델산

정답 ④

테마99. 누적소음폭로량과 TWA

1. 역치(Threshold) 80dB이란 의미는 80dB 이상의 소음 수준만을 누적하여 측정한다는 의미이다. 작업자가 80dB 미만의 장소에서만 작업을 하였다면 그때의 소음수준은 측정되지 않는다. 국내와 미국 OSHA에서는 80dB이고, ISO에서는 75dB를 정하고 있다.

2. 교환율(Exchange Rate)은 소음수준이 어느 정도 증가할 때마다 노출 시간을 절반으로 감소시킬 것인가를 의미한다. 국내와 미국 OSHA에서는 5dB이고, ISO, 미국 NIOSH, EPA에서는 3dB를 정하고 있다.

3. 소음이 불규칙적으로 변동하는 소음 등을 누적소음노출량 측정기로 측정하여 노출량으로 산출되었을 경우에는 시간가중평균(TWA) 소음수준으로 환산한다.

TWA=16.61 log(D/100) + 90

* D: 누적소음폭로량(%)

제512조(정의) 이 장(소음 및 진동에 의한 건강장해 예방)에서 사용하는 용어의 뜻은 다음과 같다.

1. "소음작업"이란 1일 8시간 작업을 기준으로 85데시벨 이상의 소음이 발생하는 작업을 말한다.
2. "강렬한 소음작업"이란 다음 각목의 어느 하나에 해당하는 작업을 말한다.
   가. 90데시벨 이상의 소음이 1일 8시간 이상 발생하는 작업
   나. 95데시벨 이상의 소음이 1일 4시간 이상 발생하는 작업
   다. 100데시벨 이상의 소음이 1일 2시간 이상 발생하는 작업
   라. 105데시벨 이상의 소음이 1일 1시간 이상 발생하는 작업
   마. 110데시벨 이상의 소음이 1일 30분 이상 발생하는 작업
   바. 115데시벨 이상의 소음이 1일 15분 이상 발생하는 작업
3. "충격소음작업"이란 소음이 1초 이상의 간격으로 발생하는 작업으로서 다음 각 목의 어느 하나에 해당하는 작업을 말한다.
   가. 120데시벨을 초과하는 소음이 1일 1만회 이상 발생하는 작업
   나. 130데시벨을 초과하는 소음이 1일 1천회 이상 발생하는 작업
   다. 140데시벨을 초과하는 소음이 1일 1백회 이상 발생하는 작업

○ 소음의 노출기준(충격 소음 제외)

1일 노출시간(hr)	소음 강도 dB(A)
8	90
4	95
2	100
1	105
1/2	110
1/4	115

○ 충격소음(충격소음이란 것은 120dB(A) 이상인 소음이 1초 이상의 간격으로 발생)

1일 노출회수(회)	충격소음의 강도 dB(A)
10,000	120
1,000	130
100	140

위생학 연습문제

01

누적소음노출량(D, %)을 적용하여 시간가중평균평균소음기준(TWA, dB(A))을 산출하는 식은?

① TWA=61.16log(D/100)+70

② TWA=16.16log(D/100)+70

③ TWA=61.16log(D/100)+80

④ TWA=16.61log(D/100)+90

⑤ TWA=16.16log(D/100)+90

02

산업안전보건법령상 "충격소음작업"은 몇 dB(A) 이상의 소음이 1일 100회 이상 발생되는 작업을 말하는가?

① 100

② 110

③ 120

④ 130

⑤ 140

03 "근로자 또는 일반대중에게 질병, 건강장해, 불편함, 심한 불쾌감 및 능률 저하 등을 초래하는 작업요인과 스트레스를 예측, 인지, 측정, 평가하고 관리하는 과학과 기술"이라고 산업위생을 정의하는 기관은?

① 미국산업위생학회(AIHA)

② 국제노동기구(ILO)

③ 세계보건기구(WHO)

④ 산업안전보건청(OSHA)

⑤ 미국산업위생전문가협회(ACGIH)

04 미국산업위생전문가협회(ACGIH)에서 권고하는 TLV-TWA(시간가중평균치)에 대한 근로자 노출의 상한치와 노출가능시간의 연결로 옳은 것은?

① TLV-TWA의 3배: 30분 이하

② TLV-TWA의 3배: 45분 이하

③ TLV-TWA의 3배: 60분 이하

④ TLV-TWA의 5배: 15분 이하

⑤ TLV-TWA의 5배: 5분 이하

○ 최고 허용농도(TLV-Ceiling)

1일 작업시간 동안 잠시라도 노출되어서는 안 되는 최고 허용농도

○ 허용농도 상한치(EL: Excursion Limit)

TLV-TWA가 설정되어 있는 유해물질 중에 독성자료가 부족하여 TLV-STEL이 설정되지 않은 물질의 단시간 상한치를 설정

TLV-TWA의 3배: 30분 이하

TLV-TWA의 5배: 잠시도 노출되어서는 안 된다.

05 다음 유기용제 중 실리카겔에 대한 친화력이 가장 강한 것은?

① 알코올류

② 케톤류

③ 올레핀류

④ 에스테르류

⑤ 알데하이드류

* 실리카겔은 극성용제와 친화력이 있다. 물, 에탄올, 알코올류가 극성용제에 해당한다. 케톤류가 파라핀류보다 극성이 강하며 실리카겔에 대한 친화력이 강하다.

06 일반적으로 소음계는 A, B, C 세 가지 특성에서 측정할 수 있도록 보정되어 있다. 이 중 A 특성치는 몇 phon의 등감곡선에 기준한 것인가?

① 20phon
② 40phon
③ 50phon
④ 70phon
⑤ 100phon

○ 소음 레벨의 세 가지 특성

1) A는 청감곡선의 40phon, B는 70phon , C는 100phon에 맞춘 평탄 특성이다. 소음계에는 청감 보정회로가 설치되어 있고 통상적으로 큰 음은 C특성으로, 작은 음은 A특성으로 측정한다. 소음레벨은 그 소리의 대소에 관계없이 원칙적으로 A특성으로 측정한다.

07 흉곽성 입자상물질(TPM)의 평균입경(㎛)은? (단, ACGIH 기준)

① 1
② 4
③ 10
④ 50
⑤ 100

입자크기별 기준(ACGIH의 TLV 기준)	평균입경(㎛)
흡입성 입자상 물질(IPM)	100
흉곽성 입자상 물질(TPM)	10
호흡성 입자상 물질(RPM)	4

08 다음 중 음압이 2배로 증가하면 음압레벨(SPL)은 몇 dB 증가하는가?

① 2dB
② 3dB
③ 5dB
④ 6dB
⑤ 12dB

음압레벨(SPL)=20log(음압증가분)

09 보호구 밖의 농도가 300ppm이고 보호구 안의 농도가 12ppm이었을 때, 보호계수(protection factor) 값은?

① 200
② 150
③ 100
④ 50
⑤ 25

보호계수(PF) = 보호구 밖의 농도/보호구 안의 농도

10 유리규산을 채취하여 X선 회절법으로 분석하는 데 적절하고, 6가 크롬 그리고 아연산화물의 채취에 공해성 먼지, 총 먼지 등의 중량분석을 위한 측정에 사용하는 막 여과지로 가장 적합한 것은?

① Nuclepore 여과지
② MCE막 여과지
③ PVC막 여과지
④ PTFE막 여과지
⑤ 은막 여과지

○ 막여과지(membrane filter) 종류

작업환경측정 시 공기 중 부유하고 있는 입자상 물질을 포집하기 위하여 사용되는 여과지이다.

- 섬유상 여과지에 비하여 공기저항이 심하다.
- 여과지 표면에 채취된 입자들이 이탈되는 경향이 있다.
- 막여과지는 셀룰로오스에스테르, PVC, 니트로아크릴 같은 중합체를 일정한 조건에서 침착시켜 만든 다공성의 얇은 막 형태이다.
- 섬유상 여과지에 비해 채취 입자상 물질이 작다.

1. MCE 막여과지(Mixed Cellulode Ester membrane filter)

1) 금속 채취에 사용된다.
2) MCE 막여과지는 산에 쉽게 용해, 가수분해 되고 습식 회화되기 때문에 공기 중 입자상 물질 중의 금속을 채취하여 원자흡광법으로 분석하는데 적당하다.

3) 원료인 셀룰로오스는 수분을 흡수하는 흡습성이 높아 MCE 막여과지는 오차를 유발할 수 있어 중량분석에 적합하지 않다.
4) MCE 막여과지는 산에 의해 쉽게 회화되므로 원소분석에 적합하고, NIOSH(미국산업안전보건원)에서는 금속, 석면, 살충제, 불소화합물 및 기타 무기물질에 추천하고 있다.

2. PVC 막여과지(Polyvinyl Chloride membrane filter)

1) 흡습성이 낮아 분진의 중량분석에 사용된다.
2) 유리규산을 채취하여 X선 회절법으로 분석, 6가크롬과 아연화합물의 채취에 이용되며, 수분의 영향이 크지 않아 공해성먼지, 총 먼지 등의 중량분석을 위한 측정에 사용된다. 장점으로 시험에 자주 출제된다.

3. PTFE 막여과지(테프론)

열, 화학물질, 압력 등에 강한 특성을 가지고 있어 고열 공정에서 발생하는 다핵방향족탄화수소(PAHs)를 채취하는데 이용된다.

4. 은막여과지(silver membrane filter)

코크스 제조공정에서 발생되는 코크스오븐 배출물질 또는 PAHs 등을 채취하는데 사용하고 결합제나 섬유가 포함되어 있지 않다.

5. Nuclepore 여과지

화학물질과 열에 안정적이고 전자현미경 분석을 위한 석면 채취에 이용된다.

11

50% 톨루엔(TLV=375mg/㎥), 10% 벤젠(TLV=30mg/㎥), 40% 노멀헥산(TLV=180mg/㎥)의 유기용제가 혼합된 원료를 사용할 때, 작업장 공기 중의 허용농도는? (단, 유기용제 간 상호작용은 없다)

① 115mg/㎥
② 125mg/㎥
③ 135mg/㎥
④ 145mg/㎥
⑤ 155mg/㎥

12

어느 작업장이 dibromoethane 10ppm(TLV=20ppm), carbon tetrachloride 5ppm(TLV=10ppm) 및 dichloroethane 20ppm(TLV=50ppm)으로 오염되었을 경우 평가 결과는? (단, 이들은 상가 작용을 일으킨다고 가정한다)

① 허용기준 초과
② 허용기준 초과하지 않음
③ 허용기준과 동일
④ 판정 불가능
⑤ 노출지수는 1보다 작다

○ **노출지수(EI: Exposure Index)**
= '각 물질의 공기 중 농도(C)÷각 혼합물질의 노출기준(TLV)'의 합

○ **위생학 연습문제 정답**

1	2	3	4	5	6	7	8	9	10
④	⑤	①	①	①	②	③	④	⑤	③
11	12								
④	①								

01 매슬로우(A. H. Maslow)의 욕구단계이론에 관한 설명으로 옳지 않은 것은?

① 최하위 단계의 욕구는 생리적 욕구이다.
② 최상위 단계의 욕구는 자아실현 욕구이다.
③ 욕구계층을 5단계로 설명하고 있다.
④ 다른 사람으로부터 인정과 존경을 받고자 하는 욕구는 성장욕구에 속한다.
⑤ 하위단계의 욕구가 충족되어야 상위단계의 욕구를 충족시키기 위한 동기부여가 된다.

02 균형성과표(Balanced Score Card)에 해당하지 않는 것은?

① 고객 관점
② 내부 프로세스 관점
③ 사회적 책임 관점
④ 학습과 성장 관점
⑤ 재무 관점

03 강화계획(schedules of reinforcement)에서 불규칙한 횟수의 바람직한 행동 후 강화요인을 제공하는 기법은?

① 고정간격법
② 변동간격법
③ 고정비율법
④ 변동비율법
⑤ 연속강화법

04 아담스(J. S. Adams)의 공정성이론에서 조직구성원들이 개인적 불공정성을 시정(是正)하기 위한 방법에 해당하지 않는 것은?

① 투입의 변경
② 산출의 변경
③ 투입과 산출의 인지적 왜곡
④ 장(場) 이탈
⑤ 준거인물 유지

05 직무급의 특징에 관한 설명으로 옳지 않은 것은?

① 직무의 상대적 가치에 따라 개별임금이 결정된다.
② 능력주의 인사풍토 조성에 유리하다.
③ 인건비의 효율성이 증대된다.
④ 동일노동 동일임금 실현이 가능해진다.
⑤ 시행 절차가 간단하고 적용이 용이하다.

06 직무급에 관한 설명으로 옳지 않은 것은?

① 동일노동에 대한 동일임금의 원칙에 기반한다.
② 임금을 산정하는 절차가 단순하다.
③ 능력주의 인사풍토 조성에 도움이 된다.
④ 연공주의 풍토 하에서는 직무급 도입에 저항이 크다.
⑤ 직무를 평가하여 직무의 상대적 가치를 기준으로 임금을 결정한다.

07 노동조합의 조직형태에 관한 설명으로 옳지 않은 것은?

① 직종별 노동조합은 동종 근로자 집단으로 조직되어 단결이 강화되고 단체교섭과 임금협상이 용이하다.
② 일반노동조합은 숙련근로자들의 최저생활조건을 확보하기 위한 조직으로 초기에 발달한 형태이다.
③ 기업별 노동조합은 조합원들이 동일기업에 종사하고 있으므로 근로조건을 획일적으로 적용하기가 용이하다.
④ 산업별 노동조합은 기업과 직종을 초월한 거대한 조직으로서 정책 활동 등에 의해 압력 단체로서의 지위를 가진다.
⑤ 연합체 조직은 각 지역이나 기업 또는 직종별 단위조합이 단체의 자격으로 지역적 내지 전국적 조직의 구성원이 되는 형태이다.

08 상사 A에 대한 나의 태도를 기술한 것이다. 다음에 해당하는 태도의 구성요소를 옳게 연결한 것은?

ㄱ. 나의 상사 A는 권위적이다.
ㄴ. 나는 상사 A가 권위적이어서 좋아하지 않는다.
ㄷ. 나는 권위적인 상사 A의 지시를 따르지 않겠다.

① ㄱ. 감정적 요소 ㄴ. 인지적 요소 ㄷ. 행동적 요소
② ㄱ. 감정적 요소 ㄴ. 행동적 요소 ㄷ. 인지적 요소
③ ㄱ. 인지적 요소 ㄴ. 행동적 요소 ㄷ. 감정적 요소
④ ㄱ. 인지적 요소 ㄴ. 감정적 요소 ㄷ. 행동적 요소
⑤ ㄱ. 행동적 요소 ㄴ. 감정적 요소 ㄷ. 인지적 요소

09 모집 방법 중 사내공모제(job posting system)의 특징에 관한 설명으로 옳지 않은 것은?

① 종업원의 상위직급 승진 기회가 제한된다.
② 외부 인력의 영입이 차단되어 조직이 정체될 가능성이 있다.
③ 지원자의 소속부서 상사와의 인간관계가 훼손될 수 있다.
④ 특정부서의 선발 시 연고주의를 고집할 경우 조직 내 파벌이 조성될 수 있다.
⑤ 선발과정에서 여러 번 탈락되었을 때 지원자의 심리적 위축감이 고조된다.

10 종업원 모집 및 선발에 관한 설명 중 가장 적절하지 않은 것은?

① 선발도구의 타당성(validity)이란 선발대상자의 특징을 측정한 결과가 일관성 있게 나타나는 것을 말한다.
② 사내공모제(job posting)는 지원자가 직무에 대한 잘못된 정보로 인해 회사를 이직할 가능성이 낮은 모집 방법이다.
③ 평가센터법(assessment center)은 비용 상의 문제로 하위직보다 주로 상위직 관리직 채용에 활용된다.
④ 지원자의 특정 항목에 대한 평가가 다른 항목의 평가 또는 지원자에 대한 전반적 평가에 영향을 주는 것을 후광효과(halo effect)라고 한다.
⑤ 다수의 면접자가 한 명의 피면접자를 평가하는 방식을 패널면접(panel interview)이라고 한다.

11 **관리자 계층의 선발이나 승진에 사용되는 평가센터법(assessment center method)에 대한 설명으로 옳지 않은 것은?**

① 피평가자의 언어능력이 뛰어나면 다른 능력을 평가하는데 현혹효과(halo effect)가 나타날 가능성이 있다.
② 다른 평가기법에 비해 평가 시간과 비용이 많이 소요된다.
③ 기존 관리자들의 공정한 평가와 인력개발을 위해서도 활용될 수 있다.
④ 전문성을 갖춘 한 명의 평가자가 다수의 피평가자를 동시에 평가한다.

12 **인사고과의 오류 중 피고과자가 속한 사회적 집단에 대한 평가에 기초하여 판단하는 것은?**

① 상동적 오류(stereotyping errors)
② 논리적 오류(logical errors)
③ 대비오류(contrast errors)
④ 근접오류(proximity errors)
⑤ 후광효과(halo effect)

13 **A부장은 인사고과 시 부하들의 능력이나 성과를 실제보다 높게 평가하는 경향이 있다. 이와 관련된 인사고과 오류는?**

① 관대화 경향(leniency error)
② 상동적 오류(stereotyping)
③ 연공오류(seniority error)
④ 후광효과(halo effect)
⑤ 대비오류(contrast error)

14 **평가자가 평가항목의 의미를 정확하게 이해하지 못했을 때 나타나는 인사평가의 오류는?**

① 후광효과
② 상관편견
③ 시간적 오류
④ 관대화 경향
⑤ 대비오류

15 인사평가 시 발생할 수 있는 대인지각 오류에 대한 설명으로 가장 옳지 않은 것은?

① 후광오류(halo errors)는 피평가자의 일부 특성으로 그 사람에 대한 전체적인 평가를 긍정적으로 내리는 경향이다.

② 나와 유사성 오류(similar-to-me errors)는 자신의 특성과 유사한 피평가자에 대해 관대히 평가하는 경향이다.

③ 상동적 태도(stereotyping)는 피평가자가 속한 집단의 특성으로 피평가자 개인을 평가하려는 경향이다.

④ 대비오류(contrast errors)는 평가자가 본인의 특성과 피평가자의 특성을 비교하려는 경향이다.

16 집단의사결정의 특징에 관한 설명으로 옳지 않은 것은?

① 구성원으로부터 다양한 정보를 얻을 수 있다.

② 의사결정에 참여한 구성원들의 교육효과가 높게 나타난다.

③ 구성원의 합의에 의한 것이므로 수용도와 응집력이 높아진다.

④ 서로의 의견에 비판 없이 동의하는 경향이 있다.

⑤ 차선책을 채택하는 오류가 발생하지 않는다.

17 켈리(Kelly)의 귀인이론(attribution theory)에서는 행동의 원인을 합의성(consensus), 특이성(distinctiveness), 일관성(consistency)의 세 가지 차원으로 구분하여 해석하고 있다. 다음 중 행동의 원인을 행위자의 내적(internal) 요인으로 판단하기에 가장 적절한 경우는?

구분	합의성	특이성	일관성
①	높음	높음	높음
②	높음	높음	낮음
③	낮음	낮음	높음
④	낮음	높음	낮음
⑤	낮음	낮음	낮음

18 조직 설계와 관련된 다음 설명 중 가장 적절한 것은?

① 부문화(departmentalization)란 조직 구성원들이 책임지고 수행해야 할 과업의 범위와 깊이를 의미한다.

② 공식화(formalization)는 분업화한 과업을 효과적으로 수행하기 위해 과업수행에 관련된 행동을 구체화시키는 것을 의미한다.

③ 우드워드(Woodward)의 연구결과에 의하면 조직구조는 조직이 사용하는 생산기술에 영향을 미치고 기술과 조직구조의 적합성 여부에 따라 조직의 성과가 달라진다.

④ 페로(Perrow)는 기술을 과업이 다양성과 문제의 분석가능성에 따라 장인기술, 비일상적 기술, 일상적 기술, 공학적 기술로 구분하였다.

⑤ 혁신의 양면모형(ambidextrous model)에서 보면 효율적 관리혁신을 위해서 조직의 중간 또는 하위 관리층은 기계적인 조직이 되어서는 안 된다.

19 성격과 태도에 관한 다음 설명 중 가장 적절하지 않은 것은?

① MBTI(Myers-Briggs Type Indicator)에서는 개인이 정보를 수집하는 방식과 판단하는 방식에 근거하여 성격 유형을 분석하고 성격유형에 적합한 직업을 제시하고 있다.

② 자기 효능감(self-efficacy)이란 특정한 일을 성공적으로 수행할 수 있는지에 대한 스스로의 믿음을 의미한다.

③ 성격유형을 A형과 B형으로 구분할 때, A형의 성격을 지닌 사람은 B형의 성격을 지닌 사람보다 경쟁적이고 조급한 편이다.

④ Big5 성격유형 중 경험에 대한 개방성이란 다른 사람들과 잘 어울리고 남을 신뢰하는 성향을 의미한다.

⑤ 성공의 원인은 자신의 능력이나 노력 등의 내재적 요인에서 찾고, 실패의 원인은 과업의 난이도나 운(運) 등의 외재적 요인에서 찾으려는 경향을 자존적 편견(self serving bias)이라고 한다.

20 태도 변화에 대한 다음 설명 중 옳지 않은 것은?

① 태도의 3요소는 인지적 요소, 정서(감성)석 요소, 행동(행위)적 요소이다.

② Katz는 태도의 기능을 4가지로 분류하였는데 이는 지식적 기능, 실용적 기능, 가치표현적 기능, 자기방어적 기능이다.

③ Lewin은 태도변화를 해빙, 변화, 재동결의 순으로 정의하였는데 해빙은 물리적인 제거, 지원파괴, 굴욕적인 경험, 상과 벌에 의해 일어난다고 보았다.

④ 행위자 - 관찰자 효과(actor-observer effect)란 다른 사람의 행동은 성향귀인하고, 자신의 행동은 상황귀인하는 현상을 말한다.

⑤ 내가 하면 로맨스, 남이 하면 불륜이라는 생각을 했다면 이는 자존적 편견(self serving bias)에 해당한다.

연습문제 해설

01 매슬로우(A. H. Maslow)의 욕구단계이론에 관한 설명으로 옳지 않은 것은?

① 최하위 단계의 욕구는 생리적 욕구이다.
② 최상위 단계의 욕구는 자아실현 욕구이다.
③ 욕구계층을 5단계로 설명하고 있다.
④ 다른 사람으로부터 인정과 존경을 받고자 하는 욕구는 성장욕구에 속한다.
⑤ 하위단계의 욕구가 충족되어야 상위단계의 욕구를 충족시키기 위한 동기부여가 된다.

해설

매슬로우의 5단계 욕구를 엘더퍼는 3단계 욕구인 ERG이론으로 주장한다.
매슬로의 욕구단계설은 생리적 욕구, 안전의 욕구, 사회적 욕구(애정과 소속의 욕구), 존경의 욕구, 자아존중과 자아실현의 욕구까지 5가지로 나뉜다. ERG 이론은 이를 3차원인 존재욕구(existence needs), 관계욕구(relatedness needs), 성장욕구(growth needs)로 축약시켰다. 존재욕구는 매슬로의 생리적 욕구와 안전의 욕구의 일부, 관계욕구는 안전 욕구의 일부, 사회적 욕구와 존경의 욕구, 성장욕구는 매슬로의 존경 욕구의 일부(자아존중)과 자아실현의 욕구로 각각 대응된다.

정답 ④ 성장욕구는 엘더퍼의 이론이다.

02 균형성과표(Balanced Score Card)에 해당하지 않는 것은?

① 고객 관점
② 내부 프로세스 관점
③ 사회적 책임 관점
④ 학습과 성장 관점
⑤ 무 관점

해설

균형성과표(Balanced Score Card)는 4가지 관점에서 전략목표를 표현하는 다차원적인 경영시스템이다. 재정뿐만 아니라 고객, 내부 프로세스, 학습과 성장을 함께 고려한다.

정답 ③

03 강화계획(schedules of reinforcement)에서 불규칙한 횟수의 바람직한 행동 후 강화요인을 제공하는 기법은?

① 고정간격법
② 변동간격법
③ 고정비율법
④ 변동비율법
⑤ 연속강화법

해설

읽기자료: 강화(Reinforcement)

1) **적극적 강화(Positive Reinforcement)**: 바람직한 행동을 할 경우 칭찬이나 인정 등 바람직한 결과(보상)를 부여함으로써 바람직한 행동을 지속적으로 증가시키는 방법이다. 강화요인이 적용될수록 원하는 행동도 지속되지만, 그렇지 않을 경우 행동이 줄어든다. 수업시간에 질문을 할수록 참여점수를 더 줄 경우 질문하려는 행동이 증가하게 되며, 한 학기 완벽한 출석에 대해 특별 보너스 점수를 준다고 할 경우에 적극적으로 출석에 임하게 된다. 바람직한 결과의 부여가 바람직한 행동을 증가시킨다는 단순명료한 논리이다.

2) **소극적 강화(Negative Reinforcement)**: 바람직하지 않은 행동을 할 경우 바람직하지 않은 결과(처벌)가 뒤따를 것이라는 처벌의 유보를 통해 바람직한 행동을 증가시키는 방법이다. 소극적 강화는 적극적 강화와 마찬가지로 원하는 행동을 증가시키는 방법이지만, 바람직한 보상의 부여가 아닌 제계나 고통을 회피하려는 데서 오는 행동의 증가다. 시험감독자의 감독이나 교통경찰의 순찰이 부정행위나 교통위반의 행동을 억제하고 바람직한 행동을 하도록 만드는 경우를 예로 들 수 있다. 수업에 집중하지 않는 학생에게 계속 질문을 하거나 눈을 마주치고 가까이 갈 경우 수업에 집중하려는 행동을 보이게 된다.

3) **처벌(Punishment)**: 처벌은 바람직하지 않은 행동을 할 경우 처벌이나 제재를 가해 행위를 감소시키거나 근절시키는 방법이다. 결석이나 지각에 대해 감점 등의 불이익을 주는 것도 한 예가 된다. 처벌은 자칫 소극적 강화와 혼동이 생길 수 있지만, 이 둘은 서로 상이한 결과를 낳는다. 처벌은 바람직하지 않은 행동을 줄이는데 반해 소극적 강화는 원하는 행동을 증가시키는 방법이다.

4) **소거(Extinction)**: 화분에 주던 물을 중단할 경우 화초나 꽃이 시드는 것과 마찬가지로, 어떤 행동에 대해 부여했던 바람직한 보상을 유보하거나 철회할 경우 그 행동이 점차 약화되어 사라지는 경우이다. 이는 적극적 강화와 상반되는 방법으로, 예를 들어 수업시간에 질문을 할 경우 부여하던 참여점수 제도를 없앨 경우 질문하려는 행동이 줄어들게 된다.

○ **읽기자료: 강화계획**

강화의 시기와 방법을 조절하는 것을 강화계획이라고 한다. 강화계획에는 크게 지속적 강화와 간헐적 강화로 나누어지며, 간헐적 강화에는 행동의 발생 빈도에 따라 적용하는 고정비율법과 변동비율법(variable ratio)이 있고, 시간의 경과에 따라 부여하는 고정간격법과 변동간격법(variable interval)으로 나뉜다.

1) 지속적 강화(Continuous Scheduling)는 목표로 삼고 있는 행동이 발생할 때마다 보상이나 처벌을 부여하는 방법이다. 매번 기록을 갱신할 때마다 보상을 부여하거나 미달될 때 처벌이나 제재를 가하는 계획으로, 성과를 빠르게 제고시킬 수 있는 장점이 있다. 그러나 한 두 번이라도 강화가 부여되지 않을 경우 그 효과가 급속히 떨어지며, 강화계획의 실행에 드는 비용과 노력이 크다는 부담이 있다.

2) 간헐적 강화(Intermittent Scheduling)는 지속적 강화계획의 단점을 보완하기 위해 고안된 방법들로, 목표행동이 발생할 때마다 강화를 부여하는 것이 아니라 행동 발생의 빈도와 시간경과를 기준으로 일정한 비율이나 간격에 따라 보상이나 처벌의 효과를 극대화하려는 계획이다.

㉠ 고정비율법은 목표행동이 일정한 횟수로 발생되었을 때 이에 대해 보상이나 처벌을 하는 강화계획이다. 예컨대, 매 수업마다 세 번씩 질문한 경우 보너스를 주거나, 세 번 연속 지각일 경우 감점을 하는 것과 같은 방법으로, 원하는 행동을 지속시키는데 유용하게 쓰인다. 성과에 따른 보상(Piece-rate pay)이나 판매 초과분에 대한 보너스 지급 등이 이에 속한다.

㉡ 변동비율법은 목표행동의 발생에 가변적이며 불규칙적으로 대응하는 강화계획이다. 예컨대, 수업에서 질문을 다섯 번 할 때마다 보너스 점수를 주기도 하고 어떤 때는 한번을 해도 점수를 부여하기도 한다. 이는 질 높은 질문을 유도하거나 특정인이 질문을 독점하는 것을 예방하여 모두가 토론에 참여할 수 있게 하는 방법으로 활용될 수 있다.

㉢ 고정간격법은 목표행동이 발생한 뒤 일정 시간이 경과되어 다시 같은 행동이 발생할 때 이에 대해 보상이나 처벌을 강화하는 계획이다. 매일 일정시간에 현장을 순찰하거나 매주 마다 급여를 지급하는 것이 이에 해당된다. 순찰 시간에 맞추어 열심히 하는듯하지만 순찰 이후에는 목표행동의 몰입이 느슨해질 수도 있다. 매 5Km마다 또는 일정시간에만 과속을 단속한다고 할 경우 효과에 문제가 있게 된다.

㉣ 변동간격법은 고정간격법의 단점을 보완하여 목표행동의 발생을 지속시키는 효과를 지니고 있다. 목표행동에 대한 고정적 강화를 예상치 못하도록 불규칙적으로 보상하거나 제계를 가함으로써 바람직한 행동을 지속시키고 불필요한 행동을 자제하게 하는 효과를 지니고 있다. 불시에 음주단속을 하거나 이동성 카메라를 설치할 경우 과속운전을 예방하는 효과가 클 것이다.

이상의 방법들 중에서 가장 효과적으로 바람직한 행동을 증가시키는 것은 변동간격법과 변동비율법이다. 그러나 이러한 강화계획의 아이디어나 근거가 주로 쥐나 개 등의 동물들을 대상으로 한 실험실연구 결과들에서 유추된 것들이며, 이들에 대해 지나치게 의존할 경우 인간적인 존엄과 자율성에 해를 끼칠 수도 있다는 비판에 유의해야 한다. 그리고 행동의 변화도 시간준수나 규칙준수의 피상적 수준에서만 일어나는 것이 대부분이며, 스스로 본질적인 행동의 변화를 가져오거나 몰입하는데 근거가 미흡하다는 지적을 받고 있다.

○ **단속적 강화의 종류**

고정비율법	일정한 빈도수의 바람직한 행동이 나타났을 때 강화요인 제공
변동비율법	불규칙한 횟수의 바람직한 행동 후 강화요인을 제공
고정간격법	일정한 시간 간격을 두고 강화요인을 제공
변동간격법	불규칙한 시간 간격에 따라 강화요인을 제공

정답 ④

04 아담스(J. S. Adams)의 공정성이론에서 조직구성원들이 개인적 불공정성을 시정(是正)하기 위한 방법에 해당하지 않는 것은?

① 투입의 변경
② 산출의 변경
③ 투입과 산출의 인지적 왜곡
④ 장(場) 이탈
⑤ 준거인물 유지

해설

○ 읽기자료: 아담스(J. S. Adams)의 공정성이론

Adams의 공정성 이론에서 교환 관계의 주요한 구성요소들은 투입과 산출이다. 투입 또는 투자는 한 사람이 그 교환에 대해 기여하는 것들로서 직무수행에 동원한 노력, 교육, 경험 등이 포함된다. 산출이란 교환으로부터 발생된 것들로서 보수, 승진, 직무만족, 훈련 기회 등이 포함된다. 교환 관계를 평가하는 과정에서 고려되어 할 것으로서, 투입과 산출은 두 가지 조건을 충족시켜야 한다. 투입이나 산출의 존재는 교환의 한 쪽 또는 양 쪽 당사자에게 인지되어야 하며, 투입이나 산출은 교환과 관련된 것으로 생각되어야 한다.

공정성이론은 동일한 직무 상황 내에 있는 다른 사람들의 투입 대 결과의 비율을 자신과 비교한다. 이 두 비율이 동일할 때 공정성이 있고, 이 두 비율 간에 어느 한 쪽이 크다거나 작을 때 불공정성이 있다고 지각한다. 이 정의에서 몇 가지 중요한 점을 인식하여야 한다. 먼저, 공정성이나 불공정성을 만드는 데 필요한 조건들은 투입과 산출에 대한 개인들의 지각에 근거한다. 두 번째, 불공정은 상대적인 현상이다. 세 번째, 불공정성은 사람이 상대적으로 낮은 보수를 받거나 많은 보수를 받았을 때 나타난다.

공정성 이론의 주요한 가정은 간단하게 몇 가지로 요약될 수 있다. ① 지각된 불공정성은 개인에게 긴장을 유발한다, ② 긴장의 양은 불균형의 정도와 비례한다, ③ 개인에게서 나타나게 된 긴장은 그로 하여금 이를 감소시키도록 한다, ④ 불균형을 감소시키려는 동기 유발의 강도는 지각된 불균형에 비례한다.

개인이 불공정을 줄이려고 사용하는 방법에는 ① 투입의 변경, ② 산출의 변경, ③ 투입이나 산출의 의식적인 왜곡, ④ 이직(장 이탈), ⑤ 비교의 투입이나 산출을 다른 것으로 바꾸기 위해 고안된 활동 ⑥ 비교를 다른 것으로 바꾸기가 있다.

정답 ⑤

05 직무급의 특징에 관한 설명으로 옳지 않은 것은?

① 직무의 상대적 가치에 따라 개별임금이 결정된다.
② 능력주의 인사풍토 조성에 유리하다.
③ 인건비의 효율성이 증대된다.
④ 동일노동 동일임금 실현이 가능해진다.
⑤ 시행 절차가 간단하고 적용이 용이하다.

해설

직무급은 직무를 수행할 수 있는 능력이 증명되어야 직무가 부여될 것이기에 능력주의 인사풍토 조성에 유리하다. 동일노동 동일임금의 가치실현이 가능하다. 단점으로는 연공급에 비해 직무급의 설계 절차가 복잡하고 직무에 대한 가치를 객관적으로 평가하기 위한 기준과 방법을 정하기 어렵다.

정답 ⑤

06 직무급에 관한 설명으로 옳지 않은 것은?

① 동일노동에 대한 동일임금의 원칙에 기반한다.
② 임금을 산정하는 절차가 단순하다.
③ 능력주의 인사풍토 조성에 도움이 된다.
④ 연공주의 풍토 하에서는 직무급 도입에 저항이 크다.
⑤ 직무를 평가하여 직무의 상대적 가치를 기준으로 임금을 결정한다.

해설

동일노동 동일임금 원칙 실현을 위한 직무급체계를 직무급이라 한다. 직무급은 직무가치의 평가와 산정절차가 복잡한 것이 단점이다.

정답 ②

07 노동조합의 조직형태에 관한 설명으로 옳지 않은 것은?

① 직종별 노동조합은 동종 근로자 집단으로 조직되어 단결이 강화되고 단체교섭과 임금협상이 용이하다.

② 일반노동조합은 숙련근로자들의 최저생활조건을 확보하기 위한 조직으로 초기에 발달한 형태이다.

③ 기업별 노동조합은 조합원들이 동일기업에 종사하고 있으므로 근로조건을 획일적으로 적용하기가 용이하다.

④ 산업별 노동조합은 기업과 직종을 초월한 거대한 조직으로서 정책 활동 등에 의해 압력 단체로서의 지위를 가진다.

⑤ 연합체 조직은 각 지역이나 기업 또는 직종별 단위조합이 단체의 자격으로 지역적 내지 전국적 조직의 구성원이 되는 형태이다.

해설

노동조합은 가입대상 범위에 따라 기업별노조와 초기업별노조(산업별, 지역별, 직종별 노조)가 있다.
일반노동조합은 지역노동조합이라고 한다. 일반노조=지역노조.
직종별(직업별) 노동조합은 숙련근로자들의 최저생활조건을 확보하기 위한 조직으로 초기에 발달한 형태이다. 직업별 노동조합은 숙련노동자가 고용관계에 있어서 노동시장을 배타적으로 독점하기 위해서 조직되었기 때문에 미숙련 노동자의 가입을 제한하였다. 인쇄공조합, 제화공조합 등이 있다.

정답 ②

08 상사 A에 대한 나의 태도를 기술한 것이다. 다음에 해당하는 태도의 구성요소를 옳게 연결한 것은?

ㄱ. 나의 상사 A는 권위적이다.
ㄴ. 나는 상사 A가 권위적이어서 좋아하지 않는다.
ㄷ. 나는 권위적인 상사 A의 지시를 따르지 않겠다.

① ㄱ. 감정적 요소 ㄴ. 인지적 요소 ㄷ. 행동적 요소
② ㄱ. 감정적 요소 ㄴ. 행동적 요소 ㄷ. 인지적 요소
③ ㄱ. 인지적 요소 ㄴ. 행동적 요소 ㄷ. 감정적 요소
④ ㄱ. 인지적 요소 ㄴ. 감정적 요소 ㄷ. 행동적 요소
⑤ ㄱ. 행동적 요소 ㄴ. 감정적 요소 ㄷ. 인지적 요소

해설

○ **태도의 구성요소**
㉠ 인지적 요소: 주관적 지식이나 신념.
㉡ 감정적 요소: 대상에 대한 긍정적·부정적 느낌.
㉢ 행동적 요소: 대상에 대한 행동성향.

정답 ④

09 모집 방법 중 사내공모제(job posting system)의 특징에 관한 설명으로 옳지 않은 것은?

① 종업원의 상위직급 승진 기회가 제한된다.
② 외부 인력의 영입이 차단되어 조직이 정체될 가능성이 있다.
③ 지원자의 소속부서 상사와의 인간관계가 훼손될 수 있다.
④ 특정부서의 선발 시 연고주의를 고집할 경우 조직 내 파벌이 조성될 수 있다.
⑤ 선발과정에서 여러 번 탈락되었을 때 지원자의 심리적 위축감이 고조된다.

해설

정답 ①

10 종업원 모집 및 선발에 관한 설명 중 가장 적절하지 않은 것은?

① 선발도구의 타당성(validity)이란 선발대상자의 특징을 측정한 결과가 일관성 있게 나타나는 것을 말한다.
② 사내공모제(job posting)는 지원자가 직무에 대한 잘못된 정보로 인해 회사를 이직할 가능성이 낮은 모집 방법이다.
③ 평가센터법(assessment center)은 비용 상의 문제로 하위직보다 주로 상위직 관리직 채용에 활용된다.
④ 지원자의 특정 항목에 대한 평가가 다른 항목의 평가 또는 지원자에 대한 전반적 평가에 영향을 주는 것을 후광효과(halo effect)라고 한다.
⑤ 다수의 면접자가 한 명의 피면접자를 평가하는 방식을 패널면접(panel interview)이라고 한다.

해설

선발도구의 타당성(validity)이란 시험에서 측정하고자 하는 내용이나 대상을 정확히 측정하는 것을 의미한다. 선발도구의 신뢰성(reliability)이란 선발대상자의 특징을 측정한 결과가 일관성 있게 나타나는 것을 말한다. 패널면접은 위원회면접이라고도 부르며, 다수의 면접자가 한 사람을 두고 평가한다.

정답 ①

11 관리자 계층의 선발이나 승진에 사용되는 평가센터법(assessment center method)에 대한 설명으로 옳지 않은 것은?

① 피평가자의 언어능력이 뛰어나면 다른 능력을 평가하는데 현혹효과(halo effect)가 나타날 가능성이 있다.

② 다른 평가기법에 비해 평가 시간과 비용이 많이 소요된다.

③ 기존 관리자들의 공정한 평가와 인력개발을 위해서도 활용될 수 있다.

④ 전문성을 갖춘 한 명의 평가자가 다수의 피평가자를 동시에 평가한다.

해설

O 읽기자료: 평가센터법(Assessment Center)

평가센터법은 관리자 선발이나 승진의사결정에 있어서 신뢰성과 타당성을 높이기 위해 시행되는 선발 방법으로 참가자들을 2~3일 동안 합숙시키면서 관찰·평가하는 방법이다. 특히, 평가센터는 관리자, 경영자를 선발(selection)하고, 개발(development)하며, 적성과 능력 등을 진단(inventory)하여 부족한 점을 보완하려는데 그 목적이 있다.

1) 평가센터법의 특징

① 다수의 관찰자는 사전에 훈련을 받고, ② 복수의 참가자들을 관찰·평가한다. ③ 관찰·평가되는 것은 주로 '행동'이고, ④ 직무에 대해 요구하는 자질(profile)이 미리 확정되어 있어야 한다. ⑤ 평가기준이 명확하고 복수의 관찰자들이 평가하기 때문에 주관적인 편견이 감소한다.

2) 평가센터의 진행절차

평가센터의 진행절차를 Plan–Do–See 관점에서 기술하면 다음과 같다

〈plan〉 단계에서는 ① 관리자가 될 훈련 참가자를들을 선정하고, ② 평가자들 훈련 시킨 후 ③ 관찰 및 평가기준을 정하는데 이때 협동심, 의사소통, 경쟁력, 설득력 등을 주요기준으로 삼는다.

〈Do〉 단계에서는 6~12명 정도가 비즈니스 게임(business game), 사례학습(case study), 역할연기(role–play), 인바스켓(in–basket) 등을 실시한다.

〈 See 〉 단계에서는 사전 합의된 기준에 따라 평가를 실시하고, 그 결과에 따라 선발과 개발이 이루어진다.

3) 평가센터법의 구성요건적 측면에서 장·단점

기업에서 효과적인 인사평가 시스템을 구축하고 활용하기 위해서는 인사평가의 신뢰성, 타당성, 수용성, 실용성 등이 확보되어야 한다.

㉠ 장점: 신뢰성 측면과 타당성 측면

신뢰성 측면에서는 사전에 요구되는 자질이 미리 확정되어 있고, 훈련받은 다수의 평가자가 평가하기 때문에 신뢰성이 높다.

타당성 측면에서는 평가센터법은 실제 직무와 관련이 높은 행동들을 위주로 평가하기 때문에 승진의사결정이나 교육훈련과 같은 평가의 목표에 대한 타당도가 높다.

ⓛ 단점: 수용성 측면과 실용성 측면

수용성 측면에서는 테스트는 주로 참가자들의 언어능력(verbal ability)과 관련되어 있기 때문에 낮은 점수를 받은 훈련자와 훈련에 참가하지 못한 종업원의 심리적 저항이 있을 수 있다.

실용성 측면에서는 선발과 개발에 있어서 나름 합리적이지만 다른 평가기법에 비해 많은 시간과 비용이 소모된다.

정답 ④

12 인사고과의 오류 중 피고과자가 속한 사회적 집단에 대한 평가에 기초하여 판단하는 것은?

① 상동적 오류(stereotyping errors)

② 논리적 오류(logical errors)

③ 대비오류(contrast errors)

④ 근접오류(proximity errors)

⑤ 후광효과(halo effect)

해설

○ 상동적 태도(Stereotyping)

현혹효과(halo effect)가 피평가자의 한 가지 특성에 근거한 것인데 비해, 상동적 태도는 피평가자들이 속한 집단의 한 가지 범주에 따라 판단할 때 나타나는 오류이다. 예를 들어 미국인은 개인주의적이고, 한국인은 매우 부지런하며, 흑인은 운동소질이 있으며, 이탈리아인은 정열적이라고 생각하는 것이다.

정답 ①

13 A부장은 인사고과 시 부하들의 능력이나 성과를 실제보다 높게 평가하는 경향이 있다. 이와 관련된 인사고과 오류는?

① 관대화 경향(leniency error)

② 상동적 오류(stereotyping)

③ 연공오류(seniority error)

④ 후광효과(halo effect)

⑤ 대비오류(contrast error)

해설

정답 ①

14 평가자가 평가항목의 의미를 정확하게 이해하지 못했을 때 나타나는 인사평가의 오류는?

① 후광효과
② 상관편견
③ 시간적 오류
④ 관대화 경향
⑤ 대비오류

해설

상관편견이란 고과자가 고과항목의 의미를 정확하게 이해 못했을 때 나타난다. 예를 들면 성실성과 책임감, 창의력과 기획력이라는 항목간의 정확한 차이를 구분 못하는 고과자는 피고과자를 평가할 때 위의 항목들에 대해 똑같은 점수를 주는 것이다.

정답 ②

15 인사평가 시 발생할 수 있는 대인지각 오류에 대한 설명으로 가장 옳지 않은 것은?

① 후광오류(halo errors)는 피평가자의 일부 특성으로 그 사람에 대한 전체적인 평가를 긍정적으로 내리는 경향이다.
② 나와 유사성 오류(similar-to-me errors)는 자신의 특성과 유사한 피평가자에 대해 관대히 평가하는 경향이다.
③ 상동적 태도(stereotyping)는 피평가자가 속한 집단의 특성으로 피평가자 개인을 평가하려는 경향이다.
④ 대비오류(contrast errors)는 평가자가 본인의 특성과 피평가자의 특성을 비교하려는 경향이다.

해설

평가자가 본인의 특성과 피평가자의 특성을 비교하려는 경향은 투사(투영, 주관의 객관화적 성향)의 오류를 의미한다.

○ 대비오류(contrast errors)

대비오류는 직무 기준과 직무 능력 요건이 말한 절대기준이 아닌, 자신에 기준을 두어, 자신과 부하를 비교하는 경우를 말한다.

이러한 오류를 방지하기 위해서는 직무기준(업무목표)과 직무 능력 요건에 비추어 평가를 해야 하며, 평가자 훈련을 통해 판단기준을 통일하도록 해야 한다.

정답 ④

16 집단의사결정의 특징에 관한 설명으로 옳지 않은 것은?

① 구성원으로부터 다양한 정보를 얻을 수 있다.
② 의사결정에 참여한 구성원들의 교육효과가 높게 나타난다.
③ 구성원의 합의에 의한 것이므로 수용도와 응집력이 높아진다.
④ 서로의 의견에 비판 없이 동의하는 경향이 있다.
⑤ 차선책을 채택하는 오류가 발생하지 않는다.

해설

집단의사결정은 최적 안에 대한 폐기가능성이 존재하므로, 차선책을 채택하는 오류가 발생할 수 있다.

정답 ⑤

17 켈리(Kelly)의 귀인이론(attribution theory)에서는 행동의 원인을 합의성(consensus), 특이성(distinctiveness), 일관성(consistency)의 세 가지 차원으로 구분하여 해석하고 있다. 다음 중 행동의 원인을 행위자의 내적(internal) 요인으로 판단하기에 가장 적절한 경우는?

구분	합의성	특이성	일관성
①	높음	높음	높음
②	높음	높음	낮음
③	낮음	낮음	높음
④	낮음	높음	낮음
⑤	낮음	낮음	낮음

해설

정답 ③

18 조직 설계와 관련된 다음 설명 중 가장 적절한 것은?

① 부문화(departmentalization)란 조직 구성원들이 책임지고 수행해야 할 과업의 범위와 깊이를 의미한다.

② 공식화(formalization)는 분업화한 과업을 효과적으로 수행하기 위해 과업수행에 관련된 행동을 구체화시키는 것을 의미한다.

③ 우드워드(Woodward)의 연구결과에 의하면 조직구조는 조직이 사용하는 생산기술에 영향을 미치고 기술과 조직구조의 적합성 여부에 따라 조직의 성과가 달라진다.

④ 페로(Perrow)는 기술을 과업이 다양성과 문제의 분석가능성에 따라 장인기술, 비일상적 기술, 일상적 기술, 공학적 기술로 구분하였다.

⑤ 혁신의 양면모형(ambidextrous model)에서 보면 효율적 관리혁신을 위해서 조직의 중간 또는 하위 관리층은 기계적인 조직이 되어서는 안 된다.

해설

부문화(departmentalization)란 유사하거나 관련이 있는 과업들과 활동들을 조정될 수 있도록 직무를 집단화하는 것이다.

공식화(formalization)는 분업화한 과업을 효과적으로 수행하기 위해 과업수행에 관련된 행동을 표준화시키는 것을 의미한다.

우드워드(Woodward)의 연구결과에 의하면 조직이 사용하는 생산기술이 조직구조에 영향을 미치고 기술과 조직구조의 적합성 여부에 따라 조직의 성과가 달라진다.

혁신의 양면모형(ambidextrous model)에서 보면 새로운 아이디어를 탐색하고 개발하는 부서는 유기적 구조로 설계하고, 혁신을 수행하는 부서는 기계적 구조로 설계하는 것이다.

정답 ④

19 성격과 태도에 관한 다음 설명 중 가장 적절하지 않은 것은?

① MBTI(Myers–Briggs Type Indicator)에서는 개인이 정보를 수집하는 방식과 판단하는 방식에 근거하여 성격 유형을 분석하고 성격유형에 적합한 직업을 제시하고 있다.

② 자기 효능감(self–efficacy)이란 특정한 일을 성공적으로 수행할 수 있는지에 대한 스스로의 믿음을 의미한다.

③ 성격유형을 A형과 B형으로 구분할 때, A형의 성격을 지닌 사람은 B형의 성격을 지닌 사람보다 경쟁적이고 조급한 편이다.

④ Big5 성격유형 중 경험에 대한 개방성이란 다른 사람들과 잘 어울리고 남을 신뢰하는 성향을 의미한다.

⑤ 성공의 원인은 자신의 능력이나 노력 등의 내재적 요인에서 찾고, 실패의 원인은 과업의 난이도나 운(運) 등의 외재적 요인에서 찾으려는 경향을 자존적 편견(self serving bias)이라고 한다.

해설

1. MBTI(Myers–Briggs Type Indicator)

MBTI는 마이어스(Myers)와 브릭스(Briggs)가 스위스의 정신분석학자인 카를 융(CarlJung)의 심리 유형론을 토대로 고안한 자기 보고식 성격 유형 검사 도구이다. MBTI는 시행이 쉽고 간편하여 학교, 직장, 군대 등에서 광범위하게 사용되고 있다. MBTI는 다음과 같은 4가지 분류 기준에 따른 결과에 의해 수검자를 16가지 심리 유형 중에 하나로 분류한다. 정신적 에너지의 방향성을 나타내는 외향–내향(E–I) 지표, 정보 수집을 포함한 인식의 기능을 나타내는 감각–직관(S–N) 지표, 수집한 정보를 토대로 합리적으로 판단하고 결정 내리는 사고–감정(T–F) 지표, 인식 기능과 판단 기능이 실생활에서 적용되어 나타난 생활양식을 보여 주는 판단–인식(J–P) 지표이다. MBTI는 이 4가지 선호 지표가 조합된 양식을 통해 16가지 성격 유형을 설명하여, 성격적 특성과 행동의 관계를 이해하도록 돕는다.

2. MBTI의 4가지 선호 지표

MBTI는 개인마다 태도와 인식, 판단 기능에서 각자 선호하는 방식의 차이를 나타내는 4가지 선호 지표로 구성되어 있다. 이 4가지는 정식적 에너지의 방향성을 나타내는 외향–내향(E–I) 지표, 정보 수집을 포함한 인식의 기능을 나타내는 감각–직관(S–N) 지표, 수집한 정보를 토대로 합리적으로 판단하고 결정 내리는 사고–감정(T–F) 지표, 인식 기능과 판단 기능이 실생활에서 적용되어 나타난 생활양식을 보여 주는 판단–인식(J–P) 지표이다.

정답 ④ 친화성(agreeableness)

20 태도 변화에 대한 다음 설명 중 옳지 않은 것은?

① 태도의 3요소는 인지적 요소, 정서(감정)적 요소, 행동(행위)적 요소이다.

② Katz는 태도의 기능을 4가지로 분류하였는데 이는 지식적 기능, 실용적 기능, 가치표현적 기능, 자기방어적 기능이다.

③ Lewin은 태도변화를 해빙, 변화, 재동결의 순으로 정의하였는데 해빙은 물리적인 제거, 지원파괴, 굴욕적인 경험, 상과 벌에 의해 일어난다고 보았다.

④ 행위자 – 관찰자 효과(actor–observer effect)란 다른 사람의 행동은 성향귀인하고, 자신의 행동은 상황귀인하는 현상을 말한다.

⑤ 내가 하면 로맨스, 남이 하면 불륜이라는 생각을 했다면 이는 자존적 편견(self serving bias)에 해당한다.

해설

자기 고양적 편견(self–serving bias)은 어떤 개인이 단체의 성공이 자신으로 인한 것으로 여기는 반면, 실패의 경우 다른 구성원의 탓으로 돌리는 경향을 말한다.

○ 카츠(Katz,1960)의 분류

카츠(Katz,1960)의 분류에 따르면 태도는 다음과 같은 네 가지 기능을 갖는다.

1. 자아방어적 기능: 사람은 자신이나 외부 세계에 대한 불유쾌한 사실로부터 자신을 보호하기 위해 특정한 태도를 가진다.
2. 가치표현적 기능: 사람들은 자신의 주요한 가치나 자아 이미지를 반영하는 태도를 취함으로써 만족감을 느낀다.
3. 지식적 기능: 태도는 우리 주변의 정보나 사건들을 조직하고 이해하는 역할을 한다.
4. 실용적 기능: 사람들은 어떤 태도를 가짐으로써 보상을 최대화하고 처벌을 최소화한다.

정답 ⑤

051 조직구조 설계의 상황요인에 해당하는 것을 모두 고른 것은?

ㄱ. 조직의 규모
ㄴ. 표준화
ㄷ. 전략
ㄹ. 환경
ㅁ. 기술

① ㄱ, ㄴ, ㄷ
② ㄱ, ㄴ, ㄹ
③ ㄴ ,ㄷ, ㅁ
④ ㄱ, ㄴ, ㄷ, ㄹ
⑤ ㄱ, ㄷ, ㄹ, ㅁ

해설

조직구조의 설계란 여러 과업과 과업의 담당자, 담당부문들을 적절하게 분화(differentiation)하고, 분화된 과업 및 부문들이 서로 연결되도록 통합(integration)시키는 것을 말한다.
조직(구조) 설계를 위한 차원은 구조적 차원과 상황적 요인으로 구분한다.

구조적 차원(세 글자)	상황적 요인(두 글자)
1) 복잡성 2) 집권화 3) 공식화(=표준화)	1) 권력 2) 전략 3) 환경 4) 기술 5) 규모

1. 구조적 차원(structural dimension)

1) 복잡성–분화의 정도. 즉 조직 내에서의 부서나 활동의 개수를 말한다. 복잡성을 측정하는 방식은 수직적, 수평적, 공간적 복잡성의 세 가지이다.

① 수직적 복잡성은 위계(hierarchy) 계층의 수를 말한다.
② 수평적 복잡성은 부서나 직업적 전문가의 수를 말한다. 조직 내에서 부서나 전문가의 수가 많을수록 수평적 분화가 더욱 높아져 조직은 그만큼 복잡하게 된다.
③ 공간적 복잡성은 조직의 부서와 사람들이 지리적으로 흩어져 있는 정도를 말한다.

2) 집권화(조직 내에서 의사결정이 이루어지는 계층수준)

집권화는 조직의 중요한 의사결정 및 통제권한이 조직의 특정 부문에 집중되어 있다. 반면 분권화는 조직의 의사결정 및 명령지시권이 조직의 여러 계층에 위양되어 있다.
* 집분권화=권력구조의 분권화+의사결정의 집권화

집권화의 결정요인은 다음과 같다.

① 규모(size)-규모가 작으면 집권화, 규모가 커지면 분권화

② 기술복잡성-최고경영층은 날로 증대되는 기술복잡성을 따라 잡기는 힘들다. 기술의 복잡성이 증대되거나 발전이 이루어지게 될수록 가급적 분권화를 통하여 관리의 효율성을 얻어야 한다.

③ 지리적 분산-지역적으로 분산화되면 의사결정 권한을 분권화할 필요가 있다.

④ 환경불확실성-최고 경영층의 환경 불확실성에 대한 평가능력이나 신속한 대처능력은 환경의 불확실성이 커질수록 어려움을 겪게 마련이다. 환경의 불확실성이 증대되게 되면 집권적인 형태 조직을 분권적인 조직으로 변화시킬 필요가 있다.

3) 공식화-과업수행의 표준화 정도

2. 상황적 요인

상황적 요인(contingency factors)은 조직의 환경, 기술, 규모, 전략 및 권력과 같이 조직구조에 영향을 주는 요소들로 구성된다. 조직의 구조적 차원에 영향을 미치는 조직배경이 상황적 요인이다. 이 두 차원은 서로 상호작용하면서 조직의 목표달성에 기여하게 된다.

정답 ⑤

52 프렌치(J. French)와 레이븐(B. Raven)의 권력의 원천에 관한 설명으로 옳지 않은 것은?

① 공식적 권력은 특정역할과 지위에 따른 계층구조에서 나온다.

② 공식적 권력은 해당지위에서 떠나면 유지되기 어렵다.

③ 공식적 권력은 합법적 권력, 보상적 권력, 강압적 권력이 있다.

④ 개인적 권력은 전문적 권력과 정보적 권력이 있다.

⑤ 개인적 권력은 자신의 능력과 인격을 다른 사람으로부터 인정받아 생긴다.

해설

○ 프렌치와 레이븐(French & Raven)의 권력원천 분류

구분	권력의 원천
지위 관련	합법적 권력
	보상적 권력
	강압적 권력
개인 권력	전문적 권력
	준거적 권력

○ 읽기자료: 프렌치와 레이븐(French 와 Raven)의 권력 분류

권력의 유형은 흔히 프렌치와 레이븐(French 와 Raven)의 분류체계를 이용한다. 이 분류체계에서는 다음에 설명하는 다섯 가지 유형으로 나누어지며 권력에 대한 후속연구에 많은 영향을 미쳤다. 하지만 리더나 관리자에 관련된 모든 권력의 원천을 다루지는 않았다. 예컨대, 정보에 대한 통제도 리더 또는 관리자에게는 하나의 권력이 된다.

1) 합법적 권력(legitimate power)은 업무활동에 대한 공식적인 권한으로부터 나오는 권력을 말한다. 합법적 권력의 영향력 과정은 매우 복잡한데, 조직의 구성원들은 통상 조직에 소속된 것에 대한 보답으로 규칙과 리더의 지시에 따른다. 그러나 이러한 순응은 어떤 명시적인 계약보다는 암묵적인 상호이해로 이루어진다.

2) 보상적 권력(reward power)은 자원과 보상을 할당하는 공식적 권한에서 발생하며, 조직에 따라서 그리고 조직 내에서도 지위에 따라 다르다. 일반적으로 하급지위보다 상급지위자들이 희소 자원에 대해 더 많은 통제력을 부여 받는다. 권력을 행사하는 사람들은 통상 동료나 상사에 대해서보다는 부하에 대해 더 많은 보상적 권력을 가지고 있다. 부하에 대한 보상적 권력의 형태는 급여인상, 보너스, 승진 등이다.

3) 강제적 권력(coercive power)은 처벌에 그 바탕을 두며, 조직의 유형에 따라 다르다. 강제력은 대상인물이 행위자의 요구나 규칙 또는 방침에 따르지 않는 경우에 바람직하지 않은 결과를 얻게 될 수 있을 것이라는 위협이나 경고 등에 의해 나타난다. 위협이 실제로 가능하다고 지각할 때, 그리고 대상인물이 처벌의 위협을 피하고자 할 때, 요구에 응할 가능성이 높아진다. 대상인물이 응하지 않음에도 불구하고 행위자가 위협만 하고 실행하지 않으면 강제력은 신뢰성을 상실하게 된다.

4) 전문적 권력(expert power)은 과업관련 지식이나 기술이 조직에서 개인권력의 주요한 원천이 되는 경우이다. 과업을 수행하거나 중요한 문제를 해결하는 방법에 대한 특수한 지식은 부하, 동료, 또는 상사에 대해 잠재적 영향력이 된다. 그러나 다른 사람들이 전문적 지식이나 노하우 등을 행위자에게 의존할 때만 전문성은 권력의 원천이 된다.
전문지식이나 전문기술은 대상인물이 이것을 소유한 사람에게 계속 의존하면 권력의 원천으로 남아 있겠지만 문제가 해결되거나 대상인물이 문제해결법을 배우게 되면 소유자의 전문성은 더 이상 가치를 가지지 못한다. 따라서 사람들은 과업의 절차나 방법을 계속 비밀로 한다거나 전문 용어 등을 사용하여 과제를 더 복잡하게 보이게 하거나 또는 매뉴얼 등을 파괴함으로써 자신이 가진 전문성을 보호하려고 한다.

5) 준거적 권력(referent power)은 행위자에게 애정이나 충성심 등의 감정을 가진 사람들이 그를 기쁘게 하고자 하는 욕망을 가질 때 생기는 힘이다. 일반적으로 사람들은 친구 등에게 특별한 호의를 기꺼이 베풀고자 하며, 자신들이 존경하는 인물의 요구 등을 실행할 가능성이 높다. 가장 강력한 형태의 준거력은 개인적 동일시(personal identification)라는 영향력 과정이다. 행위자로부터의 인정과 수용을 얻기 위해서 행위자가 요구하는 것을 행하고, 행위자의 행동을 모방하기도 한다.

정답 ④ 개인적 권력에는 전문적 권력과 준거적 권력이 있다.

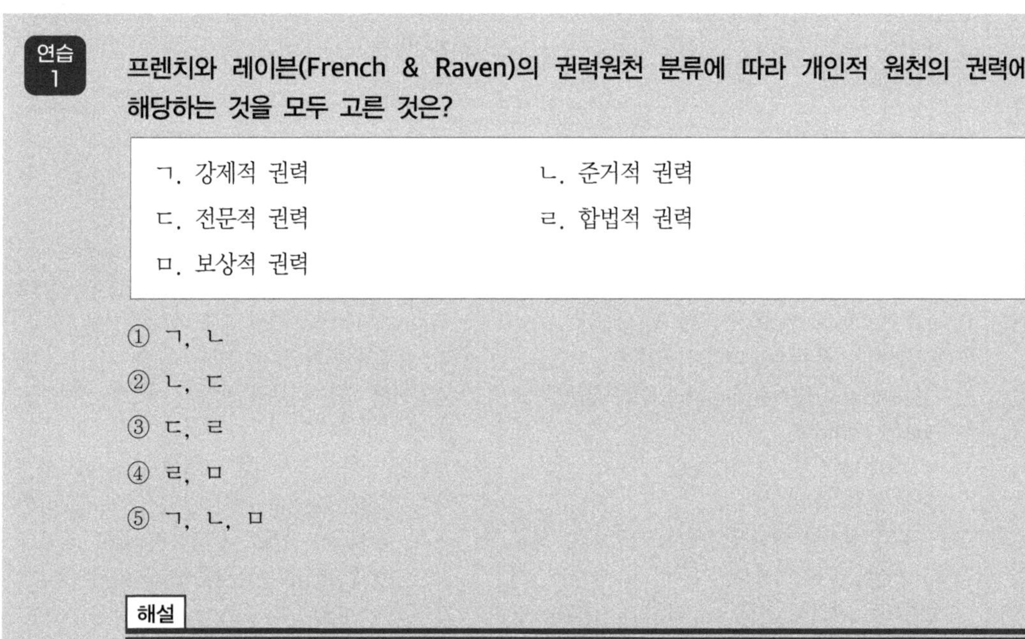

연습 1

프렌치와 레이븐(French & Raven)의 권력원천 분류에 따라 개인적 원천의 권력에 해당하는 것을 모두 고른 것은?

ㄱ. 강제적 권력	ㄴ. 준거적 권력
ㄷ. 전문적 권력	ㄹ. 합법적 권력
ㅁ. 보상적 권력	

① ㄱ, ㄴ

② ㄴ, ㄷ

③ ㄷ, ㄹ

④ ㄹ, ㅁ

⑤ ㄱ, ㄴ, ㅁ

해설

정답 ②

53

직무분석과 직무평가에 관한 설명으로 옳지 않은 것은?

① 직무분석은 인력확보와 인력개발을 위해 필요하다.

② 직무분석은 교육훈련 내용과 안전사고 예방에 관한 정보를 제공한다.

③ 직무명세서는 직무수행자가 갖추어야 할 자격요건인 인적특성을 파악하기 위한 것이다.

④ 직무평가 요소비교법은 평가대상 개별직무의 가치를 점수화하여 평가하는 기법이다.

⑤ 직무평가는 조직의 목표달성에 더 많이 공헌하는 직무를 다른 직무에 비해 더 가치가 있다고 본다.

해설

○ 직무분석을 통해 직무기술서(job description)와 직무명세서(job specification)가 작성된다. 직무명세서는 직무를 성공적으로 수행하기 위한 인적요건을 명시해 놓은 것이다. 예를 들면 요구되는 기술수준, 교육수준, 지식, 정신적·육체적 능력, 작업경험 등이다.

○ 직무평가란 임금의 공정성 확보, 인력확보 및 인력배치 시 합리성을 제고.

직무가치에 부합하는 보상을 통해 임금배분의 공정성을 실현한다는 공정성 이론에 바탕을 두고 있다. 법적 배경으로는 동일 노동가치에 대한 동일 임금이다. 서열법은 상호 비교하여 순위를 결정하는 것으로 신속하고 간단함. 그러나 서열 간 직무가치 차이 정도를 파악할 수 없고 유사직무가 많은 경우 서열을 매기기 어렵다. 소규모 기업에서는 도입이 가능하지만 대기업에서는 측정상의 신뢰도 확보에 어려움이 많다. 일괄서열법, 쌍대비교법, 위원회법이 있다.

종합적 평가(전체적, 비계량적)	평가 요소별 평가(계량적 · 양적 · 분석적)
1) 서열법 2) 분류법(등급법)	3) 점수법 4) 요소비교법

* 요소비교법=서열법+점수법

○ 점수법과 요소비교법 구분

점수법	요소비교법
1) 평가 요소별로 점수를 부여한 후 합산. 2) 직무가치를 점수로 나타내어 평가. 3) 평가대상인 개별직무의 가치를 점수화해서 표시하는 기법이다. 4) 평가요소 선정 → 평가요소별 가중치 설정 → 평가요소별 점수부여 (가중치 설정의 일반적 조건으로는 경영 전체의 관점에서 본 중요도, 직무의 각 평가요소가 표현하는 가치의 척도, 평가요소의 신뢰도 또는 확률 등의 세 가지 조건이 중시된다. 그러나 중요도를 설정하는 것이 쉽지 않아 단점으로 지적된다.)	1) 핵심이 되는 몇 개의 대표 직무를 설정하고, 각 직무의 평가요소를 대표기준의 평가요소와 비교하여 모든 직무의 상대적 가치를 결정하는 방법. 2) 서열법이 여러 직무들을 포괄해서 가치를 평가하여 서열을 매기는 것과 달리, 요소비교법은 여러 직무들을 전체로 비교하지 않고 직무가 갖는 요소별(평가요소) 직무들 간에 서열을 매기는 방식이다. 예를 들어 신체요소, 기술요소, 책임요소 등이다. 3) 요소비교법은 직무의 상대적 가치를 임금액으로 평가하는 것이 특징이다. 임금액을 가지고 바로 평가하여 점수화할 수 있다. 예를 들어 신체적 요소에서 1등급이면 30만원, 2등급이면 20만원, 3등급이면 10만원 이러한 방식이다. 이를 요소별 합산한 금액을 구하여 비교하는 것이다. 점수법의 경우 각 요소마다 점수를 책정하여 동점이 나올 수 있지만 요소비교법은 각 요소마다 순위를 매기므로 동점이 나올 수 없다.

정답 ④ 점수법 설명이다.

54 협상에 관한 설명으로 옳지 않은 것은?

① 협상은 둘 이상의 당사자가 희소한 자원을 어떻게 분배할지 결정하는 과정이다.

② 협상에 관한 접근방법으로 분배적 교섭과 통합적 교섭이 있다.

③ 분배적 교섭은 내가 이익을 보면 상대방은 손해를 보는 구조이다.

④ 통합적 교섭은 윈-윈 해결책을 창출하는 타결점이 있다는 것을 전제로 한다.

⑤ 분배적 교섭은 협상당사자가 전체자원(pie)이 유동적이라는 전제하에 협상을 진행한다.

해설

단체교섭의 유형에는 크게 두 가지로 나눌 수 있는데 분배적 교섭과 통합적 교섭이다.

분배적 교섭	통합적 교섭
1) 전체의 합계(pie)가 일정해 어느 당사자가 많이 가지면 나머지 당사자는 적게 가질 수밖에 없다. 2) 서로 갈등적 관계를 갖는 형태이다. 분배의 몫이 일정하므로 서로가 많이 가지려는 노력으로 인해 갈등이 커질 수밖에 없다. 3) 단체교섭 순간의 교섭 결과가 다음번의 교섭 시까지 모든 것을 좌우하므로 가급적 양보하지 않으려는 생각을 한다.	1) 어느 당사자가 크게 가질 때 나머지 당사자도 크게 가질 수 있는 형태의 교섭구조이다. 2) 서로의 이익을 극대화시키기 위해 협력하는 구조를 갖게 된다. 3) 노사 모두가 이익을 볼 수 있고 나아가 긍적적 노사관계를 가질 수 있다. 4) 분배적 측면에서 볼 때, 노사쌍방 간에 분배적 효과를 최대한 누리고 갈등을 가급적 줄이는데 최대한의 노력을 기울인다.

정답 ⑤

55 노동쟁의와 관련하여 성격이 다른 하나는?

① 파업
② 준법투쟁
③ 불매운동
④ 생산통제
⑤ 대체고용

해설

정답 ⑤ 대체고용은 회사 측 대응방식이다.

56 대량고객화(mass customization)에 관한 설명으로 옳지 않은 것은?

① 높은 가격과 다양한 제품 및 서비스를 제공하는 개념이다.
② 대량고객화 달성 전략의 하나로 모듈화 설계와 생산이 사용된다.
③ 대량고객화 관련 프로세스는 주로 주문조립생산과 관련이 있다.
④ 정유, 가스 산업처럼 대량고객화를 적용하기 어렵고 효과 달성이 어려운 제품이나 산업이 존재한다.
⑤ 주문접수 시 까지 제품 및 서비스를 연기(postpone)하는 활동은 대량고객화 기법 중의 하나이다.

해설

대량 고객화(mass customization, 매스 커스터마이제이션)는 맞춤화된 상품과 서비스를 대량생산을 통해 비용을 낮춰 경쟁력을 창출하는 새로운 생산과 마케팅 방식을 말한다. 대량 맞춤(화)라고도 한다. Mass Customization은 서로 모순되는 두 단어인 mass production과 customization를 결합한 용어로, 개별적으로 고객화 되거나 주문받은 제품 및 서비스를 대량생산하는 것을 말한다. 고객의 욕구가 세분화되고 기술적 진보가 진행되면서 개별맞춤을 넘어서 Mass Customization이 가능해졌다. 이는 고객 개개인이 필요로 하는 제품과 서비스의 생산과 마케팅의 정보를 고객에게서 얻고 고객이 직접 선택하도록 할 수 있는 시스템이다.

- Mass Customization은 Customization을 대량생산에 버금가는 낮은 수준의 비용에 신속하게 제공하는 것으로 정의할 수 있다. 대량 생산에서 낮은 원가는 규모의 경제(economics of scale)를 통해서 이루어지는 반면, 대량 고객화에서는 범위의 경제(economics of scope)를 통해서 이루어진다. 즉, 단일 생산 프로세스를 통해 매우 다양한 상품을 더 싸고 빠르게 생산할 수 있다. 범위의 경제(영어: Economies of scope)란 하나의 기업이 2가지 이상의 제품을 함께 생산할 경우, 2가지를 각각 따로 생산하는 경우보다 생산비용이 적게 드는 현상이다. 범위의 경제의 대표적인 사례로 꼽히는 것이 현대자동차와 현대제철, 현대 모비스의 관계다. 현대제철의 경우 차체에 들어가는 강판 제작을 위해 현대차가 새로 제철 기업을 설립한 것과 마찬가지라서 여전히 현대, 기아차는 현대제철로부터 강판을 공급받는다. 빅펜이라는 회사가 있는데 이 회사는 일회용 볼펜을 생산하다가 일회용 라이터 산업으로 진출했다. 볼펜과 라이터가 겉으로는 다르지만 플라스틱 사출 성형 기술이 필요하다는 점에서는 똑같다.

O Mass Customization의 유형

Joseph Pine이 제시한 Mass Customization의 네 가지 유형을 살펴보면 다음과 같다.

① 표준제품/서비스를 둘러싼 서비스의 맞춤

② 맞춤이 가능한 제품/서비스의 제공

③ 인도시점 맞춤(point of delivery customization)의 제공

④ 모듈을 이용한 맞춤 제품/서비스의 제공

Pine은 상기 네 가지 매스 커스터마이제이션을 '제품개발-생산-마케팅-인도'로 이어지는 가치사슬의 관점에서 설명하고 있다.

①의 경우, 표준제품/서비스의 개발과 생산에 이어 마케팅과 인도 단계에서 맞춤이 이루어지고 많은 서비스산업에서 이 방법론을 활용하고 있음을 지적하고 있다.

②는 표준화된 제품이면서도 맞춤 기능을 발휘할 수 있도록 개발하고 맞춤 기능성을 고객에게 마케팅 하는 방법이다.

이는 ①의 경우와 마찬가지로 대량생산을 활용하고 있으나 핵심제품의 맞춤이 불가능한 ①과는 달리 핵심제품이 고객 개인의 니즈에 맞추어 활용될 수 있도록 개발된다는 점이 다르다. 이 경우 맞춤의 개념은 셀프서비스로 이해할 수 있다.

③의 경우는 실질적으로 표준화된 제품을 개발, 생산하여 인도하지만, 마케팅 단계에서 맞춤가능성을 고객에게 알리고 인도시점에 간단한 작업을 통해 표준제품을 가공 및 변형함으로써 고객의 개별적 니즈에 맞추는 방법이다. 이는 제품차별화의 지연(postponement)를 가장 최대한 활용하는 예로 볼 수 있다.

④는 모듈의 조합을 통해 개별 고객의 다양한 니즈에 맞추는 것으로, 고객DB를 구축하여 재방문 시 서비스를 제공할 수 있다.

> **○ 대량고객화(mass customization) 사례**
> Nike는 NIKEiD 웹사이트를 통해 실시간 디자인 프로그램을 도입하여 고객 스스로가 자신의 신발을 선택할 수 있는 기능을 제공하고 있다.
> - 2000년 http://nikeid.nike.com 사이트를 개설하여 소비자가 직접 디자인한 운동화를 제작, 배달하는 사업을 시작하였다.
> - 성별, 치수, 상·하·둘레·밑창부분·신발 끈의 칼라, 로고위치 등 10개 이상의 선택사항을 실시간으로 디자인할 수 있다.
> - 고객 주문에 따라 Symbol이나 Personal iD를 신발 뒷면에 새겨주어 고객은 세계에서 한 켤레 뿐인 운동화를 가질 수 있다.
> - 10달러 정도 추가 비용을 부담하면 자동 생산라인과 특급 배달 서비스가 결합된 주문제작이 가능하다.
> - 온라인 플랫폼을 활용하여 고객 니즈를 충족시킬 수 있는 방법을 모색, 고객 만족 극대화로 확고한 선두를 유지하고 있다.

정답 ① 낮은 가격과 다양한 제품 및 서비스 제공이다.

57 품질경영에 관한 설명으로 옳지 않은 것은?

① 쥬란(J. Juran)은 품질삼각축(quality trilogy)으로 품질 계획, 관리, 개선을 주장했다.
② 데밍(W. Deming)은 최고경영진의 장기적 관점 품질관리와 종업원 교육훈련 등을 포함한 14가지 품질경영 철학을 주장했다.
③ 종합적 품질경영(TQM)의 과제 해결 단계는 DICA(Define, Implement, Check, Act)이다.
④ 종합적 품질경영(TQM)은 프로세스 향상을 위해 지속적 개선을 지향한다.
⑤ 종합적 품질경영(TQM)은 외부 고객만족 뿐만 아니라 내부 고객만족을 위해 노력한다.

해설

1. TQM의 개념과 정의

품질을 중심으로 하는 모든 구성원의 참여와 고객 만족을 통한 장기적 성공 지향을 기본으로 하며, 아울러 조직의 모든 구성원과 사회에 이익을 제공하는 조직의 경영적 접근을 말한다.
최고 경영자의 열의와 리더십을 기반으로 끊임없는 교육훈련과 참여의식에 의해 능력이 개발된 조직 구성원이 합리적인 관리방식과 과학적 품질관리 기법을 활용하여 조직 내 모든 절차를 표준화하고 지속적으로 개선함으로써 고객 만족을 달성하며 궁극적으로는 조직의 장기적인 성장을 추구하는 경영시스템이다.

2. TQM의 3가지 기본요소

1) 능력이 개발된 조직 구성원
2) 합리적인 관리방식: 방침관리, 일상관리, QC분임조 등
3) 과학적 품질관리기법: SPC, 품질기능전개, 신품질관리기법, 다구찌기법, 기타 통계적 품질관리기법 등

이상과 같은 3가지 기본요소를 중심으로 PDCA사이클을 추진해야 하며 표준화된 절차를 지속적으로 개선해야 한다. * 6시그마 품질혁신 수행과정은 DMAIC이다.

구분	QC	SQC	TQC	TQM
1차적 관심	검출	통제	조정	전략적 영향
품질 견해	해결되어야 할 과제	해결되어야 할 과제	해결되어야 할 과제이나 선행 노력이 필요	경쟁기회
강조점	제품의 균일성	적은 검사와 품질 균일성	품질 불량을 예방하기 위해 설계로부터 마케팅까지 전부문의 기능적 연계	전략적 계획 목표 설정 및 조직 기종
방법	측정과 계측	통계적 도구와 기법	프로그램과 시스템	전략적 계획, 목표 설정 및 조직기동

1. 쥬란의 품질 트릴러지(Trilogy, 삼각축, 3가지 기본요소)

1) 품질계획(Quality Planning)

고객과 그들의 요구사항, 고객이 기대하는 제품 및 서비스의 특징, 이러한 속성을 가진 제품 및 서비스를 전달하는 프로세스를 규명하고 조직의 생산부문에 이러한 지식의 전달을 촉진하는 과정을 말한다.

2) 품질통제(Quality Control)

고객의 진정한 요구사항에 비추어 제품을 실질적으로 검토하고 평가하는 과정으로 발견된 문제들은 이때에 수정된다.

3) 품질개선(Quality Improvement)

품질이 지속적으로 개선되도록 뒷받침해 주는 지원메커니즘을 시행하는 과정이다. 여기에는 자원할당, 품질프로젝트를 추진하기 위한 인력배치, 이 프로젝트에 참여하는 사람들의 훈련, 품질업무를 추진하고 성과를 유지하기 위한 영구적 조직을 구축하는 것들이 일반적으로 포함된다.

2. 쥬란의 품질개선을 위한 프로젝트

쥬란은 품질을 실현하기 위해서 개선의 목표와 일정이 분명한 "프로젝트"를 마련하라고 충고한다. 품질개선에 주의를 집중하기 위해서는 이러한 초점이 필요한 것이다. 만일 어떤 조직이 "품질비용(cost of quality)"의 개념을 이해하고 결함비용이 기업 총수입의 30%까지 될 수 있다는 것을 받아들인다면 나쁜 품질로 인한 비용을 효과적으로 줄이기 위한 연구과제의 수를 가늠해 볼 수 있다.

1) 품질비용의 구성

예방비용, 평가비용(평가와 검사 관련), 실패비용으로 나눈다.

2) 실패비용

- 사내실패비용: 고객에게 전달되기 이전의 재작업과 수리
- 사외실패비용: 고객에게 전달된 후의 수리, 교환, 환불
- 과잉속성비용: 고객으로부터 그 가치를 인정받지 못하는 제품이나 서비스의 특성으로 발생하는 비용
- 기회상실비용: 고객이 경쟁업체로부터 구매함으로 인해 초래되는 수입의 상실

3. **품질개선 프로젝트 성공을 위한 혁신절차(쥬란의 주장)**

1) **태도의 혁신:** 프로젝트의 필요성 및 임무의 확인

2) **파레토 분석:** 문제의 원인 진단

3) **지식의 확인:** 대책의 수립 및 효과 확인

4) **분위기 혁신:** 변화에 대한 저항 극복

5) **업무수행의 혁신:** 효과 유지를 통한 통제실시

〈읽기자료〉 데밍(W. Edwards Deming)

품질경영의 역사는 W. Edwards Deming의 이름을 지우면 설명되지 않는다. 그의 가치는 미국보다도 일본에서 먼저 이해되었고, 지금도 일본의 품질경영대상의 이름은 그의 이름을 빌려 "데밍 Award"라 불리고 있다. 일본에서의 그에 대한 존경을 실감할 수 있는 대목이다.

그는 2차대전 이후의 맥아더 군정하에서 일본의 경제계 최고 리더들에 의하여 초청되어, 처음으로 일본에 품질에 대하여 가르쳤다고 한다. 어쩌면 패전국의 일본 경제계 리더들은 패전의 원인과 미국 승리의 동인을 "미국 제품의 품질"에 두었는지 모를 일이다.

아래와 같은 데밍의 14개 품질 철학은 너무나 유명하여, 거의 모든 품질경영책에서 인용되고 있다.

1. 지속적인 개선을 위하여 목표의 일관성을 유지하라.
2. 새로운 철학을 채택하라.
3. 대량 검사에 의존하는 것을 멈추고 제조 및 구매부서에 사전에 마련된 품질척도의 통계적 근거를 요구하라.
4. 납품업체의 결정은 가격에 의존하지 말고, 통계적 품질기준에 따라 품목별로 단일업체로 정하고 장기적인 신뢰관계를 구축하라.
5. 시스템을 지속적으로 개선하라.
6. 관리자를 포함한 모든 직원의 업무에 관한 현대적인 교육법을 사용하라.
7. 품질향상은 곧 생산성증대를 가져온다. 리더십을 가르치고 함양하라.
8. 조직 전반의 불안요인을 몰아내라.
9. 각 부서 스텝조직간의 벽을 허물고, 모든 사람이 팀으로 일하게 하라.
10. 수단 없이 생산성만을 올리도록 강요하는 수치로 나타낸 목표와 슬로건을 제거하라.
11. 목표할당량을 기술하는 작업 표준을 제거하라.
12. 전문가로서의 자부심을 저해하는 요인을 제거하라.
13. 자율학습을 고무하고, 적극적인 재교육 프로그램을 운용하라.
14. 최고경영자의 지속적인 실행서약을 명백히 정의하라. 직접적인 실행이 필요하다.

〈읽기자료〉 크로스비(Crosby)

크로스비는 품질을 '우아함이 아니라, 요구에의 적합성(conformance to requirements)'이라고 정의한다. 이 정의는 제품의 제조방식이나 서비스의 제공방법을 근거로 하지 않는다는 점에서 전통적인 품질의 정의와 차이가 있다.

품질의 의미를 이해하기 위하여 Crosby는 품질경영의 4대 조건(absolutes)을 명시하였다.

절대조건1: 품질이 정의는 고객 요구에의 일치(적합)이다.

고객이 원하는 바에 정확하게 기초하지 않으면 품질의 정의한 무의미하다. 고객의 요구에 일치할 때만 제품은 품질제품이라고 할 수 있다. 이러한 요구를 물론 작업자가 알고 있어야 하며 이러한 요구를 달성할 도구를 공급받아야 한다. 따라서 경영층은 다음과 같은 과업을 수행해야 한다.

① 달성해야 할 요구를 설정하고 이를 종업원들에 알려야 한다.

② 알맞은 도구와 기법을 공급하고 필요한 훈련을 실시해야 한다.

③ 지속적인 지원과 격려를 보내야 한다.

절대조건2: 품질달성을 위한 시스템은 불량품 예방이다.

품질을 향상시키기 위하여 대량검사에 의존하는 기업은 정체를 면치 못한다. 검사, 평가, 테스트가 아닌 예방조치를 강구해야 한다.

절대조건3: 성과표준은 무결점이다.

일을 애초부터 잘 하고자 하는 결의는 아주 중요하다. 이러한 결의와 함께 필요한 의사소통이 잘 이루어지고 예방을 위한 도구가 공급되면 무결점은 성공할 수 있다.

무결점의 개념은 동기부여(motivation)의 프로그램이 아니고 성과의 표준으로 여겨야 한다. Crosby도 일부 관리자들이 이를 슬로건으로 사용하고 작업자에게 자의적 목표를 강요하고 있음을 인정하고 있다. Deming도 강조한 바와 같이 이러한 목표를 달성할 기법이 공급되지 않는 한 경영층에 대한 불신과 노여움을 초래할 뿐이다.

그러나 실수 없는 제품생산은 가능하며 일본 산업은 이를 증명하였다. 무결점을 달성할 품질기법도 존재한다.

절대조건4: 품질의 측정은 품질비용이다.

반품, 재작업, 보증비용 등 제품을 애초부터 잘 만들지 못한 데 따르는 비용은 전체 경상비의 20~40%에 이르기 때문에 최고경영층은 예방노력, 품질교육 등을 실시해야 한다.

○ 품질경영 정리

1. 테일러(Taylor)

과업을 기준으로 임률결정을 합리화하고 이를 이용하여 능률을 높임과 동시에 과업달성을 통한 생산계획의 실시를 위해 차별성과급제(differential price-rate system)라는 임금제도를 도입하였다. 과학적 '관리의 원칙'을 발표.

2. 슈하트(Shewhart)

모든 생산단계에서 변동이 존재하지만 그 변동은 샘플링이론이나 확률분석 같은 단순한 통계적 수단을 적용함으로써 이해될 수 있다고 말한다.

'관리도(control chart)'를 개발하여 이를 이용함으로써 작업자로 하여금 그들의 작업을 감시하고 그것들이 한계를 벗어나거나 불량이 나올 가능성이 있는 때를 예측할 수 있도록 하였다. 샘플링과 관리도에 대한 슈하트의 연구는 통계학자 데밍의 관심을 끌었다.

3. 데밍(Deming)

전쟁 중 일본에 건너가 활동. 7가지 치명적 병폐와 14가지 지침을 제시하였다.

14가지 지침 중 중요한 것 몇 가지를 살펴본다.

- 수치적인 할당량을 없애는 대신, 개선을 위한 방법을 배우고 실천하도록 한다.
- 목표에 의한 관리(MBO)를 없애는 대신, 공정능력과 그것을 개선하는 방법을 배운다.
- 변혁을 이루기 위해 필요한 행동을 실행에 옮긴다.

4. 쥬란(Juran)

1) 품질 트릴러지(Quality Trilogy) 발표.

- 품질계획
- 품질통제
- 품질개선

2) 품질비용(cost of quality)을 강조

5. 크로스비(Crosby)

마틴 마리에타(Martin Marietta)사(社)에서 퍼싱미사일 프로젝트의 품질책임자로 근무. '무결점(zero-defects) 프로그램'을 창안하여 대단한 성공을 거둔다.

ZD프로그램의 요지는 작업자들에게 최초에 올바르게 수행하도록 주지시키는 것이었다. ZD프로그램은 구체적인 문제해결기법이라기보다는 사고방식, 동기부여, 작업자의 인식 등에 비중을 두었다.

품질에 대한 크로스비의 기본철학은 '절대원칙(absolutes)' 이라고 칭한 다음의 4가지 기본적인 신념에 기초를 둔다.

1) 품질은 '우아함이 아니라 요구에의 적합성(conformance to requirements)' 이라고 정의한다.
2) 고객의 요구에 부응하고자 하는 공급자의 품질시스템은 최초에 올바르게 하자는 것(do it right the first time)으로 즉, 검사가 아닌 예방이다.
3) 성과의 표준은 무결점(완전무결, ZD)이다.
4) 품질의 척도는 품질비용이다.

크로스비의 견해에 따르면 조직 내 품질문제의 원인 중 80% 이상이 경영층에 관계된 것이다. 경영층의 지도력을 통한 개선 외의 다른 대책은 없다.

크로스비는 조직 내의 여러 가지 문제점을 극복하기 위해서는 다음과 같은 품질백신(Quality Vaccine)을 권장하고 있다.

- 결의(determination)
- 교육(education)
- 실행(implementation)

6. 파이겐바움(Feigenbaum)

제네럴 일레트릭사이 생산관리 및 품질관리의 책임자였던 파이겐바움은 품질에 대한 책임을 제조부문에 국한시키지 않는 전사적인 접근방법을 개발함으로써 전세계의 품질운동에 크게 기여하였다. 이를 '전사적품질관리(TQC)'로 알려지게 되었다. TQC란 마케팅, 기술, 생산 및 서비스가 가장 경제적으로 소비자를 충분히 만족시킬 수 있도록 품질개발, 품질유지 및 품질향상에 관한 조직 내 여러 그룹의 노력을 통합하는 효과적인 시스템이다.

정답 ③

크로스비(Crosby)의 품질경영에 대한 사상이 아닌 것은?

① 수행표준은 무결점이다.
② 품질의 척도는 품질코스트이다.
③ 품질은 주어진 용도에 대한 적합성으로 정의한다.
④ 고객의 요구사항을 해결하기 위해 공급자가 갖추어야 되는 품질시스템은 처음부터 올바르게 일을 행하는 것이다.
⑤ 크로스비는 조직 내의 여러 가지 문제점을 극복하기 위해서는 결의, 교육, 실행의 품질백신(Quality Vaccine)을 권장하고 있다.

해설

정답 ④

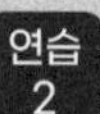

파라슈라만 등(Parasuraman, Berry&Zeuthaml)에 의해 제시된 서비스 품질 측정도구인 SERVQUAL 모형의 5가지 품질특성에 해당되지 않는 것은?

① 신뢰성(reliability)
② 확신성(assurance)
③ 유용성(usefulness)
④ 반응성(responsiveness)
⑤ 공감성(empathy)

해설

정답 ③ 유형성(tangibles)

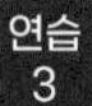

품질방침에 따른 경영전략의 과정으로 맞는 것은?

① 경영방침→경영목표→경영전략→실행방침→실행목표→실행계획→실시
② 경영방침→경영목표→경영전략→실행방침→실행계획→실행목표→실시
③ 경영전략→경영방침→경영목표→실행방침→실행목표→실행계획→실시
④ 경영전략→경영방침→경영목표→실행방침→실행계획→실행목표→실시
⑤ 경영목표→경영방침→경영전략→실행방침→실행계획→실행목표→실시

해설

정답 ①

테일러 시스템과 포드 시스템에 관한 특징이 올바르게 짝지어진 것은?

① 테일러 시스템 - 직능식 조직
② 포드 시스템 - 기초적 시간 연구
③ 포드 시스템 - 차별적 성과급제
④ 테일러 시스템 - 저가격, 고임금의 원칙
⑤ 포드시스템 - 경영목적은 봉사가 아닌 이윤 목적

해설

○ 테일러 시스템과 포드 시스템 비교

테일러 시스템	포드 시스템
1) 시간연구와 동작연구 표준작업량 또는 표준과업 설정. 2) 차별적 성과급제 표준과업을 달성한 자에게는 높음 임금률을, 이를 달성하지 못한 자에게는 낮은 임금률을 적용. 3) 선발 및 교육훈련 4) 직능식 조직, 직장제도 공장조직을 종래의 군대식 조직에서 직능식(전문화된) 조직으로 전환하고 각 직능에 직장제도를 도입하여 관리하게 한다. 5) 계획부와 지시표제도 작업과 관리를 분리하여 계획부에서 모든 계획 및 관리업무를 전담하게 된다.	1) 컨베이어 시스템(이동식 조립법) 컨베이어를 도입하여 대량생산과 원가절감을 이루어 자동차의 가격을 인하시킬 수 있었다. 2) 포드의 경영이념 경영목적을 이윤동기가 아닌 봉사에 두었다. 3) 생산의 표준화 이를 위해 3S를 도입하였다. – 제품과 작업의 표준화(standardization) – 제품구조의 단순화(simplification) – 제조공정의 전문화(specialization) 4) 이동조립법

정답 ①

58 6시그마와 린을 비교 설명한 것으로 옳은 것은?

① 6시그마는 낭비 제거나 감소에, 린은 결점 감소나 제거에 집중한다.
② 6시그마는 부가가치 활동 분석을 위해 모든 형태의 흐름도를, 린은 가치흐름도를 주로 사용한다.
③ 6시그마는 임원급 챔피언의 역할이 없지만, 린은 임원급 챔피언의 역할이 중요하다.
④ 6시그마는 개선활동에 파트타임(겸임) 리더가, 린은 풀타임(전담) 리더가 담당한다.
⑤ 6시그마의 개선 과제는 전략적 관점에서 선정하지 않지만, 린은 전략적 관점에서 선정한다.

해설

○ 6시그마와 린(도요타 생산방식, TPS) 비교

구분	린 생산방식	식스 시그마
시기	1990년대	1980년대
주제	낭비 제거	프로세스의 가변성 제거로 제품 또는 서비스의 완성도 추구
초점	가치 흐름 중심	문제 중심
도구	비주얼에 기반	수학 및 통계에 기초
시초	도요타 생산 시스템 (Toyota Production System)	미국 모토로라
특징	과잉 생산, 리드 타임, 오류, 재 작업, 고장, 유휴 시간, 자원을 소비하는 비 부가적인 프로세스 등으로 인해 발생하는 폐기물을 줄이는 것과 관련이 있다. 즉, 공정 간 제품 흐름, 재고 및 리드타임 파악을 통해 낭비(비부가가치) 요소를 확인하기 위한 가치흐름 분석을 실시한다.	표준이 개정될 때마다 경영진은 더 높은 기준을 수립. DMAIC (Define, Measure, Analyze, Improve, Control) 정의(Define), 측정(Measure), 분석(Analyze), 개선(Improve), 관리(Control)을 거쳐 최종적으로 6시그마의 기준에 도달하게 되는 것을 의미한다.
목표	생산성을 향상시켜 생산 개선이 목표	고객의 요구사항을 충족하는 것을 목표

정답 ②

59 생산운영관리의 최신 경향 중 기업의 사회적 책임과 환경경영에 관한 설명으로 옳은 것을 모두 고른 것은?

ㄱ. ISO 29000은 기업의 사회적 책임에 관한 국제인증제도이다.
ㄴ. 포터(M. Porter)와 크래머(M. Kramer)가 제안한 공유가치창출(CSV: Creating Shared Value)은 기업의 경쟁력 강화보다 사회적 책임을 우선시한다.
ㄷ. 지속가능성이란 미래 세대의 니즈(needs)와 상충되지 않도록 현 사회의 니즈(needs)를 충족시키는 정책과 전략이다.
ㄹ. 청정생산(cleaner production) 방법으로는 친환경원자재의 사용, 청정 프로세스의 활용과 친환경 생산프로세스 관리 등이 있다.
ㅁ. 환경경영시스템인 ISO 14001은 결과 중심 경영시스템이다.

① ㄱ, ㄴ ② ㄷ, ㄹ ③ ㄹ, ㅁ ④ ㄷ, ㄹ, ㅁ ⑤ ㄱ, ㄷ, ㄹ, ㅁ

해설

1. 기업의 사회적 책임과 환경경영

1. ISO(국제표준화기구)에서 제정한 ISO 규격
1) ISO 9001: 품질 경영 시스템
2) ISO 14001: 환경 경영 시스템
3) ISO 22000: 식품안전 경영 시스템
4) ISO 27001: 정보 보안 경영 시스템
5) ISO 26000: 사회적 책임 경영 시스템 → 시인 '264(사)'
6) ISO 50001: 에너지 경영 시스템 → 오일(51)에너지
7) ISO 45001: 안전·보건 경영 시스템

2. 기업의 사회적 책임

CSR(Corporate Social Responsibility)은 기업이 윤리적인 행동 및 국가와 시민사회에 대한 경제적 기여를 지속적으로 이행하겠다는 약속을 의미한다. 기업의 CSR 활동은 장기적으로 사회 전체의 이익은 물론 삶의 질 상승에 기여하는 태도 및 행동을 의미할 수 있다.

반면, 'Creating Shared Value'를 일컫는 CSV란 기업이 수익 창출과 함께 사회 공헌활동을 하는 것이 아닌, 기업 활동 자체가 사회적 가치를 창출하고 경제적 수익을 추구하는 방향으로 이어진다는 점에서 '기업의 사회적 책임' 을 일컫는 CSR과는 분명한 차이점이 있다. CSV는 CSR보다 한 단계 진화된 형태를 의미하기 때문이다.

공유가치창출(公有價値創出, Creating Shared Value: CSV)이란 경제·사회적 조건을 개선하면서 동시에 비즈니스 핵심 경쟁력을 강화하는 일련의 기업 정책 및 경영활동을 의미한다. 하버드 비즈니스 스쿨의 마이클 포터와 FSG의 공동창업자 마크 R. 크레이머가 2006년 12월에 하버드 비즈니스 리뷰에 발표한 "전략과 사회: 경쟁 우위와 CSR 간의 연결 (영어 원제: Strategy and Society: The Link between Competitive Advantage and Corporate Social Responsibility)"에서 처음으로 등장한 개념이며, 2011년 1월에 발표한 "공유가치를 창출하라: 자본주의를 재창조하는 방법과 혁신 및 성장의 흐름을 창출하는 방법Creating Shared Value: How to reinvent capitalism — unleash a wave of innovation and growth"에서 본격적으로 확장된 개념이다.

두 개념이 '선행을 통하여 이롭게 한다.'라는 동일한 배경을 가지고 있지만, 기업의 사회적 책임(CSR)은 공유가치창출(CSV)과는 다르다. '하버드 비즈니스 리뷰' 지에 게재된 공유가치창출 기사의 공동저자인 마크 크레이머(Mark Kramer)는 "공유가치창출"이라는 자신의 블로그에서 두 개념간의 주요 차이점은 CSV는 가치를 창출하는 것인데 반해, CSR은 책임에 관한 것이라고 기술하고 있다.

정답 ②

60 직무분석을 위해 사용되는 방법들 중 정보입력, 정신적 과정, 작업의 결과, 타인과의 관계, 직무맥락, 기타 직무특성 등의 범주로 조직화되어 있는 것은?

① 과업질문지(Task Inventory: TI)

② 기능적 직무분석(Functional Job Analysis: FJA)

③ 직위분석질문지(Position Analysis Questionnaire: PAQ)

④ 직무요소질문지(Job Components Inventory: JCI)

⑤ 직무분석 시스템(Job Analysis System: JAS)

해설

○ 직무 분석 대상이 되는 직무의 내용과 직무수행에게 요구되는 자격요건에 대한 정보 내용을 어떤 관점에서 수집, 분류하느냐에 따라 기능적으로 구분된다.

1) 기능적 직무분석(FJA: functional job analysis)

미 노동성에 의해서 개발된 것으로 원래 취지는 직무배치와 상담에 사용하기 위한 것으로서 직무를 간략하게 분류하는데 용이하다. 직무정보를 모든 직무에 존재하는 3가지 일반적인 기능인 즉, 자료와 관련된 기능, 사람과 관련된 기능, 사물과 관련된 기능을 분류 정리한다. 정보수집 방법으로는 작업자의 업무일지 및 메모사항, 작업자 및 그의 상사와 면접을 하여 또한 작업의 진행사항을 관찰하기도 한다. 이 방법으로 직업사전이 만들어졌는데 직업사전을 활용하여 특정 직무를 간략하게 분류하는데 유용하게 활용할 수 있으며, 특히 중소기업에서 쉽게 사용할 수 있다. 기능적 직무분석은 타 방법과 결합해서 직무분류와 직무평가에 유용하게 활용될 수 있다. 작업자의 행동에 초점을 맞췄기 때문에 행동의 종류, 복잡성 정도, 요구되는 자격요건의 수준을 보다 체계적으로 파악할 수 있다는 장점이 있으나, 서로 성격이 상이한 여러 직무들을 대상으로 적용하는데 문제가 없지만 그 결과를 가지고 바로 직무평가에 적용하는데 한계가 있다.

2) 직위분석 질문지법(PAQ: position analysis questionnaire)

멕코믹(E. J. McCormick)에 의해 개발된 것으로 작업자 활동과 관련된 187개 항목과 임금관련 7개 항목을 포함하여 총 194개의 항목으로 구성된 질문지로서 작업에 대한 표준화된 정보를 수집하는 대표적인 방법이다. 6개 범주 ① 정보의 투입(35), ② 정신적 과정(14), ③ 작업산출(49), ④ 타인과의 관계(36), ⑤ 작업환경 및 직무상황(19), ⑥ 기타(41)로 구성된다. 구조화된 직무분석기법들 중에서 직위분석설문지는 다른 것보다 더욱 철저히 연구된 것이며, 변형 없이도 넓은 범위의 직무에 사용가능하고 많은 자료에 대한 비교를 가능케 한다. 직위분석설문지는 선발과 직무분류 용도로 널리 활용되고 있다. 그러나 인사평가와 교육훈련용도로는 활용되지 않는다. 그 이유는 설문지는 매우 다양한 직무를 쉽게 분석할 수 있고 직무평가용도로 널리 활용되지만 성과표준이나 훈련내용을 설문지의 점수로부터 도출해내기 어렵기 때문이다.

3) 관리직위기술 질문지법(MPDQ management position description questionnaire)

토나우(W.W Tornow), 핀토(P.R. Pinto)는 책임, 관계, 제약, 요구, 활동 등에 관하여 관리 직무를 객관적으로 기술하기 위한 관리직위기술질문지를 개발했다. 다양한 직능, 직급, 회사에 걸쳐 시험된 총 208개 항목으로 구성되어 있으며 통계적으로 13종류의 직무기술요인들이 밝혀지고 해석되었다. 직무분석 중 관리직무의 경우 비교적 복잡하다. 관리자 직무는 계획, 조직, 조정 등 다양한 활동으로 이뤄져 있으며 유사한 직무가 직무담당자에 따라 다르게 수행될 수 있고 또 직급, 직종, 지역적 여건, 조직 성격에 따라서도 달라지기 때문에 이러한 점을 고려하여 직무차원을 구별하고 측정하는 일은 간단한 것이 아니기 때문이다. 새로운 직무로 이동하기로 되어 있는 관리자의 교육필요성을 진단하고, 새로운 직무의 직무 분류, 직무평가에 유용하다. 그러나 관리자들의 개인적 자질과 직무의 행동적 요건, 조직성과의 측정을 연계시키는 것이 과제이다.

4) 과업목록법(task inventory procedure)

미 공군에서 기원한 것으로 설문지를 이용하여 분석하고자 하는 직무의 모든 과업을 열거하고 이를 상대적 소요시간, 빈도, 중요도, 난이도, 학습의 속도 등의 차원에서 평가한다. 이것은 특정 과업에 대한 구체적 정보를 수집하는 대표적 방법이다. 과업목록법은 특정직업을 단위로 직업을 구성하는 각 직무별로 수행되기 때문에 일반화된 양식은 없다. 개발비용이 많이 들지만 일단 개발되면 교육 용도로 매우 효과적으로 활용된다. 또 과업을 매우 세부적이고 체계적으로 분석할 수 있고 종업원과의 인터뷰를 통해 획득한 설문항목을 사용하기 때문에 현실적인 직무내용을 파악할 수 있는 장점이 있다. 그러나 직무 간 비교가 어렵기 때문에 직무평가 등의 용도로는 부적합하다.

정답 ③

61

직업 스트레스 모델 중 종단 설계를 사용하여 업무량과 이외의 다양한 직무요구가 종업원의 안녕과 동기에 미치는 영향을 살펴보기 위한 것은?

① 요구–통제 모델(Demands–Control model)
② 자원보존이론(Conservation of Resources theory)
③ 사람–환경 적합 모델(Person–Environment Fit model)
④ 직무 요구–자원 모델(Job Demands–Resources model)
⑤ 노력–보상 불균형 모델(Effort–Reward Imbalance model)

해설

JD–R 모형은 기존의 JD–C 모형처럼 직무요구의 증대가 조직구성원의 정신적, 육체적 건강을 훼손하는 과정(health–impairment process)도 연구하지만, 다양한 직무자원 요인들이 직무소진을 줄이고 또 이들의 정신적, 육체적 건강을 증진시키는 과정(health–enhancement process)도 함께 주목한다. 이처럼 JD–R 모형은 조직구성원의 심리적 안녕과 건강을 예측하고 바람직한 직무여건을 설계해 감에 있어서, 애초의 JD–C 모형이 내재한 한계를 넘어설 수 있는 새로운 가능성을 열어주고 있다고 평가해 볼 수 있다. 즉 JD–R 모형은 구성원의 심리적, 정서적 안녕에 대한 예측치로서 보다 다양한 직무조건과 특성들을 고려해 볼 수 있도록 허용해 주고 있으며, 또한 결과 변수와 관련해서도 지금까지와 같이 직무소진이나 긴장, 스트레스 등과 같은 부정적인 지표를 넘어서 보다 긍정적인 차원의 심리적 안녕 변수를 도입, 고려해 볼 수 있는 가능성을 열어주고 있는 것이다.

정답 ④

62 자기결정이론(self-determination theory)에서 내적동기에 영향을 미치는 세 가지 기본욕구를 모두 고른 것은?

ㄱ. 자율성	ㄴ. 관계성
ㄷ. 통제성	ㄹ. 유능성
ㅁ. 소속성	

① ㄱ, ㄴ, ㄷ

② ㄱ, ㄴ, ㄹ

③ ㄱ, ㄷ, ㅁ

④ ㄴ, ㄷ, ㅁ

⑤ ㄷ, ㄹ, ㅁ

해설

인지적 평가이론(cognitive evaluation theory)은 자기결정이론(SDT)로 발전하였다. (Deci&Ryan, 2008)

인지평가이론의 핵심은 외재적 보상과 내재적 보상의 관계이다.

○ 자기결정이론

인간은 생존을 위해 공기, 음식, 물과 같은 생리적 욕구와 같은 심리적 욕구를 가지고 있는데, 자기결정이론(SDT)에서는 기본적이고 보편적인 심리적 욕구로 자율성(autonomy), 유능성(competence), 연대감(relatedness) 3가지를 제시하고 있다.

이러한 심리적 욕구는 사회문화의 유형-집단주의, 개인주의 문화 혹은 전통주의, 평등주의 가치 등-에 관계없이 모든 사람에게 중요한 것으로 나타났다. (Deci&Ryan, 2008)

1) 자율성(autonomy)

과업에 대한 자기 자신의 선택영역을 의미하는 것으로 개인들이 외부의 환경으로부터 압박 혹은 강요받지 않으며 자신들이 추구하는 것이 무엇인지에 대하여 개인들이 자유롭게 선택할 수 있는 감정을 말한다.

2) 유능성(competence)

어떤 일을 해낼 수 있다는 느낌으로 이러한 유능성에 대한 욕구는 개인 혼자서는 획득하기는 어려우며 사회적 환경과 상호작용할 기회가 주어질 때 충족된다.

3) 연대감(relatedness, 관계성)

과업을 통하여 타인으로부터 인정받을 수 있다는 느낌으로 타인과 교제나 관계에서 느끼는 안정성을 의미한다.

정답 ②

63 터크맨(B. Tuckman)이 제안한 팀 발달의 단계 모형에서 '개별적 사람의 집합'이 '의미 있는 팀'이 되는 단계는?

① 형성기(forming)
② 격동기(storming)
③ 규범기(norming)
④ 수행기(performing)
⑤ 휴회기(adjourning)

해설

1965년 발표 때는 4단계인 것이 1977년 휴지기가 추가되었다.

정답 ③

64 반생산적 업무행동(CWB) 중 직·간접적으로 조직 내에서 행해지는 일을 방해하려는 의도적 시도를 의미하며 다음과 같은 사례에 해당하는 것은?

- 고의적으로 조직의 장비나 재산의 일부를 손상시키기
- 의도적으로 재료나 공급물품을 낭비하기
- 자신의 업무영역을 더럽히거나 지저분하게 만들기

① 철회(withdrawal)
② 사보타주(sabotage)
③ 직장무례(workplace incivility)
④ 생산일탈(production deviance)
⑤ 타인학대(abuse toward others)

해설

사보타주(프랑스어: sabotage)는 생산·설비 및 수송 기계의 전복, 장애, 혼란과 파괴를 통해 관리자 또는 고용주를 약화시키는 것을 목적으로 하는 의도적인 행동이다.

정답 ②

65 스웨인(A. Swain)과 커트맨(H. Cuttmann)이 구분한 인간오류(human error)의 유형에 관한 설명으로 옳지 않은 것은?

① 생략오류(omission error): 부분으로는 옳으나 전체로는 틀린 것을 옳다고 주장하는 오류
② 시간오류(timing error): 업무를 정해진 시간보다 너무 빠르게 혹은 늦게 수행했을 때 발생하는 오류
③ 순서오류(sequence error): 업무의 순서를 잘못 이해했을 때 발생하는 오류
④ 실행오류(commission error): 수행해야 할 업무를 부정확하게 수행하기 때문에 생겨나는 오류
⑤ 부가오류(extraneous error): 불필요한 절차를 수행하는 경우에 생기는 오류

해설

생략 오류(에러)는 반드시 해야 하는 작업이나 과정을 수행하지 않아 발생하는 것이고 실행 오류(에러)는 수행은 하였으나 잘못 수행한 에러를 말한다.

정답 ①

66 아래 그림에서 (a)와 (c)가 일직선으로 보이지만 실제로는 (a)와 (b)가 일직선이다. 이러한 현상을 나타내는 용어는?

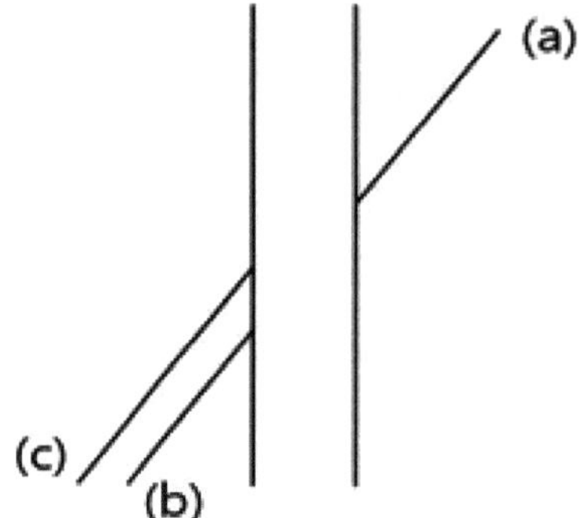

① 뮬러-라이어(Müller-Lyer) 착시현상
② 티체너(Titchener) 착시현상
③ 폰조(Ponzo) 착시현상
④ 포겐도르프(Poggendorf) 착시현상
⑤ 죌너(Zöllner) 착시현상

해설

정답 ④

67 산업재해이론 중 하인리히(H. Heinrich)가 제시한 이론에 관한 설명으로 옳은 것은?

① 매트릭스 모델(Matrix model)을 제안하였으며, 작업자의 긴장수준이 사고를 유발한다고 보았다.
② 사고의 원인이 어떻게 연쇄반응을 일으키는지 도미노(domino)를 이용하여 설명하였다.
③ 재해는 관리부족, 기본원인, 직접원인, 사고가 연쇄적으로 발생하면서 일어나는 것으로 보았다.
④ 재해의 직접적인 원인은 불안전행동과 불안전상태를 유발하거나 방치한 전술적 오류에서 비롯된다고 보았다.
⑤ 스위스 치즈 모델(Swiss cheese model)을 제시하였으며, 모든 요소의 불안전이 겹쳐져서 사고가 발생한다고 주장하였다.

해설

참고로 스위스 치즈 모델은 영국의 심리학자 '제임스 리즌(James Reason)'이 치즈의 숙성과정에서 구멍이 숭숭 뚫린 특징에서 이름을 따서 '스위스 치즈모델'이란 이름을 만들었다. ③번 지문은 버드(Bird), ④번 지문은 아담스(Adams)가 주장하였다.

정답 ②

68 조직 스트레스원 자체의 수준을 감소시키기 위한 방법으로 옳은 것을 모두 고른 것은?

ㄱ. 더 많은 자율성을 가지도록 직무를 설계하는 것
ㄴ. 조직의 의사결정에 대한 참여기회를 더 많이 제공하는 것
ㄷ. 직원들과 더 효과적으로 의사소통할 수 있도록 관리자를 훈련하는 것
ㄹ. 갈등해결기법을 효과적으로 사용할 수 있도록 종업원을 훈련하는 것

① ㄱ, ㄴ ② ㄷ, ㄹ ③ ㄱ, ㄴ, ㄹ ④ ㄴ, ㄷ, ㄹ ⑤ ㄱ, ㄴ, ㄷ, ㄹ

해설

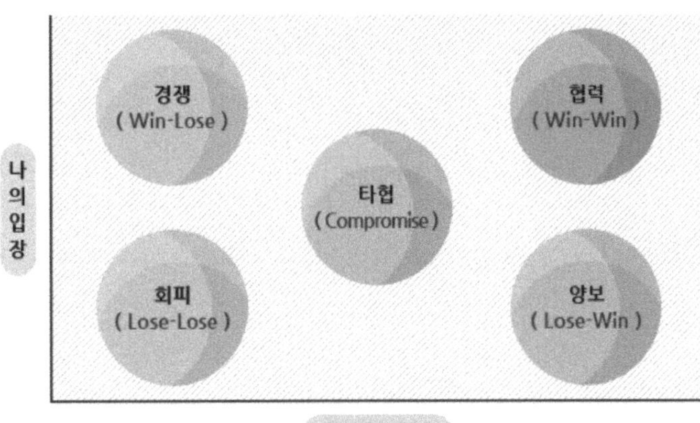

정답 ⑤

69 산업위생의 목적에 해당하는 것을 모두 고른 것은?

ㄱ. 유해인자 예측 및 관리
ㄴ. 작업조건의 인간공학적 개선
ㄷ. 작업환경 개선 및 직업병 예방
ㄹ. 작업자의 건강보호 및 생산성 향상

① ㄱ, ㄴ, ㄷ
② ㄱ, ㄴ, ㄹ
③ ㄱ, ㄷ, ㄹ
④ ㄴ, ㄷ, ㄹ
⑤ ㄱ, ㄴ, ㄷ, ㄹ

해설

1. 산업위생의 목적과 대상

1) 산업위생의 목적

-작업환경 개선 및 직업병의 근원적 예방
-작업환경 및 작업조건의 인간공학적 개선
-작업자의 건강보호 및 생산성 향상

2) 산업위생의 대상

-사업장에서 일하는 모든 근로자, 서비스 종사자, 농어민 등
-생산 활동에 참여하여 유해환경에 노출되는 모든 사람
-지역사회 주민

2. 산업위생의 활동 5가지(예/인/측/평/관)

1) 예측
2) 인지
3) 측정
4) 평가
5) 관리(공학적 관리, 행정적 관리, 보호구 지급 등)

정답 ⑤

70 노출기준 설정방법 등에 관한 설명으로 옳지 않은 것은?

① 노동으로 인한 외부로부터 노출량(dose)과 반응(response)의 관계를 정립한 사람은 Pearson Norman(1972)이다.

② 노출에 따른 활동능력의 상실과 조절능력의 상실 관계는 지수형 곡선으로 나타난다.

③ 항상성(homeostasis)이란 노출에 대해 적응할 수 있는 단계로 정상조절이 가능한 단계이다.

④ 정상기능 유지단계는 노출에 대해 방어기능을 동원하여 기능장해를 방어할 수 있는 대상성(compensation) 조절기능 단계이다.

⑤ 대상성(compensation) 조절기능 단계를 벗어나면 회복이 불가능하여 질병이 야기된다.

해설

○ 노출기준 설정방법(인체의 적응과 이해)

1) Theodore Hatch가 노동으로 인한 외부로부터 노출량(dose)과 반응(response)의 관계를 정립하여 발표.
2) 항상성(homeostasis): 노출에 대해 적응할 수 있는 단계로 정상조절이 가능한 단계.
3) 정상기능 유지단계: 노출에 대해 방어기능을 통원하여 기능장애를 방어할 수 있는 단계. '대상성 조절기능(compensation)단계' 라고도 한다.
4) 정상기능 유지단계를 벗어나면 회복이 불가능하여 질병을 야기하여 파탄에 이른다.

정답 ①

71 우리나라 작업환경측정에서 화학적 인자와 시료채취 매체의 연결이 옳은 것은?

① 2-브로모프로판 - 실리카겔관

② 디메틸포름아미드 - 활성탄관

③ 시클로헥산 - 실리카겔관

④ 트리클로로에틸렌 - 활성탄관

⑤ 니켈 - 활성탄관

해설

○ 시료채취(고체 포집법)

활성탄관	실리카겔관
1) 비극성 유기용제 2) 각종 방향족 유기용제(방향족탄화수소류), 할로겐화 지방족 유기용제(할로겐화 탄화수소류), 에스테르류, 알코올류, 에테르류, 케톤류에 사용 3) 벤젠, 사염화탄소, 시클로헥산, TCE, 2-브로모프로판	1) 극성 유기용제(물) 2) 포름알데드, DMF(암기법: 실포)

* 니켈은 셀룰로오스 막여과지로 채취

정답 ④

72 공기정화장치 중 집진(먼지제거) 장치에 사용되는 방법 또는 원리에 해당하지 않는 것은?

① 세정
② 여과(여포)
③ 흡착
④ 원심력
⑤ 전기 전하

해설

○ 집진장치의 원리(전세여력!)

1) 중력 집진
2) 관성력 집진
3) 원심력 집진
4) 세정 집진
5) 여과 집진
6) 전기 집진

정답 ③

73 산업안전보건법 시행규칙 별지 제85호 서식(특수·배치전·수시·임시 건강진단 결과표)의 작성 사항이 아닌 것은?

① 작업공정별 유해요인 분포 실태
② 유해인자별 건강진단을 받은 근로자 현황
③ 질병코드별 질병유소견자 현황
④ 질병별 조치 현황
⑤ 건강진단 결과표 작성일, 송부일, 검진기관명

정답 ①

■ 산업안전보건법 시행규칙 [별지 제85호서식]

[ ]특수 [ ] 배치전 [ ]수시 [ ]임시 건강진단 결과표

(제1쪽)

총근로자수	
계	
남	
여	

실시기간	–
	–

사업장관리번호	
사업자등록번호	
업종코드번호	

	주요생산품:

	구 분		대상 근로자			건강진단을 받은 근로자			질병 유소견자									직업성 요관찰자		
									계			직업병		작업 관련 질병 (야간작업)		일반질병				
			계	남	여	계	남	여	계	남	여	남	여	남	여	남	여	계	남	여
건강진단 현황	계	건 수																		
		실인원																		
	야간작업																			
	소 음																			
	이상기압																			
	분진	광물성																		
		석 면																		
		그 밖의 분진																		
	유기화합물																			
	금속	연																		
		수 은																		
		크 롬																		
		카드뮴																		
		그 밖의 금속																		
	산·알카리·가스																			
	진 동																			
	유해광선																			
	기 타																			

질병 유소견자 현황	질병 코드	계	남	여	질병 코드	계	남	여	질병 코드	계	남	여	질병 코드	계	남	여

74 산업안전보건기준에 관한 규칙상 사업주가 근로자에게 송기마스크나 방독마스크를 지급하여 착용하도록 하여야 하는 업무에 해당하지 않는 것은?

① 국소배기장치의 설비 특례에 따라 밀폐설비나 국소배기장치가 설치되지 아니한 장소에서의 유기화합물 취급업무

② 임시작업인 경우의 설비 특례에 따라 밀폐설비나 국소배기장치가 설치되지 아니한 장소에서의 유기화합물 취급업무

③ 단시간작업인 경우의 설비 특례에 따라 밀폐설비나 국소배기장치가 설치되지 아니한 장소에서의 유기화합물 취급업무

④ 유기화합물 취급 장소에 설치된 환기장치 내의 기류가 확산될 우려가 있는 물체를 다루는 유기화합물 취급업무

⑤ 유기화합물 취급 장소에서 청소 등으로 유기화합물이 제거된 설비를 개방하는 업무

해설

제450조(호흡용 보호구의 지급 등) ① 사업주는 근로자가 다음 각 호의 어느 하나에 해당하는 업무를 하는 경우에 해당 근로자에게 송기마스크를 지급하여 착용하도록 하여야 한다.

1. 유기화합물을 넣었던 탱크(유기화합물의 증기가 발산할 우려가 없는 탱크는 제외한다) 내부에서의 세척 및 페인트칠 업무
2. 제424조제2항에 따라 유기화합물 취급 특별장소에서 유기화합물을 취급하는 업무

② 사업주는 근로자가 다음 각 호의 어느 하나에 해당하는 업무를 하는 경우에 해당 근로자에게 송기마스크나 방독마스크를 지급하여 착용하도록 하여야 한다.

1. 제423조제1항 및 제2항, 제424조제1항, 제425조, 제426조 및 제428조제1항에 따라 밀폐설비나 국소배기장치가 설치되지 아니한 장소에서의 유기화합물 취급업무
2. 유기화합물 취급 장소에 설치된 환기장치 내의 기류가 확산될 우려가 있는 물체를 다루는 유기화합물 취급업무
3. 유기화합물 취급 장소에서 유기화합물의 증기 발산원을 밀폐하는 설비(청소 등으로 유기화합물이 제거된 설비는 제외한다)를 개방하는 업무

③ 사업주는 제1항과 제2항에 따라 근로자에게 송기마스크를 착용시키려는 경우에 신선한 공기를 공급할 수 있는 성능을 가진 장치가 부착된 송기마스크를 지급하여야 한다.

④ 사업주는 금속류, 산알칼리류, 가스상태 물질류 등을 취급하는 작업장에서 근로자의 건강장해 예방에 적절한 호흡용 보호구를 근로자에게 지급하여 필요시 착용하도록 하고, 호흡용 보호구를 공동으로 사용하여 근로자에게 질병이 감염될 우려가 있는 경우에는 개인 전용의 것을 지급하여야 한다.

⑤ 근로자는 제1항, 제2항 및 제4항에 따라 지급된 보호구를 사업주의 지시에 따라 착용하여야 한다.

정답 ⑤

75 화학물질 및 물리적 인자의 노출기준에서 유해물질별 그 표시 내용의 연결이 옳은 것은?

① 인듐 및 그 화합물 - 흡입성
② 크롬산 아연 - 발암성 1A
③ 일산화탄소 - 호흡성
④ 불화수소 - 생식세포 변이원성 2
⑤ 트리클로로에틸렌 - 생식독성 1A

해설

543	크롬산 아연	[13530-65-9][11103-86-9][37300-23-5] 발암성 1A
491	일산화탄소	[630-08-0] 생식독성 1A
488	인듐 및 그 화합물	[7440-74-6] 호흡성
485	이황화탄소	[75-15-0] 생식독성 2, Skin
243	불화수소	[7664-39-3] Skin
617	트리클로로에틸렌	[79-01-6] 발암성 1A, 생식세포 변이원성 2

주: 1. Skin 표시 물질은 점막과 눈 그리고 경피로 흡수되어 전신 영향을 일으킬 수 있는 물질을 말함 **(피부자극성을 뜻하는 것이 아님)**

2. 발암성 정보물질의 표기는 「화학물질의 분류·표시 및 물질안전보건자료에 관한 기준」에 따라 다음과 같이 표기함
   가. 1A: 사람에게 충분한 발암성 증거가 있는 물질
   나. 1B: 시험동물에서 발암성 증거가 충분히 있거나, 시험동물과 사람 모두에서 제한된 발암성 증거가 있는 물질
   다. 2: 사람이나 동물에서 제한된 증거가 있지만, 구분1로 분류하기에는 증거가 충분하지 않은 물질

3. 생식세포 변이원성 정보물질의 표기는 「화학물질의 분류·표시 및 물질안전보건자료에 관한 기준」에 따라 다음과 같이 표기함
   가. 1A: 사람에게서의 역학조사 연구결과 양성의 증거가 있는 물질
   나. 1B: 다음 어느 하나에 해당하는 물질
      ① 포유류를 이용한 생체내(in vivo) 유전성 생식세포 변이원성 시험에서 양성
      ② 포유류를 이용한 생체내(in vivo) 체세포 변이원성 시험에서 양성이고, 생식세포에 돌연변이를 일으킬 수 있다는 증거가 있음
      ③ 노출된 사람의 정자 세포에서 이수체 발생빈도의 증가와 같이 사람의 생식세포 변이원성 시험에서 양성
   다. 2: 다음 어느 하나에 해당되어 생식세포에 유전성 돌연변이를 일으킬 가능성이 있는 물질
      ① 포유류를 이용한 생체내(in vivo) 체세포 변이원성 시험에서 양성
      ② 기타 시험동물을 이용한 생체내(in vivo) 체세포 유전독성 시험에서 양성이고, 시험관내

(in vitro) 변이원성 시험에서 추가로 입증된 경우

③ 포유류 세포를 이용한 변이원성시험에서 양성이며, 알려진 생식세포 변이원성 물질과 화학적 구조활성 관계를 가지는 경우

4. 생식독성 정보물질의 표기는 「화학물질의 분류·표시 및 물질안전보건자료에 관한 기준」에 따라 다음과 같이 표기함

가. 1A: 사람에게 성적기능, 생식능력이나 발육에 악영향을 주는 것으로 판단할 정도의 사람에서의 증거가 있는 물질

나. 1B: 사람에게 성적기능, 생식능력이나 발육에 악영향을 주는 것으로 추정할 정도의 동물시험 증거가 있는 물질

다. 2: 사람에게 성적기능, 생식능력이나 발육에 악영향을 주는 것으로 의심할 정도의 사람 또는 동물시험 증거가 있는 물질

라. 수유독성: 다음 어느 하나에 해당하는 물질

① 흡수, 대사, 분포 및 배설에 대한 연구에서, 해당 물질이 잠재적으로 유독한 수준으로 모유에 존재할 가능성을 보임

② 동물에 대한 1세대 또는 2세대 연구결과에서, 모유를 통해 전이되어 자손에게 유해영향을 주거나, 모유의 질에 유해영향을 준다는 명확한 증거가 있음

③ 수유기간 동안 아기에게 유해성을 유발한다는 사람에 대한 증거가 있음

5. 발암성, 생식세포 변이원성 및 생식독성 물질의 정의는 「산업안전보건법」 시행규칙 [별표 11의 2] 유해인자의 분류기준 제1호나목 6) 발암성 물질, 7) 생식세포 변이원성 물질, 8) 생식독성 물질 참조

6. 화학물질이 IARC 등의 발암성 등급과 NTP의 R등급을 모두 갖는 경우에는 NTP의 R등급은 고려하지 아니함

7. 혼합용매추출은 에텔에테르, 톨루엔, 메탄올을 부피비 1:1:1로 혼합한 용매나 이외 동등 이상의 용매로 추출한 물질을 말함

8. 노출기준이 설정되지 않은 물질의 경우 이에 대한 노출이 가능한 한 낮은 수준이 되도록 관리하여야 함

정답 ② 731개 물질의 노출기준이다.

* 51번부터 68번까지는 산업안전지도사 문제와 동일하다.

69 TWI(Training Within Industry) 교육훈련내용이 아닌 것은?

① JIT(Job Instruction Training)

② JMT(Job Method Training)

③ MTP(Management Training Program)

④ JST(Job Safety Training)

⑤ JRT(Job Relation Training)

해설

○ TWI(Training Within Industry, 산업 내 교육훈련)

현장관리감독자를 교육훈련하기 위하여 개발된 과정으로 2차 대전 때 미군에서 개발되었으며 2차 대전 이후, 점령군사령부에 의해 일본에 보급을 시작했다.

감독자의 기술지도능력 향상 J.I.T(Job Instruction Training, 작업지도법)
생산관리능력 향상을 위한 J.M.T(Job Method Training, 작업개선법)
민주적 리더십 향상을 위한 J.R.T(Job Relations Training, 부하통솔법)
안전관리능력 향상을 위한 J.S.T(Job Safety Training, 안전 관리법)

정답 ③

70 산업안전보건법령상 대여자 등이 안전조치 등을 해야 하는 기계·기구·설비 및 건축물 등에 해당하는 것을 모두 고른 것은?

ㄱ. 항발기	ㄴ. 지게차
ㄷ. 고소작업대	ㄹ. 페이퍼드레인머신

① ㄹ

② ㄱ, ㄴ

③ ㄷ, ㄹ

④ ㄱ, ㄴ, ㄷ

⑤ ㄱ, ㄴ, ㄷ, ㄹ

해설

산업안전보건법 시행령 [별표 21] 〈개정 2021. 1. 5.〉

대여자 등이 안전조치 등을 해야 하는 기계·기구·설비 및 건축물 등(제71조 관련)

1. 사무실 및 공장용 건축물 → 가정용 건축물(x)
2. 이동식 크레인
3. 타워크레인
4. 불도저
5. 모터 그레이더
6. 로더
7. 스크레이퍼
8. 스크레이퍼 도저
9. 파워 셔블
10. 드래그라인
11. 클램셸
12. 버킷굴착기
13. 트렌치
14. 항타기
15. 항발기
16. 어스드릴
17. 천공기
18. 어스오거
19. 페이퍼드레인머신
20. 리프트
21. 지게차
22. 롤러기
23. 콘크리트 펌프
24. 고소작업대
25. 그 밖에 산업재해보상보험및예방심의위원회 심의를 거쳐 고용노동부장관이 정하여 고시하는 기계, 기구, 설비 및 건축물 등

정답 ⑤

71 보호구 안전인증 고시에서 정하고 있는 추락 및 감전 위험방지용 안전모의 성능기준에 관한 내용 중 안전모의 시험성능기준 항목이 아닌 것은?

① 내마모성
② 내전압성
③ 내수성
④ 내관통성
⑤ 난연성

해설

보호구 안전인증의 추락 및 감전 위험방지용 안전모의 성능기준에 관한 내용으로 안전모의 시험성능기준의 항목이 아닌 것은?

① 내관통성
② 충격흡수성
③ 부식성
④ 내전압성
⑤ 난연성

해설

정답 ③

다음 중 안전모의 성능시험에 있어서 AE, ABE종에만 한하여 실시하는 시험은?

① 내관통성시험, 충격흡수성시험
② 난연성시험, 내수성시험
③ 난연성시험, 내전압성시험
④ 내전압성시험, 내수성시험

해설

○ 안전모 종류(*내전압성이란 7,000V 이하의 전압에 견디는 것을 말한다.)

종류(기호)	사용구분	비고
AB	물체의 낙하 또는 비래 및 추락에 의한 위험을 방지 또는 경감시키기 위한 것	
AE	물체의 낙하 또는 비래에 의한 위험을 방지 또는 경감하고, 머리부위 감전에 의한 위험을 방지하기 위한 것	내전압성
ABE	물체의 낙하 또는 비래 및 추락에 의한 위험을 방지 또는 경감하고, 머리부위 감전에 의한 위험을 방지하기 위한 것	내전압성

○ 안전모 시험성능기준

항목	시험성능기준
내관통성	AE, ABE종 안전모는 관통거리가 9.5mm 이하이고, AB종 안전모는 관통거리가 11.1mm 이하이어야 한다.
충격흡수성	최고전달충격력이 4,450N을 초과해서는 안되며, 모체와 착장체의 기능이 상실되지 않아야 한다.
내전압성	AE, ABE종 안전모는 교류 20㎸ 에서 1분간 절연파괴 없이 견뎌야 하고, 이때 누설되는 충전전류는 10㎃ 이하이어야 한다.
내 수 성	AE, ABE종 안전모는 질량증가율이 1% 미만이어야 한다.
난 연 성	모체가 불꽃을 내며 5초 이상 연소되지 않아야 한다.
턱끈풀림	150N 이상 250N 이하에서 턱끈이 풀려야 한다.

정답 ④

정답 ①

72 다음에서 설명하고 있는 위험성평가 기법은?

FTA와 동일한 논리방법을 이용하여 관리, 설계, 생산 및 보전 등에 대해서 광범위하게 안전성을 확보하기 위한 기법으로 원자력 산업 등에 이용된다.

① ETA

② HAZOP

③ CCA

④ MORT

⑤ THERP

해설

정답 ④

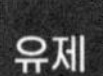

유제 **다음은 위험성평가 기법인 MORT에 관한 설명이다. (   )에 들어갈 옳은 것은?**

> MORT는 (   )와(과) 동일한 논리방법을 사용하여 관리, 설계, 생산 및 보전 등의 넓은 범위에 걸쳐 안전 확보를 위하여 활용하는 기법으로 원자력 산업 등에 이용된다.

① HAZOP ② FTA ③ CA ④ FMEA ⑤ PHA

해설

○ MORT(management oversight and risk tree)

1) 사고가 일어났다고 가정하고 논리적인 기호에 따라 분석.
2) FTA(결함수 분석)처럼 연역적 기법과 동일한 논리 방법을 사용

구분	차이점
MORT	사고를 미리 예방하기 위해 시스템의 각 요소를 점검
FTA	사고가 일어났을 때 시스템의 각 요소의 결함을 점검

○ PHA는 **모든 시스템 안전 프로그램의 최초단계의 분석.**

1) 대부분의 시스템 안전프로그램에서 최초단계의 분석
2) 시스템 내의 위험한 요소가 얼마나 위험한 상태에 있는가를 정성적으로 평가
3) PHA의 4가지 주요 목표
   ① 시스템에 대한 모든 주요한 사고를 식별하고 대충의 말로 표시하며 사고 발생 확률은 식별 초기에는 고려되지 않는다.
   ② 사고를 유발하는 요인을 식별할 것
   ③ 사고가 발생한다고 가정하고 시스템에 생기는 결과를 식별하고 평가
   ④ 식별된 사고를 다음의 범주(category)로 분류할 것

구분	내용
파국적(catastrophic)	사망, 시스템 손상
위기적(critical)	심각한 상해, 시스템의 중대 손상
한계적(marginal)	경미한 상해, 시스템 성능 저하
무시가능(negligible)	경미한 상해 및 시스템 저하 없음

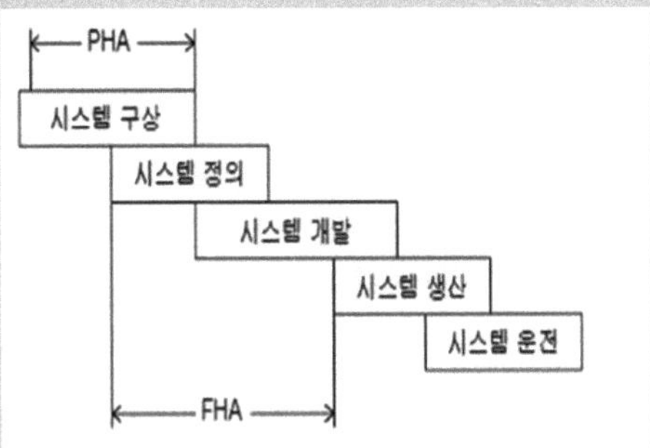

정답 ②

73 공기 중 연소(폭발)범위가 가장 넓은 것은?

① 아세틸렌
② 에탄
③ 부탄
④ 메탄
⑤ 암모니아

해설

유제

(유제) 공기 중 연소(폭발)범위가 가장 넓은 것은?

① 수소
② 암모니아
③ 프로판
④ 에탄
⑤ 메탄

해설

○ 연소(폭발) 범위

구분	연소범위
메탄-CH_4(메/5/15)오 씹오	5~15
에탄-C_2H_6(에/3/12.5)타게 쌈시비오	3~12.5
프로판-C_3H_8(프/2.1/9.5)는 이하나를 구워	2.1~9.5
부탄-C_4H_{10}(부/1.8/8.4)탁해 십팔팔사	1.8~8.4
암모니아-NH_3(암/15/28)십오 이빨로	15~28
수소-H_2(수/4/75)사 싫어	4~75
아세틸렌	2.5~81
산화에틸렌	3~80
일산화탄소	12.5~74
이황화탄소	1.2~44

정답 ①

정답 ①

74 관리격자이론에서 "인간에 대한 관심은 대단히 높으나 생산에 대한 관심이 극히 낮은 리더십"의 유형은?

① (1.1)형
② (1.9)형
③ (9.1)형
④ (9.9)형
⑤ (5.5)형

해설

정답 ②

75 산업안전보건기준에 관한 규칙의 일부이다. ( )에 들어갈 내용으로 옳은 것은?

> **제8조(조도)** 사업주는 근로자가 상시 작업하는 장소의 작업면 조도(照度)를 다음 각 호의 기준에 맞도록 하여야 한다. 다만, 갱내(坑內) 작업장과 감광재료(感光材料)를 취급하는 작업장은 그러하지 아니하다.
> 1. 초정밀작업: (　　)럭스(lux) 이상
> 2. 정밀작업: 300럭스 이상

① 550
② 600
③ 650
④ 700
⑤ 750

해설

안전보건규칙 제8조(조도) 사업주는 근로자가 상시 작업하는 장소의 작업면 조도(照度)를 다음 각 호의 기준에 맞도록 하여야 한다. 다만, 갱내(坑內) 작업장과 감광재료(感光材料)를 취급하는 작업장은 그러하지 아니하다.

1. 초정밀작업: 750럭스(lux) 이상
2. 정밀작업: 300럭스 이상
3. 보통작업: 150럭스 이상
4. 그 밖의 작업: 75럭스 이상

제512조(정의) 이 장에서 사용하는 용어의 뜻은 다음과 같다. 〈개정 2024. 6. 28.〉

1. "소음작업"이란 1일 8시간 작업을 기준으로 85데시벨 이상의 소음이 발생하는 작업을 말한다.
2. "강렬한 소음작업"이란 다음 각목의 어느 하나에 해당하는 작업을 말한다.
   가. 90데시벨 이상의 소음이 1일 8시간 이상 발생하는 작업
   나. 95데시벨 이상의 소음이 1일 4시간 이상 발생하는 작업
   다. 100데시벨 이상의 소음이 1일 2시간 이상 발생하는 작업
   라. 105데시벨 이상의 소음이 1일 1시간 이상 발생하는 작업
   마. 110데시벨 이상의 소음이 1일 30분 이상 발생하는 작업
   바. 115데시벨 이상의 소음이 1일 15분 이상 발생하는 작업
3. "충격소음작업"이란 소음이 1초 이상의 간격으로 발생하는 작업으로서 다음 각 목의 어느 하나에 해당하는 작업을 말한다.
   가. 120데시벨을 초과하는 소음이 1일 1만회 이상 발생하는 작업
   나. 130데시벨을 초과하는 소음이 1일 1천회 이상 발생하는 작업
   다. 140데시벨을 초과하는 소음이 1일 1백회 이상 발생하는 작업
4. "진동작업"이란 다음 각 목의 어느 하나에 해당하는 기계·기구를 사용하는 작업을 말한다.
   가. 착암기(鑿巖機)
   나. 동력을 이용한 해머
   다. 체인톱
   라. 엔진 커터(engine cutter)
   마. 동력을 이용한 연삭기
   바. 임팩트 렌치(impact wrench)
   사. 그 밖에 진동으로 인하여 건강장해를 유발할 수 있는 기계·기구
5. "청력보존 프로그램"이란 다음 각 목의 사항이 포함된 소음성 난청을 예방·관리하기 위한 종합적인 계획을 말한다.
   가. 소음노출 평가
   나. 소음노출에 대한 공학적 대책
   다. 청력보호구의 지급과 착용
   라. 소음의 유해성 및 예방 관련 교육
   마. 정기적 청력검사
   바. 청력보존 프로그램 수립 및 시행 관련 기록·관리체계
   사. 그 밖에 소음성 난청 예방·관리에 필요한 사항

정답 ⑤

테마100. 서비스 수율관리(Service yield management)

1. 수율관리란 가용능력이 제한된 서비스에서 수요와 공급관리를 통해 수익을 극대화하는 것을 말한다. 서비스의 수율관리는 호텔객실을 예를 들면 쉽다.
서비스(호텔) 수요예측의 경우 비수기에는 잉여인력의 발생, 가용능력의 운영효율 저하가 발생하고, 성수기에는 서비스 질 저하, 인력부족 발생 등이 발생한다.

2. 수율관리(yield management, 수익경영관리)가 효과적인 경우

○ 수율(yield)$=\frac{\text{실제수익}}{\text{잠재수익}}=\frac{\text{실제사용량}\times\text{실제가격평균}}{\text{전체가능용량}\times\text{최대가격}}$

1) 고정비는 높고, 변동비는 낮은 경우
→ 호텔의 경우 고정비는 객실을 짓는 비용으로 높지만, 변동비는 거의 없음. 따라서 객실이 판매되지 않을 경우 비용이 증가하는 것이고 그만큼 수익은 감소하는 것이다.

2) 재고(잉여공급능력)가 시간이 지나면 사용 불가한 경우(소멸하는 재고)
→ 호텔 객실은 재고가 없는 상품이다. 객실의 공급은 비탄력적이기 때문

3) 예약으로 사전판매가 가능한 경우
→ 할인 요금을 적용하여 객실 판매량을 늘림.

4) 수요가 매우 변동성이 높은 경우
→ 성수기에는 객실 요금이 비싸고, 비수기에는 요금 할인을 함.

5) 세분시장화(시장세분화)의 가능성
→ 호텔은 단체고객, 개별고객, 상용여행자, 단순여행자에 따라 가격을 차별.

6) 수율관리시스템을 운영하는 경우

7) 가격정책 구조가 고객이 느껴야 하고 가격차 등이 정당화되는 경우

01 서비스 수율관리(yield management)가 효과적으로 나타나는 경우가 아닌 것은? [2023년 기출]

① 변동비가 높고 고정비가 낮은 경우

② 재고가 저장성이 없어 시간이 지나면 소멸하는 경우

③ 예약으로 사전에 판매가 가능한 경우

④ 수요의 변동이 시기에 따라 큰 경우

⑤ 고객특성에 따라 수요를 세분화할 수 있는 경우

해설

정답 ①

테마101. 기업의 사회적 책임

1. 기업의 사회적 책임(CSR)

1) 캐롤(A. Carroll)의 사회적 책임

기업의 사회적 책임은 경제적이고 법적인 의무뿐만 아니라 윤리적이고 자선적(재량적) 책임 또한 갖고 있다는 주장이다. 경제적→법적→윤리적→자선적 책임 순으로 피라미드 구조를 이룬다. 그렇지만 각 책임 간 우선순위가 있는 것은 아니다.

① 경제적 책임(Required)
이익 창출

② 법적 책임(Required)
법규 준수

③ 윤리적 책임(Expected)
윤리적인 활동으로 기업 행위의 기준과 규범으로 기업 내부의 의무 기준 지향

④ 자선적 책임(Desired)
경영 활동과는 직접 관련이 없는 기부, 자원봉사 등을 수행

2. ISO(국제표준화기구) 26000

ISO 26000은 사회적 책임 경영 시스템으로 기업의 사회적 책임에 대한 국제표준이다. 이는 사회의 모든 조직이나 기업이 의사결정 및 활동 등을 할 때 소속된 사회에 이익이 될 수 있도록 하는 책임을 규정한 것이다.

3. ESG경영

ESG경영이란 기업이 환경(Environment), 사회(Social), 지배구조(Governance)에 대한 비재무적 요소를 고려하는 경영활동으로 기업의 친환경 경영, 사회적 책임, 투명한 지배구조를 의미하는 것으로 기업의 사회적 책임을 다하는 경영 철학이다. ESG경영과 CSR은 상호 보완적인 관계에 있으며 기업은 두 가지 접근법을 통합하여 지속가능한 경영을 실현할 수 있다.

4. CSV(Creating Shared Value: 공유가치창출)

하버드 대학의 마이클 포터(M. Porter)교수는 CSR을 더욱 발전시킨 개념으로 CSV(Creating Shared Value: 공유가치창출)를 발표하였다. CSV는 경제적 가치와 사회적 가치를 공동으로 추구해 공유가치를 창출한다는 것이다. 즉, 공유가치창출이란 기업이 수익창출 이후에 사회공헌 활동을 하는 것이 아니라 기업 활동 자체가 사회적 가치를 창출하면서 동시에 경제적 수익을 추구하는 것으로써 기업의 경쟁력과 주변 공동체의 번영이 상호 의존적이라는 인식에 기반하고 있다.

01 캐롤(A. Carroll)이 제시한 기업의 사회적 책임(CSR) 4단계에 해당하지 않는 것은?

① 경제적 책임
② 자생적 책임
③ 법률적 책임
④ 윤리적 책임
⑤ 자선적 책임

해설

정답 ②

02 기업의 사회적 책임에 관한 설명으로 옳지 않은 것은?

① 기업의 사회적 책임에 관한 국제표준은 ISO 26000이다.
② ESG경영과 사회적 책임은 상호연관성이 높은 개념이다.
③ ISO 26000은 강제집행사항은 아니지만 국제사회의 판단기준이 된다.
④ 사회적 책임 분야는 CSV(Creating Shared Value)에서 CSR(Corporate Social Responsibility)의 순서로 발전되었다.
⑤ CSV는 기업경쟁력을 강화하는 정책이며 지역사회의 경제적 · 사회적 조건을 동시에 향상시키는 개념이다.

해설

정답 ④

테마102. 불확실한 상황에서의 의사결정기법(휴리스틱 유형)

1. 확실한 상황 하에서의 의사결정

의사결정에 필요한 모든 정보가 완전히 알려져 있는 경우로 손익분기법, 선형계획법, 비선형계획법, 할당법, 정수계획법, 동적계획법 등이 있다. 여기서 선형계획법은 일차방정식이 성립할 경우, 그래프를 이용한 도해법 및 선형대수학에 기반한 심플렉스법이 있다. 반면 현실세계의 실제적인 의사결정문제들은 선형함수만으로 모형화 하는 것이 불가능할 수 있으며 비선형관계에 있는 것도 많다. 산출량과 투입량 간에는 수확체증의 법칙 또는 수확체감의 법칙이 작용하는 경우에 비선형계획법을 적용한다.

2. 위험한 상황 하에서의 의사결정

확실한 상황과 불확실한 상황의 중간적인 상태에 해당하는 의사결정이다.

사전정보를 이용한 의사결정, 사전정보와 표본정보를 이용한 의사결정, 의사결정수, PERT(Program Evaluation and Review Technic: 프로젝트 일정계획 및 통제를 위한 관리기법), 재고모형, 대기행렬이론, 시뮬레이션, 마르코프 연쇄(Markov chain: 시간에 따른 상태의 변화) 등이 있다.

3. 불확실한 상황 하에서의 의사결정

휴리스틱 계획기법(Heuristic Programming Method)에서 "Heuristic"이란 찾아내다(find out) 또는 발견하다(discover)란 뜻으로 경험을 기반으로 문제를 해결하거나 학습하고 발견하는 방법을 말한다.

"어림법, 주먹구구법, 발견법" 등으로 불리기도 한다. 수리적 최적화 기법과는 달리 인간의 직관력이나 경험을 활용하여 실험이나 시행착오에 의한 학습으로 과학적인 시행착오법이라고도 하며 문제점을 경험적 내지 탐색적 방법으로 해결하는 방법이다. 만족해(feasible solution: 만족할 만한 수준의 해법)를 구하는 것으로 모든 변수와 조건을 검토할 수 없기 때문에 가장 이상적인 방법을 구할 수 없을 때 사용한다.

1) **경**영계수 모델
2) **매**개변수에 의한 생산계획 모델
3) **생산**전환 탐색법(=지식기반 전문가 시스템으로 전문가들의 축적된 지식을 이용)
4) **서어치** 디시즌 롤(search decision role: 탐색결정규칙)

4. 휴리스틱 유형

1) "대표성(representativeness) 휴리스틱"은 어떤 사건이 전체를 대표한다고 보고 이를 통해 빈도와 확률을 판단하는 것으로 '하나를 보면 열을 안다'라는 속담이 대표적인 예이다.

2) "가용성(availability) 휴리스틱"은 기억의 가용성에 근거해 추정하는 방법으로 기억에서 잘 떠오르는 대상에 대하여 상대적으로 높은 평가를 내리는 현상을 말한다. 가용성을 "상기가능성"이라고도 한다. 예를 들어 '치킨'하면 ㅇㅇ지!

3) "닻 내리기(anchoring & adjustment: 기준점과 조정 휴리스틱) 효과"는 초기에 주어진 정보 또는 무의식중에 입력된 정보가 '닻(anchor)'이 되어 의사결정에 기준점으로써 영향을 주는 것으로 "기준점 휴리스틱"이라고도 불린다.

4) "감정 휴리스틱"은 어떤 사건이나 상황에 대해 판단을 할 경우 경험으로 형성된 감정에 따라 평가를 다르게 하는 것으로 주로 광고에 많이 사용된다. 예를 들어 '자연산, 유기농, 프리미엄' 등의 수식어가 붙은 제품은 왠지 긍정적인 결과를 줄 것이라 기대하고 선택하는 것이 대표적이다.

5) "메타 휴리스틱(meta-heuristic)"이란 '상위 수준의 휴리스틱' 의미로 추상성이 매우 높은 문제에 대해 최적에 가까운 솔루션을 찾기 위해 탐색 공간을 효율적으로 탐색하도록 하는 전략이다.

01

사람들의 사회적 판단 과정에는 몇 가지 휴리스틱(heuristic)이 영향을 미친다. 다음 중 휴리스틱에 해당하지 않는 것은?

① 대표성(representativeness)
② 가용성(availability)
③ 기저율(base-rate)
④ 닻 내리기(anchoring & adjustment)
⑤ 감정(affect)

해설

정답 ③

02

총괄생산계획 기법 중 휴리스틱 계획기법에 해당하지 않는 것은? [2024년 기출]

① 선형계획법
② 매개변수에 의한 생산계획
③ 생산전환 탐색법
④ 서어치 디시즌 롤(search decision role)
⑤ 경영계수이론

해설

정답 ①

03 (가), (나)와 관련된 휴리스틱 처리방식을 바르게 연결한 것은?

(가) A는 지적이고 세련되며 정장을 자주 입는다. A가 변호사인지 엔지니어인지 묻는다면 여러분은 변호사라고 대답할 것이다.

(나) 상점에서 가격을 흥정할 때 상점 주인과 손님 중 어느 한쪽이 먼저 기준가격을 제시하면 그 기준가격을 중심으로 조정하여 최종가격을 결정하는 현상이 나타난다.

ㄱ. 가용성(availability) 휴리스틱

ㄴ. 대표성(representativeness) 휴리스틱

ㄷ. 닻 내림(anchoring & adjustment) 휴리스틱

① (가): ㄱ, (나): ㄴ

② (가): ㄱ, (나): ㄷ

③ (가): ㄴ, (나): ㄱ

④ (가): ㄴ, (나): ㄷ

⑤ (가): ㄷ, (나): ㄴ

해설

정답 ④

04 불확실성 하에서의 의사결정 기준에 대한 설명으로 틀린 것은?

① Laplace 기준: 가능한 성과의 기대치가 가장 큰 대안을 선택

② MaxiMin 기준: 가능한 최소의 성과를 최소화하는 대한을 선택

③ MiniMax regret 기준: 기회손실의 최댓값이 최소화하는 대안을 선택

④ MaxiMax 기준: 가능한 최대의 성과를 최대화하는 대안을 선택

⑤ Hurwicz 기준: 현실적으로 극단적으로 비관적 기준 또는 낙관적 기준이 아닌 '중간' 어느 지점을 선택

해설

○ 불확실성 하에서의 의사결정 기준

1. MaxiMin 기준(최대최소 기준)

최악의 경우 중 가장 나은 대안을 선정하는 것으로 모든 대안에 대해 '최악'의 경우를 상정하는 비관주의적인 규칙이다. Wald 기준이라고도 한다.

2. MaxiMax 기준(최대최대 기준)

최선의 경우 중 가장 좋은 대안을 선정하는 것으로 기대치가 높고 '투기성'이 높은 낙관주의적인 규칙이다.

3. Laplace 기준(라플라스 기준, Equal likelihood 기준)

가중평균 보상이 가장 나은 대안을 선택하는 것으로 가중평균 보상은 모든 사건의 비중(확률, 기대치)을 동일하게 놓고 계산한다. 수요가 높을지 낮을지 모를 경우 사건이 두 가지이기 때문에 가중치는 0.5가 된다.

4. MiniMax regret(최소최대 후회 기준)

'최대의 후회'가 가장 최소화된 대안을 선정하는 것이다.

5. Hurwicz 기준(후르비츠 기준)

1980년대 비정형화된 휴리스틱 추리(Heuristic reasoning)를 기반으로 하는 인지모형 기반적 접근법인 지능적 추리시스템을 이용하는 접근법이 도입되며 대부분의 의사결정자들은 현실적으로 극단적인 비관적 기준 또는 낙관적 기준이 아닌 '중간' 어느 지점을 선택한다. 즉 비관주의와 낙관주의를 절충한 기법이다.

MaxiMin 기준(최대최소 기준)과 MaxiMax 기준(최대최대 기준)의 가중평균을 이용한다.

정답 ②

테마103. 토마스(Thomas)의 갈등관리 방식

토마스(Thomas)는 갈등 당사자가 자신의 이익을 충족시키려는 의지(독단성 차원)와 상대방의 이익을 충족시키려는 의지(협력성 차원)라는 2개의 차원에서 각각 그 의지가 높은가 낮은가를 기준으로 5가지 갈등관리 전략을 제시하고 있다.

1. 경쟁형(competition)
2. 회피형(avoidance)
3. 수용형 또는 순응형(accommodation)
4. 타협형(compromise)
5. 협력형(collaboration)

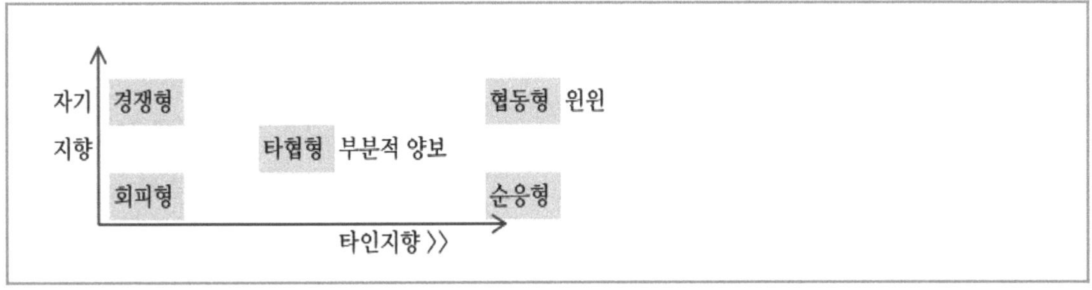

01 토마스(Thomas)의 갈등관리 방식에 대한 설명으로 옳지 않은 것은?

① 수용(accommodation)은 자신의 이익을 양보하고 상대방의 관심사를 만족시키는 방식이다.
② 회피(avoidance)는 갈등 쟁점으로부터 비켜서거나 해결을 연기하는 방식이다.
③ 협력(collaboration)은 상호 희생과 양보를 통해 당사자 간의 이익을 부분적으로 만족시키는 방식이다.
④ 경쟁(competition)은 권력, 위협 등을 통하여 상대방을 희생시키고 자신의 이익을 취하는 방식이다.
⑤ 타협(compromise)은 주장성과 협동성의 모두 중간 수준이다.

해설

협력(collaboration)은 win-win 전략이다. 반면 타협(compromise)은 상호 부분적 양보를 통해 갈등을 마무리하는 것이다.

정답 ③

02 갈등 상황에서 자신이 원하는 것을 포기하고 상대방이 원하는 것을 충족시키는 토마스(Thomas)의 갈등해결전략은?

① 회피전략
② 수용전략
③ 경쟁전략
④ 타협전략
⑤ 통합전략

해설

정답 ②

테마104. 직무설계(Job Design)

직무설계란 조직의 목표와 개인의 목표(욕구)를 동시에 충족시키기 위하여 직무의 내용과 기능, 관계를 조작화(manipulation)하는 것을 말한다.

전통적인 직무설계 접근법으로는 동기부여적 접근법, 기계론적 접근법, 지각운동 접근법, 생물학적 접근법이 있다.

1. 동기부여적 접근법(motivational approach)

동기유발적 요소를 고려해서 직무를 설계한다. 동기부여적 접근법은 조직심리학과 경영학의 이론적 발전에 힘입어 심리적 의미나 동기부여적 잠재성에 영향을 주는 직무특성에 중점을 둔다.

2. 기계론적 접근법(mechanistic approach)

효율성을 최대화하기 위한 직무를 가장 단순화시키는 방법을 찾는 것으로 직무의 복잡성 감소를 통해 인적자원의 효율성을 증대하는 것이다. 직무단순화라고 하면 모든 직무를 세분화하여 전문화하고, 개인은 단순한 몇 가지의 작업만 수행하는 것이라고 할 수 있다.

3. 지각운동 접근법 또는 인지적 접근법(perceptional-motor approach)

정신적 능력과 한계에 초점을 맞추는 것으로 정신적인 능력과 한계를 초과하지 않는 수준에서 직무설계를 하는 것이 목표

4. 생물학적 접근법(biological approach)

신체의 능력과 한계에 초점을 맞추어 종업원들의 신체적 제약을 최소화하는 것이다. 작업 자체보다 상황(조명, 공간, 장소, 작업시간 등)에 관심을 보이며 작업에 쓰이는 장비를 신체적 요구에 적합하게 설계하는데 적용한다.

01 다음 중 직무설계에 관한 설명으로 옳지 않은 것은?

① 동기부여적 접근은 심리학 중 조직심리학과 관련이 있다.

② 기계적 접근은 아담스미스(A. Smith)의 분업과 전문화 테일러(F. W. Taylor)의 과학적 관리론이 배경이다.

③ 지각-운동적 접근은 사람들이 정신적인 능력과 한계를 초과하지 않는 수준에서 직무설계를 하는 것이다.

④ 생물학적 접근법은 조명이나 공기, 장소, 작업시간보다 작업 자체에 관심을 기울인다.

⑤ 전통적 의미에서의 직무설계는 직무를 중심으로 사람을 어떻게 적응시키도록 하느냐에 초점을 둔 반면에 현대적 직무설계는 사람을 중심으로 직무를 어떻게 설계하느냐에 초점을 둔다.

해설

정답 ④

테마105. 진성 리더십(authentic leadership)

진성리더십은 '리더의 도덕적 가치와 신념을 기반으로 구성원들에게 긍정적 역할 모델이 되고 내·외적으로 일치된 모습과 자신의 한계 인정을 통하여 상호 협력적 조직분위기를 만들어 가는 리더 행동'으로 정의 내릴 수 있다. 자아인식, 내면화된 도덕관점, 관계적 투명성, 균형 잡힌 정보처리 등으로 구성된다.

→ (암기법: 내/자아/투명/균형)

1. 자아인식(self-awareness)

나는 누구인가? 즉 자아인식은 자신의 강점과 재능뿐만 아니라 약점과 부족한 점에 대해서도 명확히 인식하고 자기 스스로의 내적 기준과 신념을 토대로 행동하는 것을 의미한다.

2. 내면화된 도덕관점(internalized moral perspective)

윤리적이면서 긍정적인 도덕 관점의 내면화가 핵심이다.

3. 관계적 투명성(relational transparency)

리더 자신의 자아를 구성원들에게 진정성 있게 보여주며, 이러한 행동을 통해 자신의 강점뿐만 아니라 약점까지도 이야기할 수 있음을 의미한다. 구성원들로 하여금 리더에 대한 신뢰와 협업을 강화시켜 준다.

4. 균형 잡힌 정보처리(balanced processing of information)

리더가 의사결정을 함에 있어 다양한 정보와 자료를 객관적으로 분석·검토하는 것을 의미한다. 또한 리더 자신의 생각과 상반되는 의견에 대해서도 수용할 수 있는 능력을 말한다. 일반적으로 사람들은 자신이 개입된 정보를 처리할 때는 본능적으로 편향된(biased) 형태로 처리하는 경우가 나타나지만, 진성 리더는 이를 균형(balanced)되게 처리하기 위해서 자신의 신념과 가치관에 따라 행동한다.

01 진성 리더십(authentic leadership)에 포함되는 것을 모두 고른 것은?

ㄱ. 자아인식	ㄴ. 정서적 치유	ㄷ. 관계적 투명성
ㄹ. 균형 잡힌 정보처리	ㅁ. 내면화된 도덕적 신념	

① ㄱ, ㄴ, ㄷ, ㄹ

② ㄱ, ㄴ, ㄷ, ㅁ

③ ㄱ, ㄴ, ㄹ, ㅁ

④ ㄱ, ㄷ, ㄹ, ㅁ

⑤ ㄴ, ㄷ, ㄹ, ㅁ

해설

정답 ④

테마106. 로키치(M. Rokeach)의 가치관 연구

로키치는 가치를 수단적 가치와 궁극적 가치로 나눈다.
각 가치를 18가지씩 제시한다.

1. 수단적 가치(instrumental values)

개인에 의하여 선호되는 행위 방식이나 행동 양식을 말한다. 예를 들면 '잘 사는 것이나 행복한 삶'이라는 궁극적 가치를 얻기 위한 수단적 가치로 '돈'을 말하는 사람도 있을 것이고, '정직'을 말하는 사람도 있을 것이다.

2. 궁극적 가치(terminal values)

궁극적 가치란 개인에 의해 선호되는 최종 상태를 말한다. 지혜나 구원과 같이 인간이 살아가는 동안 획득하고자 하는 존재양식이나 목표를 뜻한다.

수단적 가치(instrumental values)	궁극적 가치(terminal values)
큰 뜻(ambitious)	편안한 삶(a comfortable life)
관대한 마음(broad-minded)	흥미진진한 삶(an exciting life)
유능한(capable)	성취감(a sense of accomplishment)
명랑함(cheerful)	평화로운 세상(a world at peace)
청결(clean)	미적 세계(a world of beauty)
용감한(courageous)	평등(equality)
용서(forgiving)	가족 안전(family security)
도움(helpful)	자유(freedom)
정직(honest)	행복(happiness)
상상력(imaginative)	내면의 조화(inner harmony)
독립(independent)	성숙한 사랑(mature love)
지력(intellectual)	국가 안보(national security)
논리(logical)	기쁨(pleasure)
사랑(loving)	구원(salvation)
복종(obedient)	자존심(self-respect)
예의바른(polite)	사회적 인정(self recognition)
책임(responsible)	진정한 우정(true friendship)
자기 통제(self-controlled)	지혜(wisdom)

01 로키치(M. Rokeach)의 수단가치(instrumental values)로 옳지 않은 것은?

① 야망

② 용기

③ 청결

④ 자유

⑤ 복종

해설

정답 ④

테마107. 재고비용 종류

주문비용, 재고유지비용, 재고부족비용(품절비용)이 있다.
너무 많이 주문하면 재고유지비용이 발생할 것이다. 반면에 너무 적게 주문하면 추가적인 주문비용과 재고부족비용이 발생한다.

1. 주문비용(ordering cost)

업체로부터 구입 시 소요되는 제반 비용을 말한다.
주문서 발송, 물품의 수송, 검사, 입고, 관계자의 급여 등이 있다.
만일, 자체 생산의 경우에는 주문비용은 생산 준비비용(set-up cost)이 발생한다.

2. 재고유지비용(inventory holding cost)

재고 유지 및 보관에 소요되는 총비용과 재고수준에 따라 변동하는 비용이다.
저장비, 보험료, 세금, 감가상각비, 진부화(노후화)로 인한 손실, 재고로 묶인 자금의 기회비용이 있다.

3. 재고부족비용(stock out cost)

재고가 없어 고객의 수요를 충족시키지 못하여 발생하는 비용을 말한다.
판매기회의 상실 · 고객의 상실로 인한 기회비용, 조업의 중단, 신용의 상실 등을 주관적으로 평가하는 비용이 있다.
고객이 주문을 철회하는 경우에는 판매 손실이 발생하는 것이고, 만일 고객이 주문을 철회하지 않을 않고 다음 재고가 도착할 때 공급하기로 했다면 납기지연에 따른 위약금, 발주긴급비용 등이 발생한다.

01 재고량에 관한 의사결정을 할 때 고려해야 하는 재고유지 비용을 모두 고른 것은? [2023년 기출]

ㄱ. 보관설비 비용	ㄴ. 생산준비 비용	ㄷ. 진부화 비용
ㄹ. 품절비용	ㅁ. 보험비용	

① ㄱ, ㄴ, ㄷ

② ㄱ, ㄴ, ㄹ

③ ㄱ, ㄷ, ㅁ

④ ㄱ, ㄹ, ㅁ

⑤ ㄴ, ㄷ, ㄹ

해설

정답 ③

02 경제적 주문량(EOQ)에 관한 설명으로 옳지 않은 것은?

① 연간 재고유지비용과 연간 주문비용의 합이 최소화되는 주문량을 결정하는 것이다.

② 연간 재고유지비용과 연간 주문비용이 같아지는 지점에서 결정된다.

③ 연간 주문비용이 감소하면 경제적 주문량이 감소한다.

④ 연간 재고유지비용이 감소하면 경제적 주문량이 감소한다.

⑤ 연간 수요량이 증가하면 경제적 주문량이 증가한다.

해설

○ 경제적 주문량(EOQ)

$$Q=\sqrt{\frac{2\times D\times S}{H}}$$

$$총비용=주문비용+연간유지비용=\frac{D}{Q}\times S+H\times\frac{Q}{2}$$

경제적 주문량(EOQ)에서는 주문비용과 연간유지비용이 같다.

$$평균재고=\frac{기초재고+기말재고}{2}=\frac{Q+0}{2}=\frac{Q}{2}$$

* H(Holding cost per inventory unit): 단위당 재고유지비용
* D(Demand): 연간 수요량
* S(Set-up cost per order): 1회 주문비용
* Q(Order Quantity): 1회 주문량

정답 ④

03

A기업의 X 부품에 대한 연간 수요는 2,000개이다. X 부품의 1회 주문비용은 1,000원, 연간 단위당 재고 유지비용은 400원일 때 경제적 주문량 모형을 이용하여 1회 경제적 주문량과 이 때의 연간 총비용을 구하면?

① 50개, 20,000원

② 50개, 40,000원

③ 100개, 20,000원

④ 100개, 40,000원

⑤ 150개, 60,000원

해설

경제적 주문량(EOQ)을 공식에 대입하여 계산하면 100개이다.
경제적 주문량(EOQ)은 1회 주문량을 의미하므로 연간 수요 2,000개이기에 20회 주문할 것이다.
그렇다면 주문비용의 합은 얼마일까? 주문횟수×1회 주문비용이다.
연간 총비용=주문비용+재고유지비용이고 주문비용과 재고유지비용이 같을 때 연간 총비용이 최소가 되므로 연간 총비용은 주문비용의 2배가 된다.

정답 ④

04

(주)안전의 특정 제품에 대한 연간 총수요량은 1,000개이다. 이 제품의 1회당 주문비용은 2,000원이고, 연간 재고유지비용은 개당 400원이다. 이 경우 경제적 주문량(EOQ)으로 옳은 것은? (단, 주어진 자료 이외의 다른 사항은 고려하지 않는다.)

① 50개
② 100개
③ 150개
④ 200개
⑤ 400개

해설

정답 ②

05 경제적 주문량 모형(EOQ)에 관한 설명으로 옳지 않은 것은? (단, 다른 조건이 동일하다고 가정한다.)

① 연간 수요가 감소하면, 경제적 주문량은 감소한다.

② 재고유지비용이 감소하면, 경제적 주문량은 감소한다.

③ 재고유지비용이 감소하면, 재고회전율은 감소한다.

④ 주문비용이 감소하면, 재고회전율은 증가한다.

⑤ 주문비용이 감소하면, 공급주수(week of supply)는 감소한다.

해설

1. 재고회전율

주문비용이 감소하면, 재고회전율은 증가한다. 주문비용이 줄어들면 로트 크기가 줄어들 것이고, 이로 인해 재고회전율은 증가한다. 재고회전율이 높을수록 제품이 빠르게 판매된다는 의미로 재고관리가 효율적이라는 뜻이다.

재고회전율이란 기업이 재고를 얼마나 효율적으로 운영하고 있는지를 측정하는 지표를 말한다. 만일 재고유지비용이 감소하면 창고에 재고를 쌓아 놓고 있어도 큰 부담이 되지는 않을 것이므로 재고회전율은 감소하게 될 것이다. 재고회전율이 낮다는 것은 과잉재고를 의미한다.

2. 공급주수(week of supply)

현재의 재고로 공급할 수 있는 기간을 측정하는 계획의 주요 지표를 말한다.

재고수준이 낮을수록 공급주수는 작아진다. 즉 현재의 재고로 몇 주(weeks)를 공급할 수 있는가를 말한다. 주문비용이 감소하면, 소량 주문으로 인해 로트 크기는 감소할 것이고 재고가 줄어들게 될 것이기에 공급주수(week of supply)는 감소한다.

정답 ②

테마108. 신 QC(Quality Control: 품질관리) 7가지

기존 QC 7가지 도구에는 파레토 그림, 히스토그램, 특성요인도(어골도), 체크시트, 산점도, 그래프, 층별(stratification: 끼리끼리 모은다)이 있다.
기존 QC 7가지 기본도구는 분임조 활동에서 널리 쓰이는 기법인데 반해, 신 QC 7가지 도구는 PDCA사이클의 계획단계에서 주로 쓰이는 도구로 정의하기가 복잡한 성격의 문제를 정성적으로 분석하는데 효과적이다.

신 QC 7가지 도구에는 친화도(affinity diagram), 연관도(relation diagram), 계통도(tree diagram), 매트릭스도(matrix diagram), 매트릭스 데이터 해석법, PDPC(Process Decision Program Chart), 애로우 다이어그램(arrow diagram)이 있다.

○ 신 QC(Quality Control: 품질관리) 7가지 → (암기법: P/애/매~/친화/연/계)

1) PDPC법(Process Decision Program Chart: 과정결정계획도)
사전에 발생 가능한 여러 가지 상황을 예측하여 이에 대한 대비책을 빠짐없이 마련함으로써 프로세스(process)의 진행을 가급적 바람직한 방향으로 이끌어가지 위한 방법이다. 즉 우발상황에 대한 대응책을 점검하기 위한 도구이다.

2) 애로우 다이어그램(Arrow Diagram)
여러 가지 작업을 복잡한 순서로 실시하여 목적을 달성할 경우, 각 작업을 어떠한 순서로 어떠한 시간배분으로 진행할 것인가를 '화살표'로 나타낸 것

3) 매트릭스도(matrix diagram)
목적과 수단 또는 현상과 요인의 대응관계를 행렬(matrix)의 형태로 정리하고 각 행과 열의 교점에 각 요소의 관련 유무, 관련의 정도를 표시하여 효과적 문제해결 방안을 찾고자 하는 방법

4) 매트릭스 데이트 해석법

5) 친화도(affinity diagram)
도출된 아이디어를 유사성이 높은 것끼리 묶어서 구조화하여 데이터를 몇 개의 그룹으로 분류하고자 할 때 사용하는 방법

6) 연관도(relation diagram)
관련된 문제를 여러 가지 측면에서 '인과관계'로 정리하여 복잡한 문제의 원인을 분석하거나 도출할 때 사용

7) 계통도(tree diagram)
신 QC 7가지 도구 중 가장 빈번하게 쓰이는 도구로 목표를 달성하기 위한 목적과 수단을 계통적으로 전개하여 최적의 목적 달성 수단을 찾고자 하는 방법

01 다음은 신 QC 7가지 도구 중 무엇에 관한 설명인가? [2024년 기출]

> 문제를 해결하는 활동에 필요한 실시사항을 시계열적인 순서에 따라 네트워크로 나타낸 화살표 그림을 이용하여 최적의 일정계획을 위한 진척도를 관리하는 방법

① 친화도

② 계통도

③ PDPC법(Process Decision Program Chart)

④ 애로우 다이어그램

⑤ 매트릭스 다이어그램

해설

정답 ④

02 신 QC 7가지 도구 중 복잡한 요인이 얽힌 문제에 대하여 그 인과관계 및 요인 간의 관계를 명확히 함으로써 적절한 해결책을 찾는데 기여하는 방법은?

① 친화도

② 연관도법

③ PDPC법(Process Decision Program Chart)

④ 애로우 다이어그램

⑤ 계통도법

해설

정답 ②

테마109. M. L. Fisher(피셔)의 공급사슬 유형

M. L. Fisher(1997)는 수요가 예측 가능한 기능 제품은 재고와 원가를 최소화하는데 초점을 두는 효율적 공급사슬(efficient supply chains)을 사용하는 것이 바람직하며, 수요가 불확실한 혁신 제품일 경우에는 여유 능력과 버퍼 기능을 하는 충분한 재고를 보유하는 대응적 또는 반응적 공급사슬(responsive supply chains)을 제안하였다.

01

M. L. Fisher가 주장한 공급사슬의 유형으로 재고를 최소화하고 공급사슬 내 서비스업체와 제조업체의 효율을 최대화하기 위해 제품 및 서비스의 흐름을 조정하는데 목적을 두는 공급사슬 명칭은 무엇인가?

① 민첩형 공급사슬(agile supply chains)

② 효율적 공급사슬(efficient supply chains)

③ 반응적 공급사슬(responsive supply chains)

④ 위험방지형(리스크 헤징: Risk Hedging) 공급사슬

⑤ 지속가능 공급사슬(sustainable supply chains)

해설

효율적 공급사슬	반응적 공급사슬
1) 최저 가격으로 예측 가능한 수요를 효율적으로 공급 2) 비용 최소화, 성과 극대화	1) 재고품절, 시즌 말 가격할인 등을 최소화하기 위하여 예측 불가능한 수요에 신속하게 대응 2) 변화하고 다변화 되는 고객의 니즈에 대한 대응성과 유연성을 확보할 수 있는 전략의 활용에 초점

ㅇ Hau Le(하우 리, 2002)의 공급사슬전략

수요와 공급의 불확실성 정도에 따라 전략적 적합성을 가지는 공급사슬 전략을 제시하였다.

1) 효율적 공급사슬

긴 제품 수명주기와 안정적이고 예측 가능한 수요를 갖는 제품

2) 반응적 공급사슬

제품 수명주기가 짧고 고객의 취향이 쉽게 변하는(수요가 불확실) 패션제품 등

3) 민첩한 공급사슬

고객 요구에 대한 유연적 대응이 필요할 때

4) 위험회피 공급사슬

공급이 불확실할 때

5) 지속가능 공급사슬

효율적인 공급망과 함께 관련된 환경, 사회적 및 경제적 영향을 적절히 관리

구분		수요 불확실성	
		낮음(기능적 제품)	높음(혁신적 제품)
공급 불확실성	낮음(안정 프로세스)	효율적 공급사슬	반응적 공급사슬
	높음(불안정 프로세스)	리스크 헤징 공급사슬	민첩한 공급사슬

정답 ②

02 효율적 공급사슬(efficient supply chains)과 대응적 공급사슬(responsive supply chains)을 비교한 것으로 옳지 않은 것은?

구분	효율적 공급사슬	대응적 공급사슬
①	예측 불가능한 수요에 신속하게 대응	최저가격으로 예측 가능한 수요에 효율적으로 공급
②	제품디자인, 비용 최소화를 달성할 수 있는 제품디자인 성과 극대화	제품 차별화를 달성하기 위해 모듈디자인 활용
③	재고전략, 높은 재고회전율과 공급사슬 재고 최소화	부품 및 완제품 안전재고 유지
④	리드타임 초점, 비용 증가 없이 리드타임 단축	비용이 증가되더라도 리드타임 단축
⑤	공급자 전략, 비용과 품질에 근거한 공급자	선택속도, 유연성, 신뢰성, 품질에 근거한 공급자 선택

해설

효율적 공급사슬은 예측 가능한 수요에 대해 최저비용으로 공급하는 것을 목표로 하며, 대응적 공급사슬은 예측 불가능한 수요에 신속하게 대응하는 것을 목표로 한다.

정답 ①

테마110. 커크패트릭(Kirkpatrick)의 품질비용

품질비용(Quality Cost)이란 제품 및 서비스에서 불량품이 발생하지 않도록 예방하는 일체의 비용을 말한다. 커크패트릭(Kirkpatrick)은 품질비용을 조업품질비용과 자본품질비용(capital quality cost)으로 구분하였다. 조업품질비용은 다시 직접품질비용과 간접품질비용으로 나누었으며, 직접품질비용에는 예방비용, 평가비용 및 실패비용으로 다시 세분화하여 제시하고, 간접품질비용에는 공급자품질비용(vendor quality cost)을 포함하여 제시하였다.

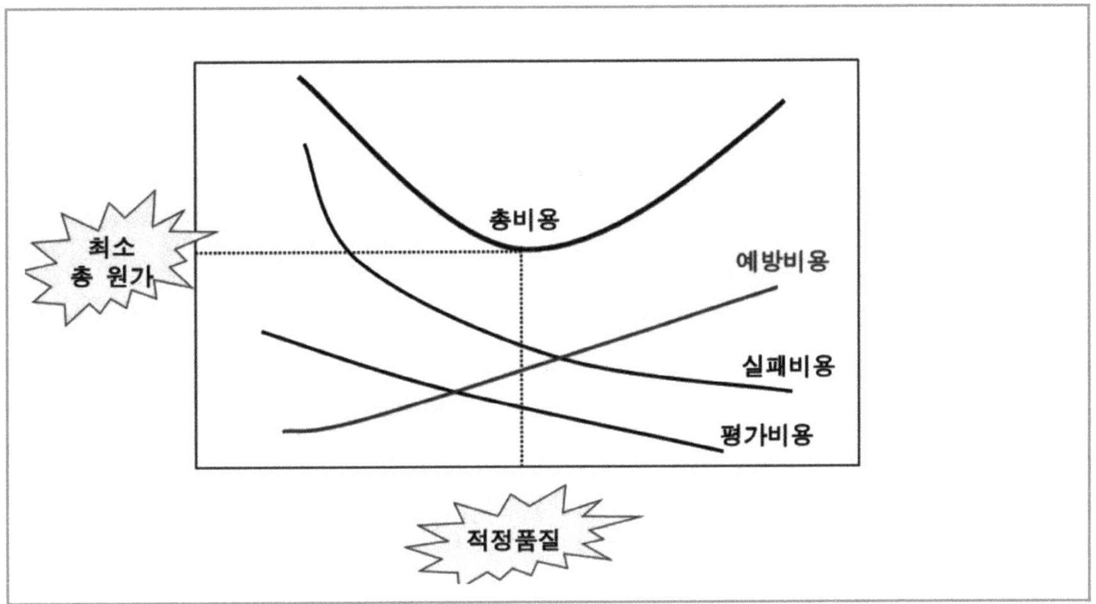

01

커크패트릭(Kirkpatrick)이 제안한 품질비용 모형에서 예방코스트의 증가에 따른 평가코스트와 실패코스트의 변화를 설명한 내용으로 가장 적절한 것은?

① 평가코스트 감소, 실패코스트 감소

② 평가코스트 증가, 실패코스트 증가

③ 평가코스트 감소, 실패코스트 증가

④ 평가코스트 증가, 실패코스트 감소

⑤ 평가코스트 일정, 실패코스트 감소

해설

정답 ①

02 품질비용의 분류와 예시가 옳지 않은 것은?

① 예방비용: 품질개선 관련 비용, 품질 관련 교육 및 훈련 비용, 품질시스템 설계 및 운영비용 등
② 평가비용: 샘플링 검사 비용, 원자재 및 부품 검사 비용, 시험 및 검사 설비의 유지비용, 제품 출고 시 품질검사 비용 등
③ 내부 실패비용: 재작업 및 재가공 비용, 재평가 및 재검사 비용, 품질보증 비용, 반품 및 클레임 비용, 기업이미지 훼손 비용, 설비 가동 손실 비용, 폐기물 비용 등
④ 외부 실패비용: 고객 불평 처리비용, 손해배상비용, 제품수리비용 등
⑤ 공급자 품질비용: 외주업체에서 가공된 부품 검사비용, 외주업체에서 가공된 반제품 검사비용 등

해설

내부 실패비용(회사 안)	외부 실패비용(회사 밖)
고객에게 배달되기 전에 품질 규격이 맞지 않아 수정하거나 실패를 진단하는데 드는 비용	고객에게 배달된 뒤 제품이나 서비스를 수정하는 데 드는 비용
재작업, 재검사, 작업중단 비용, 폐기처분비용, 품질저하에 따른 손실, 품절로 인한 설비 가동 손실비용 등	반품 및 클레임 비용, 수리비용, 품질보증비용(A/S), 고객 상실, 기업이미지 훼손 등

정답 ③

테마111. 신체와 환경의 열교환

열은 열 경사도(thermal gradient)에 따라 높은 곳에서 낮은 곳으로 이동한다.
신체는 열전달에 4가지 기전(mechanism)을 사용한다(복사, 대류, 전도, 증발)
→ (암기법: 복/대/전도/증발)

1. 복사(radiation)는 전자파에 의해 물체들 사이에서 일어나는 열전달 방법이다.

2. 대류(convection)는 피부와 공기의 온도 차이로 생긴 기류를 통해서 열을 교환하는 것이다.

3. 전도(conduction)는 신체가 고체나 유체와 직접 접촉할 때 열이 전달되는 방법이다.

4. 증발(evaporation)은 땀이 피부의 열로 가열되어 수증기로 변하면서 열교환이 발생하는 것이다.

01

신체와 환경의 열교환 종류에 관한 설명으로 옳지 않은 것은? [2024년 기출]

① 대류(convection)는 피부와 공기의 온도 차이로 생긴 기류를 통해서 열을 교환하는 것이다.
② 반사(reflection)는 피부에서 열이 혼합되면서 열전달이 발생하는 것이다.
③ 증발(evaporation)은 땀이 피부의 열로 가열되어 수증기로 변하면서 열교환이 발생하는 것이다.
④ 복사(radiation)는 전자파에 의해 물체들 사이에서 일어나는 열전달 방법이다.
⑤ 전도(conduction)는 신체가 고체나 유체와 직접 접촉할 때 열이 전달되는 방법이다.

해설

반사(reflection)는 피부 표면에 조사된 전자기파 일부가 표면에서 튕겨져 나가는 것이다. 복사(radiation)는 전자기파 형태로 에너지가 전달되므로 전도나 대류와 달리 열을 전달하는 매질이 없다. 따라서 매질이 없는 진동 상태에서도 열전달이 가능한 특성이 있다.

정답 ②

02 인체와 작업환경과의 사이에 열교환의 영향을 미치는 것으로 가장 거리가 먼 것은?

① 대류(convection)
② 열복사(radiation)
③ 열순응(acclimatization to heat)
④ 증발(evaporation)
⑤ 전도(conduction)

해설

정답 ③

03 고열 작업장에서 방열복의 착용은 신체와 환경 사이의 열교환 경로 중 어떠한 경로를 차단하기 위한 것인가?

① 대류(convection)
② 복사(radiation)
③ 반사(reflection)
④ 증발(evaporation)
⑤ 전도(conduction)

해설

방열복은 복사열 차단이 주사용 목적이고, 방염복은 화염 차단이 주사용 목적이다. 복사란 전자기파(파동)에 의해 열이 매질을 통하지 않고 고온에서 저온으로 직접 전달되는 현상이다. 즉, 복사란 물질의 도움 없이 열이 직접 이동하는 것이다.

정답 ②

테마112. 화학물질 및 물리적 인자의 노출기준(고용노동부 고시)

제2조(정의) ① 이 고시에서 사용하는 용어의 뜻은 다음과 같다.

1. "노출기준"이란 근로자가 유해인자에 노출되는 경우 노출기준 이하 수준에서는 거의 모든 근로자에게 건강상 나쁜 영향을 미치지 아니하는 기준을 말하며, 1일 작업시간동안의 시간가중평균노출기준(Time Weighted Average, TWA), 단시간노출기준(Short Term Exposure Limit, STEL) 또는 최고노출기준(Ceiling, C)으로 표시한다.
2. "시간가중평균노출기준(TWA)"이란 1일 8시간 작업을 기준으로 하여 유해인자의 측정치에 발생시간을 곱하여 8시간으로 나눈 값을 말하며, 다음 식에 따라 산출한다.

$$\text{TWA환산값} = \frac{C1\,T1 + C2\,T2 + \ldots Cn\,Tn}{8(\text{시간})}$$

주) C: 유해인자의 측정치(단위: ppm, mg/㎥, 개/㎤)

주) T: 유해인자의 발생시간(단위: 시간)

3. "단시간노출기준(STEL)"이란 15분간의 시간가중평균노출값으로서 노출농도가 시간가중평균노출기준(TWA)을 초과하고 단시간노출기준(STEL) 이하인 경우에는 1회 노출 지속시간이 15분 미만이어야 하고, 이러한 상태가 1일 4회 이하로 발생하여야 하며, 각 노출의 간격은 60분 이상이어야 한다.
4. "최고노출기준(C)"이란 근로자가 1일 작업시간동안 잠시라도 노출되어서는 아니 되는 기준을 말하며, 노출기준 앞에 "C"를 붙여 표시한다.

② 이 고시에서 특별히 규정하지 아니한 용어는 「산업안전보건법」(이하 "법"이라 한다), 「산업안전보건법 시행령」(이하 "영"이라 한다), 「산업안전보건법 시행규칙」(이하 "규칙"이라 한다) 및 「산업안전보건기준에 관한 규칙」(이하 "안전보건규칙"이라 한다)이 정하는 바에 따른다.

제3조(노출기준 사용상의 유의사항) ① 각 유해인자의 노출기준은 해당 유해인자가 단독으로 존재하는 경우의 노출기준을 말하며, 2종 또는 그 이상의 유해인자가 혼재하는 경우에는 각 유해인자의 상가작용으로 유해성이 증가할 수 있으므로 제6조에 따라 산출하는 노출기준을 사용하여야 한다.

② 노출기준은 1일 8시간 작업을 기준으로 하여 제정된 것이므로 이를 이용할 경우에는 근로시간, 작업의 강도, 온열조건, 이상기압 등이 노출기준 적용에 영향을 미칠 수 있으므로 이와 같은 제반요인을 특별히 고려하여야 한다.

③ 유해인자에 대한 감수성은 개인에 따라 차이가 있고, 노출기준 이하의 작업환경에서도 직업성 질병에 이환되는 경우가 있으므로 노출기준은 직업병진단에 사용하거나 노출기준 이하의 작업환경이라는 이유만으로 직업성 질병의 이환을 부정하는 근거 또는 반증자료로 사용하여서는 아니 된다.

④ 노출기준은 대기오염의 평가 또는 관리상의 지표로 사용하여서는 아니 된다.

제4조(적용범위) ① 노출기준은 법 제39조에 따른 작업장의 유해인자에 대한 작업환경개선기준과 법 제125조에 따른 작업환경측정결과의 평가기준으로 사용할 수 있다.

② 이 고시에 유해인자의 노출기준이 규정되지 아니하였다는 이유로 법, 영, 규칙 및 안전보건규칙의 적용이 배제되지 아니하며, 이와 같은 유해인자의 노출기준은 미국산업위생전문가협회(American Conference of Governmental Industrial Hygienists, ACGIH)에서 매년 채택하는 노출기준(TLVs)을 준용한다.

제2장 노출기준

제5조(화학물질) ① 화학물질의 노출기준은 별표 1과 같다.

② **별표 1의 발암성, 생식세포 변이원성 및 생식독성 정보는 법상 규제 목적이 아닌 정보제공 목적으로 표시하는 것으로서 발암성은** 국제암연구소(International Agency for Research on Cancer, IARC), 미국산업위생전문가협회(American Conference of Governmental Industrial Hygienists, ACGIH), 미국독성프로그램(National Toxicology Program, NTP), 「유럽연합의 분류 · 표시에 관한 규칙(European Regulation on the Classification, Labelling and Packaging of substances and mixtures, EU CLP)」 또는 미국산업안전보건청(American Occupational Safety & Health Administration, OSHA)의 분류를 기준으로, **생식세포 변이원성 및 생식독성은** 유럽연합의 분류·표시에 관한 규칙(European Regulation on the Classification, Labelling and Packaging of substances and mixtures, EU CLP)을 기준으로 「화학물질의 분류·표시 및 물질안전보건자료에 관한 기준」에 따라 분류한다.

제6조(혼합물) ① 화학물질이 2종 이상 혼재하는 경우에 혼재하는 물질 간에 유해성이 인체의 서로 다른 부위에 작용한다는 증거가 없는 한 유해작용은 **가중**되므로 노출기준은 다음 식에 따라 산출하되, 산출되는 수치가 1을 초과하지 아니하는 것으로 한다.

$$\frac{C1}{T1} + \frac{C2}{T2} + ... + \frac{Cn}{Tn}$$

주) C: 화학물질 각각의 측정치

주) T: 화학물질 각각의 노출기준

② 제1항의 경우와는 달리 혼재하는 물질 간에 유해성이 인체의 서로 다른 부위에 유해작용을 하는 경우에 유해성이 **각각 작용**하므로 혼재하는 물질 중 어느 한 가지라도 노출기준을 넘는 경우 노출기준을 초과하는 것으로 한다.

제7조(분진) 삭제

제8조(용접분진) 삭제

제9조(소음) ① 소음수준별 노출기준은 별표 2-1과 같다.

② 충격소음의 노출기준은 별표 2-2와 같다.

제10조(고온) 작업의 강도에 따른 고온의 노출기준은 별표 3과 같다.

제10조의2(라돈) 라돈의 노출기준은 별표 4와 같다.

제11조(표시단위) ① 가스 및 증기의 노출기준 표시단위는 피피엠(ppm)을 사용한다.

② 분진 및 미스트 등 에어로졸(Aerosol)의 노출기준 표시단위는 세제곱미터당 밀리그램(mg/㎥)을 사용한다. 다만, 석면 및 내화성세라믹섬유의 노출기준 표시단위는 세제곱센티미터당 개수(개/㎤)를 사용한다.

③ 고온의 노출기준 표시단위는 습구흑구온도지수(이하"WBGT"라 한다)를 사용하며 다음 각 호의 식에 따라 산출한다.

*(Wet-Bulb Globe Temperature: WBGT)

* 흑구온도란 열복사량을 측정하는 온도계로 열복사를 잘 흡수하는 흑구를 이용하여 복사 흡수에 의한 온도상승을 측정한 값을 말한다.

1. **태양광선이 내리쬐는 옥외 장소:** WBGT(℃) = 0.7 × 자연습구온도 + 0.2 × 흑구온도 + 0.1 × 건구온도
2. **태양광선이 내리쬐지 않는 옥내 또는 옥외 장소:** WBGT(℃) = 0.7 × 자연습구온도 + 0.3 × 흑구온도

〈별표 2-1〉 소음의 노출기준(충격소음제외)

1일 노출시간(hr)	소음강도 dB(A)
8	90
4	95
2	100
1	105
1/2	110
1/4	115

주 : 115dB(A)를 초과하는 소음 수준에 노출되어서는 안 됨.

〈별표 2-2〉 충격소음의 노출기준

1일 노출회수	충격소음의 강도 dB(A)
100	140
1,000	130
10,000	120

주 : 1. 최대 음압수준이 140dB(A)를 초과하는 충격소음에 노출되어서는 안 됨.
2. 충격소음이라 함은 최대음압수준에 120dB(A) 이상인 소음이 1초 이상의 간격으로 발생하는 것을 말함.

〈별표 3〉 고온의 노출기준(단위 : ℃, WBGT)

작업강도 / 작업휴식시간비	경작업	중등작업	중작업
계 속 작 업	30.0	26.7	25.0
매시간 75%작업, 25%휴식	30.6	28.0	25.9
매시간 50%작업, 50%휴식	31.4	29.4	27.9
매시간 25%작업, 75%휴식	32.2	31.1	30.0

주 : 1. 경 작 업 : 200kcal까지의 열량이 소요되는 작업을 말하며, 앉아서 또는 서서 기계의 조정을 하기 위하여 손 또는 팔을 가볍게 쓰는 일 등을 뜻함.
2. 중등작업 : 시간당 200~350kcal의 열량이 소요되는 작업을 말하며, 물체를 들거나 밀면서 걸어다니는 일 등을 뜻함.
3. 중 작 업 : 시간당 350~500kcal의 열량이 소요되는 작업을 말하며, 곡괭이질 또는 삽질하는 일 등을 뜻함.

〈별표 4〉 라돈의 노출기준(신설 2018.3.20.)

작업장 농도(Bq/㎥)
600

주: 1. 단위환산(농도) : 600 Bq/㎥ = 16pCi/L (※ 1pCi/L=37.46 Bq/㎥)
   2. 단위환산(노출량) : 600 Bq/㎥인 작업장에서 연 2,000시간 근무하고, 방사평형인자(Feq) 값을 0.4로 할 경우 9.2 mSv/y 또는 0.77 WLM/y에 해당
   (※ 800 Bq/㎥(2,000시간 근무, Feq=0.4) = 1WLM = 12 mSv)

01

화학물질 및 물리적 인자의 노출기준에서 노출기준 사용상의 유의사항으로 옳지 않은 것은? [2024년 기출]

① 각 유해인자의 노출기준은 해당 유해인자가 단독으로 존재하는 경우의 노출기준이다.

② 노출기준은 1일 8시간 작업을 기준으로 하여 제정된 것이다.

③ 노출기준은 직업병진단에 사용하거나 노출기준 이하의 작업환경이라는 이유만으로 직업성질병의 이환을 부정하는 근거 또는 반증자료로 사용하여서는 아니 된다.

④ 노출기준은 대기오염의 평가 또는 관리상의 지표로 사용하여서는 아니 된다.

⑤ 상승작용을 하는 화학물질이 2종 이상 혼재하는 경우에는 유해인자별로 각각 독립적인 노출기준을 사용하여야 한다.

해설

정답 ⑤

02 화학물질 및 물리적 인자의 노출기준에 관한 설명으로 옳지 않은 것은? [2023년 기출]

① "최고노출기준(C)"이란 근로자가 1일 작업시간동안 잠시라도 노출되어서는 아니 되는 기준이다.

② 노출기준을 이용할 경우에는 근로시간, 작업의 강도, 온열조건, 이상기압도 고려하여야 한다.

③ "Skin" 표시물질은 피부자극성을 뜻하는 것은 아니며, 점막과 눈 그리고 경피로 흡수되어 전신 영향을 일으킬 수 있는 물질이다.

④ 발암성 정보물질의 표기는 화학물질의 분류 · 표시 및 물질안전보건자료에 관한 기준에 따라 1A, 1B, 2로 표기한다.

⑤ "단시간노출기준(STEL)"이란 15분간의 시간가중평균노출값으로서 노출농도가 시간가중평균노출기준(TWA)을 초과하고 단시간노출기준(STEL) 이하인 경우에는 1회 노출 지속시간이 15분 미만이어야 하고, 이러한 상태가 1일 3회 이하로 발생하여야 하며, 각 노출의 간격은 45분 이상이어야 한다.

해설

제1장 총칙

제1조(목적) 이 고시는 「산업안전보건법」 제106조 및 제125조, 「산업안전보건법 시행규칙」 제144조에 따라 인체에 유해한 가스, 증기, 미스트, 흄이나 분진과 소음 및 고온 등 화학물질 및 물리적 인자(이하 "유해인자" 라 한다)에 대한 작업환경평가와 근로자의 보건상 유해하지 아니한 기준을 정함으로써 유해인자로부터 근로자의 건강을 보호하는데 기여함을 목적으로 한다.

제2조(정의) ① 이 고시에서 사용하는 용어의 뜻은 다음과 같다.

1. "노출기준"이란 근로자가 유해인자에 노출되는 경우 노출기준 이하 수준에서는 거의 모든 근로자에게 건강상 나쁜 영향을 미치지 아니하는 기준을 말하며, 1일 작업시간동안의 시간가중평균노출기준(Time Weighted Average, TWA), 단시간노출기준(Short Term Exposure Limit, STEL) 또는 최고노출기준(Ceiling, C)으로 표시한다.
2. "시간가중평균노출기준(TWA)"이란 1일 8시간 작업을 기준으로 하여 유해인자의 측정치에 발생시간을 곱하여 8시간으로 나눈 값을 말하며, 다음 식에 따라 산출한다.

$$\text{TWA환산값} = \frac{C1\,T1 + C2\,T2 + \dots Cn\,Tn}{8}$$

주) C: 유해인자의 측정치(단위: ppm, mg/m³ 또는 개/㎤)

T: 유해인자의 발생시간 (단위: 시간)

3. "단시간노출기준(STEL)"이란 15분간의 시간가중평균노출값으로서 노출농도가 시간가중평균노출기준(TWA)을 초과하고 단시간노출기준(STEL) 이하인 경우에는 1회 노출 지속시간이 15분 미만이어야 하고, 이러한 상태가 1일 4회 이하로 발생하여야 하며, 각 노출의 간격은 60분 이상이어야 한다.
4. "최고노출기준(C)"이란 근로자가 1일 작업시간동안 잠시라도 노출되어서는 아니 되는 기준을 말하며, 노출기준 앞에 "C"를 붙여 표시한다.

② 이 고시에서 특별히 규정하지 아니한 용어는 「산업안전보건법」(이하 "법"이라 한다), 「산업안전

보건법 시행령」(이하 "영"이라 한다), 「산업안전보건법 시행규칙」(이하 "규칙"이라 한다) 및 「산업안전보건기준에 관한 규칙」(이하 "안전보건규칙" 이라 한다)이 정하는 바에 따른다.

제3조(노출기준 사용상의 유의사항) ① 각 유해인자의 노출기준은 해당 유해인자가 단독으로 존재하는 경우의 노출기준을 말하며, 2종 또는 그 이상의 유해인자가 혼재하는 경우에는 각 유해인자의 상가작용으로 유해성이 증가할 수 있으므로 제6조에 따라 산출하는 노출기준을 사용하여야 한다.

② 노출기준은 1일 8시간 작업을 기준으로 하여 제정된 것이므로 이를 이용할 경우에는 근로시간, 작업의 강도, 온열조건, 이상기압 등이 노출기준 적용에 영향을 미칠 수 있으므로 이와 같은 제반요인을 특별히 고려하여야 한다.

③ 유해인자에 대한 감수성은 개인에 따라 차이가 있고, 노출기준 이하의 작업환경에서도 직업성 질병에 이환되는 경우가 있으므로 노출기준은 직업병진단에 사용하거나 노출기준 이하의 작업환경이라는 이유만으로 직업성질병의 이환을 부정하는 근거 또는 반증자료로 사용하여서는 아니 된다.

④ 노출기준은 대기오염의 평가 또는 관리상의 지표로 사용하여서는 아니 된다.

제4조(적용범위) ① 노출기준은 법 제39조에 따른 작업장의 유해인자에 대한 작업환경개선기준과 법 제125조에 따른 작업환경측정결과의 평가기준으로 사용할 수 있다.

② 이 고시에 유해인자의 노출기준이 규정되지 아니하였다는 이유로 법, 영, 규칙 및 안전보건규칙의 적용이 배제되지 아니하며, 이와 같은 유해인자의 노출기준은 미국산업위생전문가협회(American Conference of Governmental Industrial Hygienists, ACGIH)에서 매년 채택하는 노출기준(TLVs)을 준용한다.

제2장 노출기준

제5조(화학물질) ① 화학물질의 노출기준은 별표 1과 같다.

② 별표 1의 발암성, 생식세포 변이원성 및 생식독성 정보는 법상 규제 목적이 아닌 정보제공 목적으로 표시하는 것으로서 발암성은 국제암연구소(International Agency for Research on Cancer, IARC), 미국산업위생전문가협회(American Conference of Governmental Industrial Hygienists, ACGIH), 미국독성프로그램(National Toxicology Program, NTP), 「유럽연합의 분류·표시에 관한 규칙(European Regulation on the Classification, Labelling and Packaging of substances and mixtures, EU CLP)」 또는 미국산업안전보건청(American Occupational Safety & Health Administration, OSHA)의 분류를 기준으로, 생식세포 변이원성 및 생식독성은 유럽연합의 분류·표시에 관한 규칙(European Regulation on the Classification, Labelling and Packaging of substances and mixtures, EU CLP)을 기준으로 「화학물질의 분류·표시 및 물질안전보건자료에 관한 기준」에 따라 분류한다.

제6조(혼합물) ① 화학물질이 2종 이상 혼재하는 경우에 혼재하는 물질간에 유해성이 인체의 서로 다른 부위에 작용한다는 증거가 없는 한 유해작용은 가중되므로 노출기준은 다음식에 따라 산출하되, 산출되는 수치가 1을 초과하지 아니하는 것으로 한다

$$\frac{C1}{T1} + \frac{C2}{T2} \cdots \frac{Cn}{Tn}$$

주) C: 화학물질 각각의 측정치

T: 화학물질 각각의 노출기준

② 제1항의 경우와는 달리 혼재하는 물질간에 유해성이 인체의 서로 다른 부위에 유해작용을 하는 경우에 유해성이 각각 작용하므로 혼재하는 물질 중 어느 한 가지라도 노출기준을 넘는 경우

노출기준을 초과하는 것으로 한다.

제7조(분진) 삭제

제8조(용접분진) 삭제

제9조(소음) ① 소음수준별 노출기준은 별표 2-1과 같다.

② 충격소음의 노출기준은 별표 2-2와 같다.

제10조(고온) 작업의 강도에 따른 고온의 노출기준은 별표 3과 같다.

제10조의2(라돈) 라돈의 노출기준은 별표 4와 같다.

제11조(표시단위) ① 가스 및 증기의 노출기준 표시단위는 피피엠(ppm)을 사용한다.

② 분진 및 미스트 등 에어로졸(Aerosol)의 노출기준 표시단위는 세제곱미터당 밀리그램(mg/㎥)을 사용한다. 다만, 석면 및 내화성세라믹섬유의 노출기준 표시단위는 세제곱센티미터당 개수(개/㎤)를 사용한다.

③ 고온의 노출기준 표시단위는 습구흑구온도지수(이하"WBGT"라 한다)를 사용하며 다음 각 호의 식에 따라 산출한다.

1. 태양광선이 내리쬐는 옥외 장소: WBGT(℃) = 0.7 × 자연습구온도 + 0.2 × 흑구온도 + 0.1 × 건구온도
2. 태양광선이 내리쬐지 않는 옥내 또는 옥외 장소: WBGT(℃) = 0.7 × 자연습구온도 + 0.3 × 흑구온도

정답 ⑤

03 산업안전보건법령상의 “충격소음작업”은 몇 dB 이상의 소음이 1일 100회 이상 발생되는 작업을 말하는가?

① 110

② 120

③ 130

④ 140

⑤ 150

해설

정답 ④

04

자연습구온도는 31℃, 흑구온도는 24℃, 건구온도는 34℃인 실내작업장에서 시간당 400cal가 소모된다면 계속작업을 실시하는 주조공장의 WBGT는 몇 ℃인가? (단, 고용노동부 고시를 기준으로 한다)

① 28.9

② 29.9

③ 30.9

④ 31.9

⑤ 32.9

해설

실내작업장에 맞는 WBGT 공식을 활용하면 된다.

정답 ①

05

화학물질 및 물리적 인자의 노출기준에 따른 화학물질의 생식독성 및 생식세포 변이원성 분류 기준은? [기출 변형]

① 국제암연구소(IARC)의 분류

② 미국산업위생전문가협회(ACGIH)의 분류

③ 미국산업안전보건청(OSHA)의 분류

④ 미국독성프로그램(NTP)의 분류

⑤ 유럽연합의 분류 · 표시에 관한 규칙(EU CLP)의 종류

해설

제5조(화학물질) ① 화학물질의 노출기준은 별표 1과 같다.

② 별표 1의 **발암성, 생식세포 변이원성 및 생식독성 정보는 법상 규제 목적이 아닌 정보제공 목적으로 표시하는 것**으로서 **발암성은** 국제암연구소(International Agency for Research on Cancer, IARC), 미국산업위생전문가협회(American Conference of Governmental Industrial Hygienists, ACGIH), 미국독성프로그램(National Toxicology Program, NTP), 「유럽연합의 분류·표시에 관한 규칙(European Regulation on the Classification, Labelling and Packaging of substances and mixtures, EU CLP)」 또는 미국산업안전보건청(American Occupational Safety & Health Administration, OSHA)의 분류를 기준으로, **생식세포 변이원성 및 생식독성은** 유럽연합의 분류·표시에 관한 규칙(European Regulation on the Classification, Labelling and Packaging of substances and mixtures, EU CLP)을 기준으로 「화학물질의 분류·표시 및 물질안전보건자료에 관한 기준」에 따라 분류한다.

정답 ⑤

06

근로자건강진단 실무지침에서 화학물질에 대한 생물학적 노출지표의 노출기준 값으로 옳지 않은 것은? [2023년 기출]

① 노말-헥산: [소변 중 2,5-헥산디온, 5mg/L]

② 메틸클로로포름: [소변 중 삼염화초산, 10mg/L]

③ 크실렌: [소변 중 메틸마뇨산, 1.5g/g crea]

④ 톨루엔: [소변 중 o-크레졸, 1mg/g crea]

⑤ 인듐: [혈청 중 인듐, 1.2 μg/L]

해설

유해물질명	지표물질명	노출기준 값	단위
메틸클로로포름 (1,1,1-트리클로로에탄)	소변 중 삼염화초산	10	mg/L
	소변 중 총삼염화에탄올	30	mg/L
트리클로로에틸렌 (TCE)	소변 중 삼염화초산	15	mg/L
	소변 중 총삼염화물	300	mg/g crea
디메틸포름아미드 (DMF)	소변 중 N-메틸포름아미드 (NMF)	15	mg/L
톨루엔	**소변 중 o-크레졸**	0.8	mg/g crea(**크레아티닌)**
크실렌	소변 중 메틸마뇨산	1.5	g/g crea
헥산(n-헥산)	소변 중 2,5-헥산디온	5	mg/L
일산화탄소	혈액 중 카복시헤모글로빈	3.5	%
	호기 중 일산화탄소	40	ppm
납 및 4알킬연	혈액 중 납	30	μg/dL
카드뮴	혈액 중 카드뮴	5	μg/L
수은	소변 중 수은	50	μg/g crea
망간	혈액 중 망간	36	μg/L
인듐(2021년 1월)	혈청 중 인듐	1.2	μg/L

정답 ④

07 산업안전보건법령상 노출기준 중 발암성에 대한 분류 기준이 아닌 것은?

① 국제암연구소(IARC)의 분류
② 미국국립산업안전보건연구원(NIOSH)의 분류
③ 미국산업안전보건청(OSHA)의 분류
④ 미국독성프로그램(NTP)의 분류
⑤ 유럽연합의 분류 · 표시에 관한 규칙(EU CLP)의 종류

해설

정답 ②

08 후드 개구부 면에서 제어속도(capture velocity)를 측정해야 하는 후드 형태에 해당하는 것은? [2023년 기출]

① 외부식 후드
② 포위식 후드
③ 리시버(receiver)식 후드
④ 슬롯(slot) 후드
⑤ 캐노피(canopy) 후드

해설

산업안전보건기준에 관한 규칙 참조

■ 산업안전보건기준에 관한 규칙 [별표 17]

분진작업장소에 설치하는 국소배기장치의 제어풍속(제609조 관련)

1. 제607조 및 제617조제1항 단서에 따라 설치하는 국소배기장치(연삭기, 드럼 샌더(drum sander) 등의 회전체를 가지는 기계에 관련되어 분진작업을 하는 장소에 설치하는 것은 제외한다)의 제어풍속

분진 작업 장소	제어풍속(미터/초)			
	포위식 후드의 경우	외부식 후드의 경우		
		측방 흡인형	하방 흡인형	상방 흡인형
암석등 탄소원료 또는 알루미늄박을 체로 거르는 장소	0.7	−	−	−
주물모래를 재생하는 장소	0.7	−	−	−
주형을 부수고 모래를 터는 장소	0.7	1.3	1.3	−
그 밖의 분진작업장소	0.7	1.0	1.0	1.2

비고

1. 제어풍속이란 국소배기장치의 모든 후드를 개방한 경우의 제어풍속으로서 다음 각 목의 위치에서 측정한다.
   가. **포위식 후드에서는 후드 개구면**
   나. **외부식 후드**에서는 해당 후드에 의하여 분진을 빨아들이려는 범위에서 **그 후드 개구면으로부터 가장 먼 거리의 작업위치**

■ 산업안전보건기준에 관한 규칙 [별표 11] 〈개정 2023. 11. 14.〉

굴착면의 기울기 기준(제339조제1항 관련)

지반의 종류	굴착면의 기울기
모래	1 : 1.8
연암 및 풍화암	1 : 1.0
경암	1 : 0.5
그 밖의 흙	1 : 1.2

비고

1. 굴착면의 기울기는 굴착면의 높이에 대한 수평거리의 비율을 말한다.
2. 굴착면의 경사가 달라서 기울기를 계산하기가 곤란한 경우에는 해당 굴착면에 대하여 지반의 종류별 굴착면의 기울기에 따라 붕괴의 위험이 증가하지 않도록 위 표의 지반의 종류별 굴착면의 기울기에 맞게 해당 각 부분의 경사를 유지해야 한다.

정답 ②

09 카드뮴 및 그 화합물에 대한 특수건강진단 시 제1차 검사항목에 해당하는 것은? (단, 근로자는 해당 작업에 처음 배치되는 것은 아니다) [2023년 기출]

① 소변 중 카드뮴

② 베타 2 마이크로글로블린

③ 혈중 카드뮴

④ 객담 세포검사

⑤ 단백 정량

해설

산업안전보건법 시행규칙 [별표24: 특수건강진단 등의 검사항목] 검사항목 중 "생물학적 노출지표 검사"는 해당 작업에 처음 배치되는 근로자에 대해서는 실시하지 않는다. 카드뮴의 생물학적 노출지표 검사로는 필수항목으로 혈중 카드뮴을 검사하며, 선택적으로 소변 중 카드뮴을 검사한다. 체내 흡수된 카드뮴은 소변과 대변을 통해 거의 같은 비율로 아주 느리게 배출되는 특징이 있다.

구분	1차 검사항목	2차 검사항목
납	(1) 직업력 및 노출력 조사 (2) 주요 표적기관과 관련된 병력조사 (3) 임상검사 및 진찰 ① 조혈기계: 혈색소량, 혈구용적치, 적혈구 수, 백혈구 수, 혈소판 수, 백혈구 백분율 ② 비뇨기계: 요검사 10종, 혈압측정 ③ 신경계 및 위장관계: 관련 증상 문진, 진찰 (4) 생물학적 노출지표 검사: 혈중 납	(1) 임상검사 및 진찰 ① 조혈기계: 혈액도말검사, 철, 총철결합능력, 혈청페리틴 ② 비뇨기계 : 단백뇨정량, 혈청 크레아티닌, 요소질소, 베타 2 마이크로글로불린 ③ 신경계: 근전도검사, 신경전도검사, 신경행동검사, 임상심리검사, 신경학적 검사 (2) 생물학적 노출지표 검사 ① 혈중 징크프로토포피린 ② 소변 중 델타아미노레뷸린산 ③ 소변 중 납
카드뮴	(1) 직업력 및 노출력 조사 (2) 주요 표적기관과 관련된 병력조사 (3) 임상검사 및 진찰 ① 비뇨기계: 요검사 10종, 혈압 측정, 전립선 증상 문진 ② 호흡기계: 청진, 흉부방사선(후전면), 폐활량검사 (4) **생물학적 노출지표 검사: 혈중 카드뮴**	(1) 임상검사 및 진찰 ① 비뇨기계: 단백뇨정량, 혈청 크레아티닌, 요소질소, 전립선특이항원(남), 베타 2 마이크로글로불린 ② 호흡기계: 흉부방사선(측면), 흉부 전산화 단층촬영, 객담세포검사 (2) **생물학적 노출지표 검사 : 소변 중 카드뮴**

일산화탄소	(1) 직업력 및 노출력 조사 (2) 주요 표적기관과 관련된 병력조사 (3) 임상검사 및 진찰 ① 심혈관계: 흉부방사선 검사, 심전도검사, 총콜레스테롤, HDL콜레스테롤, 트리글리세라이드 ② 신경계: 신경계 증상 문진, 신경증상에 유의하여 진찰 (4) 생물학적 노출지표 검사 : 혈중 카복시헤모글로빈(작업 종료 후 10 ~ 15분 이내에 채취) 또는 호기 중 일산화탄소 농도(작업 종료 후 10 ~ 15분 이내, 마지막 호기 채취)	임상검사 및 진찰 신경계: 신경행동검사, 임상심리검사, 신경학적 검사
인듐	(1) 직업력 및 노출력 조사 (2) 주요 표적기관과 관련된 병력조사 (3) 임상검사 및 진찰 호흡기계: 청진, 흉부방사선(후전면, 측면), (4) 생물학적 노출 지표검사: 혈청 중 인듐	임상검사 및 진찰 호흡기계; 폐활량검사, 흉부 고해성도 전산화 단층촬영
수은	(1) 직업력 및 노출력 조사 (2) 주요 표적기관과 관련된 병력조사 (3) 임상검사 및 진찰 ① 비뇨기계: 요검사 10종, 혈압 측정 ② 신경계: 신경계 증상 문진, 신경증상에 유의하여 진찰 ③ 눈, 피부, 비강, 인두: 점막자극증상 문진 (4) 생물학적 노출지표 검사 : 소변 중 수은	(1) 임상검사 및 진찰 ① 비뇨기계: 단백뇨정량, 혈청 크레아티닌, 요소질소, 베타 2 마이크로글로불린 ② 신경계: 신경행동검사, 임상심리검사, 신경학적 검사 ③ 눈, 피부, 비강, 인두: 세극등현미경검사, KOH검사, 피부단자시험, 비강 및 인두 검사 (2) 생물학적 노출지표 검사: 혈중 수은
크실렌	(1) 직업력 및 노출력 조사 (2) 주요 표적기관과 관련된 병력조사 (3) 임상검사 및 진찰 ① 간담도계: AST(SGOT), ALT(SGPT), γ -GTP ② 신경계: 신경계 증상 문진, 신경증상에 유의하여 진찰 ③ 눈, 피부, 비강, 인두: 점막자극증상 문진 (4) 생물학적 노출지표 검사 : 소변 중 메틸마뇨산(작업 종료 시 채취)	임상검사 및 진찰 ① 간담도계: AST(SGOT), ALT(SGPT), γ -GTP, 총단백, 알부민, 총빌리루빈, 직접빌리루빈, 알칼리포스파타아제, 알파피토단백, B형간염 표면항원, B형간염 표면항체, C형간염 항체, A형간염 항체, 초음파 검사 ② 신경계: 신경행동검사, 임상심리검사, 신경학적 검사 ③ 눈, 피부, 비강, 인두: 세극등현미경

		검사, KOH검사, 피부단자시험, 비강 및 인두 검사
벤젠	(1) 직업력 및 노출력 조사 (2) 주요 표적기관과 관련된 병력조사 (3) 임상검사 및 진찰 ① 조혈기계: 혈색소량, 혈구용적치, 적혈구 수, 백혈구 수, 혈소판 수, 백혈구 백분율 ② 신경계: 신경계 증상 문진, 신경증상에 유의하여 진찰 ③ 눈, 피부, 비강, 인두: 점막자극증상 문진	(1) 임상검사 및 진찰 ① 조혈기계: 혈액도말검사, 망상적혈구 수 ② 신경계: 신경행동검사, 임상심리검사, 신경학적 검사 ③ 눈, 피부, 비강, 인두: 세극등현미경검사, KOH검사, 피부단자시험, 비강 및 인두 검사 (2) 생물학적 노출지표 검사 : 혈중 벤젠·소변 중 페놀·소변 중 뮤콘산 중 택 1(작업 종료 시 채취)

■ **산업안전보건법 시행규칙 [별표 23]**

특수건강진단의 시기 및 주기(제202조제1항 관련)

구분	대상 유해인자	시기 (배치 후 첫 번째 특수 건강진단)	주기
1	N,N-디메틸아세트아미드 디메틸포름아미드	1개월 이내	6개월
2	벤젠	2개월 이내	6개월
3	1,1,2,2-테트라클로로에탄 사염화탄소 아크릴로니트릴 염화비닐	3개월 이내	6개월
4	석면, 면 분진	12개월 이내	12개월
5	광물성 분진 목재 분진 소음 및 충격소음	12개월 이내	24개월
6	제1호부터 제5호까지의 대상 유해인자를 제외한 별표22의 모든 대상 유해인자	6개월 이내	12개월

정답 ③

구분	1차 검사항목	2차 검사항목
납	(1) 직업력 및 노출력 조사 (2) 주요 표적기관과 관련된 병력조사 (3) 임상검사 및 진찰 ① 조혈기계: 혈색소량, 혈구용적치, 적혈구 수, 백혈구 수, 혈소판 수, 백혈구 백분율 ② 비뇨기계: 요검사 10종, 혈압측정 ③ 신경계 및 위장관계: 관련 증상 문진, 진찰 (4) 생물학적 노출지표 검사: 혈중 납	(1) 임상검사 및 진찰 ① 조혈기계: 혈액도말검사, 철, 총철결합능력, 혈청페리틴 ② 비뇨기계 : 단백뇨정량, 혈청 크레아티닌, 요소질소, 베타 2 마이크로글로불린 ③ 신경계: 근전도검사, 신경전도검사, 신경행동검사, 임상심리검사, 신경학적 검사 (2) 생물학적 노출지표 검사 ① 혈중 징크프로토포피린 ② 소변 중 델타아미노레뷸린산 ③ 소변 중 납
카드뮴	(1) 직업력 및 노출력 조사 (2) 주요 표적기관과 관련된 병력조사 (3) 임상검사 및 진찰 ① 비뇨기계: 요검사 10종, 혈압 측정, 전립선 증상 문진 ② 호흡기계: 청진, 흉부방사선(후전면), 폐활량검사 (4) **생물학적 노출지표 검사: 혈중 카드뮴**	(1) 임상검사 및 진찰 ① 비뇨기계: 단백뇨정량, 혈청 크레아티닌, 요소질소, 전립선특이항원(남), 베타 2 마이크로글로불린 ② 호흡기계: 흉부방사선(측면), 흉부 전산화 단층촬영, 객담세포검사 (2) **생물학적 노출지표 검사 : 소변 중 카드뮴**
일산화탄소	(1) 직업력 및 노출력 조사 (2) 주요 표적기관과 관련된 병력조사 (3) 임상검사 및 진찰 ① 심혈관계: 흉부방사선 검사, 심전도검사, 총콜레스테롤, HDL콜레스테롤, 트리글리세라이드 ② 신경계: 신경계 증상 문진, 신경증상에 유의하여 진찰	(1) 임상검사 및 진찰 신경계: 신경행동검사, 임상심리검사, 신경학적 검사 (2) 생물학적 노출지표 검사 : 혈중 카복시헤모글로빈(작업 종료 후 10 ~ 15분 이내에 채취) 또는 호기 중 일산화탄소 농도(작업 종료 후 10 ~ 15분 이내, 마지막 호기 채취)
인듐	(1) 직업력 및 노출력 조사 (2) 주요 표적기관과 관련된 병력조사 (3) 임상검사 및 진찰 호흡기계: 청진, 흉부방사선(후전면, 측면), (4) 생물학적 노출 지표검사: 혈청 중 인듐	임상검사 및 진찰 호흡기계; 폐활량검사, 흉부 고해성도 전산화 단층활영
수은	(1) 직업력 및 노출력 조사 (2) 주요 표적기관과 관련된 병력조사 (3) 임상검사 및 진찰 ① 비뇨기계: 요검사 10종, 혈압 측정 ② 신경계: 신경계 증상 문진, 신경증상에	(1) 임상검사 및 진찰 ① 비뇨기계: 단백뇨정량, 혈청 크레아티닌, 요소질소, 베타 2 마이크로글로불린 ② 신경계: 신경행동검사, 임상심리검사,

	유의하여 진찰 ③ 눈, 피부, 비강, 인두: 점막자극증상 문진 (4) 생물학적 노출지표 검사 : 소변 중 수은	신경학적 검사 ③ 눈, 피부, 비강, 인두: 세극등현미경 검사, KOH검사, 피부단자시험, 비강 및 인두 검사 (2) 생물학적 노출지표 검사: 혈중 수은
크실렌	(1) 직업력 및 노출력 조사 (2) 주요 표적기관과 관련된 병력조사 (3) 임상검사 및 진찰 ① 간담도계: AST(SGOT), ALT (SGPT), γ -GTP ② 신경계: 신경계 증상 문진, 신경증상에 유의하여 진찰 ③ 눈, 피부, 비강, 인두: 점막자극증상 문진 (4) 생물학적 노출지표 검사 : 소변 중 메틸마뇨산(작업 종료 시 채취)	임상검사 및 진찰 ① 간담도계: AST(SGOT), ALT (SGPT), γ -GTP, 총단백, 알부민, 총빌리루빈, 직접빌리루빈, 알칼리포스파타아제, 알파피토단백, B형간염 표면항원, B형간염 표면항체, C형간염 항체, A형간염 항체, 초음파 검사 ② 신경계: 신경행동검사, 임상심리검사, 신경학적 검사 ③ 눈, 피부, 비강, 인두: 세극등현미경 검사, KOH검사, 피부단자시험, 비강 및 인두 검사
벤젠	(1) 직업력 및 노출력 조사 (2) 주요 표적기관과 관련된 병력조사 (3) 임상검사 및 진찰 ① 조혈기계: 혈색소량, 혈구용적치, 적혈구 수, 백혈구 수, 혈소판 수, 백혈구 백분율 ② 신경계: 신경계 증상 문진, 신경증상에 유의하여 진찰 ③ 눈, 피부, 비강, 인두: 점막자극증상 문진	(1) 임상검사 및 진찰 ① 조혈기계: 혈액도말검사, 망상적혈구 수 ② 신경계: 신경행동검사, 임상심리검사, 신경학적 검사 ③ 눈, 피부, 비강, 인두: 세극등현미경 검사, KOH검사, 피부단자시험, 비강 및 인두 검사 (2) 생물학적 노출지표 검사 : 혈중 벤젠 · 소변 중 페놀 · 소변 중 뮤콘산 중 택 1(작업 종료 시 채취)

10 근로자 건강진단 실시기준에서 유해요인과 인체에 미치는 영향으로 옳지 않은 것은? [2023년 기출]

① 니켈 – 폐암, 비강암, 눈의 자극증상
② 오산화바나듐 – 천식, 폐부종, 피부습진
③ 베릴륨 – 기침, 호흡곤란, 폐의 육아종 형성
④ 카드뮴 – 만성 폐쇄성 호흡기 질환 및 폐기종
⑤ 망간 – 접촉성 피부염, 비중격 점막의 괴사

해설

만성 비소중독으로 점막장해, 비염, 인후염, 기관지염 등의 점막염이 일어나고 특히 장기폭로로 인해 비중격 천공이 생긴다.

금속	증상(영향)
수은(Hg)	식욕부진, 두통, 전신권태, 경미한 몸 떨림, 불안, 호흡곤란, 입술부위의 창백, 메스꺼움, 설사, 정신장애 증세, 기억상실, 우울증세를 나타낼 수 있다.
연(납, Pb)	4알킬연은 무기연화합물보다 독성이 강하며 호흡기로 흡수되어 주로 중추신경계통에 작용하고 간과 골수, 신장, 뇌 등에 장해를 준다. 급성증상으로는 중추신경계의 증상이 강하게 나타나는데 노출 수 일 후에는 불안, 흥분, 근육연축, 망상, 환상이 일어나고 혈압저하, 체질저하, 맥박수가 감소한다.
카드뮴(Cd)	만성 폐쇄성 호흡기 질환 및 폐기종
망간(Mn)	수면방해, 행동이상, 신경증상, 발음부정확 등
오산화바나듐(V2O5)	눈물이 나오며, 비염, 인두염, 기관지염, 천식, 흉통, 폐렴, 폐부종, 피부습진 등. * 오산화바나듐은 황산 제조의 촉매로 사용한다.
니켈(Ni)	눈의 자극증상, 발한, 메스꺼움, 어지러움, 경련, 정신착란, 폐암, 비강암 등
비소(As)	접촉성 피부염, 비중격 점막의 괴사, 다발성 신경염 등

정답 ⑤

11 작업환경측정 대상 유해인자에는 해당하지만 특수건강진단 대상 유해인자가 아닌 것은? [2023년 기출]

① 디에틸아민
② 디에틸에테르
③ 무수프탈산
④ 브롬화메틸
⑤ 피리딘

해설

산업안전보건법 시행규칙[별표22]에는 특수건강진단 대상 유해인자 중 유기화합물 109종이 있으며, [별표21]에는 작업환경측정 대상 유해인자 중 유기화합물 114종이 있다.

특수건강진단 대상 유해인자에만 해당	작업환경측정 대상 유해인자에만 해당
가솔린 **β -나프틸아민** 마젠타 벤지딘 및 그 염 비스(클로로메닐) 에테르 아우라민 콜타르 클로로메틸 메틸 에테르 테레빈유 β -프로피오락토 o-프탈로니트릴	디에틸아민 1,1-디클로로-1-플루오르에탄 메틸아민 메틸 아세테이트 n-부틸아세테이트 비리 아세테이트 알릴 글리시딜 에테르 에틸 아세테이트 에밀아민 이소프로필 아세테이트 트리에틸아민 푸로필렌이민 n-프로필 아세테이트

정답 ①

테마113. 작업환경측정 및 정도관리 등에 관한 고시

제1조(목적) 이 고시는 「산업안전보건법」 제107조, 제125조, 제126조, 제128조, 같은 법 시행령 제84조, 제95조부터 제96조까지 및 같은 법 시행규칙 제145조부터 제146조까지, 제186조부터 제190조까지, 제192조부터 193조까지에 따른 작업환경측정의 방법 및 결과의 보고, 작업환경측정기관 및 작업환경전문연구기관의 지정 및 관리, 정도관리 대상 및 방법 등에 관하여 필요한 사항을 규정함을 목적으로 한다.

제2조(정의) ① 이 고시에서 사용하는 용어의 뜻은 다음 각호와 같다.

1. "액체채취방법"이란 시료공기를 액체 중에 통과시키거나 액체의 표면과 접촉시켜 용해·반응·흡수·충돌 등을 일으키게 하여 해당 액체에 작업환경측정(이하 "측정"이라 한다)을 하려는 물질을 채취하는 방법을 말한다.
2. "고체채취방법"이란 시료공기를 고체의 입자층을 통해 흡입, 흡착하여 해당 고체입자에 측정하려는 물질을 채취하는 방법을 말한다.
3. "직접채취방법"이란 시료공기를 흡수, 흡착 등의 과정을 거치지 아니하고 직접채취대 또는 진공채취병 등의 채취용기에 물질을 채취하는 방법을 말한다.
4. "냉각응축채취방법"이란 시료공기를 냉각된 관 등에 접촉 응축시켜 측정하려는 물질을 채취하는 방법을 말한다.
5. "여과채취방법"이란 시료공기를 여과재를 통하여 흡인함으로써 해당 여과재에 측정하려는 물질을 채취하는 방법을 말한다.
6. "개인 시료채취"란 개인시료채취기를 이용하여 가스·증기·분진·흄(fume)·미스트(mist) 등을 근로자의 호흡위치(호흡기를 중심으로 반경 30㎝인 반구)에서 채취하는 것을 말한다.
7. "지역 시료채취"란 시료채취기를 이용하여 가스·증기·분진·흄(fume)·미스트(mist) 등을 근로자의 작업행동 범위에서 호흡기 높이에 고정하여 채취하는 것을 말한다.
8. "노출기준"이란 「산업안전보건법」(이하 "법"이라 한다) 제106조에서 정한 작업환경평가기준을 말한다.
9. "최고노출근로자"란 「산업안전보건법 시행규칙」(이하 "규칙"이라 한다) 별표 21에 따른 작업환경측정대상 유해인자의 발생 및 취급원에서 가장 가까운 위치의 근로자이거나 규칙 별표 21에 따른 작업환경측정대상 유해인자에 가장 많이 노출될 것으로 간주되는 근로자를 말한다.
10. "단위작업 장소"란 규칙 제186조제1항에 따라 작업환경측정대상이 되는 작업장 또는 공정에서 정상적인 작업을 수행하는 동일 노출집단의 근로자가 작업을 하는 장소를 말한다.
11. "호흡성분진"이란 호흡기를 통하여 폐포에 축적될 수 있는 크기의 분진을 말한다.
12. "흡입성분진"이란 호흡기의 어느 부위에 침착하더라도 독성을 일으키는 분진을 말한다.
13. "입자상 물질"이란 화학적인자가 공기중으로 분진·흄(fume)·미스트(mist) 등의 형태로 발생되는 물질을 말한다.
14. "가스상 물질"이란 화학적인자가 공기중으로 가스·증기의 형태로 발생되는 물질을 말한다.
15. "정도관리"란 법 제126조제2항에 따라 작업환경측정·분석 결과에 대한 정확성과 정밀도를 확보하기 위하여 작업환경측정기관의 측정·분석능력을 확인하고, 그 결과에 따라 지도·교육 등 측정·분석능력 향상을 위하여 행하는 모든 관리적 수단을 말한다.
16. "정확도"란 분석치가 참값에 얼마나 접근하였는가 하는 수치상의 표현을 말한다.
17. "정밀도"란 일정한 물질에 대해 반복측정 · 분석을 했을 때 나타나는 자료 분석치의 변동크기가 얼마나 작은가 하는 수치상의 표현을 말한다.

② 그 밖의 이 고시에서 사용하는 용어의 뜻은 이 고시에 특별한 규정이 없으면 법, 「산업안전보건법 시행령」(이하 "영"이라 한다), 규칙, 「산업안전보건기준에 관한 규칙」(이하 "안전보건규칙"이라 한다) 및 관련 고시가 정하는 바에 따른다.

제4조(측정실시 시기 및 기간) ① 〈삭제〉

② 규칙 제190조에 따른 측정 시기는 전회(前回)측정을 완료한 날부터 다음 각호에서 정하는 간격을 두어야 한다.

1. 규칙 제190조제1항에 따라 측정 주기가 반기(半期)에 1회 이상인 경우 3개월 이상
2. 규칙 제190조제1항 단서에 따라 측정 횟수가 3개월에 1회 이상인 경우 45일 이상
3. 규칙 제190조제2항에 따라 측정 주기가 연(年) 1회 이상인 경우 6개월 이상

③ 규칙 제192조제1호에 따른 사업장 위탁측정기관(이하 "사업장 위탁측정기관"이라 한다)이 측정을 실시할 경우에 사업주는 측정실시 소요기간에 대하여 예비조사 결과에 따라 사업장 위탁측정기관과 협의·결정하여야 한다.

제4조의2(측정대상의 제외) 규칙 제186조 제1항 제4호의 "작업환경측정 대상 유해인자의 노출수준이 노출기준에 비하여 현저히 낮은 경우로서 고용노동부장관이 정하여 고시하는 작업장"이란 「석유 및 석유대체연료 사업법 시행령」 제2조제3호에 따른 주유소를 말한다. 다만, 다음 각 호의 어느 하나에 해당하는 경우에는 1개월 이내에 측정을 실시하여야 한다.

1. 근로자 건강진단 실시결과 직업병유소견자 또는 직업성질병자가 발생한 경우
2. 근로자대표가 요구하는 경우로서 산업위생전문가가 필요하다고 판단한 경우
3. 그 밖에 지방고용노동관서장이 필요하다고 인정하여 명령한 경우

시행규칙 제186조(작업환경측정 대상 작업장 등) ① 법 제125조제1항에서 "고용노동부령으로 정하는 작업장"이란 별표 21의 작업환경측정 대상 유해인자에 노출되는 근로자가 있는 작업장을 말한다. 다만, 다음 각 호의 어느 하나에 해당하는 경우에는 작업환경측정을 하지 않을 수 있다.

1. 안전보건규칙 제420조제1호에 따른 관리대상 유해물질의 허용소비량을 초과하지 않는 작업장(그 관리대상 유해물질에 관한 작업환경측정만 해당한다)
2. 안전보건규칙 제420조제8호에 따른 임시 작업 및 같은 조 제9호에 따른 단시간 작업을 하는 작업장(고용노동부장관이 정하여 고시하는 물질을 취급하는 작업을 하는 경우는 제외한다)
3. 안전보건규칙 제605조제2호에 따른 분진작업의 적용 제외 작업장(분진에 관한 작업환경측정만 해당한다)
4. 그 밖에 작업환경측정 대상 유해인자의 노출 수준이 노출기준에 비하여 현저히 낮은 경우로서 고용노동부장관이 정하여 고시하는 작업장

② 안전보건진단기관이 안전보건진단을 실시하는 경우에 제1항에 따른 작업장의 유해인자 전체에 대하여 고용노동부장관이 정하는 방법에 따라 작업환경을 측정하였을 때에는 사업주는 법 제125조에 따라 해당 측정주기에 실시해야 할 해당 작업장의 작업환경측정을 하지 않을 수 있다.

제5조(임시작업, 단시간작업의 적용제외 등) 규칙 제186조제1항제2호, 제190조제1항 각호 및 제2항 단서, 제241조 제1항 단서에서 고용노동부장관이 정하여 고시하는 물질이란 다음 각호의 어느 하나를 말한다.

1. 영 제88조에 따른 허가대상유해물질
2. 안전보건규칙 별표 12에 따른 특별관리물질

제6조 〈삭제〉

제6조의2 〈삭제〉 (제43조로 이동)

제7조(사업장 위탁측정기관의 수 · 담당지역 등) ① 규칙 제193조제4항에 따라 지방고용노동관서의 장이 지정할 수 있는 사업장 위탁측정기관의 수는 2개 이상을 원칙으로 하며, 사업장 위탁측정기관의 담당지역은 관내의 측정대상사업장수, 업종 등을 고려하여 정할 수 있다. 제2항에 따른 추가지정의 경우에도 또한 같다.

② 제1항에 따라 이미 지정 받은 사업장 위탁측정기관이 다른 지방고용노동관서에서 추가지정을 받으려면 규칙 별지 제6호서식의 작업환경측정기관 지정신청서의 소재지 기재란 여백에 추가지정을 받으려는 지방고용노동관

서 관내에서 측정하려는 사업장 수(이하 "측정대상사업장수"라 한다.)를 기재하여 신청하여야 한다. 다만, 다른 지방고용노동관서의 추가지정은 최초 지정한 지방고용노동관서를 포함하여 4개 지방고용노동관서를 초과하지 못한다.

③ 제2항에 따라 지방고용노동관서의 장이 추가지정을 할 경우에는 그 사업장 위탁측정기관을 최초로 지정한 지방고용노동관서에 지정사항을 확인하고, 측정대상사업장수 및 측정한계 등을 확인하여야 한다.

④ 지방고용노동관서의 장은 사업장 위탁측정기관을 지정(변경, 취소, 반납 등을 포함한다)한 경우 관련 내용을 고용노동부 전산시스템에 입력하고 지속적으로 관리하여야 한다.

제8조 〈삭제〉

제8조의2 〈삭제〉

제9조(측정지역에 대한 특례) ① 지방고용노동관서의 장은 제7조제1항에도 불구하고 다음 각호의 어느 하나에 해당하는 경우에는 지정지역에 관계없이 측정을 실시하도록 할 수 있다.

1. 유해인자별·업종별 작업환경전문연구기관이 해당 사업장을 측정하는 경우(지정받은 유해인자나 업종에 대하여 측정하는 경우에 한한다)
2. 〈삭제〉
3. 사업장 위탁측정기관의 지정취소·업무정지 등의 사유로 관내의 사업장 위탁측정기관만으로는 관내 사업장에 대한 원활한 작업환경측정 실시가 어렵다고 판단한 지방고용노동관서장의 요청이 있는 경우로서 사업장 위탁측정기관으로 최초로 지정한 지방고용노동관서의 장이 이를 승인한 경우
4. 사업주가 노·사 합의로 관내 사업장 위탁측정기관 이외의 측정기관에서 측정을 받으려고 관할 지방고용노동관서의 장에게 신고한 경우
5. 〈삭제〉

② 제1항제3호·제4호에 따라 관할지역 외에서 측정을 하는 경우 해당 사업장 위탁측정기관을 최초로 지정한 지방고용노동관서의 장은 지정지역의 측정대상 사업장에 대한 측정에 지장이 없도록 지도·감독하여야 한다.

제10조(사업장 자체측정기관의 관리) ① 지방고용노동관서의 장이 사업장 자체측정기관을 지정한 경우에는 지정한 날부터 10일 이내에 지정내용을 사업장 자체측정기관의 측정대상 사업장을 관할하는 지방고용노동관서의 장에게 통보하여야 한다.

② 지방고용노동관서의 장은 사업장 자체측정기관이 측정하는 사업장이 작업공정변경 등에 따라 유해인자가 추가 또는 변경되는 때에는 그에 따른 시설·장비요건의 보완을 명하는 등 지도·감독하여야 한다.

③ 제2항의 명령에 응하지 아니한 사업장 자체측정기관은 추가 또는 변경된 유해인자에 대한 측정을 실시할 수 없다.

제11조(행정처분 내용의 통보) 지방고용노동관서의 장이 사업장 위탁측정기관에 대하여 행정처분을 행한 경우 그 처분내용을 해당 사업장 위탁측정기관을 지정한 다른 지방고용노동관서의 장에게도 통보하여 적절한 조치를 취할 수 있도록 하여야 한다.

제12조(행정처분 등 결과보고) 지방고용노동관서의 장은 작업환경측정기관의 지정 등과 관련하여 다음 각호의 어느 하나에 해당하는 경우, 그 사유가 발생한 날부터 10일 이내에 그 사유 및 처리결과를 고용노동부장관에게 보고하여야 한다.

1. 작업환경측정기관을 지정한 경우
2. 작업환경측정기관에 대하여 지정취소 또는 업무정지 등 행정처분을 행한 경우
3. 작업환경측정기관이 휴업 또는 폐업한 경우
4. 작업환경측정기관의 기관명, 소재지, 대표자 또는 측정한계 등 지정사항의 변경이 있는 경우

제13조(작업환경측정기관 점검) ① 작업환경측정기관을 최초로 지정한 지방고용노동관서의 장은 작업환경측정기관에

대하여 영 별표 29에 따른 인력, 시설 및 장비기준 등 지정요건과 작업환경측정 업무실태를 매년 1월 중에 정기적으로 점검하여야 한다. 다만, 작업환경측정기관이 다른 지방고용노동관서의 관할지역에 소재 하는 경우에는 그 소재지 관할 지방고용노동관서의 장에게 점검을 의뢰할 수 있다.

② 지방고용노동관서의 장은 다음 각호의 어느 하나에 해당하는 경우 제1항의 정기점검 외에 해당 작업환경측정기관에 대하여 수시점검을 실시할 수 있다.

1. 부실측정과 관련한 민원이 발생한 경우
2. 법 제127조에 따른 작업환경측정 신뢰성평가 결과 작업환경측정기관의 업무수행에 중대한 문제가 있다고 인정하는 경우
3. 그 밖에 지방고용노동관서의 장이 필요하다고 인정하는 경우

③ 지방고용노동관서의 장은 법 제126조제3항에 따른 평가 결과, 평가등급이 우수한 작업환경측정기관에 대하여 제1항에 따른 정기점검을 면제할 수 있다.

제14조(유해인자별 · 업종별 작업환경 전문연구기관의 지정신청 및 지정 등) ① 고용노동부장관은 법 제128조에 따른 작업환경 전문연구기관(이하 "전문연구기관"이라 한다)을 다음 각호의 구분에 따라 지정할 수 있다.

1. 유해인자별 전문연구기관 : 규칙 별표 21의 작업환경측정 대상 유해인자 또는 그 밖의 새로운 유해인자에 대한 전문연구 수행
2. 업종별 전문연구기관 : 복합적이고 다양한 유해인자가 발생하는 업종이나 특수한 작업환경을 가진 업종에 대한 전문연구 수행

② 고용노동부장관은 제1항에 따른 전문연구기관을 지정하고자 하는 경우 매년 12월말까지 홈페이지 등을 통해 이를 공고하여야 한다. 이 경우 고용노동부장관은 전문연구가 필요한 특정 유해인자나 업종을 정하여 공고할 수 있다.

③ 제1항에 따라 전문연구기관으로 지정받고자 하는 기관은 별지1호서식의 신청서에 작업환경측정기관 지정서, 사업계획서 등을 첨부하여 매년 2월말까지 고용노동부장관에게 제출하여야 한다.

④ 고용노동부장관은 매년 3월말까지 전문연구기관 신청서 등을 심사하여 지정여부를 결정하고 그 결과를 해당 기관에 통보하여야 한다. 이 때 고용노동부장관은 사업계획의 타당성과 연구결과의 활용가능성, 신청기관의 전문성 등을 심사하기 위해 한국산업안전보건공단(이하 "공단"이라 한다) 및 한국산업보건학회 소속의 전문가를 참여시킬 수 있다.

제14조의2(전문연구기관의 실적보고 등) ① 제14조제3항에 따라 전문연구기관으로 지정받은 기관은 지정받은 후 3년째 되는 해의 12월말까지 연구활동 실적을 고용노동부장관에게 제출하여야 한다.

② 고용노동부장관은 제1항에 따라 제출받은 연구활동 실적 등을 평가하여 재지정 여부를 결정하고 그 결과를 해당 기관에 통보하여야 한다. 이 경우 고용노동부장관은 객관적이고 공정한 평가를 위하여 공단 및 한국산업보건학회 소속의 전문가를 참여시킬 수 있다.

③ 제1항에도 불구하고 고용노동부장관이 필요하다고 인정하는 때에 전문연구기관으로부터 연구활동 실적을 제출받아 제2항에 따른 평가를 할 수 있다.

제15조(전문연구기관에 대한 우대지원) ① 고용노동부장관은 제14조제2항 또는 제14조의2제2항에 따라 전문연구기관을 지정 또는 재지정한 경우 이를 고용노동부 및 공단 홈페이지에 공표하는 등 적극적으로 알려야 한다.

② 고용노동부장관은 전문연구기관에 연구비 지원·홍보·설비자금 보조 또는 융자 알선 등 필요한 지원을 할 수 있다.

제16조 〈삭제〉

제17조(예비조사 및 측정계획서의 작성) ① 규칙 제189조제1항제1호에 따라 예비조사를 하는 경우에는 다음 각 호의 내용이 포함된 측정계획서를 작성하여야 한다.

1. 원재료의 투입과정부터 최종 제품생산 공정까지의 주요공정 도식
2. 해당 공정별 작업내용 및 화학물질 사용실태, 그 밖에 작업방법·운전조건 등을 고려한 유해인자 노출 가능성
3. 측정대상공정, 측정대상 유해인자 및 발생주기, 측정 대상 공정의 종사근로자 현황
4. 유해인자별 측정방법 및 측정 소요기간 등 작업환경측정에 필요한 사항

② 측정기관이 전회에 측정을 실시한 사업장으로서 공정 및 취급인자 변동이 없는 경우에는 서류상의 예비조사를 할 수 있다.

제18조(노출기준의 종류별 측정시간) ① 「화학물질 및 물리적 인자의 노출기준(고용노동부 고시, 이하 '노출기준 고시'라 한다)」에 시간가중평균기준(TWA)이 설정되어 있는 대상물질을 측정하는 경우에는 1일 작업시간동안 6시간 이상 연속 측정하거나 작업시간을 등간격으로 나누어 6시간 이상 연속분리하여 측정하여야 한다. 다만, 다음 각 호의 어느 하나에 해당하는 경우에는 대상물질의 발생시간 동안 측정 할 수 있다.

1. 대상물질의 발생시간이 6시간 이하인 경우
2. 불규칙작업으로 6시간 이하의 작업을 하는 경우
3. 발생원에서 발생시간이 간헐적인 경우

② 노출기준 고시에 단시간 노출기준(STEL)이 설정되어 있는 물질로서 노출이 균일하지 않은 작업특성으로 인하여 단시간 노출평가가 필요하다고 자격자(규칙 제187조에 따른 작업환경측정자의 자격을 가진 자를 말한다.) 또는 작업환경측정기관이 판단하는 경우에는 제1항의 측정에 추가하여 단시간 측정을 할 수 있다. 이 경우 1회에 15분간 측정하되 유해인자 노출특성을 고려하여 측정횟수를 정할 수 있다.

③ 노출기준 고시에 최고노출기준(Ceiling, C)이 설정되어 있는 대상물질을 측정하는 경우에는 최고노출 수준을 평가할 수 있는 최소한의 시간동안 측정하여야 한다. 다만 시간가중평균기준(TWA)이 함께 설정되어 있는 경우에는 제1항에 따른 측정을 병행하여야 한다.

제19조(시료채취 근로자수) ① 단위작업 장소에서 최고 노출근로자 2명 이상에 대하여 동시에 개인 시료채취 방법으로 측정하되, 단위작업 장소에 근로자가 1명인 경우에는 그러하지 아니하며, 동일 작업근로자수가 10명을 초과하는 경우에는 매 5명당 1명 이상 추가하여 측정하여야 한다. 다만, 동일 작업근로자수가 100명을 초과하는 경우에는 최대 시료채취 근로자수를 20명으로 조정할 수 있다.

② 지역 시료채취 방법으로 측정을 하는 경우 단위작업장소 내에서 2개 이상의 지점에 대하여 동시에 측정하여야 한다. 다만, 단위작업 장소의 넓이가 50평방미터 이상인 경우에는 매 30평방미터마다 1개 지점 이상을 추가로 측정하여야 한다.

제20조(단위) ① 화학적 인자의 가스, 증기, 분진, 흄(fume), 미스트(mist) 등의 농도는 피피엠(ppm) 또는 세제곱미터 당 밀리그램(㎎/㎥)으로 표시한다. 다만, 석면의 농도 표시는 세제곱센티미터 당 섬유개수(개/㎤)로 표시한다.

② 피피엠(ppm)과 세제곱미터 당 밀리그램(㎎/㎥)간의 상호 농도변환은 다음 계산식 1과 같다.

(계산식1)

$$노출기준(mg/m^3) = \frac{노출기준(ppm) \times 그램분자량}{24.45(25℃, 1기압)}$$

③ 〈삭제〉

④ 소음수준의 측정단위는 데시벨[dB(A)]로 표시한다.

⑤ 고열(복사열 포함)의 측정단위는 습구·흑구 온도지수(WBGT)를 구하여 섭씨온도(℃)로 표시한다.

제21조(측정 및 분석방법) 규칙 별표 21의 작업환경측정 대상 유해인자 중 입자상 물질은 다음 각 호의 방법으로 측정한다.

1. 석면의 농도는 여과채취방법으로 측정하고 계수방법 또는 이와 동등 이상의 분석방법으로 분석할 것

2. 광물성분진은 여과채취방법으로 측정하고 석영, 크리스토바라이트, 트리디마이트를 분석할 수 있는 적합한 방법으로 분석할 것(다만 규산염과 그 밖의 광물성분진은 중량분석방법으로 분석한다.)
3. 용접흄은 여과채취방법으로 측정하되 용접보안면을 착용한 경우에는 그 내부에서 시료를 채취하고 중량분석방법과 원자흡광광도계 또는 유도결합프라스마를 이용한 방법으로 분석할 것
4. 석면, 광물성분진 및 용접흄을 제외한 입자상 물질은 여과채취방법으로 측정한 후 중량분석방법이나 유해물질 종류에 따른 적합한 방법으로 분석할 것
5. 호흡성분진은 호흡성분진용 분립장치 또는 호흡성분진을 채취할 수 있는 기기를 이용한 여과채취방법으로 측정할 것
6. 흡입성분진은 흡입성분진용 분립장치 또는 흡입성분진을 채취할 수 있는 기기를 이용한 여과채취방법으로 측정할 것

제22조(측정위치) ① 개인 시료채취 방법으로 측정하는 경우에는 측정기기를 작업 근로자의 호흡기 위치에 장착하여야 한다.

② 지역 시료채취 방법으로 측정하는 경우에는 측정기기를 발생원의 근접한 위치 또는 작업근로자의 주 작업행동 범위 내에서 작업근로자 호흡기 높이에 설치하여야 한다.

제22조의2(측정시간 등) 입자상물질을 측정하는 경우 측정시간은 제18조의 규정을 준용한다.

제23조(측정 및 분석방법) 규칙 별표 21의 작업환경측정 대상 유해인자 중 가스상 물질의 경우 개인시료채취기 또는 이와 동등 이상의 특성을 가진 측정기기를 사용하여 제2조 제1항 제1호부터 제5호까지의 채취방법에 따라 시료를 채취한 후 원자흡광분석, 가스크로마토그래프분석 또는 이와 동등 이상의 분석방법으로 정량분석하여야 한다.

제24조(측정위치 및 측정시간 등) 가스상물질의 측정위치, 측정시간 등은 제22조 및 제22조의2의 규정을 준용한다.

제25조(검지관방식의 측정) ① 제23조 및 제24조의 규정에도 불구하고 다음 각 호의 어느 하나에 해당하는 경우에는 검지관방식으로 측정할 수 있다.

1. 예비조사 목적인 경우
2. 검지관방식 외에 다른 측정방법이 없는 경우
3. 발생하는 가스상 물질이 단일물질인 경우. 다만, 자격자가 측정하는 사업장에 한정한다.

② 자격자가 해당 사업장에 대하여 검지관방식으로 측정하는 경우 사업주는 2년에 1회 이상 사업장 위탁측정기관에 의뢰하여 제23조 및 제24조에 따른 방법으로 측정하여야 한다.

③ 검지관방식의 측정결과가 노출기준을 초과하는 것으로 나타난 경우에는 즉시 제23조 및 제24조에 따른 방법으로 재측정하여야 하며, 해당 사업장에 대하여는 측정치가 노출기준 이하로 나타날 때까지는 검지관방식으로 측정할 수 없다.

④ 검지관방식으로 측정하는 경우에는 해당 작업근로자의 호흡기 및 가스상 물질 발생원에 근접한 위치 또는 근로자 작업행동 범위의 주 작업 위치에서의 근로자 호흡기 높이에서 측정하여야 한다.

⑤ 검지관방식으로 측정하는 경우에는 1일 작업시간 동안 1시간 간격으로 6회 이상 측정하되 측정시간마다 2회 이상 반복 측정하여 평균값을 산출하여야 한다. 다만, 가스상 물질의 발생시간이 6시간 이내일 때에는 작업시간 동안 1시간 간격으로 나누어 측정하여야 한다.

제26조(측정방법) 규칙 별표 21에 따른 소음수준의 측정은 다음 각 호에 따른다.

1. 소음측정에 사용되는 기기(이하 "소음계"라 한다)는 누적소음 노출량측정기, 적분형소음계 또는 이와 동등 이상의 성능이 있는 것으로 하되 개인 시료채취 방법이 불가능한 경우에는 지시소음계를 사용할 수 있으며, 발생시간을 고려한 등가소음레벨 방법으로 측정할 것. 다만, 소음발생 간격이 1초 미만을 유지하면서 계속적으로 발생되는 소음(이하 "연속음"이라 한다)을 지시소음계 또는 이와 동등 이상의 성능이 있는 기기로 측정할 경

우에는 그러하지 아니할 수 있다.

2. 소음계의 청감보정회로는 A특성으로 할 것
3. 제1호 단서규정에 따른 소음측정은 다음과 같이 할 것
   가. 소음계 지시침의 동작은 느린(Slow) 상태로 한다.
   나. 소음계의 지시치가 변동하지 않는 경우에는 해당 지시치를 그 측정점에서의 소음수준으로 한다.
4. 누적소음노출량 측정기로 소음을 측정하는 경우에는 Criteria는 90dB, Exchange Rate는 5dB, Threshold는 80dB로 기기를 설정할 것
5. 소음이 1초 이상의 간격을 유지하면서 최대음압수준이 120dB(A)이상의 소음인 경우에는 소음수준에 따른 1분 동안의 발생횟수를 측정할 것

제27조(측정위치) ① 개인 시료채취 방법으로 측정하는 경우에는 소음측정기의 센서 부분을 작업 근로자의 귀 위치(귀를 중심으로 반경 30cm인 반구)에 장착하여야 한다.

② 지역 시료채취 방법으로 측정하는 경우에는 소음측정기를 측정대상이 되는 근로자의 주 작업행동 범위 내에서 작업근로자 귀 높이에 설치하여야 한다.

제28조(측정시간 등) ① 단위작업 장소에서 소음수준은 규정된 측정위치 및 지점에서 1일 작업시간 동안 6시간 이상 연속 측정하거나 작업시간을 1시간 간격으로 나누어 **6회** 이상 측정하여야 한다. 다만, 소음의 발생특성이 연속음으로서 측정치가 변동이 없다고 자격자 또는 지정측정기관이 판단한 경우에는 1시간 동안을 등간격으로 나누어 **3회** 이상 측정할 수 있다.

② 단위작업 장소에서의 소음발생시간이 6시간 이내인 경우나 소음발생원에서의 발생시간이 간헐적인 경우에는 발생시간동안 연속 측정하거나 등간격으로 나누어 **4회** 이상 측정하여야 한다.

제29조 〈삭제〉

제30조(측정기기 등) 고열은 습구흑구온도지수(WBGT)를 측정할 수 있는 기기 또는 이와 동등 이상의 성능을 가진 기기를 사용한다.

제31조(측정방법 등) 고열 측정은 다음 각 호의 방법에 따른다.

1. 측정은 단위작업 장소에서 측정대상이 되는 근로자의 주 작업 위치에서 측정한다.
2. 측정기의 위치는 바닥 면으로부터 50센티미터 이상, 150센티미터 이하의 위치에서 측정한다.
3. 측정기를 설치한 후 충분히 안정화 시킨 상태에서 1일 작업시간 중 가장 높은 고열에 노출되는 1시간을 10분 간격으로 연속하여 측정한다.

01

산업안전보건법령에 따라 단위작업장소에서 동일 작업근로자가 13명을 대상으로 시료를 채취할 때의 최초 시료채취 근로자수는 몇 명인가?

① 1명

② 2명

③ 3명

④ 4명

⑤ 5명

해설

정답 ③

02

산업안전보건법령상 소음의 측정시간에 관련한 내용에서 (   )에 들어갈 수치로 알맞은 것은?

단위작업장소에서의 소음발생시간이 6시간 이내인 경우나 소음발생원에서의 발생시간이 간헐적인 경우에는 발생시간동안 연속 측정하거나 등간격으로 나누어 (   )회 이상 측정하여야 한다.

① 2

② 3

③ 4

④ 5

⑤ 6

해설

정답 ③

03 산업안전보건법령상 작업장에서 오염물질 농도를 측정했을 때 일산화탄소(CO)가 0.01%이었다면 이 때 일산화탄소 농도(mg/㎥)는 약 얼마인가? (단, 25℃, 1기압이다)

① 95

② 105

③ 115

④ 125

⑤ 135

해설

$1\%=\frac{1}{100}$

$1ppm=\frac{1}{1,000,000}$

따라서 $1\% \times \frac{1}{10,000}$=ppm이다. 결국 1%=10,000ppm이다.

0.01%=0.01×1%=100ppm

참고로 분자량을 알아보면 C=12, H=1, O=16을 알아야 한다. 이것을 공식에 대입한다.

$$\text{노출기준}(mg/m^3)=\frac{\text{노출기준}(ppm)\times \text{그램 분자량}}{24.45(25℃,\ 1\text{기압})}$$

정답 ③

04 누적소음노출량 측정기로 소음을 측정하는 경우, 기기 설정으로 적절한 것은? (단, 고용노동부 고시를 기준으로 한다)

① Criteria=80dB, Exchange Rate=5dB, Threshold=90dB

② Criteria=80dB, Exchange Rate=10dB, Threshold=90dB

③ Criteria=90dB, Exchange Rate=5dB, Threshold=80dB

④ Criteria=90dB, Exchange Rate=5dB, Threshold=85dB

⑤ Criteria=90dB, Exchange Rate=10dB, Threshold=80dB

해설

정답 ③

05 자유공간에 위치한 점음원의 음향파워레벨(PWL)이 110dB 일 때, 이 점음원으로부터 100m 떨어진 곳의 음압레벨(SPL)은?

① 49

② 59

③ 69

④ 79

⑤ 89

해설

음압레벨(SPL)=음향파워레벨(PWL)−10log(4π r2)
=음향파워레벨(PWL)−20logr−11
=110−(20×log100)−11

〈참고〉

r은 음원으로부터의 거리이다.

선음원일 경우 음압레벨(SPL)=음향파워레벨(PWL)−10logr−8

정답 ②

06 산업안전보건법령상 시료채취 근로자수에 대한 설명 중 옳은 것은?

① 단위작업 장소에서 최고 노출근로자 2명 이상에 대하여 동시에 개인 시료채취방법으로 측정하되, 단위작업 장소에 근로자가 1명인 경우에는 그러하지 아니하며, 동일작업근로자수가 20명을 초과하는 경우에는 매 5명당 1명 이상 추가하여 측정하여야 한다.

② 단위작업장소에서 최고 노출근로자 2명 이상에 대하여 동시에 개인 시료채취방법으로 측정하되, 동일 작업근로자수가 100명을 초과하는 경우에는 최대 시료채취 근로자수를 20명으로 조정할 수 있다.

③ 지역 시료채취방법으로 측정을 하는 경우 단위작업장소 내에서 3개 이상의 지점에 대하여 동시에 측정하여야 한다.

④ 지역 시료채취방법으로 측정을 하는 경우 단위작업 장소의 넓이가 60평방미터 이상인 경우에는 매 30평방미터마다 1개 지점 이상을 추가로 측정하여야 한다.

⑤ 단위작업 장소에서 동일 작업근로자수가 23명인 경우 최고노출근로자 3명에 대하여 개인 시료채취방법으로 측정하여야 한다.

해설

제19조(시료채취 근로자수) ① 단위작업 장소에서 최고 노출근로자 2명 이상에 대하여 동시에 개인 시료채취 방법으로 측정하되, 단위작업 장소에 근로자가 1명인 경우에는 그러하지 아니하며, 동일 작업근로자수가 10명을 초과하는 경우에는 매 5명당 1명 이상 추가하여 측정하여야 한다. 다만, 동일 작업근로자수가 100명을 초과하는 경우에는 최대 시료채취 근로자수를 20명으로 조정할 수 있다.

② 지역 시료채취 방법으로 측정을 하는 경우 단위작업장소 내에서 2개 이상의 지점에 대하여 동시에 측정하여야 한다. 다만, 단위작업 장소의 넓이가 50평방미터 이상인 경우에는 매 30평방미터마다 1개 지점 이상을 추가로 측정하여야 한다.

정답 ②

07 산업안전보건법령상 입자상 물질의 측정방법에 관한 설명으로 옳은 것은? (단, 고용노동부 고시를 기준으로 한다)

① 규산염과 그 밖의 광물성분진은 여과채취방법으로 측정하고, 석영, 크리스토바라이트, 트리디마이트를 분석할 수 있는 적합한 방법으로 분석한다.

② 용접흄은 여과채취방법으로 측정하되 용접보안면을 착용한 경우에는 그 외부에서 시료를 채취하고 중량분석방법과 원자흡광광도계 또는 유도결합프라스마를 이용한 방법으로 분석한다.

③ 석면의 농도는 여과채취방법으로 측정하고 계수방법 또는 이와 동등 이상의 분석방법으로 분석한다.

④ 호흡성분진은 흡입성분진용 분립장치 또는 흡입성분진을 채취할 수 있는 기기를 이용하여 여과채취방법으로 측정한다.

⑤ 흡입성성분진은 호흡성분진용 분립장치 또는 호흡성분진을 채취할 수 있는 기기를 이용하여 여과채취방법으로 측정한다.

해설

제21조(측정 및 분석방법) 규칙 별표 21의 작업환경측정 대상 유해인자 중 입자상 물질은 다음 각 호의 방법으로 측정한다.

1. 석면의 농도는 여과채취방법으로 측정하고 계수방법 또는 이와 동등 이상의 분석방법으로 분석할 것
2. 광물성분진은 여과채취방법으로 측정하고 석영, 크리스토바라이트, 트리디마이트를 분석할 수 있는 적합한 방법으로 분석할 것(다만 규산염과 그 밖의 광물성분진은 중량분석방법으로 분석한다.)
3. 용접흄은 여과채취방법으로 측정하되 용접보안면을 착용한 경우에는 그 내부에서 시료를 채취하고 중량분석방법과 원자흡광광도계 또는 유도결합프라스마를 이용한 방법으로 분석할 것
4. 석면, 광물성분진 및 용접흄을 제외한 입자상 물질은 여과채취방법으로 측정한 후 중량분석방법이나 유해물질 종류에 따른 적합한 방법으로 분석할 것
5. 호흡성분진은 호흡성분진용 분립장치 또는 호흡성분진을 채취할 수 있는 기기를 이용한 여과채취방법으로 측정할 것
6. 흡입성분진은 흡입성분진용 분립장치 또는 흡입성분진을 채취할 수 있는 기기를 이용한 여과채취방법으로 측정할 것

정답 ③

08 작업환경측정 및 정도관리 등에 관한 고시에서 정하는 용어의 정의로 옳지 않은 것은? [2024년 기출]

① “정확도”란 일정한 물질에 대해 반복측정 · 분석을 했을 때 나타나는 자료 분석치의 변동크기가 얼마나 작은가 하는 수치상의 표현을 말한다.

② “직접채취방법”이란 시료공기를 흡수, 흡착 등의 과정을 거치지 아니하고 직접채취대 또는 진공채취병 등의 채취용기에 물질을 채취하는 방법을 말한다.

③ “호흡성분진”이란 호흡기를 통하여 폐포에 축적될 수 있는 크기의 분진을 말한다.

④ “흡입성분진”이란 호흡기의 어느 부위에 침착하더라도 독성을 일으키는 분진을 말한다.

⑤ “고체채취방법”이란 시료공기를 고체의 입자층을 통해 흡입, 흡착하여 해당 고체입자에 측정하려는 물질을 채취하는 방법을 말한다.

해설

정답 ①

09 작업환경측정 및 정도관리 등에 관한 고시에서 정하는 시료채취에 관한 설명으로 옳은 것은? [2024년 기출]

① 8명이 있는 단위작업 장소에서는 평균 노출근로자 2명 이상에 대하여 동시에 개인 시료채취 방법으로 측정한다.

② 개인 시료채취 시 동일 작업근로자수가 20명을 초과하는 경우에는 매 5명당 1명 이상 추가하여 측정하여야 한다.

③ 개인 시료채취 시 동일 작업근로자수가 50명을 초과하는 경우에는 최대 시료 채취 근로자수를 10명으로 조정할 수 있다.

④ 지역 시료채취 방법으로 측정을 하는 경우 단위작업장소 내에서 1개 이상의 지점에 대하여 동시에 측정하여야 한다.

⑤ 지역시료 채취 시 단위작업 장소의 넓이가 50평방미터 이상인 경우에는 매 30평방미터마다 1개 지점 이상을 추가로 측정하여야 한다.

해설

정답 ⑤ 평방미터=제곱미터(m^2)

테마114. 안전보건경영시스템 관리체계

안전보건경영시스템 관리체계는 5단계로 이루어진다.

1) 1단계 – 안전보건방침 설정

안전보건 방침은 근로자를 적재적소에 배치하고, 장비, 재료 등을 선택하는데 중요한 영향을 미친다.

2) 2단계 – 조직의 체계화

안전보건 방침이 효과적으로 진행되도록 근로자의 참여를 보장하고 역량, 책임, 협력 및 의사소통의 능동적인 안전보건 문화를 장려하여야 한다.

3) 3단계 – 계획 설정 및 실행

안전보건 계획은 목표 설정, 유해위험요인 확인, 위험성 평가, 능동적 문화의 실행 및 개발을 위하여 설정되어야 한다. 안전보건 계획은 다음 사항을 준수하여야 한다.

① 유해위험요인을 확인하고 위험성을 평가하여 이를 제거 또는 감소시킬 수 있는 방안을 결정하여야 한다.
② 안전보건 관련 법령을 준수하여야 한다.
③ 안전보건에 대한 경영자와 관리자의 의견이 일치하여야 한다.
④ 구매·공급에 대한 정책은 안전보건 측면을 고려하여 결정하여야 한다.
⑤ 심각하고 급박한 위험을 다루기 위한 절차를 마련하여야 한다.
⑥ 인근 주민, 협력 업체와 협력하여야 한다.
⑦ 안전보건 실적을 측정할 수 있는 기준을 설정하여야 한다.

4) 4단계 – 성과 측정

① 재정, 생산, 판매, 재해손실일수 등을 통하여 안전보건의 성과를 측정하여야 한다.
② 안전보건의 문제점이 발생한 때에는 재해, 아차사고 등에 대한 사례를 통하여 잘못된 점을 확인하여야 한다.
③ 위험성이 가장 큰 부분을 우선적으로 해결하여야 한다.
④ 잠재적으로 심각한 피해를 미치는 사건을 자세히 살펴보아야 한다.
⑤ 발생한 일과 원인에 대하여 조사하고, 기록하여야 한다.

5) 5단계 – 검토 및 감사

안전보건에 대한 검토 결과를 확인하고, 안전보건 성과의 향상 방안을 마련하기 위해 감사를 수행하여야 한다.

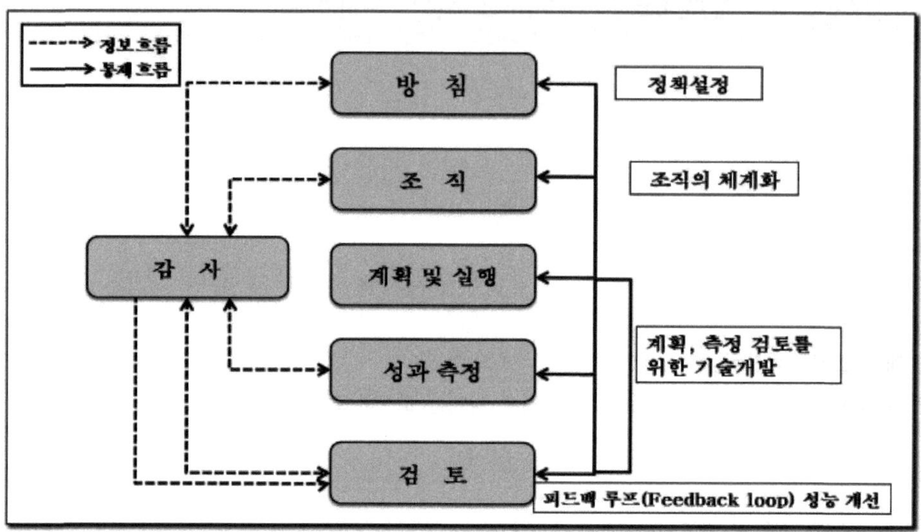

<그림 1> 안전보건경영시스템 관리체계의 흐름

01

안전보건경영시스템 이해를 위한 지침상 안전보건경영시스템의 관리체계의 흐름을 나타낸 그림이다. A 단계의 활동에 관한 설명으로 옳지 않은 것은? [2024년 기출]

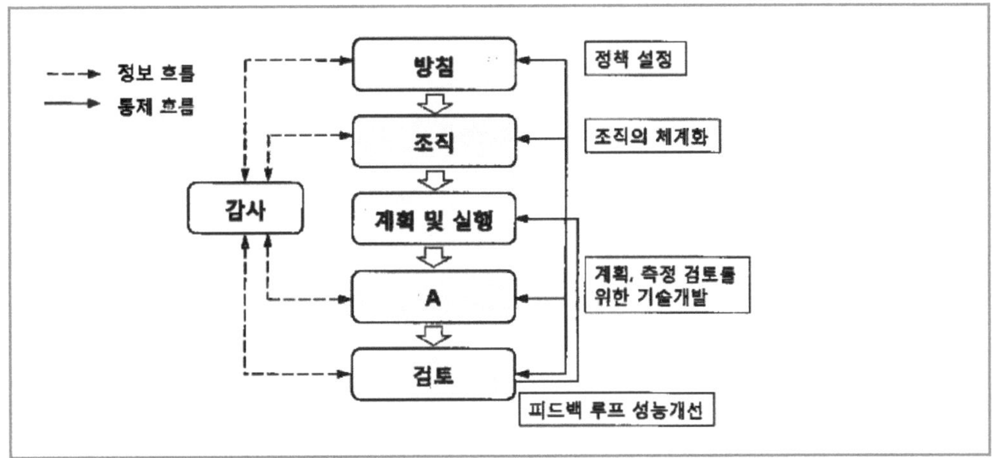

① 안전보건의 문제점이 발생한 때에는 재해, 아차사고 등에 대한 사례를 통하여 잘못된 점을 확인하여야 한다.

② 위험성이 가장 큰 부분을 우선적으로 해결하여야 한다.

③ 잠재적으로 심각한 피해를 미치는 사건을 자세히 살펴보아야 한다.

④ 발생한 일과 원인에 대하여 조사하고, 기록하여야 한다.

⑤ 안전보건 실적을 측정할 수 있는 기준을 설정하여야 한다.

해설

정답 ⑤

02 안전보건경영시스템 이해를 위한 지침상 안전보건경영시스템의 관리체계 5단계는 무엇인가?

① 방침→조직→계획 및 실행→검토→성과측정
② 방침→조직→계획 및 실행→성과측정→검토
③ 조직→방침→계획 및 실행→검토→성과측정
④ 조직→방침→계획 및 실행→성과측정→검토
⑤ 조직→검토→계획 및 실행→성과측정→방침

해설

정답 ② (암기법: 방/조/계획/성/토)

03 안전보건경영시스템 이해를 위한 지침 상 안전보건경영시스템의 관리단계 중 성과 측정 단계 내용이 아닌 것은?

① 재정, 생산, 판매, 재해손실일수 등을 통하여 안전보건의 성과를 측정하여야 한다.
② 위험성이 가장 큰 부분을 우선적으로 해결하여야 한다.
③ 안전보건의 문제점이 발생한 때에는 재해, 아차사고 등에 대한 사례를 통하여 잘못된 점을 확인하여야 한다.
④ 유해위험요인을 확인하고 위험성을 평가하여 이를 제거 또는 감소시킬 수 있는 방안을 결정하여야 한다.
⑤ 발생한 일과 원인에 대하여 조사 · 기록하여야 한다.

해설

정답 ④

테마115. 안전보건경영시스템 심사에 관한 지침(KOSHA GUIDE Z-9-2022)

1. 목적

이 지침은 불안전한 행위 및 불안전한 상태 등을 야기하는 경영 시스템적 근본 원인을 찾아 제거하고 안전성성과를 지속적으로 모니터링 하여 개선하기 위해 실행되는 안전보건경영시스템 심사의 전반적인 절차를 수립하기 위한 지침을 제공하는데 목적이 있다.

2. 용어의 정의

1) 심사(audit)

심사기준에 충족되는 정도를 결정하기 위하여 심사증거를 수집하고 객관적으로 평가하기 위한 체계적이고 독립적이며 문서화된 프로세스전보전 경영요소: 안전보건경영체계의 요소를 말한다.

2) 내부심사

제1자 심사

3) 외부심사

제2자 및 제3자 심사 포함

4) 결합심사

두 개 이상 또는 다른 분야(예를 들면 품질, 환경, 안전보건)의 경영시스템이 함께 심사

5) 합동심사

하나의 피심사조직에 두 개 또는 그 이상의 심사 조직이 협력하여 공동으로 심사

3. 심사 원칙

심사는 여러 가지 원칙에 의존하는 특성이 있다. 이들 원칙은 조직의 성과를 개선하기 위하여 활용할 수 있는 정보를 제공함으로써, 심사가 경영방침 및 관리를 지원하는 효과적이고 신뢰성 있는 도구가 되도록 도움이 되는 것이 좋다. 심사는 다음과 같은 6가지 원칙을 기반으로 한다.

1) 성실성 전문가로서의 기본(Integrity: 윤리성)
2) 공정한 보고 진실하고 정확하게 보고할 의무(Fair presentation: 공정한 보고)
3) 전문가적 주의 의무 심사 시 근면 및 판단력 발휘(Due professional care: 전문가로서 주의의무)
4) 기밀유지 정보의 보안(Confidentiality: 기밀유지)
5) 독립성 심사의 공평성 및 심사결론의 객관성에 대한 기반(Independence: 독립성)
6) 증거 기반 접근방법 체계적인 심사 프로세스에서 신뢰성 및 재현성이 있는 심사결론에 도달하기 위한 합리적인 방법(Evidence-based approach: 증거 기반 접근)

01 안전보건경영시스템(KOSHA-MS) 심사에 관한 지침 상 설명으로 옳지 않은 것은?

① "결합심사"는 두 개 이상 또는 다른 분야(예를 들면 품질, 환경, 안전보건)의 경영시스템이 함께 심사되는 것을 말한다.

② "외부심사"는 하나의 피심사조직에 두 개 또는 그 이상의 심사 조직이 협력하여 공동으로 심사하는 것을 말한다.

③ 심사원칙 중 윤리성(Integrity)은 성실성 전문가로서의 기본을 말한다.

④ 산업안전보건방침을 달성하기 위한 조직 내 관리시스템의 일부이다.

⑤ 근로자 1,000인 이상 사업장은 반드시 갖추어야 하는 관리제도이다.

해설

안전보건경영시스템은 사업장 안전보건과 관련된 위험관리를 위한 자율안전보건경영체제로 기업이 자율적으로 도입하는 관리시스템이다.

안전보건경영시스템(KOSHA-MS) 구성요소는 안전보건방침, 안전보건경영계획 수립 및 실행, 점검 및 시정조치, 경영자 검토로 이루어진다.

안전보건경영시스템은 산업안전보건법, 국제표준(ISO 45001), 국제노동기구(ILO)의 권고를 반영하여 한국산업안전보건공단에서 개발한 체계를 말한다.

정답 ⑤

테마116. 정전작업의 5대 안전수칙

정전작업은 감전의 위험성이 없는 것으로 생각될 수 있으나 오송전, 역가압 및 타 활선과의 혼촉 등에 의해 감전사고가 일어날 수 있으므로 충분한 안전대책을 마련해야 한다. 활선(活線)은 전기가 통하고 있는 전선을 말한다.
정전작업절차는 국제사회안전협회(ISSA: International Social Security Association)의 5대 안전수칙을 준수하여야 한다.

1. 작업 전 전원차단

모든 작업원은 전원이 완전히 차단되어 확인될 때까지 정해진 장소에서 대기한다.

2. 전원 투입의 방지

1) 모든 조작 개폐기에 시건장치를 하여 착오로 인한 전원투입을 방지
2) 작업 중, 조작금지 등의 표찰을 이용하여 전원투입을 방지

3. 작업장소의 무전압여부 확인

전원차단 후 선로에 작업자가 투입하기 전에 검전기를 이용하여 무전압 여부를 확인

4. 단락접지

정전작업 시 오송전이나 역가압 등에 의해 충전될 시 전원측의 보호장치가 동작하여 전원을 차단시키게 함으로써 작업자가 감전되는 것을 방지하기 위해 단락접지를 시행

5. 작업장소의 보호

1) 작업감시인 배치
2) 작업 구획 로프 설치
3) 작업 구획 테이프 설치

01 다음은 정전작업의 5대 안전수칙이다. 정전작업 절차를 순서대로 옳게 나열한 것은? [2024년 기출]

ㄱ. 전원 투입의 방지	ㄴ. 작업 전 전원차단
ㄷ. 작업장소의 보호	ㄹ. 단락접지 시행
ㅁ. 작업장소의 무전압 여부 확인	

① ㄱ→ㄴ→ㄹ→ㅁ→ㄷ

② ㄱ→ㄴ→ㅁ→ㄷ→ㄹ

③ ㄴ→ㄱ→ㄷ→ㄹ→ㅁ

④ ㄴ→ㄱ→ㅁ→ㄹ→ㄷ

⑤ ㄴ→ㅁ→ㄱ→ㄷ→ㄹ

해설

1. 작업 전 전원 차단
2. 전원 투입 방지
3. 검전기로 무전압 여부 확인
4. 단락 접지
5. 작업장소의 보호

→ (암기법: 차단/투입/무(전압)/단(락)/보호)

정답 ④

02 저압 충전부에 인체가 접촉할 때 전격으로 인한 재해사고 중 1차적인 인자로 볼 수 없는 것은?

① 통전전류

② 인가전압

③ 통전경로

④ 통전시간

⑤ 전원의 종류

해설

○ 감전위험요소(인체통전 전격 인자)

1. 전류크기
2. 전원의 종류(직류보다 교류가 더 위험하다)
3. 통전시간
4. 통전경로

* 전격이란 강한 전류를 갑자기 몸에 느꼈을 때의 충격을 의미한다.
* 교류가 직류보다 더 많은 전류가 몸을 통해 흐르게 된다. 교류는 초당 120회 방향을 바꾸기 때문에 주어진 전류량에 비해 직류보다 더 많은 피해를 주게 된다.
* 일반적으로 고압이 더 위험하다는 인식이 있지만, 실제로는 저압에서 발생하는 전기 재해가 더 많다. 저압설비의 설치대수가 더 많고, 전기 작업과 직접적인 관련이 없는 일반 작업자에게도 많이 발생하기 때문이다.

○ 통전 경로별 위험도(*심장전류계수가 클수록 위험하다. 심장은 가슴 왼쪽에 위치)

1) 왼손-가슴(1.5)
2) 오른손-가슴(1.3)
3) 왼손-한 발 또는 양발(1.0)
4) 양손-양발(1.0)
5) 오른손-한 발 또는 양발(0.8)
6) 왼손-등(0.7)
7) 왼손-오른손(0.4)

정답 ②

03 감전에 영향을 미치는 요인으로 통전경로별 위험도가 가장 높은 것은?

① 왼손-등
② 오른손-등
③ 오른손-왼발
④ 왼손-가슴
⑤ 오른손-가슴

해설

정답 ④

04 산업안전보건법령상 정전전로에서의 전기 작업 시 사업주의 준수사항으로 옳지 않은 것은?

① 사업주는 근로자가 노출된 충전부 또는 그 부근에서 작업함으로써 감전될 우려가 있는 경우에는 작업에 들어가기 전에 해당 전로를 차단하여야 한다.
② 비상경보설비, 비상조명설비 등의 장치 · 설비의 가동이 중지되어 사고의 위험이 증가되는 경우에는 해당 전로를 차단하지 말아야 한다.
③ 전로 차단은 전원을 차단한 후 각 단로기(전압 개폐장치) 등을 개방하고 확인해야 한다.
④ 작업 중 또는 작업을 마친 후 전원을 공급하는 경우 잠금장치와 꼬리표는 사업주가 직접 철거해야 한다.
⑤ 사업주는 작업 중 또는 작업을 마친 후 전원을 공급하는 경우 모든 이상 유무를 확인한 후 전기기기 등의 전원을 투입해야 한다.

해설

○ 산업안전보건기준에 관한 규칙

제319조(정전전로에서의 전기작업) ① 사업주는 근로자가 노출된 충전부 또는 그 부근에서 작업함으로써 감전될 우려가 있는 경우에는 작업에 들어가기 전에 해당 전로를 차단하여야 한다. 다만, 다음 각 호의 경우에는 그러하지 아니하다.

1. 생명유지장치, 비상경보설비, 폭발위험장소의 환기설비, 비상조명설비 등의 장치·설비의 가동이 중지되어 사고의 위험이 증가되는 경우
2. 기기의 설계상 또는 작동상 제한으로 전로차단이 불가능한 경우
3. 감전, 아크 등으로 인한 화상, 화재·폭발의 위험이 없는 것으로 확인된 경우

② 제1항의 전로 차단은 다음 각 호의 절차에 따라 시행하여야 한다.

1. 전기기기등에 공급되는 모든 전원을 관련 도면, 배선도 등으로 확인할 것
2. 전원을 차단한 후 각 단로기 등을 개방하고 확인할 것
3. 차단장치나 단로기 등에 잠금장치 및 꼬리표를 부착할 것
4. 개로된 전로에서 유도전압 또는 전기에너지가 축적되어 근로자에게 전기위험을 끼칠 수 있는 전기기기등은 접촉하기 전에 잔류전하를 완전히 방전시킬 것
5. 검전기를 이용하여 작업 대상 기기가 충전되었는지를 확인할 것
6. 전기기기등이 다른 노출 충전부와의 접촉, 유도 또는 예비동력원의 역송전 등으로 전압이 발생할 우려가 있는 경우에는 충분한 용량을 가진 단락 접지기구를 이용하여 접지할 것

③ 사업주는 제1항 각 호 외의 부분 본문에 따른 작업 중 또는 작업을 마친 후 전원을 공급하는 경우에는 작업에 종사하는 근로자 또는 그 인근에서 작업하거나 정전된 전기기기등(고정 설치된 것으로 한정한다)과 접촉할 우려가 있는 근로자에게 감전의 위험이 없도록 다음 각 호의 사항을 준수하여야 한다.

1. 작업기구, 단락 접지기구 등을 제거하고 전기기기등이 안전하게 통전될 수 있는지를 확인할 것
2. 모든 작업자가 작업이 완료된 전기기기등에서 떨어져 있는지를 확인할 것
3. 잠금장치와 꼬리표는 설치한 근로자가 직접 철거할 것
4. 모든 이상 유무를 확인한 후 전기기기등의 전원을 투입할 것

정답 ④

테마117. 인화성 가스

산업안전보건법 시행령 별표13(유해 · 위험물질 규정량)에서 인화성 가스, 인화성 액체의 정의를 하고 있으며, 산업안전보건기준에 관한 규칙 별표1(위험물질의 종류)에서 인화성 가스, 인화성 액체의 종류를 규정하고 있다.

○ 산업안전보건법 시행령 [별표 13-유해 · 위험물질 규정량]

1. "인화성 가스"란 인화한계 농도의 최저한도가 13% 이하 또는 최고한도와 최저한도의 차가 12% 이상인 것으로서 표준압력(101.3kPa)에서 20℃에서 가스 상태인 물질을 말한다.

2. "인화성 액체"란 표준압력(101.3kPa)에서 인화점이 60℃ 이하이거나 고온 · 고압의 공정운전조건으로 인하여 화재 · 폭발위험이 있는 상태에서 취급되는 가연성 물질을 말한다.

3. 인화점의 수치는 태그밀폐식 또는 펜스키마르테르식 등의 밀폐식 인화점 측정기로 표준압력(101.3kPa)에서 측정한 수치 중 작은 수치를 말한다.

■ 산업안전보건기준에 관한 규칙 [별표 1]

위험물질의 종류(제16조 · 제17조 및 제225조 관련)

1. 폭발성 물질 및 유기과산화물
   가. 질산에스테르류
   나. 니트로화합물
   다. 니트로소화합물
   라. 아조화합물
   마. 디아조화합물
   바. 하이드라진 유도체
   사. 유기과산화물
   아. 그 밖에 가목부터 사목까지의 물질과 같은 정도의 폭발 위험이 있는 물질
   자. 가목부터 아목까지의 물질을 함유한 물질

2. 물반응성 물질 및 인화성 고체
   가. 리튬
   나. 칼륨 · 나트륨
   다. 황
   라. 황린
   마. 황화인 · 적린
   바. 셀룰로이드류

사. 알킬알루미늄 · 알킬리튬
아. 마그네슘 분말
자. 금속 분말(마그네슘 분말은 제외한다)
차. 알칼리금속(리튬 · 칼륨 및 나트륨은 제외한다)
카. 유기 금속화합물(알킬알루미늄 및 알킬리튬은 제외한다)
타. 금속의 수소화물
파. 금속의 인화물
하. 칼슘 탄화물, 알루미늄 탄화물
거. 그 밖에 가목부터 하목까지의 물질과 같은 정도의 발화성 또는 인화성이 있는 물질
너. 가목부터 거목까지의 물질을 함유한 물질

3. 산화성 액체 및 산화성 고체
가. 차아염소산 및 그 염류
나. 아염소산 및 그 염류
다. 염소산 및 그 염류
라. 과염소산 및 그 염류
마. 브롬산 및 그 염류
바. 요오드산 및 그 염류
사. 과산화수소 및 무기 과산화물
아. 질산 및 그 염류
자. 과망간산 및 그 염류
차. 중크롬산 및 그 염류
카. 그 밖에 가목부터 차목까지의 물질과 같은 정도의 산화성이 있는 물질
타. 가목부터 카목까지의 물질을 함유한 물질

4. 인화성 액체
가. 에틸에테르, 가솔린, 아세트알데히드, 산화프로필렌, 그 밖에 인화점이 섭씨 23도 미만이고 초기끓는점이 섭씨 35도 이하인 물질
나. 노르말헥산, 아세톤, 메틸에틸케톤, 메틸알코올, 에틸알코올, 이황화탄소, 그 밖에 인화점이 섭씨 23도 미만이고 초기 끓는점이 섭씨 35도를 초과하는 물질
다. 크실렌, 아세트산아밀, 등유, 경유, 테레핀유, 이소아밀알코올, 아세트산, 하이드라진, 그 밖에 인화점이 섭씨 23도 이상 섭씨 60도 이하인 물질

5. 인화성 가스
가. 수소
나. 아세틸렌
다. 에틸렌
라. 메탄

마. 에탄
바. 프로판
사. 부탄
아. 영 별표 13에 따른 인화성 가스

6. 부식성 물질

가. 부식성 산류

(1) 농도가 20퍼센트 이상인 염산, 황산, 질산, 그 밖에 이와 같은 정도 이상의 부식성을 가지는 물질

(2) 농도가 60퍼센트 이상인 인산, 아세트산, 불산, 그 밖에 이와 같은 정도 이상의 부식성을 가지는 물질

나. 부식성 염기류

농도가 40퍼센트 이상인 수산화나트륨, 수산화칼륨, 그 밖에 이와 같은 정도 이상의 부식성을 가지는 염기류

7. 급성 독성 물질

가. 쥐에 대한 경구투입실험에 의하여 실험동물의 50퍼센트를 사망시킬 수 있는 물질의 양, 즉 LD50(경구, 쥐)이 킬로그램당 300밀리그램-(체중) 이하인 화학물질

나. 쥐 또는 토끼에 대한 경피흡수실험에 의하여 실험동물의 50퍼센트를 사망시킬 수 있는 물질의 양, 즉 LD50(경피, 토끼 또는 쥐)이 킬로그램당 1000밀리그램 -(체중) 이하인 화학물질

다. 쥐에 대한 4시간 동안의 흡입실험에 의하여 실험동물의 50퍼센트를 사망시킬 수 있는 물질의 농도, 즉 가스 LC50(쥐, 4시간 흡입)이 2500ppm 이하인 화학물질, 증기 LC50(쥐, 4시간 흡입)이 10mg/ℓ 이하인 화학물질, 분진 또는 미스트 1mg/ℓ 이하인 화학물질

01

산업안전보건법령상 인화성 가스의 정의에 관한 내용이다. ( )에 들어갈 것으로 옳은 것은? [2024년 기출]

> "인화성 가스"란 인화한계 농도의 최저한도가 (ㄱ)% 이하 또는 최고한도와 최저한도의 차가 (ㄴ)% 이상인 것으로서 표준압력(101.3kPa)에서 20℃에서 가스 상태인 물질을 말한다.

① ㄱ: 12, ㄴ: 10
② ㄱ: 12, ㄴ: 11
③ ㄱ: 13, ㄴ: 11
④ ㄱ: 13, ㄴ: 12
⑤ ㄱ: 15, ㄴ: 12

해설

정답 ④

02

산업안전보건기준에 관한 규칙상 위험물질의 종류에 관한 내용이다. ( )에 들어갈 것으로 옳은 것은? [2023년 기출]

> ○ 부식성 산류: 농도가 (ㄱ)퍼센트 이상인 인산, 아세트산, 불산, 그 밖에 이와 같은 정도 이상의 부식성을 가지는 물질
> ○ 부식성 염기류: 농도가 (ㄴ)퍼센트 이상인 수산화나트륨, 수산화칼륨, 그 밖에 이와 같은 정도 이상의 부식성을 가지는 염기류

① ㄱ: 20, ㄴ: 40
② ㄱ: 40, ㄴ: 20
③ ㄱ: 50, ㄴ: 50
④ ㄱ: 50, ㄴ: 60
⑤ ㄱ: 60, ㄴ: 40

해설

정답 ⑤

03 산업안전보건법령상 사업주는 인화성 액체 및 인화성 가스를 저장·취급하는 화학설비에서 증기나 가스를 대기로 방출하는 경우에는 외부로부터 화염을 방지하기 위하여 화염방지기를 설치하여야 한다. 다음 중 화염방지기의 설치 위치로 옳은 것은?

① 설비의 상단
② 설비의 하단
③ 설비의 측면
④ 설비의 내부
⑤ 설비의 조작부

해설

○ 산업안전보건기준에 관한 규칙

제269조(화염방지기의 설치 등) ① 사업주는 인화성 액체 및 인화성 가스를 저장ㆍ취급하는 화학설비에서 증기나 가스를 대기로 방출하는 경우에는 외부로부터의 화염을 방지하기 위하여 화염방지기를 그 설비 상단에 설치해야 한다. 다만, 대기로 연결된 통기관에 화염방지 기능이 있는 통기밸브가 설치되어 있거나, 인화점이 섭씨 38도 이상 60도 이하인 인화성 액체를 저장ㆍ취급할 때에 화염방지 기능을 가지는 인화방지망을 설치한 경우에는 그렇지 않다. → 즉, 화염방지기 설치 생략

② 사업주는 제1항의 화염방지기를 설치하는 경우에는 한국산업표준에서 정하는 화염방지장치 기준에 적합한 것을 설치하여야 하며, 항상 철저하게 보수・유지하여야 한다.

정답 ①

04 화염방지기 설치 등에 관한 기술지침상 설명으로 옳지 않은 것은?

① "화염방지기"라 함은 가연성 가스 또는 인화성 액체를 저장하거나 수송하는 설비 내·외부에서 화재가 발생 시 폭연 및 폭굉 화염이 인접설비로 전파되지 않도록 차단하는 장치를 말한다.

② "폭연"이라 함은 연소에 의한 폭발 충격파가 미반응 매질 속에서 음속 이하의 속도로 이동하는 폭발현상을 말한다.

③ "폭굉"이라 함은 연소에 의한 폭발 충격파가 미반응 매질 속에서 음속보다 빠른 속도로 이동하는 폭발현상을 말한다.

④ 상온에서 저장·취급하는 액체의 인화점이 38℃ 이상이고, 60℃ 이하인 경우에는 화염방지기와 함께 인화방지망을 설치해야 한다.

⑤ 인화점이 100℃ 이하이고, 저장온도가 인화점을 초과하는 경우에는 화염방지기를 설치하여야 한다.

해설

음속 이하의 속도를 '아음속'이라 하고 음속보다 빠른 속도를 '초음속'이라고도 한다. 폭연은 아음속으로 전파되는 연소파인 반면, 폭굉은 초음속으로 전파된다.

상온에서 저장·취급하는 액체의 인화점이 38℃ 이상이고, 60℃ 이하인 경우에는 화염방지기의 설치를 생략하고 인화방지망을 설치할 수 있다.

최초의 완만한 연소가 격렬한 폭굉으로 발전할 때까지 거리를 '폭굉유도거리(DID)'라 한다. 즉, 폭굉유도거리가 짧을수록 위험하다.

압력이 높을수록, 점화원의 에너지가 클수록, 연소속도가 큰 혼합가스일수록, 관 속에 방해물이 있거나 관 내경 지름이 작을수록(밀폐공간일수록) 폭굉유도거리(Detonation Inducement Distance)는 짧아져 위험하다.

정답 ④

최신 관련 기출문제

* 2022년 이후 출제된 문제 유형으로 기업진단지도 기출문제와 관련 유사 문제로 구성하였습니다. 신유형에 대비할 수 있는 좋은 문제들이라 생각합니다. 한번 풀어볼까요!

01

테일러(F. Taylor)의 과학적 관리법(scientific management)에 관한 설명으로 옳은 것을 모두 고른 것은? [2024년 기출]

ㄱ. 고임금 고노무비	ㄴ. 개방체계
ㄷ. 차별성과급 제도	ㄹ. 시간연구
ㅁ. 작업장의 사회적 조건	ㅂ. 과업의 표준

① ㄱ

② ㄴ, ㅁ

③ ㄱ, ㄷ, ㅂ

④ ㄴ, ㄹ, ㅁ

⑤ ㄷ, ㄹ, ㅂ

해설

1. 테일러(F. Taylor)의 과학적 관리법

과학적 관리법은 스미스(Smith)의 분업의 원리에 그 바탕을 두고 있다. 즉 노동의 분업(division of labor)

1) 동작연구와 시간연구

일일 최대 과업량 배정

2) 고임금과 저노무비(차별적 성과급제)

이는 노동자 입장에서는 고임금이지만, 기업 입장에서는 저노무비를 지향한다는 것인데 생산성의 향상으로 인해 기인한 것이다. 이렇게 생산성 향상을 통한 고임금, 저노무비 시스템을 구축함으로써 노사 간 공동 번영을 실현할 수 있다고 보았다. 동작연구와 시간연구를 통해 설정된 표준 과업 또는 표준 시간을 달성한 자에게는 높은 임금을 지급, 실패한 자에게는 낮을 임금을 지급하는 것을 "차별적 성과급제"라 한다.

3) 직능별 직장 제도(기능식 직장 제도)

작업을 분담하여 감독하는 직능별 직장인(감독자, foreman)들에게 작업지도표에 따라 작업을 지도하게 하는 제도이다.

4) 과업관리

과업을 과학적으로 설정하여 노동자의 조직적인 태업을 방지

5) 기획부 제도

각 기획부를 두어 작업자들을 관리하여 생산작업에 집중하도록 한다.

2. 포드의 경영이론

1) 이동조립방법에 의해 작업능률 향상, 컨베이어 시스템에 의한 유동작업을 기반.

2) 저가격-고임금 원리

노동자에게는 높은 임금을 일반대중인 소비자에게는 낮은 가격의 차를 제공하는 봉사주의.

3) 생산의 표준화(3S)

컨베이어 시스템에 의한 대량생산 시스템 방식.

① 공정의 전문화, 기계 및 공구의 전문화(specialization)

② 부품의 표준화(standardization)

③ 제품의 단순화(simplication)

4) 동시관리(management of synchronization)

생산의 표준화를 통해 달성하는 것으로 동시관리의 전제조건은 바로 생산의 표준화이다.

정답 ⑤

02

다음 표는 테일러(Taylor), 포드(Ford), 메이요(Mayo) 시스템을 비교한 것이다. 내용 중 틀린 것은?

구분	내용	테일러 시스템	포드 시스템	메이요 시스템
①	핵심부분	과업관리에 의한 성과급제	이동조립법에 의한 동시관리	호손실험 의한 인간관계
②	내용	과학적 관리법	대량생산시스템	인간관계
③	중시사상	생산가치	생산가치	인간가치
④	장점	고임금 저노무비	생산 흐름 직선적	생산성 향상
⑤	단점	고능률주의로 작업자 혹사	고정비 부담 적음	감성적인 면에 너무 치우침

해설

정답 ⑤

03

행동주의 경영이론에 관한 설명 중 옳지 않은 것은?

① 호손(Hawthorne) 실험의 주된 목적은 과학적 관리법의 유효성을 실제로 검증하는 것이다.

② 호손실험으로 비공식 집단의 중요성이 밝혀졌다.

③ 매슬로우(A. Maslow)의 욕구단계설은 인간의 5가지 욕구가 계층화되어 있다고 주장한다.

④ 아지리스(C. Argyris)는 미성숙단계의 특성으로 수동성, 단기적 안목, 다양한 행동양식 등을 제시한다.

⑤ 맥그리거(D. McGregor)는 X이론에서 감시와 통제를 통해 종업원을 관리해야 한다고 주장한다.

해설

1. 호손(Hawthorne) 실험

하버드 대학의 심리학 교수였던 메이요(E. Mayo)는 어떤 요인들이 근로자들로 하여금 자발적으로 열심히 일을 하게하고 또 만족을 주는가를 연구하였다.

호손(Hawthorne) 실험의 주된 목적은 과학적 관리법의 유효성을 실제로 검증하는 것이다. 과학적 관리법과 달리 인간을 사회적 유인에 따라 움직이는 존재로 파악하고 조직 내에서 사회적 능률을 향상시킬 수 있는 관리법을 탐구하였다. 그 연구결과로 조직에 대한 새로운 인식이 태동하게 되었고 나아가 인간관계론(human relationship)이라는 새로운 학문 분야가 정립됨으로써 경영학의 발전에 기여하는 계기가 되었다.

호손실험은 1927년부터 1932년까지 5년 이상 임상적 실험을 통해 실시되었으며 실험은 1차(조명실험), 2차(계전기조립실험), 3차(면접실험), 4차(배전기권선실험)에 이른다.

2. 아지리스(C. Argyris)의 성숙 · 미성숙 이론

아지리스에 의하면 관리적 피라미드형 가치체계에서는 자연스럽고 자유로운 감정의 표현이 허용되지 않기 때문에 인간관계가 진실하지 못하고 불신 관계를 낳게 되고 조직의 대인 능력이 감소된다는 것이다. 즉 공식조직이 인간을 성숙하지 못하게 붙들어 드는 속성을 가지고 있다고 주장하며 공식조직은 구성원들로 하여금 자기가 맡은 일만을 기계적으로 처리하도록 하고, 상사의 명령에 복종하도록 하며, 부하들이 한 명의 상사에게 매달리도록 강요하고 있다는 것이다.

반면에 인간중심주의적 민주적 가치체계가 형성된 조직에서는 신뢰관계가 이루어져 대인 능력이나 집단 간의 협동, 융통성 등이 증가하게 되고, 결과적으로 조직효과가 증가한다는 것이다.

결론적으로 조직과 개인의 목표 달성을 위해서는 개인의 퍼스널리티(personality: 성격, 인격, 마음 구조)를 성숙 · 실현시킬 수 있는 방향에서 조직구조와 관리 방법이 확립되어야 한다는 것이다. 모든 구성원들이 조직을 위해 일하면서 동시에 자신의 욕구도 충족하고, 자신의 퍼스널리티도 성숙시킬 수 있는 방안을 마련하는 것이 개인이나 조직 양쪽에 모두 유익하다는 사실을 인식해야 한다. 아지리스는 그 방안으로 '직무확대(job enlargement: 직무 능력을 활용하고 도전의 기회를 증대하여 만족감 유발)와 참여적 리더십(participative leadership: 부하들과 의논하고 의사결정과정에서 부하들의 의견이나 주장을 참작)'을 제안하였다.

미성숙 단계	성숙 단계
수동적 행동	능동적 행동
한정된 행동	다양한 행동
엉뚱하고 얕은	관심 깊고 강한 관심
의존심	독립심
자아의식 결여	자아의식과 자기통제
종속적 위치	대등하거나 우월한 위치
단기적 전망	장기적 전망

정답 ④

04 메이요(E. Mayo)의 호손실험에 관한 설명으로 옳은 것은?

① 인간관계론과 관련이 없다.
② 2차에 걸쳐서 진행된 프로젝트이다.
③ 비경제적 보상은 작업자의 만족과 관련이 없다.
④ 직무의 전문화를 강조했다.
⑤ 구성원의 생각과 감정을 중시했다.

해설

정답 ⑤

05 마일즈(R. Miles)와 스노우(C. Snow)의 전략유형으로 옳지 않은 것은?

① 반응형(reactor)
② 방어형(defender)
③ 분석형(analyzer)
④ 혁신형(innovator)
⑤ 공격형(prospector)

해설

테마49 참조. 경영학은 영어 어휘를 잘 보아야 한다. 영어 단어를 해석하는 과정에서 학자마다 해석이 다른 경우가 많기 때문이다.

정답 ④

06 테일러(Taylor)의 과학적 관리법과 포드(Ford)의 컨베이어 시스템 및 대량생산방식에 관한 설명으로 가장 옳지 않은 것은?

① 테일러는 과업관리의 방법으로 작업 및 작업환경의 표준화, 공정분석을 통한 분업을 제시하였다.
② 테일러는 작업의 과학화를 통한 생산성 향상을 기반으로 고임금 · 저노무비를 실현하고자 하였다.
③ 포드는 장비의 전문화, 작업의 단순화, 부품의 표준화 등을 제시하였다.
④ 포드의 생산방식은 전문화된 장비를 활용하여 표준화된 제품을 대량으로 생산하는 데 활용된다.
⑤ 과학적 관리법은 개별 작업자의 능률향상에 공헌하였으며, 컨베이어 시스템은 전체 조직의 능률향상에 공헌하였다.

해설

○ 포드(Ford)

아담 스미스(Adam Smith)는 국부론(1776)에서 생산과정을 다른 작업자들에 의해 각각 수행되는 작은 여러 개의 과업으로 나누어야 한다는 노동의 분업을 제안하였고 헨리 포드(Henry Ford, 1863~1947)는 포드자동차에 의해 실시된 생산합리화 방식을 통한 대량생산시스템(부품의 표준화, 제품의 단순화, 작업의 전문화: 3S)으로 생산의 표준화를 이루고, 컨베이어 시스템에 의한 이동식 조립방법을 채택하여 작업의 동시관리를 통해 원가절감과 대량생산시스템을 구축하였다.

1. 생산의 3S 원칙 → (암기법: 전/단/표준)

1) 표준화(standardization)

제품의 규격, 치수, 원재료 등 표준을 규격화하여 부품의 공용화, 범용화 하여 대량생산 및 유통에 소요되는 비용을 절감

2) 단순화(simplication)

제품과 부분품의 낭비를 방지하기 위하여 불필요한 제품의 종류, 규격, 품목 등 품종을 줄이는 것

3) 전문화(specialization)

특정 제품을 전문적으로 생산하고 작업 내용의 분화, 즉 분업에 의해서 생산성 향상을 추구하는 것을 의미

구분	테일러 시스템	포드 시스템
기본원칙	고임금 · 저노무비	고임금 · 저가격의 원칙
중점사항	1) 과업관리를 위한 방법 2) 시간연구와 동작연구 3) 직능별 직장제도 4) 차별적 성과급제 5) 작업지도표제	1) 동시관리 2) 이동조립법의 도입 3) 일급제 도입 4) 대량 소비시장의 존재
표준	작업의 표준화	생산(제품)의 표준화

정답 ①

07 조직발전(Organization Development) 기법에 대한 설명으로 옳지 않은 것은?

① 팀발전은 팀 구성원 간 협조적 관계를 형성하는 것을 목적으로 한다.

② 태도조사환류는 구성원의 태도를 체계적으로 조사하고, 그 결과를 구성원에게 환류시켜 개선방안을 찾는다.

③ 감수성 훈련은 참여자들 스스로 태도와 행동을 반성하도록 유도하며, 소수 인원으로 구성된 집단을 대상으로 한다.

④ 과정상담은 개인 또는 집단의 업무처리 과정을 개선하는 것을 목적으로 하며, 내부 변화담당자가 자문을 해준다.

⑤ 관리망 훈련은 감수성 훈련을 조직 외부로 확대시킨 방법으로 가장 이상적인 모델은 (9, 9) 형태이다.

해설

과정상담은 개인 또는 집단의 업무처리 과정을 개선하는 것을 목적으로 하며, 외부 상담가가 조직에 개입해 자문을 해준다.

감수성 훈련(소집단 실험실 훈련, T-집단훈련)은 참여자들 스스로 태도와 행동을 반성하도록 유도하며, 소수 인원으로 구성된 집단(소집단)을 대상으로 한다. 실제 직무상황(정형화된 상황)이 아닌 외부와 차단된 실험실에서 진행한다.

관리망 훈련은 감수성 훈련을 조직 외부로 확대시킨 방법으로 가장 이상적인 모델은 (일, 사람)=(9, 9) 형태이다.

정답 ④

08 조직에서 생산적 행동(Productive behavior)과 반생산적 행동(Counterproductive work behavior: CWB)에 관한 설명으로 옳지 않은 것은? [2024년 기출]

① 조직시민행동(Organization Citizenship Behavior: OCB)은 생산적 행동에 속한다.
② OCB는 친사회적 행동이며 역할 외 행동이라고도 한다.
③ 일탈행동(Deviance)은 CWB에 속하지만 조직에 해로운 행동은 아니다.
④ 조직시민행동은 OCB-I(Individual)와 OCB-O(Organizational)로 분류되기도 한다.
⑤ CWB는 개인적 범주와 조직적 범주로 분류할 수 있다.

해설

1. 조직시민행동(Organization Citizenship Behavior: OCB)

Katz와 Kahn(1978)은 조직이 원활하게 운영되고 성장하기 위한 필수적 행동요소로 역할 외 행동(extra-role behavior)의 중요성을 강조하였다.

그들은 연구에서 공식적 역할행동에 따른 제한적 행동만을 하는 구성원들로 이루어진 조직은 아주 쉽게 붕괴될 것이라고 주장.

Organ(1988)은 "조직시민행동(OCB)"이란 공식적으로 직무기술서에 명시되어 있지 않은 행동을 통하여 성과를 높이는 행동이라고 정의하였다.

2. OCB-I(Individual)와 OCB-O(Organizational)

조직시민행동은 구성원이 취하는 행동이 다른 개인(구성원)을 위한 것인지, 아니면 조직 전체를 향한 것인지에 따라 구분하기도 한다.

OCB-I(Individual): 개인 지향 OCB	OCB-O(Organizational): 조직 지향 OCB
1. 예의행동(courtesy) 2. 이타적 행동(altruism)	1. 성실한(conscientious) 행동 2. 시민덕목행동(civic virtue) 3. 신사적 행동(sportsmanship)

3. 일탈행동

일탈행동이란 사회 또는 집단의 규범을 위반하는 행위를 가리킨다.

조직과 구성원들에게 경제적, 신체적, 심리적 위협을 가하는 부정적인 행동이다.

정답 ③

09 조직시민행동(OCB)에 대한 설명으로 옳지 않은 것은?

① 공식적으로 요구되지 않아도 자발적으로 하는 업무 관련 행동이다.
② 조직이나 동료에게 도움이 되는 친사회적 행동이다.
③ 양심성(conscientiousness)은 타인과의 관계에서 문제나 갈등을 사전에 예방하는 행동이다.
④ 스포츠맨십(sportsmanship)은 조직에 불평 · 불만을 하거나 타인에 대해 험담하지 않는 행동이다.
⑤ 이타주의(altruism)와 예의성(courtesy)은 조직 내 다른 구성원들을 지향하므로 '조직시민행동-개인(OCB-I)' 이라 부른다.

해설

○ 조직시민행동(OCB: Organizational Citizenship Behavior)
의무적인 일도 아니고 보상도 없지만 조직의 발전을 위하여 구성원이 자발적으로 수행하는 부차적인 행동들을 말한다.

1. 예의 행동(courtesy)
자신의 업무와 관련하여 타인이 피해를 보지 않도록 미리 배려하는 행동.

2. 이타적 행동(altruism)
도움을 필요로 하는 타인을 자발적으로 도와주는 각종 행동.

3. 양심적 행동(conscientiousness) 또는 성실성
조직 구성원이 자신에게 요구되는 역할을 최소수준 이상으로 수행하는 것이다. 예를 들면 업무시작 전에 출근하는 것, 청소, 시간엄수, 마감일을 맞추는 것이다.

4. 신사적 행동(sportsmanship)
조직이나 다른 구성원과 관련하여 불만, 불평이 생겼을 경우 험담하기보다는 긍정적 측면에서 이해하고자 노력하거나 직접 이야기를 나눠 문제를 해결하려는 행동.

5. 공익적 행동 또는 시민덕목행동(civic virtue)
조직 내 다양한 공식 · 비공식 활동에 적극 참여하는 행동으로 동아리 또는 친목회 참여 등의 사회적 활동, 조직 발전에 도움이 될 만한 개선안 제안 같은 변화 주도적 활동 등을 말한다.

정답 ③

10

오건(D. Organ)이 범주화한 조직시민행동의 유형에서 불평, 불만, 험담 등을 하지 않고, 있지도 않은 문제를 과장해서 이야기하지 않는 행동에 해당하는 것은? [2023년 기출]

① 시민덕목(civil virtue)
② 이타주의(altruism)
③ 성실성(conscientiousness)
④ 스포츠맨십(sportsmanship)
⑤ 예의(courtesy)

해설

정답 ④

11

조직시민행동(OCB)의 구성 요소에 대한 설명으로 옳은 것은?

① 시민의식(civic virtue)은 조직과 관련된 업무나 문제에 대해 특정 인물을 도와주려는 자발적인 행동을 말한다.
② 예의성(courtesy)은 조직에서 요구되는 최소 수준 이상의 업무를 수행하는 것을 말한다.
③ 스포츠맨십(sportsmanship)은 불평 · 불만을 하거나 사소한 문제에 대해 번거로운 고충처리를 하지 않는 것을 말한다.
④ 양심성(conscientiousness)은 타인과의 사이에서 발생할 수 있는 문제나 갈등의 소지를 사전에 예방하기 위해 노력하는 행동을 말한다.
⑤ 이타주의(altruism)는 조직 내에서 벌어지는 행동에 책임감을 가지고 적극적으로 참여하며, 조직 내 활동에 몰입하는 행동을 말한다.

해설

정답 ③

12 조직시민행동에서 조직생활에 관심을 가지고 적극적으로 참여하는 행동은?

① 예의행동(courtesy)
② 이타적 행동(altruism)
③ 공익적 행동(civil virtue)
④ 양심적 행동(conscientiousness)
⑤ 혁신적 행동(innovative behavior)

해설

정답 ③

13 포터(M. Porter)의 차별화 전략 요소에 해당하지 않는 것은?

① 규모의 경제
② 높은 품질
③ 독특한 서비스
④ 혁신적인 디자인
⑤ 브랜드 이미지

해설

○ 규모의 경제(economic of scale)
기업의 생산 규모가 커질수록 생산량은 증가하고, 생산단위당 비용(평균비용, AC)이 줄어드는 현상을 말한다.

정답 ① 테마 26 참조.

14 포터(M. Porter)의 가치사슬에서 지원활동에 해당하지 않는 것은?

① 조달
② 서비스
③ 인적자원 관리
④ 기업 인프라
⑤ 기술 개발

해설

정답 ② 테마 26 참조.

15 마이클 포터(M. Porter)는 기업이 처한 과업환경에 관하여 그것을 구성하는 5가지 요소를 이용하여 소위 '5요인 모형(five-forces model)'을 통해 설명하고 있다. 다음 중 포터가 제시하는 5요인으로 가장 적절하지 않은 것은?

① 보완재의 존재 여부
② 수요자의 협상력
③ 잠재적 경쟁자의 진입 위협
④ 기존 기업과의 경쟁
⑤ 신규집입자의 위협

해설

○ 마이클 포터(M. Porter) 5요인 모형(경쟁전략 : 원가우위, 차별화, 집중화)

1. 공급자의 교섭력
2. 구매자의 교섭력
3. 신규집입자의 위협
4. 기존 기업간의 경쟁관계
5. 대체재의 위협

* 대체재란 재화 중 같은 효용을 얻을 수 있을 때 사용하는 용어로 쇠고기와 돼지고기, 쌀과 빵이 그 예이다.
* 보완재란 재화 중에서 동일 효용을 증대시키기 위해 함께 사용하는 두 재화로 바늘과 실, 커피와 설탕이 그 예이다.

정답 ①

16

명령일원화의 원칙을 토대로 전문적인 지식이나 기술을 가진 사람들을 참모로 하여 보다 더 효과적인 경영활동을 위해 협력하도록 하는 조직형태는?

① 라인 조직

② 기능별 조직

③ 라인-스태프 조직

④ 프로젝트 조직

⑤ 위원회 조직

해설

정답 ③

17

리더십(leadership)과 팔로워십(Followership) 이론에 대한 설명으로 옳은 것만을 모두 고르면?

ㄱ. 켈리(Kelley)는 소외적 추종자(alienated followers), 순응적 추종자(sheep), 수동적 추종자(yes people), 효과적 추종자(effective followers) 등 네 가지 추종자 유형을 제시하였고, 그 중 소외적 추종자가 가장 위험하다고 주장하였다.

ㄴ. 블레이크(Blake)와 머튼(Mouton)은 생산에 대한 관심과 사람에 대한 관심이 모두 높은 단합형(team management) 리더십 유형을 최선의 관리방식으로 제안하였다.

ㄷ. 상황적응적 리더십 모형의 주창자 중 하나인 피들러(Fiedler)는 리더-구성원 관계, 직위권력, 직무구조 등 3가지 변수를 중요한 상황요소로 설정하였다.

ㄹ. 오하이오 주립대 리더십 연구자들은 리더의 행동을 구조주도(initiating structure)와 배려(consideration)로 설명하며 가장 훌륭한 리더유형을 중간수준의 구조주도와 배려를 갖춘 균형 잡힌 리더형태로 보았다.

① ㄱ, ㄴ

② ㄱ, ㄷ

③ ㄴ, ㄷ

④ ㄴ, ㄷ, ㄹ

⑤ ㄱ, ㄴ, ㄷ, ㄹ

해설

켈리(Kelley)는 팔로워(follower)의 자세와 사고방식으로 나누어 교차시킴으로써 다섯 가지 유형으로 구분하였다. 소외형, 수동형, 순응형, 실무형, 모범형 팔로워이다.

오하이오 주립대 리더십 연구자들은 리더십은 구조주도(initiating structure)와 배려(consideration) 두 가지 요인에 의해 결정된다고 주장한다.
배려는 리더가 부하들과 상호 신뢰를 구축하고 부하들을 존중하며 그들에게 정감적인 관심을 보이는 정도이고, 구조주도는 과업환경의 구조화 정도로 각 구성원들 간의 직위와 역할을 규정하고 조직화하여 공식적인 의사소통 채널을 설정하며, 집단의 과업을 달성하는 방법을 제시하는 등과 관련된 리더의 행위를 말한다.
구조주도가 높고 배려도 높은(고주도, 고배려) 리더십일 때 조직의 유효성이 가장 높은 것으로 결론 내렸다.

정답 ③ 테마 4, 테마 80 참조.

18 빅파이브 성격모델(Big-Five Model)에 대한 설명으로 옳지 않은 것은?

① 내향적인 성격일수록 높은 성과를 초래할 수 있다.
② 개방성(openness)은 상상력, 창의력, 호기심이 많은 성격을 말한다.
③ 타인과 잘 어울리는 성격을 의미하는 우호성(agreeableness)은 다섯 가지 유형 중 하나이다.
④ 외향성(extraversion)은 대인관계에서 오는 심리적 편안함의 정도를 말한다.
⑤ 빅파이브 성격은 개방성, 성실성, 외향성, 우호성, 신경성을 말한다.

해설

빅파이브 성격은 개방성, 성실성, 외향성, 우호성, 신경성을 말한다.
성실성이 높은 사람일수록 모든 직업에서 성과가 높다.
외향성(extraversion)은 열정적으로 타인을 찾고 환경과 상호작용하는 것을 확인하는 요인이다. 외향성은 사람들과의 관계에서 편안함을 느끼는 정도를 말한다.

정답: ① 테마 36 참조.

19 직무평가에 관한 설명으로 옳은 것을 모두 고른 것은? [2024년 기출]

ㄱ. 직무평가 대상은 직무 자체임
ㄴ. 다른 직무들과의 상대적 가치를 평가
ㄷ. 직무수행자를 평가
ㄹ. 종업원의 기업목표달성 공헌도 평가
ㅁ. 직무의 중요성, 난이도, 위험도의 반영

① ㄱ, ㄷ
② ㄱ, ㄴ, ㄹ
③ ㄱ, ㄴ, ㅁ
④ ㄷ, ㄹ, ㅁ
⑤ ㄴ, ㄷ, ㄹ, ㅁ

해설

○ 직무분석과 직무평가

1. 직무분석

직무의 내용과 성격에 관련된 모든 중요한 정보를 수집하고 이들 정보를 관리 목적에 적합하게 정리하는 체계적 과정이다.

직무분석의 결과에 의해 얻어진, 직무에 관한 정보를 조직적이고 체계적으로 정리한 설명서라 할 수 있다.

1) 직무기술서(Job Description)

직무수행과 관련된 과업 등 직무정보를 일정한 양식에 기술한 문서로 "직무" 자체에 관한 사항을 적는다.

2) 직무명세서(Job Specification)

해당 직무 수행을 위한 지식, 기술, 능력, 자격 등의 요건을 기술하며 직무에 필요한 "사람"에 대한 특징을 보여준다.

2. 과업중심 직무분석과 작업자 중심 직무분석

직무조사의 세부기법으로 관찰법, 면접법, 설문지법, 작업기록법, 중요사건기록법 등이 있다.

3. 직무평가

직무평가란 각 직무의 중요성, 난이도, 위험도 등을 평가하여 직무의 상대적 가치를 정하는 체계적 방법으로서 직무급 산정의 토대가 된다.

1) 직무평가 대상은 "직무 그 자체"이지 직무수행자가 아니다.
2) 직무의 "상대적 가치"를 평가(중요도, 곤란도, 위험도, 숙련도, 책임, 난이도, 복잡성 등)하는 것이지 절대적 가치를 평가하는 것이 아니다.
3) "가치"가 개입되는 판단 작업이지 기계적으로 도출되는 과학적 과정이 아니다.

4) 직무평가는 "조직의 전략 및 가치체계"가 반영되어야 하며 어느 회사나 어느 조직에서건 보편적 기준이 적용되는 것이 아니다.

4. 직무평가의 목적

직접적인 목표는 임금과 급여에 대한 내적 및 외적 일관성을 확보하는데 있다.

직무평가의 목적은 직무의 상대적 가치에 따른 임금의 결정에 그치지 않고, 인적자원관리의 전반적인 효율적 활용을 위함이다.

1) 임금수준 결정(직무급 산정, 임금의 공정성 확보)
2) 인력의 확보와 배치의 합리성 제고
3) 인력개발의 합리성 제고

5. 직무평가의 방법

비계량적 방법으로 서열법, 분류법(등급법)이 있고, 계량적 방법으로는 점수법과 요소비교법이 있다.

구분	직무 vs 직무	직무 기준 간 비교
종합적 평가(정성적)	서열법	분류법(등급법)
분석적 평가(정량적)	요소비교법	점수법

정답 ③

20 직무관리의 핵심영역으로 가장 옳지 않은 것은?

① 직무분석
② 직무평가
③ 직무개선
④ 직무설계
⑤ 직무시간 관리

해설

직무관리란 조직의 성공과 성장을 위해 필수적인 인적자원관리의 한 분야로서 직무분석, 직무설계, 직무시간 관리 및 직무평가 등의 영역을 포함한다.

1. 직무분석

직무기술서, 직무명세서를 작성한다. 이는 직무설계와 직무평가의 기초가 된다.

2. 직무설계

조직 목표를 효과적으로 달성하고 동시에 개인의 욕구도 충족될 수 있도록 설계

3. 직무시간 관리(적정화)

직원에 부여할 적당한 작업시간을 결정

4. 직무평가

직무의 상대적 중요성을 체계적으로 결정

정답 ③

21 노동쟁의조정에 관한 설명으로 옳지 않은 것은? [2024년 기출]

① 노동쟁의조정은 노동위원회가 담당한다.

② 노동쟁의조정은 조정, 중재, 긴급조정 등이 있다.

③ 노동쟁의조정 방법은 있어서 임의조정제도는 허용되지 않는다.

④ 확정된 중재내용은 단체협약과 동일한 효력을 갖는다.

⑤ 노동쟁의조정 중 조정은 노동위원회에서 조정안을 작성하여 관계당사자들에게 제시하는 방법이다.

해설

"쟁의조정"이란 노동쟁의에 중립적이고 공정한 제3자가 조정위원이 되어 노사 당사자 간의 의견을 충분히 듣고 서로 상대방의 입장을 이해하여 타협이 이루어지도록 설득하는 것을 말한다.
임의조정은 노동쟁의 당사자 간 합의하여 조정절차를 개시하는 방식으로 노동조합 및 노동관계조정법에 규정되어 있다.

> **제52조(사적 조정 · 중재)** ① 제2절 및 제3절의 규정은 노동관계 당사자가 쌍방의 합의 또는 단체협약이 정하는 바에 따라 각각 다른 조정 또는 중재방법(이하 이 조에서 「사적조정등」이라 한다)에 의하여 노동쟁의를 해결하는 것을 방해하지 아니한다.
> ② 노동관계 당사자는 제1항의 규정에 의하여 노동쟁의를 해결하기로 한 때에는 이를 노동위원회에 신고하여야 한다.

조정과 중재 차이를 보면 "조정"은 분쟁당사자간의 합의를 도출하는 절차인데 반해, "중재"는 당사자가 선정한 중재인이 당사자의 의견을 들은 후에 중재판정을 내리는 절차이다. 조정은 노동위원회에서 조정안을 작성하여 관계당사자들에게 제시하는 방법이고, 확정된 중재내용은 단체협약과 동일한 효력을 갖는다.

정답: ③

22 노동조합 및 노동관계조정법상 노동쟁의의 조정에 관한 설명으로 옳지 않은 것은?

① 노동위원회는 관계 당사자의 일방이 노동쟁의의 조정을 신청한 때에는 지체 없이 조정을 개시하여야 하며 관계 당사자 쌍방은 이에 성실히 임하여야 한다.
② 조정은 그 신청이 있은 날부터 일반사업에 있어서는 10일 이내에, 공익사업에 있어서는 15일 이내로 종료하여야 한다.
③ 근로자를 대표하는 조정위원은 사용자가 추천하는 당해 노동위원회 위원 중에서 그 노동위원회 위원장이 지명하여야 한다.
④ 노동위원회는 관계 당사자 쌍방의 신청이 있거나 관계 당사자가 쌍방의 동의를 얻은 경우에는 조정위원회에 갈음하여 단독조정인에게 조정을 행하게 할 수 있다.
⑤ 조정위원회의 조정안의 해석 또는 이행방법에 관한 견해가 제시되기 전이라도 관계 당사자는 당해 조정안의 해석 또는 이행에 관하여 쟁의행위를 할 수 있다.

해설

정답 ⑤

23 노동조합 및 노동관계조정법상 노동쟁의의 중재에 관한 설명으로 옳은 것은?

① 노동쟁의의 조정에서 사적 중재는 허용되지 않는다.

② 중재재정은 서면으로 작성하여 이를 행하며 그 서면에는 효력발생 기일을 명시하여야 한다.

③ 중재위원회의 위원장은 중재위원 중에서 당해 노동위원회 위원장이 지명한다.

④ 노동쟁의가 중재에 회부된 때에는 그 날부터 30일간은 쟁의행위를 할 수 없다.

⑤ 노동위원회의 중재재정은 중앙노동위원회의 재심신청 또는 행정소송의 제기에 의하여 그 효력이 정지되지 아니한다.

해설

중재재정은 관계 당사자 간의 분쟁에 대해 법원의 재판을 거치지 않고 중재위원회가 내리는 결정을 말한다.

○ 노동조합 및 노동관계조정법

제5장 노동쟁의의 조정

제1절 통칙

제47조(자주적 조정의 노력) 이 장의 규정은 노동관계 당사자가 직접 노사협의 또는 단체교섭에 의하여 근로조건 기타 노동관계에 관한 사항을 정하거나 노동관계에 관한 주장의 불일치를 조정하고 이에 필요한 노력을 하는 것을 방해하지 아니한다.

제48조(당사자의 책무) 노동관계 당사자는 단체협약에 노동관계의 적정화를 위한 노사협의 기타 단체교섭의 절차와 방식을 규정하고 노동쟁의가 발생한 때에는 이를 자주적으로 해결하도록 노력하여야 한다.

제49조(국가등의 책무) 국가 및 지방자치단체는 노동관계 당사자 간에 노동관계에 관한 주장이 일치하지 아니할 경우에 노동관계 당사자가 이를 자주적으로 조정할 수 있도록 조력함으로써 쟁의행위를 가능한 한 예방하고 노동쟁의의 신속·공정한 해결에 노력하여야 한다.

제50조(신속한 처리) 이 법에 의하여 노동관계의 조정을 할 경우에는 노동관계 당사자와 노동위원회 기타 관계기관은 사건을 신속히 처리하도록 노력하여야 한다.

제51조(공익사업등의 우선적 취급) 국가·지방자치단체·국공영기업체·방위산업체 및 공익사업에 있어서의 노동쟁의의 조정은 우선적으로 취급하고 신속히 처리하여야 한다.

제52조(사적 조정·중재) ① 제2절 및 제3절의 규정은 노동관계 당사자가 쌍방의 합의 또는 단체협약이 정하는 바에 따라 각각 다른 조정 또는 중재방법(이하 이 조에서 "사적조정등"이라 한다)에 의하여 노동쟁의를 해결하는 것을 방해하지 아니한다.

② 노동관계 당사자는 제1항의 규정에 의하여 노동쟁의를 해결하기로 한 때에는 이를 노동위원회에 신고하여야 한다.

③ 제1항의 규정에 의하여 노동쟁의를 해결하기로 한 때에는 다음 각 호의 규정이 적용된다.

1. 조정에 의하여 해결하기로 한 때에는 제45조제2항 및 제54조의 규정. 이 경우 조정기간은 조정을 개시한 날부터 기산한다.
2. 중재에 의하여 해결하기로 한 때에는 제63조의 규정. 이 경우 쟁의행위의 금지기간은 중재를 개시한 날부터 기산한다.

④ 제1항의 규정에 의하여 조정 또는 중재가 이루어진 경우에 그 내용은 단체협약과 동일한 효력을 가진다.

⑤ 사적조정 등을 수행하는 자는 「노동위원회법」 제8조제2항제2호 각 목의 자격을 가진 자로 한다. 이 경우 사적조정 등을 수행하는 자는 노동관계 당사자로부터 수수료, 수당 및 여비 등을 받을 수 있다.

제2절 조정

제53조(조정의 개시) ① 노동위원회는 관계 당사자의 일방이 노동쟁의의 조정을 신청한 때에는 지체 없이 조정을 개시하여야 하며 관계 당사자 쌍방은 이에 성실히 임하여야 한다.

② 노동위원회는 제1항의 규정에 따른 조정신청 전이라도 원활한 조정을 위하여 교섭을 주선하는 등 관계 당사자의 자주적인 분쟁 해결을 지원할 수 있다.

제54조(조정기간) ① 조정은 제53조의 규정에 의한 조정의 신청이 있은 날부터 일반사업에 있어서는 10일, 공익사업에 있어서는 15일 이내에 종료하여야 한다.

② 제1항의 규정에 의한 조정기간은 관계 당사자 간의 합의로 일반사업에 있어서는 10일, 공익사업에 있어서는 15일 이내에서 연장할 수 있다.

제55조(조정위원회의 구성) ① 노동쟁의의 조정을 위하여 노동위원회에 조정위원회를 둔다.

② 제1항의 규정에 의한 조정위원회는 조정위원 3인으로 구성한다.

③ 제2항의 규정에 의한 조정위원은 당해 노동위원회의 위원 중에서 사용자를 대표하는 자, 근로자를 대표하는 자 및 공익을 대표하는 자 각 1인을 그 노동위원회의 위원장이 지명하되, 근로자를 대표하는 조정위원은 사용자가, 사용자를 대표하는 조정위원은 노동조합이 각각 추천하는 노동위원회의 위원 중에서 지명하여야 한다. 다만, 조정위원회의 회의 3일전까지 관계 당사자가 추천하는 위원의 명단제출이 없을 때에는 당해 위원을 위원장이 따로 지명할 수 있다.

④ 노동위원회의 위원장은 근로자를 대표하는 위원 또는 사용자를 대표하는 위원의 불참 등으로 인하여 제3항의 규정에 따른 조정위원회의 구성이 어려운 경우 노동위원회의 공익을 대표하는 위원 중에서 3인을 조정위원으로 지명할 수 있다. 다만, 관계 당사자 쌍방의 합의로 선정한 노동위원회의 위원이 있는 경우에는 그 위원을 조정위원으로 지명한다.

제56조(조정위원회의 위원장) ①조정위원회에 위원장을 둔다.

② **위원장은 공익을 대표하는 조정위원**이 된다. 다만, 제55조제4항의 규정에 따른 조정위원회의 위원장은 조정위원 중에서 호선한다.

제57조(단독조정) ①노동위원회는 관계 당사자 쌍방의 신청이 있거나 관계 당사자 쌍방의 동의를 얻은 경우에는 조정위원회에 갈음하여 단독조정인에게 조정을 행하게 할 수 있다.

② 제1항의 규정에 의한 단독조정인은 당해 노동위원회의 위원 중에서 관계 당사자의 쌍방의 합의로 선정된 자를 그 노동위원회의 위원장이 지명한다.

제58조(주장의 확인등) 조정위원회 또는 단독조정인은 기일을 정하여 관계 당사자 쌍방을 출석하게 하여 주장의 요점을 확인하여야 한다.

제59조(출석금지) 조정위원회의 위원장 또는 단독조정인은 관계 당사자와 참고인외의 자의 출석을 금할 수 있다.

제60조(조정안의 작성) ① 조정위원회 또는 단독조정인은 조정안을 작성하여 이를 관계 당사자에게 제시하고 그 수락을 권고하는 동시에 그 조정안에 이유를 붙여 공표할 수 있으며, 필요한 때에는 신문 또는 방송에 보도등 협조를 요청할 수 있다.

② 조정위원회 또는 단독조정인은 관계 당사자가 수락을 거부하여 더 이상 조정이 이루어질 여지가 없다고 판단되는 경우에는 조정의 종료를 결정하고 이를 관계 당사자 쌍방에 통보하여야 한다.

③ 제1항의 규정에 의한 조정안이 관계 당사자의 쌍방에 의하여 수락된 후 그 해석 또는 이행방법에 관하여 관계 당사자간에 의견의 불일치가 있는 때에는 관계 당사자는 당해 조정위원회 또는 단독조

정인에게 그 해석 또는 이행방법에 관한 명확한 견해의 제시를 요청하여야 한다.

④ 조정위원회 또는 단독조정인은 제3항의 규정에 의한 요청을 받은 때에는 그 요청을 받은 날부터 7일 이내에 명확한 견해를 제시하여야 한다.

⑤ 제3항 및 제4항의 해석 또는 이행방법에 관한 견해가 제시될 때까지는 관계 당사자는 당해 조정안의 해석 또는 이행에 관하여 쟁의행위를 할 수 없다.

제61조(조정의 효력) ①제60조제1항의 규정에 의한 조정안이 관계 당사자에 의하여 수락된 때에는 조정위원 전원 또는 단독조정인은 조정서를 작성하고 관계 당사자와 함께 서명 또는 날인하여야 한다.

② 조정서의 내용은 단체협약과 동일한 효력을 가진다.

③ 제60조제4항의 규정에 의하여 조정위원회 또는 단독조정인이 제시한 해석 또는 이행방법에 관한 견해는 중재재정과 동일한 효력을 가진다.

제61조의2(조정종료 결정 후의 조정) ①노동위원회는 제60조제2항의 규정에 따른 조정의 종료가 결정된 후에도 노동쟁의의 해결을 위하여 조정을 할 수 있다.

② 제1항의 규정에 따른 조정에 관하여는 제55조 내지 제61조의 규정을 준용한다.

제3절 중재

제62조(중재의 개시) 노동위원회는 다음 각 호의 어느 하나에 해당하는 때에는 중재를 행한다.

1. 관계 당사자의 쌍방이 함께 중재를 신청한 때
2. 관계 당사자의 일방이 단체협약에 의하여 중재를 신청한 때

제63조(중재 시의 쟁의행위의 금지) 노동쟁의가 중재에 회부된 때에는 그 날부터 15일간은 쟁의행위를 할 수 없다.

제64조(중재위원회의 구성) ①노동쟁의의 중재 또는 재심을 위하여 노동위원회에 중재위원회를 둔다.

② 제1항의 규정에 의한 중재위원회는 중재위원 3인으로 구성한다.

③ 제2항의 중재위원은 당해 노동위원회의 공익을 대표하는 위원 중에서 관계 당사자의 합의로 선정한 자에 대하여 그 노동위원회의 위원장이 지명한다. 다만, 관계 당사자 간에 합의가 성립되지 아니한 경우에는 노동위원회의 공익을 대표하는 위원 중에서 지명한다.

제65조(중재위원회의 위원장) ①중재위원회에 위원장을 둔다.

② 위원장은 중재위원 중에서 호선한다.

제66조(주장의 확인등) ①중재위원회는 기일을 정하여 관계 당사자 쌍방 또는 일방을 중재위원회에 출석하게 하여 주장의 요점을 확인하여야 한다.

② 관계 당사자가 지명한 노동위원회의 사용자를 대표하는 위원 또는 근로자를 대표하는 위원은 중재위원회의 동의를 얻어 그 회의에 출석하여 의견을 진술할 수 있다.

제67조(출석금지) 중재위원회의 위원장은 관계 당사자와 참고인외의 자의 회의출석을 금할 수 있다.

제68조(중재재정) ①중재재정은 서면으로 작성하여 이를 행하며 그 서면에는 효력발생 기일을 명시하여야 한다.

② 제1항의 규정에 의한 중재재정의 해석 또는 이행방법에 관하여 관계 당사자간에 의견의 불일치가 있는 때에는 당해 중재위원회의 해석에 따르며 그 해석은 중재재정과 동일한 효력을 가진다.

제69조(중재재정등의 확정) ①관계 당사자는 지방노동위원회 또는 특별노동위원회의 중재재정이 위법이거나 월권에 의한 것이라고 인정하는 경우에는 그 중재재정서의 송달을 받은 날부터 10일 이내에 중앙노동위원회에 그 재심을 신청할 수 있다.

② 관계 당사자는 중앙노동위원회의 중재재정이나 제1항의 규정에 의한 재심결정이 위법이거나 월권에 의한 것이라고 인정하는 경우에는 행정소송법 제20조의 규정에 불구하고 그 중재재정서 또는 재심

결정서의 송달을 받은 날부터 15일 이내에 행정소송을 제기할 수 있다.

③ 제1항 및 제2항에 규정된 기간 내에 재심을 신청하지 아니하거나 행정소송을 제기하지 아니한 때에는 그 중재재정 또는 재심결정은 확정된다.

④제 3항의 규정에 의하여 중재재정이나 재심결정이 확정된 때에는 관계 당사자는 이에 따라야 한다.

제70조(중재재정 등의 효력) ① 제68조제1항의 규정에 따른 중재재정의 내용은 단체협약과 동일한 효력을 가진다.

② 노동위원회의 중재재정 또는 재심결정은 제69조 제1항 및 제2항의 규정에 따른 중앙노동위원회에의 재심신청 또는 행정소송의 제기에 의하여 그 효력이 정지되지 아니한다.

제4절 공익사업 등의 조정에 관한 특칙

제71조(공익사업의 범위 등) ① 이 법에서 "공익사업"이라 함은 공중의 일상생활과 밀접한 관련이 있거나 국민경제에 미치는 영향이 큰 사업으로서 다음 각 호의 사업을 말한다.

1. 정기노선 여객운수사업 및 항공운수사업
2. 수도사업, 전기사업, 가스사업, 석유정제사업 및 석유공급사업
3. 공중위생사업, 의료사업 및 혈액공급사업
4. 은행 및 조폐사업
5. 방송 및 통신사업

② 이 법에서 **"필수공익사업"**이라 함은 제1항의 공익사업으로서 그 업무의 정지 또는 폐지가 공중의 일상생활을 현저히 위태롭게 하거나 국민경제를 현저히 저해하고 그 업무의 대체가 용이하지 아니한 다음 각 호의 사업을 말한다. **→한국/통신/철/수(등)/병원·혈액**

1. 철도사업, 도시철도사업 및 항공운수사업
2. 수도사업, 전기사업, 가스사업, 석유정제사업 및 석유공급사업
3. 병원사업 및 혈액공급사업
4. 한국은행사업
5. 통신사업

제72조(특별조정위원회의 구성) ① 공익사업의 노동쟁의의 조정을 위하여 노동위원회에 특별조정위원회를 둔다.

② 제1항의 규정에 의한 특별조정위원회는 특별조정위원 3인으로 구성한다.

③ 제2항의 규정에 의한 특별조정위원은 그 노동위원회의 공익을 대표하는 위원 중에서 노동조합과 사용자가 순차적으로 배제하고 남은 4인 내지 6인중에서 노동위원회의 위원장이 지명한다. 다만, 관계 당사자가 합의로 당해 노동위원회의 위원이 아닌 자를 추천하는 경우에는 그 추천된 자를 지명한다.

제73조(특별조정위원회의 위원장) ① 특별조정위원회에 위원장을 둔다.

② 위원장은 공익을 대표하는 노동위원회의 위원인 특별조정위원중에서 호선하고, 당해 노동위원회의 위원이 아닌 자만으로 구성된 경우에는 그중에서 호선한다. 다만, 공익을 대표하는 위원인 특별조정위원이 1인인 경우에는 당해 위원이 위원장이 된다.

제74조 삭제

제75조 삭제

제5절 긴급조정

제76조(긴급조정의 결정) ① 고용노동부장관은 쟁의행위가 공익사업에 관한 것이거나 그 규모가 크거나 그 성질이 특별한 것으로서 현저히 국민경제를 해하거나 국민의 일상생활을 위태롭게 할 위험이 현존

하는 때에는 긴급조정의 결정을 할 수 있다.

② 고용노동부장관은 긴급조정의 결정을 하고자 할 때에는 미리 중앙노동위원회 위원장의 의견을 들어야 한다.

③ 고용노동부장관은 제1항 및 제2항의 규정에 의하여 긴급조정을 결정한 때에는 지체 없이 그 이유를 붙여 이를 공표함과 동시에 중앙노동위원회와 관계 당사자에게 각각 통고하여야 한다.

제77조(긴급조정시의 쟁의행위 중지) 관계 당사자는 제76조제3항의 규정에 의한 긴급조정의 결정이 공표된 때에는 즉시 쟁의행위를 중지하여야 하며, 공표일부터 30일이 경과하지 아니하면 쟁의행위를 재개할 수 없다.

제78조(중앙노동위원회의 조정) 중앙노동위원회는 제76조제3항의 규정에 의한 통고를 받은 때에는 지체없이 조정을 개시하여야 한다.

제79조(중앙노동위원회의 중재회부 결정권) ① 중앙노동위원회의 위원장은 제78조의 규정에 의한 조정이 성립될 가망이 없다고 인정한 경우에는 공익위원의 의견을 들어 그 사건을 중재에 회부할 것인가의 여부를 결정하여야 한다.

② 제1항의 규정에 의한 결정은 제76조제3항의 규정에 의한 통고를 받은 날부터 15일 이내에 하여야 한다.

제80조(중앙노동위원회의 중재) 중앙노동위원회는 당해 관계 당사자의 일방 또는 쌍방으로부터 중재신청이 있거나 제79조의 규정에 의한 중재회부의 결정을 한 때에는 지체없이 중재를 행하여야 한다.

정답 ②

24 단체교섭의 방식 중 대각선 교섭에 대한 설명으로 가장 옳은 것은?

① 여러 개의 단위노조와 사용자가 집단으로 연합전선을 형성하여 교섭하는 방식이다.

② 전국에 걸친 산업별, 지역별 노조와 이에 대응하는 산업별 혹은 지역별 사용자단체 간의 단체교섭이다.

③ 산업별 노조나 지역별 노조와 이 노조에 소속된 개별 기업의 사용자 간에 이루어지는 교섭방식이다.

④ 기업 내 조합원을 교섭단위로 하여 기업 단위노조와 사용자 간에 단체교섭이 행하여지는 방식이다.

⑤ 산업별 노동조합과 그 지부가 공동으로 사용자와 교섭하는 방식이다.

해설

(풀이)
① 여러 개의 단위노조와 사용자가 집단으로 연합전선을 형성하여 교섭하는 방식이다.(집단교섭)
② 전국에 걸친 산업별, 지역별 노조와 이에 대응하는 산업별 혹은 지역별 사용자단체 간의 단체교섭이다.(통일교섭)
③ 산업별 노조나 지역별 노조와 이 노조에 소속된 개별 기업의 사용자 간에 이루어지는 교섭방식이다.(대각선교섭)
④ 기업 내 조합원을 교섭단위로 하여 기업 단위노조와 사용자 간에 단체교섭이 행하여지는 방식이다.(기업별 교섭)
⑤ 산업별 노동조합과 그 지부가 공동으로 사용자와 교섭하는 방식이다.(공동교섭)

정답 ③ 테마30 참조.

25

조직설계에 영향을 미치는 기술유형을 학자들이 제시한 것이다. (　　)에 들어갈 내용으로 옳은 것은? [2024년 기출]

○ 우드워드(J. Woodward): 소량단위 생산기술, (ㄱ), 연속공정생산기술
○ 페로우(C. Perrow): 일상적 기술, 비일상적 기술, (ㄴ), 공학적 기술
○ 톰슨(J. Tompson): (ㄷ), 연속형 기술, 집약형 기술

① ㄱ: 대량생산기술, ㄴ: 장인기술, ㄷ: 중개형 기술
② ㄱ: 대량생산기술, ㄴ: 중개형 기술, ㄷ: 장인기술
③ ㄱ: 중개형 기술, ㄴ: 장인기술, ㄷ: 대량생산기술
④ ㄱ: 장인기술, ㄴ: 중개형 기술, ㄷ: 대량생산기술
⑤ ㄱ: 장인기술, ㄴ: 대량생산기술, ㄷ: 중개형 기술

해설

정답 ①

기술과 조직구조에 관한 설명으로 옳은 것은 모두 고른 것은? [2016년 기출]

ㄱ. 모든 조직은 한 가지 이상의 기술을 가지고 있다.
ㄴ. 비일상적 활동에 관여하는 조직은 기계적 구조를, 일상적 활동에 관여하는 조직은 유기적 구조를 선호한다.
ㄷ. 조직구조의 영향요인으로 기술에 대하여 최초로 관심을 가진 학자는 우드워드(J. Woodward)이다.
ㄹ. 톰슨(J. Tompson)은 기술유형을 체계적으로 분류한 학자로 중개형 기술, 연속형 기술, 집중형 기술로 유형화하였다.
ㅁ. 여러 가지 기술을 구별하는 공통적인 주제는 일상성의 정도(degree of routineness)이다.

① ㄱ, ㄴ
② ㄷ, ㄹ
③ ㄴ, ㄷ, ㄹ
④ ㄷ, ㄹ, ㅁ
⑤ ㄱ, ㄷ, ㄹ, ㅁ

해설

페로우(C. Perrow)는 기술을 "분석가능성 차원과 다양성 차원"을 기준으로 분류하였다. 일상적 기술은 기계적 구조로 비일상적 기술은 유기적 구조를 선호한다.
문제가 분석가능하고 과업의 다양성이 모두 높은 것은 공학적 기술, 반대로 모두 낮은 것은 장인기술이다.

정답 ⑤

상황적합적 조직구조이론에 관한 설명으로 옳지 않은 것은?

① 우드워드(J. Woodward)는 기술을 단위생산기술, 대량생산기술, 연속공정기술로 나누었는데, 대량생산에는 기계적 구조가 적합하고, 연속공정에는 유기적 구조가 적합하다고 주장하였다.
② 번즈와 스토커(Burns & Stalker)는 안정적인 환경에서는 기계적인 조직이, 불확실한 환경에서는 유기적인 조직이 효과적이라고 주장하였다.
③ 톰슨(J. Tompson)은 기술을 단위작업 간의 상호의존성에 따라 중개형, 장치형(연속형), 집약형으로 유형화하고 이에 적합한 조직구조와 조정형태를 제시하였다.
④ 페로우(C. Perrow)는 기술을 다양성 차원과 분석가능성 차원을 기준으로 일상적 기술, 공학적 기술, 장인기술, 비일상적 기술로 유형화하였다.
⑤ 블라우(P. Blau), 차일드(J. Child)는 환경의 불확실성을 상황변수로 연구하였다.

해설

번즈와 스토커(Burns & Stalker)에 따르면 환경요인이 비교적 단순하고 상대적으로 안정적이며 자원의 여유가 많은 환경에 직면한 조직의 경우에는 기계적 조직이 형성되는 반면 환경오염이 복잡하고 변동성이 크며 상대적으로 자원의 여유가 적은 환경에 직면한 조직의 경우에는 유기적 조직이 형성된다. 즉 환경의 불확실성을 상황변수로 연구한 학자는 번즈와 스토커(Burns & Stalker)이다. 상황변수로는 환경, 기술, 규모, 전략, 권력 작용을 꼽는다. 객관적 상황변수는 "환경, 기술, 규모"이고 주관적 상황 변수는 "전략과 권력 작용"이다. 즉 환경이 조직구조를 결정한다고 본다.

〈참고〉 톰슨(J. Tompson)의 기술유형과 상호의존성

기술유형	중개형 기술	연속형 기술	집약형 기술
상호의존성	집합적(pooled) 상호의존성	순차적(sequential) 상호의존성	교호적(reciprocal) 상호의존성
조정기제	표준화	계획	상호조정

정답 ⑤

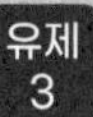

조직의 기술과 구조에 대한 설명으로 옳은 것만을 모두 고르면?

ㄱ. 우드워드(Woodward)의 견해에 따르면 대량생산기술을 사용하는 조직에는 기계적 구조가, 단위 · 소량생산과 연속공정생산기술을 가진 조직에는 유기적 구조가 효과적이다.
ㄴ. 페로우(Perrow)의 견해에 따르면 문제의 분석가능성이 높고 예외적 사건의 발생빈도가 높은 유형은 공학적 기술(engineering)에, 문제의 분석가능성이 낮고 예외적인 사건의 발생빈도가 낮은 유형은 장인기술(craft)에 해당한다.
ㄷ. 톰슨(Thompson)의 견해에 따르면 집약기술은 과업활동의 표준화를, 중개기술은 조직의 빈번한 상호작용을 필요로 한다

① ㄱ
② ㄱ, ㄴ
③ ㄱ, ㄷ
④ ㄴ, ㄷ
⑤ ㄱ, ㄴ, ㄷ

해설

정답 ②

26 톰슨(J. Thompson)의 기술과 조직구조 관계에 대한 분류기준에 해당하는 것은?

① 기술복잡성
② 과업다양성
③ 과업정체성
④ 분석가능성
⑤ 상호의존성

해설

정답 ⑤

27 조직구조의 상황변수 중 조직기술에 대한 설명으로 옳지 않은 것은?

① 조직기술이란 조직 내 직무가 표준화되어 있는 정도를 의미한다.
② 조직기술은 분석 수준에 따라서 달라지며 개인수준, 부서수준, 조직수준으로 분류할 수 있다.
③ 우드워드(Woodward)에 따르면 연속공정생산기술에 의존하는 조직은 유기적 구조가 효과적이다.
④ 톰슨(Thompson)에 따르면 중개형 기술을 가진 조직에서 부서 간 상호의존성이 가장 낮다.
⑤ 페로우(Perrow)에 따르면 장인기술은 과업의 다양성이 낮고, 문제의 분석가능성이 낮은 기술이다.

해설

우드워드(Woodward)에 따르면 대량생산기술을 사용하는 조직에는 기계적 구조가 단위소량생산과 연속공정생산기술을 가진 조직에는 유기적 구조가 효과적이다.

○ 조직구조의 변수

기본변수	상황변수
1. 복잡성 조직의 분화 정도 **2. 공식성** 조직 내의 직무가 표준화 되어 있는 정도 **3. 집권성** 조직계층 상하 간의 권한분배 정도	**1. 규모** 규모가 클수록 복잡성과 공식성은 높아지지만 집권성은 낮아진다. **2. 기술** 조직의 여러 투입물을 조직이 목표로 하는 산출물로 변화시키는데 이용되는 지식, 도구, 기법 등을 의미 **3. 환경** **4. 조직전략** **5. 권력작용**

○ 톰슨(Thompson)의 조직 기술과 상호의존성

톰슨은 조직구조에 영향을 주는 세 가지 유형의 상호의존성을 정의하고 기술을 단위작업 간의 상호의존성 형태에 따라 세 가지 유형으로 분류하였다.

1. 집합적 상호의존성(중개형 기술)

부선 간에 상호의존성이 거의 없는 형태로 각 부서는 독립적으로 공동목표에 공헌한다.

2. 순차적 상호의존성(연속형 기술)

한 부서의 활동이 다른 부서의 활동에 직접적으로 관련되어 있는 것으로 상호의존성 정도가 집합적 상호의존성보다 높다.

3. 교호적 상호의존성(집약형 기술)

하나의 과업을 수행하기 위하여 여러 부서의 활동이 동시에 관련되어 있는 것으로 관련 부서 간 상호의존성이 가장 높은 상태를 말한다.

상호의존성 분류	집합적 상호의존성	순차적 상호의존성	교호적 상호의존성
기술 분류	중개형 기술	연속적 기술	집약적 기술

정답 ①

28 수요예측 방법 중 주관적(정성적) 접근방법에 해당하지 않는 것은?

① 델파이법

② 이동평균법

③ 시장조사법

④ 자료유추법

⑤ 판매원 의견종합법

해설

정답 ② 테마16 참조.

○ 정량적 수요예측

이동평균법의 종류에는 단순이동평균법과 가중이동평균법이 있다.

단순이동평균법은 평균의 계산기간을 순차로 한 개항씩 이동시켜가면서 기간별 평균을 계산하는 방법인 반면 가중이동평균법은 최근 자료에 더 큰 가중치를 부여함으로써 단순이동평균법보다 수요의 변화를 모형에 더 반영하고자 하는 예측기법이다.

한편, 지수평활법은 이동평균법의 약점인 가중치 선정기준의 불합리성과 대상기간을 정하는 비합리성을 보다 합리적으로 개선한 가중이동평균법의 하나이다. 과거 관측치에 가중치를 지수적으로 감소시켜 평균을 산출하는 방법으로 최근 데이터에 더 큰 가중치를 부여한다.

아래 예제를 통해 이해하도록 한다.

1. 단순이동평균법

(주)절대 안전의 고소작업대 판매대수 자료이다. 판매대수에 대한 4기간(월) 단순이동평균법을 적용하여 8월의 예측판매량을 구하라.

월	2	3	4	5	6	7
판매량	5	10	13	18	27	30

해설

8월 예측치=(4월+5월+6월+7월의 판매량)÷4기간= $\frac{(13+18+27+30)}{4}$ =22

2. 가중이동평균법

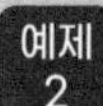

(주)절대 안전의 지게차 판매대수에 대한 4기간(월) 가중이동평균을 적용하여 8월의 예측판매량을 구하면? (단, 가중치 0.1, 0.2, 0.3, 0.4를 적용)

월	2	3	4	5	6	7
판매량	5	10	13	18	27	30

해설

[(4월 판매량×0.1)+(5월 판매량×0.2)+(6월 판매량×0.3)+(7월 판매량×0.4)]

=[(13×0.1)+(18×0.2)+(27×0.3)+(30×0.4)]

=25

3. 지수평활법

최근의 데이터만을 사용하여 예측이 가능한 정량적 예측법으로, 가장 최근 관측값만을 중요한 유일한 값으로 간주한다. 평활상수(α)의 선택이 예측 정확도에 큰 영향을 미친다.

평활상수(α: 알파)가 작을수록 최근값의 가중치가 낮으므로 "평활효과"가 크다고 할 수 있다.

평활효과가 크면 변동의 효과는 줄어들게 되는 것인데 평활상수 알파(α)는 0에서 1사이의 값을 가지고, 1에 가까울수록 최근값에 가중치가 크므로 평활효과는 작다고 볼 수 있다. 즉, 최근 추세를 평활치에 크게 반영하는 것이다. 따라서 평활이 주목적이므로 알파(α)는 작은 값을 사용하게 되는데 0.1, 0.2, 0.3을 크게 넘지 않는 것이 좋다.

○ 지수평활법 공식

차기 예측치=직전 예측치+α (직전 실제치−직전 예측치)

(단, 0≦α≦1)

어느 제품의 4개월간 수요량을 지수평활법에 의해 예측하고자 한다. 다음 표를 활용하여 2월~4월 수요예측값을 구하시오. (단, 지수평활상수는 0.4이다.)

월	1	2	3	4
실제수요	20	15	20	15
예측수요	15			

해설

2월 수요예측값=1월 수요예측값+α (1월 실제수요값−1월 수요예측값)=17

3월 수요예측값=2월 수요예측값+α (2월 실제수요값−2월 수요예측값)=16.2

4월 수요예측값=3월 수요예측값+α (3월 실제수요값−3월 수요예측값)=17.72

〈참고〉 수요예측 분류

주관적 예측	객관적 예측(정량적 예측)	
정성적 예측법	시계열 분석 예측법	인과형 예측법
· 델파이법 · 시장(소비자) 조사 · 패널동의법 · 판매원의견 종합법 · 위원회법 · 자료(수명주기) 유추법 · 명목집단법 · 브레인스토밍	· 전기수요법 · 최소자승법(추세분석법) · 이동평균법 −단순이동평균법 −가중이동평균법 · 지수평활법 · Box−Jenkins법	· 회귀분석 · 계량경제모델 · 선도지표법 · 투입−산출모형 · 시뮬레이션모형

29

(주)안전의 지난달 A품목 예측 수요가 2,200개이고, 실제 수요가 2,100개로 나타났을 때 지수평활법으로 이번 달 수요를 예측하니 2,180개가 되었다. 이때 사용한 지수 평활계수는?

① 0.05
② 0.1
③ 0.15
④ 0.2
⑤ 0.25

해설

정답 ④

30

(주)산업안전의 4개월간 제품 실제 수요량과 예측치가 다음과 같다고 할 때, 평균절대오차(MAD)는?

월(t)	실제 수요량(Dt)	예측치(Ft)
1월	200개	225개
2월	240개	220개
3월	300개	285개
4월	270개	290개

① 2.5
② 10
③ 20
④ 412.5
⑤ 1,650

해설

○ **평균절대오차(MAD: Mean Absolute Deviation)**

$$=\frac{\sum|오차|}{n}=\frac{\sum|실제치-예측치|}{n}$$

오차가 작을수록 평균절대오차(MAD)는 작아진다.

○ 추적지표(TS: Tracking Signal)

$$=\frac{\sum(실제치-예측치)}{MAD}=\frac{누적예측오차}{MAD}$$

예측치의 평균이 일정한 진로를 유지하고 있는지를 나타내는 척도로 예측의 정확도를 나타내 주는 신호이다. 추적지표(TS)의 값이 음수(−)이면 예측치가 실제치보다 크고, 양수(+)이면 실제치가 예측치보다 큰 것을 의미한다.

정답 ③

31 **예측방법이 실제수요의 변화를 정확하게 예측하는지 판단하기 위해 관리한계를 활용하는 예측오차방법은?**

① 추적지표(tracking signal)
② 평균자승오차(mean squared error)
③ 평균절대편차(mean absolute error)
④ 평균절대비율오차(mean absolute percentage error)
⑤ 평균오차(mean error)

해설

정답 ①

32 수요예측에 관한 설명으로 가장 적절한 것은?

① 개별 품목의 수요를 예측하는 것이 제품군의 총괄 수요를 예측하는 것보다 수요예측치의 정확도가 높다.

② 누적예측오차(CFE), 평균절대오차(MAD), 추적지표(TS)는 수요예측치의 편의(bias)를 측정하는 데 유용하다.

③ 단순지수평활법(simple exponential smoothing)의 수요예측치는 직전 시점의 수요예측치와 실제수요를 가중평균하여 얻을 수 있다.

④ 결합예측(combination forecast)은 공급사슬에 참여하는 주체들의 개별적인 수요 예측치를 결합하여 수요를 예측하는 방법이고, 초점예측(focus forecast)은 공급사슬 상에서 고객과 가장 가까운 주체의 수요 예측치를 사용하는 방법이다.

⑤ 수요예측은 생산계획 수립에 있어서 리드타임 감축이 핵심요소인 재고생산(MTS) 공정보다 정시납품이 핵심요소인 주문생산(MTO) 공정에서 상대적으로 중요하다.

해설

초점예측(focus forecasting)은 과거 정보로부터 논리적 규칙을 도출하여 이를 과거자료에 대한 시뮬레이션을 통해 검증하는 방식으로 진행된다.

결합예측(combination forecast)은 문자 그대로 서로 다른 기법의 개별 모형의 예측치를 결합하는 모형이다. 개별 모형이 어떤 기간에 예측을 정확하게 하더라도 시간이 지나면 예측력이 떨어질 가능성도 항상 존재한다.

공급사슬 상에서 고객과 가장 가까운 주체는 소매상이나 도매상 즉, 판매원들이다. 이들의 수요 예측치를 이용하는 것은 정성적 수요예측(질적 예측) 중 '판매원 의견조사법' 에 해당한다.

○ 수요예측의 특징

1. 예측오차의 최소화

2. 모든 예측은 과거의 경향이나 인과관계가 미래에도 지속될 것이라고 가정.

3. 완벽한 수요예측(예측오차=0)이란 없다.

4. 개별예측보다 총괄수요예측이 더 정확하다. 예를 들면 하나의 제품에 대한 수요예측보다 전체제품에 대한 총괄수요예측이 더 정확하다.

5. 예측대상기간이 멀어질수록 예측의 정확도는 떨어진다. 단기예측〉중기예측〉장기예측의 순으로 예측의 정확도가 크다.

6. 평균오차[$=\frac{\sum(\text{실제치}-\text{예측치})}{n}$]

평균오차(ME)는 예측된 각 기간의 오차를 모두 합하여 예측기간으로 나눈 값으로 편의(bias)라고 부르기도 한다.

평균오차가 음(−)의 값을 가지는 경우 과대추정, 평균오차가 양(+)이면 과소추정을 의미한다.

누적예측오차(CFE), 평균절대오차(MAD), 추적지표(TS)는 수요예측치의 정확도를 측정하는 데 유용하다.

7. 계획생산방식(MTS, Make to Stock, 수요예측을 근간으로 재고생산을 기획하여 고객의 주문에 대응하는 방식)이 주문생산방식(MTO)보다 상대적으로 수요예측이 더 긴요하게 활용된다.

8. 단순지수평활법(simple exponential smoothing)의 수요예측치는 직전 시점의 수요예측치와 실제수요를 가중평균하여 얻을 수 있다. 가중평균이란 현재와 가까운 자료에 더 많은 가중값을 주고, 현재에서 멀수록 작은 가중값을 주는 것을 말한다.

정답 ③

33 수요예측모형에 대한 설명으로 옳지 않은 것은?

① 회귀모형이나 계량경제모형은 여러 가지 변수들의 상호관계를 알 수 있을 때 적용가능한 대표적인 인과적 예측모형이다.

② 지수평활법은 가중이동평균법과 마찬가지로 최근 자료에 높은 가중치를 두고 있으나 추세나 계절적 변동을 고려하여 보정할 수 있으므로 더욱 효과적이라고 평가된다.

③ 델파이법이나 패널동의법은 전문가집단이나 다양한 사람들의 의견을 통합하여 새로운 사업의 미래 상황을 정성적으로 예측하는 기법이다.

④ 예측기법을 선택할 때 예측할 대상의 특성은 고려하지 않아도 되지만 예측시간과 비용, 사용가능한 자료와 자료의 패턴 등은 비중 있게 고려해야 한다.

⑤ 노동과학적 기법은 질적 인력수요예측기법에 해당하지 않는다.

해설

인과적 예측모형은 독립변수(원인), 종속변수(결과)를 일차식으로 표현하여 수요를 예측하는 모형이다. 인과적 예측모형에는 회귀분석, 산업연관분석, 투입산출모형, 수명주기분석, 계량경제모형 등이 있다. 계량경제모형은 경제자료들 간의 함수관계 또는 인과관계를 분석하여 이를 토대로 예측한다.

지수평활법은 최근에 가까운 자료일수록 과거의 자료보다 지수적으로 더 높은 가중치를 부여해 예측치에 반영되는데 이동평균법과 마찬가지로 시계열에 계절적 변동, 추세 및 순환요인이 크게 작용되지 않을 때 유용한 '단순지수평활법'이 있고, 추세나 계절적 변동을 보정해 나가는 '고차적인 지수평활법'이 있다.

수요예측은 크게 양적(정량적 또는 객관적), 질적(정성적 또는 주관적)으로 나눌 수 있는데 노동과학적 기법은 시간연구를 기초로 개별 작업장별 필요한 인력을 산출하는 기법으로 인력수요계획에 있어서 각 직무와 작업에 필요로 하는 인력을 예측하는 양적예측에 속한다.

정답 ④

34 총괄생산계획에서 선택할 수 있는 수요전략 방안으로 옳지 않은 것은?

① 노동력 이용률 조정

② 가격 조정

③ 광고와 판매촉진 활용

④ 보완제품의 수요 개발

⑤ 추후납품(back-order) 조절

해설

총괄생산계획이란 기업의 전반적인 생산수준을 결정하는 중기계획(향후 6개월에서 18개월의 기간 동안 생산할 제품 집단별로 생산율 결정)을 말한다.
총괄생산계획(APP)이 결정되면 주일정계획(MPS), 자재소요계획(MRP)로 이어진다.

정답 ① 테마14 참조.

35 시계열 자료에서 발견할 수 있는 수요 변동의 형태를 모두 고른 것은?

ㄱ. 수직적 패턴	ㄴ. 수평적 패턴
ㄷ. 추세 패턴	ㄹ. 계절적 패턴

① ㄱ, ㄴ
② ㄱ, ㄹ
③ ㄴ, ㄷ
④ ㄱ, ㄷ, ㄹ
⑤ ㄴ, ㄷ, ㄹ

해설

시계열 패턴은 시간의 흐름에 따라 기록된 데이터를 분석하는 방법으로 수평, 추세, 계절성이 복합된 것이며 일정한 변동폭(일정한 분산)을 가지면서 대체로 수평에 가까운 패턴 즉, 일정한 평균을 보인다.

정답 ⑤

36 효과적인 커뮤니케이션의 장애요인에 해당하는 것을 모두 고른 것은?

ㄱ. 정보과중	ㄴ. 적극적 경청	ㄷ. 선택적 지각
ㄹ. 피드백의 활용	ㅁ. 필터링(filtering)	

① ㄱ, ㄴ, ㄹ
② ㄱ, ㄴ, ㅁ
③ ㄱ, ㄷ, ㅁ
④ ㄴ, ㄷ, ㄹ
⑤ ㄷ, ㄹ, ㅁ

해설

선택적 지각(selective perception)은 주변 환경의 정보를 객관적으로 받아들이지 않고, 자신의 기존 인지체계나 이익에 맞는 정보만을 선택적으로 받아들이는 심리적 현상으로 선택적 주의(selective attention)라고도 한다.

필터링(filtering)은 수신자가 정보를 긍정적인 것으로 받아들이도록 정보를 조작하는 것으로 상향적인 의사소통의 보편적인 현상이다.

정답 ③

37 집단 휴가 실시, 초과근무 거부, 정시 출·퇴근 등과 같은 근로자의 쟁의행위는?

① 파업

② 태업

③ 준법투쟁

④ 직장폐쇄

⑤ 피케팅

해설

정답 ③

38 **파업을 효과적으로 수행하기 위하여 파업 비참가자들에게 사업장에 들어가지 말 것을 독촉하고 파업참여에 협력할 것을 요구하는 행위는?**

① 태업
② 보이콧
③ 준법투쟁
④ 직장폐쇄
⑤ 피케팅

해설

보이콧(boycott)은 사용자 또는 그와 거래관계가 있는 제3자의 상품구입 또는 시설이용을 거절하거나 그들과의 근로계약 체결을 거절할 것을 호소하는 행위이다.

피케팅(picketing)은 쟁의행위의 효과를 높일 목적으로 다른 근로자나 시민들에게 쟁의 중임을 알리고 근로자 측에 유리한 여론을 형성하거나 쟁의행위에서 근로자의 이탈을 방지하고 비조합원 등의 사업장 출입을 저지하고 파업에 동조하도록 호소하는 행위를 말한다.

태업(soldiering)은 노동조합이 형식적으로 노동력을 제공하지만 고의적으로 불성실하게 근무함으로써 업무능력을 저하시키는 행위이다.

사보타지(sabotage)는 통상적인 태업과 달리 적극적으로 생산, 사무활동을 방해하거나 원자재나 생산시설을 파괴하는 행위이다. 경영간섭과 생산수단의 손괴를 수반한다는 점에서 정당한 쟁의행위로 보기는 어렵다.

정답 ⑤

39 평정척도법과 중요사건기술법을 결합하여 계량적으로 수정한 인사평가기법은?

① 행동기준평가법(behaviorally anchored rating scales)
② 목표관리법(management by objectives)
③ 평가센터법(assessment center method)
④ 체크리스트법(check list method)
⑤ 강제할당법(forced distribution method)

해설

정답 ① 테마63 참조.

40 여러 부품이 조합되어 만들어진 시스템이나 제품의 전체 고장률이 시간에 관계없이 일정한 경우 적용되는 고장분포로 가장 적합한 것은?

① 균등분포
② 정규분포
③ 대수정규분포
④ 포아송 분포
⑤ 지수분포

해설

지수분포는 시간에 따른 고장률이 일정한 경우에 적용되는 분포로, 부품이나 제품의 수명이 무한대가 아니라 한정되어 있을 때 적합하다.
이는 부품이 제품의 고장이 일정한 확률로 발생하며, 이전 고장과 다음 고장 사이의 시간 간격이 지수분포를 따른다는 가정이다.
지수분포는 무기억 성질을 갖는 유일한 연속형확률분포이다.
여기서 무기억성(memoryless)은 어떤 기계가 처음 만들어져 사용되기 시작한 뒤 일정 시간 이내에 고장이 날 확률과 그 기계가 계속 사용되다가 일정 시간 이내에 고장이 날 확률은 동일하다는 말이다.

정답 ⑤

41 **품질경영시스템-기본사항과 용어(KS Q ISO 9000)에서 정의된 내용 중 계획된 활동이 실현되어 계획된 결과가 달성되는 정도를 의미하는 용어는?**

① 효율성
② 적절성
③ 적합성
④ 효과성
⑤ 리스크

해설

효율성(efficiency): 달성된 결과와 자원 간의 관계
효과성(effectiveness): 계획된 활동이 실현되어 계획된 결과가 달성되는 정도

정답 ④

42 **고장률이 일정하며 0.005/시간으로서 동일한 부품 10개가 동시에 모두 작동해야만 기능을 발휘하는 시스템의 평균수명은?**

① 2시간
② 20시간
③ 200시간
④ 2,000시간
⑤ 20,000시간

해설

한 개라도 고장 나면 작동되지 않으므로 직렬결합모델이다.
시스템 전체의 고장률 $\lambda = \lambda_1 + \lambda_2 + ... + \lambda n$=0.005×10=0.05
시스템 평균수명=고장률의 역수

정답 ②

43

3개의 부품으로 조립되어 만들어진 제품은 3개 모두가 동시에 작동해야 기능을 발휘할 수 있다. 이 제품을 200시간 사용하였을 경우 평균수명과 신뢰도는 얼마인가? (단, 부품의 고장률은 지수분포를 따르고 각 부품의 고장률은 λ_1=0.001/시간, λ_2=0.002/시간, λ_3=0.003/시간이다)

① 평균수명: 166.67시간, 신뢰도: 0.30
② 평균수명: 145.67시간, 신뢰도: 0.30
③ 평균수명: 145.67시간, 신뢰도: 0.40
④ 평균수명: 166.67시간, 신뢰도: 0.40
⑤ 평균수명: 115.67시간, 신뢰도: 0.25

해설

한 개라도 고장 나면 작동되지 않으므로 직렬결합모델이다.
시스템 전체의 고장률 $\lambda = \lambda_1 + \lambda_2 + \lambda_3$=0.006
시스템 평균수명=고장률의 역수=약 166.67시간
신뢰도(R_t)=$e^{-\lambda t}$=$e^{-0.006\times200}$=약 0.301

정답 ①

44

어떤 시스템의 고장률이 시간당 0.045, 수리율은 시간당 0.85일 때, 이 시스템의 가용도는 약 얼마인가?

① 0.0503
② 0.5307
③ 0.6528
④ 0.9497
⑤ 0.9782

해설

○ **가용도(시스템이 일정 기간에 고장 없이 가동될 확률)**

=MTTF/MTBF

=MTTF/(MTTR+MTTF)

여기서 λ 는 고장률, μ 는 수리율이다.

MTTF=1/λ 이고, MTTR=1/μ 이므로

$$가용도=\frac{\mu}{\mu+\lambda}=\frac{수리율}{(수리율+고장률)}=\frac{0.85}{0.85+0.045}=약\ 0.9497$$

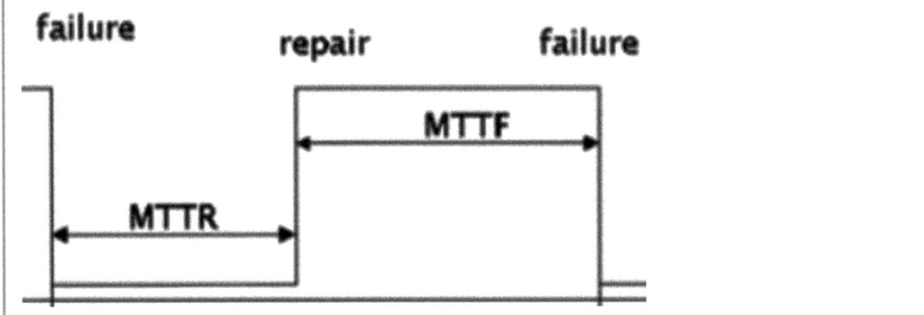

정답 ④

45 도요타 생산방식의 주축을 이루는 JIT(Just In Time) 시스템의 장점에 해당되지 않는 것은? [2024년 기출]

① 한정된 수의 공급자와 친밀한 유대관계를 구축한다.

② 미래의 수요예측에 근거한 기본일정계획을 달성하기 위해 종속품목의 양과 시기를 결정한다.

③ JIT 생산으로 원자재, 재공품, 제품의 재고수준을 줄인다.

④ 유연한 설비배치와 다기능공으로 작업자 수를 줄인다.

⑤ 생산성의 낭비제거로 원가를 낮추고 생산성을 향상시킨다.

해설

정답 ②

1. JIT(Just In Time)

필요한 때 적기에 생산하여 적시에 공급하는 형태로 팔릴 만큼만 만들어서 판매하여 현장중심 개선과 낭비제거를 추구하는 Pull 방식이다. 도요타 생산방식(JIT)은 도요타 에이지의 부하 직원이었던 '오노 다이이치'에 의해 시작되었다.

〈참고〉 재공품은 제조를 위해 대기 중인 미완성품이고, 반제품은 그 자체로도 판매 가능한 미완성품을 말한다. 예를 들어 컴퓨터 제조회사의 하드디스크나 메인보드, 메모리 등은 제품을 완성하기 위한 부속품이기는 하지만 그 자체로도 판매가 가능하기에 이는 재공품이 아닌 반제품이라 부른다.

2. MRP(Material Requirement Plan: 자재소요계획)

주일정계획(MPS: Master Production Schedule) 달성을 위한 원자재 및 부품(종속품목) 등의 소요에 대한 계획을 통합적으로 관리하기 위한 시스템이다.

1960년대 중반, IBM사에서 일하던 오릭키(J. Orlicky)가 처음 만들어낸 개념이다.

MRP 특징은 다음과 같다.

1) 종속품목 대상
2) 재고계획 및 일정계획에 관한 시스템
3) 전산화된 경영정보시스템
4) 컴퓨터 통합생산(CIM) 시스템
5) 수요예측에 기반한 계획생산으로 Push 방식

JIT(Just In Time) 생산방식의 특징으로 옳지 않은 것은? [2019년 기출]

① 간판(kanban)을 이용한 푸시(push) 시스템
② 생산준비시간 단축과 소(小)로트 생산
③ U자형 라인 등 유연한 설비배치
④ 여러 설비를 다룰 수 있는 다기능 작업자 활용
⑤ 불필요한 재고와 과잉생산 배제

해설

간판(kanban) 보드에 모든 업무를 시각적으로 표현하며, 팀원은 이 보드를 보며 모든 작업의 상태를 파악할 수 있다. 리드타임(대기시간: 가공시간+정체시간) 단축을 위한 소로트 생산(small lot production) 즉 생산 단위를 작게 하여 생산준비비용이나 시간 부담을 줄일 수 있다. 이를 통해 생산의 평준화(수요의 변동이 줄어드는 효과)를 실현할 수 있다. 그러나 소로트 생산에서는 생산 준비 횟수가 증가하므로 준비시간의 단축이 중요한 요소가 된다.

정답 ①

JIT(Just In Time) 시스템의 특징에 관한 설명으로 옳은 것은? [2016년 기출]

① 수요예측을 통해 생산의 평준화를 실현한다.
② 팔리는 만큼만 만드는 Push 생산방식이다.
③ 숙련공을 육성하기 위해 작업자의 전문화를 추구한다.
④ Fool proof 시스템을 활용하여 오류를 방지한다.
⑤ 설비배치를 U라인으로 구성하여 준비교체 횟수를 최소화 한다.

해설

정답 ④

도요타 생산방식(TPS: Toyota Production System)에서 낭비를 철저하게 제거하기 위한 방법으로 활용된 적시생산시스템(JIT: Just In Time)에 관한 설명으로 옳은 것만을 모두 고른 것은? [2014년 기출]

ㄱ. 기본적 요소는 간판(kanban)방식, 생산의 평준화, 생산준비시간의 단축과 대로트화, 작업표준화, 설비배치와 단일기능공제도이다.
ㄴ. 오릭키(Orlicky)에 의하여 개발된 자재관리 및 재고통제기법으로, 종속 수요품의소요량과 소요시기를 결정하기 위한 시스템이다.
ㄷ. 자동화, 작업자의 라인정지 권한 부여, 안돈(andon), 오작동방지, 5S의 활성화로 일관성 있는 고품질을 달성하고 있는 시스템이다.
ㄹ. 고객 주문에 의해 생산이 시작되며, 부품의 생산과 공급이 후속 공정의 필요에 의해 결정되는 풀(Pull) 시스템의 자재흐름 체계이다.
ㅁ. 생산준비비용(주문비용)과 재고유지비용의 균형점에서 로트 크기(lot size)를 결정하며, 로트 크기가 큰 것을 추구하는 시스템이다.

① ㄱ, ㄹ
② ㄴ, ㅁ
③ ㄷ, ㄹ
④ ㄱ, ㄷ, ㄹ
⑤ ㄴ, ㄷ, ㅁ

해설

정답 ③

○ 자동화(automation)

도요타 생산방식의 기본원리이자 사상이다.

자동화는 자율적인 품질관리(automation+autonomy: 자율성)로 현장의 자율 품질관리시스템으로 기계나 공정에 이상이 있을 때 곧바로 정지해 개선하는 시스템이다.

이를 위해 대부분의 기계에는 정위치 정지방식, 풀워크 시스템(full work system: 자동기계의 프로세스에 채용된 것으로 후 공정이 인수한 만큼만 만들도록 하여 프로세스 내의 표준 재공을 항상 일정하게 유지시켜 과잉생산의 낭비를 줄인다), 착각 예방 및 불량 제거장치(Fool-Proof)가 구현 되어져야 한다.

자동화를 구현하기 위한 수단으로 작업자의 동기부여를 위한 '소집단 활동과 제안제도', 자동화 개념을 실현하기 위한 '눈으로 보는 관리방식', 전사적 품질관리를 추진하기 위한 '기계별 관리방식' 등이다.

○ 안돈(andon) 방식

표시등(lamp)라는 의미를 갖는 일본말이 '안돈(andon)'으로 시각적 표시장치를 말한다. 현장의 작업자가 품질 등 문제 발생 시에 라인을 정지시킬 수 있는 권한을 갖는 것으로 스위치 하나만 누르면 전체 라인이 정지되는 시스템이다.

○ 5S

도요타의 JIT(Just In Time) 사상을 실천하기 위해 발생한 개념으로 정리, 정돈, 청소, 청결, 습관화(마음가짐)을 의미하는데 일본 발음의 영문 첫 단어를 따라 S가 5개 붙어 명명된 것이다.

○ 택트타임(tact time) 생산

택트타임(tact time)은 정해진 작업 시간 안에 고객이 요구하는 제품 수량을 생산하는데 걸리는 시간이다.

제품이 생산되어야 할 타이밍(timing)에 맞춰 생산될 수 있도록 물건을 만드는 방법으로 고객의 수요를 충족시키기 위해 생산되어야 할 제품의 단위 생산시간을 의미한다. 즉 생산라인 또는 프로세스의 속도를 규정한다. 택트타임(tact time)을 계산하여 제조업체는 고객요구에 맞게 생산속도를 설정함으로써 과잉생산, 대기 시간 및 초과 재고를 줄일 수 있게 된다.

〈참고〉 주문비용과 재고유지비용의 균형

로트(lot)란 일반적으로 제조업체에서 1회에 생산되는 특정수의 제품의 단위를 말한다.

전통적인 로트 사이즈(lot size) 결정방식인 EOQ(economic order quantity: 경제적 주문량)는 주문비용과 재고유지비용의 합계가 최소가 되는 최적의 비용을 말한다.

$$EOQ=\sqrt{\frac{2DS}{H}}=\sqrt{\frac{2\times \text{연간수요}\times 1\text{회주문비용}}{\text{재고유지비}}}$$

〈참고〉 경제적 생산량(EPQ, economic product quantity)

연간 총 가동 준비비=연간 재고유지비용 즉, 둘의 합계가 최소가 되는 지점

EPQ

$$=\sqrt{\frac{2DS}{H}\times(\frac{P}{P-D})}=\sqrt{\frac{2\times \text{연간수요}\times 1\text{회주문비용}}{\text{재고유지비}}\times(\frac{\text{연간생산율}}{\text{연간 생산율}-\text{연간수요}})}$$

46 적시생산시스템(JIT)이 지향하는 목표로 옳지 않은 것은?

① 제조 준비시간의 단축
② 충분한 재고의 확보
③ 리드타임의 단축
④ 자재취급 노력의 경감
⑤ 불량품의 최소화

해설

적시생산시스템(JIT)은 생산과정에서 재고 부족이나 과잉재고를 방지하고, 생산성과 효율성을 향상시키는 것을 목표로 한다. 입하된 재료를 재고로 남겨두지 않고 그대로 사용하는 상품관리 방식을 말하는데 즉 재고를 0으로 해서 재고비용을 최대한 줄이기 위한 방식이다.

정답 ②

47 JIT 시스템에서 생산현장의 상태관리를 의미하는 5S 운동이 아닌 것은?

① 정돈(seidon)
② 청결(seiketsu)
③ 습관화(shitsuke)
④ 단순화(simplication)
⑤ 정리(Seiri)

해설

5S 운동은 5행이라고도 하며 정리(Seiri), 정돈(Seidon), 청소(Seosoh), 청결(Seiketsu)을 습관화(Shitsuke)하는 다섯 가지 요소를 말하며, 모든 혁신활동의 근간이 되는 기본 활동이다.

정답 ④

48 연간 10,000단위 수요가 있으며 생산준비비용이 회당 2,000원, 재고유지비용이 연간 단위당 100원일 때, 연간 생산율이 20,000단위라면 경제적 생산량은 약 몇 단위인가?

① 525단위

② 633단위

③ 759단위

④ 895단위

⑤ 962단위

해설

정답 ④

49 유용성이 높은 인사 선발 도구에 관한 설명으로 옳지 않은 것은? [2024년 기출]

① 예측변인(predictor)의 타당도가 커질수록 전체 집단의 평균적인 준거수행(criterion)에 비해 합격한 집단의 평균적인 준거수행은 높아진다.

② 선발률(selection ratio)이 낮을수록 예측변인의 가치는 커진다.

③ 기초율(base rate)이 높을수록 사용한 선발 도구의 유용성 수준은 높아진다.

④ 선발률과 기초율의 상관은 0이다.

⑤ 예측변인의 점수와 준거수행으로 이루어진 산점도(scatter plot)가 1사분면은 높고 3사분면은 낮은 타원형을 이룬다.

해설

○ 인사선발

조직에 영향을 미치는 두 가지 중요한 요인은 '예측변인의 타당도와 선발률'이다.

1. 예측변인의 타당도

타당한 예측변인은 전체집단 중에서 보다 능력 있는 사람을 가려내고, 타당도가 없는 예측변인들은 아무런 효용성도 가지지 못한다.

예측변인(predictor)의 타당도가 커질수록 전체 집단의 평균적인 준거수행(criterion)에 비해 합격한 집단의 평균적인 준거수행은 높아지므로 예측변인의 가치가 더 커지게 된다.

2. 선발률(selection ratio)

어떤 직무에 채용한 사람 수(최종 합격자)를 그 직무에 지원한 전체 사람으로 나눈 값으로 0에서 1사이의 값을 갖는다. 즉 선발률이 낮을수록 예측변인의 가치가 더 커진다.

* 선발률 $= \frac{\text{최종합격자}}{\text{총지원자}}$

3. 기초율(base rate)

총 지원자 중에서 성공적 직무수행자의 비율을 뜻한다. 즉 기초율이 높으면 총지원자 가운데 자격을 갖춘 적격의 지원자의 수가 많다는 것을 의미한다. 인사선발의 질적 성공을 측정하는 지표로 지원자 가운데 채용될 경우 직무수행에 성공할 지원자가 얼마나 되는가를 측정하는 지표로 사용된다. 만일 기초율이 1(100%)이라면 새로운 선발도구의 효용성은 의미가 없게 된다. 지원자들 가운데 선발 과정을 거치지 않고 무작위로 선택해 채용 시 일정기간 경과 후 업무수행에 성공적인 사람이 얼마나 되는가의 비율이라 생각하면 된다.

* 기초율 $= \frac{\text{성공적 직무수행자}}{\text{총지원자}}$

4. 직무 성공률(success rate)

선발된 인원(입사자) 중에서 일정기간 후 성공적인 직무수행자의 비율을 뜻한다.

* 직무성공률 $= \frac{\text{성공적 직무수행자}}{\text{선발된 인원}}$

〈참고1〉 기초율과 선발률의 상관관계

기초율이 동일하다면 선발률이 감소할수록 선발의 효과성은 증가할 것이다. 그리고 기초율이 100%(지원자 모두 고성과)라면 새로운 선발도구의 사용은 의미가 없게 된다.

기초율이 1(100%)에 가까울수록 채용결정의 정확도가 높다고 할 수 있지만 이런 경우는 현실에서는 흔치 않고 일반적으로 0.5수준의 근접하는 기초율이면 우수하다고 평가한다. 그렇다면 선발률은 낮을수록 많은 지원자가 몰렸다는 것이고 이는 까다로운 조건을 뚫고 선발되므로 수준은 더 높아지게 될 것이다. 일반적으로 기초율과 선발률은 상관관계가 없다고 할 수 있다.

〈참고2〉

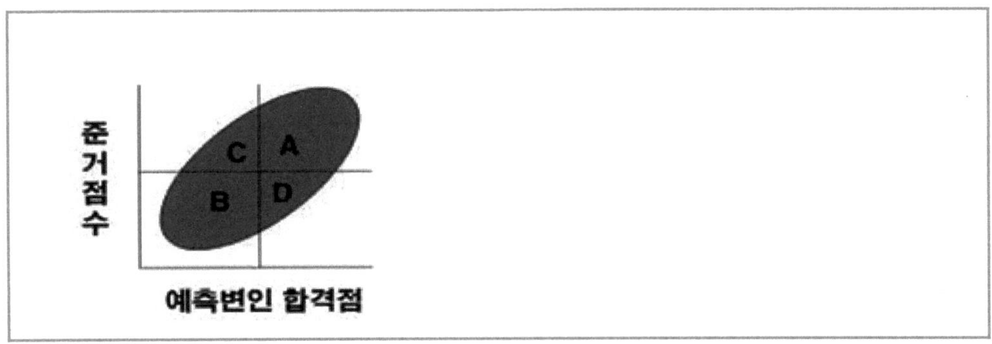

위 그림에서 A와 B가 많다면 문제가 없지만 문제는 C와 D이다. C는 능력이 되는데도 불합격한 1종 오류에 해당하고, D는 능력이 없음에도 합격한 2종 오류에 해당한다. A는 올바른 합격자, B는 올바른 불합격자, C는 잘못된 불합격자, D는 잘못된 합격자라 부르는데, 잘못된 불합격자는 다시 지원하여 뽑힐 가능성이 있는 반면, 잘못된 합격자는 다시 해고하기 위한 법적 절차가 까다롭기 때문에 선발체계는 되도록 지원자 분포의 폭을 좁히고 2종 오류를 최대한 줄이는 방향으로 설계된다.

선발도구의 유용성이 높은 경우 예측변인의 점수와 준거수행으로 이루어진 산점도(scatter plot)가 1사분면은 높고 3사분면은 낮은 타원형을 이룬다. 인사선발 과정의 궁극적인 목적은 올바른 합격자와 올바른 불합격자를 최대한 늘리고 잘못된 불합격자와 잘못된 합격자를 줄이는 것이다.

1종 오류	2종 오류
귀무가설(영가설)이 참인데도 불구하고 기각하는 오류로 뽑아야 할 핵심인재를 놓치는 것이 그 예이다.	귀무가설(영가설)을 잘못 채택하는 오류로 채용해서는 안 될 사람을 뽑는 것이 그 예이다.

정답 ③, ④-복수정답

50 실무에 종사하고 있는 직원들에게 시험문제를 풀게 하여 측정한 결과와 그들이 현재 수행하고 있는 직무와의 상관관계를 나타내는 타당도는?

① 현재타당도(concurrent validity)
② 예측타당도(predictive validity)
③ 구성타당도(construct validity)
④ 내용타당도(content validity)
⑤ 외적타당도(external validity)

해설

○ 기준관련타당도(기준타당도, 준거타당도)

하나의 측정지표를 사용하여 측정한 결과를 다른 기준지표를 사용하여 측정한 결과와 비교하여 나타난 관련성의 정도를 의미한다. 예측타당도와 동시타당도가 있다.

1. 예측타당도(예언타당도)
2. 현재타당도(동시타당도)

정답 ①

51 집단 또는 팀(team)에 관한 설명으로 옳지 않은 것은? [2024년 기출]

① 교차기능팀(cross functional team)은 조직 내의 다양한 부서에 근무하는 사람들로 이루어진 팀이다.
② '남만큼만 하기 효과(sucker effect)'는 사회적 태만(social loafing)의 한 현상이다.
③ 제니스(Janis)의 모형에서 집단사고(group think)의 선행요인 중 하나는 구성원들 간 낮은 응집성과 친밀성이다.
④ 다른 사람의 존재가 개인의 성과에 부정적 영향을 미치는 것을 사회적 억제(social inhibition)라고 한다.
⑤ 높은 집단 응집성은 그 집단에 긍정적 효과와 부정적 효과를 준다.

해설

정답 ③

1. 집단 응집성

높은 집단 응집성은 그 집단에 긍정적 효과와 부정적 효과를 준다.

긍정적 측면으로는 집단의 사기 증대 및 구성원의 만족 증대, 의사소통의 원활화 등이고, 반면 부정적 측면으로는 집단 내 구성원의 무조건적 동의가 발생하여 집단사고(group think)로 이어져 질이 저하될 수 있고, 외부집단에 대한 반감으로 인한 거부감이 발생하기도 한다.

2. 사회적 촉진과 사회적 억제, 사회적 태만과 사회적 보상

1) 사회적 촉진(social facilitation)

다른 사람의 존재가 개인의 성과를 향상시키는 것을 말한다. 동일한 작업을 하고 있는 다른 사람이 곁에 있으면 혼자서 작업하는 것보다 훨씬 빨리 하는 것으로 공동 수행자(coactor) 효과에 의한 것이지만 동일한 작업을 하지 않아도 단지 다른 사람이 지켜보고 있는 것만으로도 사회적 촉진이 일어나기도 한다. 이것을 관중효과(audience effect)라고 한다.

2) 사회적 억제(social inhibition)

다른 사람의 존재가 개인의 성적을 떨어뜨린다는 것으로 익숙하지 않은 작업이나 복잡한 작업의 경우에는 다른 사람의 존재가 성과 저하를 초래한다는 것이다.

3) 사회적 태만(social loafing)

많은 사람들 사이에 섞여 있으면 자신의 노력을 게을리 하는 경향을 말하는데 1913년 막스 링겔만은 줄다리기를 할 경우 집단으로 할 때 당기는 힘은 집단 구성원 개개인의 당기는 힘을 합친 것보다는 작다는 것을 발견하였다. 이러한 사회적 태만이 일어나는 이유로 책임 분산이 거론된다. 모두 함께 한다는 것이 한 사람 한 사람의 책임을 가볍게 해서 태만으로 연결된다는 것이다.

4) 사회적 보상(social compensation)

사회적 태만에 반대되는 현상으로 집단으로 과제를 수행할 때, 다른 집단 구성원들의 수행이 낮을 것으로 예상되면 부족한 부분을 보상하기 위해서 그 외 구성원들이 자기 자신의 평균 노력보다 더 많이 노력하는 현상을 말한다.

3. 집단사고의 특성

Janis(1983)에 따르면, 집단사고(group think)는 사람들이 응집력이 강한 집단에 몰입하여 집단 구성원들 간의 갈등을 최소화하려고, 의견의 일치를 유도하는 것이다.

1) 침묵을 합의로 간주하는 만장일치의 환상
2) 집단적 합의에 대한 이의 제기에 대한 자기 검열
3) 집단에 대한 과대평가로 집단이 실패할 리 없다는 환상
4) 집단사고는 토론을 통한 집단지성 활용이 불가능하다.

집단 의사결정에 관한 설명으로 옳지 않은 것은? [2015년 기출]

① 팀의 혁신을 촉진할 수 있는 최적의 상황은 과업에 대한 구성원 간의 갈등이 중간 정도일 때이다.

② 집단극화는 집단 구성원의 소수가 모험적인 선택을 할 때 이를 따르는 상황에서 발생한다.

③ 집단사고는 개별 구성원의 생각으로는 좋지 않다고 생각하는 결정을 집단이 선택할 때 나타나는 현상이다.

④ 집단사고는 집단 응집성, 강력한 리더, 집단의 고립, 순응에 대한 압력 때문에 나타난다.

⑤ 집단사고를 예방하기 위해서 다양한 사회적 배경을 가진 집단 구성원이 있는 것이 좋다.

해설

집단사고를 방지하기 위해서는 집단 구성원의 소수가 모험적인 선택을 할 때, 즉 최소한 한 사람이라도 다른 견해를 가지는 것이 집단사고를 방지하는데 도움이 된다.

집단극화는 집단 토론 전 구성원들의 개인 의사결정이 토론을 거치면서 상대방의 의견을 이해하기보다는 자신의 의사결정의 확신을 갖게 된다는 것이다. 즉, 토론 후 극단적으로 보수적이거나 극단적으로 혁신적인 방향으로 나아가게 된다.

집단 구성원들의 개인 의사결정의 평균이 모험적인 경향을 가지고 있을 때 토론 후 더 모험적으로 이행하며, 개인 의사결정의 평균이 보수적인 경향을 갖고 있을 때 토론 후 집단 의사결정은 더 보수적인 쪽으로 극화된다.

정답 ②

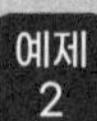

집단에서 일어나는 심리적 현상에 대한 설명으로 옳지 않은 것은?

① 응집성이 높은 집단이 응집성이 낮은 집단보다 집단사고를 나타낼 가능성이 높다.

② 집단극화 현상에 따르면, 집단의 최초 의견이 보수적일 경우 집단 토론을 하면 더 보수적인 의사결정을 하는 경향이 있다.

③ 사회적 태만현상은 일반적으로 집단 구성원들의 노력정도가 각 개인별로 평가될 때 증가한다.

④ 사회적 촉진 현상에 따르면, 타인의 존재는 비교적 잘 학습된 행동들의 수행을 촉진시키는 경향이 있다.

⑤ 개인에게 즉각적인 보상을 주지만 장기적으로는 개인과 집단전체에 해로운 결과를 초래하는 상황을 사회적 딜레마라고 한다.

해설

사회적 딜레마의 대표적인 예로 '무임승차 문제'를 들 수 있다. 한 조직에서 모든 이들이 이기적으로 행동하지 않는 한, 개인은 이기적인 행동에서 이득을 얻고 전체 조직은 손해를 보는 상황을 말한다.

정답 ③

52 다음 설명 중 옳게 설명한 항목만을 모두 고른 것은?

ㄱ. 높은 집단응집력(group cohesiveness)은 집단사고(group think)의 원인이다.
ㄴ. 사회적 태만(social loafing)은 집단으로 일할 때보다 개인으로 일할 때 노력을 덜 하는 현상을 의미한다.
ㄷ. 제한된 합리성(bounded rationality)에서 사람들은 의사결정시 만족스러운 대안이 아닌 최적의 대안을 찾는다.
ㄹ. 감정노동(emotional labor)은 대인 거래 중에 조직 또는 직무에서 원하는 감정을 표현하는 상황으로 인지된 감정(felt emotion)과 표현된 감정(displayed emotion)이 있다.
ㅁ. 빅 파이브(big-five) 모델에서 정서적 안정성(emotional stability)은 사회적 관계 속에서 편안함을 느끼는 정도를 의미한다.

① ㄱ, ㄹ
② ㄴ, ㄷ
③ ㄴ, ㅁ
④ ㄱ, ㄷ, ㄹ
⑤ ㄷ, ㄹ, ㅁ

해설

Simon의 제한된 합리성은 개인이 결정을 내릴 때 합리성이 제한되고 이러한 제한 하에서 합리적인 개인은 최적이 아닌 만족스러운 결정을 선택할 것이라는 개념이다. 만족모형을 주장한 학자이기도 한다.

빅 파이브(big-five) 성격이론은 인간의 성격 유형을 5가지 차원으로 구분한다.
개방성, 성실성, 외향성, 친화성, 정서적 안정성(신경성)이다.
외향성은 많은 사람이 있는 곳 또는 사회적 관계 속에서 얼마나 편안함을 느끼는가이다. 정서적 안정성(신경성)은 스트레스에 견디고 대응하는 정도를 말한다.

정답: ① 테마 36 참조.

53 집단응집성의 중대요인으로 옳지 않은 것은?

① 구성원의 동질성
② 집단 내 경쟁
③ 성공적인 목표달성
④ 집단 간 경쟁
⑤ 구성원 간 높은 접촉빈도

해설

타 집단과의 경쟁은 집단 공동목적 달성을 위해 결속력을 커지게 하나, 집단 내 개인 간 경쟁은 응집성을 떨어뜨린다. 즉 구성원 간의 경쟁이 있을 경우 응집성은 감소한다.

정답 ②

54 성격의 Big 5 모형의 요소로 옳은 것은?

① 친화성(agreeableness)
② 자존감(self-esteem)
③ 자기효능감(self-efficacy)
④ 자기관찰(self-monitoring)
⑤ 위험선호(risk taking)

해설

정답 ①

55 집단(팀)에 관한 다음 설명에 해당하는 모델은? [2023년 기출]

> ○ 집단이 발전함에 따라 다양한 단계를 거친다는 가정을 한다.
> ○ 집단발달의 단계로 5단계(형성, 폭풍, 규범화, 성과, 해산)를 제시하였다.
> ○ 시간의 경과에 따라 팀은 여러 단계를 왔다 갔다 반복하면서 발달한다.

① 캠피온(Campion)의 모델
② 맥그래스(McGrath)의 모델
③ 그래드스테인(Gladstein)의 모델
④ 해크만(Hackman)의 모델
⑤ 터크만(Tuckman)의 모델

해설

○ 터크만(Tuckman)의 팀 발달모델

1) 형성기(forming)

팀이 처음 결성되는 단계로 목표설정, 관계 형성이 시작되는 단계이다. 혼돈, 불확실성, 우려와 공감 부족이 특징이다.

2) 격동기(storming)

본격적으로 일을 시작하는 단계로 개성이 표출되고 긴장이 고조되는 단계이다. 대립, 갈등, 의견의 불일치가 특징이다.

3) 규범기(norming)

팀의 규범, 가치, 정체성이 형성하는 단계로 서로를 수용하고 공감대가 형성되는 단계이다. 조화, 합의, 의견일치, 신뢰형성이 시작된다.

4) 성과기(performing)

팀이 하나의 기능단위로 동작하는 단계로 업무 집중, 높은 성과를 창출하는 단계이다. 견고한 신뢰, 문제해결, 자신감, 성과가 나타난다.

5) 해체기(adjourning)

과제가 완료되고 팀 해체 단계이다. 과업정리, 자체평가, 상실감 등이 나타난다.

○ 퀸과 맥그래스(Quinn & McGrath)의 경쟁가치모델

퀸과 맥그래스는 내부지향적 조직과 외부지향적 조직 그리고 안정과 통제를 우선시하는 조직과 유연성과 자율성에 가치를 두는 조직 이렇게 두 축을 기준으로 조직문화의 유형을 집단문화(클랜문화), 발전문화(혁신적 문화), 합리적 문화, 위계문화로 구분한다.

구분	내부지향(internal)	외부지향(external)
융통성 · 변화(flexibility)	집단문화(인간관계모형)	발전문화(개방체제모형)
통제 · 질서(control)	위계문화(내부과정모형)	합리문화(합리적 목표 모형)

1. 추구하는 가치

1) 집단문화(인간관계모형): 응집성, 사기
2) 발전문화(개방체제모형): 성장, 혁신, 자원획득, 환경적응
3) 합리문화(합리적 목표 모형): 생산성, 능률, 효율성
4) 위계문화(내부과정모형): 안정성, 통제, 균형

○ 퀸과 카메론(Quinn & Cameron)의 경쟁가치모델

구분	내부지향(internal)	외부지향(external)
융통성 · 변화(flexibility)	Clan Culture	Adhocracy Culture
통제 · 질서(control)	Hierarchy Culture	Market Culture

정답 ⑤

56 효과성 평가모형 중 퀸과 로보그(Quninne & Rohrbaugh)의 경합가치모형에 관한 다음 설명 중 옳지 않은 것은?

① 조직이 내부 · 외부 중 어디에 초점을 두고 있는지와 조직구조가 통제와 융통성 중 어떤 것을 강조하는지를 기준으로 조직 효과성에 관한 네 가지 경쟁모형을 도출하였다.
② 조직의 내부에 초점을 두고 융통성을 강조하는 경우의 효과성 평가유형은 인간관계모형이다.
③ 개방체제모형은 조직의 외부에 초점을 두며 융통성을 강조하는 경우의 평가유형이다.
④ 조직의 외부에 초점을 두고 통제를 강조하는 경우 성장 및 자원 확보를 목표로 하게 된다.
⑤ 조직의 내부에 초점을 두고 통제를 강조하는 경우 안정성 및 균형을 목표로 하게 된다.

해설

정답 ④

57

조직문화 유형을 구분하는 데 유용한 기법 중 하나로, 카메론(K. S. Cameron)과 퀸(R. E. Quinn)의 경쟁가치 프레임워크(competing value framework)를 기반으로 하는 방법이 있다. 다음 중 이 기법에 의한 조직문화의 유형으로 가장 적절하지 않는 것은?

① 계층적(Hierarchy) 조직문화

② 애드호크러시(Adhocracy) 조직문화

③ 시장지향적(Market) 조직문화

④ 공식(Formalized) 조직문화

⑤ 공동체(Clan) 문화

해설

조직문화 구분	내부지향(internal)	외부지향(external)
융통성 · 변화(flexibility)	Clan(공동체형)	Adhocracy(혁신형)
통제 · 질서(control)	Hierarchy(위계형)	Market(시장형)

정답 ④

58

집단과 조직에 대한 설명으로 옳은 것은?

① 애드호크라시(adhocracy)는 표준화된 절차에 의해 공식화 및 집권화 정도가 매우 높으므로 복잡한 외부환경 적응에 유리하다.

② 터크만(Tuckman)은 집단 발전 단계를 형성기(forming), 규범기(norming), 격동기(storming), 성과달성기(performing), 해산기(adjourning) 순으로 제시한다.

③ 그레이너(Greiner)의 조직성장모형에 따르면 지시를 통한 성장단계에서는 통제의 위기가 발생할 수 있다.

④ 링겔먼(Ringelmann)이 제시한 사회적 태만(social loafing)은 개인으로 일할 때는 업무에 소홀하지만 집단으로 일할 때는 집단압력에 의해 업무에 충실한 현상을 말한다.

⑤ 창업자의 행동이 역할모델로 작용하여 구성원들이 그런 행동을 받아들이고 창업자의 신념, 가치를 내부화(internal)하며 조직문화가 형성된다.

해설

1. 애드호크라시(adhocracy)

애드호크라시(adhocracy)는 1969년 미국의 미래학자인 앨빈 토플러가 처음 사용한 용어이다. 관료제와 대조되는 개념으로 다양한 분야의 전문가들이 프로젝트를 중심으로 임시적으로 집단을 구성하여 문제를 해결하는 조직구조를 말한다. 융통적, 적응적 혁신적인 조직으로 규격화·표준화된 절차를 간소화하거나 제거하여 전문지식을 가진 사람들이 상황에 맞게 처리한다.

애드호크라시는 라틴어로 '일시적인, 임시의' 라는 adhoc와 '조직' 을 의미하는 cracy가 합쳐진 말로 지위나 역할에 따라 종적으로 조직된 것이 아니라 기능별로 분화된 횡적 조직이며 구조가 복잡하지 않고 형식주의나 공식성에 얽매이지 않으며 의사결정권이 분권화된 조직을 말한다.

2. 그레이너(Greiner)의 성장단계별 위기대응전략

1) 제1단계–창조의 단계

소규모로서 생산과 판매에 초점을 두는 단계로 '리더십의 위기(창업자의 위험)'가 온다.

2) 제2단계–지시의 단계

운영 효율성에 초점을 두는 단계로 전문적 경영자에 의한 권한 집중형 경영으로 인해 '자율성의 위기(자율성 상실 위험)'가 온다.

3) 제3단계–위임의 단계

시장 확대에 초점을 두는 단계로 권한 위양 과정을 통한 분권적 경영으로 인한 '통제의 위기(통제력 상실 위험)'가 온다.

4) 제4단계–조정의 단계

조직의 통합에 초점을 두는 단계로 분할통치 성장으로 '형식주의(red tape)의 위기(관료주의 위기)'가 온다.

5) 제5단계–협력의 단계

문제해결 및 혁신에 초점을 두는 단계로 '탈진의 위기'가 온다.

5단계	창조 단계	지시 단계	위임 단계	조정 단계	협력 단계
위기	창업자 위험	자율성 위기	통제력 위기	관료주의	탈진 위기

* → 암기법: 창/시/위/조/력(창/자/통제/관//탈진)

3. 사회적 태만(social loafing)

링겔먼(Ringelmann)이 제시한 사회적 태만(social loafing)은 집단 작업 시(집단 속에 참여하는 사람의 수가 늘어날수록) 개인이 노력의 투입을 줄이면서 동일한 보상을 받으려는 무임승차 현상을 말한다. 사회적 태만 현상을 '링겔만 효과'라고도 한다.

정답 ⑤

59 홉스테드(G. Hofstede)가 국가 간 문화차이를 비교하는 데 이용한 차원이 아닌 것은? [2022년 기출]

① 성과지향성(performance orientation)
② 개인주의 대 집단주의(individualism vs collectivism)
③ 권력격차(power distance)
④ 불확실성 회피성향(uncertainty avoidance)
⑤ 남성적 성향 대 여성적 성향(masculinity vs feminity)

해설

○ 홉스테드(G. Hofstede)가 제시한 문화차원(cultural dimensions)

1. 권력거리 또는 권력격차(power distance)
2. 집단주의(collectivism) 대 개인주의(individualism)
3. 남성성-여성성(masculinity-femininity)
4. 불확실성 회피(uncertainty avoidance)
5. 단기 지향성 대 장기 지향성

장기 지향적 사회는 미래에 대해 더 많은 중요성을 부여한다. 이런 사회에서는 지속성, 절약, 적응능력 등 보상을 지향하는 가치를 조성하고, 단기 지향적 사회에서는 끈기, 전통에 대한 존중, 호혜성, 사회적 책임의 준수 등 과거와 현재에 관련된 가치가 고취된다.

정답 ①

60 조직문화에 대한 설명으로 옳은 것만을 모두 고른 것은?

ㄱ. 샤인(Schein)에 따르면 기본가정(basic assumption)은 구성원이 당연히 받아들이는 믿음과 전제로서 조직문화의 근원적 요소이다.
ㄴ. 샤인(Schein)에 따르면 인공물 및 창작물(artifacts & creations)을 통해서는 조직문화 특성이 나타나지 않는다.
ㄷ. 호프스테드(Hofstede)에 따르면 권력거리는 구성원들이 제도나 조직에서 권력의 차이를 받아들이는 정도를 말한다.
ㄹ. 호프스테드(Hofstede)에 따르면 불확실성 회피 성향이 높은 문화에서는 새로운 변화를 시도하려는 경향이 강하다.

① ㄱ, ㄷ
② ㄱ, ㄹ
③ ㄴ, ㄷ
④ ㄴ, ㄹ
⑤ ㄷ, ㄹ

해설

불확실성 회피 성향이 높은 문화에서는 불확실한 것을 감소시키려 하기에 안전을 추구하고 위험 감수를 피하며 실패를 두려워하고 변화에 저항한다.

○ 샤인(Edgar H. Schein)의 조직문화

에드거 샤인이 말하는 조직문화는 세 가지 차원으로 설명한다.

1. 인공물(artifacts)

물리적 공간과 겉으로 드러난 행동 등의 인공물(artifacts)로 조직이 문화적으로 표출한 모든 것을 뜻한다. 근무복장, 로고, 물건(파티션 등) 등을 말한다. 문화의 한 부분이라고 인식하지 못하는 경우가 많다.

2. 표방하는 가치관이나 신념(espoused values)

조직가치나 행동양식 등이 정리된 것으로 미래에 대한 지향이나 열망 등이 담겨 있고, 구성원의 말과 행동을 지배한다.

3. 기본적 가설(basic assumption)

리더 및 구성원들의 무의식에 뿌리 깊게 자리하고 있는 믿음, 인식, 감정의 총화로 겉으로 드러나지 않아 관찰, 변화가 어려우나 조직문화 변혁을 위해 반드시 바뀌어야 하는 부분이다.

정답 ①

61 조직구조와 조직문화에 관한 설명으로 옳지 않은 것은?

① 호손(Hawthorne) 실험은 조직 내 비공식 조직과 생산성 간의 관계 및 인간관계와 생산성 간의 관계를 설명한다.

② 통제의 범위(span of control)는 한 감독자가 관리해야 하는 부하의 수를 의미한다.

③ 자원기반관점(resources-based view)에서 기업은 경쟁우위를 창출하기 위해서 가치 있고, 모방불가능하며, 대체불가능(non-substitutable)하고, 유연한(flexible) 자원들을 보유해야 한다.

④ 로렌스와 로쉬(Lawrence & Lorsch)의 연구에 의하면, 기업은 경영환경이 복잡하고 불확실할수록 조직구조를 차별화(differentiation)한다.

⑤ 홉스테드(Hofstede)의 국가 간 문화차이 비교 기준 중 권력간 거리(power distance)는 사회에 존재하는 권력의 불균형에 대해 구성원들이 받아들이는 정도를 의미한다.

해설

호손(Hawthorne) 실험은 시카고 호손 공장에서 '조명실험·계전기 조립실험·면접 실험·배전기권선 관찰실험(1924~1932)' 으로 진행되었다. 이 실험을 통하여 작업능률과 생산성은 물리적 작업조건에 의해 결정되는 것이 아니라, 작업자 개인의 노동의욕, 감독방식, 인간관계 등의 영향을 받는다는 사실을 밝혀냈다. 즉, 조직 내 비공식 조직과 생산성 간의 관계 및 인간관계와 생산성 간의 관계를 설명한다.

통제의 범위(span of control)가 좁은 경우는 수직적 조직구조(기계적 구조, 계층제), 넓은 경우는 수평적 조직구조(유기적 구조)에 해당한다. 통제의 범위(span of control)는 한 감독자가 관리해야 하는 부하의 수를 의미한다. 즉, 통제 범위가 넓다는 것은 관리자나 감독자가 관리해야 할 부하 직원이 많다는 것을 의미하고, 통제 범위가 좁다는 것은 부하 직원이 적다는 것을 의미한다.

Barney(1991)는 가치가 있고(valuable), 희귀하고(rare), 모방이 쉽지 않고(inimitable), 대체 불가능한 (not substitutable) 자원을 보유한 기업은 지속적인 경쟁우위를 확보할 수 있다는 자원기반 관점(RBV; Resource Based View) 이론을 제시하였다.

로렌스와 로쉬(Lawrence & Lorsch)의 연구에 의하면, 개방체제조직은 환경변화에 따라 조직구조의 변경이 필요하며, 환경이 복잡하고 불확실할수록 조직의 하위부분 분화(차별화, differentiation)한다고 주장한다. 이들에 따르면 조직의 환경이 불확실하면 불확실할수록 그 조직은 환경에 적응하기 위해서 더 높은 정도의 분화를 필요로 한다는 것이다. 즉, 조직과 환경의 상호작용을 조직구조의 분화(differentiation)와 통합(integration)의 측면에서 이해한다.

정답 ③ 테마3, 테마 52 참조.

62 사회학습이론(social learning theory)에 대한 설명으로 옳지 않은 것은?

① 직접 경험뿐만 아니라 관찰을 통해 학습이 이루어진다고 주장한다.
② 주의과정(attentional process)에서 사람들이 모델의 특정한 사항에 대해서 주목할 때만 학습이 일어난다고 주장한다.
③ 행동의 결과를 어떻게 인식하는지보다 행동의 객관적인 결과 자체가 관찰자의 행동에 더 큰 영향을 미친다고 주장한다.
④ 유지과정(retention process)에서 모델이 사라진 뒤에도 모델의 행동을 얼마나 잘 기억하는지에 따라 모델의 영향력이 달라진다고 주장한다.
⑤ 관찰학습의 첫 번째 단계는 주의집중과정이며, 마지막 단계는 동기유발과정이다.

해설

○ 반두라(Baunra)의 사회학습이론(social learning theory) 인지과정 4단계

반두라의 사회학습이론은 학습과정이 사회적 맥락에서 발생하는 과정, 즉 다른 사람을 관찰하고 모방하며 새로운 행동을 습득하게 된다고 주장한다.

Baunra의 사회학습이론은 '관찰학습'이라고도 하는데 그 인지과정 4단계는 주의집중과정, 파지과정, 운동재생과정, 동기과정이다.

직접적인 강화가 없더라도 관찰이나 대리적 강화(직접적인 강화 없이 모델을 통해 강화를 받는 현상)를 통해 발생한다고 설명한다. 전형적인 스키너의 자극-반응 이론(S-R 이론)은 직접적인 경험에 의존하지만 반두라는 S-R 이론에 '관찰과 모방'의 가능성을 포함시켜 행동이론을 확장시킨 것이다.

사회인지이론(social cognitive theory)은 반두라의 사회학습이론에서 발전된 이론으로 사회학습이론 중 인지적이고 정서적인 측면이 강조되면서 자산의 이론의 명칭을 사회인지이론으로 명명(命名)하였다.

반두라의 사회학습이론에서 강화(reinforcement)는 행동을 결정하는데 중심적인 역할을 하는 것으로 실제 행동의 결과보다 인지된 결과가 더 중요하다고 주장한다. 예를 들면 두 중년 어른이 운동 프로그램을 할 때, 근육이 아프고 경직되는 경험을 할 경우 누구는 운동 후 손상이나 질병이라 생각하고 그만두지만, 다른 누군가는 효과적인 운동이라는 증거여서 약간의 불편으로 간주해 프로그램에 더 열심히 참여하는 것이 그 예이다.

1. 주의집중과정(attention process)

사람들이 모델의 특정한 사항에 대해서 주목할 때만 학습이 일어난다. 모방할 행동의 중요한 특성에 관심을 기울이고 정확하게 지각하기 위해 노력하는 과정

반두라는 관찰한 것만 학습한다는 가정을 하고 노출된 모든 자극을 자동적으로 학습하지는 않는다고 설명한다.

2. 파지과정(보존과정, 기억과정, 유지과정: retention process)

모방한 행동을 언어적 또는 상징적 형태로 기억 속에 담는 것이다.

학습 내용을 기억하지 못하면 효과가 없기 때문에 망각이 적게 일어나도록 상징적으로 부호화하거나 시연(rehearsal)을 하기도 한다. 파지과정은 관찰자의 인지 능력에 영향을 받는다.

3. 운동재생과정(motor reproduction process)

관찰자가 모델의 행동을 실제로 모방하고 재생하는 과정이다. 모델의 행동과 자신의 행동을 비교, 수정하며 정확도를 높이는 과정으로 정확도 높은 행동을 위한 교정적 피드백이 필요하다.

4. 동기유발과정(motivational process)

관찰자가 행동을 모방하고 재생하기 위해 동기를 받는 과정이다. 사람들은 자신이 획득(학습)한 것을 모두 수행(실행)하지는 않는다. 가치 있는 결과를 부르는 행동은 모방하지만 보상이 없고 처벌이 있는 행동은 실행하지 않기 때문이다.

정답 ③

63 레윈(K. Lewin)의 조직변화의 과정으로 옳은 것은? [2022년 기출]

① 점검(checking) – 비전(vision) 제시 – 교육(education) – 안정(stability)

② 구조적 변화 – 기술적 변화 – 생각의 변화

③ 진단(diagnosis) – 전환(transformation) – 적응(adaptation) – 유지(maintenance)

④ 해빙(unfreezing) – 변화(changing) – 재동결(refreezing)

⑤ 필요성 인식 – 전략수립 – 실행 – 해결 – 정착

해설

○ 세력-장 이론(force-field theory)

레윈(Kurt Lewin)은 세력-장이론을 통해 조직변화의 과정을 3단계로 구성한 모델을 제시한다. 조직변화는 해빙(unfreezing), 변화(changing), 재동결(refreezing)의 3단계를 거쳐 이루어진다고 한다.

1. 해빙단계

변화를 추진하는 세력과 변화에 저항하는 세력이 힘겨루기를 하게 된다. 현재의 위치와 혜택을 영구화하려는 현상유지세력이 변화의 필요성을 인식하고 조직변화를 시도하려는 세력에 제동을 걸게 됨으로써 갈등이 발생하게 되는 단계이다.

레빈은 이들 양대 세력을 추진세력(driving forces)과 저항세력(resisting forces)이라고 부르고 '세력-장 분석'이라는 기법을 통해 각 세력의 구체적인 요인들을 분석하였다.

2. 변화의 단계

여러 가지 기법 틀을 사용하여 계획된 변화를 실천에 옮기는 과정이다.

3. 재동결 단계

바람직한 상태로 변화된 조직의 새로운 국면을 유지 · 안정화시키는 단계이다. 변화된 상태는 본래의 회귀 상태로 회귀하려는 성향이 있기 때문이다. 재동결을 성공시키기 위해서는 최고경영자의 지원, 적절한 보상과 강화 그리고 체계적인 계획 등이 필요하다.

정답 ④

64 조직구조 및 조직개발에 관한 설명으로 옳지 않은 것은?

① 레윈(Lewin)의 조직변화 3단계 모델은 해빙(unfreezing)→변화(changing)→재동결(refreezing)이다.

② 베버(Weber)가 주장한 이상적인 관료제(bureaucracy)는 분업, 권한계층, 공식적 채용, 비인간성, 경력지향, 문서화의 특징을 갖고 있다.

③ 페로우(Perrow)는 문제의 분서가능성과 과업다양성이라는 두 가지 차원을 이용하여 부서 수준의 기술을 장인(craft) 기술, 비일상적(non-routine) 기술, 일상적(routine) 기술, 공학적(engineering) 기술로 구분한다.

④ 민쯔버그(Minzberg)가 제시한 조직의 5대 구성요인은 전략부문, 중간라인부문, 핵심운영부문, 기술전문가부문, 지원스탭부문이다.

⑤ 챈들러(Chandler)가 구조와 전략 간의 관계를 설명하기 위해 제시한 명제는 '전략은 구조를 따른다(strategy follows structure).' 이다.

해설

챈들러(Chandler)는 전략의 중요성을 강조하였는데 조직이 추구하는 전략에 따라 조직의 구조가 배열되는 경향을 토대로 '구조는 전략을 따른다(structure follows strategy)'고 하였다.

정답 ⑤ **테마 48 참조.**

65 조직의 변화에 따르는 저항 극복전략에 대한 설명으로 옳은 것을 모두 고르면?

ㄱ. 규범적 전략은 변화대상자의 참여기회 확대 등을 통해 변화의 정당성을 확보함으로써 저항을 극복하는 것이다.
ㄴ. 공리적 전략은 변화 관련자들의 이익침해를 방지하고 보상을 제공함으로써 저항을 극복하는 것이다.
ㄷ. 강제적 전략은 계서적 권한을 기반으로 강력한 지시나 명령을 통해 저항을 극복하는 것이다.

① ㄱ
② ㄱ, ㄴ
③ ㄱ, ㄷ
④ ㄴ, ㄷ
⑤ ㄱ, ㄴ, ㄷ

해설

○ 조직의 변화에 따르는 저항 극복전략(에찌오니, Etzioni)

1. 강제적 전략

개혁주도세력이 권한을 행사하거나 권력구조를 개편하는 등의 강압적인 제재를 통해 저항을 극복하는 전략

2. 공리적 · 기술적 전략

관련자들의 이익침해를 방지 또는 보상하고 개혁과정의 기술적 요인을 조정함으로써 저항을 극복하거나 회피하는 전략

3. 규범적 · 사회적 전략

사회적 · 심리적 지지를 통해 자발적 협력과 개혁의 수용을 유도하려는 전략이다. 개혁의 의도를 심리적으로 수용하게 하여 개혁에 적극적으로 가담하게 하려는 전략이다.

정답 ⑤

66 균형성과표(BSC)에 포함되지 않는 것은?

① 외부지표와 내부지표의 균형
② 원인지표와 결과지표의 균형
③ 단기지표와 장기지표의 균형
④ 개인지표와 집단지표의 균형
⑤ 재무지표와 비재무지표의 균형

해설

ㅇ 균형성과표(BSC)

성과를 균형 있게 평가하는 표이다.

기업의 성과를 평가함에 있어 기존의 재무적인 성과에만 치우치는 점을 해결하고자 1992년 카플란(Kaplan)과 노튼(Norton)에 의해 개발되었다.

여기서 균형이란 재무적 지표와 비재무적 지표, 단기적 지표와 장기적 지표, 선행지표(원인지표)와 후행지표(결과지표), 내부지표와 외부지표의 균형을 의미한다.

정답 ④ 테마28 참조.

67 내적(intrinsic) 동기와 외적(extrinsic) 동기의 특징과 관계를 체계적으로 다루는 동기이론으로 옳은 것은? [2024년 기출]

① 알더퍼(Alderfer)의 ERG이론
② 아담스(Adams)의 형평이론(equity theory)
③ 로크(Locke)의 목표설정이론(goal-setting theory)
④ 맥클래란드(McClelland)의 성취동기이론(need for achievement theory)
⑤ 리안(Ryan)과 디시(Deci)의 자기결정이론(self-determination theory)

해설

1. 자기결정이론(Self-Determination Theory: SDT 이론)

인간의 동기와 성장을 설명하는 심리학 이론으로 심리학자 에드워드 데시(Edward Deci)와 리처드 라이언(Richard Ryan)에 의해 개발되었다.

이 이론은 내적(intrinsic) 동기와 외적(extrinsic) 동기가 어떻게 작용하는지를 설명하며, 개인의 자율성(autonomy), 유능성(competence), 관계성(relatedness)이라는 세 가지 기본 심리적 욕구를 충족시키는 것이 중요하다고 주장한다.

자기결정이론은 내적 동기(intrinsic motivation)가 외적 동기보다 더 지속적이고 효과적이라는 점을 강조한다. 내적 동기는 개인의 자율성, 유능성, 관계성이 충족될 때 촉진되며, 이는 장기적인 성과와 만족감을 증가시킨다.

자기결정이론 중 하나로 '인지평가이론(cognitive evaluation theory)'이 있다.

2. 인지평가이론

어떤 직무에 대해 내적 동기가 유발되어 있는 경우, 외적 보상이 주어지면 내적 동기가 감소된다는 것이다. 여기에서 내적 동기는 일 자체에서 느끼는 흥미나 성취감, 만족감을 말하고, 외적 보상은 급여, 포상금, 승진 등을 가리킨다.

정답 ⑤

68 데시(E. Deci)는 내재적 동기에 의해 직무를 수행할 때 외재적 보상이 주어지면 내재적 동기가 낮아진다고 주장한다. 이 이론으로 옳은 것은?

① 목표설정이론

② 절차공정성이론

③ 분배공정성이론

④ 기대이론

⑤ 인지평가이론

해설

정답 ⑤

69 하우스(R. House)의 경로-목표 이론(path-goal theory)에서 제시되는 리더십 유형이 아닌 것은? [2022년 기출]

① 지시적 리더십(directive leadership)

② 지원적 리더십(supportive leadership)

③ 참여적 리더십(participative leadership)

④ 성취지향적 리더십(achievement-oriented leadership)

⑤ 거래적 리더십(transactional leadership)

해설

○ 하우스(R. House)의 경로-목표 이론

1. 4가지 리더십 유형: 지시적, 지원적, 참여적, 성취지향적
2. 2가지 상황변수: 부하특성(부하의 욕구, 과업 수행능력, 성격특성), 과업특성(과업구조, 공식적인 권한관계, 작업절차)

정답 ⑤ 테마 4 참조.

70 리더십 이론에 대한 설명으로 옳은 것만을 모두 고르면?

ㄱ. 블레이크(Blake)와 모우톤(Mouton)의 관리망 이론에서 팀관리형은 업무와 인간에 대한 관심이 모두 높은 리더십이다.
ㄴ. 셀프리더십은 조직구성원이 스스로 자신들을 리드하는 셀프리더가 되도록 도움을 주는 리더십이다.
ㄷ. 피들러(Fiedler)의 상황적 리더십 이론에서 상황변수 3가지는 리더-구성원 관계, 리더의 지위권력, 업무 구조이다.
ㄹ. 에반스(Evans)와 하우스(House)의 경로-목표 리더십 이론은 LPC(the least preferred coworker) 점수를 이용하여 리더십을 분류한다.

① ㄱ, ㄴ
② ㄱ, ㄷ
③ ㄴ, ㄷ
④ ㄷ, ㄹ
⑤ ㄱ, ㄴ, ㄷ

해설

1. 블레이크(Blake)와 모우톤(Mouton)의 관리망 이론

리더십 이론은 특성이론, 행동이론, 상황이론의 순으로 전개된다.
관리망 이론은 리더십 이론 중에서 '행동이론'에 속한다.

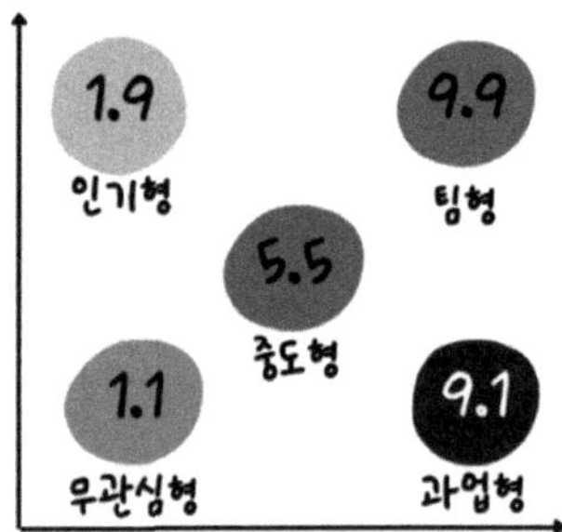

2. 피들러(Fiedler)의 상황적 리더십 이론

피들러(Fiedler)의 상황적 리더십 이론에서 상황변수 3가지는 리더-구성원 관계(leader-member relationship), 리더의 지위권력(position power), 업무 구조(task structure)이다. 상황이 리더에게 유리하거나 불리할 때는 '과업 중심'이 더 효과적이고, 중간 정도의 상황일 때는 '인간 중심형'행동이 더 효과적이라는 주장이다. 한편 피들러는 LPC(the least preferred coworker) 점수를 이용하여 리더의 성격이나 동기를 정확하게 측정할 수 있다. LPC 점수가 높다는 것은 관계지향적 리더, LPC 점수가 낮다면 과업지향적 리더의 성격이다.

3. 에반스(Evans)와 하우스(House)의 경로-목표 이론

에반스의 기대이론을 기반으로 하우스(House)가 발전시킨 이론으로 리더의 역할은 구성원들이 높은 목표를 세우게 하고 자신감을 가지고 노력하여 성공적으로 과업을 수행함으로써 원하는 보상을 받을 수 있도록 경로를 명확히 해주는 것이라 주장한다. 4가지 리더십 유형과 2가지 상황변수를 제시한다.

1) 리더십 유형

① 지시적 리더십

② 지원형 리더십

③ 참여형 리더십

④ 성취지향적 리더십

2) 상황변수

① 부하의 특성(부하의 욕구, 과업 수행능력, 성격 등)

② 과업의 특성(과업구조, 작업절차 등)

4. 현대적 리더십

1) 셀프 리더십(self-leadership)

어떤 일을 수행할 때 외부에 의존하기보다는 자신이 능동적으로 방향을 설정하고 동기부여 하는 것을 말한다.

2) 슈퍼 리더십(super-leadership)

셀프리더십을 촉진·지원하는 리더십으로 조직 구성원이 스스로 자신들을 리드하는 셀프리더가 되도록 도움을 주는 리더십을 말한다.

3) 서번트 리더십(servant-leadership)

인간존중을 바탕으로 구성원들이 잠재력을 발휘할 수 있도록 도와주고 이끌어주는 리더십이다.

정답: ② 테마 4 참조.

71 피들러(F. Fiedler)의 리더십 상황이론에서 제시된 상황변수를 모두 고른 것은?

ㄱ. 리더와 구성원의 관계	ㄴ. 과업 행동과 관계 행동
ㄷ. 과업 구조	ㄹ. 리더의 직위 권한

① ㄱ, ㄴ

② ㄱ, ㄷ

③ ㄱ, ㄴ, ㄹ

④ ㄱ, ㄷ, ㄹ

⑤ ㄴ, ㄷ, ㄹ

해설

정답 ④

72 리더십에 관한 설명으로 가장 옳지 않은 것은?

① 전문적 권력(expert power)과 준거적 권력(referent power)은 공식적 지위가 아닌 개인적 특성에 기인한 권력이다.

② 피들러(Fiedler)는 리더십 상황이 리더에게 불리한 경우에는 과업지향적 리더보다 관계지향적 리더가 더 효과적이라고 주장하였다.

③ 미시간대학교의 리더십 모델에서는 리더십 유형을 생산중심형과 종업원중심형의 두 가지로 구분한다.

④ 사회화된 카리스마적 리더(socialized charismatic leader)는 조직의 비전 및 사명과 일치하는 행동을 강화하기 위해 보상을 사용한다.

⑤ 서번트 리더(servant leader)는 자신의 이해관계를 넘어 구성원의 성장과 계발에 초점을 맞춘다.

해설

○ **카리스마적 리더십 행동의 두 가지 유형**

카리스마적 리더는 사회화된 카리스마적 리더(socialized charismatic leader)와 개인화된 카리스마적 리더(personalized charismatic leader)로 구분한다.

1. 사회화된 카리스마적 리더(socialized charismatic leader)

사회화된 카리스마적 리더는 임파워먼트(권한이나 힘을 부여, 권한 부여)를 통해서 부하들 스스로가 더 강하고 더 유능하도록 돕고, 가치의 내면화를 강조하며 자신들에게 헌신하기 보다는 공동의 이데올로기에 헌신할 것을 강조하면서 권한을 상당히 위임한다. 또한 정보를 공개적으로 공유하고, 결정에 참여하도록 격려하며, 조직의 사명과 목표에 일치하는 행동에 대해서 강화를 하기 위해서 보상을 사용한다.

2. 개인화된 카리스마적 리더(personalized charismatic leader)

가치의 내면화 보다는 개인적 동일시를 강조하며, 공동의 이상인 이데올로기 보다는 자기 자신에 헌신할 것을 의도적으로 강조한다. 부하들이 리더의 개인의 목표를 위해서 봉사하도록 하고 이들은 부하들을 약하게 만들고 리더에게 의존하게 만듦으로써 부하들을 지배하고 복종시키려고 한다. 이들은 부하의 복지보다는 자기 미화와 권력유지에 더 많은 관심을 가진다.

정답 ② 테마 4, 테마 29 참조.

73

종업원들에게 자존감과 업무 몰입도를 높이기 위해 요구되는 심리적 강화 요인을 임파워먼트(empowerment)라 한다. 다음에 제시된 항목들 중 임파워먼트의 구성요소에 해당하는 것들을 모두 고른 것은?

ㄱ. 의미감(meaning)	ㄴ. 능력(competence)
ㄷ. 자기결정력(self-determination)	ㄹ. 영향력(impact)

① ㄱ, ㄴ

② ㄷ, ㄹ

③ ㄱ, ㄴ, ㄷ

④ ㄴ, ㄷ, ㄹ

⑤ ㄱ, ㄴ, ㄷ, ㄹ

해설

○ 임파워먼트의 구성요소 4가지

1. 유능함(competence)
2. 의미감(meaning)
3. 영향력(impact 또는 influence)
4. 자기결정력(self-determination)

정답 ⑤

74 리더십 이론 중 리더-부하 교환이론(leader-member exchange theory: LMX 이론)에 대한 설명으로 옳지 않은 것은?

① 리더의 특성이나 구성원에 대한 행위 등에 초점을 두고 발전한 이론이다.

② 내집단과 외집단을 구별하며, 각 집단에 대해 리더가 다른 관계를 보인다고 주장한다.

③ 리더와 구성원 간 교환 또는 관계의 질에 관심을 가진다.

④ 내집단에 속한 부하들은 높은 수준의 만족도와 성과를 보인다고 주장한다.

⑤ 평균적 리더십 이론은 리더의 일방적인 영향력에 따라 여러 구성원들의 평균적 지각을 의미한다면, LMX이론은 리더가 구성원과 맺은 개별적 관계의 특성이나 질에 따라 차별적인 효과성이 발현된다고 본다.

해설

정답 ① 테마 4 참조.

75 지각오류에 대한 설명으로 옳은 것만을 모두 고르면?

ㄱ. 상동적 태도(stereotyping)는 지각자가 자신의 기준과 관점에 일치하는 것만을 수용하려는 오류이다.
ㄴ. 투사(projection)는 자기에게 속하는 특성이나 태도를 타인에게 귀속시키거나 전가하려는 경향의 오류이다.
ㄷ. 뿔효과(horn effect)는 하나의 특성으로 인해 한 사람의 모든 것이 나쁘게 평가되는 오류이다.
ㄹ. 대조효과(contrast effect)는 사람이나 사물의 특성에 관해 미리 가진 기대에 따라 무비판적으로 대상을 지각하는 오류이다.

① ㄱ, ㄴ
② ㄱ, ㄹ
③ ㄴ, ㄷ
④ ㄴ, ㄹ
⑤ ㄷ, ㄹ

해설

1. 상동적 태도(stereotyping)는 일종의 '고정관념'이라고도 하는데 타인에 대한 평가가 그가 속한 사회적 집단에 대한 지각을 기초로 해서 이루어지는 것을 말한다. 사람에 대한 경직적인 편견을 가진 지각을 의미한다.
2. 선택적 지각(selective perception)이란 지각자가 자신의 기준과 관점에 일치하는 것만을 수용하려고 하는 것이다. 선택적 지각은 가장 흔히 범하는 지각적 오류로 개인은 환경으로부터 모든 자극을 다 감지하지 않고 자신의 준거체계에 유리하다고 생각되는 일관성 있는 자극만을 수용하려는 경향을 말한다.
3. 자기완성적 예언(자기 실현적 예언, self-fulfilling prophecy: 기대)은 사람이나 사물의 특성에 관해 미리 가진 기대(긍정적이든 부정적이든)에 따라 무비판적으로 대상을 지각하는 오류이다. 이와 비슷한 개념으로 피그말리온 효과(pygmalion effect)는 '조젠탈(하버드대 교수) 효과, 자성적 예언, 자기충족적 예언'이라고도 하며, 기대나 관심을 부여하면 그 기대에 부응하고자 노력하여 결과가 좋아지는 효과를 말한다.
4. 대조효과(contrast effect)는 대비되는 정보로 인해 평가자의 판단이 왜곡되는 현상을 말한다. 시간적, 공간적으로 가까이에 있는 대상과 비교하면서 평가하는 오류를 의미한다.

정답 ③ 테마 34 참조.

76 직업 스트레스에 관한 설명으로 옳지 않은 것은? [2023년 기출]

① 비르(T. Beehr)와 프랜즈(T. Franz)는 직업 스트레스를 의학적 접근, 임상·상담적 접근, 공학심리학적 접근, 조직심리학적 접근 등 네 가지 다른 관점에서 설명할 수 있다고 제안하였다.

② 요구-통제모델(Demands-Control-Model)은 업무량 이외에도 다양한 요구가 존재한다는 점을 인식하고, 이러한 다양한 요구가 종업원의 안녕과 동기에 미치는 영향을 연구한다.

③ 자원보존이론(Conservation of Resources Theory)은 종업원들은 시간에 걸쳐 자원을 축적하려는 동기를 가지고 있으며, 자원의 실제적 손실 또는 손실의 위협이 그들에게 스트레스를 경험하게 한다고 주장한다.

④ 셀리에(H. Selye)의 일반적 적응증후군 모델은 경고(alarm), 저항(resistance), 소진(exhaustion)의 세 가지 단계로 구성된다.

⑤ 직업 스트레스 요인 중 역할 모호성(role ambiguity)은 종업원이 자신의 직무 기능과 책임이 무엇인지 불명확하게 느끼는 정도를 말한다.

해설

○ 자원보존이론(Conservation of Resources Theory)

Hobfoll(1989)이 제안한 자원보존이론에 따르면 개인은 자신이 지닌 목적을 이루기 위해 가치 있는 도구적, 사회적, 심리적 자원을 얻으려 하고 기존의 자원을 유지하려는 동기를 가지고 있다고 한다. 자원이란 존재만으로 가치 있거나 이를 얻기 위한 수단으로 사용될 수 있는 물건, 고용, 업무조건, 에너지, 지식 등이 포함되며 자원 상실 경험은 자원을 제한시키기 때문에 부정적 태도와 행동을 유발한다. 이러한 상황은 심리적인 스트레스와 소진을 발생시키며 개인이 자원 손실의 위협을 받을 경우 자원을 유지하고 보호하려 한다. 즉, 종업원들은 시간에 걸쳐 자원을 축적하려는 동기를 가지고 있으며, 자원의 실제적 손실 또는 손실의 위협이 그들에게 스트레스를 경험하게 한다고 주장한다.

○ 셀리에(H. Selye)의 일반적 적응증후군 모델은 경고(alarm), 저항(resistance), 소진(exhaustion)의 세 가지 단계로 구성된다.

1) 경고반응단계

자극(스트레스)에 대해 일시적으로 위축되는 충격기(shock stage)와 후기 역충격기(counter-shock stage)로 나뉘는데 역충격기는 스트레스에 대응하기 위해 몸에서 적응 에너지(adaption energy)를 이용하여 대응하는 것을 말한다. 스트레스가 단기간에 끝날 경우에는 이러한 방어체계의 작동으로 스트레스에 대한 반응이 끝나지만, 스트레스가 지속될 경우 저항단계로 넘어간다.

2) 저항 단계

스트레스에 대해 계속적으로 대응하는 단계로 스트레스를 견디고 있는 상황이다. 이 단계에서 스트레스가 사라지면 다시 정상 수준으로 돌아간다. 하지만 스트레스 상황에 지속될 경우 소진단계로 넘어간다.

3) 소진단계

스트레스에 장기간 노출되어 적응 에너지가 소진된 단계이다. 흔히 번-아웃(burn-out)이라고 표현하는 상태로 이로 인해 생길 수 있는 위궤양, 고혈압 등 심혈관 질환, 갑상선 기능 저하, 기관지 천식 등이 생길 수 있다.

○ **직무요구–자원모델(Job Demands–Resources Model)**
직무요구-자원모델은 업무량 이외에도 다양한 요구가 존재한다는 점을 인식하고, 이러한 다양한 요구가 종업원의 안녕과 동기에 미치는 영향을 연구한다.

○ **직무 스트레스 모델**

1. 사람–환경 적합 모델(Person–Environment fit model)

직무스트레스는 개인의 욕구 · 기술 · 능력 · 적성 등의 개인적인 특성과 직무를 수행하는 환경적인 특성(직무 · 역할 · 조직 특성 등)이 상호 일치하지 않을 경우에 발생된다.

2. 노력–보상 불균형 모델(Effort–reward imbalance model)

자신의 노력을 많이 요구하는 업무환경에서 일할 경우, 합당한 보상을 제공받지 않으면 높은 수준의 스트레스를 경험하게 된다.

3. 요구–통제 모델(Demands–control model)

구성원에게 부여되는 신속성, 정확성 등의 직무 수행상의 요구(job–demand)에 대비하여 직무 관련 의사결정을 할 수 있는 권한과 자원 동원력 등 직무통제권한(job–control)이 부족하면 스트레스를 경험한다.

구분	직무요구도 낮을 때	직무요구도 높을 때
의사결정 범위 낮을 때	수동적 집단	**고긴장집단**(high strain)
의사결정 범위 높을 때	저긴장집단(low strain)	능동적 집단

4. 직무요구–자원 모델(Job Demands–Resources Model)

기존의 직무통제 요인 이외에 직무요구와 상호작용하여 직무스트레스 등을 경감, 완화시켜 줄 수 있는 다양한 조절변인을 규명해보고자 하는 시도에서 비롯되었다. 이 모형에 의하면 일반적으로 직무자원이란 직무담당자가 자신의 직무요구에 효과적으로 대처해 가고 직무긴장 등 부정적인 영향을 적절히 감소시켜 가는데 기능적인 역할을 하는 일체의 직무맥락 요인들을 말한다. 따라서 실제 업무 상황에서 이러한 직무자원으로 사용할 수 있는 다양한 변인들이 있을 수 있다. 직무요구에 대해 종업원들의 외적요인(조직의 지원, 의사결정과정에 대한 참여)과 내적요인(자신의 업무요구에 대한 종업원의 정신적 접근방법) 등 다양한 요구가 존재한다는 점을 인식하고, 이러한 다양한 요구가 종업원에게 미치는 영향을 연구한다.

5. 자원보존 모델(Conservation of resource model)

업무량이 많고 역할모호성과 역할 갈등이 있는 등 직무요구가 많은 상황에서 의사결정 참여나 보상 등 직무의 효과적인 수행에 필요한 직무자원을 충분하게 보유하지 못하는 경우 스트레스를 경험하게 된다. 직무요구통제 모델과의 차이점은 직무요구가 많아서 자신이 보유하는 직무자원을 상실하는 것을 더 싫어하는 경향이 있기 때문에 가급적 직무자원을 지키려는 방향으로 행동하게 된다.

정답 ②

77 직업 스트레스 모델에 관한 설명으로 옳지 않은 것은? [기출 2022년]

① 노력-보상 불균형 모델(Effort-Reward Imbalance Model)은 직장에서 제공하는 보상이 종업원의 노력에 비례하지 않을 때 종업원이 많은 스트레스를 느낀다고 주장한다.

② 요구-통제 모델(Demands-Control-Model)에 따르면 작업장에서 스트레스가 가장 높은 상황은 종업원에 대한 업무 요구가 높고 동시에 종업원 자신이 가지는 업무통제력이 많을 때이다.

③ 직무요구-자원모델(Job Demands-Resources Model)은 업무량 이외에도 다양한 요구가 존재한다는 점을 인식하고, 이러한 다양한 요구가 종업원의 안녕과 동기에 미치는 영향을 연구한다.

④ 자원보존모델(Conservation of Resources Model)은 자원의 실제적 손실 또는 손실의 위협이 종업원에게 스트레스를 경험하게 한다고 주장한다.

⑤ 사람-환경 적합 모델(Person-Environment Fit Model)에 의하면 종업원은 개인과 환경 간의 적합도가 낮은 업무 환경을 스트레스원(stressor)으로 지각한다.

해설

정답 ②

78 직무소진(burnout)에 대한 설명으로 옳지 않은 것은?

① 조직 내 구성원들에게 장기적으로 발생하는 정서적, 정신적, 신체적 탈진 및 고갈 현상으로 정의될 수 있다.

② 매슬랙(Maslach)과 잭슨(Jackson)은 직무소진을 정서적 고갈(emotional exhaustion), 자아성취감(personal accomplishment), 직무 스트레스(task stress)의 세 영역으로 구분하였다.

③ 역할갈등, 역할 모호성, 역할 과중은 직무소진을 높인다.

④ 자아성취 측면에서의 직무소진은 조직에서 요구하는 기대만큼 직무성과가 높지 않을 때 나타난다.

⑤ 직무스트레스가 쌓여 직무소진으로 귀결될 수 있고 직무소진으로 직무스트레스에 대항할 힘이 사라진다.

해설

○ 직무소진(burnout)의 종류

매슬랙과 잭슨(Maslach & Jackson, 1996)은 소진을 정서적 고갈, 비인간화, 개인의 성취감 감소라는 세 가지 속성으로 분류했다. 이 세 측면은 독립적인 것으로 반드시 서로 영향을 주고받는 것은 아니며, 순서대로 발전해 나가는 것도 아니다.

1. 정서적 고갈(탈진)

쇠약, 쇠진, 피로감 등

2. 비인격화

주로 대인관계 업무에서 타인에 대한 일종의 부정적인 반응이다. '냉소'라는 개념으로 쓰인다.

3. 개인성취감의 감소

직무상에서 성취도 부족으로 생기는 자신에 대한 부정적인 평가로 정의된다. 개인 성취감의 감소는 자신의 능력감과 성공적인 성취감의 감소를 말한다.

정답 ②

79 직무만족을 측정하는 대표적인 척도인 직무기술지표(Job Descriptive Index: JDI)의 하위요인이 아닌 것은? [2023년 기출]

① 업무

② 동료

③ 관리 감독

④ 승진 기회

⑤ 작업조건

해설

○ 직무기술지표(Job Descriptive Index: JDI)와 직무만족지표(JSI)

직무만족이란 사람들이 자신들의 직무 전반과 직무의 다양한 단면들에 대해 어떻게 느끼는지를 나타내는 태도변인이다. 즉, 사람들이 직무에 대해 가지고 있는 감정이라 할 수 있다.

가장 많이 사용하는 직무만족 척도로는 직무기술지표(JDI), 미네소타 만족 설문지(MSQ), 직무만족지표(JSI) 등이 있다.

1. 직무기술지표(JDI)

스미스(Smith), Kendall & Hulin 등이 개발한 직무만족 척도로 5가지를 평가한다.

1) 관리 감독: 감독자의 기술, 관리능력과 종업원에 대한 배려 및 관심의 정도
2) 업무(일 자체에 대한 만족): 작업에 대한 관심의 정도
3) 급여: 임금의 공정성
4) 승진 기회: 승진의 가능성 여부
5) 동료와의 관계: 동료의 우호적 태도 및 후원정도
→ **(암기법: 무/급/승진/감/동)**

2. 직무만족지표

Brayfield & Rothe가 개발한 것으로 18문항 5점 척도로 구성되어 있다.

○ 직무만족 측정

1. JDI(job descriptive index)

5개 요인으로 나누어 작업자체, 승진, 임금, 동료관계, 상사로 구성된 형용사 문항에 '예, 아니오'로 대답하는 전체 72개 문항이다.

2. 미네소타 만족질문지

20개 요인으로 구성되어 5점 척도로 되어 있다.

3. 안면척도(face scale)

단일 문항(직무에 대해서 어떻게 생각: 작업, 임금, 감독, 승진기회, 동료 등을 포함해서 전반적 만족도 측정)에 대한 반응을 얼굴 표정으로 제시

4. 단면적 직무만족척도

단면적 직무만족을 측정하기 위한 것이다.

정답 ⑤

80 교육훈련 및 노사관계에 관한 설명으로 가장 적절하지 않은 것은?

① 노동조합(union)은 조직이 작업장 공정성을 지키도록 견제하고 종업원들이 공정하게 대우받도록 보장하는 기능을 한다.

② 기업이 교육훈련을 효과적으로 설계하기 위해서는 학습능력, 동기부여, 자기효능감과 같은 학습자 특성을 고려해야 한다.

③ 교차훈련(cross training)은 종업원들의 미래 직무 이동이나 승진에 도움을 준다.

④ 직무상 교육훈련(on-the-job training)은 사내 및 외부의 전문화된 교육훈련을 포함한다.

⑤ 단체교섭(collective bargaining)은 경영진과 근로자들의 대표가 임금, 근로시간 및 기타 고용 조건 등에 대해 협상하는 과정을 말한다.

해설

외부전문가를 초빙하여 전문화된 교육훈련을 하는 것은 직무 외 교육훈련(off-the-job training)이다. 교차훈련(cross training)은 종업원의 이동성으로 인해 일상적인 업무의 일정 조정이 수월해진다. 또한 다른 부서에서 하는 일에 대한 이해를 높여주며, 종업원이 다른 분야의 업무를 교육받을 수 있는 기회를 제공함으로써 종업원이 노동시장에서의 채용가능성을 제고하기도 한다.

정답 ④

81 직장 내 교육훈련(on-the- job training)에 대한 설명으로 옳지 않은 것은?

① 다수의 대상자를 훈련하는 데 적절하지 않다.

② 현장 상황에 맞게 훈련할 수 있어 훈련의 표준화 정도가 높다.

③ 대상자의 능력에 맞춰 훈련할 수 있다.

④ 훈련비용이 적게 드는 대신에 훈련이 업무에 지장을 줄 수 있다.

⑤ 훈련에 필요한 업무의 계속성이 끊어지지 않는다.

해설

정답 ②

82 감정, 지각 및 가치관에 관한 설명으로 가장 적절하지 않은 것은?

① 감성지능(emotional intelligence)이 낮은 개인보다 높은 개인이 타인과의 갈등을 건설적으로 더 잘 해결하는 경향이 있다.

② 스트레스는 구성원의 직무수행에 있어서 역기능적 역할뿐만 아니라 순기능적 역할도 한다.

③ 궁극적 가치관(terminal values)은 개인이 어떤 목표나 최종상태를 달성하기 위해 사용될 수 있는 수용 가능한 행동을 형성하는 가치관을 말한다.

④ 자존적 편견(self-serving bias)은 자신의 성공에 대해서는 내재적 요인에 원인을 귀속시키고 실패에 대해서는 외재적 요인에 원인을 귀속시키는 경향을 말한다.

⑤ 인상관리(impression management)는 다른 사람들이 자신에 대해 형성하게 되는 지각을 개인이 관리하거나 통제하려고 시도하는 과정을 말한다.

해설

○ 감성지능(emotional intelligence)이란 자신이나 타인의 감정을 인지하는 개인의 능력을 말한다.

○ 인상관리(impression management)는 미국의 심리학자 Goffman(1959)이 제시했는데, 다른 사람들이 자신에 대해 형성하게 되는 지각을 개인이 관리하거나 통제하려고 시도하는 과정을 말한다. 즉 사회적, 심리적, 물질적인 것과 같이 자신이 원하는 목표를 달성하기 위해 관련된 사람들에게 자신의 이미지를 통제하려고 노력하는 것이다.

○ 밀턴 로키치(Milton Rokeach)의 가치관 종류

밀턴 로키치는 가치를 궁극적 가치와 수단적 가치로 구분하였다.

로키치의 연구 결과에 따르면 가장 높게 평가되는 궁극적 가치는 '행복'이고, 가장 높게 평가되는 수단적 가치는 '사랑'으로 나타났다.

가치는 개인이 추구하는 것 및 개인이 처한 환경에 따라 다를 수 있지만 단기적으로 수단적 가치를 추구하고 장기적으로는 궁극적 가치를 추구하게 된다.

1. 궁극적 가치

존재의 바람직한 최종 상태 또는 개인이 일생 동안 성취하고자 하는 궁극적 목표이다. 예를 들면 행복, 자유, 성취, 평화 등이다.

2. 수단적 가치

개인이 어떤 목표나 최종상태를 달성하기 위해 사용될 수 있는 수용 가능한 행동을 형성하는 가치관으로 예를 들면 수단적 가치로 '돈'을 들기도 하고, '정직'을 말하기도 한다.

정답 ③

83 귀인이론(attribution theory)에 대한 설명으로 옳은 것은?

① 자존적 귀인오류(self-serving bias)는 타인의 행동을 평가할 때 외재적 요인에 대해서 과소평가하고 내재적 요인에 대해서 과대평가하는 것이다.

② 행위자-관찰자 편견(actor-observer bias)는 어떤 행동에 대해 자기가 행한 행동에 대해서는 외재적 귀인을 하고 타인이 행한 행동에 대해서는 내재적 귀인을 하는 것이다.

③ 근본적인 귀인오류(fundamental attribution theory)는 자신의 성공에 대해서는 내재적 귀인을 하고 실패에 대해서는 외재적 귀인을 하는 것이다.

④ 관찰한 행동의 원인은 그 행동의 합의성(consensus)과 특이성(distinctiveness)이 높을 때 내재적 요인에 의해 귀인된다.

⑤ 행동의 원인이 외재적인지 내재적인지를 판단하는 기준으로 특이성은 같은 사람이 다른 상황에서 다르게 행동하는 것을 의미한다.

해설

○ 자존적 귀인오류(self-serving bias)는 자신이 행한 일에 대해 성공했을 때는 자신이 잘해서 그런 것(내적 귀인)이라 생각하지만, 실패했을 때는 남의 탓(외적 귀인)을 하는 것이다.

○ 근본적인 귀인오류(fundamental attribution theory)는 다른 사람의 행동의 원인을 추론할 때 그 사람이 그렇게 행동할 수밖에 없는 상황적 요인이 있었음에도 불구하고 그러한 상황적 요인은 과소평가하고, 행위자의 기질적 요인과 내적 요인은 과대평가하는 것이다.

○ 켈리(Kelly)의 귀인모형(공변모형)에서는 합의성, 특이성, 일관성의 세 가지 정보를 토대로 원인 귀속 방향을 결정한다고 정의한다. 즉 행동의 원인을 내재적 요인에 두는 경우 일관성은 높지만 합의성과 특이성은 낮다.

수준	일관성	합의성	특이성
높음	내재적 요인	외재적 요인	외재적 요인
특징	행동과 시간의 공변으로 비슷한 상황에서 항상 같은 행동을 하는지 여부	행동과 행위자의 공변으로 여러 사람들이 같은 행동을 하는지 여부	행동과 자극(상황)의 공변으로 다른 자극(상황)에 대해서도 같은 행동을 한다면 특이성은 낮고, 한 특정 자극(상황)에서만 그 행동을 한다면 특이성이 높다.
내용	행동을 하는 사람이 특정 상황에서 항상 동일한 행동을 하는 것	서로 다른 사람들이 같은 상황에서 비슷하게 행동하는 것	같은 사람이 다른 상황에서 동일하게 행동하는 것

쉽게 이야기하면, 합의성은 다른 사람도 이런 행동을 하는지, 일관성은 이전에도 이런 행동을 했는지, 특이성은 다른 상황에서도 이런 행동을 하는지를 의미한다.

정답 ②

84 근본귀인오류(fundamental attribution theory)에 관한 설명에 해당하는 것은?

① 행위를 야기할 만한 여러 가지 이유가 있을 때 행위자의 내적 성향으로 귀인하는 경향이 감소하는 것을 말한다.

② 다른 사람의 행동에 대해 상황은 과소평가하고 성향은 과대평가하는 경향을 말한다.

③ 어떤 행동의 결과가 좋으면 자신의 성향에 귀인하고, 결과가 나쁘면 상황에 귀인하는 경향을 말한다.

④ 다른 사람의 행동은 성향적인 요인에 귀인하는 반면, 자신의 행동은 상황적인 요인에 귀인하는 경향을 말한다.

⑤ 사람에 대한 경직된 편견이나 선입견 또는 고정관념으로 인지대상이 속한 사회적 집단의 특성과 유형에 대한 지각이나 인식을 오랫동안 같은 상태로 일관되게 유지하려는 심리상태에 기인하는 오류를 말한다.

해설

정답 ②

85 파라슈라만(Parasuraman)등이 제시한 SERVQUAL 모델에 대한 설명으로 옳지 않은 것은?

① "광고만 번지르르하게 하고 호텔에 가 보면 별거 아니다."는 유형성(tangible)의 예라고 할 수 있다.

② 고객에 신속하고 즉각적인 서비스를 제공하려는 의지는 신뢰성(reliability)에 해당한다.

③ 확신성(assurance)은 능력(competence), 예의(courtesy), 안전성(security), 진실성(credibility)을 묶은 것이다.

④ 공감성은 접근성(access), 의사소통(communication), 고객이해(understanding)을 묶은 것이다.

⑤ 대응성은 고객을 돕겠다는 의지나 신속한 서비스를 제공하려는 의지를 말한다.

해설

○ SERVQUAL(서비스품질) 모형 5가지 차원

'신뢰성(reliability)', '응답성 또는 대응성(responsiveness)', '공감성(empathy)', '확신성(assurance)', '유형성(tangibles)'의 5개 차원으로 구분한다.

→ (암기법: 유/신/확/공감/대)

1. 유형성(tangibles)

1) 최신 장비
2) 시설
3) 분위기
4) 종업원 외모

2. 신뢰성(reliability)

1) 서비스 철저
2) 청구서 정확도
3) 정확한 기록
4) 약속시간 엄수

3. 확신성(assurance)

1) 종업원 능력
2) 정중한 태도(예의)
3) 믿음직성
4) 안전성

4. 공감성(empathy)

1) 개별적 관심
2) 접근 용이성
3) 원활한 의사소통

4) 고객에 대한 이해

5) 고객 이익 중시

5. 대응성(responsiveness)

1) 서비스 적시성

2) 즉각적 응대

3) 신속한 서비스

정답 ②

86 서비스품질 평가 요소와 그에 관한 설명으로 옳지 않은 것은?

① 신뢰성 – 약속한 서비스를 정확히 제공하는 능력

② 반응성 – 고객을 도와주려는 의지와 신속히 서비스를 제공하고자 하는 의지

③ 확신성 – 노하우와 능력을 토대로 고객이 안심하고 이용할 수 있도록 믿음을 심어주기 위한 노력

④ 표준성 – 고객에게 제공하는 개별적 배려와 관심 정도

⑤ 유형성 – 물리적 시설, 종업원 복장과 외모, 커뮤니케이션을 위한 각종 도구 등

해설

정답 ④

87 산업심리학의 연구방법에 관한 설명으로 옳은 것은? [2024년 기출]

① 내적 타당도는 실험에서 종속변인의 변화가 독립변인과 가외변인(extraneous variable)의 영향에 따른 것이라고 신뢰하는 정도이다.

② 검사-재검사 신뢰도를 구할 때는 역균형화(counterbalancing)를 실시한다.

③ 쿠더 리차드슨 공식20(Kuder-Richardson formula 20)은 검사 문항들 간의 내적 일관성 정도를 알려준다.

④ 내용타당도와 안면타당도는 동일한 타당도이다.

⑤ 실험실 실험(laboratory experiment)보다 준실험(quasi-experiment)에서 통제를 더 많이 한다.

해설

○ 타당도(validity)

1. 내적 타당도(internal validity)는 연구나 실험에서 독립변인(원인)이 종속변인(결과)에서의 관찰된 변화를 일으켰음을 확실하게 입증하는 것을 말한다. 즉 독립변수 이외에 종속변인에 영향을 미칠 수 있는 변인들을 얼마나 잘 통제했느냐의 여부에 달려 있다. 가외변인은 철저하게 통제되어야 할 대상이다.

1) 내용타당도(content validity)

검사하는 문항들이 측정하고자 하는 내용영역을 얼마나 잘 반영하고 있는지를 말한다.

2) 안면타당도(face validity)

일반인(수검자)가 문항을 평가하는 것으로 '타당한 것처럼 보이는가?'를 평가하는 것이다.

3) 준거타당도(criterion-related validity: 기준타당도)

검사가 직무 성과나 학업성적 등의 특정 활동 영역의 준거를 얼마나 잘 예측해 주는지의 정도

① 동시타당도(공인타당도): 검사와 준거를 동시에 측정하여 두 점수 간 상관계수 측정

② 예언타당도(예측타당도): 검사를 먼저 실시하고 일정기간 후 준거를 측정하여 두 점수 간 상관계수 측정

4) 구성타당도(constructs validity: 구인타당도)

측정하고자 하는 심리적 구성개념을 얼마나 정확하게 측정하는지를 의미

① 수렴타당도: 신개발 검사와 비슷한 기존 검사와의 상관계수 측정. 상관계수가 높을수록 수렴 타당도가 높다.

② 변별타당도: 신개발 검사와 다른 구성 개념의 기존 검사와의 상관계수 측정. 상관계수가 낮을수록 변별타당도가 높다.

③ 요인분석법: 문항들 간 상관관계를 분석하여 상관이 높은 문항들로 묶는 방법.

2. 외적 타당도(external validity)는 연구 결과를 일반화할 수 있는 정도를 말한다. 즉 실험결과가 독립변수로 인해 나타난 종속변수의 변화를 다른 상황에서도 적용했을 때 동일한 효과가 나타나는가를 알 수 있는 타당도이다.

내적 타당도와 외적 타당도는 상충관계(trade-off)를 가지므로 두 유형의 타당도를 동시에 높일 수는

없다. 즉, 내적 타당도를 높이려면 외적 타당도가 낮아질 수밖에 없다.
내적 타당도가 변인들을 최대한 통제해야 한다면, 외적 타당도는 변인들을 최대한 풀어놓아야 하므로, 이 둘을 동시에 만족시키는 단일 실험 사례는 사실상 존재하지 않는다.

3. 변인(variable)

변인 또는 변수는 variable의 번역어로 어떤 연구의 대상을 말한다.

1) 독립변인은 다른 변인에 영향을 주는 변인
2) 종속변인은 독립변인에 의해 변화되는 변인
3) 외적변인(extraneous variable)은 종속변인에 영향을 미치는 독립변인 이외의 변인으로 '가외변인'이라고도 한다.

○ 신뢰도(reliability)

동일 대상에게 같은 도구로 반복 측정하더라도 같은 결과가 나오는지 평가하는 방법이다. 즉 재현이 가능한 정도로 이해하면 쉽다. 반복 측정에서 결과가 같다면 신뢰도가 높다고 할 수 있다.

신뢰도와 타당도의 관계에서 신뢰도는 타당도가 되기 위한 필요조건이다.

신뢰도의 종류로는 검사-재검사(반복 측정) 신뢰도, 동형검사신뢰도, 반분신뢰도, 채점자 간 신뢰도, 크론바흐 알파 등이 있다.

〈참고1〉 역균형화

내적 타당도를 왜곡하는 것으로 검사효과(testing effect)나 순서효과(order effect)가 있다.

검사효과(testing effect)는 이전에 실시하는 검사에 참여한 경험이 이후에 실시하는 검사 결과를 왜곡시키는 현상으로 두 번 이상의 검사를 진행하는 실험설계에서 나타날 수 있다.

순서효과(order effect)는 서로 다른 종류의 여러 검사들을 참가자 내에서 순환적으로 경험시킬 경우, 검사가 제시되는 순서에 따라서 이후 시점의 검사 결과가 왜곡되는 경우인데 이를 방지하기 위해 참가자마다 전부 서로 다른 순서로 검사를 받도록 하는 역균형화(counterbalancing)기법이 사용된다.

〈참고2〉 쿠더 리차드슨 공식20(Kuder-Richardson formula 20)

측정 도구의 신뢰도를 측정하는 도구 중 하나이다.

문항 내적일관성 신뢰도(internal consistency reliability)는 검사를 구성하고 있는 문항간의 일관성을 측정하므로 검사도구가 얼마나 오차 없이 정확하게 측정하고자 하는 속성을 측정하였느냐 하는 문제이다. 즉 내적 일관성 척도를 측정하는 도구를 말한다.

Kuder와 M. W. Richardson이 1937년에 개발한 공식이다. 이를 통해 반분 신뢰도 추정방법이 일관적인 신뢰도를 산출하지 못하는 문제를 해결할 수 있다. 이외에도 대표적인 것이 크론바흐-알파가 있다.

Cronbach-α (크론바흐-알파) 계수가 0.6이상, 엄격하게 0.7이상이면 신뢰도가 높다고 할 수 있다. 즉, 결과값으로 0~1 사이의 값을 가지며, 1에 가까울수록 신뢰도가 높다고 해석된다.

〈참고3〉

실험실 실험(진실험)과 준실험을 구분하는 기준은 통제집단을 구성하는 여부인데 준실험은 통제집단을 구성하기는 했으나 실험집단과 통제집단(비교집단)간의 동질성을 확보하지 못한 경우이고 진실험은 동질성을 지닌 실험집단과 통제집단(비교집단)을 구성하는 실험설계방식이다.

실험실 실험(laboratory experiment)은 실험실과 같은 인공적인 공간에서 이루어지기 때문에 높은 내부 타당성을 갖게 되는 경향이 있지만, 외부 타당성은 크게 낮게 나타나는 결과를 가져온다. 왜냐하면, 실험실이라는 공간은 실제 세계를 전부 반영할 수 없기 때문이다.

실험연구는 크게 두 가지 범주로 집단화되는데 진실험설계(true experimental design)와 준실험설계(quasi-experimental design)가 있다.

진실험을 실험실 실험이라 부르기도 하는데 핵심은 무작위 배정이다.

준실험(유사실험)은 진실험설계의 조건을 일부 완화시킨 실험으로 무작위 배정하지 않는 연구방법이다.

구분	내적타당도	외적타당도	실현가능성
진실험	높다	낮다	낮다
준실험	낮다	높다	높다
비실험	낮다	가장 높다	가장 높다

정답 ③

88 라스무센(Rasmussen)의 인간행동 분류에 관한 설명으로 옳은 것을 모두 고른 것은? [2024년 기출]

ㄱ. 숙련기반행동(skill-based behavior)은 사람이 충분히 습득하여 자동적으로 하는 행동을 말한다.
ㄴ. 지식기반행동(knowledge-based behavior)은 입력된 정보를 그때마다 의식적이고 체계적으로 처리해서 나타난 행동을 말한다.
ㄷ. 규칙기반행동(rule-based behavior)은 친숙하지 않은 상황에서 기억 속의 규칙에 기반한 무의식적 행동을 말한다.
ㄹ. 수행기반행동(commission-based behavior)은 다수의 시행착오를 통해 학습한 행동을 말한다.

① ㄱ, ㄴ

② ㄴ, ㄷ

③ ㄷ, ㄹ

④ ㄱ, ㄴ, ㄷ

⑤ ㄱ, ㄷ, ㄹ

해설

○ 라스무센(Rasmussen)의 인간행동 분류-SRK 모형

숙련기반행동	규칙기반행동	지식기반행동
1) 무의식에 의한 행동 2) 행동 패턴에 의한 자동적 행동 3) 대부분 실행과정에서의 에러	1) 친숙한 상황에 적용되며 저장된 규칙을 적용하는 행동 2) 상황을 잘못 인식하여 에러 발생	1) 생소하고 특수한 친숙하지 않은 상황에서 나타나는 행동 2) 부적절한 추론이나 의사결정에 의해 에러 발생

정답 ①

89 스웨인(Swain)이 분류한 휴먼에러 유형에 해당하는 것을 모두 고른 것은? [2024년 기출]

ㄱ. 조작에러(performance error)
ㄴ. 시간에러(time error)
ㄷ. 위반에러(violation error)

① ㄱ
② ㄴ
③ ㄱ, ㄷ
④ ㄴ, ㄷ
⑤ ㄱ, ㄴ, ㄷ

해설

1. 스웨인(Swain)의 휴먼에러-심리적 행위에 의한 분류

미국의 심리학자 스웨인(Alan. D. Swain)은 원자력발전소의 휴먼에러 유형을 조사하는 과정에서 휴먼에러를 인간 행동(human behavior)의 관점에서 분류하는 방법을 주장하였다. 스웨인의 휴먼에러 분류는 결과를 기준으로 하였다. 즉, 해야 할 것으로부터 일탈한 상태로서의 분류라 할 수 있다.

1) 수행에러(commission error)

필요한 작업과 절차를 불확실하게 수행한 에러

2) 불필요한 수행 에러(extraneous error)

작업과 관계없는 행동을 한 에러

3) 생략에러(omission error)

필요한 작업이나 절차를 수행하지 않은 에러

4) 시간에러(time error)

필요한 작업과 절차의 수행 지연으로 인한 에러

5) 순서에러(sequence error)

필요한 작업 또는 절차의 순서 착오로 인한 에러

2. 리즌(Reason)의 휴먼에러 분류-원인 차원에서의 분류

불안전한 행동(Reason의 휴먼에러 분류)			
비의도적 행동		의도적 행동	
숙련기반에러		착오(mistake)	고의(violation)
실수(slip)	건망증(lapse)	1) 규칙기반착오 2) 지식기반착오	1) 일상적 위반 2) 상황적 위반 3) 예외적 위반

* Reason(리즌)의 휴먼에러는 라스무센의 SRK-행동모델을 사용한 것이다.

* Reason(리즌)은 휴먼에러를 예방하기 위한 방안으로 "스위스치즈모델(1990년)" 을 제시하였다. 스위스치즈모델은 다차원의 다중 원인이 작용한다는 점을 강조한다. 각장의 치즈는 안전요소나 방호장치로 재해예방을 위한 방벽(방지체계)이고, 치즈의 구멍은 사고차단 실패요인을 의미한다.

〈읽기자료〉

제임스 리즌 모델을 들여다 보면 각각의 원인이 모두 다른 것을 알 수 있다. 예를 들어보자.

적합하지 않은 안전모를 착용해 사고가 발생한 7건의 사례가 있다고 하자.

첫 번째 근로자는 안전모를 착용하고 있지 않았다. 그는 현장에 출입하기 전에 안전모 착용하는 것을 깜박 잊고 그냥 왔다. 이것은 의도하지 않은 행동 중에서 망각(lapse)으로 인한 기억의 실패에 해당한다.

두 번째 근로자의 안전모를 확인해보니 추락방지용 안전모(AB형)이 아니라 낙하 · 비래용 안전모(A형)안전모를 착용하고 있었다. 손에 잡히는 대로 가져온다는 것이 다른 것을 가져온 부주의에 의한 단순 실수(slip)였다.

세 번째 근로자는 전기작업자로 전기 작업에 필요한 AE형 안전모가 필요했지만 AB형 안전모를 착용했다. 그는 AB형 안전모가 전기작업자용 안전모인줄 알았다. 규칙을 잘못 알고 있던 규칙기반의 착오이다.

네 번째 근로자도 AE형의 안전모가 필요했지만 A형을 썼다. 그는 안전모가 다 동일한 것으로 알고 있었다. 안전모의 종류가 있는지도 몰랐고 교육을 받지도 못했다고 한다. 안전모의 종류가 있다는 지식을 알지 못했던 지식기반의 착오이다.

다섯 번째 근로자는 안전모를 착용하고 있지 않았다. 이 근로자는 전기작업에 필요한 AE형 안전모를 착용해야 하는 것을 알고 있었다. 그러나 감전위험이 높지 않다고 판단했고, 안전모 착용이 불편하다고 생각했다. 그리고 전기 작업 시 다른 근로자도 대부분 착용하지 않아 자기도 그렇게 했다고 한다. 이는 위반 중에서 일상적 위반에 행동이다.

여섯 번째 근로자도 안전모를 착용하고 있지 않았다. 이 근로자도 안전모를 착용해야 하는 것을 알고 있었지만, 현장 출입 시 자신의 안전모가 없는 것을 발견했고, 시간이 급해 어쩔 수 없이 그냥 들어왔다고 했다. 이것은 위반 중에서 상황적 위반에 해당한다.

일곱 번째 근로자는 전기 작업 시 A형 안전모를 착용하면 안 되는 것을 알지만 AB형이 없어서 우선 급한 대로 A형을 착용했다고 한다. 이 근로자는 예외적 위반을 했다고 볼 수 있다.

정답 ②

90 인간의 뇌파에 관한 설명으로 옳지 않은 것은? [2024년 기출]

① 델타(δ)파는 무의식, 실신 상태에서 주로 나타나는 뇌파이다.
② 세타(θ)파는 피로나 졸림 등의 상태에서 주로 나타나는 뇌파이다.
③ 알파(α)파는 편안한 휴식 상태에서 주로 나타나는 뇌파이다.
④ 베타(β)파는 적극적으로 활동할 때 주로 나타나는 뇌파이다.
⑤ 오메가(Ω)파는 과도한 집중과 긴장 상태에서 주로 나타나는 뇌파이다.

해설

감마파(γ)는 과도한 집중과 긴장 상태에서 주로 나타나는 뇌파이다. 즉, 감마파는 스트레스로 인해 몸이 극도로 긴장하며 불안감을 느낄 때 나오는 파이다.

정답 ⑤

ㅇ 인간의 의식수준

예제 **일본의 의학자인 하시모토 쿠니에가 제시한 의식수준 5단계(phase)의 의식상태와 신뢰성에 관한 내용으로 옳은 것은? [2021년 기출]**

① Phase 0의 의식상태는 무의식 상태이며 신뢰성은 0.3이다.
② Phase 1의 의식상태는 실신 상태이며 신뢰성은 0.6 이상이다.
③ Phase 2의 의식상태는 의식이 둔한 상태이며 신뢰성은 0.9이다.
④ Phase 3의 의식상태는 명석한 상태이며 신뢰성은 0.999999 이상이다.
⑤ Phase 4의 의식상태는 편안한 상태이며 신뢰성은 1.0이다.

해설

단계	특징	주의상태	신뢰도	뇌파
0	의식의 단절, 의식의 우회	무의식, 실신	0	델타(δ)파
1	의식수준 저하	졸음상태	0.9 이하	세타(θ)파
2		이완상태	0.9~0.99999	알파(α)파
3		적극 활동, 상쾌	0.999999 이상	베타(β)파
4	주의 일점집중	과긴장	0.9 이하	감마(γ)파

* 의식의 우회: 작업 도중에 걱정거리, 고민거리, 욕구불만 등으로 의식의 흐름이 옆으로 빗나가는 현상으로 산업현장에서 흔히 발생하는 사고가 의식의 우회로 인해 발생한다.

정답 ④

91 면적에 관련한 착시현상으로 옳은 것은? [2024년 기출]

① 뮬러-라이어(Muller-Lyer) 착시
② 폰조(Ponzo) 착시
③ 포겐도르프(Poggendorf) 착시
④ 에빙하우스(Ebbinghaus) 착시
⑤ 죌러(Zoller) 착시

해설

길이(크기) 착시	방향 착시	면적 착시
1) 뮬러-라이어 착시 2) 폰조 착시	1) 죌러 착시 2) 포겐도르프 착시	1) 에빙하우스 착시 2) 델뵈프(Delboeuf) 착시

정답 ④

92 착시를 크기 착시와 방향 착시로 구분하는 경우, 동일한 물리적인 길이와 크기를 가지는 선이나 형태를 다르게 지각하는 크기 착시에 해당하지 않는 것은? [2023년 기출]

① 뮬러-라이어(Muller-Lyer) 착시
② 폰조(Ponzo) 착시
③ 에빙하우스(Ebbinghaus) 착시
④ 포겐도르프(Poggendorf) 착시
⑤ 델뵈프(Delboeuf) 착시

해설

포겐도르프(Poggendorf) 착시는 방향착시에 해당한다. '죌러(Zoller) 착시' 도 방향착시의 일종으로 세로 평행선이 기울어져 보인다.

○ 델뵈프(Delboeuf) 착시

중심원 크기가 주변원에 의해 달라 보이는 착시현상이다.

음식에 적용할 경우 동일한 양의 음식을 작은 그릇에 담으면 큰 그릇에 담을 때보다 양이 더 많은 것처럼 인식될 수 있다.

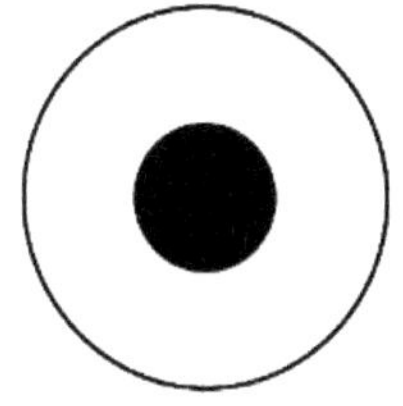
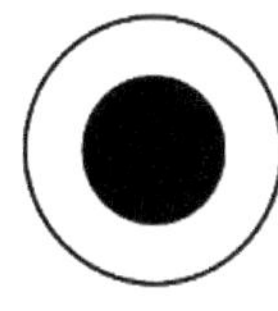

* 에빙하우스(Ebbinghaus) 착시=티치너 원

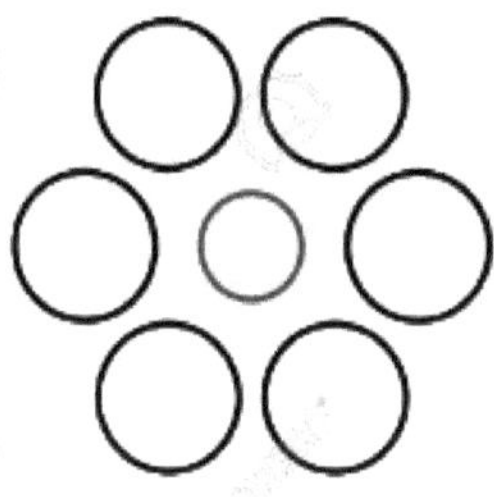
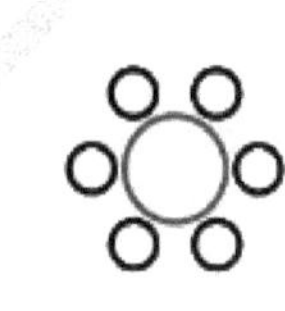

길이(크기) 착시	방향 착시	면적 착시
1) 뮬러-라이어 착시 2) 폰조 착시	1) 죌러 착시 2) 포겐도르프 착시	1) 에빙하우스 착시 2) 델뵈프(Delboeuf) 착시

정답 ④

93 다음 설명에 해당하는 중금속은? [2024년 기출]

○ 중독의 임상증상은 급성 복부 산통의 위장계통 장해, 손처짐을 동반하는 팔과 손의 마비가 특징인 신경근육계통의 장해, 주로 급성 뇌병증이 심한 중추신경계통의 장해로 구분할 수 있다.
○ 적혈구에 친화성이 높아 뼈조직에 결합된다.
○ 중독으로 인한 빈혈증은 heme의 생합성 과정에 장해가 생겨 혈색소량이 감소하고 적혈구의 생존기간이 단축된다.

① 크롬
② 수은
③ 납
④ 비소
⑤ 망간

해설

망간	크롬	비소	수은	카드뮴
파킨슨병	비중격천공 피부궤양 천식 폐암	피부암 폐암 백혈병 림프종	故문송면(1988) 미나마타병 중추신경계	이따이이따이병 간/신장에 축적

○ 납(Pb)

혈액 내로 들어온 납(Pb)은 적혈구에 친화성이 높아 95%는 적혈구에 결합하여 혈색소 합성을 방해함으로써 빈혈을 초래한다. 혈액 검사는 주로 혈색소량을 측정한다. 납에 노출되면 헴(Heme) 합성에 장해가 와서 혈색소량이 감소하는데 헴(heme)은 혈액에서 산소를 결합시키는 데 필요한 헤모글로빈의 고리 모양의 철 함유 분자 성분이다. 즉, 납은 조혈작용을 억제하게 된다.

이렇게 납은 혈류를 통해 해당 장기로 이동되는데 체내에 흡수된 납은 성인의 경우 약90%(94%), 어린이의 경우 73%가 뼈에 축적된다.
이는 납의 작용이 칼슘이 골조직에서 나타내는 대사과정과 유사하기 때문인 것으로 알려져 있다.
납은 납작뼈보다 긴뼈에, 그리고 뼈의 중간부분보다는 양 끝에 더 많이 축적된다. 치아는 어느 뼈보다도 많은 납을 함유하고 있다. 뼈 속의 납 농도는 나이에 따라 증가하는데 50~60대에 최고에 이르고 이후부터는 점차 감소한다.
납은 주로 신장(75~80%)과 소화기(15%)를 통하여 배설되는데 땀, 모유, 털, 손톱, 상피세포, 치아 등을 통하여 배출되기도 한다.

정답 ③

94 포름알데히드에 관한 설명으로 옳은 것을 모두 고른 것은? [2024년 기출]

ㄱ. 자극성 냄새가 나는 무색기체이다.
ㄴ. 호흡기를 통해 빠르게 흡수되고 피부접촉에 의한 노출은 극히 적다.
ㄷ. 대사경로는 포름알데히드→포름산→이산화탄소이다.
ㄹ. 생물학적 모니터링을 위한 생체지표가 많이 존재하며 발암성은 없다.

① ㄱ, ㄷ

② ㄴ, ㄷ

③ ㄱ, ㄴ, ㄷ

④ ㄱ, ㄷ, ㄹ

⑤ ㄱ, ㄴ, ㄷ, ㄹ

해설

○ 포름알데히드

1. 용도

포름알데히드는 상온, 상압에서 무색의 기체로서 주로 37~50%의 농도의 '포르말린'이라는 수용액으로 판매된다. 특히 포름알데히드와 반응하여 얻어지는 페놀수지, 요소수지, 멜라민수지 등은 목재에 대한 접착력이 매우 우수하므로 합판이나 가구류의 접착제로 다량 사용하고 있다.

2. 물리 · 화학적 특성

1) 분자식

HCHO

2) 색상

무채색

3) 냄새

자극성 냄새

4) 우리나라 노출기준

TWA: 0.5ppm, STEL: 1ppm * 참고로 IARC(세계암연구소)에서는 포름알데히드를 1군 발암물질로 분류

5) 노출경로

흡입, 피부접촉을 통해 주로 흡수가 이루어진다. 체내 들어와 신속히 대사가 되어 인체 내에서 생성되는 포름알데히드와 합쳐진다. 매우 짧은 시간에 대사가 되므로 노출직후에 호흡기 입구의 점막이나 혈중에서 포름알데히드를 검출하기 어렵다. 따라서 특별한 생체지표가 존재하지 않는다.

6) 건강장해

눈과 호흡기의 자극제로서 일차적 자극성 및 알러지성 피부염을 유발하고 고농도에서 암을 유발할 가능성이 높은 물질이다.

3. 건강진단항목

1) 임상검사

혈액학적 검사: 혈색소량, 혈구용적치

2) 요검사: 단백뇨

3) 간기능검사: 혈청지오티, 혈청지티피, 감마지티피

4. 대사(metabolism: 물질의 변화)

포름알데히드는 인체 내에서 포름산염으로 대사되어 소변으로 배출되고 인체 내 반감기는 1~1.5분이다. 메탄올을 잘못 마셨을 때, 실명이나 사망을 일으키는 것은 포름알데히드 때문이다. 메탄올이 신체 내부로 유입되면 포름알데히드 및 포름산이라는 물질로 변환되는데 특히 포름알데히드는 시신경을 손상시키고 단백질 조직을 변성시켜 굳혀버리는 효과를 갖기 때문이다.

메탄올이 독성을 나타내는 대사단계는 '메탄올→포름알데히드→포름산→이산화탄소'의 과정을 거친다.

정답 ①

95 산업안전보건법령상 근로자 건강진단의 종류가 아닌 것은? [2024년 기출]

① 특수건강진단

② 배치전건강진단

③ 건강관리카드 소지자 건강진단

④ 종합건강진단

⑤ 임시건강진단

해설

제129조(일반건강진단) ① 사업주는 상시 사용하는 근로자의 건강관리를 위하여 건강진단(이하 "일반건강진단"이라 한다)을 실시하여야 한다. 다만, 사업주가 고용노동부령으로 정하는 건강진단을 실시한 경우에는 그 건강진단을 받은 근로자에 대하여 일반건강진단을 실시한 것으로 본다.

② 사업주는 제135조제1항에 따른 특수건강진단기관 또는 「건강검진기본법」 제3조제2호에 따른 건강검진기관(이하 "건강진단기관"이라 한다)에서 일반건강진단을 실시하여야 한다.

③ 일반건강진단의 주기·항목·방법 및 비용, 그 밖에 필요한 사항은 고용노동부령으로 정한다.

제130조(특수건강진단 등) ① 사업주는 다음 각 호의 어느 하나에 해당하는 근로자의 건강관리를 위하여 건강진단(이하 "특수건강진단" 이라 한다)을 실시하여야 한다. 다만, 사업주가 고용노동부령으로 정하는 건강진단을 실시한 경우에는 그 건강진단을 받은 근로자에 대하여 해당 유해인자에 대한 특수건강진단을 실시한 것으로 본다.

1. 고용노동부령으로 정하는 유해인자에 노출되는 업무(이하 "특수건강진단대상업무" 라 한다)에 종사하는 근로자
2. 제1호, 제3항 및 제131조에 따른 건강진단 실시 결과 직업병 소견이 있는 근로자로 판정받아 작업전환을 하거나 작업 장소를 변경하여 해당 판정의 원인이 된 특수건강진단대상업무에 종사하지 아니하는 사람으로서 해당 유해인자에 대한 건강진단이 필요하다는 「의료법」 제2조에 따른 의사의 소견이 있는 근로자

② 사업주는 특수건강진단대상업무에 종사할 근로자의 배치 예정 업무에 대한 적합성 평가를 위하여 건강진단(이하 "배치전건강진단"이라 한다)을 실시하여야 한다. 다만, 고용노동부령으로 정하는 근로자에 대해서는 배치전건강진단을 실시하지 아니할 수 있다.

③ 사업주는 특수건강진단대상업무에 따른 유해인자로 인한 것이라고 의심되는 건강장해 증상을 보이거나 의학적 소견이 있는 근로자 중 보건관리자 등이 사업주에게 건강진단 실시를 건의하는 등 고용노동부령으로 정하는 근로자에 대하여 건강진단(이하 "수시건강진단"이라 한다)을 실시하여야 한다.

④ 사업주는 제135조제1항에 따른 특수건강진단기관에서 제1항부터 제3항까지의 규정에 따른 건강진단을 실시하여야 한다.

⑤ 제1항부터 제3항까지의 규정에 따른 건강진단의 시기·주기·항목·방법 및 비용, 그 밖에 필요한 사항은 고용노동부령으로 정한다.

제131조(임시건강진단 명령 등) ① 고용노동부장관은 같은 유해인자에 노출되는 근로자들에게 유사한 질병의 증상이 발생한 경우 등 고용노동부령으로 정하는 경우에는 근로자의 건강을 보호하기 위하여 사업주에게 특정 근로자에 대한 건강진단(이하 "임시건강진단" 이라 한다)의 실시나 작업전환, 그 밖에 필요한 조치를 명할 수 있다.

② 임시건강진단의 항목, 그 밖에 필요한 사항은 고용노동부령으로 정한다.

제137조(건강관리카드) ① 고용노동부장관은 고용노동부령으로 정하는 건강장해가 발생할 우려가 있는 업무에 종사하였거나 종사하고 있는 사람 중 고용노동부령으로 정하는 요건을 갖춘 사람의 직업병 조기발견 및 지속적인 건강관리를 위하여 건강관리카드를 발급하여야 한다.

② 건강관리카드를 발급받은 사람이 「산업재해보상보험법」 제41조에 따라 요양급여를 신청하는 경우에는 건강관리카드를 제출함으로써 해당 재해에 관한 의학적 소견을 적은 서류의 제출을 대신할 수 있다.

③ 건강관리카드를 발급받은 사람은 그 건강관리카드를 타인에게 양도하거나 대여해서는 아니 된다.

④ 건강관리카드를 발급받은 사람 중 제1항에 따라 건강관리카드를 발급받은 업무에 종사하지 아니하는 사람은 고용노동부령으로 정하는 바에 따라 특수건강진단에 준하는 건강진단을 받을 수 있다.

⑤ 건강관리카드의 서식, 발급 절차, 그 밖에 필요한 사항은 고용노동부령으로 정한다.

시행규칙 제215조(건강관리카드 소지자의 건강진단) ① 법 제137조제1항에 따른 건강관리카드(이하 "카드"라 한다)를 발급받은 근로자가 카드의 발급 대상 업무에 더 이상 종사하지 않는 경우에는 공단 또는 특수건강진단기관에서 실시하는 건강진단을 매년(카드 발급 대상 업무에서 종사하지 않게 된 첫 해는 제외한다) 1회 받을 수 있다. 다만, 카드를 발급받은 근로자(이하 "카드소지자" 라 한다)가 카드의 발급 대상 업무와 같은 업무에 재취업하고 있는 기간 중에는 그렇지 않다.

② 공단은 제1항 본문에 따라 건강진단을 받는 카드소지자에게 교통비 및 식비를 지급할 수 있다.

③ 카드소지자는 건강진단을 받을 때에 해당 건강진단을 실시하는 의료기관에 카드 또는 주민등록증 등 신분을 확인할 수 있는 증명서를 제시해야 한다.

④ 제3항에 따른 의료기관은 건강진단을 실시한 날부터 30일 이내에 건강진단 실시 결과를 카드소지자 및 공단에 송부해야 한다.

⑤ 제3항에 따른 의료기관은 건강진단 결과에 따라 카드소지자의 건강 유지를 위하여 필요하면 건강상담, 직업병 확진 의뢰 안내 등 고용노동부장관이 정하는 바에 따른 조치를 하고, 카드소지자에게 해당 조치 내용에 대하여 설명해야 한다.

⑥ 카드소지자에 대한 건강진단의 실시방법과 그 밖에 필요한 사항은 고용노동부장관이 정하여 고시한다.

정답 ④

96 다음은 하인리히(H. Heinrich)의 재해예방이론 4원칙과 사고예방원리 5단계이다. (　)에 들어갈 내용으로 옳은 것은? [2024년 기출]

> **○ 재해예방이론 4원칙**
> (ㄱ), 원인계기의 원칙, (ㄴ), 대책선정의 원칙
>
> **○ 사고예방원리 5단계**
> 1단계: 안전관리조직　2단계: 사실의 발견　3단계: (ㄷ)
> 4단계: 시정책의 선정　5단계: 시정책의 적용

① ㄱ: 손실가능의 원칙, ㄴ: 예방불가의 원칙, ㄷ: 위험성 파악

② ㄱ: 손실우연의 원칙, ㄴ: 예방가능의 원칙, ㄷ: 분석 · 평가

③ ㄱ: 손실가능의 원칙, ㄴ: 예방가능의 원칙, ㄷ: 위험성 파악

④ ㄱ: 손실우연의 원칙, ㄴ: 예방불가의 원칙, ㄷ: 분석 · 평가

⑤ ㄱ: 손실가능의 원칙, ㄴ: 예방불가의 원칙, ㄷ: 분석 · 평가

해설

○ 하인리히(H. Heinrich) → (암기법: 방/실/인/대)

1. 재해예방이론 4원칙

1) 손실우연의 원칙

손실의 대소 또는 손실의 종류는 우연에 의해 정해진다.

2) 원인계기의 원칙

사고발생과 그 원인 사이에는 반드시 필연적인 인과관계가 있다.

3) 예방가능의 원칙

인적 재해의 특성은 천재지변과는 달리 그 발생을 미연에 방지할 수 있다.

4) 대책선정의 원칙

안전사고에 대한 예방책으로는 기술적(Engineering), 교육적(Education), 관리적(Enforcement) 3E 대책이 중요하다.

2. 사고예방원리 5단계

1) 안전관리조직(Organization)
2) 사실의 발견(Fact Finding)
3) 평가 · 분석(Analysis)
4) 시정책의 선정(Selection of Remedy)
5) 시정책의 적용(Application of Remedy)

정답 ②

97 보호구의 구비요건에 관한 내용으로 옳은 것을 모두 고른 것은? [2024년 기출]

ㄱ. 겉모양과 보기가 좋을 것
ㄴ. 유해 · 위험요인에 대한 방호성능이 충분할 것
ㄷ. 착용이 간편할 것
ㄹ. 금속성 재료는 내식성이 없는 것

① ㄱ
② ㄴ, ㄹ
③ ㄱ, ㄴ, ㄷ
④ ㄴ, ㄷ, ㄹ
⑤ ㄱ, ㄴ, ㄷ, ㄹ

해설

○ **보호구 구비요건**

1. 사용 목적에 적합해야 한다.
2. 착용이 간편해야 한다.
3. 작업에 방해가 되지 않아야 한다.
4. 품질이 우수해야 한다.
5. 구조, 끝마무리가 양호해야 한다.
6. 겉모양과 보기가 좋아야 한다.
7. 유해 · 위험에 대한 방호성능이 충분할 것
8. 금속성 재료는 내식성(부식에 견디는 정도)일 것

정답 ③

98

물체의 낙하 또는 비래 및 추락에 의한 위험을 방지 또는 경감하고, 머리부위 감전에 의한 위험을 방지하기 위한 안전모의 종류(기호)는? [2023년 기출]

① A

② AB

③ AE

④ ABE

⑤ ABF

해설

A는 물체의 낙하 또는 비래, B는 추락, E는 감전에 의한 위험을 방지한다는 의미이다.

정답 ④

99 산업재해발생의 기본 원인 4M에 해당하지 않는 것은? [2023년 기출]

① Man
② Media
③ Machine
④ Mechanism
⑤ Management

해설

정답 ④

100 안전보건경영시스템의 적용 범위 결정방법에 관한 지침 상 안전보건경영시스템의 범위(경계) 결정의 핵심 과정을 모두 고른 것은? [2023년 기출]

ㄱ. 핵심 작업 활동 관련 이슈를 파악하는 과정
ㄴ. 안전 · 보건 관련 내부 및 외부 이슈를 파악하는 과정
ㄷ. 근로자 및 기타 이해관계자의 니즈와 기대를 파악하는 과정

① ㄱ
② ㄱ, ㄴ
③ ㄱ, ㄷ
④ ㄴ, ㄷ
⑤ ㄱ, ㄴ, ㄷ

해설

○ 안전보건경영시스템의 적용 범위(경계) 결정방법에 관한 지침

1. 용어의 정의

1) 경영시스템(Management System)이란 소정 업무의 완수 또는 특정 결과를 유지하거나 성취하기 위하여 조직의 구조, 방침, 정책, 비전, 역할과 책임, 기획, 절차, 운영, 성과평가 및 개선 등의 구성 요소가 '계획-실행-검토-조치(PDCA) 사이클' 원리에 따라서 체계적이고 유기적으로 개선을 향해 지속 진화하는 체제를 말한다.

2) 안전보건경영(occupational safety and health management)이란 사업주가 자율적으로 안전하고 건강한 사업장을 제공하기 위하여, 작업-관련 상해 및 건강상 재해 예방 시스템을 자율적으로 구축하고 정기적으로 위험성을 평가하여 잠재적 유해 · 위험 요인을 지속적으로 개선하면서 산업재해 성과를 개선하는 일련의 조치 사항을 체계적으로 관리하는 제반 활동이다.

3) 적용 범위

안전·보건경영시스템은 조직 그룹 전체, 단위 개별 조직 또는 특정한 사업부를 대상으로 적용될 수 있으며, 기능 역시 하나의 기능 또는 그 이상의 기능을 포함할 수 있다. 적용 범위(the scope)는 이 과정에서 경계(boundaries)를 정하는 의사 결정 활동이다.

안전보건경영시스템의 적용 범위는 자유와 유연성을 갖는다.

안전보건경영시스템의 범위(경계) 결정의 핵심은 다음과 같다.

① 안전보건관련 내부 및 외부 이슈를 파악하는 과정

② 근로자 및 기타 이해관계인의 니즈와 기대를 파악하는 과정

③ 핵심 작업 활동 관련 이슈를 파악하는 과정

정답 ⑤

101 Fail-Safe 기능면에서의 분류에 관한 설명으로 옳은 것을 모두 고른 것은? [2023년 기출]

ㄱ. Fail-Active: 부품이 고장 났을 경우 통상 기계는 정지하는 방향으로 이동
ㄴ. Fail-Passive: 부품이 고장 났을 경우 경보를 울리는 가운데 짧은 시간 동안 운전가능
ㄷ. Fail-Operational: 부품에 고장이 있더라도 기계는 추후 보수가 이루어질 때까지 안전한 기능 유지

① ㄱ
② ㄴ
③ ㄷ
④ ㄱ, ㄴ
⑤ ㄱ, ㄴ, ㄷ

해설

○ Fail-Safe 기능면에서의 분류
ㄱ. Fail-Active: 부품이 고장 났을 경우 경보를 울리는 가운데 짧은 시간 동안 운전가능
ㄴ. Fail-Passive: 부품이 고장 났을 경우 통상 기계는 정지하는 방향으로 이동
ㄷ. Fail-Operational: 부품에 고장이 있더라도 기계는 추후 보수가 이루어질 때까지 안전한 기능 유지

정답 ③

102 산업안전보건기준에 관한 규칙상 위험물질의 종류에 관한 내용이다. ( )에 들어갈 것으로 옳은 것은? [2023년 기출]

○ 부식성 산류: 농도가 (ㄱ)퍼센트 이상인 인산, 아세트산, 불산, 그 밖에 이와 같은 정도 이상의 부식성을 가지는 물질
○ 부식성 염기류: 농도가 (ㄴ)퍼센트 이상인 수산화나트륨, 수산화칼륨, 그 밖에 이와 같은 정도 이상의 부식성을 가지는 염기류

① ㄱ: 20, ㄴ: 40
② ㄱ: 40, ㄴ: 20
③ ㄱ: 50, ㄴ: 50
④ ㄱ: 50, ㄴ: 60
⑤ ㄱ: 60, ㄴ: 40

해설

■ 산업안전보건기준에 관한 규칙 [별표 1]

위험물질의 종류(제16조 · 제17조 및 제225조 관련)

1. 폭발성 물질 및 유기과산화물
  가. 질산에스테르류
  나. 니트로화합물
  다. 니트로소화합물
  라. 아조화합물
  마. 디아조화합물
  바. 하이드라진 유도체
  사. 유기과산화물
  아. 그 밖에 가목부터 사목까지의 물질과 같은 정도의 폭발 위험이 있는 물질
  자. 가목부터 아목까지의 물질을 함유한 물질

2. 물반응성 물질 및 인화성 고체
  가. 리튬
  나. 칼륨·나트륨
  다. 황
  라. 황린
  마. 황화인·적린
  바. 셀룰로이드류
  사. 알킬알루미늄·알킬리튬
  아. 마그네슘 분말
  자. 금속 분말(마그네슘 분말은 제외한다)
  차. 알칼리금속(리튬·칼륨 및 나트륨은 제외한다)
  카. 유기 금속화합물(알킬알루미늄 및 알킬리튬은 제외한다)
  타. 금속의 수소화물
  파. 금속의 인화물
  하. 칼슘 탄화물, 알루미늄 탄화물
  거. 그 밖에 가목부터 하목까지의 물질과 같은 정도의 발화성 또는 인화성이 있는 물질
  너. 가목부터 거목까지의 물질을 함유한 물질

3. 산화성 액체 및 산화성 고체
  가. 차아염소산 및 그 염류

나. 아염소산 및 그 염류
다. 염소산 및 그 염류
라. 과염소산 및 그 염류
마. 브롬산 및 그 염류
바. 요오드산 및 그 염류
사. 과산화수소 및 무기 과산화물
아. 질산 및 그 염류
자. 과망간산 및 그 염류
차. 중크롬산 및 그 염류
카. 그 밖에 가목부터 차목까지의 물질과 같은 정도의 산화성이 있는 물질
타. 가목부터 카목까지의 물질을 함유한 물질

4. 인화성 액체
가. 에틸에테르, 가솔린, 아세트알데히드, 산화프로필렌, 그 밖에 인화점이 섭씨 23도 미만이고 초기끓는점이 섭씨 35도 이하인 물질
나. 노르말헥산, 아세톤, 메틸에틸케톤, 메틸알코올, 에틸알코올, 이황화탄소, 그 밖에 인화점이 섭씨 23도 미만이고 초기 끓는점이 섭씨 35도를 초과하는 물질
다. 크실렌, 아세트산아밀, 등유, 경유, 테레핀유, 이소아밀알코올, 아세트산, 하이드라진, 그 밖에 인화점이 섭씨 23도 이상 섭씨 60도 이하인 물질

5. 인화성 가스
가. 수소
나. 아세틸렌
다. 에틸렌
라. 메탄
마. 에탄
바. 프로판
사. 부탄
아. 영 별표 13에 따른 인화성 가스

6. 부식성 물질
가. 부식성 산류
(1) 농도가 20퍼센트 이상인 염산, 황산, 질산, 그 밖에 이와 같은 정도 이상의 부식성을 가지는 물질
(2) 농도가 60퍼센트 이상인 인산, 아세트산, 불산, 그 밖에 이와 같은 정도 이상의 부식성을 가지는 물질
나. 부식성 염기류
농도가 40퍼센트 이상인 수산화나트륨, 수산화칼륨, 그 밖에 이와 같은 정도 이상의 부식성을 가지는 염기류

7. 급성 독성 물질

가. 쥐에 대한 경구투입실험에 의하여 실험동물의 50퍼센트를 사망시킬 수 있는 물질의 양, 즉 LD50(경구, 쥐)이 킬로그램당 300밀리그램-(체중) 이하인 화학물질

나. 쥐 또는 토끼에 대한 경피흡수실험에 의하여 실험동물의 50퍼센트를 사망시킬 수 있는 물질의 양, 즉 LD50(경피, 토끼 또는 쥐)이 킬로그램당 1000밀리그램 -(체중) 이하인 화학물질

다. 쥐에 대한 4시간 동안의 흡입실험에 의하여 실험동물의 50퍼센트를 사망시킬 수 있는 물질의 농도, 즉 가스 LC50(쥐, 4시간 흡입)이 2500ppm 이하인 화학물질, 증기 LC50(쥐, 4시간 흡입)이 10mg/ℓ 이하인 화학물질, 분진 또는 미스트 1mg/ℓ 이하인 화학물질

정답 ⑤

103 **감전 시 응급조치에 관한 기술지침상 통전전류에 의한 영향에 관한 내용이다. (   )에 들어갈 것으로 옳은 것은? [2023년 기출]**

종류	인체반응	전류치
(ㄱ)	짜릿함을 느끼는 정도	1~2mA
(ㄴ)	참을 수 있거나 고통스럽다	2~8mA

① ㄱ: 최소감지전류, ㄴ: 고통전류
② ㄱ: 최소감지전류, ㄴ: 가수전류
③ ㄱ: 가수전류, ㄴ: 고통전류
④ ㄱ: 불수전류, ㄴ: 가수전류
⑤ ㄱ: 심실세동전류, ㄴ: 고통전류

해설

○ 통전전류에 의한 영향

종류	인체반응	전류치
최소감지전류	짜릿함을 느끼는 정도	1~2mA
고통전류	참을 수 있거나 고통스럽다.	2~8mA
가수전류	안전하게 스스로 접촉된 전원으로부터 떨어질 수 있는 최대한도의 전류	8~15mA
불수전류	전격을 받았음을 느끼면서 스스로 그 전원으로부터 떨어질 수 없는 전류	15~50mA
심실세동전류	심장의 기능을 잃게 되어 전원으로부터 떨어져도 수분이내 사망	$\frac{155}{\sqrt{t}}mA$(체중 57kg) ~ $\frac{165}{\sqrt{t}}mA$(체중 57kg)

정답 ①

104 인간공학적 동작 경제원칙 내용으로 옳지 않은 것은? [2023년 기출]

① 양팔의 동작은 동시에 서로 반대방향으로 대칭적으로 움직이도록 한다.

② 손과 신체동작은 작업을 원만하게 수행할 수 있는 범위 내에서 가장 높은 동작등급을 사용하도록 한다.

③ 가능하다면 낙하식 운반 방법을 사용한다.

④ 양손은 동시에 시작하고 동시에 끝나도록 한다.

⑤ 휴식시간을 제외하고는 양손이 동시에 쉬지 않도록 한다.

해설

○ 동작경제의 원칙

동작설계에 효과적인 기법으로 노동집약적인 업무에서 생산성 향상에 유효한 기법이다. 작업자가 에너지의 낭비 없이 효과적으로 작업할 수 있도록 작업자의 동작을 세밀하게 분석하여 가장 경제적이고 합리적인 표준 동작을 설정하는 원칙이다.

3원칙으로는 신체사용에 대한 원칙, 작업장 배치에 관한 원칙, 공구 및 설계 디자인 원칙이 있다.

1) 두 손 동작은 동시에 시작하여 동시에 끝나야 한다.
2) 양 손(두 팔)은 신체의 중심선에 동시에 대칭 반대방향으로 움직여야 한다.
3) 작업 방법은 가능한 적은 서블릭(therblig, 길브레스부부의 이름을 딴 것으로 거꾸로 표기한 것이다. 동작 경제의 창시자로 '동작분석' 이란 의미)으로 구성되어야 한다.
4) 손가락–손목–전완–상완–어깨–몸통–허리 순서로 작은 신체부위를 이용해야 한다.
5) 많은 기능을 합친 도구를 도입한다. 공구의 기능을 결합하여 사용한다.
6) 인간의 판단을 극소화한다.
7) 관성, 중력, 기계력 등을 이용한다.
8) 발 또는 왼손으로 할 수 있는 것은 오른손을 사용하지 않는다.
9) 손의 동작은 유연하고 연속적인 동작이어야 한다.
10) 동작이 갑작스럽게 크게 바뀌는 직선동작은 피해야 한다.
11) 공구, 재료 및 제어장치는 동작에 가장 편리한 순서로 배치하여야 한다.
12) 족답장치를 활용하여 양손이 다른 일을 할 수 있도록 한다. 여기서 足踏(족답)장치란 양손이 서로 다른 일(동시동작)을 촉진하여 가공물을 고정하거나 이동시킬 때 사용되는 고정 기구 등을 발을 움직여 조절할 수 있게 만든 장치를 말한다.
13) 손과 신체의 동작은 작업을 원만하게 처리할 수 있는 범위 내에서 가장 낮은 동작등급(the lowest classification)을 사용한다.

작업장 배치에 관한 원칙	1) 모든 공구와 재료는 정하여진 장소에 두어야 한다. 2) 공구와 재료, 조종장치는 사용 위치에 가까이 둔다. 3) 중력을 이용한 상자나 용기를 이용하여 부품이나 재료를 사용장소에 가까이 보낼 수 있도록 한다. 4) 가능하면 낙하식 운반방법을 사용한다. 5) 재료와 공구는 최적의 동작순서로 작업할 수 있도록 배치해 둔다. 6) 최적의 채광 및 조명을 제공한다. 7) 작업대와 의자는 각 작업자에게 알맞도록 설계되어야 한다. 8) 의자는 인간공학적으로 잘 설계된 높이가 조절되는 의자를 제공한다.
공구 및 설비 설계에 관한 원칙	1) 공구류는 될 수 있는 대로 두 가지 이상의 기능을 조합한 것을 사용하여야 한다. 2) 각종 손잡이는 손에 가장 알맞게 고안함으로써 피로를 감소시킬 수 있다.

	3) 공구류 및 재료는 될 수 있는 대로 다음에 사용하기 쉽도록 놓아두어야 한다. 4) 레버, 핸들 및 제어장치는 작업자가 몸의 자세를 크게 바꿔지 않아도 조작이 쉽도록 배열한다.

○ 동작등급과 신체부위

1등급-손가락의 동작

2등급-손가락+손목

3등급-손가락+손목+아래팔(팔꿈치)

4등급-손가락+손목+아래팔+위팔

5등급-손가락+손목+아래팔+위팔+어깨(몸통)

동작경제의 원칙은 길브레스 부부가 동작의 경제성과 능률 향상을 위한 20가지 원칙을 제안하였다. 이후 반스를 비롯한 여러 학자들이 추가 정리하였다.

동작등급은 5등급으로 분류하고 낮은 등급일수록 빠르고 노력이 적게 필요하다. 다만, 3등급 동작이 1등급이나 2등급 동작보다 정확하고 덜 피곤하기 때문에 경작업의 경우에는 3등급 동작이 유리하다.

정답 ②

105 사업장 위험성평가에 관한 지침에서 위험성 감소를 위한 대책 수립의 고려 순서로 옳은 것은? [2024년 기출]

ㄱ. 개인용 보호구의 사용
ㄴ. 위험한 작업의 폐지 · 변경, 유해 · 위험물질 대체 등의 조치 또는 설계나 계획 단계에서 위험성을 제거 또는 저감하는 조치
ㄷ. 사업장 작업절차서 정비 등의 관리적 대책
ㄹ. 연동장치, 환기장치 설치 등의 공학적 대책

① ㄱ→ㄴ→ㄹ→ㄷ

② ㄴ→ㄷ→ㄹ→ㄱ

③ ㄴ→ㄹ→ㄷ→ㄱ

④ ㄷ→ㄹ→ㄴ→ㄱ

⑤ ㄹ→ㄷ→ㄴ→ㄱ

해설

제12조(위험성 감소대책 수립 및 실행) ① 사업주는 제11조제2항에 따라 허용 가능한 위험성이 아니라고 판단한 경우에는 위험성의 수준, 영향을 받는 근로자 수 및 다음 각 호의 순서를 고려하여 위험성 감소를 위한 대책을 수립하여 실행하여야 한다. 이 경우 법령에서 정하는 사항과 그 밖에 근로자의 위험 또는 건강장해를 방지하기 위하여 필요한 조치를 반영하여야 한다.

1. 위험한 작업의 폐지ㆍ변경, 유해ㆍ위험물질 대체 등의 조치 또는 설계나 계획 단계에서 위험성을 제거 또는 저감하는 조치
2. 연동장치, 환기장치 설치 등의 공학적 대책
3. 사업장 작업절차서 정비 등의 관리적 대책
4. 개인용 보호구의 사용

② 사업주는 위험성 감소대책을 실행한 후 해당 공정 또는 작업의 위험성의 수준이 사전에 자체 설정한 허용 가능한 위험성의 수준인지를 확인하여야 한다.

③ 제2항에 따른 확인 결과, 위험성이 자체 설정한 허용 가능한 위험성 수준으로 내려오지 않는 경우에는 허용 가능한 위험성 수준이 될 때까지 추가의 감소대책을 수립ㆍ실행하여야 한다.

④ 사업주는 중대재해, 중대산업사고 또는 심각한 질병이 발생할 우려가 있는 위험성으로서 제1항에 따라 수립한 위험성 감소대책의 실행에 많은 시간이 필요한 경우에는 즉시 잠정적인 조치를 강구하여야 한다.

정답 ③

106 사업장 위험성평가에 관한 지침에서 위험성평가의 실시에 관한 내용으로 옳지 않은 것은? [2024년 기출]

① 사업주는 사업이 성립된 날로부터 3개월이 되는 날까지 위험성평가의 대상이 되는 유해 · 위험요인에 대한 최초 위험성평가의 실시에 착수하여야 한다.

② 사업주는 사업장 건설물의 설치 · 이전 · 변경 또는 해체로 추가적인 유해 · 위험요인이 생기는 경우에는 해당 유해 · 위험요인에 대한 수시 위험성평가를 실시하여야 한다.

③ 사업주는 중대산업사고 발생 작업을 대상으로 작업을 재개하기 전에 수시 위험성평가를 실시하여야 한다.

④ 사업주는 실시한 위험성평가의 결과에 대한 적정성을 기계 · 기구, 설비 등의 기간 경과에 의한 성능 저하를 고려하여 1년마다 정기적으로 재검토하여야 한다.

⑤ 사업주는 1개월 미만의 기간 동안 이루어지는 작업 또는 공사의 경우에는 특별한 사정이 없는 한 작업 또는 공사 개시 후 지체 없이 최초 위험성평가를 실시하여야 한다.

해설

제15조(위험성평가의 실시 시기) ① 사업주는 사업이 성립된 날(사업 개시일을 말하며, 건설업의 경우 실착공일을 말한다)로부터 1개월이 되는 날까지 제5조의2제1항에 따라 위험성평가의 대상이 되는 유해·위험요인에 대한 최초 위험성평가의 실시에 착수하여야 한다. 다만, 1개월 미만의 기간 동안 이루어지는 작업 또는 공사의 경우에는 특별한 사정이 없는 한 작업 또는 공사 개시 후 지체 없이 **최초 위험성평가**를 실시하여야 한다.

② 사업주는 다음 각 호의 어느 하나에 해당하여 추가적인 유해·위험요인이 생기는 경우에는 해당 유해·위험요인에 대한 **수시 위험성평가**를 실시하여야 한다. 다만, 제5호에 해당하는 경우에는 재해발생 작업을 대상으로 작업을 재개하기 전에 실시하여야 한다.

1. 사업장 건설물의 설치·이전·변경 또는 해체
2. 기계·기구, 설비, 원재료 등의 신규 도입 또는 변경
3. 건설물, 기계·기구, 설비 등의 정비 또는 보수(주기적·반복적 작업으로서 이미 위험성평가를 실시한 경우에는 제외)
4. 작업방법 또는 작업절차의 신규 도입 또는 변경
5. 중대산업사고 또는 산업재해(휴업 이상의 요양을 요하는 경우에 한정한다) 발생
6. 그 밖에 사업주가 필요하다고 판단한 경우

③ 사업주는 다음 각 호의 사항을 고려하여 제1항에 따라 실시한 위험성평가의 결과에 대한 적정성을 1년마다 **정기적으로 재검토**(이때, 해당 기간 내 제2항에 따라 실시한 위험성평가의 결과가 있는 경우 함께 적정성을 재검토하여야 한다)하여야 한다. 재검토 결과 허용 가능한 위험성 수준이 아니라고 검토된 유해·위험요인에 대해서는 제12조에 따라 위험성 감소대책을 수립하여 실행하여야 한다.

1. 기계·기구, 설비 등의 기간 경과에 의한 성능 저하
2. 근로자의 교체 등에 수반하는 안전·보건과 관련되는 지식 또는 경험의 변화
3. 안전·보건과 관련되는 새로운 지식의 습득
4. 현재 수립되어 있는 위험성 감소대책의 유효성 등

④ 사업주가 사업장의 상시적인 위험성평가를 위해 다음 각 호의 사항을 이행하는 경우 제2항과 제3항의 수시평가와 정기평가를 실시한 것으로 본다.

1. 매월 1회 이상 근로자 제안제도 활용, 아차사고 확인, 작업과 관련된 근로자를 포함한 사업장 순회점검 등을 통해 사업장 내 유해·위험요인을 발굴하여 제11조의 위험성결정 및 제12조의 위험성감소대책 수립·실행을 할 것
2. 매주 안전보건관리책임자, 안전관리자, 보건관리자, 관리감독자 등(도급사업주의 경우 수급사업장의 안전·보건 관련 관리자 등을 포함한다)을 중심으로 제1호의 결과 등을 논의·공유하고 이행상황을 점검할 것
3. 매 작업일마다 제1호와 제2호의 실시결과에 따라 근로자가 준수하여야 할 사항 및 주의하여야 할 사항을 작업 전 안전점검회의 등을 통해 공유·주지할 것

정답 ①

107 인사평가의 방법을 상대평가법과 절대평가법으로 구분할 때 상대평가법에 속하는 기법을 모두 고른 것은? [2023년 기출]

ㄱ. 서열법	ㄴ. 쌍대비교법	ㄷ. 평정척도법
ㄹ. 강제할당법	ㅁ. 행위기준척도법	

① ㄱ, ㄴ, ㄷ

② ㄱ, ㄴ, ㄹ

③ ㄱ, ㄷ, ㄹ

④ ㄴ, ㄷ, ㅁ

⑤ ㄴ, ㄹ, ㅁ

해설

'척도'는 절대평가법에서 사용하는 용어이다.

정답 ②

108 평가요소별 등급을 정한 후 피고과자의 업무성과를 체크하는 인사고과방법은?

① 서열법
② 업무보고법
③ 강제할당법
④ 평가척도법
⑤ 목표관리법

해설

정답 ④ 테마63 참조.

109 목표관리(MBO)에 관한 설명으로 옳지 않은 것은?

① 구체적이면서 실행 가능한 목표를 세운다.
② 부하는 상사와 협의하지 않고 목표를 세운다.
③ 목표의 달성 기간을 구체적으로 명시한다.
④ 성과에 대한 정보를 피드백한다.
⑤ 업무수행 후 부하가 스스로 평가하여 그 결과를 보고한다.

해설

목표관리(MBO)에서는 상급자와 하급자 간의 지속적인 목표설정과 합의와 논의를 통하여 상사의 주관의 개입이 최소화되기 때문에 상대적으로 신뢰성이 높다.
업무수행 후 부하가 스스로 평가하여 그 결과를 보고하고 상급자는 하급자의 업적을 평가한다. 이때 부하의 능력과 태도는 평가의 대상이 아니다. 평가 기간 내에 달성한 성과만을 객관적으로 평가하는 것이 MBO이다.

정답 ② 테마63 참조.

110 기능별 부문화와 제품별 부문화를 결합한 조직구조는? [2023년 기출]

① 가상조직
② 하이퍼텍스트조직
③ 애드호크라시
④ 매트릭스조직
⑤ 네트워크조직

해설

매트릭스(matrix)구조는 기능(functional) 중심의 수직적 계층구조에 수평적 조직구조를 결합한 조직으로 조직구성원들을 부서 간에 공유함으로써 자원 활용의 효율성을 높일 수 있는 장점이 있지만 명령 통일의 원리에 따른 책임과 권한의 한계가 명확하지 않은 단점을 가지고 있다. 즉, 매트릭스 구조는 이중적인 권한체계를 통하여 불안정한 환경에 대응하려는 조직구조를 말한다.

매트릭스 구조는 기능구조와 사업구조를 화학적으로 결합한 이중적 조직으로 기능구조의 전문성과 사업구조의 신속한 대응성을 결합한 조직으로 수평적 조정곤란이라는 기능구조의 단점과 비용 중복이라는 사업구조의 단점을 동시에 해소할 수 있는 조직이다.

여기서 제품별 조직=부문별 조직=사업부제는 같은 개념으로 우리가 흔히 알고 있는 대기업 조직을 생각하면 된다.

한편 기능별 구조(functional structure)는 생산, 마케팅, 재무, 인사 등 조직 구성원이 수행하는 유사한 기능이나 활동을 바탕으로 부문화 하여 만들어지는 조직형태를 말한다.

정답 ④

111 경영조직에 관한 설명으로 옳지 않은 것은?

① 기계적 조직은 공식화 정도가 높다.

② 유기적 조직은 환경 변화에 신속히 대응할 수 있다.

③ 라인조직은 업무수행에 있어 유사한 기술이나 지식이 요구되는 활동을 토대로 조직을 부문화시킨 것으로 내적 효율성을 기할 수 있다.

④ 매트릭스 조직은 이중적 명령계통으로 인해 중첩되는 부문 간 갈등이 야기될 수 있다.

⑤ 위원회 조직은 조직의 특정 과업 해결을 위해 조직의 일상적 업무 수행 기구와는 별도로 구성된 전문가 혹은 업무관계자들의 활동조직이다.

해설

○ 기능별 조직구조(functional organization)

1. 비슷한 기능을 수행 또는 업무과정(work process)이 비슷하거나 업무 수행 상 유사한 지식이나 기술이 요구되는 활동을 토대로 조직을 부문화 시킨 조직 형태이다.
2. 기술적 분업화를 통해 내적 효율성을 기할 수 있지만 부문 이기주의 현상과 부서 간 조정의 어려움으로 환경에 능동적 대응능력이 부족하여 혁신 부족 등이 발생할 수 있다.

정답 ③

112 아담스(J. Adams)의 공정성이론에서 투입과 산출의 내용 중 투입이 아닌 것은? [2023년 기출]

① 시간

② 노력

③ 임금

④ 경험

⑤ 창의성

해설

아담스(J. Adams)의 공정성 이론은 리언 페스팅거(Leon Festinger)의 '인지부조화 이론'에서 출발한 것으로 이 이론은 개인의 신념, 태도, 생각과 행동이 일치하지 않아 발생하는 심리적 불편함을 해소하기 위한 태도나 행도의 변화를 설명한다. 보통 이러한 인지부조화를 해결하기 위해 자기합리화 과정을 거친다.

아담스의 공정성 이론에서는 개인이 능력이 비슷한 동료 등의 비교대상인 준거인물과 비교하여 자신의 노력(투입)과 보상(산출) 간에 불일치를 지각하면 이를 제거하려는 방향으로 동기와 행동이 부여된다고 본다.

투입(input)=노력	산출(output)=보상
시간, 성(gender), 노력, 직무경험, 지위, 경험, 나이, 자격 등	임금, 승진, 만족감, 상사의 인정과 지원, 복리후생 등

정답 ③

113 해크만(J. Hackman)과 올드햄(G. Oldham)의 직무특성 이론은 5개의 핵심직무특성이 중요 심리상태라고 불리는 다음 단계와 직접적으로 연결된다고 주장하는데, '일의 의미감(meaningfulness) 경험'이라는 심리상태와 관련 있는 직무특성을 모두 고른 것은? [2023년 기출]

ㄱ. 기술 다양성	ㄴ. 과제 피드백	ㄷ. 과제 정체성
ㄹ. 자율성	ㅁ. 과제 중요성	

① ㄱ, ㄷ

② ㄱ, ㄷ, ㅁ

③ ㄴ, ㄹ, ㅁ

④ ㄷ, ㄹ, ㅁ

⑤ ㄴ, ㄷ, ㄹ, ㅁ

해설

○ 해크만(J. Hackman)과 올드햄(G. Oldham)의 직무특성 이론

직무 내 요소들이 어떻게 조직되느냐에 따라 노력을 증가하거나 감소할 수 있다는 것으로 직무특성이 종업원의 심리상태에 영향을 주어 동기부여, 직무만족, 작업성과, 이직률이나 결근률에 영향을 미친다고 보았다. 직무특성이론의 체계는 5가지 직무특성, 3가지 심리상태, 4가지 성과변수들로 구성되어 있으며 개인의 성장욕구수준이 직무특성과 심리상태, 심리상태와 성과를 조절해주는 변수로 작용하고 있다고 보았다.

1. 5가지 핵심 직무특성과 MPS(잠재적 동기지수: Motivate Potential Score)

1) 기술다양성

직무 수행에 요구되는 기술의 종류로 기술의 다양성이 높은 경우에는 수행하는 직무의 폭도 넓어지게 되어 직무에 대하여 느끼는 일의 의미성(meaningfulness) 역시 높아지게 된다.

2) 직무(과업)정체성

직무가 독립적으로 완결되는 것을 확인할 수 있는 정도로 직무 전체와 연결된 것임을 아는 것을 말한다. 자신의 직무가 사소한 '부분'에 지나지 않는다든지 무슨 일을 하는 것인지도 모를 만큼 작은 부분에 머무른다면 직무수행자의 사기는 침체될 수밖에 없다.

3) 직무(과업)중요성

개인이 수행하는 직무가 다른 사람의 작업이나 행동에 영향을 미치는 정도를 뜻하는 것으로 중요성을 느끼는 정도가 높을수록 의미 있는 일을 수행하는 것으로 생각하게 된다. 예를 들어 병원 중환자실 근무 간호사가 병실 바닥을 청소하는 일보다 과업의 중요성이 높다.

4) 자율성

종업원이 직무에 있어서 자유, 독립성, 재량권을 주는 정도를 말한다. 관리감독 없이도 스스로 업무를 계획하고 처리하는 종업원은 매일매일 지시를 받은 종업원에 비해 자율성이 높다. 이러한 자율성은 '직무수행에 대한 책임감'이라는 심리적 상태를 유발한다.

5) 피드백(환류)

작업수행 성과에 대한 정보의 유무를 뜻한다. 피드백을 통하여 '직무 수행 결과에 대한 지식'을 얻게 된다. 해크만(J. Hackman)과 올드햄(G. Oldham)은 이러한 5가지 직무특성들이 서로 어떠한 작용을 하면서 동기부여효과를 산출하는지를 '잠재적 동기지수(MPS) 공식'을 가지고 설명한다.

$$\text{MPS}=\frac{(\text{기술 다양성}+\text{직무 정체성}+\text{직무 중요성})}{3}\times\text{자율성}\times\text{피드백}$$

이 공식에서 중요한 것은 '자율성과 피드백(환류)' 두 요소를 강조하고 있다. 이 둘 중 하나가 제로(0)이면 다른 요소들이 아무리 높다고 해도 전체적인 MPS는 낮아진다. 즉, MPS가 높은 직무는 성장욕구가 강한 직원에게 맡기고, 반면 MPS가 낮은 직무는 성장욕구가 약한 직원에게 맡기는 것이 바람직하다는 것을 시사한다.

2. 직무수행자의 심리상태와 결과(성과)

5대 핵심 직무특성	직무수행자의 심리상태	결과(성과)
Skill Variety	일의 의미감 경험	1) 작업의 질 상승 2) 내재적 동기의 상승 3) 높은 만족도 4) 이직률 · 결근율의 저하
Task Identity		
Task Significance		
Autonomy	직무에 대한 책임감	
Feedback	직무수행결과에 대한 지식	

3. 성장욕구

직무특성-심리상태-결과(성과)변수로 이어지는 관계의 양상에 영향을 미칠 수 있는 조절변수로는 직무수행자의 성장욕구수준(growth need strength)을 들 수 있다. 즉, 개인의 성장욕구수준이 직무특성과 심리상태, 성과 간을 조절해주는 변수로 작용한다는 것이다. 높은 성장욕구를 가진 종업원들에게는 핵심직무특성의 제 요소들을 고루 갖추어진 직무가 주어졌을 때, 낮은 성장욕구를 가진 종업원들에 비해 보다 긍정적인 심리상태를 경험할 가능성이 높으며, 높은 성과도 산출하게 된다는 것이다.

정답 ②

114 해크만과 올드햄(Hackman & Oldham)이 제안한 직무특성모형에 대한 설명으로 옳지 않은 것은?

① 직무특성은 직무 수행자의 심리상태에 영향을 미친다.

② 직무자율성은 직무에 대한 책임감에 영향을 미친다.

③ 직무 수행자의 성장욕구는 직무특성과 결과변수 간 관계를 조절하는 요인이다.

④ 잠재적 동기지수(motivating potential score)는 핵심직무특성의 평균값과 자율성 및 피드백 점수의 합으로 계산된다.

⑤ 잠재적 동기지수(motivating potential score)에서 중요한 것은 자율성과 피드백이다.

해설

정답 ④ 테마72 참조.

115 직무특성모형의 결과요인으로 옳지 않은 것은?

① 내적인 동기부여 증대

② 작업성과의 질적 향상

③ 과업 정체성의 증가

④ 작업에 대한 만족도 증대

⑤ 이직률 및 결근율 저하

해설

과업정체성이란 직무담당자에게 배정된 일의 단위가 전체 수준의 일에서 차지하는 비중을 말한다. 전체 공정의 일부분에 해당되는 직무보다 많은 공정에 관여하는 직무가 더 과업정체성이 높다.

<table>
<tr><th>5대 핵심 직무특성</th><th>직무수행자의 심리상태</th><th>결과(성과)</th></tr>
<tr><td>Skill Variety</td><td rowspan="3">일의 의미감 경험</td><td rowspan="5">1) 작업의 질 상승
2) 내재적 동기의 상승
3) 높은 만족도
4) 이직률 · 결근율의 저하</td></tr>
<tr><td>Task Identity</td></tr>
<tr><td>Task Significance</td></tr>
<tr><td>Autonomy</td><td>직무에 대한 책임감</td></tr>
<tr><td>Feedback</td><td>직무수행결과에 대한 지식</td></tr>
</table>

정답 ③

116 브룸(V. Vroom)의 기대이론(expectancy theory)에서 일정 수준의 행동이나 수행이 결과적으로 어떤 성과를 가져올 것이라는 믿음을 나타내는 것은? [2023년 기출]

① 기대(expectancy)
② 방향(direction)
③ 도구성(instrumentality)
④ 강도(intensity)
⑤ 유인가(valence)

해설

○ 브룸(V. Vroom)의 기대이론(expectancy theory)

브룸(V. Vroom)은 "모티베이션(동기부여, motivation)의 정도는 행위의 결과에 대한 매력의 정도(유의성, valence)와 결과의 가능성인 기대, 성과에 대한 보상(수단성)의 함수에 의해 결정된다."고 주장한다.
즉, 동기(M)=기대감(E)×수단성(I)×유인가(V)

1. 기대감, 수단성, 유의성

기대이론을 쉽게 설명하면 다음과 같다.
첫째, 노력하면 좋은 성과를 낼 수 있을 것이다.
둘째, 좋은 성과는 조직에서의 보상(임금인상, 승진 등)을 가져올 것이다.
셋째, 보상은 종업원들의 개인목표를 충족시킬 것이다.

즉, 노력을 투입하면 성과가 있을 것이라는 주관적 기대를 기대감(expectancy)이라 하고, 성과가 바람직한 보상(결과)을 가져다 줄 것이라고 믿는 주관적인 정도를 수단성이라 한다. 그리고 유의성(valence)은 보상의 중요성에 대한 주관적인 선호의 강도를 말한다. 개인이 원하는 결과에 대한 강도로서 개인의 욕구를 반영시키며, 보상, 승진, 인정 등과 같은 긍정적 유의성(positive valence)과 과업과정에서의 압력과 罰(벌) 등의 부정적 유의성으로 구분된다.

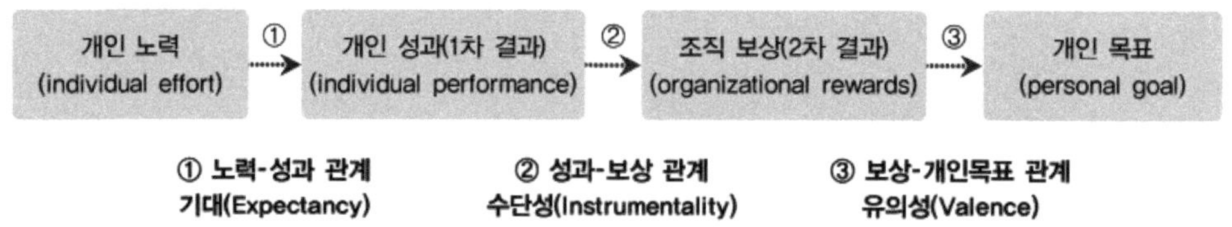

2. 기대감(expectancy)

기대감을 수치로 표현할 때 행동과 성과 간에 전혀 관계가 없는 0의 상태로부터 시작하여 행동과 성과 간의 관계가 확실한 1의 주관적 확률 사이에 존재한다.
0≤기대감(expectancy)≤1

3. 수단성(instrumentality)

수단성을 수치로 표현하면 높은 성과가 항상 승진이나 임금인상을 가져 오는 1의 관계로부터 성과와 보상 간에 전혀 관계가 없는 0의 관계 그리고 높은 성과가 도리어 승진이나 임금인상에 부정적인 영향을 미치는 −1의 관계 사이에 존재한다.

−1≤수단성(instrumentality)≤1

4. 유인가(valence)

결과에 대한 선호 정도로 양의 유인가, 음의 유인가 무관심=0으로 구분된다.

−n≤유인가(valence)≤+n

정답 ①

117 브룸(V. Vroom)이 제시한 기대이론의 요소에 해당하지 않는 것은?

① 기대감

② 공정

③ 노력

④ 성과

⑤ 유의성

해설

정답 ② 테마67 참조.

118 브룸(V. Vroom)의 기대이론에서 동기부여를 나타내는 공식으로 ( )에 들어갈 내용으로 옳은 것은?

동기부여(M) = 기대(E) × 수단성(I) × ( )

① 욕구(Need)
② 성격(Personality)
③ 역량(Competency)
④ 유의성(Valence)
⑤ 타당성(Validity)

해설

정답 ④

119 동기부여 관한 설명으로 옳지 않은 것은?

① 매슬로우(A. Maslow)의 욕구단계이론에서 자아실현욕구는 결핍-충족의 원리가 적용되지 않는다.
② 맥클리랜드(D. McClelland)의 성취동기이론에서 권력욕구가 강한 사람은 타인에게 영향력을 행사하고, 인정받는 것을 좋아한다.
③ 브룸(V. Vroom)의 기대이론에서 기대감, 수단성, 유의성 등이 중요한 동기부여 요소이다.
④ 알더퍼(C. Alderfer)의 ERG이론에서 관계욕구와 성장욕구가 동시에 발현될 수 있다.
⑤ 스키너(B. Skinner)의 강화이론에서 비난, 징계 등과 같은 불쾌한 자극을 제거함으로써 바람직한 행동을 강화하는 것을 소거(extinction)라고 한다.

해설

1. 매슬로우(A. Maslow)의 욕구 5단계

매슬로우(A. Maslow)의 욕구 5단계이론에서 자아실현욕구는 결핍-충족의 원리가 적용되지 않는다. 성장욕구와 결핍욕구는 서로 다른 것인데 다른 네 가지 욕구는 무엇인가 부족하기 때문에 느끼는 결핍욕구(Deficiency Needs)에 해당하지만, 자아실현욕구는 결핍이 아니라 더욱 성장하려는 욕구이기에 성장욕구(Growth Needs)로 불린다.

저위욕구와 고위욕구로 구분하면 생리적 욕구와 안전욕구를 포함하는 저위욕구(Low-order Needs)는 주로 외부요인(임금, 고용기간) 등에 의해서 충족되는 반면, 상위의 나머지 세 욕구를 포함하는 고위욕구(High-order Needs)는 자신의 내부요인에 의해 충족되는 차이가 있다.

2. 맥클리랜드(D. McClelland)의 성취동기이론

맥클리랜드(D. McClelland)의 성취동기이론은 친교욕구, 권력욕구, 성취욕구의 세 가지로 나눈다. 세 가지 가운데 성취욕구가 높은 사람이 가장 강한 수준의 동기를 갖고 직무를 수행한다는 것이 이론의 핵심 주장이다.

3. 알더퍼(C. Alderfer)의 ERG이론

매슬로우(A. Maslow)의 인간 욕구 5단계설은 낮은 수준의 욕구가 충족된 후에 더 높은 수준의 욕구가 가능하다고 보는 '만족-진행이론'인 반면 알더퍼(C. Alderfer)의 ERG이론은 각 욕구는 동시에 일어 날 수 있으며 중요성은 개인에 따라 다르다. 만약 한 번에 하나씩의 욕구 충족에만 초점을 맞춘다면 효과적인 동기부여가 되지 않을 수도 있으며, 높은 수준의 욕구가 충족되지 않는다면 더 쉬운 낮은 수준의 욕구로 퇴행할 수 있다고 본다(좌절-퇴행 이론).

ERG이론은 인간의 욕구를 존재(Existence), 관계(Relatedness), 성장(Growth)의 세 가지 범주로 구분하여 설명하는 이론으로, 한 가지 이상의 욕구가 동시에 작용할 수 있다는 특징이 있다.

4. 스키너(B. Skinner)의 강화이론

정적강화, 부적강화는 모두 바람직한 행위의 강도나 빈도를 증가시켜 주기 위한 목적으로 행해지는 것이다.

반면 소거와 벌은 행동의 빈도를 바람직하지 않은 행위의 강도나 빈도를 감소시키는 것이 목적이다.

정답 ⑤

120 동기부여에 대한 설명으로 옳은 것은?

① 강화이론은 동기부여의 내용이론에 해당한다.

② 맥클리랜드(D. C. McClelland)는 욕구단계설의 상위 욕구에 초점을 맞춰 성취욕구, 권력욕구, 인정욕구를 제시하였다.

③ 버나드(C. I. Barnard)의 공정성 이론은 개인의 투입 노력과 산출 보상과의 비교를 통해 동기유발을 설명하였다.

④ 동기부여를 위한 가장 기초적인 수단은 경제적 보상이다.

⑤ 목표설정이론에 따르면 구체적인 목표보다 일반적인 목표를 제시하는 것이 구성원들의 동기부여에 더 효과적이다.

해설

○ 학습이론 종류

행동주의 학습이론(자극·반응이론, S-R이론)과 인지학습이론(쾰러, 레빈, 톨만), 사회학습이론(반두라)이 있다. 사회학습이론은 행동주의 학습이론과 인지학습이론의 결합이라 할 수 있다.

1. 행동주의 학습이론

행동의 형성, 유지, 제거는 환경자극(S-R)에 의하여 이루어진다.

1) 파블로프의 개 실험(고전적 조건화)

2) 손다이크의 시행착오설(수단적 조건화 또는 도구적 조건화)

3) 스키너의 강화이론(조작적 조건화)

2. 인지학습이론

아직 경험하지 못한 상황에 적절히 대처하는 행동은 외부 환경에서 필요한 정보를 능동적으로 수집하여 인지함으로써 이루어진다.

1) 쾰러의 통찰설

2) 레빈의 장이론

3) 톨만의 기호형태설

3. 사회학습이론(반두라) 종류

1) 모방학습

2) 관찰학습

3) 대리학습

정답 ④

121 동기부여이론에 대한 설명으로 옳지 않은 것은?

① 허즈버그(Herzberg)의 욕구충족요인 이원론은 만족과 불만을 서로 독립적으로 작용하는 것으로 인식하는데 동기요인에는 승진, 성장 등의 요소를 포함하고, 위생요인으로 보수, 인간관계 등을 포함한다.

② 브룸(Vroom)의 기대이론은 인간은 기대되는 결과에 대해 어떤 선호를 가지고 있다고 가정한다.

③ 매슬로우(Maslow)의 욕구계층이론은 하위욕구가 충족되었을 때 상위욕구가 발생하게 된다고 설명한다.

④ 애덤스(Adams)의 공정성 이론은 자신의 노력과 보상과의 관계를 다른 사람과의 비교를 통해 상대적으로 느끼는 공정성의 정도가 동기부여에 영향을 미친다고 설명한다.

⑤ 포터(Porter)와 롤러(Lawler)는 직무만족이 성과의 직접 원인이며, 노력은 간접 요인이라고 주장한다.

해설

허즈버그의 동기-위생요인	내용
동기요인(만족요인)	성취, 인정, 직무 자체, 책임감, 승진, 개인의 발전(성장) 등
위생요인(불만족요인)	회사정책 및 지침, 대인관계(인간관계), 직무환경, 급여, 작업조건 등

포터와 롤러(Porter & Lawler)의 업적·만족 이론은 만족이 성과(업적)를 가져오는 것이 아니라 성과(업적)가 만족을 가져온다는 이론이다. 즉 노력에 의한 직무성과는 개인에게 만족을 가져다 줄 수 있는데, 직무성과가 만족을 주는 힘은 거기에 결부되는 내재적·외재적 보상에 의하여 보강된다.
브룸(Vroom)은 보상에 대해 개인이 느끼는 매력과 가치에 의하여 유인가가 결정된다고 보았으나 포터와 롤러는 보상에 대한 개인의 만족감이 유인가를 결정한다고 본다.
직무만족이 성과의 간접 원인이며, 노력은 직접 요인이라고 주장한다. 즉 노력하면 높은 성과(업적)가 그리고 그 성과는 공정한 보상으로 이어지고, 이것은 만족으로 이어진다는 것이다.

정답 ⑤

122 스키너(B. Skinner)의 작동적 조건화 이론(operant conditioning theory)에 포함되지 않는 것은?

① 소거(extinction)

② 처벌(punishment)

③ 대리적 강화(vicarious reinforcement)

④ 긍정적 강화(positive reinforcement)

⑤ 부정적 강화(negative reinforcement)

해설

정답 ③

123 다음과 같은 문제를 가진 조직에서 브룸(Vroom)의 기대이론(Expectancy Theory)에 따라 구성원을 동기부여 한다면 개선이 필요한 항목은?

> 조직진단결과, 조직 구성원의 사기가 매우 낮은 것으로 나타났으며, 그 원인은 주로 불공정한 인사관행에 있는 것으로 밝혀졌다. 많은 구성원이 업무수행을 통해 좋은 성과를 이룰 수 있다는 자신감을 가지고 있고, 승진을 매우 중요시하고 있다. 그렇지만 성과를 내더라도 승진에 반영되지 않고, 주로 정실주의에 의해 승진이 좌우되는 경향에 대해서 구성원이 강한 불만을 가지고 있다.

① 역할 인지(Role Cognition)

② 수단성(Instrumentality)

③ 기대치(Expectancy)

④ 유인성(Valenec)

⑤ 역할 모호성(Role Vagueness)

해설

정답 ②

124 브룸(V. Vroom)의 기대이론에 대한 설명으로 옳지 않은 것은?

① 능력은 어떤 과업을 성취할 수 있는 잠재력을 의미한다.
② 유의성은 어느 개인이 특정 결과에 대하여 가지는 선호의 강도를 말한다.
③ 동기부여는 타인에 의해 주어지는 행위들 가운데 사람들의 선택을 지배하는 과정을 말한다.
④ 기대는 특정 행위에 특정 결과가 나오리라는 가능성 또는 주관적인 확률과 관련된 믿음이다.
⑤ 내가 노력하면 높은 등급의 실적평가를 받을 수 있다는 기대치(expectancy)가 충족되어야 직무수행동기를 유발할 수 있다.

해설

동기부여는 여러 자발적인 행위들 가운데 사람들의 선택을 지배하는 과정으로 정의한다. 가장 큰 쪽(기대치가 큰 쪽)으로 이뤄진다는 것이다.

정답 ③

125 라스무센(J. Rausmussen)의 수행수준 이론에 관한 설명으로 옳은 것은? [2023년 기출]

① 실수(slip)의 기본적인 분류는 3가지 주제에 대한 것으로 의도형성에 따른 오류, 잘못된 활성화에 의한 오류, 잘못된 촉발에 의한 오류이다.
② 인간의 행동을 숙련(skill)에 바탕을 둔 행동, 규칙(rule)에 바탕을 둔 행동, 지식(knowledge)에 바탕을 둔 행동으로 분류한다.
③ 오류의 종류로 인간공학적 설계오류, 제작오류, 검사오류, 설치 및 보수오류, 조작오류, 취급오류를 제시한다.
④ 오류를 분류하는 방법으로 오류를 일으키는 원인에 의한 분류, 오류의 발생 결과에 의한 오류, 오류가 발생하는 시스템 개발단계에 의한 분류가 있다.
⑤ 사람들의 오류를 분석하고 심리수준에서 구체적으로 설명할 수 있는 모델이며 욕구체계, 기억체계, 의도체계, 행위체계가 존재한다.

해설

오류(error)의 기본적인 분류는 3가지 주제에 대한 것으로 의도형성에 따른 오류, 잘못된 활성화에 의한 오류, 잘못된 촉발에 의한 오류이다. 각각은 오류 형성과정에서 차이를 가진다.

<table>
<tr><th colspan="4">불안전한 행동(J. Reason의 '원인'에 의한 에러분류)</th></tr>
<tr><td colspan="2">비의도적 행동</td><td colspan="2">의도적 행동</td></tr>
<tr><td colspan="2">숙련(skill) 기반에러</td><td>착오(mistake)</td><td>고의(violation)</td></tr>
<tr><td>실수(slip)</td><td>건망증(lapse)</td><td>1) 규칙기반착오
2) 지식기반착오</td><td>1) 일상적 위반
2) 상황적 위반
3) 예외적 위반</td></tr>
</table>

* 실수(slip): 실행하려는 판단(계획)은 바르지만 다른 행위를 실행하는 것으로 계획된 목적 수행에 필요한 행동의 실행에 오류가 발생하는 것을 말한다.
* 건망증(lapse): 기억의 잘못
* 착오(mistake): 판단 자체의 잘못으로, 부적절한 계획 결과로 인해 원래의 목적 수행에 실패하는 것을 말한다.
* 스웨인과 구트만(Swain & Gutmann)의 **'행위적 또는 심리적 분류'**에는 작위오류, 생략(누락)오류, 시간오류, 순서오류, 불필요한 행동 오류가 있다.
* 사보타주(sabotage): 프랑스어로 노동자가 고의적으로 작업능률을 저하시키는 행위를 말한다.

정답 ②

126 리즌(J. Reason)의 불안전한 행동에 관한 설명으로 옳지 않은 것은? [2022년 기출]

① 위반(violation)은 고의성 있는 위험한 행동이다.
② 실책(mistake)은 부적절한 의도(계획)에서 발생한다.
③ 실수(slip)는 의도하지 않았고 어떤 기준에 맞지 않는 것이다.
④ 착오(lapse)는 의도를 가지고 실행한 행동이다.
⑤ 불안전행동 중에는 실제 행동으로 나타나지 않고 당사자만 인식하는 것도 있다.

해설

정답 ④

127 휴먼에러 중 작업에 의한 것이 아닌 것은? [2015년 기출]

① 조작에러
② 규칙에러
③ 보존에러
④ 검사에러
⑤ 설치에러

해설

○ 작업에 의한 에러 분류(L. W. Rock, 미국의 심리학자 루크)
1) 인간공학적 설계에러
2) 제작에러
3) 검사에러
4) 설치 및 보존(보수)에러
5) 조작에러
6) 취급에러

○ **오오시마 마사미츠(인간의 행동프로세스 관점에서의 에러분류)**

'입력-결정-출력-피드백'이라는 인간행동의 프로세스 중의 모든 시점에서 휴먼에러를 일으키는 원인이 있다고 한다.

1) 입력의 에러
2) 정보처리의 에러
3) 의사결정의 에러
4) 출력의 지시단계에서의 에러
5) 출력의 에러
6) 피드백 단계에서의 에러

정답 ②

128 휴먼에러(Human Error)의 심리적 분류에 포함되지 않는 것은? [2016년 기출]

① 정보처리오류(information processing error)
② 시간오류(time error)
③ 작위오류(commission error)
④ 순서오류(sequential error)
⑤ 누락오류(omission error)

해설

○ **휴먼에러(Human Error)의 심리적 분류–알란 스웨인(Alan Swain)**

원자력발전소의 휴먼에러 유형을 조사하는 과정에서 휴먼에러를 인간 행동(Behavior)의 관점에서 분류하는 방법을 주장하였다. 휴먼에러를 작업 수행에 필요한 행동을 하는 과정에서 발생하는 에러와 작업 수행에 불필요한 행동을 한 경우의 에러로 분류한 것이다.

1. 작위오류(commission error)

필요한 작업과 절차를 불확실하게 수행

2. 누락오류(omission error)

필요한 작업과 절차를 수행하지 않았다.

3. 시간오류(time error)

필요한 작업과 절차의 수행 지연으로 인한 에러

4. 순서오류(sequential error)

필요한 작업과 절차의 순서 착오로 인한 에러

5. 불필요한 수행 오류(extraneous error)
작업과 관계없는 불필요한 행동을 한 에러

정답 ①

129 스웨인(Swain)의 인적오류 분류 방법에 따를 때, 제품에 라벨을 부착하는 작업 중 잘못된 위치에 라벨을 부착한 경우에 해당되는 오류는? [2018년 기출]

① 작위오류
② 누락오류
③ 시간오류
④ 순서오류
⑤ 불필요한 수행 오류

해설

정답 ①

130 **휴먼에러(Human error) 원인의 수준(level)을 분류할 때 작업조건이나 작업형태 중에서 다른 문제가 생겨서 그것 때문에 필요한 사항을 실행할 수 없는 에러는?**

① Command error

② Primary error

③ Secondary error

④ Omission error

⑤ Commission error

해설

○ 휴먼에러(Human error) 원인 수준(level) 분류

1. 1차 에러(primary error)

작업자 자신으로부터 발생한 에러

2. 2차 에러(secondary error)

어떤 결함으로부터 파생하여 발생한 에러. 작업조건이나 작업형태 중에서 다른 문제가 생겨서 그것 때문에 필요한 사항을 실행할 수 없는 에러

3. 지시에러(command error)

작업자가 움직일 수 없으므로 발생하는 에러. 실행하고자 하여도 필요한 물품, 정보, 에너지 등이 공급되지 않아서 작업자가 움직일 수 없는 상태에서 발생하는 에러

정답 ③

131 다음에서 설명하고 있는 인간실수 유형은? [2019년 기출]

○ 상황이나 목표의 해석은 제대로 하였으나 의도와는 다른 행동을 하는 경우에 발생하는 오류이다. ○ 행동 결과에 대한 피드백이 있으면, 목표와 결과의 불일치가 쉽게 발견된다. ○ 주의산만, 주의결핍에 의해 발생할 수 있으며, 잘못된 디자인이 원인이기도 하다.

① 작위오류(commission error)
② 착오(mistake)
③ 실수(slip)
④ 시간오류(time error)
⑤ 위반(violation)

해설

정답 ③

132 작업동기 이론에 관한 설명으로 옳은 것을 모두 고른 것은? [2022년 기출]

ㄱ. 기대이론(expectancy theory)에서 노력이 수행을 이끌어 낼 것이라는 믿음을 도구성이라고 한다.
ㄴ. 형평 이론(equity theory)에 의하면 개인이 자신의 투입에 대한 성과의 비율과 다른 사람의 투입에 대한 성과의 비율이 일치하지 않는다고 느낀다면 이러한 불형평을 줄이기 위해 동기가 발생한다.
ㄷ. 목표설정 이론(goal-setting theory)의 기본전제는 명확하고 구체적이며 도전적인 목표를 설정하면 수행 동기가 증가하여 더 높은 수준의 과업수행을 유발한다는 것이다.
ㄹ. 작업설계 이론(work design theory)은 열심히 노력하도록 만드는 직무의 차원이나 특성에 관한 이론으로, 직무를 적절하게 설계하면 작업 자체가 개인의 동기를 촉진할 수 있다고 주장한다.
ㅁ. 2요인 이론(two-factor theory)은 동기가 외부의 보상이나 직무 조건으로부터 발생하는 것이지 직무 자체의 본질에서 발생하는 것이 아니라고 주장한다.

① ㄱ, ㄴ, ㅁ
② ㄱ, ㄷ, ㄹ
③ ㄴ, ㄷ, ㄹ
④ ㄴ, ㄹ, ㅁ
⑤ ㄷ, ㄹ, ㅁ

해설

○ 2요인 이론(two-factor theory, 동기-위생요인)

"만족의 반대말은 불만족이 아니다." 이것이 프레드릭 허즈버그의 2요인 이론의 핵심이다. 조직에서 만족과 관련된 동기요인은 불만족과 관련된 위생요인과는 다르다는 것이다.
동기요인(만족요인)에는 일 자체, 성취도(승진), 책임감, 일의 성장성 등이 있고, 위생요인(불만족요인)에는 임금, 근무환경, 대인관계 등이 있다.
동기요인이 결핍되면 직원들의 만족도와 사기는 떨어지고, 위생요인이 결핍되면 직원들의 불만족이 높아진다는 것이다. 즉 동기요인이 충족될 경우 직원들의 만족도는 높아지고 위생요인이 충족되면 직원들의 불만족이 사라질 뿐이지 이것이 동기요인으로 바뀌지는 않는다는 것이다. 서로 별개라는 것이 매우 중요한 포인트이다.

○ **작업설계 이론(work design theory)**

올드햄과 해크만(Oldham & Hackman)이 주장한 것으로 동기를 유발하는 근원이 개인 내에 있는 것이 아니라, 작업이 수행되는 환경에 있다고 주장한다. 직무가 적절하게 설계되어 있다면 '작업 자체가 개인의 동기를 촉진'시킬 수 있다는 것으로 동기유발 잠재력을 지니도록 직무를 설계하는 과정을 직무충실화(Job Enrichment)라 한다.

작업설계이론(직무특성이론)에서는 동기는 사람마다 그 강도를 다르게 지니고 있는 개인의 지속적인 속성이나 특성이 아니라, 작업환경을 적절하게 의도적으로 잘 설계한다면 향상시킬 수 있는 변화가능한 속성이라고 주장하는 것이다. 시사점은 동기가 높은 종업원을 선발하는 수동적 대처 이외에 직무설계를 통해 원하는 높은 수준의 동기도 이끌어낼 수 있다는 것이다.

정답 ③

133 집단의사결정기법에 관한 설명으로 옳지 않은 것은? [2023년 기출]

① 델파이기법(Delphi technique)은 의사결정 시간이 짧아 긴박한 문제의 해결에 적합하다.

② 브레인스토밍(Brainstorming)은 다른 참여자의 아이디어에 대해 비판할 수 없다.

③ 프리모텀(premortem) 기법은 어떤 프로젝트가 실패했다고 미리 가정하고 그 실패의 원인을 찾는 방법이다.

④ 지명반론자법은 악마의 옹호자(devil's advocate) 기법이라고도 하며, 집단사고의 위험을 줄이는 방법이다.

⑤ 명목집단법은 참여자들 간에 토론을 하지 못한다.

해설

○ 델파이기법(Delphi technique)은 어떤 문제를 예측, 진단, 결정함에 있어 의견의 일치를 볼 때까지 전문가 집단으로부터의 반응을 체계적으로 도출하여 분석 · 종합하는 방법이다. 전문가들의 익명성 보장을 통한 자유로운 의견 개진과 이러한 의견에 대한 반복적인 피드백을 통해 합의점을 찾는 방법으로 '전문가 합의법'이라고도 불린다. 델파이 기법은 시간이 많이 소요되고 응답자에 대한 통제가 힘들기 때문에 신속한 의사결정을 필요로 하는 경우에는 사용할 수 없는 단점이 있지만 범위가 넓거나 장기적인 문제를 해결하는 데는 유용한 기법이다.

○ 브레인스토밍(Brainstorming)은 오스본(A.F.Osborn)이 고안한 것으로 두뇌폭풍(brain+storm)이라고도 한다. 직역은 뇌를 휩쓸어서 아이디어를 창출해 낸다는 뜻이다. 브레인스토밍을 진행할 때 지켜야 하는 4가지 규칙은 아이디어 비판 금지, 자유분방, 대량발언, 수정발언 허용(아이디어 결합 및 개선)이 있다.

○ 프리모텀(premortem) 기법은 심리학자 게리 클라인(Gary Klein)이 제안한 기법으로 '죽기 전에 미리(pre) 죽음(mortem) 이유를 찾는다.'는 뜻으로 미리 의사결정이 실패한 상황(mortem)을 가정하여 실패원인을 제거해 성공가능성을 높이려는 방법이다. 특히 규모가 크고 위험성(risk)이 높은 대규모 신프로젝트에서 주로 활용된다. <u>프리모텀(premortem) 기법은 비판이 아니라 지나친 낙관주의를 경계하고, 기존 아이디어를 확장하고 개선하는 것에 있다</u>.

○ 명목집단법(Nominal Group Technique: NGT)은 <u>팀의 구성원들이 모여서</u> 문제나 이슈를 식별하고 순위를 정하는 가중서열화법으로 각 조별 구성원들은 서로 말을 하지 않고 자신의 생각이나 아이디어를 포스트-잇(서면)에 적어 한 사람씩 서로 돌아가면서 자신의 아이디어를 발표하고 조장은 구성원 모두가 한 눈에 볼 수 있도록 제시되는 아이디어를 차트에 붙이되 각 아이디어에 대한 상호 토의는 하지 않는다. 이후 투표를 통해 결정한다. 서로 간 토의를 하지 못하게 하는 것은 다른 사람과 이야기 하지 않고 주제에 대한 자신의 생각을 정리할 수 있도록 일정한 시간을 부여하는 것으로 이 방법은 시간을 절약할 수 있으며 참가자들의 다양한 생각을 아무런 압력이나 전제 없이 끄집어 낼 수 있는 장점이 있다.

정답 ①

134 집단의사결정기법에 관한 설명으로 옳은 것은?

① 브레인스토밍(brainstorming)은 새로운 아이디어에 대하여 무기명 비밀투표로 서열을 정한다.
② 지명반론자법(devil's advocate method)은 구성원들이 여러 이해관계자를 대표하여 토론하는 방법이다.
③ 델파이법(Delphi method)은 전문가들의 면대면 토론을 통해 최적 대안을 선정한다.
④ 변증법적토의법(dialectical inquiry model)은 구성원들이 대안에 대하여 공개적으로 찬성 혹은 반대하는 것을 금한다.
⑤ 명목집단법(nominal group technique)은 대안의 우선순위를 정하기 전에 구두로 지지하는 이유를 설명하는 것을 허용한다.

해설

1. 명목집단법(nominal group technique)

의사결정이 이루어지는 동안 구성원 간 집단토론이 제한되는 그야말로 명목적인 임시집단을 구성하여 의사결정을 행하는 기법이다. 모임에 앞서 각자 최적의 대안을 생각한 뒤, 모여서 그 의견을 무기명으로 제출하고 함께 공유하며 토론한 뒤 투표(대안의 우선순위를 정함)를 통해 대안을 확정한다.

2. 변증법적토의법(dialectical inquiry model)

사안에 따라 구성원을 찬성과 반대로 나누어 토론을 진행하는 방법이다. 반대가 있어야 새로운 개선이 있다는 진리를 응용한 것으로 두 가지 안의 장·단점을 비교취합이 가능하다. 두 집단으로 나누어, 먼저 한 집단에서 의견을 제시하면 다른 나머지 집단이 이에 반대하는 새로운 대안을 만들어 제시한다. 그러고 나서 양 집단이 두 안을 갖고 토론을 하며 서로의 장점을 취하는 것이다.

정답 ⑤

135 브레인스토밍(brainstorming)에 관한 특징으로 옳지 않은 것은?

① 아이디어의 양보다는 질 우선
② 다른 구성원의 아이디어에 대한 비판 금지
③ 조직구성원의 자유로운 제안
④ 자유분방한 분위기 조성
⑤ 다른 구성원의 아이디어와 결합 가능

해설

정답 ①

136 다음에서 설명하는 집단의사결정 기법은?

- 상호작용하는 동일 그룹 내의 구성원보다 다른 그룹으로부터 더 많고 좋은 아이디어를 얻을 수 있다는 가정 하에 개발된 집단의사결정기법으로 서로 얼굴을 맞대고 하는 방법이다.
- 익명성이 보장되기 때문에 자유롭게 의견을 제시할 수 있다는 장점이 있다.
- 비슷한 의견이 제시될 수 있고, 제시된 의견을 수집하고 단순화하는데 시간이 많이 걸린다는 단점이 있다.
- 주로 창조적이고 혁신적인 대안을 개발하거나, 실행가능하고 일상적인 의사결정에 유용하다.

① 명목집단법(nominal group technique)
② 델파이기법(delphi technique)
③ 브레인스토밍(brain storming)
④ 지명반론자법(devil's advocate method)
⑤ 분석적 기법(analytic technique)

해설

○ 명목집단법(nominal group technique)

집단으로부터 아이디어를 얻고 그룹 내에서 어느 정도 지지를 받는지 확인하기 위한 것이다. 절차는 다음과 같다.

1. 그룹 내 구성원들은 독자적으로 자기의 아이디어를 종이에 적는다.
2. 자신의 아이디어를 제출한다.
3. 모든 아이디어의 기록이 끝날 때까지는 논의는 보류한다.
4. 집단논의와 함께 아이디어 내용이 무엇인지를 평가한다.
5. 각 구성원들은 독자적으로 각각의 아이디어들의 서열을 매긴다.
6. 종합적으로 순위서열이 최고인 아이디어를 최종결정으로 채택한다.

정답 ①

137 다음 설명 중 적절한 항목만을 모두 선택한 것은?

ㄱ. 맥그리거(McGregor)의 X-Y 이론에 의하면, X이론은 인간이 기본적으로 책임을 기꺼이 수용하며 자율적으로 직무를 수행한다고 가정한다.

ㄴ. 불공정성을 느끼는 경우, 개인은 준거인물을 변경함으로써 불균형 상태를 줄일 수 있다.

ㄷ. 명목집단법(nominal group technique)은 의사결정 과정 동안 토론이나 대인 커뮤니케이션을 제한한다.

ㄹ. 분배적 공정성(distributive justice)은 결과를 결정하는 데 사용되는 과정의 공정성에 대한 지각을 말한다.

① ㄱ, ㄴ

② ㄱ, ㄷ

③ ㄴ, ㄷ

④ ㄱ, ㄴ, ㄷ

⑤ ㄴ, ㄷ, ㄹ

해설

○ 조직공정성

조직 구성원들이 조직으로부터 받는 대우의 공정한 정도를 의미한다.

결과에 대한 보상 등을 분배하는 데에 대한 공정성인 분배공정성, 프로세스적 공정성인 절차공정성, 인간 관계 등 관계에 대한 공정성인 상호작용 공정성으로 나뉜다.

1. 분배적 공정성(distributive justice)

분배적 공정성은 조직구성원에게 영향을 주는 보상의 결과에 대한 공정성이다. 분배적 공정성은 실제 성과나 보상이 결정되기까지의 과정과 절차는 소홀히 하였다는 한계가 존재한다.

2. 절차적 공정성(procedure justice)

업무 맥락 속 판단과 의사결정 절차의 공정성을 일컫는다.

3. 상호작용 공정성(interactional justice)

신중하고 예의 있게 의사결정에 대한 설명을 하거나 정보를 전달할 때 개인이 받는 대우를 일컫는다.

정답 ③

138 집단의사결정에 대한 설명으로 옳지 않은 것은?

① 집단의사결정은 상호자극을 통해 새로운 아이디어를 개발할 수 있다는 장점이 있다.
② 집단사고 현상은 응집력이 강한 집단에서 발생하기 쉽다.
③ 브레인스토밍 기법은 상대방의 의견을 개선하기 위해 비판 및 평가를 지속적으로 제시하는 것이다.
④ 델파이 기법은 전문가 집단의 의견을 반복하여 수렴하는 방식을 사용한다.
⑤ 명목집단기법은 의사결정 과정 동안 토론이나 대인 커뮤니케이션을 제한한다.

해설

정답 ③

139 제니스(J. Janis)가 제시한 집단사고(group think)가 나타나는 원인으로 옳은 것만을 모두 고른 것은?

ㄱ. 지시적인 리더
ㄴ. 집단의 높은 응집성
ㄷ. 외부로부터 단절되어 있는 집단

① ㄴ
② ㄱ, ㄴ
③ ㄱ, ㄷ
④ ㄴ, ㄷ
⑤ ㄱ, ㄴ, ㄷ

해설

정답 ⑤

140 집단의사결정에 관한 설명으로 옳지 않은 것은?

① 집단사고의 위험성이 존재한다.
② 개인의 주관성을 감소시킬 수 있다.
③ 상이한 관점에서 보다 많은 대안을 생성할 수 있다.
④ 명목집단법은 집단 구성원 간 반대논쟁을 활성화하여 문제 해결안을 발견하고자 한다.
⑤ 명목집단법과 정보기술을 조화시키는 전자회의를 통해 집단의사결정의 효율성을 높일 수 있다.

해설

명목집단법(Nominal Group Technique)은 참여자 간의 토론을 제한하여 반대논쟁을 극소화하는 방식을 사용한다.

명목집단법은 팀원들이 독자적으로 아이디어를 작성한 후, 본인이 작성한 아이디어에 대해 발표하고, 이후에 표결을 통해 아이디어를 결정하는 방식으로 의사결정 과정에서 토론이나 대인 커뮤니케이션을 제한하기 때문에 명목이라는 용어를 사용한다.

정답 ④

141 집단의사결정 방법 중 델파이법(Delphi technique)에 대한 설명으로 옳은 것은?

① 의사결정에 참여한 구성원 각자는 다른 사람이 제출한 의견을 인지할 수 있다.

② 긴박성이 요구되는 문제해결에 적합하다.

③ 참여자의 익명성이 보장되지 않는다.

④ 제시된 의견들의 우선순위를 비밀투표에 부쳐 최종안을 선택한다.

⑤ 다른 사람의 아이디어에 자신의 의견을 첨가해 새로운 아이디어를 도출한다.

해설

○ 델파이법(Delphi technique)

델파이 기법은 1950년대 랜드 연구소(Rand Corporation)에서 개발되었으며 전문가들의 의견을 수집하고 정리하는데 사용된다. 델파이 기법의 주요 특징과 과정은 다음과 같다.

1. 전문가 그룹 선정
2. 익명성 보장(서로 대면 접촉을 하지 않은 채 자신의 의견을 솔직하게 표현)
3. 질문지 설계(설문방식에 따라 응답이 영향을 받을 수 있어 응답의 조작가능성이 단점)
4. 반복적인 조사과정(토론이 없다. 참여한 전문가는 다른 사람이 제출한 의견을 인지)
5. 결론 도출

정답 ①

142 델파이기법(Delphi method)에 관한 설명으로 옳은 것은?

① 해당 분야에 대한 체계적인 이론과 지식이 풍부할 때 유용한 객관적 정책분석 방법이다.

② 형식이 정해지지 않은 집단토론 상황에서 구성원들이 아이디어와 문제해결 대안들을 자유롭게 토론하는 방법이다.

③ 문제해결에 참여하는 개인들이 개별적으로 해결 방안을 구상하고 집단토론을 거쳐 해결 방안에 대해 표결하는 방법이다.

④ 상호 토론 없이 독자적으로 형성된 전문가들의 판단을 종합 · 정리하는 방법이다.

⑤ 전형적인 대면토론 방식의 집단적 문제해결 방법으로, 구성원 간 마찰이 심화될 수 있으며, 다수의견의 횡포가 발생할 수 있는 방법이다.

해설

델파이기법은 토론 없이 전문가의 합의를 도출하려는 주관적 예측기법이다.
델파이기법은 교호작용적 토론을 하지 않기 때문에 구성원 간 성격마찰, 감정대립, 지배적 성향을 가진 사람들의 독주나 다수의견의 횡포 등을 피할 수 있다.

정답 ④

143 부당노동행위 중 근로자가 어느 노동조합에 가입하지 아니할 것 또는 탈퇴할 것을 고용조건으로 하거나 특정한 노동조합의 조합원이 될 것을 고용조건으로 하는 행위는? [2023년 기출]

① 불이익대우

② 단체교섭거부

③ 지배 · 개입 및 경비원조

④ 정당한 단체행동참가에 대한 해고 및 불이익대우

⑤ 황견계약

해설

○ 숍(shop)제도

기업의 고용노동자가 그 회사의 노동조합에 대한 가입여부를 자유의사에 따라 결정하는 제도를 말한다.

1. 기본 숍(shop)

1) 오픈 숍

2) 클로즈드 숍

3) 유니온 숍

2. 변형 숍(shop)

1) 메인터넌스 숍(maintenance shop)

2) 프레퍼렌셜 숍(preferential shop)

3) 에이전시 숍(agency shop)

3. 노동조합의 통제력이 강한 순서

클로즈드 숍>유니온 숍>메인터넌스 숍>프레퍼렌셜 숍>에이전시 숍>오픈 숍

4. 체크-오프 시스템

조합비 일괄공제 제도로 체크오프(check-off) 시스템이라고도 한다.

조합원의 임금으로부터 조합비를 사용자가 사전에 원천공제하고 이를 노동조합에 일괄하여 직접 납입하는 조합비 납입방법으로 '조합비 사전공제제도' 이다. 우리나라 대부분의 기업에서 이 제도를 시행하고 있다.

* 황견계약(yellow dog contract)은 근로자가 어느 노동조합에 가입하지 아니할 것 또는 탈퇴할 것을 고용조건으로 하거나 특정한 노동조합의 조합원이 될 것으로 고용조건으로 하는 행위이다. 황견계약은 강행규정인 노동조합 및 노동관계조정법에 위배되므로 사법상 당연 무효이다.

정답 ⑤

144 **노사관계에서 숍제도(shop system)를 기본적인 형태와 변형적인 형태로 구분할 때, 기본적인 형태를 모두 고른 것은? [2022년 기출]**

ㄱ. 클로즈드 숍(closed shop)
ㄴ. 에이전시 숍(agency shop)
ㄷ. 유니온 숍(union shop)
ㄹ. 오픈 숍(open shop)
ㅁ. 프레퍼렌셜 숍(preferential shop)
ㅂ. 메인터넌스 숍(maintenance shop)

① ㄱ, ㄴ, ㄷ
② ㄱ, ㄷ, ㄹ
③ ㄱ, ㄷ, ㅂ
④ ㄴ, ㄹ, ㅁ
⑤ ㄴ, ㅁ, ㅂ

해설

숍 구분	내용
오픈 숍	가입이 자유로운 노동조합
유니온 숍	채용 후 일정 기간이 지나면 노동조합 가입이 의무
클로즈드 숍	노조원이 아니면 채용 불가
에이전시 숍	조합원과 비조합원 모두에게 조합비 징수, agency shop
프레퍼렌셜 숍	노조원을 우선적으로 채용하는 제도, preferential shop
메인터넌스 숍	한 번 가입 시 일정 기간 조합원 지위 유지

정답 ②

145 식스 시그마(Six Sigma) 분석도구 중 품질 결함의 원인이 되는 잠재적인 요인들을 체계적으로 표현해주며, Fishbone Diagram으로도 불리는 것은? [2023년 기출]

① 린 차트
② 파레토 차트
③ 가치흐름도
④ 원인결과 분석도
⑤ 프로세스 관리도

해설

일본의 카오루 이시카와가 제안한 것으로 결과에 영향을 미치는 여러 원인들을 그림으로 표현하는 도표로 일명 '어골도(Fishbone Diagram)' 또는 '이시키와 다이어그램'으로 회사의 품질관리와 아이디어 생성을 위한 브레인스토밍에 사용한다.

정답 ④

146 프로세스와 품질 개선을 위해 DMAIC의 5단계 문제해결 접근방식을 활용하는 경영혁신기법은?

① 6시그마(six sigma)
② 종합적 품질경영(TQM)
③ 다운사이징(downsizing)
④ 리엔지니어링(reengineering)
⑤ 리스트럭처링(restructuring)

해설

DMAIC는 6시그마 프로젝트를 해결하는 절차로 기존의 PDCA에서 진보된 프로세스 개선 절차를 말한다. 과거의 경험, 업무에 대한 지식, 통계기법에 의한 근거를 통한 체계적인 문제해결 과정이다.

1. 문제의 정의(Define)
2. 측정(Measure)
3. 분석(Analyze)
4. 개선(Improve)
5. 관리 또는 통제(Control)

정답 ① 테마10 참조.

147 6시그마 방법론에 관한 설명으로 옳은 것은?

① 정의→측정→개선→분석→통제의 순서로 이루어진다.

② 품질 개선을 위해 개발된 경영철학으로 정성적인 도구를 주로 사용한다.

③ 6시그마 품질 수준은 100DPMO(Defects Per Million Opportunities)이다.

④ 6시그마는 기업이 원하는 품질 목표를 달성하는 것이다.

⑤ 6시그마의 성공을 위해서는 최고 경영자의 참여가 필수적이다.

해설

6시그마 품질 수준에 있어 3.4DPMO(백만 번에 3.4회 불량)가 나는 수준을 가리킨다. 6시그마는 통계적으로 99.99966%가 양품이라는 의미로 기업이나 조직 내의 문제를 구체적으로 정의하고, 현재 수준을 계량화하여 평가하는 경영기법이다.

즉, 완벽에 가까운 제품이나 서비스를 개발하고 제공하기 위해 사용하는 것으로 최고경영자의 리더십이 무엇보다 중요하다.

모토로라 임원이었던 빌 스미스(Bill Smith)가 '6시그마'라는 용어를 만든 것이 그 기원이다. 6시그마는 기업이 원하는 품질 목표가 아니라 '고객'이 원하는 품질 목표를 추구하는 것으로 '완벽품질' 혹은 '총체적 고객만족'을 의미한다.

정답 ⑤

148 전사적 자원관리(ERP) 시스템에 관한 설명으로 옳지 않은 것은?

① 자재, 회계, 구매, 생산, 판매, 인사 등 기업 내 업무의 통합정보시스템을 의미한다.

② 기업 내 각 부문의 데이터를 일원화하여 관리함으로써 경영자원을 계획적이고 효율적으로 운영하도록 해 준다.

③ 선진 프로세스를 내장하고 있는 패키지 도입 시 기업의 업무처리 방식을 최적화하는 데 도움이 될 수 있다.

④ 수주처리에서 출하 및 회계처리까지 일련의 업무통합으로 고객 요구에 신속하고 정확하게 대응할 수 있다.

⑤ 정보기술의 급속한 발전에 따라 ERP를 SCM, CRM 등과 연계시켜 MRP로 진화하고 있다.

해설

CRM은 Customer Relationship Management(고객 관계 관리)의 약자로 고객과의 상호작용을 관리하고 분석하는 기술로, 영업, 마케팅, 고객 서비스, 전자상거래 등 다양한 업무 분야에서 활용한다.

정답 ⑤ 테마7 참조.

149 공급사슬관리(SCM)에 관한 설명으로 옳지 않은 것은?

① 자재 조달에서 제조, 판매, 고객까지 물류 및 정보 흐름을 최적화하는 것을 의미한다.

② 정보공유를 토대로 공급업체, 제조업체, 유통업체 및 소비자를 유기적으로 연결하여 통합적으로 관리하는 시스템을 말한다.

③ 내부 물류 흐름뿐만 아니라 외부 물류 흐름의 통합에도 초점을 두고 있다.

④ 상류 기능과 하류 기능을 유기적으로 연결시켜 주는 것이기 때문에 수직계열화와 같다.

⑤ 공급사슬관리의 확산 배경으로는 인터넷을 비롯한 정보통신기술의 진전을 들 수 있다.

해설

수직계열화는 모기업이 제품의 개발, 생산, 유통, 판매, 사후관리 등 전 과정에 관련된 업체를 계열회사로 두는 방식이다. 즉 모기업 사업을 중심으로 부품조달이나 서비스 제공을 외부업체가 아닌 자신들의 계열사를 통해 해결하는 사업방식을 말한다.

공급사슬관리(SCM)는 수직계열화와 다르다.

수직계열화는 보통 상류 공급자와 하류의 고객을 해당 기업이 직접 소유하는 것을 의미한다.

공급사슬관리(SCM)는 기업 내에 부문별 최적화나 개별 기업단위의 최적화에서 탈피하여 공급망의 구성요소들 간에 이루어지는 전체프로세스 최적화를 달성하고자 하는 경영혁신기법이다.

정답 ④ 테마20 참조.

150 공급사슬계획에서 활용하는 정성적 수요예측기법을 모두 고른 것은?

ㄱ. 선형회귀분석	ㄴ. 지수평활법	ㄷ. 시장조사
ㄹ. 패널동의법	ㅁ. 이동평균법	ㅂ. 델파이기법

① ㄱ, ㄴ, ㄷ

② ㄱ, ㄹ, ㅁ

③ ㄴ, ㄷ, ㅁ

④ ㄴ, ㅁ, ㅂ

⑤ ㄷ, ㄹ, ㅂ

해설

정답 ⑤ 테마61 참조.

151 **수요를 예측하는데 있어 과거 자료보다는 최근 자료가 더 중요한 역할을 한다는 논리에 근거한 지수평활법을 사용하여 수요를 예측하고자 한다. 다음 자료의 수요 예측값(F_t)은? [2023년 기출]**

- ㅇ 직전 기간의 지수평활 예측값(F_{t-1})=1,000
- ㅇ 평활상수(α)=0.05
- ㅇ 직전 기간의 실제값(A_{t-1})=1,200

① 1,005

② 1,010

③ 1,015

④ 1,020

⑤ 1,200

해설

ㅇ 지수평활법 수요예측

평활지수(α)의 가중치는 현시점에 가까울수록 크다. 즉, 수요가 안정된 표준품은 α값이 작다.

차기 예측치=전기 예측치+α(전기 실제치-전기 예측치)

=1,000+0.05(1,200−1,000)

=1,000+10

정답 ②

152 (주)안전은 단순지수평활법(simple exponential smoothing)을 이용하여 수요를 예측하고 있다. 다음 표는 4월과 5월의 수요예측치와 실제 수요를 나타낸 것이다. 다음 중 6월의 수요예측치는?

월	4월	5월	6월
수요예측치	60	50	
실제 수요	52	55	

① 54.75
② 55.75
③ 56.25
④ 57.25
⑤ 59.50

해설

표에서 4월과 5월의 자료를 이용해 평활상수(α)를 먼저 구한 뒤 공식을 이용한다.

정답 ③

초판 1쇄 발행 2022년 02월 15일
개정 1쇄 발행 2025년 02월 14일

편저 정명재
발행인 공태현 **발행처** (주)법률저널
등록일자 2008년 9월 26일 **등록번호** 제15-605호
주소 151-862 서울 관악구 복은4길 50 (서림동 120-32)
대표전화 02)874-1144 **팩스** 02)876-4312
홈페이지 www.lec.co.kr
ISBN 978-89-6336-987-7 (13530)
정가 45,000원